清华大学土木工程系列教材

# 土 力 学

## 第3版

# Soil Mechanics
## Third Edition

李广信　张丙印　于玉贞　编著

LI Guangxin　ZHANG Bingyin　YU Yuzhen

U0253203

清华大学出版社
北京

## 内 容 简 介

本书系统地阐述了土的基本特性、土力学的基本原理；重点介绍了土体中的渗流及土体的变形与稳定的分析方法，以及它们在工程实践中的应用；为适应土力学近年来的发展，也适当介绍了一些本学科的新进展。

全书分为 9 章，包括土的物理性质与工程分类，土的渗透性与土体的渗流问题，土体中的应力计算与有效应力原理，土的变形计算与饱和土体的固结理论，土的抗剪强度及其理论，土压力理论，土坡稳定的分析方法，地基承载力及土的动力特性。本书突出了土力学中的基本概念与分析方法，书后的附录可供教学与自学时参考。

本书可作为高等学校土木工程、水利工程等专业的本科教材，也可作为大专院校相关专业的参考书以及岩土工程技术人员的技术参考书。

**图书在版编目(CIP)数据**

土力学/李广信，张丙印，于玉贞编著. —3 版. —北京：清华大学出版社，2022.8（2024.2 重印）
清华大学土木工程系列教材
ISBN 978-7-302-59502-1

Ⅰ.①土… Ⅱ.①李… ②张… ③于… Ⅲ.①土力学－高等学校－教材 Ⅳ.①TU43

中国版本图书馆 CIP 数据核字(2021)第 227406 号

责任编辑：秦　娜
封面设计：陈国熙
责任校对：王淑云
责任印制：沈　露

出版发行：清华大学出版社
　　　网　　　址：https://www.tup.com.cn，https://www.wqxuetang.com
　　　地　　　址：北京清华大学学研大厦 A 座　　　邮　　编：100084
　　　社 总 机：010-83470000　　　邮　　购：010-62786544
　　　投稿与读者服务：010-62776969，c-service@tup.tsinghua.edu.cn
　　　质量反馈：010-62772015，zhiliang@tup.tsinghua.edu.cn
印　装　者：三河市东方印刷有限公司
经　　　销：全国新华书店
开　　　本：185mm×260mm　　　印　张：25　　　　　　字　　数：608 千字
版　　　次：1994 年 4 月第 1 版　2022 年 8 月第 3 版　　印　　次：2024 年 2 月第 5 次印刷
定　　　价：75.00 元

产品编号：092486-02

# 第 3 版前言

《土力学》(第 2 版)出版于 2013 年,很受国内高校的教师、学生和工程技术人员的欢迎。出版后作者陆续发现了多处笔误和瑕疵,幸得在几次重印中多次修正,订正了许多不妥之处。

目前随着高校的教学环节和学科门类增加,一些传统课程的学时在缩短,近年来各高校推行按大类招生,作为专业基础课的土力学将会处于进一步被压缩课时的处境。回顾 30 多年岩土工程教学改革的历史,也就是不断压缩课时的历史,尽管由于使用多媒体等手段使教学效率大大提高,但是课时过少还是很难保证完成必要的内容和环节。记得 20世纪 80 年代初期,土力学与基础工程授课总课时为 96 学时。土力学课程有课堂讲授、习题讨论和教学试验三个环节;基础工程除了课堂讲授外,还有课程设计、现场工程参观与现场测试等环节。

21 世纪初,清华大学的课程名称改为"土力学 1"和"土力学 2",相当于原来的"土力学"与"基础工程"。"土力学 1"为 48 学时,"土力学 2"为32 学时。改革开放以来,我国四十年空前规模的岩土工程实践促使课程内容增加了,但课时却减少了。在本科土力学教学中,最基本的应使学生了解土的物性、变形、强度和渗透特性,其他像土压力、边坡稳定和地基承载力几章内容都是土的抗剪强度理论的应用。所以在"土力学 1"中只包括了本书前 5 章,讲到土的强度为止,仍然保留了课堂授课、习题讨论和教学试验环节,这就要充分利用课内学时与扩展课外学时了。这种重视土力学基本概念和原理,不贪多求全的理念,使我们的土力学教学效果一直很好,学生评价也一直很高,没有出现将土力学学"夹生"这个我们最担心的后果。相应的,"土力学 2"就包括了本书的后几章以及基础工程的基本内容。后来,我们又开设了选修课"城市岩土工程",包括了基坑工程、环境岩土、城市地质灾害和土工合成材料等内容。尽管不是每个学生都必修,但确实在本科教学中拓宽了岩土工程的知识领域,也有利于学生的就业。

目前按大类培养方案又要改回土力学和基础工程两门课,学时分别是 48 和 32,但基础工程成为限选课,这样,土力学的教学环节与课时也必须相应调整。

对这一版的《土力学》,我们并没有紧跟课程设置的变化将内容作大幅度的拆分修改,仍然保留了国内外传统教材的章节与内容。前 5 章涉及土的基本原理和概念显然是重点内容；后 4 章的内容授课应更精炼，但教材仍然保留了一定的深度和广度，如果把土力学的前 5 章讲清学透，自学和理解后几章应当是没有太多困难的。附录部分则属于更深层次的内容，以便于满足不同学校、不同专业和不同水平学生的需求，也适用于参加"注册岩土工程师考试"的工程技术人员的参考资料。

在这次改版过程中，我们吸取了近年来国内外的一些新的文献资料，对内容进行了一些增补和修改，力图使土力学的概念更明晰准确；增加了例题与习题，以便巩固和掌握基本理论方法；对于附图也较普遍地进行修改，使其更明晰准确；对上一版中的不确、不当之处作了较全面的修正。

本书的第 1、3、6、7、8 章由李广信改编，第 2、5 章由张丙印改编，第 4、9 章由于玉贞改编。感谢张建民、宋二祥、张建红、胡黎明、张嘎、介玉新和温庆博等在教学过程中提出的意见和建议，也感谢老一辈教授们的指导；对使用本书的各校师生和岩土界同行们所提出的宝贵建议和意见深表谢意。

随着教材的一版再版，期望它将会更趋于成熟与完善，适应于学科和工程实践的进展。但百虑一失，错误与不妥之处总是难免的，敬请各位读者不吝指出。

本书有相应的 MOOC 课程，有需要的读者可以扫码登录学堂在线网站进行学习。

本书为全国精品资源共享课教材，读者可扫码登录中国大学精品开放课程网站，注册后免费获取土力学课程相关教学资源。

作　者

2021 年 5 月

学堂在线

爱课程

# 第 2 版前言

由陈仲颐、周景星和王洪瑾编写的《土力学》(第 1 版)出版于 1994 年,在当时和直到今天,都是国内本科土力学教材中内容最丰富的版本之一。这些老一辈教授们学风严谨,知识渊博,有着长期、丰富的教学经验,在编写过程中他们投入了很大的精力,反复研读国内外的有关教材和专著,力求概念准确,表述清楚,精益求精,这是目前我们很难做到的。它主要是针对当时学制 5 年的清华大学生源优秀的土木与水利等专业的本科生编写的,近 20 年一直是本校的本科教材。国内也有不少院校使用它作为教材或者参考书,很多工程技术人员在工作中和继续学习中也使用它。这本教材为传授和普及土力学基础知识,为培养岩土工程专业技术人才做出了很大贡献。也是我校土力学学科值得珍视和继承的一份宝贵的财富。抛开本校原来的教材,动辄变成一本新人编写的新教材的作法,既不利于保留本单位的学科传统,也难以界定有关成果的归属。

目前,一方面各大学本科学制都统一为 4 年,而且随着现代知识增长,尤其是信息类科学技术迅速发展,本科学生的课程数量和教学环节不断增加,土力学的教学课时有所减少。另一方面,岩土工程的学科领域及学科重点有所变化,由原来的单纯的工程建设向环境、灾害、生态和资源等方面扩展,许多对社会和人类发展有重大影响的大尺度岩土工程课题呼唤大岩土的形成,作为岩土工程重要方面的土力学也不可能不受其影响。近 20 年来,在土力学的科学研究和工程实践中也有不少新的发展,有关规范不断更新,某些原来属于阳春白雪的知识也逐渐普及而出现在本科教材之中。针对这些情况,本书的改版就势在必行了。

由于我们已经出版了研究生教材《高等土力学》,原来教材中一些属于提高性质的内容,如与《高等土力学》重复,就不再涉及;为了适应目前课时,突出土力学的基本概念和基本要求,将一些更深层次的内容与正文分开放在附录中,以备教师、学生与读者自学和查阅时参考;也增加了一些已经逐渐普及的新成果和新技术;随着计算机应用的普及,压缩了原版中一些系数的图表。

此版的第 1、3、6、7、8 章由李广信改编,第 2、5 章由张丙印改编,第 4、9 章由于玉贞改编,本书由李广信统校。在改版编写过程中,陈仲颐先生、周景星和王洪瑾老教授给予了密切的关注和热心的指导;张建民、胡黎明、张建红、陈轮、介玉新和张嘎老师都提出了宝贵的意见并参与了审阅；董威信、陈涛同学在试做例题、习题中做出了很大贡献,在此一并表示感谢。

土力学是一门很难精准的学科,其基本概念、原理和方法也还存在有待深入和明确的空间。作者自知水平有限,不妥甚至谬误之处敬请批评指正。

请有需要的读者登录中国大学精品开放课程网站,网址：http://www.icourses.cn/coursestatic/course_2957.html,注册后可免费获取土力学课程相关教学资源。

作 者

2013 年 5 月

# 第1版前言

地壳岩石经过强烈风化后所产生的碎散矿物集合体称为土。它包括颗粒间互不联结,完全松散的无黏性土;也包括颗粒间虽有联结,但联结强度远小于颗粒本身强度的黏性土。土的最主要特性是它的碎散性和三相组成,这是它在变形、强度等力学性质上都与连续固体介质有根本不同的内在原因。所以,仅靠材料力学、弹性力学和塑性力学尚不能描述土体在受力后所表现的性状及由此所引起的工程问题。土力学就是利用上述力学的基本知识辅以描述碎散体特性(压缩性、渗透性、粒间的接触强度特性等)的理论所建立的一门学科,是岩土工程中的基础学科和基本理论部分,用以研究土的渗流、应力变形、强度和稳定性,以及与其有关的工程问题。

本书是根据清华大学"水利水电工程"和"建筑结构工程"专业所用的"土力学"课程教学大纲,结合作者多年教学经验所编写的一本教材。内容共分为9章,其中第4章由陈仲颐编写,第1、5、7、8、9章由周景星编写,第2、3、6章由王洪瑾编写。本书由周景星统校。

在编写过程中,土力学基础工程教研组濮家骝教授和李广信教授提出了不少宝贵意见,彭芝平同学对本书例题进行了仔细的校对,其他师生也给予了很多支持和帮助,在此谨向他们表示衷心的感谢。

限于作者水平有限,本书中定有欠妥甚至错误之处,敬请读者批评指正。

陈仲颐　周景星　王洪瑾

1992 年 12 月

# 目录

绪论 ·········································································· 1

第1章 土的物理性质和工程分类 ······································ 4

1.1 土的形成 ····························································· 4

   1.1.1 岩石风化的产物 ··········································· 4

   1.1.2 土的堆积和搬运 ··········································· 5

1.2 土的三相组成 ······················································ 7

   1.2.1 固体颗粒 ···················································· 7

   1.2.2 土中水 ······················································ 16

   1.2.3 土中气体 ·················································· 18

1.3 土的物理状态 ···················································· 18

   1.3.1 土的三相组成的比例关系 ····························· 19

   1.3.2 土的物理状态指标 ······································ 24

1.4 土的结构 ··························································· 30

   1.4.1 粗粒土的结构 ············································ 30

   1.4.2 细粒土的结构 ············································ 31

   1.4.3 反映细粒土结构特性的两种性质 ···················· 32

1.5 土的工程分类 ···················································· 33

   1.5.1 土的工程分类依据 ······································ 34

   1.5.2 《土工试验方法标准》(GB/T 50123—2019)
       分类法 ······················································· 34

   1.5.3 《建筑地基基础设计规范》(GB 50007—2011)
       分类法 ······················································· 37

1.6 土的压实性 ······················································· 40

   1.6.1 细粒土的压实性 ········································· 40

   1.6.2 粗粒土的压实性 ········································· 43

习题 ······································································ 44

第2章 土的渗透性和渗流问题 ······································ 48

2.1 概述 ································································· 48

　　2.2　土体的渗透性 ················································································ 50
　　　　2.2.1　土体的渗透定律——达西定律 ················································· 50
　　　　2.2.2　渗透系数的测定和影响因素 ····················································· 55
　　　　2.2.3　层状地基的等效渗透系数 ······················································· 60
　　2.3　二维渗流与流网 ············································································ 63
　　　　2.3.1　平面渗流的控制方程 ····························································· 63
　　　　2.3.2　流网的绘制及应用 ································································· 66
　　2.4　渗透力和渗透变形 ········································································· 72
　　　　2.4.1　渗透力和临界水力坡降 ·························································· 72
　　　　2.4.2　土的渗透变形(或称渗透稳定) ················································· 76
　　习题 ································································································· 82

第3章　土体中的应力计算 ············································································· 86
　　3.1　概述 ··························································································· 86
　　3.2　有效应力原理 ··············································································· 89
　　　　3.2.1　饱和土中的应力 ··································································· 89
　　　　3.2.2　有效应力原理要点 ································································· 90
　　3.3　地基的自重应力计算 ······································································ 91
　　　　3.3.1　地基中自重应力计算的基本方法 ·············································· 91
　　　　3.3.2　静水下土的自重应力计算 ······················································ 92
　　　　3.3.3　竖直稳定渗透下自重应力计算 ················································· 93
　　3.4　基底压力计算 ··············································································· 97
　　　　3.4.1　基底压力的分布规律 ····························································· 97
　　　　3.4.2　基底压力的简化计算 ···························································· 100
　　3.5　地基中的附加应力计算 ·································································· 102
　　　　3.5.1　集中荷载作用下的附加应力计算 ············································· 102
　　　　3.5.2　矩形面积上各种分布荷载作用下的附加应力计算 ························· 105
　　　　3.5.3　条形面积上各种分布荷载作用下的附加应力计算 ························· 112
　　　　3.5.4　圆形面积竖直均布荷载作用时中心点下的附加应力计算 ··············· 119
　　　　3.5.5　影响土中附加应力分布的因素 ················································ 120
　　3.6　超静孔隙水压力与孔隙水压力系数 ·················································· 123
　　　　3.6.1　侧限应力状态下的超静孔隙水压力与渗流固结的概念 ·················· 123
　　　　3.6.2　三轴应力状态下的孔隙水压力系数 ·········································· 125
　　　　3.6.3　孔隙水压力系数的讨论 ························································· 127
　　习题 ······························································································· 128

第4章　土的变形特性和地基沉降计算 ···························································· 132
　　4.1　土的变形特性试验方法 ·································································· 132
　　　　4.1.1　侧限压缩试验 ···································································· 132
　　　　4.1.2　常规三轴压缩试验 ······························································ 135

4.1.3　土的变形特点和本构模型 ················································· 139
4.2　土的一维压缩性指标 ································································ 141
4.2.1　压缩曲线及压缩性指标 ················································· 141
4.2.2　先期固结应(压)力与地基土的应力历史 ················· 143
4.2.3　原位压缩曲线和原位再压缩曲线 ···························· 146
4.3　地基沉降量计算 ········································································ 148
4.3.1　一维压缩基本课题 ······················································· 149
4.3.2　沉降计算分层总和法 ··················································· 150
4.3.3　关于地基沉降计算的讨论 ··········································· 159
4.4　饱和土体渗流固结理论 ···························································· 160
4.4.1　太沙基一维渗流固结理论 ··········································· 161
4.4.2　关于渗流固结理论的研究进展 ··································· 171
习题 ··········································································································· 173

第5章　土的抗剪强度 ··············································································· 177
5.1　概述 ···························································································· 177
5.2　土的抗剪强度理论 ···································································· 178
5.2.1　直剪试验与库仑公式 ··················································· 178
5.2.2　土的抗剪强度机理 ······················································· 180
5.2.3　莫尔-库仑强度理论 ····················································· 181
5.3　土的抗剪强度的测定试验 ························································ 189
5.3.1　直剪试验 ······································································· 189
5.3.2　三轴压缩试验 ······························································· 192
5.3.3　无侧限压缩试验 ··························································· 196
5.3.4　十字板剪切试验 ··························································· 196
5.4　应力路径和破坏主应力线 ························································ 199
5.4.1　应力路径及表示方法 ··················································· 199
5.4.2　强度包线与破坏主应力线 ··········································· 200
5.4.3　总应力路径与有效应力路径 ······································· 201
5.5　土的抗剪强度指标 ···································································· 207
5.5.1　总应力强度指标和有效应力强度指标 ······················ 207
5.5.2　三轴试验强度指标 ······················································· 209
5.5.3　直剪试验强度指标 ······················································· 216
5.5.4　残余抗剪强度指标 ······················································· 218
5.5.5　土的强度指标的工程应用 ··········································· 218
习题 ··········································································································· 223

第6章　挡土结构物上的土压力 ······························································· 227
6.1　概述 ···························································································· 227
6.1.1　挡土结构的类型 ··························································· 228

　　　　6.1.2　墙体位移与土压力类型 ························· 230

　6.2　静止土压力计算 ····································· 232
　　　　6.2.1　静止土压力 $p_0$ ······························ 232
　　　　6.2.2　静止土压力分布及总土压力 ················· 233
　　　　6.2.3　关于静止土压力系数 $K_0$ ···················· 233

　6.3　朗肯土压力理论 ····································· 234
　　　　6.3.1　基本原理 ······························· 234
　　　　6.3.2　朗肯土压力计算 ························· 235

　6.4　库仑土压力理论 ····································· 240
　　　　6.4.1　方法要点 ······························· 240
　　　　6.4.2　计算主动土压力的数解法 ················· 242
　　　　6.4.3　计算主动土压力的图解法 ················· 244

　6.5　朗肯理论与库仑理论的比较 ······················· 247
　　　　6.5.1　分析方法的异同 ························· 247
　　　　6.5.2　适用范围 ······························· 247
　　　　6.5.3　计算误差 ······························· 251

　6.6　几种常见情况的主动土压力计算 ··················· 254
　　　　6.6.1　成层土的土压力 ························· 254
　　　　6.6.2　墙后填土中有地下水 ····················· 255
　　　　6.6.3　填土表面有荷载作用 ····················· 256
　　　　6.6.4　墙背形状有变化的情况 ··················· 259
　　　　6.6.5　墙后滑动面受限 ························· 260
　　　　6.6.6　加筋挡土墙 ····························· 261
　　　　6.6.7　填土的性质指标与填土材料的选择 ········· 262

　习题 ··················································· 263

第7章　土坡稳定分析 ····································· 267
　7.1　概述 ··············································· 267

　7.2　无黏性土坡的稳定分析 ····························· 269
　　　　7.2.1　均匀的无黏性土坡 ······················· 269
　　　　7.2.3　无限坡长的无黏性土坡 ··················· 272

　7.3　黏性土坡的稳定分析 ······························· 274
　　　　7.3.1　整体圆弧滑动法 ························· 275
　　　　7.3.2　条分法的基本概念 ······················· 275
　　　　7.3.3　瑞典条分法 ····························· 276
　　　　7.3.4　毕肖甫法 ······························· 277
　　　　7.3.5　简布法 ································· 279
　　　　7.3.6　有限元法 ······························· 282
　　　　7.3.7　最危险滑动面的确定方法和容许安全系数 ········· 285

    7.3.8 边坡稳定分析图解法 ················································ 288
  7.4 边坡稳定分析的总应力法和有效应力法 ······································· 289
    7.4.1 基本概念 ························································· 289
    7.4.2 稳定渗流期土坡稳定分析 ·········································· 291
    7.4.3 施工期的填方边坡稳定分析 ········································ 296
  7.5 天然土体的边坡稳定问题 ················································· 298
    7.5.1 裂隙硬黏土的边坡稳定 ············································ 298
    7.5.2 软土地基上土坡的稳定分析 ········································ 299
  习题 ······································································· 301

**第 8 章 地基承载力** ······························································ 306
  8.1 概述 ······························································· 306
  8.2 地基的失稳形式和过程 ················································· 307
    8.2.1 临塑荷载 $p_{cr}$ 和极限承载力 $p_u$ ······························· 307
    8.2.2 竖直荷载下地基的破坏形式 ········································ 308
  8.3 地基的极限承载力 ····················································· 308
    8.3.1 无重介质地基的极限承载力——普朗德尔-瑞斯纳公式 ············· 309
    8.3.2 基础下形成刚性核时地基的极限承载力——太沙基公式 ··········· 313
    8.3.3 考虑基底以上土体抗剪强度时地基的极限承载力
      ——梅耶霍夫公式 ················································· 317
    8.3.4 汉森极限承载力公式 ·············································· 319
    8.3.5 地基承载力机理和公式的普遍形式 ·································· 320
  8.4 地基的容许承载力 ····················································· 323
    8.4.1 地基容许承载力的概念 ············································ 323
    8.4.2 按控制地基中极限平衡区(塑性区)发展范围的方法确定地基的
      容许承载力 ······················································· 323
    8.4.3 按《建筑地基基础设计规范》(GB 50007—2011)确定地基承载力 ··· 326
  习题 ······································································· 330

**第 9 章 土的动力特性** ·························································· 333
  9.1 动荷载 ······························································· 333
  9.2 土的动强度 ··························································· 336
    9.2.1 冲击荷载作用下土的动强度 ········································ 336
    9.2.2 周期荷载作用下土的动强度 ········································ 338
    9.2.3 不规则荷载作用下土的动强度 ······································ 343
  9.3 土的振动液化 ························································· 345
    9.3.1 液化的基本概念 ·················································· 345
    9.3.2 振动孔隙水压力的发展 ············································ 346
    9.3.3 影响土液化的主要因素 ············································ 347
    9.3.4 土体单元的液化可能性判别 ········································ 348

9.4　土的动应力-应变关系和阻尼特性 ························· 349

9.4.1　土的动应力-应变关系 ····················· 349

9.4.2　土的阻尼特性 ··························· 352

习题 ································································· 356

附录 I　布辛内斯克半无限空间弹性体表面上竖向集中力作用的
附加应力与位移解 ······································· 357

附录 II　求附加应力的感应图法 ································· 359

附录 III　有黏聚力和地面均布荷载的库仑主动土压力系数公式 ········· 361

附录 IV　无限斜面砂土坡的朗肯土压力计算 ······················ 362

附录 V　地震主动土压力计算 ································· 365

附录 VI　埋管与地下工程的土压力 ··························· 368

附录 VII　地震期边坡稳定分析 ······························ 373

附录 VIII　极限平衡理论与用特征线法求解无重介质地基的极限承载力 ····· 376

参考文献 ················································· 385

# 绪论

在学习了一些经典力学之后,面前的这本《土力学》教材向你展示了一门新的力学课程及一种新的学习与研究的对象。在进一步深入接触以后,你会感到这门力学有些奇特和陌生,甚至怀疑它作为一门力学的合法性,以前就有学生判定土力学是一门"伪科学"。

清华大学的校训源于梁启超先生的讲演所提出的"天行健,君子以自强不息;地势坤,君子以厚德载物。"(易传·象传)。在古老的《易》经中,曾以"坤"为 64 卦之首,坤象地,即为土。可见土是人类得以生存的载体,土以其厚重的品格承载着万物。

土是人们十分熟悉的东西:普天之下,莫非王土。在路边工地抓起一把砂石料,可见松散的砂石颗粒,所谓"一盘散沙"就是指这种东西。挖起一小块湿润的黏土,发现它可切可塑;待其变干变硬之后,可以用手捻成粉末,在显微镜下可以见到片状的颗粒。从而可知所有土都是由碎散的颗粒组成的,颗粒间有明显的孔隙。

在寸草不生的沙漠,砂土是干燥的;在芳草萋萋的绿地,土是湿润的;在风蒲猎猎的湿地,土可能是饱和的泥炭。因而土可以是无水、含水或饱水的,孔隙中未充水的部分是气体。可见,土可以有固体颗粒、土中水和气体这三相物质。

土是自然中岩石风化后的产物,提起土,每个人的头脑中可能会出现完全不同的景象:戈壁滩"一川碎石大如斗,随风满地石乱走"是土;沙漠中"平沙莽莽黄入天"是土;沃野里"锄禾日当午,汗滴禾下土"是土;江南的"谁家春燕啄新泥"的也是土。作为大自然的产物,土真是千姿百态,气象万千,很难界定一种"标准土"或者抽象的土,这远非以前我们将固体抽象为质点、刚体或者连续弹性介质那么简单。其种类之繁多,性质之复杂及其对环境影响之敏感成为这门力学难以掌握的主要原因。

土是碎散的、三相的和天然的。由于其碎散性,颗粒间没有联结或只有很弱的联结,所以土的强度主要是颗粒间摩擦产生的抗剪强度;碎散的颗粒会在压力下相互移动与靠近,占很大比例的孔隙会缩小,孔隙中的水与气会排出,因而土的压缩变形主要源于孔隙体积的减少而非颗粒本身的压缩,因而其体应变可以是很大的;土中水可在势差作用下流动,土中水的运动是地球水循环的重要一环,与人类的生活息息相关,也与很多自然灾害与工程事故密切相关。所以与土有关的工程问题基本可归因于土的强度、土的变形和土中水的渗流。

上海闵行区某高楼于 2009 年建成后只来得及向周围匆匆张望了一眼,就前扑倒地而亡,如图 1 所示。图 2 是 2000 年发生在西藏易贡的大滑坡,滑坡体高差 3330m,总方量近 3 亿 $m^3$。它截断易贡河,形成坝高 290m,库容 15 亿 $m^3$ 的堰塞湖。这些惊心动魄的事故与灾害皆源于土的强度问题。

图 1　上海闵行区某高楼的扑倒　　　　　图 2　西藏易贡的大滑坡

图 3 是台湾高雄地铁施工造成的房屋沉陷,图 4 为我国东北地区由于冻胀变形造成的房屋开裂。由于过量开采地下水而造成的大面积地面沉降就更为壮观。目前,我国在 19 个省市中有超过 50 个城市发生了不同程度的由地下水位下降引起的地面沉降,其中累计沉降量超过 200mm 的总面积超过 7.9 万 $km^2$。中心最大沉降量超 2.0m 的有上海、天津、太原、西安、苏州、无锡、常州、沧州等城市。天津塘沽局部地区的最大沉降量达到了 3.1m,上海市的最大累计沉降量近 3.0m,从 20 世纪 70 年代至今,沧州有的地区的最大沉降量达到 2.4m。大面积地面沉降加上海平面上升,在沿海地区可能引起长远的、毁灭性的后果。可见土的变形问题也是极为严重的问题。

图 3　台湾高雄地铁施工造成的房屋沉陷　　图 4　我国东北地区由于冻胀造成的房屋开裂

1998 年长江洪水期间,发生了数千处险情和几次大溃堤;1993 年青海省的沟后水库大坝溃决,造成数百人死亡,原因是大坝漏水,坝料被冲刷,浸润线过高,导致堆石坝溃决(图5)。这

图 5　青海省沟后水库大坝溃决

都是由于渗流和渗透破坏引起的灾难。

　　土是人类最老的朋友,万物生发于土,归藏于土。人们在广袤深厚的大地上耕耘营造,生息繁衍。在与自然的抗争中,土也是人类最古老的武器:大禹治水"兴人徒以傅土",也就是依靠土方工程。在与土打交道的长期实践中,人们积累了有关土的丰富知识和经验。但是土力学作为一门学科却远不是那么古老。大家公认它始于 1925 年太沙基(Terzaghi K)发表了关于土力学的第一本专著之后。之前的几千年人类的知识和经验基本还处于感性阶段,土的有效应力原理和单向渗流固结理论是土力学标志性的理论,标志着土力学作为一门独立学科的诞生。

　　土是自然的产物,"道法自然",我们也应在自然中熟悉土、掌握土和应用土。在童年时期玩砂、玩泥,挖坑堆土,是认识土的重要环节;土工试验也是土力学学习的基础。基于土性质的复杂性,作为天然材料的不确定性和对环境的高度敏感性,在土力学中,我们只能根据不同的问题和要求对土做不同的理想化和假设,不能期望我们能够像运用其他力学一样,通过严密的理论和精确的计算来准确地解决土工问题。

　　随着试验、测试、计算工具和工程技术的发展,在总结近年来空前规模的岩土工程实践的基础上,人们对土的认识进一步深入,土力学已经有很大的进展。将土力学基本概念和原理应用于工程实践,在此基础上发展和创新,是土力学学科前进的必由之路。

# 第1章

# 土的物理性质和工程分类

## 1.1 土 的 形 成

在土木工程中所谓的土是指处于地球地壳表层,在人类的生活和经济活动范围内的第三纪以来的地质体,是岩体风化而成的碎散颗粒群体,这些颗粒构成能够承担与传递应力的构架体,即土骨架,土骨架及其孔隙中的水与气体组成为土。

地球表面的岩石在大气中经受长期的风化作用而破碎后,形成形状不同、大小不一的颗粒,这些颗粒受各种自然力的作用,在各种不同的自然环境中堆积下来,就形成通常所说的土。堆积下来的土,在漫长的地质年代中发生复杂的物理化学变化,逐渐压密、岩化,最终又形成岩石,就是沉积岩。因此,在自然界中,所谓沧海桑田,岩石不断风化破碎形成土,而土也会被压密、岩化变成沉积岩。在漫长的地质历史过程中,这一循环过程重复地进行着。

工程上遇到的大多数土都是在第四纪地质历史时期内形成的。第四纪地质年代的土又可划分为全新世和更新世两类,如表 1-1 所列。其中第四纪全新世中晚期沉积的土,亦即在人类文化期以来所沉积的土称为新近代沉积土,一般为欠固结土,强度较低。

**表 1-1　土的生成年代**

| 纪(或系) | 世(或统) | | 距今时间 |
|---|---|---|---|
| 第四纪(Q) | 全新世($Q_4$) | $Q_4^3$(晚期) | <0.25 万年 |
| | | $Q_4^2$(中期) | 0.75 万～0.25 万年 |
| | | $Q_4^1$(早期) | 1.3 万～0.75 万年 |
| | 更新世($Q_p$) | 晚更新世($Q_3$) | 12.8 万～1.3 万年 |
| | | 中更新世($Q_2$) | 71 万～12.8 万年 |
| | | 早更新世($Q_1$) | 距今 71 万年以前 |

### 1.1.1 岩石风化的产物

土是岩石风化的产物。岩石和土中的粗颗粒在自然界会不断风化,这包括物理风化、化学风化和生物风化,它们经常是同时进行而且是互相促进的,从而加剧了发展的进程。

物理风化是指岩石和土的粗颗粒受机械破坏及各种气候因素的影响,如温度的昼夜变化和季节变化,降水、风、裂隙中水的冻融等原因,导致体积胀缩而发生裂缝并加剧裂缝的发展;在运动过程中因碰撞和摩擦而破碎;由于剥蚀卸载而应力释放;裂隙中由于盐分结晶而发生盐胀,都会产生裂隙或是节理张开,于是岩体逐渐变成碎块和细小的颗粒,粗的粒径可以米(m)计,细的粒径可以在 0.05mm 以下,但它们的矿物成分仍与原来的母岩相同,称为原生矿物。所以物理风化后的土是颗粒大小的变化,是量变,但是这种量变的结果使原来的大块岩体和岩块的孔隙增加,变成了碎散的颗粒,其性质也发生很大的变化。

化学风化是指母岩表面和土中的岩屑颗粒受环境因素的作用而改变其矿物的化学成分,形成新的矿物的现象,也称次生矿物。环境因素包括水、空气以及溶解在水中的氧气和二氧化碳等。化学风化常见的反应如下:

(1) 水解作用——指矿物成分被分解,并与水进行化学成分的交换,形成新的矿物。例如正长石经过水解作用后,形成高岭石,这是一种黏土矿物。

(2) 水化作用——土中有些矿物与水接触后,发生化学反应。水按一定的比例加入矿物组成中,改变矿物原有的分子结构,形成新的矿物。例如土中的 $CaSO_4$(硬石膏)水化后成为 $CaSO_4 \cdot 2H_2O$(含水石膏)。

(3) 氧化作用——土中的矿物与氧结合形成新的矿物,例如 $FeS_2$(黄铁矿)氧化后变成 $FeSO_4 \cdot 7H_2O$(铁矾)。

此外,还有溶解作用、碳酸化作用等。化学风化的结果,形成十分细微的土颗粒,最主要的为黏土颗粒(粒径<0.005mm)以及大量的可溶性盐类。微细颗粒的比表面积很大,具有吸附水分子的能力。

生物风化是指岩石受生物活动的影响而产生和加速的破坏过程,严格地讲,它也可归入物理风化与化学风化,所以有时不另分生物风化。生物风化包括植物根系生长对岩隙的撑胀作用,穴居动物的钻洞;生物新陈代谢的产物及其死亡产生的化学物质对岩石的破坏;人类生活及生产活动过程及产物对岩石的物理与化学作用等。由于人类的活动范围和工程规模越来越大,对于环境的干预和影响不容忽视,形成生物风化的重要部分。

在自然界中,岩石的物理风化与化学风化时刻都在进行,而且相互加强。这就形成了碎散的、三相的和具有强烈自然变异性的产物——土。

## 1.1.2　土的堆积和搬运

工程中遇到的大多数土是第四纪地质历史时期所形成的,第四纪的土,按其是否有所运移,可分为残积土和运积土两大类。

残积土是指母岩表层经风化作用而破碎成为岩屑或细小的矿物颗粒后,未经搬运而残留在原地的碎屑体。它的特征是颗粒粗细不均、表面粗糙、多棱角、无层理,常含有黏土矿物,其分布厚度变化很大。在我国的南方,如广州、深圳等地,花岗岩分布广泛,花岗岩残积土也大面积分布,土层厚度可达 15～40m,成为该地区建筑物基础的主要持力层。

运积土是指风化所形成的土颗粒,在不同的环境下,受不同自然力的作用,搬运到远近不同的地点后所沉积而成的堆积物。根据搬运的动力不同,运积土又可分为下面所介绍的几类,如图1-1所示。

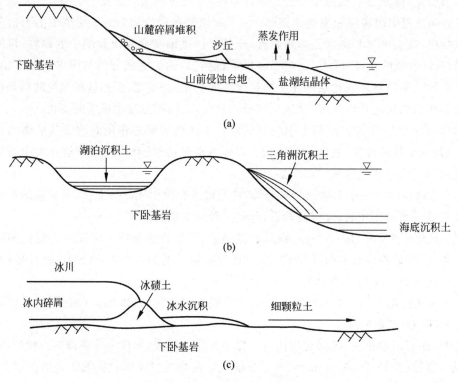

图 1-1 不同环境下土的形成
(a) 山前台地与荒原；(b) 河流、湖、海；(c) 冰川

(1) 坡积土——图 1-1(a)中的山麓碎屑堆积,是风化岩碎屑与残积土受重力和短期水流(如雨水和雪水)的作用,被裹挟到坡腰或坡脚处聚积起来的碎屑堆积物。堆积体内土粒粗细不均,较松散,性质也很不均匀。

(2) 洪积土——如图 1-1(a)所示,残积土和坡积土受洪水冲刷,挟带到山麓的山沟处沉积形成洪积土。其地貌特征是离山近处窄而陡,离山远处宽而缓,形如锥体,故称为洪积扇。它又可被水流进一步冲蚀,形成山前冲蚀台地。由于离山越远,山洪的流速越缓,洪积物具有明显的分选性:搬运距离近的沉积颗粒较粗,力学性质较好;搬运距离远的则颗粒较细,力学性质较差。

(3) 冲积土——如图 1-1(b)所示,由于江、河水流搬运所形成的沉积物,分布在山谷、河谷、冲积平原、河口和三角洲上的土都属于冲积土。这类土由于经过较长距离的搬运,其特点是颗粒经过滚动和相互摩擦,粗颗粒因摩擦作用而变圆滑,具有一定的浑圆度。在沉积过程中因受水流等自然力的分选作用而形成颗粒粗细不同的层次,粗颗粒下沉快,细颗粒下沉慢;在流速快的水中(例如洪水期),沉积较大的颗粒;而在流速缓慢(如枯水期)时,沉积细颗粒。因而形成不同粗细的土互层,常形成砂砾层和黏性土层交叠的地层。冲积土分布广泛,与人类关系密切,因此冲积平原和三角洲通常分布着经济发达、人口密集的城镇。

（4）湖泊沉积土——图 1-1（b）中的湖泊沉积土,是在极为缓慢水流或静水条件下沉积形成的堆积物,可分为湖边沉积物和湖心沉积物。湖边沉积物常常是由波浪冲蚀湖岸形成的碎屑沉积而成,成分多为砂砾,它具有斜层理结构,近岸承载力高,远岸承载力低。湖心沉积物是由河流与湖流携带的细小的颗粒组成的,主要是黏土与淤泥。若湖泊逐渐淤塞,则可演变为沼泽土,常伴有不同含量的由生物及化学作用所形成的有机物,成为具有特殊性质的淤泥、淤泥质土或泥炭土,其工程性质一般都很差。

（5）海相沉积土——图 1-1（b）中的海底沉积土,是由水流挟带到大海沉积起来的堆积物,可分为滨海带、浅海带和深海带,其沉积物性质也各有不同。随着城市化的进展,人们往往在滨海带及浅海带填海造地。滨海带沉积物主要由砂砾组成,承载力较高,透水性较好,具有缓倾的层理结构;浅海带是由细砂、黏性土、淤泥及生物化学沉积物等构成,压缩性大,承载力低。大陆坡和深海沉积物主要是有机质淤泥,成分均一,工程力学性质很差。

（6）冰碛土——冰碛土是由于冰川的冻融和移动侵蚀而形成的,是冰川或冰水挟带搬运的堆积物,颗粒粗细变化大（从黏粒到巨粒）,土质也不均匀,如图 1-1（c）所示。由于冰川搬运和融化水流的冲积,冰碛土颗粒从上游到下游由粗到细,沉积在不同的位置。由于其以粗颗粒为主,一般具有较高的强度,是较好的持力层。

（7）风积土——在干旱荒漠地区,风是主要的搬运动力。岩层的风化碎屑或第四纪松散土,经风力搬运形成堆积物,其颗粒均匀,往往堆积层很厚而不具层理。图 1-1（a）中的沙丘就是由风搬运而来的,我国西北黄土高原的黄土就是典型的风积土。

（8）盐渍岩土——在干旱与半干旱地区,一些含盐量高的天然水体（如潟湖、盐湖和盐海等）,由于蒸发作用易溶盐结晶成为结晶体,如图 1-1（a）所示。在这些地区,蒸发量大而降水量小,毛细作用强,地下水沿着土层的毛细管上升到地面附近,经蒸发作用,水中盐被析出并聚集,在地面及地下土层中形成盐渍土。盐渍土具有溶陷、盐胀和腐蚀等特性。

# 1.2　土的三相组成

如前所述,土是由固体颗粒、水和气体三部分所组成的三相体系。固体部分,一般由矿物质所组成,有时也含有有机质（半腐烂和全腐烂的植物质和动物残骸等）。土骨架是由土颗粒相互接触与联结形成的,可承担和传递应力的构架体,土骨架有整个土体的体（面）积。土骨架不包括其中相互贯通的孔隙中的流体（水与气体）,这些孔隙如果完全被水充满,则成为饱和土;部分被水占据,成为非饱和土;孔隙中无水只有气体则是干土。水和溶解于水的物质构成土的液体部分。空气及其他气体构成土的气体部分。这三种组成部分本身的性质以及它们之间的比例关系和相互作用决定土的物理力学性质。因此,研究土的性质,必须首先研究土的三相组成。

## 1.2.1　固体颗粒

固体颗粒构成土的骨架,它对土的物理力学性质起决定性的作用。研究固体颗粒就要分析粒径的大小及不同尺寸颗粒在土中所占的百分比,即土的粒径级配,还要研究固体颗粒的矿物成分以及颗粒的形状,这三者之间又是密切相关的。例如粗颗粒的成分都是原生矿物,形状多呈单粒状;而颗粒很细的土,其成分多是次生矿物,形状多为片状。

**1. 粒径级配**

由于颗粒大小不同,土可以具有很不相同的性质。例如粗颗粒组成的砾石,具有很强的透水性,没有可塑性;而由细颗粒组成的黏土则透水性很弱,黏性和可塑性较大。颗粒的大小通常以粒径($d$)表示。由于土颗粒形状各异,所谓颗粒粒径,在筛分试验中用其能通过的最小筛孔的孔径表示;在水分法中用在水中具有相同下沉速度的当量球体的直径表示。工程上按粒径大小分组,称为粒组,即某一级粒径的变化范围。表1-2表示国内常用的粒组划分及各粒组的粒径范围。

表 1-2 土的粒组划分

| 粒 组 | 颗 粒 名 称 | | 粒径 $d$ 的范围/mm |
|---|---|---|---|
| 巨粒 | 漂石(块石) | | $d>200$ |
| | 卵石(碎石) | | $60<d\leqslant200$ |
| 粗粒 | 砾粒 | 粗砾 | $20<d\leqslant60$ |
| | | 中砾 | $5<d\leqslant20$ |
| | | 细砾 | $2<d\leqslant5$ |
| | 砂粒 | 粗砂 | $0.5<d\leqslant2$ |
| | | 中砂 | $0.25<d\leqslant0.5$ |
| | | 细砂 | $0.075<d\leqslant0.25$ |
| 细粒 | 粉粒 | | $0.005<d\leqslant0.075$ |
| | 黏粒 | | $d\leqslant0.005$ |

摘自《土木试验方法标准》(GB/T 50123—2019)

实际上,土常是各种不同大小颗粒的混合物。较笼统地说,主要以粒径大于 0.075mm 的颗粒组成的土称为粗粒土。主要以不大于 0.075mm 粉粒和黏粒为主的土称为细粒土。土的具体的工程分类见 1.5 节。很显然,土的性质主要取决于土中不同粒组的相对含量。为了了解各粒组的相对含量,必须先将各粒组分离开,再分别称其质量。这就是粒径级配的分析方法。

1) 粒径级配分析方法

工程中,实用的粒径级配分析试验方法有筛分法和水分法两种。

筛分法适用于土颗粒大于等于 0.075mm 的部分。它是利用一套孔径大小不同的筛子,将事先称过质量的烘干碎散土样过筛,分别称留在各筛上土的质量,然后计算相应的百分数。

水分法用于分析土中粒径小于 0.075mm 的部分。根据斯托克斯(Stokes)定理,球状的颗粒在水中的下沉速度与颗粒直径的平方成正比。因此可以利用粗颗粒下沉速度快、细颗粒下沉速度慢的原理,按下沉速度进行颗粒粗细分组。基于这个原理,实验室常用密度计进行颗粒分析,称为密度计法。该法的原理说明和操作方法,可参阅土工试验操作规程或土工试验指示书。

【例题 1-1】　取烘干土 200g(全部通过 10mm 筛),分别用筛分法和水分法求各粒组含量和小于某种粒径(以筛孔直径表示)颗粒占总质量的百分数。

【解】

(1) 筛分结果列于表 1-3。

表 1-3　某种土的筛分结果

| 筛孔直径 /mm | 筛上土的质量 (即粒组质量)/g | 筛下土的质量(即小于某 粒径土的质量)/g | 筛上土的质量占总土 质量的百分数/% | 小于该筛孔土的质量 占总质量的百分数/% |
|---|---|---|---|---|
| 5 | 10 | 190 | 5 | 95 |
| 2 | 16 | 174 | 8 | 87 |
| 1 | 18 | 156 | 9 | 78 |
| 0.5 | 24 | 132 | 12 | 66 |
| 0.25 | 22 | 110 | 11 | 55 |
| 0.075 | 46 | 64 | 23 | 32 |

(2) 将表 1-3 中筛分试验的筛余量,即粒径小于 0.075mm 的土颗粒 64g,再用水分法进行分析,得到细粒土的粒组含量,见表 1-4。

表 1-4　细粒部分的粒组含量

| 粒径范围/mm | 0.075～0.05 | 0.05～0.01 | 0.01～0.005 | <0.005 |
|---|---|---|---|---|
| 质量/g | 12 | 25 | 7 | 20 |

(3) 两种分析方法相结合,就可以将一个混合土样分成若干个粒组,并求得各粒组的含量,见表 1-5。

表 1-5　某土样粒径级配分析的结果

| 粒径/mm | 5 | 2 | 1 | 0.5 | 0.25 | 0.075 | 0.05 | 0.01 | 0.005 |
|---|---|---|---|---|---|---|---|---|---|
| 粒组质量/g | 10 | 16 | 18 | 24 | 22 | 46 | 12 | 25 | 7 | 20 |
| 小于某粒径土累积质量/g | — | 190 | 174 | 156 | 132 | 110 | 64 | 52 | 27 | 20 |
| 小于某粒径土占总土质量的百分比/% | — | 95 | 87 | 78 | 66 | 55 | 32 | 26 | 13.5 | 10 |

2) 粒径级配曲线

综合上述筛分试验和比重计试验的全部结果,在表 1-5 中,除提供某试样的全部粒组质量外,还算出小于某粒径的颗粒累积质量及占总质量的百分数。将表中的结果绘制成土的粒径级配累积曲线,也可简称为级配曲线或粒径分布曲线,如图 1-2 所示。粒径级配累积曲线的横坐标为土颗粒的粒径,以 mm 表示。由于土中所含各粒组的粒径往往相差甚大,且细粒土的含量对土的性质影响很大,需详细表示。因此,粒径的坐标常取为对数坐标。级配曲线的纵坐标为小于某粒径的土颗粒累积含量,用百分比表示。

3) 粒径级配累积曲线的应用

土的粒径级配累积曲线是土工中很有用的资料,从该曲线可以直接了解土的粗细程度、粒径分布的均匀程度和分布连续性程度,从而判断土的级配情况和按级配分类。土的粗细

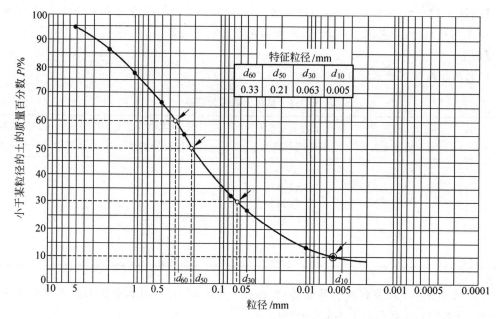

图 1-2    土的粒径级配累积曲线

程度常用平均粒径 $d_{50}$ 表示。它指土中大于此粒径和不大于此粒径的颗粒质量均占 50%。为了表示土颗粒的均匀程度和分布连续性程度,取如下三种粒径作为特征粒径:

$d_{10}$——小于该粒径的土颗粒的质量占土颗粒总质量的 10%,亦称为有效粒径。

$d_{30}$——小于该粒径的土颗粒的质量占土颗粒总质量的 30%,亦称为连续粒径。

$d_{60}$——小于该粒径的土颗粒的质量占土颗粒总质量的 60%,亦称为控制粒径。

定义土的不均匀系数 $C_u$ 为

$$C_u = d_{60}/d_{10} \tag{1-1}$$

可见,$C_u$ 越大,表示土越不均匀,即粗颗粒和细颗粒的大小相差越悬殊。如果粒径级配曲线是连续的,$C_u$ 越大,则级配曲线越平缓,表示土中含有许多粗细不同的粒组,亦即粒组的变化范围宽。$C_u \geqslant 5$ 的土称为级配不均匀土,反之称为级配均匀土。

但是,如果粒径级配累积曲线斜率不连续,在该曲线上的某一位置出现水平段:如图 1-3 中曲线②和曲线③所示。显然水平段范围所包含的粒径的颗粒含量为零。这种土称为缺少某种中间粒组的土。如果水平段的范围较大,这种土的组成特征是颗粒粗的相对很粗,细的相对特细。在同样的击实与压密条件下,得到的干密度不如级配连续的土高,其他的工程性质差别也较大。土的粒径级配累积曲线的斜率是否连续可用曲率系数 $C_c$ 表示,其定义为

$$C_c = \frac{d_{30}^2}{d_{60} \times d_{10}} \tag{1-2}$$

下面分析曲率系数 $C_c$ 所表示的物理概念。假定在图 1-3 中三条级配曲线上代表 $d_{60}$ 的 $a$ 点和代表 $d_{10}$ 的 $b$ 点位置相同,则土的不均匀系数 $C_u$ 也相同。图中曲线①表示级配连续的曲线,在此曲线上读得 $d_{60} = 0.33$mm,$d_{30} = 0.063$mm,$d_{10} = 0.005$mm。由式(1-2)得:

$$C_c = \frac{d_{30}^2}{d_{60} \times d_{10}} = \frac{0.063^2}{0.33 \times 0.005} \approx 2.41$$

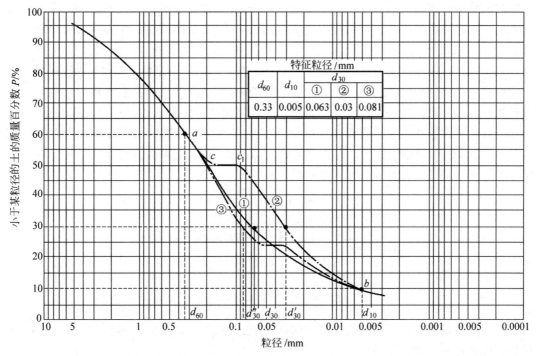

图 1-3　级配不连续土的粒径级配累积曲线

　　图中曲线②表示土的级配不连续，出现水平段$\overline{cc_1}$，水平段所代表的粒径大于曲线①的$d_{30}$，从曲线②读得$d'_{30}=0.03$mm，相应的曲率系数为

$$C'_c=\frac{0.03^2}{0.33\times0.005}\approx0.545$$

　　曲线③表示另一种土的级配不连续曲线，其水平段所代表的粒径小于曲线①的$d_{30}$。从曲线③读得$d''_{30}=0.081$mm，相应的曲率系数为

$$C''_c=\frac{0.081^2}{0.33\times0.005}\approx3.98$$

　　对比三种曲线的曲率系数可知，当土中所缺少的中间粒径大于连续级配曲线的$d_{30}$时，曲率系数变小，而当缺少的中间粒径小于连续级配曲线的$d_{30}$时，曲率系数变大。经验表明，当级配连续时，$C_c$的范围为 1～3。因此，当$C_c<1$或$C_c>3$时，均表示级配曲线不连续。从工程观点看，土的级配不均匀（$C_u\geqslant5$），且级配曲线连续（$C_c=1～3$）的土，称为级配良好的土。不能同时满足上述两个要求的土，称为级配不良的土。

　　在岩土工程中，应根据工程的需要选择土的级配。级配良好的土经压实后，细颗粒充填于粗颗粒所形成的孔隙中，容易得到较高的干密度和较好的力学特性，适用于填方工程。而级配均匀的土孔隙较多较大，有较好的渗透性，可用于排水结构物和反滤层中。

　　对于粗粒土，不均匀系数$C_u$和曲率系数$C_c$是评定渗透稳定性的重要指标，这点将在第 2 章中阐述。

**2. 土粒成分**

土中固体部分的成分如图 1-4 所示，绝大部分是矿物质，另外或多或少有一些有机质。

颗粒的矿物成分可分为两大类:一类是原生矿物,常见的如石英、长石和云母等,它们是由岩石经过物理风化生成的。粗的土颗粒通常是由一种或多种原生矿物所组成的岩粒或岩屑,即使很细的岩粉也仍然是原生矿物;另一类组成土的矿物是次生矿物,它们是由原生矿物经化学风化后形成的新的矿物成分。土中最主要的次生矿物是黏土矿物。黏土矿物不同于原生矿物,它具有复合层状结构的铝-硅酸盐矿物,它对黏性土的工程性质影响很大。次生矿物还有倍半氧化物($Fe_2O_3$,$Al_2O_3$)和次生二氧化硅。它们除以晶体形式存在以外,还常以凝胶的形式存在于土粒之间,增加了土体的抗剪强度。可溶盐是第三种次生矿物,它们包括 $CaCO_3$,$NaCl$,$MgCO_3$ 等。它们可能以固体形式存在,也可能溶解在溶液中。它们也可增加颗粒间的联结,增强土的抗剪强度。

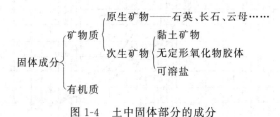

图 1-4  土中固体部分的成分

黏土矿物具有与原生矿物很不相同的特性,它对黏性土性质的影响很大。下面对黏土矿物的性质作一简要的介绍。

(1) 黏土矿物的晶体结构和分类

黏土矿物主要是一种复合的铝-硅酸盐晶体,颗粒成片状,是由硅片和铝片构成的晶包所组叠而成。硅片的基本单元是硅-氧四面体。它是由 1 个居中的硅离子和 4 个在角点的氧离子所构成,如图 1-5(a)所示。由 6 个硅-氧四面体组成 1 个硅片,如图 1-5(b)所示。硅片底面的氧离子被相邻 2 个硅离子所共有,因而硅片具有净的负电荷,简化图形如图 1-5(c)所示。铝片的基本单元则是铝-氢氧八面体,它是由 1 个铝离子和 6 个氢氧根离子所构成,如图 1-6(a)所示。4 个这样的八面体组成 1 个铝片。每个氢氧根离子都被相邻两个铝离子所共有,铝片在整体上电荷是呈中性的,如图 1-6(b)所示,简化图形见图 1-6(c)。黏土矿物依硅片和铝片组叠形式的不同,主要分成高岭石、蒙特石和伊利石三种类型。

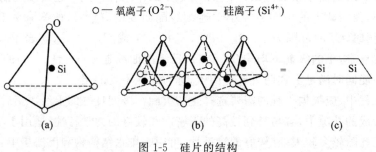

图 1-5  硅片的结构

高岭石  其晶层结构是由 1 个硅片和 1 个铝片上下组叠而成,如图 1-7(a)所示。这种晶体结构称为 1:1 的两层结构。两层结构的最大特点是晶层之间通过 $O^{2-}$ 与 $OH^-$ 相互联结,称为氢键联结。氢键的联结力较强,致使晶格不能自由活动,水难以进入晶格之间,是一种遇水较为稳定的黏土矿物。因为晶层之间的联结力较强,能组叠很多晶层,多达百个以

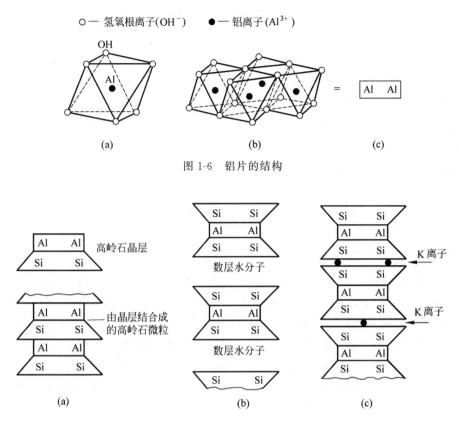

○— 氢氧根离子(OH⁻)　●— 铝离子(Al³⁺)

图 1-6　铝片的结构

图 1-7　黏土矿物的晶格构造
（a）高岭石；（b）蒙特石；（c）伊利石

上,成为一个颗粒。所以高岭石的主要特征是颗粒较粗,不容易吸水膨胀、失水收缩,或者说亲水能力差。

　　蒙特石　晶层结构是由两个硅片中间夹一个铝片所构成的,如图 1-7(b)所示,称为 2∶1 的三层结构。晶层之间是 $O^{2-}$ 对 $O^{2-}$ 的联结,联结力很弱,水很容易进入晶层之间。每一颗粒能组叠的晶层数较少。蒙特石的主要特征是颗粒细微,具有显著的吸水膨胀、失水收缩的特性,或者说亲水能力强。

　　伊利石　主要是云母在碱性介质中风化的产物。它与蒙特石相似,是由两层硅片夹一层铝片所形成的三层结构,但晶层之间有 K 离子联结,如图 1-7(c)所示。联结强度弱于高岭石而高于蒙特石,其特征也介于两者之间。

　　三种黏土矿物的主要特征见表 1-6。

　　(2) 黏土矿物的带电性质

　　1809 年,莫斯科大学列伊斯(Рейс)教授完成一项很有趣的试验。他把黏土膏放在一个玻璃器皿内,将两个无底的玻璃筒插入黏土膏中。向筒中注入相同深度的清水,并将两个电极分别放入两个筒内的清水中,然后将直流电源与电极连接。通电后发现放阳极的筒中,水面下降,水逐渐变浑。放阴极的筒中水面逐渐上升,如图 1-8 所示。这种现象说明在电场中,土中的黏土颗粒向阳极移动,而水则渗向阴极。前者称为电泳,后者称为电渗。土颗粒向阳极移动说明颗粒表面带有负电荷。

表 1-6　三类黏土矿物的特性

| 特性 | | 高岭石 | 伊利石 | 蒙特石 |
|---|---|---|---|---|
| 分子式 | | $(OH)_8 Si_4 Al_4 O_{10}$ | $(K,H_2O)_2 Si_8 (Al,Mg,Fe)_{4,6} O_{20}(OH)_4$ | $(OH)_4 Si_8 Al_4 O_{20}(H_2O)_n$ |
| 比重 | | 2.60~2.68 | 2.60~3.00 | 2.35~2.70 |
| 液限 $w_L/\%$ | | 50~62 | 95~120 | 150~900 |
| 塑限 $w_p/\%$ | | 33 | 45~60 | 55 |
| 塑性指数 $I_p$ | | 20~29 | 32~67 | 100~650 |
| 活动指数 $A$ | | 0.3~0.5 | 0.5~1.3 | 4~7 |
| 压缩性指数 $C_c$ | | 0.2 | 0.6~1.0 | 1~3 |
| 有效内摩擦角 $\varphi'/(°)$ | | 20~30 | 20~25 | 12~20 |
| 颗粒尺寸 /μm | 平面 | 0.1~2.0 | 0.1~0.5 | 0.1~0.5 |
| | 厚度 | 0.01~0.10 | 0.005~0.050 | 0.001~0.005 |
| 比表面积/$(m^2 \cdot g^{-1})$ | | 10~20 | 65~100 | 50~800 |

研究表明,片状黏土颗粒的表面常常带有不平衡的电荷,通常是负电荷。这主要是由于:①离解。指晶体表面的某些矿物在水介质中产生离解。离解后,阳离子扩散于水中,阴离子留在颗粒表面。②吸附。指晶体表面的某些矿物把水介质中一些带电荷的离子吸附到颗粒的表面。③同晶型替换。例如黏土矿物中八面体的晶型保持不变,但内部的铝被镁或铁所替换。由于前者的电价比后者高,置换后,相当于晶体表面有不平衡的负电荷。研究还表明,在颗粒侧面断口处常带正电荷。这样黏土颗粒的表面电荷分布通常如图 1-9 所示。

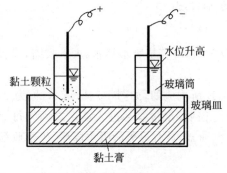

图 1-8　黏土膏的电渗、电泳试验

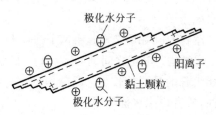

图 1-9　黏土颗粒的表面电荷

由于表面带电荷,黏土颗粒四周形成一个电场。在电场作用下,水中的阳离子被吸引分布在颗粒四周。水分子是一种极性分子,在电场中被极化发生定向排列,形成图 1-10 所示的排列形式。颗粒表面的负电荷,构成电场的内层,水中被吸引在颗粒表面的阳离子和定向排列的极化水分子构成电场的外层,构成了双电层。

由此可知,黏土矿物的表面性质直接影响土中水的性质,从而使黏性土具有许多无黏性土所没有的特性。这将在 1.2.2 节"土中水"及后面的章节中逐步阐明。

**3. 颗粒形状和比表面积**

原生矿物一般颗粒较粗,呈粒状,即颗粒的三个方向的尺度基本上为同一数量级,如

图 1-11 所示。黏土颗粒细微,多呈片状,如图 1-12 所示。单位质量土颗粒所拥有的表面积之和称为比表面积 $A_s$,比表面积与颗粒大小及形状有关,可用下式计算:

$$A_s = \frac{\sum A_i}{m} \tag{1-3}$$

式中:$\sum A_i$——全部土颗粒的表面积之和,$m^2$;

　　　$m$——全部土颗粒的质量,g。

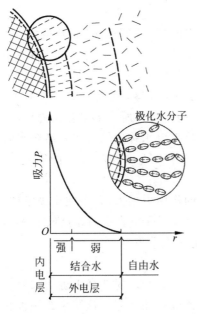

图 1-10　黏土固体颗粒和水分子间电分子力的相互作用

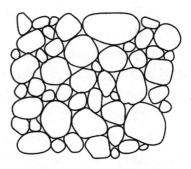

图 1-11　原生矿物的颗粒

在粒组分类中将 $d \leqslant 0.005\text{mm}$ 的颗粒称为黏粒,如果将原生矿物(如石英)研磨成粒径小于 0.005mm 的圆球状颗粒,就都变成了黏粒,那么它们组成的土是否就成了黏土了? 答案是否定的,这正如身高不足 1m 的侏儒也不能算是儿童一样。因为黏土矿物颗粒除了很细小外,其形状是片状的,其介电常数低,比表面积极大,例如蒙特石黏土比表面积可达 $800\text{m}^2 \cdot \text{g}^{-1}$(见表 1-6),而直径 $d = 0.005\text{mm}$ 的球状石英颗粒的集合体比表面积

图 1-12　黏土颗粒(显微镜下)

$A_s = 0.44\text{m}^2 \cdot \text{g}^{-1}$。黏土最重要的性质是其与水的相互作用,即形成结合水和双电层,这就表现出土的塑性和较高的塑性指数。

如前所述,黏土颗粒的带电性质都发生在颗粒的表面上,所以,对于黏性土,比表面积的大小直接反映土颗粒与四周介质(特别是水)相互作用的强烈程度,是代表黏性土特征的一个很重要的指标。

对于粗粒土,由于表面不具有带电性质,比表面积没有很大的意义。研究颗粒的形状应着重于研究其中针片状颗粒的比例和颗粒的磨圆度,因为它们影响到颗粒间的排列和粗糙度,从而影响土的抗剪强度。

## 1.2.2　土中水

组成土的第二种主要成分是土中水。土中水除了一部分以结晶水的形式存在于固体颗粒内部的矿物中以外,其余的可以分成结合水和自由水。

**1. 结合水**

如前所述,黏土颗粒在水介质中表现出带电的特性,在其四周形成电场。水分子是极化分子,即正负电荷分别位于分子两端。在电场范围内,水中的阳离子和极化水分子被吸引在颗粒的四周,定向排列,如图 1-10 所示。最靠近颗粒表面的水分子所受电场的作用很强,可以达到 1000MPa。随着远离颗粒表面,作用力很快衰减,直至电场以外不受电场力作用。受颗粒表面电场作用力吸引而包围在颗粒四周的水与其所受的电化学力比较,自身重力不起主要作用,因而不会因自身的重力而流动。这部分水称为结合水。结合水因离颗粒表面远近不同,受电场作用力的大小不一样,可以分成强结合水和弱结合水两类。

(1) 强结合水

紧靠于颗粒表面的几层水分子,所受电场的作用力很大,几乎完全固定排列,丧失液体的特性而接近于固体半固态,这层水称为强结合水。强结合水的冰点低于 0℃,密度要比自由水大,具有蠕变性。当温度略高于 100℃ 时它才会蒸发。

(2) 弱结合水

弱结合水指强结合水以外,电场作用范围以内的水。弱结合水也受颗粒表面电荷所吸引而定向排列于颗粒四周,但电场作用力随远离颗粒而减弱。这层水是一种黏滞水膜。受力时能由水膜较厚处缓慢转移到水膜较薄处,也可以因电场引力从一个土粒的周围转移到另一个颗粒的周围。就是说,弱结合水膜能在外压力作用下发生变形与移动,但不因自身的重力作用而流动。弱结合水的存在是黏性土在某一含水量范围内表现出可塑性的原因。

**2. 自由水**

不受颗粒电场引力作用的水称为自由水。自由水又可分为毛细水和重力水。

(1) 毛细水

毛细水分布在土粒间相互贯通的孔隙中,可以认为这些孔隙组成许多形状不一、直径互异、彼此连通的毛细管,其等效半径为 $r$,如图 1-13 所示。按物理学概念,在毛细管周壁,水膜与空气的分界处存在着表面张力 $T$。水膜表面张力 $T$ 的作用方向与毛细管壁成夹角 $\alpha$。由于表面张力的作用,毛细管内的水被提升到自由水面以上高度 $h_c$ 处。分析高度为 $h_c$ 的水柱的竖向静力平衡条件,因为毛细管内水面处即为大气压,若以大气压力为基准,则该处压力 $p_a = 0$,故

$$\pi r^2 h_c \gamma_w = 2\pi r T \cos\alpha$$

$$h_c = \frac{2T\cos\alpha}{r\gamma_w} \tag{1-4}$$

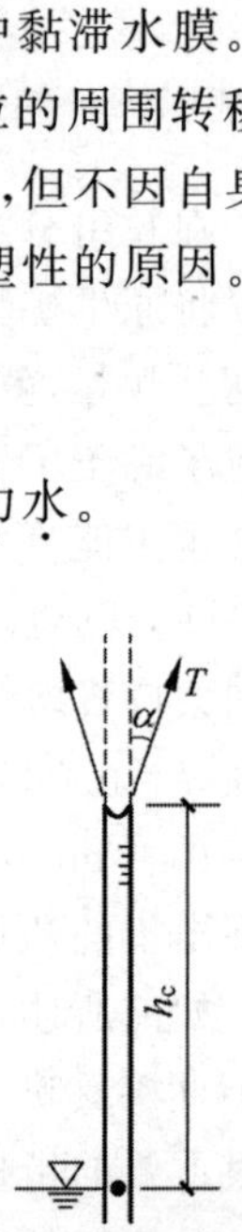

图 1-13　土中的毛细水升高

式中,水膜的张力 $T$ 与温度有关。10℃时,$T=0.000741$N/cm;20℃时,$T=0.000728$N/cm。方向角 $\alpha$ 的大小与土颗粒矿物成分和水的性质有关。$r$ 是毛细管的半径,$\gamma_w$ 为水的重度。式(1-4)表明,毛细水升高 $h_c$ 与毛细管半径 $r$ 成反比。显然土颗粒的粒径越小,孔隙的直径(也就是毛细管的直径)就越小,则毛细水的上升高度越大。不同土类,土中的毛细水升高很不相同,大致范围见表 1-7 所列的一些例子。在黏土中,因为土中水受颗粒四周电场作用力所吸引,形成结合水膜,毛细水升高不能简单由式(1-4)计算。

表 1-7　不同土中毛细水上升高度　　　　　　　　　　　　　　　cm

| 土名称 | 松态 | 密态 |
|---|---|---|
| 粗砂 | 3～12 | 4～15 |
| 中砂 | 12～50 | 35～110 |
| 细砂 | 30～200 | 40～350 |
| 粉土 | 150～1000 | 250～1200 |
| 黏土 | >1000 | |

引自 *An Introduction to Geotechnical Engineering*。

若弯液面处毛细水的压力为 $u_c$,分析该处水膜受力的平衡条件,取竖直方向力的总和为零,则有:

$$2T\pi r\cos\alpha + u_c\pi r^2 = 0 \tag{1-5}$$

由式(1-4)可知,$T=\dfrac{h_c r\gamma_w}{2\cos\alpha}$,代入式(1-5)得:

$$u_c = \frac{-2T\cos\alpha}{r} = -h_c\gamma_w \tag{1-6}$$

式(1-6)表明毛细区域内的水压力与一般静水压力的概念相同,其绝对值与水头高度 $h_c$ 成正比,负号表示张力。这样,自由水位上下的水压力分布如图 1-14 所示。自由水位以下水受压力,自由水位以上,毛细区域内毛细水承受张力。因此,自由水位以下,土骨架受浮力,减小了颗粒间的压力。自由水位以上,毛细区域内骨架中的颗粒承受水的张拉作用而使颗粒间受压,称为毛细压力 $p_c$。毛细压力呈倒三角形分布,弯液面处最大,自由水面处为零。

实际上,所谓的毛细饱和区是指饱和度相对较高的区域,即 $h_c$ 范围,这时土骨架的孔隙内水是连通的,其中少量气体以气泡形式存在,形成如图 1-15 所示的弯液面,在水和空气的

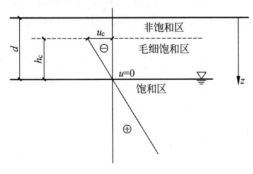

图 1-14　水压力分布图

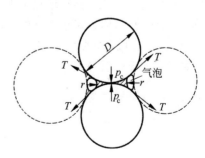

图 1-15　球状颗粒间缝隙处的弯液面

分界面处同样存在着毛细张力。在毛细饱和区以上存在着非饱和区,水多集中于颗粒接触点的缝隙处。孔隙中的水也属于毛细水,称为毛细角边水。毛细角边水受拉力 $T$,颗粒则受压力 $p_c$。由于压力 $p_c$ 的作用,使颗粒联结在一起,这就是湿与稍湿的砂土颗粒间也存在着某种黏结作用的原因。但是,这种黏结作用并不像黏性土一样是因为粒间分子力所引起的,而是由毛细水所引起,当土中的水增加,孔隙被水完全占满,或者水分蒸发变成干土,毛细角边水消失,颗粒间的压力也就消失了,所以这种黏聚力也称为假黏聚力。非饱和土的三相作用关系属于非饱和土力学范畴,不在这里深入地展开了。

**【例题 1-2】** 已知某种细砂中的孔隙等效毛细管半径 $r=0.02\text{mm}$,求温度为 $10℃$ 的毛细水升高及毛细压力分布。

**【解】** 已知 $10℃$ 时的水膜表面张力

$$T = 0.000741\text{N/cm} = 7.41 \times 10^{-5}\text{kN/m}$$

毛细管平均半径

$$r = 0.02\text{mm} = 2 \times 10^{-5}\text{m}$$

通常取 $\alpha=0°$,由式(1-4)知:

$$\text{毛细水升高} \quad h_c = \frac{2T\cos\alpha}{r\gamma_w} = \frac{2 \times 7.41 \times 10^{-5} \times 1}{2 \times 10^{-5} \times 10}\text{m} = 0.741\text{m}$$

$$\text{最大毛细水压力} \quad p_c = -u_c = \gamma_w h_c = (10 \times 0.741)\text{kN/m}^2 = 7.41\text{kN/m}^2$$

毛细水压力分布呈倒三角形,自由水面处 $p_a=0$,如图 1-16 所示。

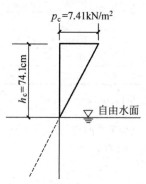

图 1-16    例题 1-2 毛细水升高及毛细压力分布

(2) 重力水

自由水面以下,土颗粒电分子引力范围以外的水,仅在自身重力作用下运动,称为重力水,与一般水的性质无异。

### 1.2.3    土中气体

土中气体一般为空气。按其所处的状态和结构特点可分为以下几种形式:吸附于土颗粒表面的气体,溶解于土中水的气体,四周为土颗粒和水所封闭的气体,以及与大气连通的自由气体。通常认为自由气体对土的性质没有大的影响,密闭气体的体积与水压力有关,压力增加,体积减小;压力减小,体积增大。另外,水压力增加会使溶解于土中水的气体也增加。因此,密闭气体的存在增加了土的弹性。此外这些以气泡形式存在的气体还可阻塞土中水的孔隙通道,明显减小了土的渗透系数。

对于淤泥土及泥炭类土,由于微生物分解有机质,在土层中会产生一些有毒和可燃的气体(如甲烷和硫化氢等)。

# 1.3    土的物理状态

组成土的三相的性质,特别是组成土骨架的固体颗粒的性质,直接影响土的工程特性。同样一种土,密实时抗剪强度高,松散时抗剪强度低;对于细粒土,水含量少时则硬,水含量多时则软。这说明土的性质不仅取决于三相组成成分的性质,三相之间量的比例关系也是一个很重要的影响因素。

## 1.3.1　土的三相组成的比例关系

对于通常的连续介质,例如钢材,其材料密度就可以表明其密实程度,反映其组成成分。但土是三相体系,要全面反映其性质与状态,就需要了解其三相间在体积和质量方面的比例关系,也就需要更多的指标。

### 1. 土的三相草图

为了更形象地反映土中的三相组成及其比例关系,在土力学中常用三相草图来表示。它将一定量的土中的固体颗粒、水和气体分别集中起来,并将其质量和体积分别标注在草图的左右两侧,如图 1-17 所示。

图中符号意义如下:

$V$——土的总体积,亦即土骨架的体积;

$V_v$——土中孔隙部分总体积;

$V_s$——土中固体颗粒部分总体积;

$V_w$——土中水的体积;

$V_a$——土中气体的体积;

$m$——土的总质量;

$m_v$——土中孔隙流体的总质量;

$m_s$——土中固体颗粒总质量;

$m_w$——土中水的质量;

$m_a$——土中气体质量。

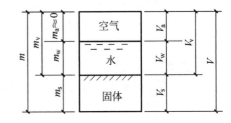

图 1-17　土的三相草图

在上述 10 个物理量中,除去一些为其他几个量之和外,只有 $V_s$、$V_w$、$V_a$、$m_s$、$m_w$ 和 $m_a$ 6 个独立的量。在土力学的三相换算中,通常可以忽略气体的质量,所以 $m_a \approx 0$;也可以近似认为水的比重等于 1.0,水的密度表示为 $\rho_w = 1 \mathrm{g/cm^3}$,则在数值上 $m_w \approx V_w$。而使用三相草图是为了确定或者换算三相间的相对比例关系,可以假设任一个量等于 1.0。在三相换算中,一般土存在 3 个独立的未知量,对于完全饱和土和干土,独立的未知量减少为 2 个。确定了这些未知量后,就可以利用三相换算草图计算出其他所有的物理量及其关系。三相草图是土力学中十分有用的工具,它比用换算公式更方便直观,并不易出错。

### 2. 确定三相量比例关系的基本试验指标

为了确定三相草图诸量中的 3 个量,就必须通过实验室的试验测定。通常做 3 个最易操作的基本物理性质试验。它们是:土的密度试验、土粒比重试验和土的含水量试验。有关试验方法,参见《土工试验方法标准》(GB/T 50123—2019)或试验指示书。

(1) 土的密度与重度

土的密度定义为单位体积土的质量,以 $\mathrm{g/cm^3}$ 或 $\mathrm{kg/m^3}$ 计:

$$\rho = \frac{m}{V} = \frac{m_s + m_w}{V_s + V_w + V_a} \tag{1-7}$$

工程中还常用重度 $\gamma$ 来表示类似的概念。土的重度定义为单位体积土的重量,以 $kN/m^3$ 计。它与土的密度有如下的关系:

$$\gamma = \rho g \tag{1-8}$$

式中,$g$ 为重力加速度($g = 9.81 m/s^2$,工程上为了计算方便,常取 $g = 10 m/s^2$)。天然土的密度因土的矿物组成、孔隙体积和水的含量而异。

(2) 土粒比重

土粒比重定义为土粒的质量与土粒同体积纯蒸馏水在 4℃时的质量之比,即

$$G_s = \frac{m_s}{V_s(\rho_w^{4℃})} = \frac{\rho_s}{\rho_w^{4℃}} \tag{1-9}$$

式中:$\rho_s$——土粒的密度,即单位体积土粒的质量;

$\rho_w^{4℃}$——4℃时纯蒸馏水的密度。

因为 $\rho_w^{4℃} = 1.0 g/cm^3$,土粒比重在数值上即等于土粒的密度,是无量纲数。

天然土可能由各种不同的矿物所组成,这些矿物的比重各不相同。试验测定的是土粒的平均比重。土粒的比重变化范围不大,黏土一般在 $2.70 \sim 2.75$;粗颗粒土的比重为 $2.65 \sim 2.69$。土中有机质含量增加时,土的比重减小。

(3) 土的含水量

土的含水量定义为土中水的质量与固体土粒质量之比,以百分数表示。

$$w = \frac{m_w}{m_s} \times 100\% = \frac{m - m_s}{m_s} \times 100\% \tag{1-10}$$

**3. 确定三相量比例关系的其他常用指标**

试验测出土的密度 $\rho$,土粒的比重 $G_s$ 和土的含水量 $w$ 后,就可以根据图 1-17 所示的三相草图,计算出三相组成各自在土中的体积和重量(质量)的含量。工程上为了便于表示土中三相含量的某些特征,定义如下几种指标。

(1) 表示土中孔隙含量的指标

工程上常用孔隙比 $e$ 或孔隙率 $n$ 表示土中孔隙的体积含量。其定义为

孔隙比 $e$——土体孔隙总体积与固体颗粒总体积之比,表示为

$$e = \frac{V_v}{V_s} \tag{1-11}$$

孔隙率 $n$——孔隙总体积与土体总体积之比,常用百分数表示,亦即

$$n = \frac{V_v}{V} \times 100\% \tag{1-12}$$

孔隙比和孔隙率都是用以表示孔隙体积含量的指标,孔隙比常用小数表示,孔隙率常用百分数表示。不难证明两者之间可以用下式互换:

$$n = \frac{e}{1+e} \times 100\% \tag{1-13}$$

$$e = \frac{n}{1-n} \tag{1-14}$$

土的孔隙比或孔隙率都可用来表示一种土的松密程度。它与土所受的压力、粒径级配和颗粒排列的状况有关。一般粗粒土的孔隙率小,细粒土的孔隙率大。例如砂类土的孔隙率一般是 $28\%\sim35\%$;黏性土的孔隙率可高达 $60\%\sim70\%$,亦即孔隙比大于 1.0,这时单位体积内孔隙的体积比土颗粒所占的体积大。

(2) 表示土中含水程度的指标

含水量 $w$ 当然是表示土中含水多少的一个重要指标。此外,工程上往往需要知道土体孔隙中充满水的程度,这就是土的饱和度 $S_r$,饱和度是孔隙中水的体积与孔隙总体积之比。

$$S_r = \frac{V_w}{V_v} \tag{1-15}$$

显然,完全干的土饱和度 $S_r=0$,而完全饱和土的饱和度 $S_r=1.0$。也常用百分数表示饱和度。由于存在水中气泡和溶解于水中的气体,天然土很难达到完全饱和。

(3) 表示土的密度和重度的几种指标

土的密度除了用上述 $\rho$ 表示以外,工程上还常用如下两种密度表示,即饱和密度和干密度。

饱和密度——孔隙完全被水充满时土的密度,表示为

$$\rho_{sat} = \frac{m_s + V_v\rho_w}{V} \tag{1-16}$$

干密度——土被完全烘干时的密度,由于没有了水的质量,它在数值上等于单位体积土中土粒的质量,表示为

$$\rho_d = \frac{m_s}{V} \tag{1-17}$$

可见,对于同一种土,这几种密度在数值上有如下的关系:

$$\rho_{sat} \geqslant \rho \geqslant \rho_d$$

$\rho$ 也称天然密度,在地下水以下部分的土基本是饱和的,这时天然密度就等于饱和密度;而在极干燥的沙漠中,天然密度则基本等于干密度。

相应于这几种密度,工程上还常用天然重度 $\gamma$、饱和重度 $\gamma_{sat}$ 和干重度 $\gamma_d$ 来表示土在不同含水状态下单位体积的重量。在数值上,它们等于相应的密度乘以重力加速度 $g$。另外,水下的土体受水的浮力作用。土的饱和重度减去水的重度,称为浮重度 $\gamma'$,表示为

$$\gamma' = \gamma_{sat} - \gamma_w \tag{1-18}$$

同样地,这几种重度在数值上有如下关系:

$$\gamma_{sat} \geqslant \gamma \geqslant \gamma_d > \gamma'$$

这样,表示三相量的比例关系的主要指标一共有 9 个,即天然密度 $\rho$、土粒比重 $G_s$、含水量 $w$、孔隙比 $e$、孔隙率 $n$、饱和度 $S_r$、饱和密度 $\rho_{sat}$、干密度 $\rho_d$ 和浮重度 $\gamma'$。对于三相土,只要通过试验确定其中 3 个独立的指标,就可以应用三相草图,按照它们的定义计算出其他指标。干土或饱和土为两相体,只要知道其中两个独立的指标,就可以计算出其他各个指标。

【例题 1-3】　某场地的原状土样,经试验测得天然密度 $\rho=1.67\text{g/cm}^3$,含水量 $w=12.9\%$,土粒比重 $G_s=2.67$,用三相草图法求其孔隙比 $e$、孔隙率 $n$ 和饱和度 $S_r$。

【解】　绘三相草图,见图 1-18。

(1) 取单位体积土体 $V=1.0\text{cm}^3$,根据密度定义,由式(1-7)得:

$$m = \rho V = 1.67\text{g}$$

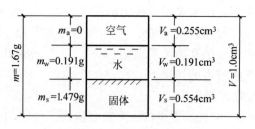

图 1-18    例题 1-3 三相草图

(2) 根据含水量定义,由式(1-10)得:

$$m_w = w m_s = 0.129 m_s$$

从三相草图有:

$$m_w + m_s = m$$

$$0.129 m_s + m_s = 1.67\text{g}$$

$$m_s = \frac{1.67}{1.129}\text{g} \approx 1.479\text{g}$$

$$m_w = (1.67 - 1.479)\text{g} = 0.191\text{g}$$

(3) 根据土粒比重定义,由式(1-9)得:

土粒密度

$$\rho_s = G_s \rho_w^{4℃} = 2.67 \times 1.0\text{g/cm}^3 = 2.67\text{g/cm}^3$$

$$V_s = \frac{m_s}{\rho_s} = \frac{1.479}{2.67}\text{cm}^3 \approx 0.554\text{cm}^3$$

(4) 水的密度 $\rho_w = 1.0\text{g/cm}^3$,故水体积为

$$V_w = \frac{m_w}{\rho_w} = \frac{0.191}{1.0}\text{cm}^3 = 0.191\text{cm}^3$$

(5) 从三相草图知:

$$V = V_a + V_w + V_s = 1.0\text{cm}^3$$

故

$$V_a = (1.0 - 0.554 - 0.191)\text{cm}^3 = 0.255\text{cm}^3$$

至此,三相组成的量,无论是体积或质量,均已算出,将计算结果填入三相草图中。

(6) 根据孔隙比定义,由式(1-11)得:

$$e = \frac{V_v}{V_s} = \frac{V_a + V_w}{V_s} = \frac{0.255 + 0.191}{0.554} \approx 0.805$$

(7) 根据孔隙率定义,由式(1-12)得:

$$n = \frac{V_v}{V} = \frac{0.255 + 0.191}{1.0} \times 100\% = 0.446 \times 100\% = 44.6\%$$

(8) 根据饱和度定义,由式(1-15)得:

$$S_r = \frac{V_w}{V_v} = \frac{V_w}{V_a + V_w} = \frac{0.191}{0.255 + 0.191} \approx 0.428$$

【例题 1-4】 某饱和黏土(即 $S_r = 1$)的含水量为 $w = 40\%$,比重 $G_s = 2.7$,用三相草图法求土的孔隙比 $e$ 和干密度 $\rho_d$。

【解】 绘三相草图,见图 1-19。设土颗粒体积 $V_s = 1\text{cm}^3$。

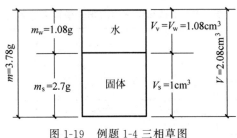

图 1-19　例题 1-4 三相草图

（1）按比重定义，由式（1-9）得：

$$\rho_s = G_s \rho_w = 2.7 \times 1 \mathrm{g/cm^3} = 2.7 \mathrm{g/cm^3}$$

土粒的质量为

$$m_s = V_s \times \rho_s = 2.7 \mathrm{g}$$

（2）按含水量定义，由式（1-10）得：

$$m_w = w \times m_s = 0.4 \times 2.7 \mathrm{g} = 1.08 \mathrm{g}$$

又

$$V_w = \frac{m_w}{\rho_w} = 1.08 \mathrm{cm^3} = V_v$$

把计算结果填入三相草图。

（3）按孔隙比定义，由式（1-11）得：

$$e = \frac{V_v}{V_s} = \frac{1.08}{1} = 1.08$$

（4）按干密度定义，由式（1-17）得：

$$\rho_d = \frac{m_s}{V} = \frac{2.7}{2.08} \mathrm{g/cm^3} \approx 1.3 \mathrm{g/cm^3}$$

应当注意，在以上两个例题中，例题 1-3 假设土的总体积 $V = 1\mathrm{cm^3}$，而例题 1-4 则假设土粒的体积 $V_s = 1\mathrm{cm^3}$。事实上，因为三相量的指标都是相对的比例关系，不是土试样物理量的绝对值，因此取三相图中任一个量等于任何数值进行计算都应得到相同的结果。假定为 1 的量选取合适，可以减少计算的工作量。为简化计算，在三相换算草图中，可省略单位。

表 1-8 是根据测定的三个基本指标，即密度 $\rho$，土粒比重 $G_s$ 和含水量 $w$ 计算其他指标的换算公式，表 1-9 为上述的 6 个常用量之间的换算公式。这一类公式可以有非常多的形式，它们很容易从三相草图推算得到，读者应掌握三相草图的应用而不提倡死记公式。

**表 1-8　三相比例指标之间的基本换算公式**

| 指标名称 | 换算公式 | 指标名称 | 换算公式 |
|---|---|---|---|
| 干密度 $\rho_d$ | $\rho_d = \dfrac{\rho}{1+w}$ | 饱和密度 $\rho_{sat}$ | $\rho_{sat} = \dfrac{G_s + e}{1+e} \rho_w$ |
| 孔隙比 $e$ | $e = \dfrac{\rho_s(1+w)}{\rho} - 1$ | 浮重度 $\gamma'$ | $\gamma' = \gamma_{sat} - \gamma_w$ |
| 孔隙率 $n$ | $n = 1 - \dfrac{\rho}{\rho_s(1+w)}$ | 饱和度 $S_r$ | $S_r = \dfrac{wG_s}{e}$ |

表 1-9　三相比例指标的相互换算关系表

| 指标 | 孔隙比 $e$ | 孔隙率 $n$ | 干密度 $\rho_d$ | 饱和密度 $\rho_{sat}$ | 浮重度 $\gamma'$ | 饱和度 $S_r$ |
|---|---|---|---|---|---|---|
| 孔隙比 $e$ | $e=V_v/V_s$ | $n=\dfrac{e}{1+e}$ | $\rho_d=\dfrac{G_s\rho_w}{1+e}$ | $\rho_{sat}=\dfrac{G_s+e}{1+e}\rho_w$ | $\gamma'=\dfrac{G_s-1}{1+e}\gamma_w$ | $S_r=\dfrac{wG_s}{e}$ |
| 孔隙率 $n$ | $e=\dfrac{n}{1-n}$ | $n=\dfrac{V_v}{V}$ | $\rho_d=\dfrac{nS_r}{w}\rho_w$ | $\rho_{sat}=G_s\rho_w(1-n)+n\rho_w$ | $\gamma'=(G_s-1)(1-n)\gamma_w$ | $S_r=\dfrac{wG_s(1-n)}{n}$ |
| 干密度 $\rho_d$ | $e=\dfrac{\rho_s}{\rho_d}-1$ | $n=1-\dfrac{\rho_d}{\rho_s}$ | $\rho_d=\dfrac{m_s}{V}$ | $\rho_{sat}=(1+e/G_s)\rho_d$ | $\gamma'=[(1+e/G_s)\rho_d-\rho_w]g$ | $S_r=\dfrac{w\rho_d}{n\rho_w}$ |
| 饱和密度 $\rho_{sat}$ | $e=\dfrac{\rho_s-\rho_{sat}}{\rho_{sat}-\rho_w}$ | $n=\dfrac{\rho_s-\rho_{sat}}{\rho_s-\rho_w}$ | $\rho_d=\dfrac{\rho_{sat}G_s}{G_s+e}$ | $\rho_{sat}=\dfrac{m_s+V_v\rho_w}{V}$ | $\gamma'=\rho_{sat}g-\gamma_w$ | $S_r=\dfrac{wG_s\gamma'/g}{\rho_s-\rho_{sat}}$ |
| 浮重度 $\gamma'$ | $e=\dfrac{\gamma_s-\gamma_{sat}}{\gamma'}$ | $n=\dfrac{(G_s-1)\gamma_w-\gamma'}{(G_s-1)\gamma_w}$ | $\rho_d=\dfrac{G_s(\gamma'/g+\rho_w)}{G_s+e}$ | $\rho_{sat}=(\gamma'+\gamma_w)/g$ | $\gamma'=\gamma_{sat}-\gamma_w$ | $S_r=\dfrac{wG_s\gamma'}{\rho_sg-\gamma_{sat}}$ |
| 饱和度 $S_r$ | $e=\dfrac{wG_s}{S_r}$ | $n=\dfrac{wG_s}{S_r+wG_s}$ | $\rho_d=\dfrac{S_r\rho_s}{wG_s+S_r}$ | $\rho_{sat}=\dfrac{S_rG_s+wG_s}{S_r+wG_s}\rho_w$ | $\gamma'=\dfrac{S_r(\rho_sg-\gamma_{sat})}{wG_s}$ | $S_r=\dfrac{V_w}{V_v}$ |

## 1.3.2　土的物理状态指标

所谓土的物理状态,是指土的松密、干湿和软硬的状态。粗粒土的状态是其松密程度;细粒土中黏性土的状态是其软硬程度,或称为稠度;细粒土中粉土的状态是其松密与干湿程度,通常用孔隙比和含水量表示。

黏性土是指其黏土颗粒的含量较多,使其具有较大的黏性和塑性的细粒土;黏性土之外的细粒土是粉土;无黏性土是指含有很少黏土颗粒,颗粒间无黏结或只有很弱黏结的粗粒土。

### 1. 无黏性土的密实度

土的密实度通常指单位体积中固体颗粒的含量,土颗粒含量多,土就密实;反之土就疏松。从这一角度分析,在上述三相比例指标中,干密度 $\rho_d$ 和孔隙比 $e$(或孔隙率 $n$)都是表示土的密实度的指标。但是这种用固体含量或孔隙含量表示密实度的方法有其明显的缺点,主要是这种表示方法没有考虑到粒径级配这一重要因素的影响。为说明这个问题,取两种不同级配的砂土进行分析。假定第一种砂的颗粒是理想的均匀小圆球,不均匀系数 $C_u=1.0$。这种砂最密实时的排列,如图 1-20(a)和图 1-20(b)所示,其中图 1-20(a)为金字塔式排列,图 1-20(b)为四面体式排列,它们都是颗粒间最紧的排列,可以算出这时的孔隙

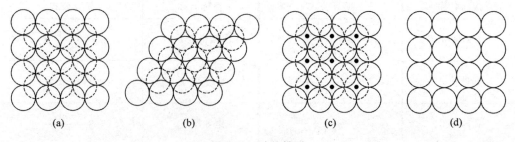

(a)　　　　　　(b)　　　　　　(c)　　　　　　(d)

图 1-20　砂的排列

比 $e_{min}=0.34$。如果砂粒的比重 $G_s=2.65$，则最密时的干密度 $\rho_d=1.98\mathrm{g/cm^3}$。第二种砂同样是理想的圆球。但其级配中除上述圆球外，还有更小的圆球颗粒充填于大圆球所形成的孔隙中，即不均匀系数 $C_u>1.0$，如图 1-20(c)所示。显然，这种砂最密时的孔隙比 $e<0.34$。就是说两种砂若都具有同样的孔隙比 $e=0.34$，对于图 1-20(a)所示的砂，已处于最密实的状态，而对于图 1-20(c)所示的砂则还不是最密实状态。实践中，往往可以碰到不均匀系数很大的砂砾混合料，孔隙比 $e\leqslant0.30$，干密度 $\rho_d\geqslant2.05\mathrm{g/cm^3}$ 时，仍然没有达到最大密实度，还可采用工程措施进一步加密。

工程上为了更好地表明无黏性土所处的松密状态，采用将土目前的孔隙比 $e$ 与该种土所能达到最密时的孔隙比 $e_{min}$ 和最松时的孔隙比 $e_{max}$ 相对比，来表示孔隙比为 $e$ 时土的密实程度。图 1-20(d)表示的是立方六面体排列的均匀圆球，是室内堆积情况下最大孔隙比，其孔隙比 $e_{max}=0.91$。这种度量密实度的指标称为相对密度 $D_r$，表示为

$$D_r=\frac{e_{max}-e}{e_{max}-e_{min}} \tag{1-19}$$

式中：$e$ ——无黏性土目前的孔隙比。

　　$e_{max}$ ——该土的最大孔隙比，为室内试验中能够达到的最松散状态时的孔隙比。测定的方法是将松散的风干砂砾土样通过长颈漏斗口靠近砂面缓慢均匀分布地落入量筒。避免重力冲击，求得土的最小干密度，再经换算得到最大孔隙比，（详见《土工试验方法标准》(GB/T 50123—2019)）。

　　$e_{min}$ ——土的最小孔隙比，指室内试验中能够达到的最紧密状态时的孔隙比。测定的方法是将松散的风干砂砾装在金属容器内，按规定方法振动和锤击，直至密度不再提高，求得最大干密度后经换算得到最小孔隙比，（详见《土工试验方法标准》(GB/T 50123—2019)）。

当 $D_r=0$ 时，$e=e_{max}$，表示土处于最松状态；当 $D_r=1.0$ 时，$e=e_{min}$，表示土处于最密实状态。用相对密度 $D_r$ 判定无黏性土的密实度标准是

$$D_r\leqslant\frac{1}{3}\qquad\text{疏松}$$

$$\frac{1}{3}<D_r\leqslant\frac{2}{3}\qquad\text{中密}$$

$$D_r>\frac{2}{3}\qquad\text{密实}$$

将表 1-9 中孔隙比与干密度的关系式 $e=\dfrac{\rho_s}{\rho_d}-1$ 代入式(1-19)，整理后可以得到用干密度表示的相对密度的表达式为

$$D_r=\frac{(\rho_d-\rho_{dmin})\rho_{dmax}}{(\rho_{dmax}-\rho_{dmin})\rho_d} \tag{1-20}$$

式中：$\rho_d$ ——相当于孔隙比为 $e$ 时土的干密度；

　　$\rho_{dmin}$ ——相当于孔隙比为 $e_{max}$ 时土的干密度，即最松时的干密度；

　　$\rho_{dmax}$ ——相当于孔隙比为 $e_{min}$ 时土的干密度，即最密时的干密度。

应当指出，目前虽然已有一套测定最大孔隙比和最小孔隙比的试验方法，但是要在实验室条件下测得各种土理论上的 $e_{max}$ 和 $e_{min}$ 却十分困难。在静水中很缓慢沉积形成的粉、细

砂,孔隙比有时可能比实验室能测得的 $e_{max}$ 还大。同样,在漫长地质年代中,在各种自然力作用下堆积形成的无黏性土,其孔隙比可能比实验室测得的 $e_{min}$ 还小。此外,埋藏在地下深处,特别是地下水位以下的无黏性土的天然孔隙比,很难准确测定。因此,相对密度这一指标理论上虽然能够更合理地用以确定土的松密状态,但由于上述原因,通常多用于无黏性土填方工程的质量控制中,对于天然土,则有时其 $D_r$ 会大于 1.0 或小于 0。

因为 $e$、$e_{max}$ 和 $e_{min}$ 都难以准确测定,同时土层中的原位砂土很难取原状土样,天然砂土的密实度通常在现场进行原位标准贯入试验,根据锤击数 $N$,按表 1-10 的标准间接判定。所谓标准贯入试验方法,是指用质量为 63.5kg 的穿心锤以 76cm 落距沿钻杆自由落下,将管状的标准贯入器击入 30cm,记录相应的击数。

**表 1-10    天然状态砂土的密实度分类**

| 标准贯入试验锤击数 $N$ | 密实度 |
|:---:|:---:|
| $N \leqslant 10$ | 松散 |
| $10 < N \leqslant 15$ | 稍密 |
| $15 < N \leqslant 30$ | 中密 |
| $N > 30$ | 密实 |

引自《建筑地基基础设计规范》(GB 50007—2011)。

细粒土无法在实验室测定 $e_{max}$ 和 $e_{min}$。实际上也不存在最大和最小孔隙比,因此只能根据其孔隙比 $e$ 或干密度 $\rho_d$ 来判断其密实度。

**2. 黏性土的稠度**

(1) 黏性土的稠度状态

黏性土最主要的物理状态特征是它的稠度。稠度是指土的软硬程度或土对外力引起变形或破坏的抵抗能力。黏性土中含水量很低时,水分子都被其中黏土颗粒表面的电荷紧紧吸于颗粒表面,成为强结合水。强结合水的性质接近于固态或半固体。因此,当土粒之间只有强结合水时(图 1-21(a)),按水膜厚薄不同,土表现为固态或半固态。

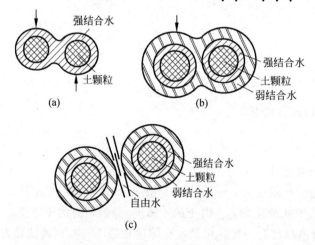

图 1-21    土中水与稠度状态

(a) 固态和半固态;(b) 可塑状态;(c) 流动状态

　　当含水量增加,被吸附在黏土颗粒周围的水膜加厚,土粒周围除强结合水外还有弱结合水(图 1-21(b)),弱结合水呈黏滞状态,不会由于水自身的重力而流动,但受力时可以变形,能从水膜较厚处向邻近较薄处移动。在这种含水量情况下,土体受外力作用可以被捏成各种不同的形状而不破裂,外力取消后仍然保持改变后的形状。这种状态称为塑态,土的这种性质称为可塑性。弱结合水的存在是土具有可塑性的原因。土处在可塑状态的含水量变化范围,大体上相当于土粒所能够吸附的弱结合水的含量。这一含量的大小主要取决于土的比表面积和矿物成分,比表面积大,矿物的亲水能力强的土(例如蒙特石),也是能吸附较多结合水的土,因此它的塑态含水量的变化范围也大。

　　当含水量继续增加,土中除结合水外,已有相当数量的水处于电场引力影响范围以外,成为自由水。这时土粒之间被自由水所隔开(图 1-21(c)),土体不能承受剪应力,而呈流动状态。可见,从物理概念分析,土的稠度实际上反映了土中水的形态,也就反映了黏性土的状态。

　　(2) 稠度界限

　　黏性土从某种状态进入另外一种状态的分界含水量称为土的特征含水量,或称为稠度界限,也称为界限含水量。稠度界限有液性界限 $w_L$、塑性界限 $w_p$ 和缩限 $w_s$。

　　液性界限($w_L$)亦即液限含水量,简称液限。相当于土从塑性状态转变为液性流态时的含水量。这时,土中水的形态除结合水外,已有一定数量的自由水。

　　塑性界限($w_p$)亦即塑限含水量,简称塑限。相当于土从半固体状态转变为塑性状态时的含水量。这时,土中水的形态大约是强结合水含量的上限,并会有一定数量的弱结合水。

　　缩限($w_s$),相当于土从半固态转变为固态时的含水量。是在湿土干燥过程中,土的体积不再收缩时的含水量。

　　黏性土用稠度反映其状态,但也用稠度界限对所有细粒土进行分类。

　　在实验室中,液限 $w_L$ 用液限仪测定,塑限 $w_p$ 则用搓条法测定,目前也有用联合测定仪一起测定液限和塑限的。而缩限 $w_s$ 是通过烘干箱的烘干试验测定的(详见《土工试验方法标准》(GB/T 50123—2019))。

　　(3) 塑性指数和液性指数

　　塑性指数表示为 $I_p$,等于液限与塑限之差,它习惯用含水量百分数的分子表示:

$$I_p = w_L - w_p \tag{1-21}$$

　　就物理概念而言,它大体上表示土所能吸着的弱结合水质量与土粒质量之比。如前所述,吸附结合水的能力是土的黏性大小的标志;同时,弱结合水是使土有可塑性的原因。黏性与可塑性是黏性土的一种重要属性,因此,塑性指数 $I_p$ 为细粒土工程分类的重要依据。

　　土的比表面积及矿物成分不同,吸附结合水的能力不一样。因此,同样的含水量对于黏性高的土,水的形态可能全是结合水;而对于黏性低的土,则可能相当部分已经是自由水。换句话说,仅仅知道含水量,并不能说明土处于什么状态。要说明细粒土的稠度状态,需要有一个表征土的天然含水量与分界含水量之间相对关系的指标,这就是液性指数 $I_L$。在图 1-22 中,以横坐标表示含水量变化,并把某种土的当前含水量 $w$、液限 $w_L$ 和塑限 $w_p$ 标在含水量的坐标上。显然,当 $w$ 接近于 $w_p$ 时,土则坚硬;而 $w$ 接近于 $w_L$ 时,土则柔软。定义液性指数 $I_L$ 为

$$I_L = \frac{w - w_p}{w_L - w_p} \tag{1-22}$$

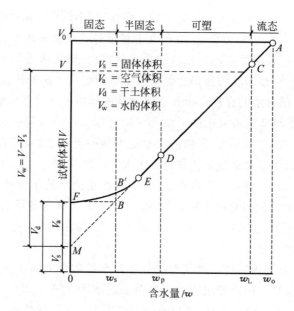

图 1-22  界限含水量

当较干的土的含水量增加,达到 $I_L=0$ 时,$w=w_p$,土从半固态进入可塑状态;而当 $I_L=1$ 时,$w=w_L$,土从可塑状态进入流态。根据 $I_L$ 值可以直接判定黏性土的软硬状态。工程上按液性指数 $I_L$ 的大小,把黏性土分成表 1-11 中的 5 种状态。可见上述的塑性指数 $I_p$ 是黏性土的固有特性指标;而液性指数 $I_L$ 则是可变的状态指标。

表 1-11  黏性土的状态分类

| 液性指数 $I_L$ | 状　态 | 液性指数 $I_L$ | 状　态 |
|---|---|---|---|
| $I_L \leqslant 0$ | 坚硬(半固态) | $0.75 < I_L \leqslant 1$ | 软塑 |
| $0 < I_L \leqslant 0.25$ | 硬塑 | $I_L > 1$ | 流塑 |
| $0.25 < I_L \leqslant 0.75$ | 可塑 | | |

引自《建筑地基基础设计规范》(GB 50007—2011)。

液限试验和塑限试验都是先把试样调成土膏,然后进行试验。也就是说,$w_L$ 和 $w_p$ 都是在天然土的结构被彻底破坏后,处于重塑状态测得的。因此,用液性指数反映天然土的稠度就存在不可避免的缺点,因为含水量相同的同一种土,天然结构状态比重塑后具有更高的强度,所以常见一些液性指数 $I_L$ 大于 1 的原状土,还具有一定的抗剪强度和承载力,并未表现为流态。

由于这个缘故,液性指数 $I_L$ 用以作为重塑黏性土软硬状态的判别标准比较合适,而用于原状土则常常得到偏软的结果。

图 1-22 表示了一个饱和流态的黏土试样含水量逐步减少的过程。该土样在塑限含水量之前都可以是饱和的,其中直线 AM 为饱和土线。土样在 A 点的含水量为 $w_0$,总体积为 $V_0$,呈流态。随着含水量的减少,土样的体积收缩,AE 呈直线关系。其中 C 点对应于液限,D 点对应于塑限。在 E 点之后,二者呈非线性关系,一般取 B 点对应的含水量为缩限 $w_s$,M 点是直线 AD 的延长线与纵坐标的交点,所以它对应的体积 $V_s$ 是孔隙全无时固体颗

粒的总体积。

【例题 1-5】　某砂土的当前密度 $\rho=1.75\mathrm{g/cm^3}$，含水量 $w=10\%$，土粒比重 $G_s=2.65$，最小孔隙比 $e_{\min}=0.40$，最大孔隙比 $e_{\max}=0.85$，问该砂土处于什么状态。

【解】

（1）求土层的当前孔隙比 $e$，绘三相草图，见图 1-23。设 $V_s=1.0\mathrm{cm^3}$，由式(1-11)在数值上得 $V_v=e$。因为 $G_s=2.65$，由式(1-9)得，$m_s=2.65\mathrm{g}$。因为，$w=10\%$，由式(1-10)得，$m_w=wm_s=0.265\mathrm{g}$。

因为

$$\rho=1.75\mathrm{g/cm^3}$$

由式(1-7)得：

$$\rho=\frac{m_s+m_w}{V}=\frac{2.65+0.265}{1+e}=1.75$$

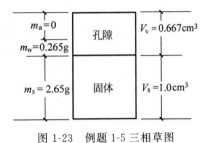
图 1-23　例题 1-5 三相草图

解得 $e=0.667$。

（2）求相对密度

由式(1-19)得：

$$D_r=\frac{e_{\max}-e}{e_{\max}-e_{\min}}=\frac{0.85-0.667}{0.85-0.40}\approx0.407$$

$$\frac{2}{3}>D_r>\frac{1}{3}$$

故该砂土处于中密状态。

【例题 1-6】　从某地基取土样，测得土的液限 $w_L=47\%$，塑限 $w_p=18\%$，当前含水量 $w=40\%$，问地基土处于什么状态。

【解】　由式(1-22)求液性指数：

$$I_L=\frac{w-w_p}{w_L-w_p}=\frac{40-18}{47-18}\approx0.759$$

查表 1-11，$0.75<I_L<1$，土处于软塑状态。

**3. 黏性土的活性指数**

如前所述，细粒土按液限 $w_L$ 和塑性指数 $I_p$ 分类，实际上是根据全部土颗粒吸附结合水的能力分类。虽然可以把细粒土分成黏土和粉土，但是仍然不能充分反映土中所包含的黏土矿物吸附结合水的能力，或者说不能充分反映黏土矿物的表面活性的高低。同样的结合水含量，可能是由于大量的吸水能力不甚高的黏土矿物（例如高岭石）所引起，也可能是由含量较少但吸水能力很强的黏土矿物（例如蒙特石）所引起。区别这一点对于鉴定某些土的工程性质也是很重要的。斯开普顿(Skempton A W)建议用土的活性指数 $A$ 来衡量土中黏土矿物吸附结合水的能力，其定义为

$$A=\frac{I_p}{p_{0.002}}\tag{1-23}$$

式中：$I_p$——土的塑性指数；

　　$p_{0.002}$——粒径小于 0.002mm 的颗粒质量占土总质量的百分比，用百分数的分子来表示。

根据活性指数 $A$ 的大小，黏性土可以分成如下三类。

非活性黏土：$A < 0.75$

正常黏土：$0.75 \leqslant A \leqslant 1.25$

活性黏土：$A > 1.25$

非活性黏土中的矿物成分以高岭石等吸水能力较差的黏土矿物为主，而活性黏土的矿物成分则以吸水能力很强的蒙特石等黏土矿物为主，特别是钠蒙特石，其活性指数可达 7.2。表 1-6 表示了含不同黏土矿物的黏土的活性指数。

# 1.4　土 的 结 构

很多试验资料表明，同一种土，原状土样和重塑土样（将原状土样粉碎，在实验室内重新制备的土样，称为重塑土样）的力学性质有很大的区别。甚至用不同方法制备的重塑土样，尽管组成和密度相同，性质也有所差别。这就是说，土的组成和物理状态尚不是决定土的性质的全部因素。另一种对土的性质影响很大的因素就是土的结构。土的结构指土粒或团粒（几个或许多个土颗粒联结成的集合体）在空间的排列和它们之间的相互联结。联结也就是粒间的结合力。土的天然结构是在其沉积和存在的整个地质历史过程中形成的。土因其组成、沉积环境和沉积年代不同而形成各色各样很复杂的结构。

## 1.4.1　粗粒土的结构

粗粒土的比表面积小，在粒间作用力中，重力起决定性的作用。粗颗粒在重力作用下下沉时，一旦与已经稳定的颗粒相接触，找到自己的平衡位置，稳定下来，就形成单粒结构。这种结构的特点是颗粒之间点与点的接触。当颗粒缓慢沉积，没有经受很高的压力作用，特别是没有受过动力作用时，所形成的结构为松散的单粒结构，如图 1-24(a) 所示。松散结构受较大的压力作用，特别是受动力作用后孔隙减小，部分颗粒破碎，土体收缩变密，则成为图 1-24(b) 所示的密实单粒结构。单粒结构的孔隙率 $n$ 一般变化于 0.2～0.55。级配很不均匀的土，孔隙率还可以更小。

粗粒土在某种情况下，比如在静水和流速很慢的水中沉积，并且粒间具有一定的胶结会形成如图 1-25(a) 所示的孔隙比很高的蜂窝状结构。这是一种"亚稳定"状态，粒间拱作用可以使它承受一定的静压力，可是它对于振动十分敏感，会在瞬时崩塌；另一种状态是在潮湿的砂土中，颗粒间接触处的毛细水膜的毛细力会在颗粒间产生压力（见图 1-15），使砂土呈现"假黏聚力"，当散布或倾倒这种含有适量水分的湿砂时，由于粒间黏聚力的作用，也会形成如图 1-25(b) 所示的"湿胀"形式的蜂窝状结构。

在 1.3.2 节所介绍的最大孔隙比 $e_{max}$ 是室内试验时单粒结构最松状态下风干砂土的指标，而对于如图 1-25 所示的蜂巢式结构，其孔隙比可能远大于所谓的最大孔隙比 $e_{max}$。

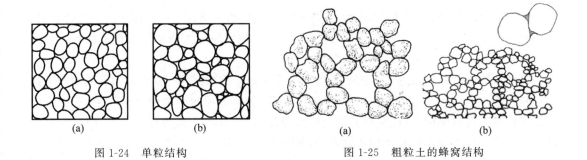

| 图 1-24　单粒结构 | 图 1-25　粗粒土的蜂窝结构 |
| --- | --- |

## 1.4.2　细粒土的结构

　　土中的细颗粒,尤其是黏土颗粒,比表面积很大,颗粒很薄,重量很轻,重力对其结构常常不起主要的作用。在结构形成中,粒间力起主导作用,这些粒间力既有引力也有斥力,它们包括以下几种力。

　　(1) 范德华力(van der Waals force)

　　物质的分子尽管总体上正负电荷是平衡的,但正负电荷可位于分子的两端,或者被外部的电场极化,与其电荷符号相反的一端会被吸引而极化,这是一种次生的键。范德华力就是一种被极化的键,是一种脉动的、瞬时的极化键。它随着粒子的距离加大而急剧地减小。经典概念的范德华力与距离的 7 次方成反比。但有的学者研究表明,土中的范德华力与距离的 4 次方成反比。总之,距离稍远,这种力就不存在。范德华力是细粒土黏结在一起的主要原因之一。

　　(2) 库仑力(Coulomb force)

　　库仑力即静电作用力。黏土颗粒表面带电荷,通常如图 1-9 所示,平面带负电荷而边角处带正电荷。所以,当颗粒按平衡位置,面对面叠合排列时(图 1-26(a)),颗粒之间因同号电荷而存在静电斥力。当颗粒间的排列是边对面(图 1-26(b))或角对面(图 1-26(c))时,接触点处或接触线处因异号电荷而产生静电引力。因此静电力可以是斥力或引力,视颗粒的排列情况而异。一般库仑力的大小与电荷间距离的平方成反比,实际上由于结合水和阳离子的存在,颗粒间的静电力呈复杂的关系,其作用力随距离而衰减的速度总是比范德华力慢。

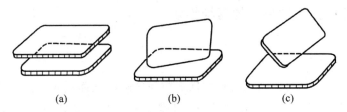

　　　　　　　　(a)　　　　　　　　(b)　　　　　　　　(c)

图 1-26　片状颗粒的联结

　　(3) 胶结作用(cementation)

　　土粒间通过游离氧化物、碳酸盐和有机质等胶体联结在一起。一般认为这种胶结作用是化学连接,因而具有较高的黏聚力。

　　(4) 毛细力(capillary force)

　　毛细力的概念前面已经述及。细粒土的粒径很小,对于非饱和土,若按式(1-6)计算,将存在着相当大的毛细力,表现为一种吸力。不过,由于黏性土的外面包围着结合水膜,结合水的性质与自由水有很大的不同,因此黏性土间的毛细压力该如何计算目前尚缺少研究。完全饱和土体的内部颗粒间则不存在毛细压力。

黏性土的天然结构就是在其沉积的过程中受这些力的共同作用而形成的。当细小的黏土颗粒在淡水中沉积时,因为淡水中离子的浓度低,颗粒表面吸附的阳离子较少,存在着较高的未被平衡的负电位,因此颗粒间的结合水膜比较厚,粒间作用力以斥力占优势,这种情况下沉积的颗粒常形成面对面的片状堆积,如图 1-27(a)所示。这种结构称为分散结构。分散结构的特点是密度较大,土在垂直于定向排列的方向和平行于定向排列的方向上性质不同,即具有各向异性。

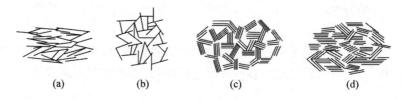

图 1-27　黏土的结构
(a) 单片的分散结构;(b) 单片的絮凝结构;(c) 片组的絮凝结构;(d) 片组的分散结构

当黏土颗粒在海水中沉积时,海水中含有大量的阳离子,浓密的阳离子被吸附于颗粒表面,平衡了相当数量的表面负电位,使颗粒得以相互靠近,因此斥力减少而引力增加。这种情况下容易形成以角、边与面或边与边搭接的排列形式,如图 1-27(b)所示,称为絮凝结构。絮凝结构具有较大的孔隙,对扰动比较敏感,性质比较均匀,且各向同性较好。

总的来说,当孔隙比相同时,絮凝结构较之分散结构具有较高的强度、较低的压缩性和较大的渗透性。因为当颗粒处于不规则排列状态时,粒间的吸引力大,不容易相互移动;同样大小的过水断面,流道少而孔隙间的直径大。

以上是黏性土的两种典型的结构形式。实际上,天然土的结构要复杂得多。通常不是单一的结构,而是呈多种类型的综合结构,其颗粒排列十分复杂。往往是先由颗粒联结成大小不等的团粒或片组,再由各种团粒和原级颗粒组成不同的结构形式,见图 1-27(c)、(d)。

### 1.4.3　反映细粒土结构特性的两种性质

#### 1. 黏性土的灵敏度

土的结构形成后就获得一定的强度,且结构强度随时间而增长。在含水量不变的条件下,将原状土破碎,重新按原来的密度制备成重塑土样。由于原状结构彻底破坏,重塑土样的强度较原状土样将有明显的降低。定义原状土样的无侧限抗压强度与重塑土样的无侧限抗压强度之比为土的灵敏度 $S_t$,即

$$S_t = q_u / \bar{q}_u \tag{1-24}$$

式中:$q_u$——原状土样的无侧限抗压强度;

$\bar{q}_u$——重塑土样的无侧限抗压强度。

显然结构性越强的土,灵敏度 $S_t$ 越大。某些近代沉积的黏性土其灵敏度可达到 50～

60,有的灵敏性土的灵敏度甚至可高达 1000。这种土受到扰动以后,强度会丧失殆尽。图 1-28 表示的是加拿大渥太华的一种饱和的超高灵敏性土,其原状圆柱形直径为 38mm 的三轴试样在无侧状态下可承受 110N 的压重,在含水量与体积不变的情况下,在烧杯内搅拌重塑后变成了泥浆。按表 1-12 划分黏性土的灵敏性。

表 1-12　黏性土的结构性分类

| $S_t$ | 结构性分类 | $S_t$ | 结构性分类 |
|---|---|---|---|
| $2<S_t\leqslant4$ | 中灵敏性 | $8<S_t\leqslant16$ | 极灵敏性 |
| $4<S_t\leqslant8$ | 高灵敏性 | $S_t>16$ | 流性 |

摘自《软土地区岩土工程勘察规程》(JGJ 83—2011)。

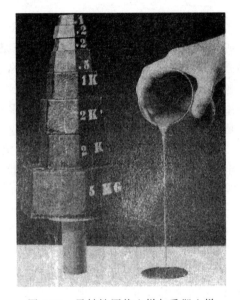

图 1-28　灵敏性原状土样与重塑土样

**2. 黏性土的触变性**

黏性土的触变性,指的是灵敏性黏土在被重塑或扰动以后,其结构破坏而变软,甚至变液态,但随着静置时间增加,其强度会逐渐恢复的性质。这一现象对同一黏土可以多次反复出现。这是由于黏土中的土颗粒、离子、水分子及其中的胶体物质之间在静置一定的时间后,会重新絮凝,形成新的结构平衡体系,使土的强度逐渐恢复。

# 1.5　土的工程分类

自然界中土的种类很多,工程性质各异。为便于研究和工程应用,需要按其主要特征进行分类。当前,国内使用的土名和土的分类法并不统一。各个行业使用各自制定的规范,各规范中土的分类标准不完全一样。国际上的情况同样如此,各个国家有自己一套或几套规定。存在这种情况有主观和客观的原因。一方面各种土的性质复杂多变,差别很大,但这些差别又都是渐变的,要用比较简单的特征指标进行划分是难以做到的。另一方面,有些行业侧重于利用土作为建筑物地基;有些行业侧重于利用土作为修筑土工结构物的材料;另一些行业又侧重于利用土作为周围介质在土中修建地下构筑物。由于各个部门行业的某些工程性质的重视程度和要求不完全相同,制定分类标准时的着眼点也就不同。加上长期的经验和习惯,很难使大家取得一致的看法和主张。

本书将更多地从学科的角度来阐述土的工程分类法的基本原则,同时也考虑到工程专业的实用性,分别介绍两种国内常用的分类方法。

### 1.5.1　土的工程分类依据

自然界中土的种类繁多,性质各异。直观上可以分为两大类:一种是由肉眼可见的碎散颗粒通过接触点堆积而成,颗粒间联结力较弱,透水性强,这就是砂砾、碎石等粗粒土。另一种是由肉眼难以分辨的微细颗粒组成,颗粒间存在不同程度的黏结,透水性弱,就是所谓的细粒土。另外还会见到颗粒很大的巨粒土和粗细颗粒以不同比例混合的混合土等。

但是在实际的工程应用中,仅有这种感性的粗浅的分类是很不够的;还必须更进一步用某种最能反映土的工程特性的指标来进行系统的分类。按前面的分析,影响土的工程性质的三个主要因素是土的三相组成、土的物理状态和土的结构。在这三者中,起主要作用的无疑是三相组成。在三相组成中,关键是土的固体颗粒,颗粒的粗细对土性的影响很大。工程上以土中粒径大于 0.075mm 的质量占全部土粒质量的 50% 作为第一个分类的界限。其含量大于 50% 的称为粗粒土,含量不超过 50% 的称为细粒土。

粗粒土的工程性质,如透水性、压缩性和强度等,很大程度上取决于土的粒径级配。因此,粗粒土按其粒径级配累积曲线再细分。

细粒土的工程性质不仅取决于粒径级配,还与土粒的矿物成分有密切关系。可以认为,矿物成分及相应的比表面积在很大程度上决定了这类土的性质。直接量测和鉴定土的比表面积和矿物成分均较困难,但是它们表现为土吸附结合水的能力。因此,在目前国内外的各种规范中多用吸附结合水的能力作为细粒土的分类标准。

如前所述,反映土吸附结合水能力的特性指标有液限 $w_L$、塑限 $w_p$ 或塑性指数 $I_p$。在这三个指标中,独立的其实只有两个,因此国内外对细粒土的分类,多用塑性指数或者液限加塑性指数作为细粒土的分类指标。

以下介绍国内最基本的两种土的工程分类法:一种是水利部主编的《土工试验方法标准》(GB/T 50123—2019)和《土的工程分类标准》(GB/T 50145—2007);另一种是住建部主编的《建筑地基基础设计规范》(GB 50007—2011)和《岩土工程勘察规范》(GB 50021—2001)(2009 版)的分类法。

### 1.5.2　《土工试验方法标准》(GB/T 50123—2019)分类法

#### 1. 土的总体分类体系与符号

这种分类法与《土的工程分类标准》(GB/T 50145—2007)(2022 年局部修定)是一致

的,也与国际上的多数分类方法类似。按照不同粒组的相对含量将土分为巨粒类土、粗粒类土和细粒类土三类。

土的总分类体系见图 1-29,其中有关符号见表 1-13。

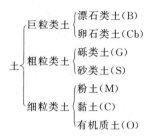

图 1-29　土的总分类体系

**表 1-13　土的分类及符号**

| 特　　征 | 无机土 | | |
|---|---|---|---|
| | 巨粒土 | 粗粒土 | 细粒土 |
| 成分 | B(boulder)漂石<br>Cb(cobble)卵石 | G(gravel)砾<br>S(sand)砂 | C(clay)黏土<br>M(mo 或 silt)粉土<br>O(organic)有机质土 |
| 级配或液限 | W(well graded)<br>级配良好<br>P(poorly graded)<br>级配不良 | W(well graded)<br>级配良好<br>P(poorly graded)<br>级配不良 | H(high liquid limit)高液限<br>L(low liquid limit )低液限 |

其中由一个代号构成时表示土的名称,如:S——砂,M——粉土;由两个基本代号构成时,第一个基本代号表示土的主成分,第二个基本代号表示土的特性指标(土的液限或土的级配优劣),如:GP——不良级配砾,CL——低液限黏土;由三个基本代号构成时,第一个基本代号表示土的主成分,第二个基本代号表示液限的高低(或级配的好坏),第三个基本代号表示土中所含次要成分,如:CHG——含砾高液限黏土,MLS——含砂低液限粉土,CHO——有机质高液限黏土。

**2. 粒组的划分**

粒组按粒径划分为:$d>200\text{mm}$ 为漂石粒组,$200\text{mm}\geqslant d>60\text{mm}$ 为卵石粒组,二者统通称为巨粒组;$60\text{mm}\geqslant d>2\text{mm}$ 为砾石粒组,$2\text{mm}\geqslant d>0.075\text{mm}$ 为砂粒组,二者统通称为粗粒组;$d\leqslant0.075\text{mm}$ 为细粒组。粒组的分类见表 1-2。

**3. 巨粒类土**

巨粒类土包括有巨粒土、混合(SI)巨粒土和巨粒混合土,见表 1-14。当试样中巨粒组含量不大于 15% 时,可扣除巨粒,按粗粒类土或细粒类土的相应规定分类;当巨粒对土的性状有影响时,可将巨粒计入砾石组进行分类。

表 1-14  巨粒土和含巨粒土的分类

| 土　　类 | 粒组含量 | | 土类代号 | 土类名称 |
|---|---|---|---|---|
| 巨粒土 | 巨粒含量>75% | 漂石含量大于卵石含量 | B | 漂石(块石) |
| | | 漂石含量不大于卵石含量 | Cb | 卵石(碎石) |
| 混合巨粒土 | 50%<巨粒含量≤75% | 漂石含量大于卵石含量 | BSI | 混合土漂石(块石) |
| | | 漂石含量不大于卵石含量 | CbSI | 混合土卵石(碎石) |
| 巨粒混合土 | 15%<巨粒含量≤50% | 漂石含量大于卵石含量 | SIB | 漂石(块石)混合土 |
| | | 漂石含量不大于卵石含量 | SICb | 卵石(碎石)混合土 |

### 4. 粗粒类土

试样中粗粒组含量大于 50% 的土称为粗粒类土。粗粒类土可分为砾类土和砂类土。粗粒类土中砾粒组($d>2\text{mm}$)的含量大于砂粒组含量的土,则属于砾类土;砾粒组含量不大于砂粒组含量的土,则属于砂类土。砾类土和砂类土按表 1-15 和表 1-16 进一步分类。

表 1-15  砾类土分类

| 土类 | 粒组含量 | | 土代号 | 土名称 |
|---|---|---|---|---|
| 砾 | 细粒含量<5% | 级配:$C_u\geq5$ $1\leq C_c\leq3$ | GW | 级配良好砾 |
| | | 级配:不同时满足上述要求 | GP | 级配不良砾 |
| 含细粒土砾 | 5%≤细粒含量<15% | | GF | 含细粒土砾 |
| 细粒土质砾 | 15%≤细粒含量<50% | 细粒组中粉粒含量不大于50% | GC | 黏土质砾 |
| | | 细粒组中粉粒含量大于50% | GM | 粉土质砾 |

表 1-16  砂类土分类

| 土类 | 粒组含量 | | 土代号 | 土名称 |
|---|---|---|---|---|
| 砂 | 细粒含量<5% | 级配:$C_u\geq5$ $C_c=1\sim3$ | SW | 级配良好砂 |
| | | 级配:不同时满足上述要求 | SP | 级配不良砂 |
| 含细粒土砂 | 5%≤细粒含量<15% | | SF | 含细粒土砂 |
| 细粒土质砂 | 15%≤细粒含量<50% | 细粒组中粉粒含量不大于50% | SC | 黏土质砂 |
| | | 细粒组中粉粒含量大于50% | SM | 粉土质砂 |

### 5. 细粒类土

试样中的细粒组含量不小于 50% 的土为细粒类土。细粒土按塑性图分类。塑性图是以液限 $w_L$ 为横坐标,塑性指数 $I_p$ 为纵坐标的一幅分类图,见图 1-30。在该图中,用 A 线($I_p=0.73(w_L-20)$)与 $I_p=7$ 组成一条折线,该折线与 B 线($w_L=50\%$)这条竖线将图面分成 4 个小区。

（1）$A$ 线与 $I_p=7$ 组成的折线以上为黏土（C），$A$ 线与 $I_p=4$ 组成的折线以下为粉土（M），$I_p=4\sim7$ 为过渡区，可能由低液限粉土过渡为低液限黏土。

（2）$B$ 线左侧为低液限区（L），右侧为高液限区（H）。

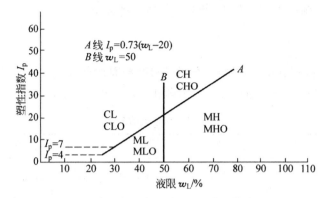

图 1-30　我国《土的工程分类标准》（GB/T 50145—2007）采用的塑性图

细粒土根据其在塑性图上的位置确定土名，见表 1-17。

表 1-17　细粒土的分类

| 土在塑性图中的位置 | | 代　号 | 名　称 |
|---|---|---|---|
| $I_p$ | $w_L$ | | |
| $I_p\geqslant0.73(w_L-20)$ 和 $I_p\geqslant7$ | $w_L\geqslant50\%$ | CH | 高液限黏土 |
| | $w_L<50\%$ | CL | 低液限黏土 |
| $I_p<0.73(w_L-20)$ 或 $I_p<4$ | $w_L\geqslant50\%$ | MH | 高液限粉土 |
| | $w_L<50\%$ | ML | 低液限粉土 |

细粒土中含有粗粒土时，若粗粒土的含量不大于 25%，这时粗颗粒完全被细粒土所包围，悬浮在细粒土组成的基质中，对细粒土性质影响不大，可以不必标明，就称为细粒土。粗粒含量大于 25% 且不大于 50% 的土中，粗粒土可能局部形成骨架，对细粒土的性质就会有影响，这时称含粗粒的细粒土。其中若粗粒中砾粒占优势，称含砾细粒土，在细粒土名代号后缀以代号 G，如 CHG——含砾高液限黏土；若粗粒中砂粒占优势，称含砂细粒土，在细粒土代号后缀以代号 S，如 MLS——含砂低液限粉土。含有部分有机质（有机质含量 $5\%\leqslant O_m<10\%$）的土称有机质土，这类土应在各相应土类代号之后缀以代号 O，如 CHO——有机质高液限黏土，MLO——有机质低液限粉土，当有机质含量 $O_m\geqslant10\%$ 时，称为有机土。

### 1.5.3　《建筑地基基础设计规范》（GB 50007—2011）分类法

这种分类体系首先将土分为粗粒土与细粒土。粗粒土是指粒径大于 0.075mm 的颗粒质量超过土颗粒总质量 50% 的土；细粒土是指粒径大于 0.075mm 的颗粒质量不超过土颗粒总质量 50% 的土。

这种分类体系又进一步将土分为碎石土、砂土、粉土、黏性土和人工填土 5 类。人工填土是由于人为的因素形成,只是成因上与其他土不同,因此,天然土实际上被分为碎石土、砂土、粉土和黏性土 4 类。碎石土和砂土属于粗粒土,粉土和黏性土属于细粒土。粗粒土按粒径级配分类,细粒土则按塑性指数 $I_p$ 分类。具体标准如下。

**1. 碎石土**

碎石土指粒径大于 2mm 的颗粒的质量超过颗粒总质量 50% 的土。根据粒组含量及颗粒形状,可细分为漂石、块石、卵石、碎石、圆砾和角砾 6 类,见表 1-18。

表 1-18　碎石土的分类

| 土的名称 | 颗粒形状 | 粒组含量 |
|---|---|---|
| 漂石<br>块石 | 圆形及亚圆形为主<br>棱角形为主 | 粒径大于 200mm 的颗粒质量超过总质量 50% |
| 卵石<br>碎石 | 圆形及亚圆形为主<br>棱角形为主 | 粒径大于 20mm 的颗粒质量超过总质量 50% |
| 圆砾<br>角砾 | 圆形及亚圆形为主<br>棱角形为主 | 粒径大于 2mm 的颗粒质量超过总质量 50% |

注:分类时应根据粒组含量由大到小以最先符合者确定。

**2. 砂土**

砂土指粒径大于 2mm 的颗粒质量不超过总质量的 50%,且粒径大于 0.075mm 的颗粒质量超过总质量 50% 的土。砂土根据粒组含量不同又细分为砾砂、粗砂、中砂、细砂和粉砂 5 类,如表 1-19 所示。

表 1-19　砂土的分类

| 土的名称 | 粒 组 含 量 |
|---|---|
| 砾砂 | 粒径大于 2mm 的颗粒质量占总质量 25%～50% |
| 粗砂 | 粒径大于 0.5mm 的颗粒质量超过总质量 50% |
| 中砂 | 粒径大于 0.25mm 的颗粒质量超过总质量 50% |
| 细砂 | 粒径大于 0.075mm 的颗粒质量超过总质量 85% |
| 粉砂 | 粒径大于 0.075mm 的颗粒质量超过总质量 50% |

注:分类时应根据粒组含量由大到小以最先符合者确定。

**3. 粉土**

指粒径大于 0.075mm 的颗粒质量不超过总质量 50% 且塑性指数 $I_p \leqslant 10$ 的土。粉土既不具有砂土透水性大、容易排水固结、抗剪强度较高的优点,又不具有黏性土防水性能好、不易被水冲蚀流失、具有较大黏聚力的优点。在许多工程问题上,表现出较差的力学性质,如受振动容易液化、湿陷性大、冻胀性大和易被冲蚀等。因此,在规范中,它既不属于黏性土,也不属于砂土,将其单列一类,以利于工程上正确处理。在建筑业,有时又将 $I_p \leqslant 7$ 的粉土称为砂质粉土，$7 < I_p \leqslant 10$ 的粉土称为黏质粉土。粉土的状态按密实度和湿度划分。

**4. 黏性土**

黏性土是指塑性指数 $I_p > 10$ 的细粒土，其中 $10 < I_p \leqslant 17$ 的细粒土称为粉质黏土；$I_p > 17$ 的细粒土称为黏土。这里的黏性土相当于有些分类法中广义的黏土。

**5. 特殊性质的土**

此外，自然界中还分布有许多具有特殊性质的土，如人工填土、湿陷性黄土、红黏土、冻土、软土、盐渍土、胀缩性土(或称膨胀土)、分散性土和污染土等。它们的分类一般都各有自己的规定。

淤泥、淤泥质土、泥炭和泥炭质土属于软土，是地基基础工程中常遇到的土。淤泥为在静水中或者缓慢的流水环境中沉积，并经生物化学作用形成的，是天然含水量大于液限，天然孔隙比大于或等于 1.5 的黏性土。天然含水量大于液限，孔隙比小于 1.5，但大于或等于 1.0 的黏性土或者粉土为淤泥质土。

含有大量未分解的腐殖质，有机质含量大于 60% 的土为泥炭，有机质含量大于或等于 10%，且不大于 60% 的土为泥炭质土。

【**例题 1-7**】 图 1-31 为某种土的粒径级配累积曲线。对其中粒径小于 0.075mm 的细粒土，经测定液限为 $w_L = 38\%$，塑限为 $w_p = 23\%$。试按《土工试验方法标准》(GB/T 50123—2019)和《建筑地基基础设计规范》(GB 50007—2011)分类法分别定出土的名称。

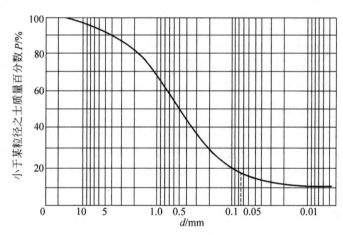

图 1-31  例题 1-7 粒径级配累积曲线

(附注：水利与建筑专业测定液塑限含水量的试验方法不同，其数值也会略有差别。)

【**解**】

1) 按《土工试验方法标准》(GB/T 50123—2019)分类法定名

(1) 从级配曲线，粒径 > 0.075mm 的颗粒约占全土质量 83%，并不含巨类组，故属于粗粒类土。又粒径 > 2mm 颗粒占全土质量 18%，砾粒组含量不大于砂粒组，故属于砂类土"S"。

(2) 细粒土占 17%，属于细粒土质砂。细粒土的液限 $w_L = 38\%$，塑性指数 $I_p = 38 -$

23＝15。根据液限和塑性指数查图 1-30,位于 CL 区,故细粒土的定名为低液限黏土,标为"CL"。

(3) 细粒组中,粉粒含量不大于 50％,全土定名为黏土质砂,标为"SC"。

2) 按《建筑地基基础设计规范》(GB 50007—2011)定名

(1) 查级配累积曲线,该土中粒径大于 2mm 的颗粒质量占总质量 18％(＜50％),粒径大于 0.5mm 的颗粒质量占总质量 51％。按表 1-19 定名为粗砂。

(2) 其中的细粒土的塑性指数 $I_p$＝38－23＝15,定名为粉质黏土。

3) 分析:这种土是一种没有经过长距离水流搬运,分选性较差的粗细粒混合土料。第一种分类法,定名为黏土质砂,能够把混合料的特点表示出来。"SC"中"S"表示是粗粒土属砂类土;"C"表示细粒土是黏土。这样划分与水利工程中特别重视土的渗透性有关,混合料中的细粒部分对土的渗透性影响很大。其缺点是对砂的分类不够细,没有粗、中、细砂之分。第二种分类法将整个土料定名为粗砂,不能把混合料的特点表现出来。天然地基基础一般多建在冲积土层上。冲积土层有明显的分选性,较少碰到这类粗细颗粒在一起的混合土料。因此地基规范中土的分类法不能反映这种粗细混合料料的特点。但它对砂土的分类比较细,这是它的优点。

# 1.6  土的压实性

填土用在很多工程建设中,例如用在地基、路基、土堤和土坝中。特别是高土石坝,往往填方量达数百万方甚至千万方以上,是质量要求很高的人工填土工程。进行填土时,经常要采用夯击、振动或碾压等方法,使土得到压实,以提高土的强度,减小压缩性和渗透性,从而保证地基和土工建筑物的稳定。压实就是指土体在压实能量作用下,土颗粒克服粒间阻力,产生相对位移,使土中的孔隙减小,密度增加。

实践经验表明,压实细粒土宜用夯击机具或压强较大的碾压机具,同时必须控制土的含水量。含水量太高或太低都得不到好的压密效果。压实粗粒土时,则宜采用振动机具,同时充分洒水。两种不同的做法表明细粒土和粗粒土具有不同的压密性质。

## 1.6.1  细粒土的压实性

研究细粒土的压实性可以在实验室或现场进行。在实验室中,将某一土样分成 6～7份,每份土样具有不同的含水量,然后再将每份土样分层装入击实仪内,用完全同样的方法加以击实。击实后,测出压实土的含水量和干密度。以含水量为横坐标,干密度为纵坐标,绘制含水量-干密度曲线,如图 1-32 所示。这种试验称为土的击实试验,得到的曲线称为土的击实曲线。

### 1. 最优含水量和最大干密度

在图 1-32 的击实曲线上,峰值干密度对应的含水量,称为最优含水量 $w_{op}$,它表示在这

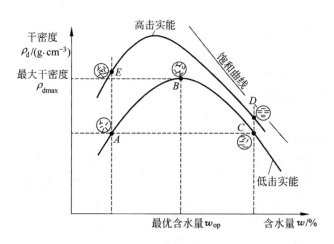

图 1-32　击实曲线

一含水量下，以这种压实方法能够得到最大干密度 $\rho_{dmax}$。同一种土，干密度越大，孔隙比也就越小。由于击实、夯实和压实并不能赶走细粒土中的水，在某一含水量下，将土压到理论上的最密，就是将土中所有的气体都从孔隙中赶走，使土达到饱和。将不同含水量所对应的土体达到饱和状态时的干密度点绘在图 1-32 中，得到理论上所能达到的最大压实曲线，即饱和度为 $S_r = 100\%$ 的压实曲线，也称饱和曲线。

按照饱和曲线，当含水量很大时，干密度会很小，因为这时土体中很大一部分体积都是水。若含水量很小，则饱和曲线上的干密度很大。当 $w = 0$ 时，饱和曲线理论上的干密度应等于土颗粒的密度 $\rho_s$。显然除了变成岩石外，碎散的土是无法达到的。

实际上，试验的击实曲线在峰值以右会逐渐接近于饱和曲线，并且最后大体上与它平行。在峰值以左，两根曲线差距加大，而且随着含水量减小，差值迅速增加。土的最优含水量的大小随土的性质而异，轻型标准击实试验表明，$w_{op}$ 约在土的塑限 $w_p$ 附近。有各种理论解释这种现象的机理。归纳起来，可以这样理解：当含水量很小时，细粒土颗粒表面的水膜很薄，如图 1-26（b）、（c）所示，此时颗粒间电吸力很强，要使颗粒相互移动需要克服很大的粒间阻力，因而需要消耗很大的能量。这种阻力可能来源于毛细力或者结合水的抗剪阻力。随着含水量增加，水膜加厚，其"润滑"作用使粒间阻力减小，颗粒自然容易移动。但是，当含水量超过最优含水量 $w_{op}$ 以后，水膜继续增厚所引起的润滑作用已不明显。这时，土中的剩余空气已经不多，并且处于与大气隔绝的封闭状态，很难被赶走，此外，细粒土的渗透性小，在击实或碾压的过程中，土中水来不及渗出，击实的过程可以认为含水量保持不变，因此在 $w > w_{op}$ 时，必然是含水量越高得到的压实干密度也就越小。

**2. 压实功的影响**

压实功是指压实每单位体积土所作的功。击实试验中试样单位体积的压实功用式（1-25）表示：

$$E = \frac{WgdNn}{V} \qquad (1-25)$$

对于容积为 947.4cm³ 的轻型击实试验,

式中:$W$——击锤质量,kg,试验中 $W=2.5$kg;

$d$——落高,m,试验中 $d=0.305$m;

$N$——每层土的击实次数,试验中 $N=25$ 击;

$n$——铺土层数,试验中 $n=3$;

$V$——击实筒的体积,cm³,试验中 $V=947.4$cm³;

$g$——重力加速度,m/s²。

同一种细粒土,采用轻型和重型两种标准击实试验,得到的击实曲线如图 1-33 所示。下部的击实曲线对应的是轻型击实试验结果;上部的曲线为重型击实试验结果。可见击实功越大,最优含水量越小,相应的最大干密度越大。所以,对于同一种试样,最优含水量和最大干密度并不是恒定值,而是随击实功而变化。同时,从图中还可以看到,含水量超过最优含水量以后,击实功的影响随含水量的增加而逐渐减小,击实曲线均靠近于饱和曲线。但是对于黏土,过高的含水量和过度碾压,会造成橡皮土和千层饼结构等现象。

对不同土类用不同击实功进行大量试验的结果表明,在最优含水量击实后对应的孔隙中空气的体积含量约为总体积的 5%,亦即其空气含量 $A=V_a/V=5\%$,如图 1-33 所示。

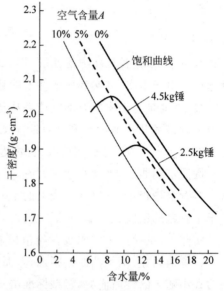

图 1-33　不同击实功能下的击实曲线

### 3. 填土含水量和碾压标准的控制

由于细粒填土存在着最优含水量,因此在填土施工时应将土料的含水量控制在最优含水量左右,以期用较小的击实功获得较高的干密度。当含水量控制在最优含水量的干侧时(如图 1-32 的 $A$、$E$ 点),击实土的结构常具有絮凝结构的特征。这种土比较均匀,强度较高,较脆硬,不易压密,但浸水时容易产生附加沉降。当含水量控制在最优含水量的湿侧时(如图 1-32 中的 $C$、$D$ 点),土具有分散结构的特征。这种土的可塑性大,适应变形的能力强,但强度较低,且具有较强的各向异性。所以,填土的含水量比最优含水量偏高或偏低,其性质各有优缺点,在设计土料时要根据对填土提出的要求和当地土料的天然含水量,选定合适的含水量,一般选用的含水量要求在 $w_{op}\pm2\%$ 的偏差范围内。

要求填土达到的压密标准,工程上采用压实度控制,地基规范中则称为压实系数。压实度的定义是

$$压实度=\frac{填土干密度}{室内标准击实的最大干密度}\times100\% \tag{1-26}$$

我国土坝设计规范中规定,1、2 级坝和高土石坝,黏性土的压实度应为 $98\%\sim100\%$,3 级中低坝及 3 级以下中坝,压实度应为 $96\%\sim98\%$。填土地基和路基的压实标准也有相应的规定。

### 1.6.2  粗粒土的压实性

砂和砂砾等粗粒土,其压实性也与含水量有关,不过一般不存在一个最优含水量。在完全干燥或者充分洒水饱和的情况下容易压实到较大的干密度。潮湿状态,由于毛细力产生的假黏聚力增加了粒间阻力,压实干密度显著降低。粗砂在含水量为 $4\%\sim5\%$,中砂在含水量为 $7\%$ 左右时,压实干密度最小,如图 1-34 所示。所以,在压实砂砾时可充分洒水增加粗粒土的含水量。

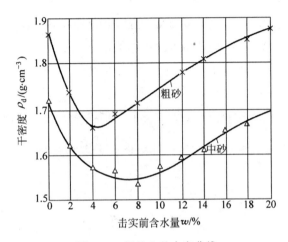

图 1-34  粗粒土的击实曲线

粗粒土的压实标准一般用相对密度 $D_r$ 控制。以前要求相对密度达到 0.70 以上,近年来根据地震震害资料中液化的分析结果,认为高烈度区相对密度还应提高。室内试验的结果也表明,对于饱和的粗粒土,在静力或动力的作用下,相对密度大于 $0.70\sim0.75$ 时,土的强度明显增加,变形显著减小,可以认为相对密度 $0.70\sim0.75$ 是力学性质的一个转折点。同时由于大功率的振动碾压机具的发展,提高压实度成为可能。我国的《水电工程水工建筑物抗震设计规范》(NB 35047—2015)规定,对于无黏性土压实,要求浸润线以上的材料相对密度不低于 0.75,浸润线以下材料的相对密度根据设计烈度大小选用 $0.75\sim0.85$。

【例题 1-8】 某土料场土料的水利系统分类为低液限黏土"CL",天然含水量 $w=21\%$,土粒比重 $G_s=2.7$。室内标准击实试验得到最大干密度 $\rho_{dmax}=1.85\text{g/cm}^3$。设计中取压实度为 $95\%$,并要求压实后土的饱和度 $S_r\leqslant0.9$。土料的天然含水量是否适于填筑?碾压时土料应控制多大的含水量?

【解】

(1) 求压实后土的孔隙比,先按式(1-26)求填土的干密度:

$$\rho_d=(1.85\times0.95)\text{g/cm}^3\approx1.76\text{g/cm}^3$$

绘三相草图,见图 1-35,设 $V_s=1.0\text{cm}^3$,根据干密度 $\rho_d$,由三相草图求孔隙比 $e$:

$$\rho_d=\frac{G_s}{1+e}=1.76$$

$$e=0.534$$

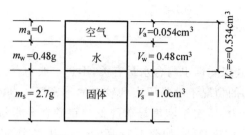

图 1-35  例题 1-8 三相草图

（2）求碾压含水量

根据题意按饱和度 $S_r=0.9$ 控制含水量。由式（1-15）计算水的体积为

$$V_w=S_rV_v=0.9\times0.534\text{cm}^3\approx0.48\text{cm}^3$$

因此，水的质量 $m_w=\rho_wV_w=0.48\text{g}$。

由式（1-10）求含水量：

$$w=\frac{m_w}{m_s}\times100\%=\frac{0.48}{2.70}\times100\%\approx17.8\%<21\%$$

即碾压时土料的含水量应控制在 $17.8\%$。料场含水量偏高 $3.2\%$，不适于直接填筑，应进行翻晒处理。

# 习　题

**1-1**　在某一地下水位以上的土层中，用体积为 $72\text{cm}^3$ 的环刀取样，经测定土样质量 $129.1\text{g}$，烘干后质量 $121.5\text{g}$，土粒比重 $G_s=2.70$。问该土样的含水量、天然重度、饱和重度、浮重度和干重度各为多少？按计算结果，分析比较各种含水量情况下同一种土的几种重度有何关系？

**1-2**　饱和土的孔隙比 $e=0.70$，比重 $G_s=2.72$，用三相草图计算该土的干重度 $\gamma_d$、饱和重度 $\gamma_{sat}$ 和浮重度 $\gamma'$，并求饱和度 $S_r$ 为 $75\%$ 时的天然重度和含水量（分别设 $V_s=1$、$V=1$ 和 $m=1$ 计算，并比较哪种方法更简便一些）。

**1-3**　在用来修建土堤的土料场，土的天然密度 $\rho=1.92\text{g/cm}^3$，含水量 $w=20\%$，颗粒比重 $G_s=2.70$。现要修建一座压实后干密度 $\rho_d=1.70\text{g/cm}^3$，总体积为 $80000\text{m}^3$ 的土堤，如果备料的裕量按 $20\%$ 考虑，求为修建该土堤需在料场储备的天然土体积应为多少？

**1-4**　用环刀采取试样测定土的干密度，环刀容积 $200\text{cm}^3$，测得环刀内湿土质量 $400\text{g}$。从环刀内取湿土 $40\text{g}$，烘干后干土质量为 $35\text{g}$，问该土的干密度为多少？

**1-5**　两种土的试验成果如表 1-20 所示，下面四种判断哪些是正确的？

（1）甲土比乙土的黏粒含量多；

（2）甲土比乙土的天然重度大；

（3）甲土比乙土的干重度大；

（4）甲土比乙土的孔隙率大。

表 1-20　习题 1-5 表

| 指　　　标 | 甲土 | 乙土 |
|---|---|---|
| 液限 $w_L$ | 40% | 25% |
| 塑限 $w_p$ | 25% | 17% |
| 天然含水量 $w$ | 30% | 22% |
| 颗粒比重 $G_s$ | 2.70 | 2.68 |
| 孔隙比 $e$ | 0.81 | 0.59 |
| 饱和度 $S_r$ | 100% | 100% |

**1-6**　某土坝料场土的天然含水量 $w=22\%$，比重 $G_s=2.70$，土堤的压实标准为干密度 $\rho_d=1.70\text{g/cm}^3$，为避免过度碾压而发生剪切破坏，压实后土的饱和度 $S_r$ 不宜超过 85%。问此料场的土料是否适合筑坝？如果不适合，建议采取什么措施？

**1-7**　地震烈度为 8 度的地震区场地要求砂土压实到相对密度 $D_r$ 不小于 0.7，经测试某料场砂的最大干密度 $\rho_{d\max}=1.96\text{g/cm}^3$，最小干密度 $\rho_{d\min}=1.46\text{g/cm}^3$，比重 $G_s=2.65$。问这种砂最少要加密到多大干密度才能满足抗震要求？

**1-8**　对装在环刀内的饱和土样施加竖直压力后，其高度自 2cm 排水压缩到 1.95cm，压缩后取出土样测得其饱和含水量 $w=28.0\%$，已知土颗粒比重 $G_s=2.70$，求土样压缩前土的孔隙比。

**1-9**　某砂土地基，土体天然孔隙比 $e_0=0.902$，最大孔隙比 $e_{\max}=0.978$，最小孔隙比 $e_{\min}=0.742$。拟对该地基采用直径 $D=400\text{mm}$ 的沉管挤密碎石桩加固，按等边三角形布桩，如图 1-36 所示。要求挤密后砂土的相对密实度 $D_{r1}=0.886$，为满足此要求，不考虑地面隆起，碎石桩桩距应为多少？

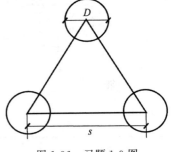

图 1-36　习题 1-9 图

**1-10**　从甲、乙两地的细粒土中各取土样测得两土样的液限 $w_L=40\%$、塑限 $w_p=25\%$ 都相同。但甲地黏土的天然含水量 $w_1=45\%$，而乙地黏土的 $w_2=20\%$，问两地黏土的液性指数 $I_L$ 各为多少？它们属于何种状态？按照本书介绍的两种规范，两种土各定名为什么土？哪一种土更适合作天然地基？

**1-11**　甲乙两种土的细颗粒含量、液限和塑限分别如表 1-21 所示。求两种土的活动性指标，判断哪一种黏土的矿物活动性高，估计主要含有哪种黏土矿物。

表 1-21　习题 1-11 表

| 土 | 粒径<0.005mm | 粒径<0.002mm | $w_L$ | $w_p$ |
|---|---|---|---|---|
| 甲土 | 67% | 55% | 53% | 36% |
| 乙土 | 33% | 27% | 70% | 35% |

**1-12**　甲、乙土样的粒径级配曲线如图 1-37 所示，乙土的塑性指数 $I_p=8$，液限 $w_L=22\%$。按两种规范确定它们的名称，并判断级配如何。

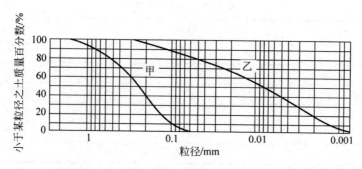

图 1-37　习题 1-12 图

**1-13**　如图 1-38 及表 1-22 所示，A、B、C 三种土，试用《土工试验方法标准》(GB/T 50123—2019)对它们进行分类定名。

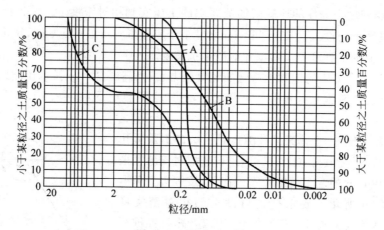

图 1-38　习题 1-13 图

表 1-22　习题 1-13 表

| 土样编号 | 颗粒组成/% | | | | 特征值 | | | | | | |
| --- | --- | --- | --- | --- | --- | --- | --- | --- | --- | --- | --- |
| | $10\sim$ $2mm$ | $2\sim$ $0.05mm$ | $0.05\sim$ $0.005mm$ | $<0.005mm$ | $d_{50}/$ $mm$ | $d_{60}/$ $mm$ | $d_{10}/$ $mm$ | $d_{30}/$ $mm$ | $<0.075mm$ | $C_u$ | $C_c$ |
| A | 0 | 99 | 1 | 0 | 0.170 | 0.165 | 0.110 | 0.150 | 4% | 1.5 | 1.24 |
| B | 0 | 66 | 30 | 4 | 0.080 | 0.115 | 0.012 | 0.044 | 48% | 9.6 | 1.40 |
| C | 44 | 56 | 0 | 0 | 0.500 | 3.00 | 0.150 | 0.250 | 0 | 20.0 | 0.14 |

**1-14**　某料场土天然含水量 $w=15\%$，用三种击实功进行击实试验，结果如表 1-23 所示(*为最大干密度)。要求填土的压实度为 98%(标准击实试验)，问用这一料场的土料筑坝需要采取什么施工措施？用不同的施工措施填筑后，土的性质预计有什么区别？

表 1-23  习题 1-14 表                                                                  g/cm³

| 击实功/(kJ/m³) | 含水量/% | | | | | |
|---|---|---|---|---|---|---|
| | 13 | 15 | 17 | 18 | 19 | 21 |
| 562.5 | 1.580 | 1.660 | 1.720 | — | 1.745* | 1.715 |
| 592.2(标准击实) | 1.650 | 1.715 | 1.765 | 1.770* | 1.765 | 1.720 |
| 862.5 | 1.705 | 1.765 | 1.800* | — | 1.785 | 1.730 |

**1-15**  在密实的海底以上冲填砂 5m，地下水位与地面齐平。填砂的孔隙比 $e = 0.9$，饱和重度 $\gamma_{sat} = 18.7 \text{kN/m}^3$。地震使松砂变密沉降，孔隙比变为 $e = 0.65$。问地震后地面下沉多少？砂土的饱和重度变成多少？

**1-16**  对一种土进行标准击实试验，击实筒的体积为 $1000 \text{cm}^3$，5 次不同含水量的击实试验结果见表 1-24。土颗粒的比重 $G_s = 2.67$，绘制该土击实试验的击实曲线，并绘出其饱和曲线以及 $A = 5\%$，$10\%$ 的曲线（$A = V_a/V$，为土中空气体积百分比含量）。

表 1-24  习题 1-16 表

| 试 验 编 号 | 1 | 2 | 3 | 4 | 5 |
|---|---|---|---|---|---|
| 击实后土的总质量/g | 2010 | 2092 | 2114 | 2100 | 2055 |
| 含水量/% | 12.8 | 14.5 | 15.6 | 16.8 | 19.2 |

# 第2章 土的渗透性和渗流问题

## 2.1 概　述

由于土的碎散性和多相性,在土力学中存在一个"土骨架"的概念。如图 2-1(a)所示,土骨架是由相互接触与连接的土颗粒构成的,它具有整块土体的体积与截面积,但不包括孔隙中的气体与液体。正如一块丝瓜瓢或者海绵一样,只考虑它所占据的全部空间中的固体部分。土骨架中含有连通的孔隙,孔隙中包含有流体,这些流体在势能差的作用下会在孔隙中流动,这就是土中的渗流(图 2-1(b))。土具有被水等流体透过的性质称为土的渗透性。非饱和土的渗透性与土的饱和度关系很大,问题较复杂,实用性也相对较小,本章主要研究饱和土的渗透性。

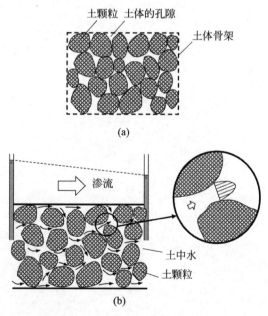

图 2-1　土骨架及土体中的渗流

(a) 土骨架的概念;(b) 土体孔隙中的渗流

土体的渗透性同土体的强度和变形特性一起,是土力学中所研究的几个主要的力学性质。在岩土工程的各个领域内,许多课题都与土的渗透性有密切的关系(图 2-2)。概括说来,对土体的渗透问题的研究主要包括下述 4 个方面。

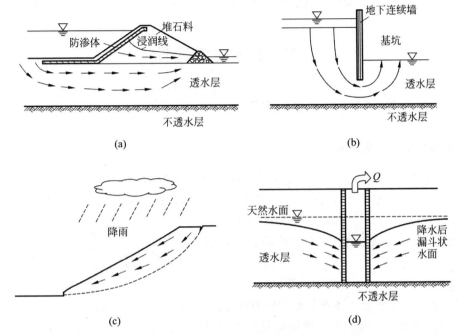

图 2-2　一些典型渗流问题

(a) 坝身及坝基的渗流;(b) 支护结构下的基坑渗流;(c) 降雨引起的滑坡及泥石流;(d) 水井渗流

(1) 渗流量问题

渗流量问题包括土石坝和渠道渗漏水量的估算、基坑开挖时的涌水量计算以及水井的供水量估算等。渗流量的大小将直接关系到工程的经济效益。

(2) 渗透力和水压力问题

流经土体的水流会对土骨架施加作用力,称为渗透力。渗流场中的饱和土体和结构物会受到水压力的作用,在土工建筑物和地下结构物的设计中,正确地确定上述作用力的大小是十分必要的。当对这些土工建筑物和地下结构物进行变形或稳定计算分析时,首先需要确定这些渗透力和水压力的大小和分布。

(3) 渗透变形(或称渗透稳定)问题

当渗透力过大时会引起土颗粒或土骨架的移动,从而造成土工建筑物或地基产生渗透变形,如地面隆起、细颗粒被水带出等现象。渗透变形问题直接关系到建筑物的安全,它是各种土工建筑物、水工建筑物的地基和建筑基坑等发生破坏的重要原因之一。统计资料表明,土石坝失事总数中,由于各种形式的渗透变形而导致失事的占 1/4~1/3。1976 年美国弟顿(Teton)坝由于渗透破坏引起了垮坝,总损失达 2.5 亿美元。

(4) 渗流控制问题

当渗流量和渗透变形不能满足设计要求时,要采用工程措施加以控制,称为渗流控制。

综上所述,渗流会造成水资源的损失而降低工程效益;会引起土体的渗透变形,直接影响土工建筑物和地基的稳定与安全。因此,研究土体的渗透规律,掌握土体中水渗流的知识以便对渗流进行有效的控制和利用,是水利工程及土木工程相关领域中一个非常重要的课题。本

章将主要讨论土体的渗透性及渗透规律；二维渗流理论、流网的绘制及其应用；渗透力与渗透
变形等问题。关于渗流控制问题将主要由水工建筑物等课程讲述，这里不进行详细讨论。

## 2.2　土体的渗透性

### 2.2.1　土体的渗透定律——达西定律

#### 1. 渗流中的总水头与水力坡降

从水力学中得知，能量是水体发生流动的驱动源。按照伯努利(Bernoulli D)方程，流场中
单位重量($mg=1$)的水体所具有的能量可用水头来表示，包括如下的 3 个部分(图 2-3)。

(1) 位置水头 $z$：水体到基准面的竖直距离，代
表单位重量的水体从基准面算起所具有的位置
势能；

(2) 压力水头 $u/\gamma_w$：水压力所能引起的自由水
面的升高，表示单位重量水体所具有的压力势能；

(3) 流速水头 $v^2/2g$：表示单位重量水体所具
有的动能。

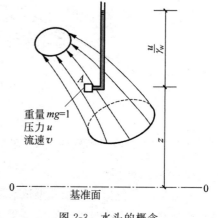

因此，水流中一点单位重量水体所具有的总水
头 $h$ 为

$$h = z + \frac{u}{\gamma_w} + \frac{v^2}{2g} \qquad (2\text{-}1)$$

图 2-3　水头的概念

不难看出，式(2-1)中各项的物理意义均代表单
位重量水体所具有的各种机械能，而其量纲却都是长度。总水头 $h$ 的物理意义为单位重量
水体所具有的总能量。

由图 2-3 可见，如果将一根测压管安装在水流场中的 $A$ 点时，测压管中的水面将升至
$z+u/\gamma_w$ 的标高处。故在实际应用中，常将位置水头与压力水头之和称为测管水头。一点
的测管水头代表的是该点单位重量水体所具有的总势能。

将伯努利方程用于土体中的渗流问题时，需要注意如下两点：

(1) 在上述诸水头中，我们最关心的是总水头，或者更确切地说是总水头差。因为饱和
土体中两点间是否发生渗流，完全是由总水头差 $\Delta h$ 决定的。只有当两点间的总水头差
$\Delta h \neq 0$ 时，孔隙水才会发生从总水头高的点向总水头低的点流动。这与前面所讲的，渗流
是水从能量高的点向能量低的点流动的概念是一致的。

(2) 由于土体中渗流阻力大，故渗流流速 $v$ 在一般情况下都很小，因而形成的流速水头
$v^2/2g$ 一般很小，为简便起见可以忽略。这样，渗流中任一点的总水头就可近似用测管水头
来代替，于是式(2-1)可简化为

$$h = z + \frac{u}{\gamma_w} \qquad (2\text{-}2)$$

可见，测管水头也是从基准面算起的。

图 2-4 表示渗流在土体中流经 $A$、$B$ 两点时,各种水头的相互关系。按照式(2-2),$A$、$B$ 两点的总水头可分别表示为

$$h_A = z_A + \frac{u_A}{\gamma_{\mathrm{w}}} \tag{2-3}$$

$$h_B = z_B + \frac{u_B}{\gamma_{\mathrm{w}}} \tag{2-4}$$

且

$$h_A = h_B + \Delta h \tag{2-5}$$

式中:$z_A$,$z_B$——$A$ 点和 $B$ 点的位置水头;

　　$u_A$,$u_B$——$A$ 点和 $B$ 点的水压力,在土力学中称为孔隙水压力;

　　$u_A/\gamma_{\mathrm{w}}$,$u_B/\gamma_{\mathrm{w}}$——$A$ 点和 $B$ 点的压力水头;

　　$h_A$,$h_B$——$A$ 点和 $B$ 点的总水头;

　　$\Delta h$——$A$ 点和 $B$ 点间的总水头差,表示单位重量液体从 $A$ 点向 $B$ 点流动时,因克服
　　　　阻力而损失的能量。

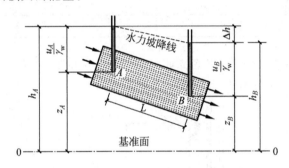

图 2-4　渗流中的各种水头和渗透坡降

如果为稳定渗流,将图 2-4 中 $A$、$B$ 两点的测管水头连接起来,可得到测管水头线(又称水力坡降线)。由于渗流过程中存在能量损失,测管水头线沿渗流方向逐步下降。根据 $A$、$B$ 两点间的水头损失,可定义水力坡降 $i$ 为

$$i = \frac{\Delta h}{L} \tag{2-6}$$

其中,$L$ 为 $A$、$B$ 两点间的渗流途径(简称渗径),也就是使水头损失为 $\Delta h$ 的渗流长度。可见,水力坡降 $i$ 的物理意义为单位渗流长度上的水头损失。在研究土体的渗透规律时,水力坡降 $i$ 是个十分重要的物理量。

【例题 2-1】　在一个玻璃筒中装满饱和砂土及静水,如图 2-5(a)所示,试说明在砂土内 $A$、$B$ 两点间应无渗流发生。

【解】

(1) 任选基准面 0—0,并分别在 $A$、$B$ 两点安置两根测压管,则测压管中水位均应上升至筒中静水位的高度,如图 2-5(b)所示。

(2) 列表给出 $A$、$B$ 两点的各水头值,如表 2-1 所示。

(3) 表 2-1 说明,尽管在位置水头上 $z_A > z_B$,在压力水头上 $h_{uB} > h_{uA}$,但 $A$、$B$ 两点的总水头却相同,两点间总水头差 $\Delta h = 0$。因此,既不会发生仅由位置水头差引起的自 $A$ 向 $B$ 的渗流;也不会发生仅由压力水头差引起的自 $B$ 向 $A$ 的渗流。结论只能是 $A$、$B$ 两点间无渗流发生。

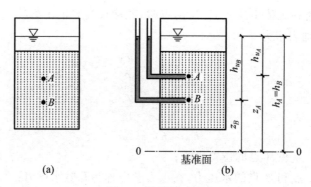

图 2-5  例题 2-1 图

表 2-1  *A*、*B* 两点各水头值

| 位置 | 位置水头 $z$ | 压力水头 $h_u = u/\gamma_w$ | 总水头 $h$ |
|---|---|---|---|
| *A* | $z_A$ | $h_{uA}$ | $z_A + h_{uA}$ |
| *B* | $z_B$ | $h_{uB}$ | $z_B + h_{uB}$ |

【例题 2-2】  某渗透试验装置及各点的测管水头位置如图 2-6 所示。试分别求出点 *B*、*C*、*D* 和 *F* 的位置水头、压力水头、总水头及累积水头损失。

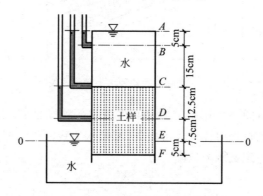

图 2-6  例题 2-2 图

【解】  选试样下部尾水水面 0—0 为基准面。计算水头损失时可以认为,水头损失只发生在水流经过的土体内,在上部 *AC* 段不装土体的容器内流动时,水头损失可以忽略不计。

列表算出上述所求各点的水头值和累积水头损失如表 2-2 所示。

表 2-2  例题 2-2 计算表                                                              cm

| 点号 | 位置水头 $z$ | 压力水头 $h_u = u/\gamma_w$ | 总水头 $h$ | 累积水头损失 $\Delta h$ |
|---|---|---|---|---|
| *A* | 40 | 0 | 40 | — |
| *B* | 35 | 5 | 40 | 0 |
| *C* | 20 | 20 | 40 | 0 |
| *D* | 7.5 | 12.5 | 20 | 20 |
| *E* | 0 | — | — | — |
| *F* | −5 | 5 | 0 | 40 |

**2. 渗透试验与达西定律**

水在土体中流动时,由于土体的孔隙通道很小,且曲折复杂,渗流过程中黏滞阻力很大,
所以多数情形下,水在土体中的流速十分缓慢,属于层流状态,即相邻两个水分子运动的轨迹相互平行而不混掺。一百多年前,法国工程师达西(Darcy H)首先采用图 2-7 所示的试验装置对均匀砂土进行了大量渗透试验,得出了层流条件下,土体中水渗流速度与能量(水头)损失之间的渗流规律,即达西定律。

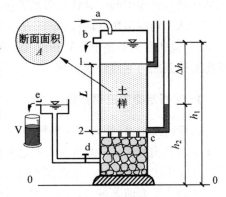

达西试验装置的主要部分是一个上端开口的直立圆筒,下部放碎石,碎石上放一块多孔滤板 c,滤板上面放置均匀砂土试样,其横断面面积为 $A$,长度为 $L$。筒的侧壁装有两支测压管,分别设置在

图 2-7　达西渗透试验装置

土样两端的 1、2 过水断面处。水由上端进水管 a 注入圆筒,并以溢水管 b 保持筒内上部为恒定水位。透过土样的水从装有控制阀门 d 的弯管经溢水管 e 流入容器 V 中。

当试样两端测压管的水面都保持恒定以后,通过砂土的渗流就是不随时间变化的恒定渗流。现取图 2-7 中的 0—0 面为基准面。$h_1$、$h_2$ 分别为 1、2 断面处的测管水头;$\Delta h$ 即为渗流流经长度为 $L$ 的砂样后的水头损失。

达西根据对各种不同类型和不同尺寸的土样所进行的试验发现,渗出流量 $Q$ 与土样横断面面积 $A$ 和水力坡降 $i$ 成正比,且与土体的透水性质有关,即

$$Q \propto A \times \frac{\Delta h}{L} \tag{2-7}$$

写成等式则为
$$Q = kAi \tag{2-8}$$

或
$$v = \frac{Q}{A} = ki \tag{2-9}$$

式中：$v$——平均到土样整个横断面的渗透速度,mm/s 或 m/d 等;

$k$——反映土体透水性能的比例系数,称为土体的渗透系数,其数值等于水力坡降 $i=1$ 时的渗透速度,故其单位与流速相同,为 mm/s 或 m/d 等。

式(2-9)称为达西定律。达西定律表明,在层流状态的渗流中,渗透速度 $v$ 与水力坡降 $i$ 的一次方成正比,并与土体的性质有关。

需要注意的是,式(2-9)中的渗透流速 $v$ 并不是土体孔隙中水的实际平均流速。因为公式表达中采用的是土样的整个横断面面积 $A$,其中也包括了土颗粒所占的面积在内。显然,土颗粒本身是不能透水的,故真实的平均过水面积 $A_v$ 应小于 $A$,从而实际的孔隙平均流速 $v_s$ 应大于 $v$。一般称 $v$ 为达西渗透速度,它是一个概化到总体土体断面面积的假想渗流速度。$v$ 与 $v_s$ 的关系可通过水流的连续原理建立。

按照水流连续原理,有
$$Q = vA = v_s A_v \tag{2-10}$$
若土体的孔隙率为 $n$,则 $A_v = nA$,所以

$$v_s = \frac{vA}{nA} = \frac{v}{n} \tag{2-11}$$

由于水在土体孔隙中流动的实际路径十分复杂，实际上 $v_s$ 也并非渗流的真实速度。要想真正确定土体中某一具体位置的真实流动速度，无论是通过理论分析或试验量测都很难做到。从工程应用角度而言，也没有这种必要。对于解决实际工程问题，最重要的是在某一范围内（包括有足够多土体颗粒的特征体积内）宏观渗流的平均效果。所以，渗流问题中一般均采用假想的达西渗流流速。

**3. 达西定律的适用范围**

前面已经指出，达西定律是描述层流状态下渗透流速与水头损失关系的规律，亦即渗透速度 $v$ 与水力坡降 $i$ 呈线性关系只适用于层流范围。在水利和土木工程中，绝大多数渗流，无论是发生于砂土中或一般的黏性土中，均属于层流范围，故达西定律一般均可适用。

从另一个方面来讲，以下两种情况可认为会超出达西定律的适用范围：

（1）发生在纯砾以上很粗的土体（如堆石体）中的渗流，且水力坡降较大时。此时渗流的流态已不再是层流而是紊流，达西定律不再适用，渗流速度 $v$ 与水力坡降 $i$ 之间的关系不再保持直线而变为亚线性的曲线关系，如图 2-8(a)所示。渗流流态由层流进入紊流的界限是达西定律适用的上限。关于具体的上限值，目前尚无明确的确定方法。不少学者曾主张用临界雷诺数 $R_e$ 作为确定达西定律上限的指标，但研究结果表明，所得到的界限值通常较为分散。也有部分学者主张用临界流速 $v_{cr}$ 来划分这一界限，并认为 $v_{cr} = 0.3 \sim 0.5 \text{cm/s}$。当 $v > v_{cr}$ 后达西定律可修改为

$$v = ki^m \quad (m < 1) \tag{2-12}$$

此外，也有学者提出可采用土的特征粒径，如 $d_{10}$、$d_{60}$ 等，作为划分的标准，但也未被人们普遍接受。目前这个课题还在深入研究中。

（2）发生在黏性很强的致密黏土中的渗流。不少学者的试验表明，这类土的渗透特性也偏离达西定律。汉斯博（Hansbo S）对四种原状黏土进行了渗透试验，所得 $v$-$i$ 关系如图 2-8(b)所示。图中实线表示试验曲线，它呈超线性规律增长，且不通过原点。使用时，可将曲线简化为如图虚线所示的直线关系。截距 $i_0$ 称为起始水力坡降。这时，达西定律可修改为

$$v = k(i - i_0) \tag{2-13}$$

式(2-13)说明，当坡降很小，$i < i_0$ 时，没有渗流发生。不少学者对此现象作如下的解释：密实黏土颗粒的外围具有较厚的结合水膜，它占据了土体孔隙的过水通道（图 2-9），渗

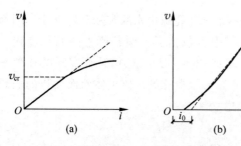

图 2-8　渗透速度与水力坡降的非线性关系

图 2-9　对 $i_0$ 的说明

流只有在较大的水力坡降作用下,挤开具有黏滞性的结合水膜的堵塞后才能发生。起始水力坡降 $i_0$ 是用以克服结合水膜阻力所需的水力坡降,因此,$i=i_0$ 是达西定律适用的下限。

需要指出的是,对于黏性土中的渗流是否存在起始水力坡降 $i_0$ 的问题尚存在争论。也有不少学者认为,达西定律同样适用于土体黏性高、坡降小的情况,即认为 $i_0$ 并不存在,试验表现出来的现象乃是试验精度不高所造成的试验误差。

【**例题 2-3**】　某渗透试验装置如图 2-10 所示。砂Ⅰ的渗透系数 $k_1=2\times10^{-1}$ cm/s,砂Ⅱ的渗透系数 $k_2=1\times10^{-1}$ cm/s,砂土试样的横断面面积 $A=200$ cm$^2$。取砂Ⅱ底面处 0—0 为基准面。

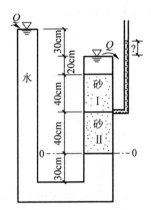

图 2-10　例题 2-3 图

【**试问**】

(1) 若在砂Ⅰ与砂Ⅱ分界面处安装一测压管,则测压管中水面将升至右端水面以上多高?

(2) 流过砂土试样的渗透流量 $Q$ 多大?

【**解**】

(1) 从图 2-10 可看出,渗流自下而上依次渗过砂Ⅱ和砂Ⅰ,总水头损失 $\Delta h=30$ cm。所求高度差实际上就是砂Ⅰ两端的测管水头差。假如砂Ⅰ、砂Ⅱ各自的水头损失分别为 $\Delta h_1$、$\Delta h_2$,则

$$\Delta h_1+\Delta h_2=\Delta h=30\text{cm}$$

根据渗流连续原理,流经两砂样的渗透速度 $v$ 应相等,即 $v_1=v_2=v$。

按照达西定律,$v=ki$,则 $k_1i_1=k_2i_2$ 也即有

$$k_1\frac{\Delta h_1}{L_1}=k_2\frac{\Delta h_2}{L_2}$$

已知:$L_1=L_2=40$ cm,$k_1=2\,k_2$,故 $2\Delta h_1=\Delta h_2$。代入 $\Delta h_1+\Delta h_2=30$ cm,可求出

$$\Delta h_1=10\text{cm},\Delta h_2=20\text{cm}$$

由此可知,在砂Ⅰ与砂Ⅱ的界面处,测压管中水位将升至高出砂Ⅰ上端水面以上 10cm 处。

(2) 根据 $Q=kiA=k_1\cdot\dfrac{\Delta h_1}{L_1}\cdot A$ 可得

$$Q=\left(0.2\times\frac{10}{40}\times200\right)\text{cm}^3/\text{s}=10\text{cm}^3/\text{s}$$

## 2.2.2　渗透系数的测定和影响因素

渗透系数 $k$ 是代表土渗透性强弱的定量指标,也是进行渗流计算时必须用到的一个基本参数。不同种类的土,$k$ 值差别很大。因此,准确测定土的渗透系数是一项十分重要的工作。渗透系数的测定方法主要分实验室内测定和野外现场测定两大类。

### 1. 渗透系数的实验室测定方法

目前在实验室中测定渗透系数 $k$ 的仪器种类和试验方法很多,但从试验原理上大体可

分为常水头法和变水头法两种。

(1) 常水头试验法

常水头试验法是指在整个试验过程中保持土样两端水头不变的渗流试验。显然此时土样两端的水头差也为常数。图 2-11 所示的试验装置与图 2-7 所示的达西渗透试验装置都属于这种类型。

试验时,可在透明塑料筒中装填横截面面积为 $A$,长度为 $L$ 的饱和土样,打开阀门,使水自上而下渗过土样,并自出水口处排出。待水头差 $\Delta h$ 和渗出流量 $Q$ 稳定后,量测经过一定时间 $t$ 内流经试样的水量 $V$,则

$$V = Qt = vAt$$

根据达西定律,$v = ki$,则

$$V = k\frac{\Delta h}{L}At$$

从而得出

$$k = \frac{VL}{A\Delta ht} \tag{2-14}$$

常水头试验适用于测定透水性较强的砂性土的渗透系数。黏性土由于渗透系数很小,渗透水量很少,用这种试验不易准确测定,需改用变水头试验。

(2) 变水头试验法

变水头试验法是指在试验过程中土样两端水头差随时间变化的渗流试验,其装置示意图见图 2-12。水流从一根直立的带有刻度的玻璃管和 U 形管自下而上渗过土样。试验时,先将玻璃管充水至需要的高度后,测记土样两端在 $t = t_1$ 时刻的起始水头差 $\Delta h_1$。之后打开渗流开关,同时开动秒表,经过时间 $\Delta t$ 后,再测记土样两端在终了时刻 $t = t_2$ 的水头差 $\Delta h_2$。根据上述试验结果和达西定律,即可推出土样渗透系数 $k$ 的表达式。

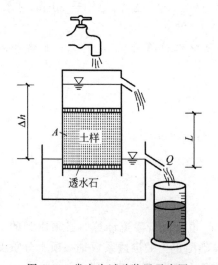

图 2-11　常水头试验装置示意图

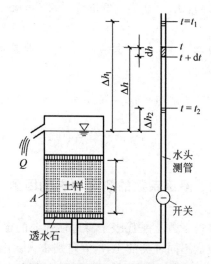

图 2-12　变水头试验装置示意图

设试验过程中任意时刻 $t$ 作用于土样两端的水头差为 $\Delta h$,经过 $\mathrm{d}t$ 微时段后,管中水位下降 $\mathrm{d}h$,则 $\mathrm{d}t$ 时段内流入试样的水量微增量为

$$\mathrm{d}V_e = -a\,\mathrm{d}h$$

式中：$a$——玻璃管横断面面积，右端的负号表示流入水量随 $\Delta h$ 的减少而增加。

根据达西定律，$\mathrm{d}t$ 时段内流出土样的渗流量为

$$\mathrm{d}V_o = kiA\,\mathrm{d}t = k\,\frac{\Delta h}{L}A\,\mathrm{d}t$$

式中：$A$——土样的横断面面积；

$L$——土样长度。

根据水流连续原理，应有 $\mathrm{d}V_e = \mathrm{d}V_o$，即

$$-a\,\mathrm{d}h = k\,\frac{\Delta h}{L}A\,\mathrm{d}t$$

$$\mathrm{d}t = -\frac{aL}{kA}\cdot\frac{\mathrm{d}h}{\Delta h}$$

等式两边各自积分

$$\int_{t_1}^{t_2}\mathrm{d}t = -\frac{aL}{kA}\int_{\Delta h_1}^{\Delta h_2}\frac{\mathrm{d}h}{\Delta h}$$

$$t_2 - t_1 = \Delta t = \frac{aL}{kA}\ln\frac{\Delta h_1}{\Delta h_2}$$

从而得到土样的渗透系数

$$k = \frac{aL}{A\,\Delta t}\ln\frac{\Delta h_1}{\Delta h_2} \tag{2-15}$$

若改用常用对数表示，则上式可写为

$$k = 2.3\times\frac{aL}{A\,\Delta t}\lg\frac{\Delta h_1}{\Delta h_2} \tag{2-16}$$

通过选定几组不同的 $\Delta h_1$、$\Delta h_2$ 值，分别测出它们所需的时间 $\Delta t$，利用式(2-15)或式(2-16)计算土体的渗透系数 $k$，然后取平均值，作为该土样的渗透系数。变水头试验适用于测定透水性较小的黏性土的渗透系数。

实验室内测定土体渗透系数 $k$ 的优点是试验设备简单，费用较省。但是，由于土体的渗透性与土体的结构有很大的关系，地层中水平方向和竖直方向的渗透性也往往不一样；再加之取土样时的扰动，不易取得具有代表性的原状土样，特别是对砂土。因此，室内试验测出的数值常常不能很好地反映现场土层的实际渗透性质。为了量测地基土层的实际渗透系数，可直接在现场进行渗透系数的原位测定。

**2. 渗透系数的现场测定法**

在现场研究地基土层的渗透性，进行渗透系数 $k$ 值的测定时，常采用现场井孔抽水试验或井孔注水试验的方法。对于均质的粗粒土层，用现场试验测出的 $k$ 值往往要比室内试验更为可靠。下面主要介绍采用抽水试验确定土层 $k$ 值的方法。注水试验的原理与抽水试验十分类似，这里不再赘述。

图 2-13 为一现场井孔抽水试验示意图。在现场打一口试验井，贯穿要测定 $k$ 值的含潜水的均匀砂土层，并在距井中心不同距离处设置两个观察孔，然后自井中以不变的流量连续进行抽水。抽水会造成水井周围的地下水位逐渐下降，形成一个以井孔为轴心的降落漏斗

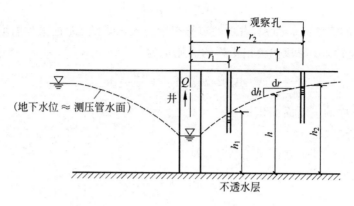

图 2-13  潜水层中的抽水试验

状的地下水面。测定试验井和观察孔中的稳定水位,可以得到试验井周围测压管水面的分布图。测管水头差形成的水力坡降,使土中水流向井内。假定水流是水平流向时,则流向水井渗流的过水断面应是以抽水井为中心的一系列同心圆柱面。待抽水量和井中的水位稳定一段时间后,可测得抽水量为 $Q$,距离抽水井轴线分别为 $r_1$、$r_2$ 的观察孔中的水位高度分别为 $h_1$、$h_2$。根据上述结果,利用达西定律即可求出土层的平均渗透系数 $k$ 值。

现围绕井中心轴线取一过水圆柱断面,该断面距井中心轴线的距离为 $r$,水面高度为 $h$,则该圆柱断面的过水断面面积 $A$ 为

$$A = 2\pi rh$$

假设该圆柱过水断面上各处水力坡降为常数,且等于地下水位线在该处的坡度,则

$$i = \frac{\mathrm{d}h}{\mathrm{d}r}$$

根据渗流的连续性条件,单位时间自井内抽出的水量 $Q$ 等于渗过该过水圆柱断面的渗流量。因此,由达西定律可得

$$Q = Aki = 2\pi rhk \frac{\mathrm{d}h}{\mathrm{d}r}$$

$$Q \frac{\mathrm{d}r}{r} = 2\pi kh \, \mathrm{d}h$$

将上式两边进行积分,并代入边界条件

$$Q \int_{r_1}^{r_2} \frac{\mathrm{d}r}{r} = 2\pi k \int_{h_1}^{h_2} h \, \mathrm{d}h$$

得

$$Q \ln \frac{r_2}{r_1} = \pi k (h_2^2 - h_1^2)$$

从而得出

$$k = \frac{Q}{\pi} \frac{\ln(r_2/r_1)}{(h_2^2 - h_1^2)} \tag{2-17}$$

或用常用对数表示,则为

$$k = 2.3 \times \frac{Q}{\pi} \frac{\lg(r_2/r_1)}{(h_2^2 - h_1^2)} \tag{2-18}$$

前面已经讲到,现场测定 $k$ 值可以获得场地地基土层较为可靠的平均渗透系数,但试验所需费用较多,故要根据工程规模和勘察要求,确定是否需要进行。

**3. 影响渗透系数的因素**

由于渗透系数 $k$ 综合反映了水在土体孔隙中流动的难易程度,因而其值必然要受到土体性质和水性质的影响。下面分别就这两方面的影响因素进行讨论。

(1) 土体性质对渗透系数 $k$ 值的影响

土体的许多物理性质对渗透系数 $k$ 值有很大的影响,其中主要有下列 5 个方面:

① 粒径大小与级配;

② 孔隙比;

③ 矿物成分;

④ 结构;

⑤ 饱和度。

在上述 5 项中,尤其是前两项,即粒径大小和孔隙比对渗透系数 $k$ 的影响最大。可以设想,水流通过土体的难易程度必定与土中孔隙直径的大小和单位土体中的孔隙体积(实际过水体积)直接相关。前者主要反映在土体的颗粒大小和级配上,后者主要反映在土体的孔隙比上。

土体具有十分复杂的孔隙系统。土体中孔隙直径的大小很难直接度量或量测,但其平均大小一般由细颗粒所控制,这是因为在粗颗粒形成的大孔隙中还可被细颗粒充填所致。因此,有的学者提出,土的渗透系数可用有效粒径 $d_{10}$ 来表示。例如,哈臣(Hazen A)通过对 $d_{10}=0.1\sim3.0$mm 的均匀砂进行系列的渗透试验,提出了如下的经验关系式:

$$k = cd_{10}^2 \tag{2-19}$$

式中,$c$ 为经验系数,当 $d_{10}$ 用 cm,$k$ 用 cm/s 表示时,$c$ 的值一般处于 $40\sim150$。

孔隙比 $e$ 是土体中孔隙体积多少的直接度量,在土体渗流中代表了实际过水体积的大小。一些学者通过试验证明,可将砂性土渗透系数 $k$ 与孔隙比 $e$ 之间的关系,表示为 $e^2$、$\dfrac{e^2}{1+e}$ 或 $\dfrac{e^3}{1+e}$ 等函数关系,其中以 $\dfrac{e^3}{1+e}$ 的线性关系最好,见图 2-14。

对于黏性土,由于颗粒的表面力也起重要作用,故除了孔隙比 $e$ 外,黏土的矿物成分对渗透系数 $k$ 也有很大影响。例如,当黏性土中含有可交换的钠离子越多时,其渗透性也将越低。为此,一些学者提出,可采用孔隙比 $e$ 和塑性指数 $I_p$ 为参数,建立黏性土渗透系数 $k$ 值的经验表达式,例如:

$$e = \alpha + \beta \lg k \tag{2-20}$$

式中,$\alpha$ 和 $\beta$ 均为取决于塑性指数 $I_p$ 的常数,可表示为

$$\alpha = 10\beta \qquad \beta = 0.01I_p + 0.05$$

塑性指数 $I_p$ 在一定程度上可综合反映黏性土的颗粒大小和矿物成分。试验表明,式(2-20)可适用于 $k=10^{-7}\sim10^{-4}$cm/s 范围

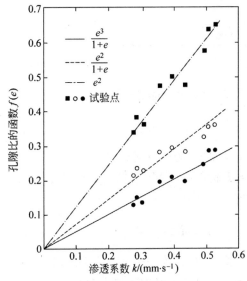

图 2-14　砂土的 $e$-$k$ 试验关系

内的黏性土,而对于 $k<10^{-8}$ cm/s 的高塑性黏土,则偏差较大。

　　土的结构也是影响渗透系数 $k$ 值的重要因素之一,特别是对黏性土其影响更为突出。例如,在微观结构上,当孔隙比相同时,絮凝结构将比分散结构具有更大的透水性;在宏观构造上,天然沉积的层状黏性土层,由于扁平状黏土颗粒的水平排列,往往使土层水平方向的透水性大于垂直层面方向的透水性,有时水平方向渗透系数 $k_x$ 与竖直方向渗透系数 $k_z$ 之比可大于 10,使土层呈现明显的渗透各向异性。

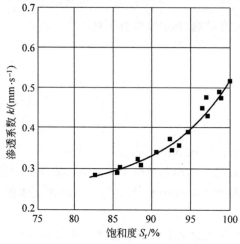

图 2-15　某种砂土饱和度与渗透系数的关系

　　土体的饱和度反映了土体中含气体量的多少。试验结果证明,土体中封闭气泡即使含量很少,也会对渗透性产生很大的影响。它不仅使土体的有效渗透面积减少,还可以堵塞某些孔隙通道,从而使渗透系数 $k$ 值大为降低。图 2-15 给出了某种砂土的渗透系数与饱和度的关系,可见渗透系数随饱和度的增加而显著增大。因此,在测定饱和土体的渗透系数 $k$ 时,为了保证试验精度,要求土样必须充分饱和。

　　(2) 渗透水的性质对 $k$ 值的影响

　　水的性质对渗透系数 $k$ 值的影响主要是由于黏滞性不同所引起。当温度升高时,水的黏滞性降低,$k$ 值变大;反之 $k$ 值变小。所以,在我国土工试验方法标准中都规定,测定渗透系数 $k$ 时,以 20℃作为标准温度,不是 20℃时要作温度校正。

　　各类土体渗透系数的大致范围见表 2-3。

表 2-3　土体渗透系数 $k$ 的量级

| 土 的 类 型 | $k$ 的量级/(cm·s$^{-1}$) | 土 的 类 型 | $k$ 的量级/(cm·s$^{-1}$) |
|---|---|---|---|
| 砾石、粗砂 | $10^{-2}\sim10^{-1}$ | 粉土 | $10^{-6}\sim10^{-4}$ |
| 中砂 | $10^{-3}\sim10^{-2}$ | 粉质黏土 | $10^{-7}\sim10^{-6}$ |
| 细砂、粉砂 | $10^{-4}\sim10^{-3}$ | 黏土 | $10^{-10}\sim10^{-7}$ |

### 2.2.3　层状地基的等效渗透系数

　　大多数天然沉积土层是由渗透系数不同的多层土所组成,宏观上具有非均质性。在计算渗流量时,为简单起见,常常把几个土层等效为厚度等于各土层之和、渗透系数为等效渗透系数的单一土层。但要注意,等效渗透系数的大小与水流的方向有关,可按下述方法确定。

　　**1. 水平渗流情况**

　　图 2-16(a)为一个发生水平向渗流的多土层地基的示意图,图 2-16(b)为对应的等效均质地基。已知地基内各层土的渗透系数分别为 $k_1$、$k_2$、$k_3$、$\cdots$,各土层厚度相应为 $H_1$、$H_2$、

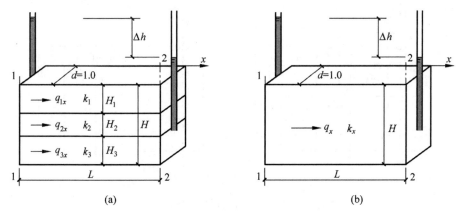

图 2-16　层状土水平等效渗透系数计算示意图

(a) 多土层地基；(b) 等效均质地基

$H_3$、$\cdots$，总土层厚度，亦即等效土层厚度为 $H = \sum\limits_{j=1}^{n} H_j$。渗透水流自断面 1—1 水平向流至断面 2—2，距离为 $L$，水头损失为 $\Delta h$。这种平行于各土层面的水平渗流的特点是：

(1) 各层土中的水力坡降和等效土层的平均水力坡降相同，均为 $i = \Delta h / L$。

(2) 在水平面上垂直渗流方向取单位宽度 $d = 1.0$，则通过等效土层的总渗流量 $q_x$ 等于通过各层土的渗流量之和，即

$$q_x = q_{1x} + q_{2x} + q_{3x} + \cdots = \sum_{j=1}^{n} q_{jx} \tag{2-21}$$

将等效土层的等效渗透系数表示为 $k_x$，应用达西定律可得

$$k_x i H = \sum_{j=1}^{n} k_j i H_j = i \sum_{j=1}^{n} k_j H_j$$

消去 $i$ 后，即可得出沿水平方向的等效渗透系数

$$k_x = \frac{1}{H} \sum_{j=1}^{n} k_j H_j \tag{2-22}$$

可见，$k_x$ 为各层土渗透系数按土层厚度的加权平均值。

**2. 竖直渗流情况**

图 2-17(a) 为一个多土层地基在下部承压水作用下发生垂直渗流的情况，图 2-17(b) 为对应的等效均质地基。设承压水流经各土层的总水头损失为 $\Delta h$，流经每一层土的水头损失分别为 $\Delta h_1$、$\Delta h_2$、$\Delta h_3$、$\cdots$。这种垂直于各层面的渗流特点是：

(1) 根据水流连续原理，流经各土层的流速与流经等效土层的流速相同，即

$$v_1 = v_2 = v_3 = \cdots = v \tag{2-23}$$

(2) 流经等效土层 $H$ 的总水头损失 $\Delta h$ 等于流经各土层的水头损失之和，即

$$\Delta h = \Delta h_1 + \Delta h_2 + \Delta h_3 + \cdots = \sum_{j=1}^{n} \Delta h_j \tag{2-24}$$

应用达西定律有

$$k_1 \frac{\Delta h_1}{H_1} = k_2 \frac{\Delta h_2}{H_2} = \cdots = k_j \frac{\Delta h_j}{H_j} = v$$

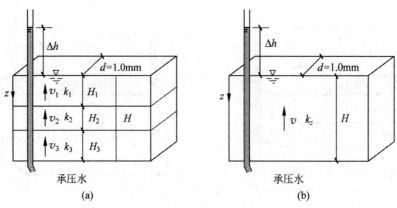

图 2-17　层状土竖直等效渗透系数计算示意图

(a) 多土层地基；(b) 等效均质地基

从而可解出

$$\Delta h_j = \frac{vH_j}{k_j} \tag{2-25}$$

将竖直等效渗透系数表示为 $k_z$，对等效土层，有

$$v = k_z \frac{\Delta h}{H}$$

从而可得
$$\Delta h = \frac{vH}{k_z} \tag{2-26}$$

将式(2-26)和式(2-25)代入式(2-24)得

$$\frac{vH}{k_z} = \sum_{j=1}^{n} \frac{vH_j}{k_j}$$

消去 $v$，即可得出垂直层面方向的等效渗透系数 $k_z$

$$k_z = \frac{H}{\sum_{j=1}^{n} \frac{H_j}{k_j}} \tag{2-27}$$

**【例题 2-4】**　不透水岩基上有水平分布的三层土，厚度均为 1m，渗透系数分别为 $k_1 = 0.001\text{m/d}$，$k_2 = 0.2\text{m/d}$，$k_3 = 10\text{m/d}$，分别求等效土层的水平渗流与竖直渗流的等效渗透系数 $k_x$ 和 $k_z$。

**【解】**　根据式(2-22)

$$k_x = \frac{1}{H}\sum_{j=1}^{3} k_j H_j = \left[\frac{1}{3} \times (0.001 + 0.2 + 10)\right]\text{m/d} \approx 3.40\text{m/d}$$

根据式(2-27)

$$k_z = \frac{H}{\sum_{j=1}^{3} \frac{H_j}{k_j}} = \frac{3}{\frac{1}{0.001} + \frac{1}{0.2} + \frac{1}{10}}\text{m/d} \approx 0.003\text{m/d}$$

由例题计算结果可知，平行于土层面的等效渗透系数 $k_x$ 值是各土层渗透系数按厚度的加权平均值，渗透系数大的土层起主要作用；而垂直于土层面的等效渗透系数 $k_z$ 则是渗透系数小的土层起主要作用，因此，$k_x \geqslant k_z$。在实际问题中，选用等效渗透系数时，一定要注意渗透水流的方向，正确地选择等效渗透系数。

## 2.3 二维渗流与流网

前面讲到的均属于一些边界条件相对简单的一维渗流问题。这些问题可直接利用达西定律进行渗流计算。但在实际工程中遇到的渗流问题,常常属于边界条件复杂的二维或三维渗流问题。例如,混凝土坝下透水地基中的渗流可近似当成二维渗流,而基坑降水一般是三维的渗流(图 2-18)。在这些问题中,渗流的轨迹(流线)都是弯曲的,不能再视为一维渗流。为了求解这些渗流场中各处的测管水头、水力坡降和渗流速度等,需要建立多维渗流的控制方程,并在相应的边界条件下进行求解。

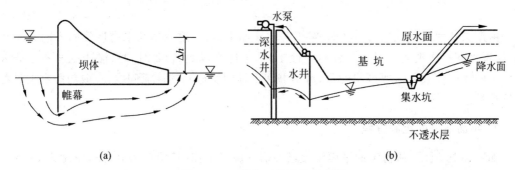

图 2-18 二维和三维渗流示意图
(a) 混凝土坝下的渗流;(b) 基坑降水的渗流

对于所研究的问题,如果当渗流剖面和产生渗流的条件沿某一个方向不发生变化(本节将该方向设定为坐标轴 Y 向),则在垂直该方向的各个平面内,渗流状况完全一致,可按二维平面渗流问题处理。对平面问题,常取 $\Delta y = 1\text{m}$ 单位宽度(常简称为单宽)的一薄片来进行分析。本节主要讨论二维平面渗流问题,且仅考虑流场不随时间发生变化的稳定渗流的情况。

### 2.3.1 平面渗流的控制方程

#### 1. 广义达西定律

在二维平面稳定渗流问题中,渗流场中各点的测管水头 $h$ 为其位置坐标$(x,z)$的函数,因此,可以定义渗流场中一点的水力坡降 $i$ 在两个坐标方向的分量 $i_x$ 和 $i_z$ 分别为

$$i_x = -\frac{\partial h}{\partial x}, \quad i_z = -\frac{\partial h}{\partial z} \tag{2-28}$$

式中,负号表示水力坡降的正值对应测管水头降低的方向。式(2-28)表明,像渗透流速一样,渗流场中每一点的水力坡降都是一个具有方向的矢量,其大小等于该点测管水头 $h$ 的梯度,但两者方向相反。

由式(2-9)所表示的达西定律仅适用于一维渗流的情况。对于二维平面渗流,可将该式推广为如下矩阵形式:

$$\begin{bmatrix} v_x \\ v_z \end{bmatrix} = \begin{bmatrix} k_{xx} & k_{xz} \\ k_{zx} & k_{zz} \end{bmatrix} \begin{bmatrix} i_x \\ i_z \end{bmatrix} \tag{2-29a}$$

或简写为

$$\boldsymbol{v} = \boldsymbol{k}\boldsymbol{i} \tag{2-29b}$$

式中,$\boldsymbol{k}$ 一般称为渗透系数矩阵,它是一个对称矩阵,亦即总有 $k_{xz}=k_{zx}$。需要说明的是,土体内一点的渗透性是土体的固有性质,不受具体坐标系选取的影响。因此,渗透系数矩阵 $\boldsymbol{k}$ 满足坐标系变换的规则,对应 $k_{xz}=k_{zx}=0$ 的方向称为渗透主轴方向。

式(2-29)称为广义达西定律。在工程实践中,常常遇到如下两种简化的情况:

(1) 当坐标轴和渗透主轴的方向一致时,有 $k_{xz}=k_{zx}=0$,此时

$$\begin{aligned} v_x &= k_{xx} i_x \\ v_z &= k_{zz} i_z \end{aligned} \tag{2-30}$$

(2) 对各向同性土体,此时恒有 $k_{xz}=k_{zx}=0$,且 $k_{xx}=k_{zz}=k$,因此

$$\begin{aligned} v_x &= k i_x \\ v_z &= k i_z \end{aligned} \tag{2-31}$$

由广义达西定律式(2-29)可知,对于各向异性土体,渗透流速和水力坡降的方向并不相同,两者之间存在夹角。只有对各向同性土体,也即当满足式(2-31)时,渗透流速和渗透坡降的方向才会一致。需要说明的是,对本书和工程中所遇到的渗流问题,一般均假定土是各向同性的。

**2. 平面渗流的控制方程**

如图2-19所示,从稳定的平面渗流场中取一微元土体,其面积为 $\mathrm{d}x\mathrm{d}z$,厚度为 $\mathrm{d}y=1$,在 $x$ 和 $z$ 方向各有流速 $v_x$ 和 $v_z$。单位时间内流入和流出这个微元体的水量分别为 $\mathrm{d}q_e$ 和 $\mathrm{d}q_o$,则有

$$\mathrm{d}q_e = v_x \mathrm{d}z \cdot 1 + v_z \mathrm{d}x \cdot 1$$

$$\mathrm{d}q_o = \left(v_x + \frac{\partial v_x}{\partial x}\mathrm{d}x\right)\mathrm{d}z \cdot 1 + \left(v_z + \frac{\partial v_z}{\partial z}\mathrm{d}z\right)\mathrm{d}x \cdot 1$$

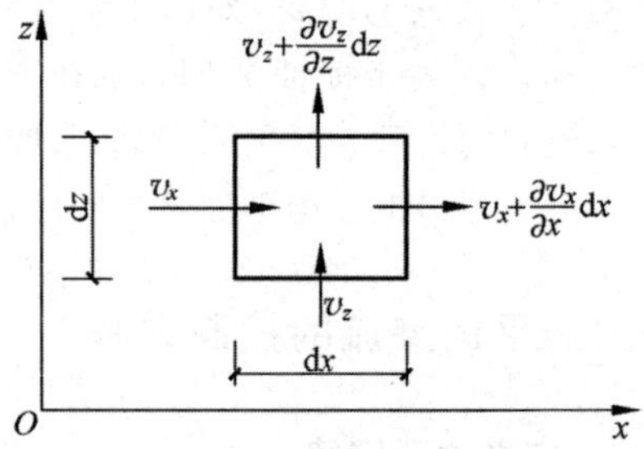

图2-19 二维渗流的连续性条件

假定在微元体内无源且水体为不可压缩,则根据水流的连续性原理,单位时间内流入和流出微元体的水量应相等,即

$$\mathrm{d}q_e = \mathrm{d}q_o$$

从而可得

$$\frac{\partial v_x}{\partial x} + \frac{\partial v_z}{\partial z} = 0 \tag{2-32}$$

上式即为二维平面渗流的连续性方程。

根据广义达西定律,对于坐标轴和渗透主轴方向一致的各向异性土,将式(2-28)和式(2-30)代入式(2-32),可得

$$k_{xx}\frac{\partial^2 h}{\partial x^2} + k_{zz}\frac{\partial^2 h}{\partial z^2} = 0 \tag{2-33}$$

对于各向同性土体,由式(2-31)可得

$$\frac{\partial^2 h}{\partial x^2} + \frac{\partial^2 h}{\partial z^2} = 0 \tag{2-34}$$

式(2-34)即为著名的拉普拉斯(Laplace)方程。该方程描述了各向同性土体渗流场内部测管水头 $h$ 的分布规律,是平面稳定渗流的控制方程式。通过求解一定边界条件下的拉普拉斯方程,即可求得该条件下渗流场中水头的分布。此外,式(2-34)与水力学中描述平面

势流问题的拉普拉斯方程完全一样。可见满足达西定律的渗流问题是一个势流问题。

**3. 渗流问题的边界条件**

每一个渗流问题均是在一个限定空间的渗流场内发生的。在渗流场的内部，渗流满足前面所讨论的渗流控制方程。沿这些渗流场边界起支配作用的条件称为边界条件。求解一个渗流场问题，正确地确定相应的边界条件也是非常关键的。

对于在工程中常常遇到的渗流问题，主要具有如下几种类型的边界条件：

（1）已知水头的边界条件

在相应边界上给定水头分布，也称为水头边界条件。在渗流问题中，非常常见的情况是某段边界同一个自由水面相连，此时在该段边界上总水头为恒定值，其数值等于相应自由水面所对应的测管水头。例如，在图 2-20(a) 中，如果取 0—0 为基准面，$AB$ 和 $CD$ 边界上的水头值分别为 $h=h_1$ 和 $h=h_2$；在图 2-20(b) 中，$AB$ 和 $GF$ 边界上的水头值 $h=h_3$，$LKJ$ 边界上的水头值 $h=h_4$。

（2）已知法向流速的边界条件

在相应边界上给定法向流速的分布，也称为流速边界条件。最常见的流速边界为法向流速为零的不透水边界，亦即 $v_n=0$。例如，图 2-20(a) 中的 $BC$，图 2-20(b) 中的 $CE$，当地下连续墙不透水时，沿墙的表面，亦即 $ANML$ 和 $GHIJ$ 也为不透水边界。

对于如图 2-20(b) 所示的基坑降水问题，整体渗流场沿 $KD$ 轴对称，所以在 $KD$ 的法向也没有流量的交换，相当于法向流速为零值的不透水边界，此时仅需求解渗流场的一半。

此外，图 2-20(b) 中的 $BC$ 和 $EF$ 是人为的截断断面，计算中也近似按不透水边界处理。注意此时 $BC$ 和 $EF$ 的选取不能离地下连续墙太近，以保证求解的精度。

（3）自由水面边界

在平面渗流问题中也称其为浸润线，如图 2-20(a) 中的 $AFE$。在浸润线上应该同时满足两个条件：①测管水头等于位置水头，亦即 $h=z$，这是由于在浸润线以上土体孔隙中的气体和大气连通，浸润线上压力水头为零所致；②浸润线上的法向流速为零，也即渗流方向沿浸润线的切线方向，此条件和不透水边界完全相同，亦即为 $v_n=0$。

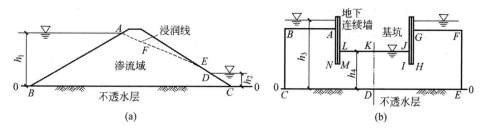

图 2-20　典型渗流问题中的边界条件

（a）均质土坝渗流；（b）基坑降水的渗流

（4）渗出面边界

如图 2-20(a) 中的 $ED$，其特点也是和大气连通，压力水头为零，同时有渗水从该段边界渗出。因此，在渗出面上也应该同时满足如下两个条件：①$h=z$，即测管水头等于位置水头；②$v_n>0$，也就是渗流方向和渗出面相交，且渗透流速指向渗流域的外部。

#### 4. 渗流问题的求解方法

目前,对渗流问题通常可采用如下 4 种类型的求解方法。

(1) 数学解析法或近似解析法

数学解析法是根据具体边界条件,以解析法求式(2-33)或式(2-34)的解。严格的数学解析法一般只适用于一些渗流域相对规则和边界条件简单的渗流问题。此外,对一些实际的工程问题,有时可根据渗流的主要特点对其进行适当的简化,以求取相应的近似解析解答,也可满足实际工程的需要。

(2) 数值解法

随着计算机和数值计算技术的迅速发展,各种数值方法,如有限差分法、有限单元法和无单元法等,在各种渗流问题的模拟计算中得到了越来越广泛的应用。数值解法不仅可用于各种二维或三维问题,也可很好地处理各种复杂的边界条件,已逐步成为求解渗流问题的主要方法。

(3) 模型试验法

模型试验法即采用一定比例的模型来模拟真实的渗流场,用试验手段测定渗流场中的渗流要素。例如,曾经应用广泛的电比拟法,就是利用渗流场与电场所存在的比拟关系(两者均满足拉普拉斯方程),通过量测电场中相应物理量的分布来确定渗流场中渗流要素的一种试验方法。此外还有电网络法和沙槽模型法等。

(4) 图解法

根据水力学中平面势流的理论可知,拉普拉斯方程存在共轭调和函数,两者互为正交函数族。在势流问题中,这两个互为正交的函数族分别称为势函数 $\phi(x,z)$ 和流函数 $\psi(x,z)$,其等值线分别为等势线和流线。绘制由等势线和流线所构成的流网是求解渗流场的一种图解方法。该法具有简便、迅速的优点,并能应用于渗流场边界轮廓较复杂的情况。只要满足绘制流网的基本要求,求解精度就可以得到保证,因而该法在工程上得到广泛应用。

本节下面主要介绍流网的特性、绘制方法和应用。

## 2.3.2　流网的绘制及应用

#### 1. 势函数及其特性

为了研究的方便,在渗流场中引进一个标量函数 $\phi(x,z)$:

$$\phi = -kh = -k\left(\frac{u}{\gamma_w} + z\right) \tag{2-35}$$

式中:$k$——土体的渗透系数;

$h$——测管水头。

根据广义达西定律可得

$$v_x = \frac{\partial \phi}{\partial x} \quad v_z = \frac{\partial \phi}{\partial z} \tag{2-36}$$

亦即有

$$v = \mathrm{grad}\phi$$

由式(2-36)可见,渗流流速矢量 $v$ 是标量函数 $\phi$ 的梯度。一般说来,当流动的速度正比于一个标量函数的梯度时,这种流动称为有势流动,这个标量函数称为势函数或流速势。由此可见,满足达西定律的渗流问题是一个势流问题。

由渗流势函数 $\phi$ 的定义可知,势函数和测管水头呈比例关系,等势线也是等水头线,两条等势线的势值差也同相应的水头差成正比,它们两者之间完全可以互换。因此,在流网的绘制过程中,一般直接使用等水头线。

**2. 流函数及其特性**

流线是流场中的曲线,在这条曲线上所有点的流速矢量都与该曲线相切(图 2-21)。对于不随时间变化的稳定渗流场,流线也是水质点的运动轨迹线。根据流线的上述定义,可以写出流线所应满足的微分方程为

$$\frac{\mathrm{d}z}{\mathrm{d}x}=\frac{v_z}{v_x} \quad 亦即 \quad v_x\mathrm{d}z-v_z\mathrm{d}x=0 \tag{2-37}$$

根据高等数学的理论,式(2-37)的左边可写成某一个函数全微分形式的充要条件是:

$$\frac{\partial v_x}{\partial x}=\frac{\partial(-v_z)}{\partial z} \quad 亦即 \quad \frac{\partial v_x}{\partial x}+\frac{\partial v_z}{\partial z}=0$$

对比式(2-32)可以发现,上述的充要条件就是渗流的连续性方程,在渗流场中是恒等成立的。因此,必然存在函数 $\psi$ 为式(2-37)左边项的全微分,亦即

$$\mathrm{d}\psi=\frac{\partial\psi}{\partial x}\mathrm{d}x+\frac{\partial\psi}{\partial z}\mathrm{d}z=v_x\mathrm{d}z-v_z\mathrm{d}x \tag{2-38}$$

函数 $\psi$ 称为流函数,且由式(2-38)可知:

$$\frac{\partial\psi}{\partial x}=-v_z, \quad \frac{\partial\psi}{\partial z}=v_x \tag{2-39}$$

流函数 $\psi$ 具有如下的两条重要特性:

(1) 不同的流线互不相交,在同一条流线上,流函数的值为一常数。

流线间互不相交是由流线的物理意义所决定的。根据式(2-37)和式(2-38)显然可以发现,在同一条流线上有 $\mathrm{d}\psi=0$,因此流函数的值为一常数。反过来这也说明,流线就是流函数的等值线。

(2) 两条流线上流函数的差值等于穿过该两条流线间的渗流量,对于图 2-22 中所示的情况应有 $\mathrm{d}\psi=\mathrm{d}q$。

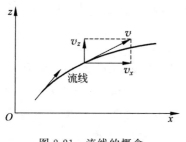

图 2-21　流线的概念

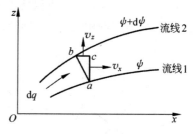

图 2-22　流函数的特性

证明如下:如图 2-22 所示,在两条流线上各取一点 $a$ 和 $b$,其坐标分别为 $a(x,z)$,$b(x-\mathrm{d}x,z+\mathrm{d}z)$。显然,$ab$ 为两流线间的过水断面,则流过 $ab$ 的流量 $\mathrm{d}q$ 为

$$\mathrm{d}q=v_x\cdot ac+v_z\cdot cb=v_x\mathrm{d}z-v_z\mathrm{d}x=\frac{\partial\psi}{\partial z}\mathrm{d}z-\left(-\frac{\partial\psi}{\partial x}\right)\mathrm{d}x=\mathrm{d}\psi$$

### 3. 流网及其特性

根据前面介绍的势函数和流函数的概念,渗流速度可分别表示为势函数和流函数的偏导数形式,具体为

$$v_x = \frac{\partial \phi}{\partial x} = \frac{\partial \psi}{\partial z}, \quad v_z = \frac{\partial \phi}{\partial z} = -\frac{\partial \psi}{\partial x} \tag{2-40}$$

将上式中 $v_x$ 的表达式对 $x$ 求偏导,$v_z$ 的表达式对 $z$ 求偏导,然后两式相加,可得到如下关于势函数 $\phi$ 的拉普拉斯方程:

$$\frac{\partial^2 \phi}{\partial x^2} + \frac{\partial^2 \phi}{\partial z^2} = 0 \tag{2-41a}$$

类似地,将式(2-40)中 $v_x$ 的表达式对 $z$ 求偏导,$v_z$ 的表达式对 $x$ 求偏导,然后两式相减,可得到如下关于流函数 $\psi$ 的拉普拉斯方程:

$$\frac{\partial^2 \psi}{\partial x^2} + \frac{\partial^2 \psi}{\partial z^2} = 0 \tag{2-41b}$$

因此,可以发现,在渗流场中势函数和流函数均满足拉普拉斯方程。实际上根据相关高等数学的知识,势函数和流函数两者互为共轭的调和函数,当求得其中一个时就可以推求出另外一个。从这个意义上讲,势函数和流函数两者均可独立和完备地描述一个渗流场。

当我们求解一个渗流场时,既可以求解关于势函数 $\phi$ 的拉普拉斯方程,也可以求解关于流函数 $\psi$ 的拉普拉斯方程,得到的解答是完全相同的。

在渗流场中,由一组等势线(或者等水头线)和流线组成的网格称为流网。流网具有如下特性:

(1)对各向同性土体,等势线(等水头线)和流线处处垂直,故流网为正交的网格。该条特性可通过等势线和流线的物理意义进行说明。一方面根据等势线的特性可知,渗流场中一点的渗流速度方向为等势线的梯度方向,这表明渗流速度必与等势线垂直。而另一方面,根据流线的定义可知,渗流场中一点的渗流速度方向又是流线的切线方向,因此,等势线与流线必定相互垂直正交。

(2)在绘制流网时,如果取相邻等势线间的 $\Delta\phi$ 和相邻流线间的 $\Delta\psi$ 为不变的常数,则流网中每一个网格的边长比也保持为常数。特别是当取 $\Delta\phi = \Delta\psi$ 时,流网中每一个网格的边长比为1,此时流网中的每一网格均为曲边正方形。

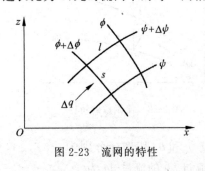

图 2-23　流网的特性

对该条件特性可证明如下:

设在流网中取出一个网格,如图 2-23 所示,相邻等势线的差值为 $\Delta\phi$,间距为 $l$;相邻流线的差值为 $\Delta\psi$,间距为 $s$。设网格处的渗透流速为 $v$,则有

$$\Delta\psi = \Delta q = vs$$

$$\Delta\phi = -k\,\Delta h = -k\,\frac{\Delta h}{l}l = vl$$

所以

$$\frac{\Delta\phi}{\Delta\psi} = \frac{vl}{vs} = \frac{l}{s}$$

因此,当 $\Delta\phi$ 和 $\Delta\psi$ 均保持不变时,流网网格的长宽比 $l/s$ 也保持为一常数,而当 $\Delta\phi =$

$\Delta\varphi$ 时,流网中的每一网格均有 $l=s$,这样,流网中的每一网格均为曲边正方形。

#### 4. 流网的画法

根据前述的流网特征可知,绘制流网时必须满足下列几个条件:

(1) 流线与等势线必须正交。

(2) 流线与等势线构成的各个网格的长宽比应为常数,即 $l/s$ 为常数。为了绘图的方便,一般取 $l=s$,此时网格应呈曲边正方形,这是绘制流网时最方便和最常见的一种流网图形。

(3) 必须满足流场的边界条件,以保证解的唯一性。

现以图 2-24 所示混凝土坝下透水地基的流网为例,说明绘制流网的步骤。

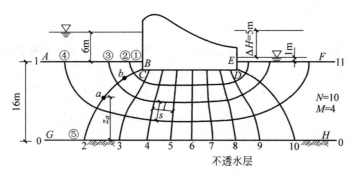

图 2-24　混凝土坝下的流网

(1) 首先根据渗流场的边界条件,确定边界流线和边界等势线。该例中的渗流是有压渗流,因而坝基轮廓线 $BCDE$ 是第一条流线;其次,不透水层面 $GH$ 也是一条边界流线。上下游透水地基表面 $AB$ 和 $EF$ 则是两条边界等势线。

(2) 根据绘制流网的另外两个要求,初步绘制流网。按边界趋势先大致画出几条流线,如②③④,彼此不能相交,且每条流线都要和上下游透水地基表面(等势线)正交。然后再自中央向两边画等势线,图 2-24 中先绘中线 6,再绘 5 和 7,如此向两侧推进。每根等势线要与流线正交,并弯曲成曲边正方形。

(3) 一般初绘的流网总是不能完全符合要求,必须反复修改,直至大部分网格满足曲边正方形为止。但应指出,由于边界形状不规则,在边界突变处很难画成正方形,而可能是三角形或五边形,这是由于流网图中流线和等势线的根数有限所造成的。只要网格的平均长度和宽度大致相等,就不会影响整个流网的精度。一个精度较高的流网,往往都要经过多次反复修改,才能最后完成。

#### 5. 流网的应用

流网绘出后,即可求得渗流场中各点的测管水头、水力坡降、渗透流速和渗流量。现仍以图 2-24 所示的流网为例,其中以 0—0 为基准面,沿坝轴方向取单位宽度。

(1) 测管水头、位置水头和压力水头

根据流网特征可知,任意两相邻等势线间的势能差相等,即水头损失相等,从而可算出相邻两条等势线之间的水头损失 $\Delta h$,即

$$\Delta h = \frac{\Delta H}{N} = \frac{\Delta H}{n-1} \quad (N = n-1) \tag{2-42}$$

式中：$\Delta H$——上、下游水位差，也就是水从上游渗到下游的总水头损失；

$N$——等势线间隔数；

$n$——等势线条数。

本例中，$n=11$，$N=10$，$\Delta H=5\text{m}$，故每一个等势线间隔的水头损失 $\Delta h = (5/10)\text{m} = 0.5\text{m}$。有了 $\Delta h$ 就可求出流网中任意点的测管水头。下面以图 2-24 中的 $a$ 点为例进行说明。

由于 $a$ 点位于第 2 条等势线上，所以测管水头应从上游算起降低一个 $\Delta h$，故其测管水头应为 $h_a = [16+(6-0.5)]\text{m} = 21.5\text{m}$。

位置水头 $z_a$ 为 $a$ 点到基准面的高度，可从图上直接量取，有 $z_a = 8.2\text{m}$。压力水头 $h_{ua} = h_a - z_a = (21.5-8.2)\text{m} = 13.3\text{m}$。

（2）孔隙水压力

渗流场中各点的孔隙水压力可根据该点的压力水头 $h_u$ 按下式计算得到：

$$u = h_u \gamma_w \tag{2-43}$$

对图 2-24 中的 $a$ 点，$u_a = h_{ua} \gamma_w = (13.3 \times 10)\text{kPa} = 133\text{kPa}$。

应当注意，对图中所示位于同一根等势线上的 $a$、$b$ 两点，虽然其测管水头相同，即 $h_a = h_b$，但其孔隙水压力却并不相同，即 $u_a \neq u_b$。

（3）水力坡降

流网中任意网格的平均水力坡降 $i = \Delta h / l$。其中，$l$ 为该网格处流线的平均长度，可自流网图中量出。由此可知，流网中网格越密处，其水力坡降越大。故图 2-24 中，在下游渗流的逸出面 $EF$ 上，$E$ 点的水力坡降相对最大。该处的坡降称为逸出坡降，常是地基渗透稳定的控制坡降。

（4）渗透流速

各点的水力坡降已知后，渗透流速的大小可根据达西定律求出，即 $v = ki$，其方向为流线的切线方向。

（5）渗透流量

根据流网的特性，流网中任意两相邻流线间的单位宽度流量 $\Delta q$ 是相等的，因为

$$\Delta q = v \cdot \Delta A = ki \cdot s \cdot 1 = k\frac{\Delta h}{l}s$$

因此，当取 $l = s$ 时，有

$$\Delta q = k\Delta h \tag{2-44}$$

由于 $\Delta h$ 是常数，故 $\Delta q$ 也是常数。

通过坝下渗流区的总单宽流量为

$$q = \sum \Delta q = M\Delta q = Mk\Delta h \tag{2-45}$$

式中：$M$——流网中的流槽数，数值上等于流线数减 1，本例中 $M=4$。

当坝基轴线长度为 $B$ 时，通过坝底的总渗流量为

$$Q = qB \tag{2-46}$$

此外，还可通过流网所确定的各点的孔隙水压力值，确定作用于混凝土坝坝底的渗透压力，具体可参考相关水工建筑物教材。

【例题 2-5】　如图 2-25(a)所示,某湖底土层为一层厚 8.25m 的均匀砂土层,覆盖在不透水基岩上,湖水深 2.0m。某工程拟在湖床水平面以下 6.00m 处修筑两行不透水的板桩以形成 5.50m 宽的长围堰,并在围堰内开挖基坑至湖床以下 2.00m 深度。围堰内的水位通过抽水保持在开挖基坑的底面。砂土的渗透系数 $k=2.5\times10^{-5}$ m/s。

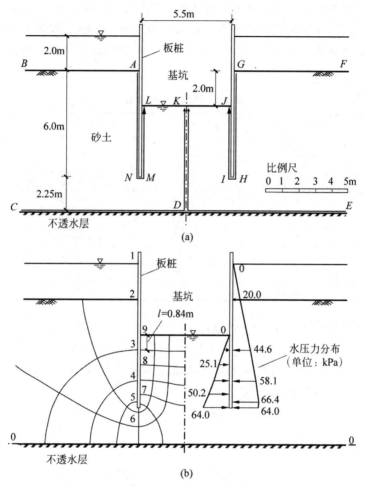

图 2-25　例题 2-5 基坑渗流图
(a) 剖面和边界条件;(b) 流网图

**试求:**

(1)画出砂土中渗流的流网;(2)计算作用在板桩上的水压力(或孔隙水压力)的分布;(3)计算基坑底面处的逸出水力坡降和单位基坑长度围堰的渗水流量。

**【解】**

(1) 绘制流网

取湖床下不透水层顶面处为基准面 0—0。本题中的渗流边界主要包括下面 3 种:①$AB$ 和 $GF$ 上的水头值 $h=10.25$m,$LKJ$ 上的水头值 $h=6.25$m。因此,$AB$、$GF$ 和 $LKJ$ 为边界等势线。②$CDE$ 为不透水边界。板桩墙不透水,沿墙的表面 $ANML$ 和 $GHIJ$ 也为不透水边界。因此,$CDE$、$ANML$ 和 $GHIJ$ 为边界流线。③本题中的渗流场沿 $KD$ 轴对称,在 $KD$ 的法向没有流量的交换,可将其看成一种特殊的不透水边界。也即,可将 $KD$ 当作一条边界流线,并仅需画出 $KD$ 左侧一半的流网。画出 $KD$ 左侧部分的流网如图 2-25(b)所示。$KD$ 右侧的流网完全对称。

(2) 计算作用在板桩上的水压力(或孔隙水压力)的分布

根据画出的流网可知,从 $AB$ 到 $LK$ 的总水头损失 $\Delta H=(10.25-6.25)\mathrm{m}=4\mathrm{m}$,等势线间隔数 $N=10$,故每个等势线间隔的水头损失 $\Delta h=4\mathrm{m}/10=0.4\mathrm{m}$。可列表计算图 2-25(b)中 $1\sim9$ 各点的水压力如表 2-4 所示。其中,位置水头可在流网图上直接量得。计算中取 $\gamma_\mathrm{w}=10\mathrm{kN/m^3}$。

表 2-4　例题 2-5 计算表

| 点号 | 测管水头 $h/\mathrm{m}$ | 位置水头 $z/\mathrm{m}$ | 压力水头 $h_u/\mathrm{m}$ | 孔隙水压力 $u/\mathrm{kPa}$ |
|---|---|---|---|---|
| 1 | 10.25 | 10.25 | 0 | 0 |
| 2 | 10.25 | 8.25 | 2.00 | 20.0 |
| 3 | 9.85 | 5.39 | 4.46 | 44.6 |
| 4 | 9.45 | 3.64 | 5.81 | 58.1 |
| 5 | 9.05 | 2.41 | 6.64 | 66.4 |
| 6 | 8.65 | 2.25 | 6.40 | 64.0 |
| 7 | 7.85 | 2.83 | 5.02 | 50.2 |
| 8 | 7.05 | 4.53 | 1.51 | 25.1 |
| 9 | 6.25 | 6.25 | 0 | 0 |

根据上述计算结果可画出作用在板桩上水压力的分布,如图 2-25(b)所示。

(3) 计算基坑底面处的逸出水力坡降和单位基坑长度围堰的渗水流量

如图 2-25(b)所示,在基坑底部靠近板桩墙部位的逸出水力坡降最大。该处流网网格流线的长度 $l=0.84\mathrm{m}$,所以,逸出水力坡降为

$$i=\frac{\Delta h}{l}=\frac{0.4}{0.84}=0.48$$

根据式(2-45)

$$q=\sum \Delta q=M\cdot\Delta q=Mk\Delta h$$

对于包括右边对称部分的总体流网,$M=6$,$\Delta h=0.4\mathrm{m}$,$k=2.5\times10^{-5}\mathrm{m/s}$,代入得 $q=(6\times0.4\times2.5\times10^{-5})\mathrm{m^2/s}=6\times10^{-5}\mathrm{m^2/s}$。

# 2.4　渗透力和渗透变形

## 2.4.1　渗透力和临界水力坡降

### 1. 渗透力的概念

图 2-26 为一个定水头试验装置,土样长度为 $L$,横断面面积 $A=1$。土样上、下两端各安装一测压管,其测管水头相对 0—0 基准面分别为 $h_2$ 与 $h_1$。当 $h_1=h_2$ 时,土体中的孔隙

水处于静止状态,无渗流发生。

若将左侧的联通储水器向上提升,使 $h_1 > h_2$,则由于存在水头差,土样中将产生向上的渗流。水头差 $\Delta h$ 是渗流穿过 $L$ 长的土样时所损失的能量。具有能量损失,说明水渗过土样的孔隙时,土颗粒对渗流给予了阻力;反之,土体颗粒必然会受到渗流的反作用力,渗流会对每个土颗粒给以推压和摩擦等作用力。为了计算方便,称每单位体积土骨架所受到的渗流作用力为渗透力,用 $j$ 表示。

为了进一步研究渗透力的大小和性质,下面对图 2-26 所示承受稳定渗流的土样进行受力分析。受力分析可以采用两种不同的隔离体取法,下面分别进行介绍。

(1) 土-水整体受力分析

在土-水整体受力分析中,取土样的土骨架和孔隙水整体作为隔离体,则作用在隔离体上的力如图 2-27 所示,计有

① 土-水总重量 $W = \gamma_{sat} L = (\gamma' + \gamma_w) L$;

② 隔离体两端边界水压力 $P_1 = \gamma_w h_w$ 和 $P_2 = \gamma_w h_1$;

③ 隔离体下部滤网的支承反力 $R$。

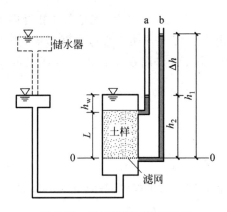

图 2-26　渗透破坏试验示意图

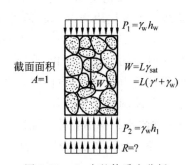

图 2-27　土-水整体受力分析

在此种条件下,土粒与水之间的作用力为内力,在隔离体的受力分析中不出现。隔离体下部滤网的支承反力 $R$ 是未知量,可以通过隔离体在竖向的平衡条件求得

$$P_1 + W = P_2 + R$$

因此有

$$\gamma_w h_w + (\gamma' + \gamma_w) L = \gamma_w h_1 + R$$

整理可得

$$R = \gamma' L - \gamma_w \Delta h \tag{2-47}$$

由式(2-47)可见,在静水条件下,亦即 $\Delta h = 0$ 时,土样下部滤网的支承反力 $R = \gamma' L$;而当存在向上渗流时,也即 $\Delta h > 0$ 时,滤网支承力会相应减少 $\gamma_w \Delta h$。实际上,这个减少的部分就是由作用在土骨架整体上的渗透力 $J$ 所承担的,也即作用在土样上的总渗透力 $J$ 为

$$J = \gamma_w \Delta h$$

因此,每单位体积土骨架所受到的渗流作用力,即渗透力 $j$ 为

$$j = \frac{J}{V} = \frac{\gamma_w \Delta h}{1 \times L} = \gamma_w i \tag{2-48}$$

式(2-48)表明,在渗流场中土骨架所受到的渗透力的大小和水力坡降成正比,且其作用方向同水力坡降的方向一致。渗透力是一种体积力,其量纲与 $\gamma_w$ 相同。

(2) 土-水隔离受力分析

在土-水隔离受力分析中,分别把土样中由土颗粒构成的骨架和孔隙水分开来取隔离体进行受力分析,如图 2-28 所示。

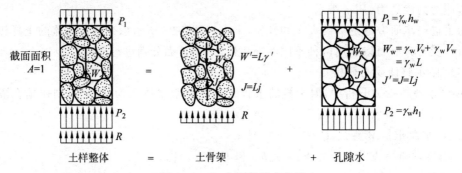

图 2-28  土-水隔离受力分析

先看土骨架隔离体。由于土骨架浸没于水中,土颗粒受浮力作用,其值等于排开同体积的水重,故计算重力时应采用浮重度 $\gamma'$。另外,由于已将土骨架与水体分开考虑,则土颗粒上受到的水流作用力——渗透力,即成为外力。因此,作用在土样内土骨架上的作用力有:

① 土骨架的有效重量 $W'=L\gamma'$;

② 总渗透力 $J=Lj$,方向竖直向上;

③ 下部滤网的支承反力 $R$。

下面再看土样中的孔隙水隔离体。作用在其上的力有:

① 孔隙水自重和土颗粒浮力的反力之和,后者应等于与土颗粒同体积的水重,故

$$W_w = \gamma_w V_v + \gamma_w V_s = \gamma_w V = \gamma_w L$$

可以看出,$W_w$ 即为 $L$ 长度的水柱重量。

② 水柱上下两个端面的边界水压力,$P_1=\gamma_w h_w$ 和 $P_2=\gamma_w h_1$。

③ 土样内土骨架对水流的阻力,其大小应和渗透力相等,方向相反。设单位体积土体土骨架对水流的阻力为 $j'$,则总阻力的数值 $J'=j'L=J$,方向竖直向下。

考虑孔隙水的竖向受力平衡,可得

$$P_1 + W_w + J' = P_2$$

亦即

$$\gamma_w h_w + L\gamma_w + Lj = \gamma_w h_1$$

考虑到 $h_1 = L + h_w + \Delta h$,整理可得 $J=\gamma_w \Delta h$,亦即

$$j = \frac{J}{V} = \frac{\gamma_w \Delta h}{1 \times L} = \gamma_w i$$

考虑土骨架的竖向受力平衡,可得

$$W' = J + R$$

亦即

$$L\gamma' = Lj + R$$

整理可得

$$R = L\gamma' - \gamma_{\rm w}\Delta h$$

显然,由图 2-27 和图 2-28 以及前面的分析结果可以看出,取土-水整体为隔离体或者分别取土骨架和孔隙水为隔离体进行受力分析,最终所得到的结果是完全相同的。

通过上述分析可见,在考虑渗流作用,分析土体的受力平衡或者稳定性时,可以有两种取隔离体的方法:一种是考虑土-水整体作为隔离体,此时应将土体饱和重度 $\gamma_{\rm sat}$ 与作用于土体周边边界上的水压力相组合;另一种是把土骨架当作隔离体,将土体的浮重度 $\gamma'$ 与渗透力 $j$ 相组合。以上证明,两种不同分析方法得出的结果完全一样,但使用时应注意其作用力的不同组合,搭配要正确。上述两种分析方法都是土力学中经常使用的方法。

### 2. 渗透力的性质和计算

渗透力反映的是渗流场中单位体积土体内土骨架所受到的渗透水流的推动和拖拽力。前文根据对土样一维渗流问题的分析,得到了渗流场中土骨架所受到的渗透力的计算公式(2-48)。需要指出的是,尽管该式是在一维渗流条件下推导得到的,但却是一个具有普遍适用意义的计算公式,对于二维渗流,该式可扩展为

$$\begin{bmatrix} j_x \\ j_z \end{bmatrix} = \gamma_{\rm w} \begin{bmatrix} i_x \\ i_z \end{bmatrix} \tag{2-49}$$

式(2-49)表明,渗透力是一种作用于土骨架上的体积力,其大小和水力坡降成正比,作用方向也同渗流场的水力坡降方向一致。

需要说明的是,水力坡降是由于渗流水流的推压和拖拽作用所致,但其作用方向却并不一定总是同渗流流速的方向一致。对各向同性土体,渗流流速方向和水力坡降方向相同,此时渗透力作用方向和渗流流速方向也一致;但对于各向异性土体,由于渗流流速方向和水力坡降方向不一致,见式(2-28),此时渗透力作用方向和渗流流速方向也不再相同。本书主要考虑和介绍各向同性土体渗流的情况。

由式(2-49)可知,渗透力计算的关键是渗流场中水力坡降的计算。

对于二维渗流,当流网绘出后,即可方便地求出流网中任意网格上的渗透力及其作用方向。例如,图 2-29 表示自流网中取出的一个网格,已知相邻两条等势线之间的水头损失为 $\Delta h$,则网格平均水力坡降 $i = \Delta h/l$,单位厚度网格土体的体积 $V = sl$,则作用于该网格土体上的总渗透力为

图 2-29　流网中的渗透力计算

$$J = jV = \gamma_{\rm w} isl = \gamma_{\rm w}\Delta hs$$

可认为 $J$ 作用于该网格的形心上,且方向与等势线垂直(对各向同性土体,方向也和流线平行)。

显然,流网中各处的渗透力在大小和方向上均不相同。在等势线越密的那些区域,由于水力坡降 $i$ 大,因而渗透力 $j$ 也大。例如,在图 2-24 所示的流网中,上游的 $BC$ 入渗处和下游 $DE$ 的逸出处,渗透力均较大,但两处渗透力对土体稳定性的影响却截然相反。在 $BC$ 处,由于渗透力方向与重力方向一致,故渗透力对土骨架起渗流压密作用,对土体的稳定有

利;而在 $DE$ 处,渗透力方向与重力方向相反,渗透力对土体起顶托作用,对稳定十分不利,甚至当渗透力大到某一数值时,会使该处土体发生隆起和破坏。因此,研究渗流逸出区域的渗透力或逸出坡降,对地基与建筑物的安全有很大的意义。

### 3. 临界水力坡降

由式(2-47)可见,在静水条件下,即 $\Delta h=0$ 时,土样下部滤网的支承反力 $R=\gamma'L$;而当存在向上渗流时,亦即 $\Delta h>0$ 时,滤网支持力会相应减少 $\gamma_w\Delta h$。若将图 2-26 中左端的储水器不断上提,则 $\Delta h$ 逐渐增大,从而作用在土体中的渗透力也逐渐增大。当 $\Delta h$ 增大到某一数值后,向上的渗透力克服了土骨架扣除浮力后的有效重力时,土体就要发生悬浮或隆起,俗称流土。下面研究土体处于流土临界状态时的水力坡降 $i_{cr}$ 值。

从图 2-27 或图 2-28 可知,当发生流土时,土样压在滤网上的压力 $R=0$。根据式(2-47)可得

$$R = \gamma'L - \gamma_w\Delta h = 0$$

所以

$$\gamma' = j = \gamma_w i_{cr}$$

从而

$$i_{cr} = \frac{\gamma'}{\gamma_w} \tag{2-50}$$

式(2-50)中的 $i_{cr}$ 称为临界水力坡降,它是土体开始发生流土破坏时的水力坡降。根据三相草图,土的浮重度 $\gamma'$ 可表示为

$$\gamma' = \frac{(G_s-1)\gamma_w}{1+e}$$

将其代入式(2-50)后可得

$$i_{cr} = \frac{G_s-1}{1+e} \tag{2-51}$$

式中:$G_s,e$——土粒比重及土的孔隙比。由此可知,流土的临界水力坡降取决于土的物理性质。

## 2.4.2  土的渗透变形(或称渗透稳定)

土工建筑物及地基由于渗流作用而出现的变形或破坏称为渗透变形或渗透破坏,如土层剥落、地面隆起、在向上水流作用下土颗粒悬浮、细颗粒被水带出以及出现集中渗流通道等。渗透变形是土工建筑物或地基发生破坏从而引发工程事故的重要原因之一。近年来,我国已建或在建一批 300m 级特高土石坝工程。对于这些超级水利工程,在超高水头作用下,如何防止坝体发生渗透破坏,是工程中的一个关键技术难题。

### 1. 渗透变形的类型

土的渗透变形类型主要有管涌、流土、接触流土和接触冲刷 4 种。其中,后两种发生在两种不同的土层之间。就单一土层来说,渗透变形主要是流土和管涌两种基本型式。下面主要讲述这两种渗透破坏。

(1) 流土

在向上的渗透水流作用下,表层土局部范围内的土体或颗粒群同时发生悬浮、移动的现

象称为流土。在渗流场中任何类型的土,只要向上的水力坡降达到一定的大小,都会发生流土破坏。

工程经验表明,流土常发生在堤坝下游渗流无保护的逸出处和基坑内挡水支护结构附近的逸出点。图 2-30 表示一座建筑在双层地基上的堤坝。地基表层为渗透系数小的黏性土层,厚度较薄,下层为渗透性大的无黏性土层,且 $k_1 \ll k_2$。当渗流经过上述的双层地基时,水头将主要损失在水流从上游渗入和水流从下游渗出黏性土层的过程中,而在砂土层流程上的水头损失很小,因此造成下游逸出处向上的渗透坡降 $i$ 值较大。当 $i > i_{cr}$ 时就会在下游坝脚处发生土体表面隆起、裂缝开展、砂粒涌出以至整块土体被渗透水流抬起的现象,这就是典型的流土破坏。

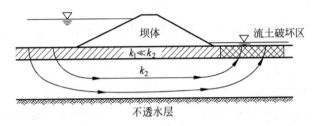

图 2-30　堤坝下游逸出处的流土破坏

若地基为级配比较均匀的砂层(不均匀系数 $C_u < 10$),当上下游水位差较大,渗透途径不够长时,下游渗流逸出处也可能会出现 $i > i_{cr}$ 的情况。这时地表将普遍出现小泉眼、冒气泡,继而砂土颗粒群向上悬起,发生浮动、跳跃,亦称为砂沸。砂沸也是流土的一种形式。

(2) 管涌

管涌是指在渗流作用下,一定级配的无黏性土中的细小颗粒,通过较大颗粒所形成的孔隙发生移动,最终在土中形成与地表贯通的管道,从而引发土工建筑物或地基发生破坏的现象(图 2-31)。

发生管涌破坏一般有个随时间逐步发展的过程,是一种渐进性质的破坏。首先,在渗流水流作

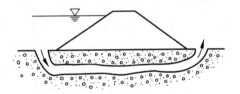

图 2-31　通过坝基的管涌示意图

用下,较细的颗粒在粗颗粒形成的孔隙中移动流失;然后,土体的孔隙不断扩大,渗流速度不断增加,较粗颗粒也会相继被水流带走;随着上述冲刷过程的不断发展,会在土体中形成贯穿的渗流通道,造成土体塌陷或其他类型的破坏。

管涌通常发生在一定级配的无黏性土中,发生的部位可以在渗流逸出处,也可以在土体内部,故有人也称之为渗流的潜蚀现象。据统计,在 1998 年长江洪水期间,堤防出险 5000余起,其中 60%～70% 是由于管涌等渗透变形引起的。

**2. 渗透破坏的判别**

土体渗透变形的发生和发展过程有其内因和外因。内因是土体的颗粒组成和结构,即常说的几何条件;外因是水力条件,即作用于土骨架上渗透力的大小。

1) 流土可能性的判别

在自下而上的渗流逸出处,任何土,包括黏性土或无黏性土,只要满足渗透坡降大于临

界水力坡降这一水力条件,均会发生流土。进行流土发生可能性的判别时,首先需要采用流网法或其他方法求取渗流逸出处的水力坡降 $i$,并用式(2-50)或式(2-51)确定该处土体的临界水力坡降 $i_{cr}$,然后即可按下列条件进行判别:

$i < i_{cr}$,土体处于稳定状态;

$i = i_{cr}$,土体处于临界状态,可能发生流土破坏;

$i > i_{cr}$,土体会发生流土破坏。

由于流土将造成地基破坏、建筑物倒塌等灾难性事故,工程上是不允许发生的,故设计时要保证具有一定的安全系数,把逸出坡降限制在允许坡降 $[i]$ 以内,即

$$i \leqslant [i] = \frac{i_{cr}}{F_s} \tag{2-52}$$

式中：$F_s$——流土安全系数,按我国《堤防工程设计规范》(GB 50286—2013)、《碾压式土石坝设计规范》(SL 274—2020)以及《建筑基坑支护技术规程》(JGJ 120—2012)中的规定,取 $F_s = 1.5 \sim 2.0$。

2) 管涌可能性的判别

土是否发生管涌,首先取决于土的性质。一般黏性土(分散性土除外)只会发生流土而不会发生管涌,故属于非管涌土。在无黏性土中,发生管涌必须具备相应的几何条件和水力条件。

(1) 几何条件

土中粗颗粒所构成的孔隙直径必须大于细颗粒的直径,才有可能让细颗粒在其中发生移动,这是管涌产生的必要条件。

对于不均匀系数 $C_u \leqslant 10$ 的土,颗粒粗细相差不多,粗颗粒形成的孔隙直径不比细颗粒大,除极少数很小的细颗粒外,细颗粒不能在孔隙中移动,也就不可能发生管涌。

大量试验证明,对于 $C_u > 10$ 的不均匀砂砾石土,既可能发生管涌也可能发生流土,主要取决于土的级配情况和细粒含量。下面分两种情况进行讨论。

对于缺乏中间粒径,级配不连续的土,其渗透变形型式主要取决于细料含量。这里所谓的细料是指级配曲线平缓段以下的粒径,如图 2-32 中曲线①上 $b$ 点以下的粒径。试验成果表明,当细料含量在 25% 以下时,细料填不满粗料所形成的孔隙,渗透变形基本上属管涌型;当细料含量在 35% 以上时,细料足以填满粗料所形成的孔隙,甚至粗颗粒"悬浮"在细料形成的基质内,粗细料形成一个整体,抗渗能力增强,渗透变形则为流土型;当细料含量为 25%～35% 时,则是过渡型。具体型式还要看土的松密程度。

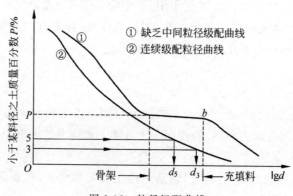

图 2-32   粒径级配曲线

对于级配连续的不均匀土,如图 2-32 中曲线②,难以找出骨架颗粒与充填细料的分界线。我国有些学者提出,可用土的孔隙平均直径 $D_0$ 与最细部分的颗粒粒径 $d_s$ 相比较,以判别土的渗透变形的类型。他们提出土的孔隙平均直径 $D_0$ 可以用下述经验公式表示:

$$D_0 = 0.25d_{20} \tag{2-53}$$

式中:$d_{20}$——小于该粒径的土质量占总质量的 20%。

试验结果表明,当土中有 5% 以上的细颗粒小于土的孔隙平均直径 $D_0$,即 $D_0 > d_5$ 时,破坏形式为管涌;而当土中小于 $D_0$ 的细粒含量 $<3\%$,即 $D_0 < d_3$ 时,可能流失的土颗粒很少,不会发生管涌,呈流土破坏。

综上所述,可将无黏性土是否发生管涌的几何条件总结到表 2-5。

表 2-5　无黏性土发生管涌的几何条件

| 级　　配 | | 孔隙直径及细粒含量 | 判定 |
|---|---|---|---|
| 较均匀土($C_u \leqslant 10$) | | 粗颗粒形成的孔隙直径小于细颗粒直径 | 非管涌土 |
| 不均匀土<br>($C_u > 10$) | 不连续 | 细粒含量 $>35\%$ | 非管涌土 |
| | | 细粒含量 $<25\%$ | 管涌土 |
| | | 细粒含量 $=25\% \sim 35\%$ | 过渡型土 |
| | 连续<br>$D_0 = 0.25d_{20}$ | $D_0 < d_3$ | 非管涌土 |
| | | $D_0 > d_5$ | 管涌土 |
| | | $D_0 = d_3 \sim d_5$ | 过渡型土 |

**(2) 水力条件**

渗透力能够带动细颗粒在孔隙间滚动或移动是发生管涌的水力条件,可用发生管涌的临界水力坡降来表示。但至今,管涌临界水力坡降的判断与计算方法尚不成熟,国内外学者提出的计算方法较多,但计算结果差异较大,故还没有一个公认合适的公式。对于一些重大工程,应尽量由渗透破坏试验确定。在无试验条件的情况下,可参考国内外的一些研究成果。

伊斯托敏娜(ИСТОМИНА В С)根据理论分析,并结合一定数量的试验资料,得出了土体临界水力坡降与不均匀系数间的经验关系,其渗透破坏准则如图 2-33 所示。对于不均匀系数 $C_u > 20$ 的管涌土,临界水力坡降为 $0.25 \sim 0.30$。考虑安全系数后,允许水力坡降 $[i] = 0.1 \sim 0.15$。

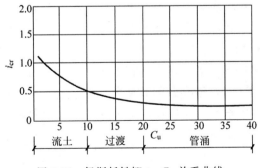

图 2-33　伊斯托敏娜 $i_{cr}$-$C_u$ 关系曲线

我国学者在对级配连续与级配不连续的土体进行理论分析与试验研究的基础上,提出了管涌土的破坏坡降与允许坡降的范围值,如表2-6所示。

表 2-6    管涌的水力坡降范围

| 水力坡降 | 级配连续土 | 级配不连续土 |
|---|---|---|
| 破坏坡降 $i_{cr}$ | 0.2～0.4 | 0.1～0.3 |
| 允许坡降 $[i]$ | 0.15～0.25 | 0.1～0.2 |

### 3. 渗透变形的防治措施

防治流土的关键在于控制逸出处的水力坡降,为了保证实际的逸出坡降不超过允许坡降,水利工程上常采取下列工程措施。

(1)上游做垂直防渗帷幕,如混凝土防渗墙、水泥土截水墙、板桩或灌浆帷幕等。根据实际需要,帷幕可完全切断地基的透水层,彻底解决地基土的渗透变形问题;也可不完全切断透水层,做成悬挂式,起延长渗流途径、降低下游逸出坡降的作用。

(2)上游做水平防渗铺盖,以延长渗流途径、降低下游的逸出坡降。

(3)在下游水流逸出处挖减压沟或打减压井,贯穿渗透性小的黏性土层,以降低作用在黏性土层底面的渗透压力。

(4)在下游水流逸出处填筑一定厚度的透水性强的砂石盖重,以防止土体被渗透压力推起。

这几种工程措施往往是联合使用的,具体的设计方法可参阅水工建筑专业的有关书籍。

防止管涌一般可从下列两方面采取措施。

(1)改变水力条件,降低土层内部和渗流逸出处的渗透坡降,如在上游做防渗铺盖或竖直防渗结构等。

(2)改变几何条件,在渗流逸出部位铺设反滤保护层,是防止管涌破坏的有效措施。反滤保护层一般是1～3层级配较为均匀的砂土和砾石层,用以保护基土不让其中的细颗粒被带出;同时应具有较大的透水性,使渗流可以畅通,具体设计方法可参阅相关的专业教材。

【例题 2-6】 图 2-34 为一在混凝土地下连续墙支护下开挖湖区内基坑的示意图,地基土层的构成情况和各层土体的渗透系数分别如图中所示。由于存在上层静水,墙后的土层均为饱和土并且形成了稳定的一维渗流。基坑底部的水位正好位于砂砾石层的顶部。(1)试求并画出各土层中测管水头的分布;(2)计算并画出各土层中渗透力 $j$ 的分布;(3)计算并画出作用在地下连续墙上的孔隙水压力分布。

【解】

(1)取0—0为基准面。由题意可知,墙外土

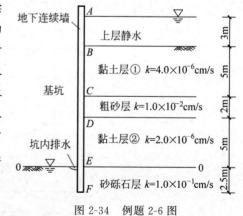

图 2-34    例题 2-6 图

层中发生自上而下的垂直渗流。此外,比较各层土体渗透系数的大小可以发现,粗砂层和砂砾石层的渗透系数远远大于两个黏土层的渗透系数,因此,可以忽略粗砂层和砂砾石层中的水头损失。

可知,$h_B = 15\text{m}, h_E = 0\text{m}$,所以有 $\Delta h = 15\text{m}$。

设两个黏土层的水头损失分别为 $\Delta h_1$ 和 $\Delta h_2$,土层厚度分别为 $l_1$ 和 $l_2$,则有

$$\begin{cases} k_1 \dfrac{\Delta h_1}{l_1} = k_2 \dfrac{\Delta h_2}{l_2} \\ \Delta h_1 + \Delta h_2 = \Delta h \end{cases}$$

将已知条件:$k_1 = 4.0 \times 10^{-6}\text{cm/s}, l_1 = 5\text{m}, k_2 = 2.0 \times 10^{-6}\text{cm/s}, l_2 = 5\text{m}, \Delta h = 15\text{m}$ 代入上式可以解得 $\Delta h_1 = 5\text{m}, \Delta h_2 = 10\text{m}$。

由此可求得各土层界面处的测管水头:

$h_F = h_E = 0\text{m}$

$h_D = h_C = h_E + \Delta h_2 = 10\text{m}$

$h_B = h_A = h_C + \Delta h_1 = 15\text{m}$

各土层测管水头具体分布如图 2-35 所示。

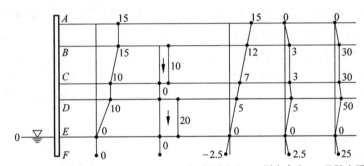

测管水头/m  渗透力 $j$/(kN·m$^{-3}$) 位置水头/m  压力水头/m  孔隙水压力/kPa

图 2-35  例题 2-6 答案图

(2) 由于粗砂层和砂砾石层的渗透系数相对较大,水头损失可以忽略,所以,该两层土中的渗透力也近似为零,取 $\gamma_w = 10\text{kN/m}^3$。

对黏土层①,$j_1 = \gamma_w i_1 = \gamma_w \dfrac{\Delta h_1}{l_1} = \left(10 \times \dfrac{5}{5}\right)\text{kN/m}^3 = 10\text{kN/m}^3$

对黏土层②,$j_2 = \gamma_w i_2 = \gamma_w \dfrac{\Delta h_2}{l_2} = \left(10 \times \dfrac{10}{5}\right)\text{kN/m}^3 = 20\text{kN/m}^3$

各土层渗透力的具体分布如图 2-35 所示。

(3) 为了计算作用在地下连续墙上的水平孔隙水压力分布,首先需要确定各土层位置水头的分布,其次由各土层测管水头分布确定压力水头的分布,最后再将压力水头乘上水的重度 $\gamma_w$,即可得到孔隙水压力的分布,具体的计算过程和计算结果如图 2-35 所示。

由计算所得孔隙水压力的分布可见,在存在渗流的条件下,孔隙水压力的分布同静水条件下的分布可能有较大的差别。

# 习　题

**2-1**　如图 2-36 所示,在某一均匀各向同性土层内发生了具有自由水面的平面稳定渗流。对图示的断面,试判别渗流的自由水面形状哪个是正确的,并说明理由。

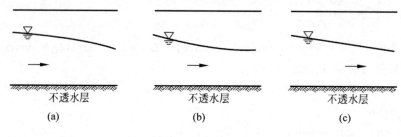

图 2-36　习题 2-1 图

**2-2**　如图 2-37 所示,有 A、B、C 三种土体,装在断面为 $10cm \times 10cm$ 的方形管中,其渗透系数分别为 $k_A = 1 \times 10^{-2} cm/s, k_B = 3 \times 10^{-3} cm/s, k_C = 5 \times 10^{-4} cm/s$。若上下游储水池中的水头差 $h = 35cm$,在稳定渗流情况下:

(1) 求渗流经过 A 土后的水头降落值 $\Delta h$。

(2) 需要在上游储水池中每秒加多少水?

**2-3**　一种黏性土的比重 $G_s = 2.70$,孔隙比 $e = 0.58$,试求该土发生流土的临界水力坡降。

**2-4**　在图 2-38 所示的试验中:(1)已知土样两端水头差 $\Delta h = 20cm$,土样长度 $L = 30cm$,试求土所受到的渗透力 $j$。

(2) 若已知土样的 $G_s = 2.72, e = 0.63$,问该土样是否会发生流土现象?

(3) 求出使该土样发生流土时的临界水头差 $\Delta h$ 值。

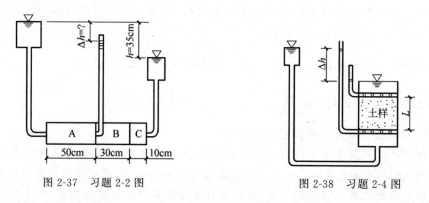

图 2-37　习题 2-2 图　　　　　　　图 2-38　习题 2-4 图

**2-5**　如图 2-39 所示的基坑,其底面积为 $20m \times 10m$,粉质黏土层 $k = 1.5 \times 10^{-6} cm/s$。假定基坑内降水时,粗砂层中的测管水头保持不变,且基坑底部土体发生竖向一维渗流。

(1) 如果基坑内的水深保持 $2m$,求土层中 $A$、$B$、$C$ 三点的测压管水头和渗透力。

(2) 如果基坑内的水深保持 $1m$,求所需要的排水量 $Q$(忽略基坑周边的渗流)。

**2-6**　如图 2-40 所示,在两个不透水土层之间有一厚度为 $H_a$ 的砂土层,砂层内含有承压水。为了测定砂土层的渗透系数 $k$,进行了现场抽水试验,当抽水量为 $Q$ 且土层中渗流达到稳定状态时,分别在距离抽水井 $r_1$ 和 $r_2$ 的观测孔内测得水位高度为 $h_1$ 和 $h_2$,且抽水井中的水位仍高于砂土层顶面,亦即有 $h_0 \geqslant H_a$。

证明:砂土层渗透系数的计算公式为

$$k = \frac{2.3Q}{2\pi H_a(h_2 - h_1)} \lg \frac{r_2}{r_1}$$

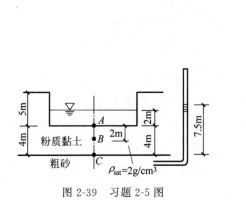

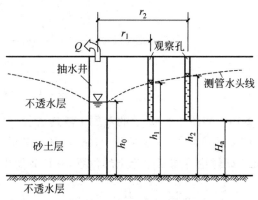

图 2-39　习题 2-5 图　　　　　　　　　图 2-40　习题 2-6 图

**2-7**　如图 2-41 所示,在 9m 厚的黏土沉积层中进行水下基坑开挖,该黏土层下面为砂土层。砂土层顶面具有 7.5m 高的承压水头。假设基坑底部土体中发生一维渗流。试计算,当开挖深度为 6m 时,基坑中水深 $h$ 至少保持多深才能防止发生流土现象?

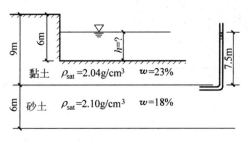

图 2-41　习题 2-7 图

**2-8**　图 2-42 表示混凝土重力坝下地基中的渗流流网,地基土层为中砂层,饱和密度 $\rho_{sat} = 2.0 \text{g/cm}^3$,不均匀系数 $C_u = 5$,渗透系数 $k = 1 \times 10^{-3} \text{cm/s}$,试求:

(1) 地基中渗透流速最大的部位和大小(在第二根流线 $\psi_2$ 上)。

(2) 判断地基土的渗透稳定性(渗透路径的长度按网格的中线长度计算)。

(3) 估算单宽渗透流量的大小(单宽指沿坝轴线方向每米长)。

**2-9**　已知混凝土地下连续墙支护下开挖基坑的流网如图 2-43 所示,砂土的渗透系数 $k = 1.8 \times 10^{-2} \text{cm/s}$,其饱和重度为 $\gamma_{sat} = 18.5 \text{kN/m}^3$。

(1) 试估算沿地下连续墙渗入基坑的单宽流量(单宽指沿地下连续墙轴线方向每米长)。

(2) 判断在哪个部位最有可能发生流土渗透破坏,并计算相应的安全系数。

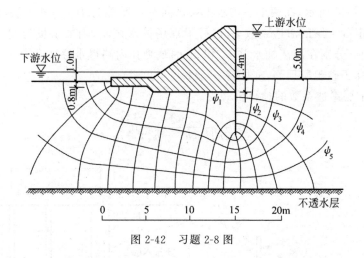

图 2-42　习题 2-8 图

**2-10**　如图 2-44 所示的双层土渗透试验,已知:黏土的渗透系数 $k=1.5\times10^{-6}$cm/s,砂土的渗透系数 $k=1.0\times10^{-2}$cm/s,黏土和砂土的饱和重度均为 $\gamma_{sat}=20.0$kN/m³,$L=40$cm。试讨论可能发生流土的位置,并计算发生流土时的水头差 $\Delta h$。

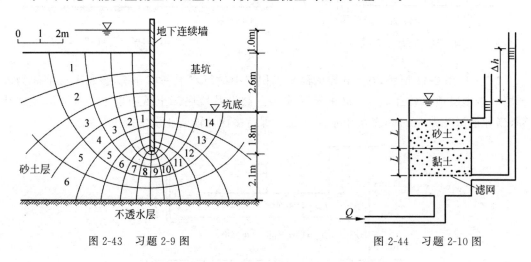

图 2-43　习题 2-9 图　　　　　　　　图 2-44　习题 2-10 图

**2-11**　如图 2-45 所示的多层饱和土地基,地下水位与地基表面齐平。各层土的渗透系数分别为:黏土层① $k_1=5.0\times10^{-6}$cm/s,黏土层② $k_2=2.5\times10^{-6}$cm/s,粗砂层 $k_3=1.0\times10^{-2}$cm/s。从砂砾石层抽水使该砂砾石层中的测管水头位于地表下方 6m 处。假定土层中的渗流处于稳定状态,设砂砾石层顶面为基准面。试画出土层中总水头、位置水头、压力水头和渗透力 $j$ 的分布。

**2-12**　某地基土层的分布如图 2-46 所示。地基中地下水位位于砂土层底面,砂卵石中有承压水,承压水水头高出地面 10m。假设地基中发生稳定渗流,取砂砾石顶面 0—0 为基准面。砂土层渗透系数 $k=1\times10^{-2}$cm/s,天然重度 $\gamma=18$kN/m³;黏土层渗透系数 $k=1\times10^{-7}$cm/s,饱和重度 $\gamma_{sat}=20$kN/m³;粉质黏土层渗透系数 $k=4\times10^{-7}$cm/s,饱和重度 $\gamma_{sat}=20$kN/m³。

(1)计算并画出地基各土层中总水头、位置水头、压力水头和渗透力 $j$ 的分布。

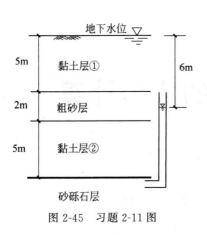

图 2-45　习题 2-11 图

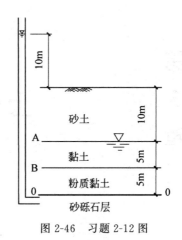

图 2-46　习题 2-12 图

（2）如果在地基表面进行人工采砂，使得砂土层厚度减小，问砂土层最少开挖多深时地基会发生流土破坏？在何处发生流土破坏？

第
3
章

# 土体中的应力计算

## 3.1 概　　述

　　在地基土层上建造建筑物,建筑物的荷载将通过其基础传递给地基,使地基土中的原有应力状态发生变化,引起地基土的变形,使建筑物发生沉降。如果土体变形引起的沉降在允许范围内,则不致影响建筑物的正常使用及安全;当外荷载引起的土中应力过大时,会使建筑物发生不允许的沉降,甚至会使土体发生整体失稳。因此进行土体中应力的计算是建筑物地基基础和土工构筑物的变形及稳定分析的重要依据。

　　土体中的应力,就其产生的原因主要有两种:由土体自重引起的自重应力和由各种外部作用引起的附加应力。所谓外部作用主要是建筑物荷载的作用,此外像开挖基坑、地面堆载、地震等作用也会产生附加应力;地基土干湿冷热等作用的变化引起的土体中应力变化也属于附加应力,如渗透力、冻胀力和膨胀力等。

　　计算地基应力时,通常将地基当作半无限空间弹性体来考虑,即把地基简化为一个具有水平界面、深度和广度都无限大的空间弹性体(图 3-1)。常见的地基中的应力状态有如下 4 种类型。

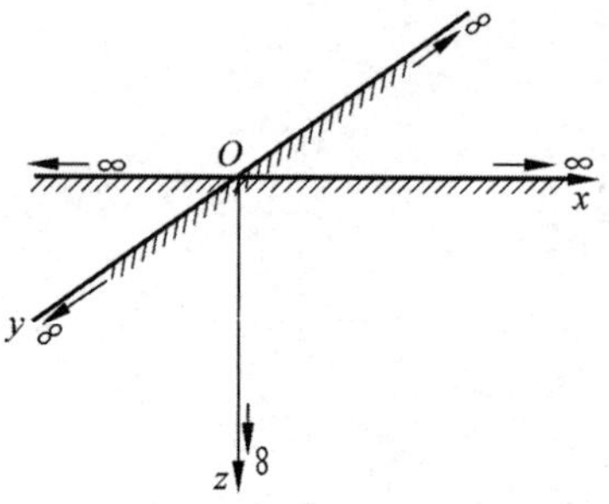

图 3-1　半无限空间体

### 1. 三维应力状态(空间应力状态)

　　在局部荷载作用下,地基中产生的应力状态多属于三维应力状态。三维应力状态是建筑物地基中最普遍的一种应力状态,例如单独柱基础下,地基中各点应力就是典型的三维空间应力状态(图 3-2)。这时,每一点的应力都是三个坐标 $x$、$y$、$z$ 的函数,每一点的应力状态都可用 9 个应力分量(其中独立的有 6 个)来表示。写成矩阵形式则为

$$\sigma_{ij} = \begin{bmatrix} \sigma_x & \tau_{xy} & \tau_{xz} \\ \tau_{yx} & \sigma_y & \tau_{yz} \\ \tau_{zx} & \tau_{zy} & \sigma_z \end{bmatrix}$$

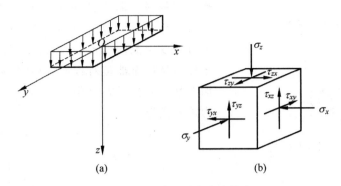

图 3-2　地基中的三维应力状态

在弹性力学中,规定应力以拉为正,这样在直角坐标系中,在其正面(即外法线方向与坐标方向一致的面)上,与坐标方向相同的正应力和剪应力均为正;在负面上与坐标方向相反的正应力和剪应力为正。

在土力学中,由于土体的抗拉强度极低,其极限拉应变也很小。为了方便,一般规定应力应变以压为正。这样就成为其正面上正应力和剪应力与坐标反向为正,负面上则相反,另外通常以竖向坐标 $z$ 向下为正,这样便于反映地面以下的地基为半无限空间,向下的自重应力与地面荷载表示也更方便;直角坐标系仍然遵循右手法则,见图 3-2。应变与应力的正负号相对应,则弹性力学中的计算公式都无须变化,可直接引进到土力学中。

### 2. 二维应力状态(平面应变状态)

由于碎散的土一般不能以薄片状存在,所以土中的二维问题都是平面应变问题而非平面应力问题,亦即一个(水平)方向的应变为零。当建筑物基础在水平面上一个方向的尺寸远比另一个方向大,而且每一个横截面的荷载大小与分布都相同时,在地基中引起的应力状态即可简化为平面应变应力状态。堤坝、很长的挡土墙与条形基础以下的地基土中的应力状态就属于这一种应力状态(图 3-3)。这时沿着长度的垂直方向切出的任意一个 $xOz$ 截面都可以认为是对称面,$\tau_{yx}=\tau_{yz}=0$,应力分量只是 $x$,$z$ 两个坐标的函数,沿 $y$ 方向的应变 $\varepsilon_y=0$。这种应力状态的应力矩阵可表示为

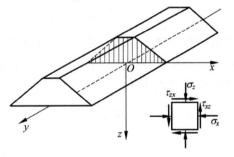

图 3-3　堤坝下的平面应力状态

$$\boldsymbol{\sigma}_{ij}=\begin{bmatrix} \sigma_x & 0 & \tau_{xz} \\ 0 & \sigma_y & 0 \\ \tau_{zx} & 0 & \sigma_z \end{bmatrix}$$

### 3. 侧限应力状态

侧限应力状态是指侧向两个方向的应变都为零的一种应力状态,半无限的地基在自重

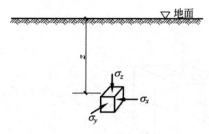

图 3-4　侧限应力状态

作用下的应力状态即属于此种应力状态(图 3-4)。这时,同一深度 $z$ 处的土单元受力条件均相同,土体不可能发生侧向变形,只能发生竖向的变形。又由于任何竖直面都是对称面,故在任何竖直面和水平面上都不会有剪应力存在,即 $\tau_{xy}=\tau_{yz}=\tau_{zx}=0$,应力矩阵变为

$$\boldsymbol{\sigma}_{ij}=\begin{bmatrix} \sigma_x & 0 & 0 \\ 0 & \sigma_y & 0 \\ 0 & 0 & \sigma_z \end{bmatrix}$$

根据 $\varepsilon_x=\varepsilon_y=0$ 的边界条件可知 $\sigma_x=\sigma_y$,其大小由 $\sigma_z$ 决定,所以侧限应力状态亦称一维应力状态。在半无限地基中土的自重应力状态就是侧限应力状态。

### 4. 轴对称应力状态

三轴试验是重要的土工试验,其试样是一种轴对称应力状态,如图 3-5 所示。这种轴对称应力状态是最简单的三维应力状态,其应力为 $\sigma_1=\sigma_z$,$\sigma_3=\sigma_r=\sigma_\theta$,用矩阵的形式表示为

$$\boldsymbol{\sigma}_{ij}=\begin{bmatrix} \sigma_1 & 0 & 0 \\ 0 & \sigma_3 & 0 \\ 0 & 0 & \sigma_3 \end{bmatrix}$$

也可分解为

$$\begin{bmatrix} \sigma_1 & 0 & 0 \\ 0 & \sigma_3 & 0 \\ 0 & 0 & \sigma_3 \end{bmatrix}=\begin{bmatrix} \sigma_3 & 0 & 0 \\ 0 & \sigma_3 & 0 \\ 0 & 0 & \sigma_3 \end{bmatrix}+\begin{bmatrix} \sigma_1-\sigma_3 & 0 & 0 \\ 0 & 0 & 0 \\ 0 & 0 & 0 \end{bmatrix} \tag{3-1}$$

等式右侧的第一项表示受压的土单元上三个方向的主应力相等,称为各向等压应力状态,或静水压力状态,其中 $\sigma_3$ 亦称围压,或球应力分量;第二项称为偏差应力分量 $\sigma_1-\sigma_3$。试验中可单独变化 $\sigma_3$ 和 $\sigma_1-\sigma_3$。

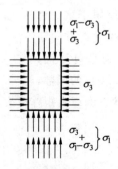

图 3-5　三轴试样的轴对称应力状态

# 3.2 有效应力原理

计算土中应力的目的是研究土体受力后的变形和强度问题,但是土的体积变化和强度大小并不是直接取决于土体所受的全部应力(称为总应力),这是因为土是一种由三相物质构成的碎散材料,受力后存在着以下问题:①外力在三相中如何分担? ②不同相承担的应力是如何传递与相互转化的? ③不同相的应力与土的变形及强度有什么关系等问题。太沙基(Terzaghi K)在 1923 年提出了土力学中最重要的饱和土体的有效应力原理和一维固结理论(详见第 4 章),可以说,有效应力原理的提出和应用阐明了碎散颗粒多孔材料与连续固体材料在应力-应变关系上的重大区别,是使土力学成为一门独立学科的重要标志。

## 3.2.1 饱和土中的应力

如 2.1 节所述,土骨架是由相互接触与连接的土颗粒构成的构架,它与所在土体的体积与截面面积相同。饱和土是由固体颗粒所组成的土骨架及充满骨架孔隙的水所组成的两相体。当外力作用于饱和土体后,一部分由土骨架承担,并通过颗粒间的接触进行力的传递,称为粒间力,它构成了有效应力;另一部分则由孔隙水承担,水虽然不能承担剪应力,却能承受各向等压的法向应力,并且通过连通的孔隙水传递,这种水压力称为孔隙水压力。有效应力原理阐明了饱和土体中总应力,有效应力和孔隙水压力三者不同的性质、作用对象和相互关系。

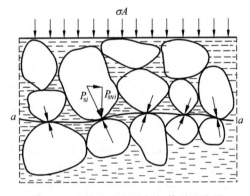

图 3-6 是饱和土体中力的承担与传递示意图。假定在面积为 $A$ 的水平面上作用有应力 $\sigma$。通过各相邻土颗粒的接触点取截面 $a$—$a$,截面 $a$—$a$ 由颗粒接触面和孔隙水断面两部分组成。将所有颗粒接触处面积和孔隙水断面面积的总水平投影面积分别记为 $A_s$

图 3-6 土体中力的承担与传递示意图

和 $A_w$,则有 $A = A_s + A_w$。假定在截面 $a$—$a$ 上共有 $n$ 个颗粒接触面,在第 $i$ 个颗粒接触面上的总接触力为 $P_{si}$。将 $P_{si}$ 分解为竖直和水平两个分量,其中将竖向分量表示为 $P_{svi}$,不计自重应力,考虑土体单元竖向力的平衡可得:

$$\sigma A = \sum_{i=1}^{n} P_{svi} + u A_w$$

两侧同时除以面积 $A$,则

$$\sigma = \frac{\sum_{i=1}^{n} P_{svi}}{A} + u \frac{A_w}{A} = \frac{\sum_{i=1}^{n} P_{svi}}{A} + u\left(1 - \frac{A_s}{A}\right) = \frac{\sum_{i=1}^{n} P_{svi}}{A} + u(1 - \alpha)$$

式中:$\sigma$ 表示总应力;$\sum_{i=1}^{n} P_{svi}/A$ 为全部颗粒间作用力的竖向分量之和除以面积 $A$,它代表

了 $A$ 上土骨架的平均竖向应力,定义为有效应力,习惯用 $\sigma'$ 表示;$\alpha = A_s/A$,由于颗粒矿物的强度很高,颗粒间接触面的面积很小。一般 $\alpha = A_s/A \leqslant 0.03$,故可认为 $\alpha = A_s/A \approx 0$,即认为是点接触。则上式可以简化为

$$\sigma = \sigma' + u \tag{3-2}$$

式中:$\sigma$——作用在饱和土中任意平面上的总应力;

$\quad\quad \sigma'$——有效应力,作用于同一平面的土骨架上;

$\quad\quad u$——孔隙水压力,作用于同一平面的孔隙水上。

这就是著名的有效应力原理的表达式。可见所谓的有效应力 $\sigma'$ 等于单位投影面积的土骨架所有颗粒接触力在总应力 $\sigma$ 方向上分量之和。颗粒间的实际接触应力实际是很大的,粗粒土的接触应力常常达到其矿物的屈服应力;黏性土由于存在结合水,情况比较复杂,粒间力可通过很薄的固态与半固态的强结合水膜传递。

### 3.2.2  有效应力原理要点

由于水只能承受各向等压应力不能承受剪应力,所以在一般应力状态下,可将有效应力原理写为

$$\boldsymbol{\sigma = \sigma' + u}$$

也即,
$$\begin{bmatrix} \sigma_x & \tau_{xy} & \tau_{xz} \\ \tau_{yx} & \sigma_y & \tau_{yz} \\ \tau_{zx} & \tau_{zy} & \sigma_z \end{bmatrix} = \begin{bmatrix} \sigma'_x & \tau_{xy} & \tau_{xz} \\ \tau_{yx} & \sigma'_y & \tau_{yz} \\ \tau_{zx} & \tau_{zy} & \sigma'_z \end{bmatrix} + \begin{bmatrix} u & 0 & 0 \\ 0 & u & 0 \\ 0 & 0 & u \end{bmatrix}$$

有效应力原理是太沙基首次表述的,其主要内容可归纳为如下两点:

(1) 饱和土体内任一平面上受到的总应力可分为由土骨架承受的有效应力和由孔隙水承受的孔隙水压力两部分,其关系满足式(3-2)。

(2) 土的变形与强度的变化都只取决于有效应力的变化。

这意味着引起土的变形和抗剪强度变化的原因,并不取决于作用在土体上的总应力,而是取决于总应力与孔隙水压力之间的差值——有效应力。孔隙水压力本身并不能使土发生变形和强度的变化。这是因为水压力各方向相等,均匀地作用于每个土颗粒周围,因而不会使土颗粒移动而导致孔隙体积变化。它只能使土颗粒本身受到水压力,而固体颗粒矿物的模量 $E$ 很大,本身的压缩可以忽略不计。另外,水也被认为是不可压缩的,它也不能承受剪应力,因此饱和土体内孔隙水压力的变化也不会直接引起饱和土的体积变化和抗剪强度的变化(有关土的抗剪强度将在第 5 章中阐述),正因为如此孔隙水压力也被称为中性应力。但值得注意的是,当总应力 $\sigma$ 保持常数时,孔压 $u$ 发生变化将直接引起有效应力 $\sigma'$ 发生变化,从而使土体的体积和强度发生变化。

考察厚 $h = 1\text{cm}$ 的松砂层沉入深海海底的应力状态(图 3-7)。这时作用于海底砂层上的总应力(近似等于水压力)应为 $\sigma_z = \gamma_w H$,若水深 $H = 1000\text{m}$,则 $\sigma_z$ 约为 100 个大气压(即 10000kPa)的高压,但是由于砂粒的四周都承受这个压力,所以该砂层作用海底上的有效应力只有薄砂层浮重度引起的约 0.08kPa 这样小的值。

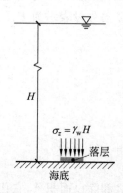

图 3-7  总应力和有效应力

有效应力原理是土力学中极为重要的原理,灵活应用并不容易。近百年来,土力学的许多重大进展都与有效应力原理的推广和应用相联系。迄今为止,国内外均公认有效应力原理可毫无疑问地应用于饱和土;对于非饱和土的应用则还有待进一步研究。

## 3.3　地基的自重应力计算

### 3.3.1　地基中自重应力计算的基本方法

由土体自身的重量而产生的应力叫自重应力。地面起伏的地基土体的自重应力计算是相当复杂的,其中最简单和常用的是水平地基土的自重应力。由于我们假设地基是在水平面下无限延展的半无限体,所以地基土中的竖向自重应力计算就是一个可通过竖向的静力平衡确定的静定问题。如果地基土是均质的,则在深度 $z$ 处的竖向自重应力为

$$\sigma_z = \gamma z \tag{3-3}$$

实际上,天然土地基是由具有不同性质和不同重度的近似水平土层及其中的地下水组成的,如图 3-8 所示。则处于深度 $z$ 处的自重应力为

$$\sigma_z = \sum_{i=1}^{n} \gamma_i H_i \tag{3-4}$$

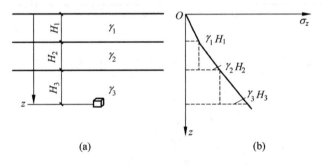

图 3-8　地基中的自重应力及其分布

式中: $n$ ——在深度 $z$ 的范围内地基中的土层数;

　　$\gamma_i$ ——第 $i$ 层土的重度;

　　$H_i$ ——在 $z$ 的范围内第 $i$ 层土的厚度。

地基土中的水平自重应力为

$$\sigma_x = \sigma_y = K_0 \sigma_z \tag{3-5}$$

式中: $K_0$ ——静止土压力系数。它是在侧限应力状态下水平应力与竖向应力之比,假设土体为线弹性体,则

$$K_0 = \frac{\nu}{1-\nu} \tag{3-6}$$

式中, $\nu$ 为泊松比。但是由于土一般不是线弹性体,所以 $K_0$ 与土的种类、状态和应力历史等因素有关。在第 6 章将详细介绍静止土压力及静止土压力系数。

由于地基的沉降和承载力主要与竖向应力有关，所以我们所谓的自重应力主要是指竖向自重应力。

### 3.3.2　静水下土的自重应力计算

地下水位以下的土体是饱和土体，土中水也是土体的组成部分。这时如果我们以饱和土体（土骨架＋土中水）为研究对象，即取饱和土体为隔离体，则可计算其总自重应力 $\sigma_z$，再计算土中水的孔隙水压力 $u$，根据有效应力原理，则有效自重应力为 $\sigma_z' = \sigma_z - u$；若以土骨架为研究对象，即取土骨架为隔离体，则可直接计算作用于土骨架上的有效自重应力。

在图 3-9 中，相对不透水层以上的地下水为静水。在图 3-9(a)中，地面以上有深度为 $H_1$ 的静水，$M$ 点的总自重应力为

$$\sigma_z = \gamma_w H_1 + \gamma_{sat} H_2 \tag{3-7a}$$

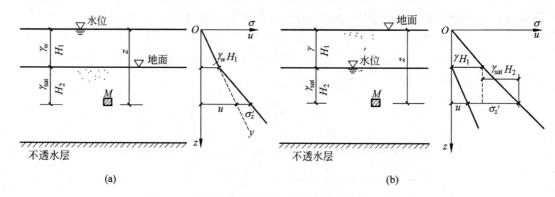

图 3-9　地基中自重应力及其分布

孔隙水压力为

$$u = \gamma_w (H_1 + H_2) \tag{3-7b}$$

根据有效压力原理，$M$ 点的有效自重应力为

$$\sigma_z' = \sigma_z - u = \gamma' H_2 \tag{3-7c}$$

在图 3-9(b)中，$M$ 点在静地下水位以下 $H_2$ 处，其总自重应力为

$$\sigma_z = \gamma H_1 + \gamma_{sat} H_2 \tag{3-8a}$$

孔隙水压力为

$$u = \gamma_w H_2 \tag{3-8b}$$

有效自重应力为

$$\sigma_z' = \sigma_z - u = \gamma H_1 + \gamma' H_2 \tag{3-8c}$$

从以上两个例子可以看出，在静水位以下，有效自重应力也可以用式(3-4)直接计算，在水下部分，式中的重度采用浮重度 $\gamma'$。由于我们主要关心地基的强度和变形，而它们又都取决于有效应力，所以有效自重应力是更重要和更常用的。

在毛细力作用下，土中的地下水在自由水面以上的一定范围内会上升，其饱和度可达80%以上。这个区域也可近似看作饱和的，称为毛细饱和区，如图 1-14 所示，在这个区域内，有效应力原理也基本是适用的。

当地下水位以上某个高度 $h_c$ 范围内存在毛细饱和区时(图 3-10(a)),如第 1 章所述,毛细力作用使水呈张拉状态,故其孔隙水压力相对于大气压力是负值。这时毛细饱和区的水压力分布与静水压力分布一样都是线性的,任一点的 $u_c = -\gamma_w z'$,$z'$ 为该点至地下水位线(自由水位线)的竖直距离。离地下水位越高,其负孔压的绝对值越大,在毛细饱和区最高处,$u_c = -\gamma_w h_c$;在地下水位处,$u_c = 0$,其孔压分布如图 3-10(b)所示。由于 $u_c$ 是负值,按照有效应力原理,毛细饱和区的有效自重应力 $\sigma'_z$ 会高于总自重应力 $\sigma_z$,即 $\sigma'_z = \sigma_z - u_c = \sigma_z + |u_c|$。毛细饱和区的总自重应力与有效自重应力的分布如图 3-10(c)所示,图中实线表示的是 $\sigma'_z$ 的分布,虚线表示的是 $\sigma_z$ 的分布。

在 $h_c$ 以上属于非饱和土的范畴,也存在着吸力,但其有效应力原理的适用性尚有待进一步研究。这里保留孔压和有效应力的突变。

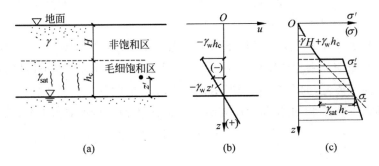

图 3-10　毛细饱和区的 $u$、$\sigma_z$、$\sigma'_z$ 分布图

### 3.3.3　竖直稳定渗透下自重应力计算

近年来由于大量开采地下水,很多地区的地下水分布呈十分复杂的状态,形成多层地下水,可能同时存在滞水、上层潜水、层间潜水、承压水等,并且各层地下水间还常有竖向渗流发生,使自重应力的计算复杂化。

在稳定渗流中,孔隙水压力不随时间变化。下面分析当土中发生向上或向下的稳定渗流时,土中孔隙水压力和有效自重应力的计算。图 3-11(a)为厚度为 $H$ 的饱和黏性土层,上层地下水位位于黏土层表面,下面为砂层,砂层中有承压水。在黏土层与砂层界面 $A$ 处的测压管表示水位高出黏土层面 $\Delta h$,所以黏土层中将有向上的稳定渗流发生。

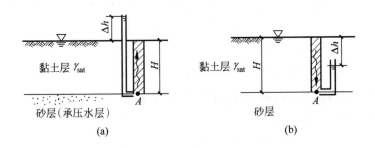

图 3-11　稳定渗流情况下的 $u$、$\sigma'_z$ 计算

如前所述,饱和土体受力分析中,一种是以饱和土体作为隔离体,另一种是以土骨架作为隔离体。在有渗流情况下,渗透力是作用于土骨架上的力。这里也可以按这两种方法分别进行分析。

(1) 取饱和土体为隔离体

$A$ 点的总自重应力 $\sigma_z$ 就是 $A$ 点处单位面积以上饱和黏土柱的总重量,故

$$\sigma_z = \gamma_{sat} H \tag{3-9a}$$

$A$ 点处的孔隙水压力 $u$ 为

$$u = \gamma_w (H + \Delta h) = \gamma_w H + \gamma_w \Delta h \tag{3-9b}$$

故 $A$ 点处土骨架上的有效自重应力 $\sigma'_z$ 为

$$\sigma'_z = \sigma_z - u = \gamma_{sat} H - \gamma_w (H + \Delta h) = H(\gamma_{sat} - \gamma_w) - \gamma_w \Delta h$$
$$= \gamma' H - \gamma_w \Delta h \tag{3-9c}$$

将上述结果与静水条件下的 $\sigma'_z = \gamma' H$ 相比较可知,在发生向上渗流时,孔隙水压力 $u$ 增加了 $\gamma_w \Delta h$,有效自重应力则相应减少了 $\gamma_w \Delta h$。如果 $\gamma_w \Delta h = \gamma' H$,则黏土层将会发生流土。

如果发生向下渗流,如图 3-11(b)所示,$\Delta h$ 为 $A$ 点的测管水位低于地面的水头差,可以认为黏土层地面下有滞水,水位与地面齐平。这时 $A$ 点的总自重应力不变,仍为

$$\sigma_z = \gamma_{sat} H \tag{3-10a}$$

$A$ 点的孔隙水压力 $u$ 为

$$u = \gamma_w (H - \Delta h) = \gamma_w H - \gamma_w \Delta h \tag{3-10b}$$

则 $A$ 点的有效自重应力 $\sigma'_z$ 为

$$\sigma'_z = \gamma_{sat} H - \gamma_w H + \gamma_w \Delta h = \gamma' H + \gamma_w \Delta h \tag{3-10c}$$

将式(3-10c)与静水条件下的 $\sigma'_z = \gamma' H$ 相比较可以看出,向下渗流将使有效自重应力增加。

(2) 取土骨架为隔离体

如果发生向上渗流时如图 3-11(a)所示,$A$ 点的孔隙水压力为

$$u = \gamma_w (H + \Delta h) = \gamma_w H + \gamma_w \Delta h$$

$A$ 点处土骨架的有效自重应力为

$$\sigma'_z = \gamma' H + J_A$$

$J_A$ 为 $A$ 点以上单位面积,高度为 $H$ 的土骨架所受的总渗透力,由于体积力以向下为正,则向上的渗透力为负,在 $A$ 点 $j = -\gamma_w \dfrac{\Delta h}{H}$,$J_A = jH = -\gamma_w \dfrac{\Delta h}{H} H = -\gamma_w \Delta h$,所以

$$\sigma'_z = \gamma' H - \gamma_w \Delta h$$

故 $A$ 点的总自重应力 $\sigma_z$ 为

$$\sigma_z = \sigma'_z + u = \gamma' H - \gamma_w \Delta h + \gamma_w (H + \Delta h) = \gamma_{sat} H$$

可见,取土骨架为隔离体与取饱和土体为隔离体结果完全一致。

如果发生向下渗流时,如图 3-11(b)所示,$A$ 点的孔隙水压力为

$$u = \gamma_w (H - \Delta h) = \gamma_w H - \gamma_w \Delta h$$

$A$ 点的有效自重应力为

$$\sigma'_z = \gamma' H + J_A$$

$J_A$ 为 $A$ 点以上单位面积土骨架所受的总渗透力,即 $J_A = jH = \gamma_w \dfrac{\Delta h}{H} H = \gamma_w \Delta h$,故

$$\sigma_z' = \gamma' H + \gamma_w \Delta h$$

$A$ 点的总自重应力则为

$$\sigma_z = \sigma_z' + u = \gamma' H + \gamma_w \Delta h + \gamma_w (H - \Delta h) = \gamma_{sat} H$$

这也同样表明与饱和土为隔离体的计算结果完全一致。一般来讲,取饱和土体为隔离体,先计算总自重应力和孔隙水压力,再计算有效自重应力更为简明可靠。

**【例题 3-1】** 某土层剖面及各土层的厚度、重度如图 3-12(a)所示,在细砂层①中含有潜水,水位距地面 3m。在初始状态,中砂层③中含有承压水,水位与地面齐平。(1)计算并画出竖向总自重应力 $\sigma_z$、孔隙水压力 $u$ 和竖向有效自重应力 $\sigma_z'$ 沿深度的分布。(2)由于大量开采地下水,多年以后,中砂层③中的地下水位降低到距地面 7m(如图中虚线所示),土层①中潜水位未变;土层③水面以上中砂的重度变为 $19\text{kN/m}^3$。计算并画出 $\sigma_z$、$u$ 和 $\sigma_z'$ 沿深度的分布。

**【解】**

(1)降水前,应力计算见表 3-1,应力分布见图 3-12(b)。在黏土层②中有承压水向上渗流,产生向上的渗透力,有效自重应力也可通过浮重度和渗透力直接计算。

表 3-1　例题 3-1 计算表一

| 计算点高程 | 计算点深度 $z$/m | 总自重应力 $\sigma_z$/kPa | 孔隙水压力 $u$/kPa | 有效自重应力 $\sigma_z'$/kPa |
|---|---|---|---|---|
| 44 | 0 | 0 | 0 | 0 |
| 41 | 3 | $18 \times 3 = 54$ | 0 | 54 |
| 40 | 4 | $54 + 19 \times 1 = 73$ | 10 | 63 |
| 38 | 6 | $73 + 18.5 \times 2 = 110$ | 60 | 50 |
| 37 | 7 | $110 + 20 \times 1 = 130$ | 70 | 60 |
| 35 | 9 | $130 + 20 \times 2 = 170$ | 90 | 80 |

(2)降水后应力计算见表 3-2,应力分布见图 3-12(c),由于在中砂层③中地下水下降,地下水从承压水变成层间潜水。黏土层②中的有效自重应力明显增加,平均值从 56.5kPa 增加到 86.5kPa,其他土层的有效自重应力也都有所增加。所以地下水大面积下降会使土层压缩,地面下沉。在黏土层②由于存在竖直向下的渗流,其下部的孔隙水压力为 0,该层内作用有向下的渗透力,所以也可以用浮重度与渗透力直接计算有效自重应力。

表 3-2　例题 3-1 计算表二

| 计算点高程 | 计算点深度 $z$/m | 总自重应力 $\sigma_z$/kPa | 孔隙水压力 $u$/kPa | 有效自重应力 $\sigma_z'$/kPa |
|---|---|---|---|---|
| 44 | 0 | 0 | 0 | 0 |
| 41 | 3 | $18 \times 3 = 54$ | 0 | 54 |
| 40 | 4 | $54 + 19 \times 1 = 73$ | 10 | 63 |
| 38 | 6 | $73 + 18.5 \times 2 = 110$ | 0 | 110 |
| 37 | 7 | $110 + 19 \times 1 = 129$ | 0 | 129 |
| 35 | 9 | $129 + 20 \times 2 = 169$ | 20 | 149 |

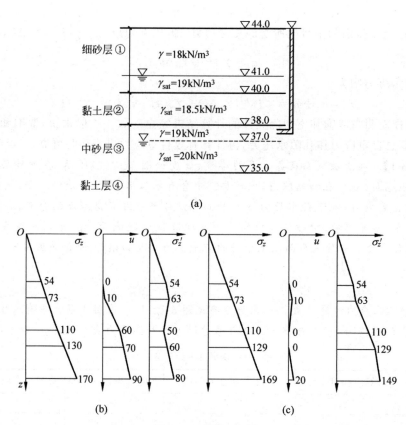

(a)

图 3-12　例题 3-1 图

【例题 3-2】 某土层剖面、地下水位及各土层的重度如图 3-13(a)所示。(1)砂层中地下水位以上无毛细饱和区,绘制竖向总自重应力 $\sigma_z$、孔隙水压力 $u$ 和有效自重应力 $\sigma_z'$ 沿深度 $z$ 的分布;(2)设砂层中地下水位以上 1m 为毛细饱和区(如虚线所示),$\sigma_z$、$u$ 和 $\sigma_z'$ 沿深度 $z$ 将如何分布?

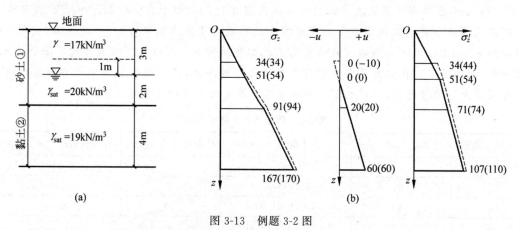

图 3-13　例题 3-2 图

【解】

(1) 地下水位以上无毛细饱和区时的 $\sigma_z$、$u$、$\sigma_z'$ 计算值如表 3-3 所示,$u$、$\sigma_z$、$\sigma_z'$ 沿深度的分布如图 3-13(b)中实线所示。

表 3-3　例题 3-2 计算表一

| 计算深度 $z$/m | 总自重应力 $\sigma_z$/kPa | 孔隙水压力 $u$/kPa | 有效自重应力 $\sigma'_z$/kPa |
|---|---|---|---|
| 2 | $2 \times 17 = 34$ | 0 | 34 |
| 3 | $3 \times 17 = 51$ | 0 | 51 |
| 5 | $(3 \times 17) + (2 \times 20) = 91$ | $2 \times 10 = 20$ | 71 |
| 9 | $(3 \times 17) + (2 \times 20) + (4 \times 19) = 167$ | $6 \times 10 = 60$ | 107 |

（2）当地下水位以上 1m 内为毛细饱和区时，$\sigma_z$、$u$、$\sigma'_z$ 值如表 3-4 所示，$u$、$\sigma_z$、$\sigma'_z$ 沿深度分布如图 3-13(b)中虚线及括号内数值所示。

表 3-4　例题 3-2 计算表二

| 计算深度 $z$/m | 总自重应力 $\sigma_z$/kPa | 孔隙水压力 $u$/kPa | 有效自重应力 $\sigma'_z$/kPa |
|---|---|---|---|
| 2 | $2 \times 17 = 34$ | 0（虚线上） | 34 |
| | | $-10$（虚线下） | 44 |
| 3 | $2 \times 17 + 1 \times 20 = 54$ | 0 | 54 |
| 5 | $54 + 2 \times 20 = 94$ | 20 | 74 |
| 9 | $94 + 4 \times 19 = 170$ | 60 | 110 |

# 3.4　基底压力计算

基础一般是指建筑物结构的地下部分，通过它将建筑物的荷载传递到地基上。作用在基础上的各种荷载及基础自重，都是通过建筑物的基础传到地基中的，基础底面传递给地基接触面的压力称为基底压力。由于基底压力作用于基础与地基的接触面上，故也称基底接触压力。基底压力既是计算地基中附加应力的外荷载，其反力也是计算基础结构内力的外荷载，因此，在计算地基附加应力和基础内力时，都必须首先研究基底压力的分布规律和计算方法。

## 3.4.1　基底压力的分布规律

精确地确定基底压力的大小与分布形式是一个十分复杂的问题。它涉及上部结构、基础、地基三者间的共同作用，与三者的变形特性（如建筑物和基础的刚度、土层的应力应变关系等）有关，影响因素很多，这里仅对其分布规律及主要影响因素作些定性的讨论与分析。为将问题简化，暂不考虑上部结构的影响。下面的讨论都忽略基础埋深，认为基底即为地基表面。

### 1. 基础刚度的影响

为了便于分析，假设基础直接放在地面上，并把各种基础按照与地基土的相对抗弯刚度（$EI$）分成三种类型。

**（1）弹性地基上的完全柔性基础（$EI=0$）**

当完全柔性基础上作用着如图 3-14(a)所示的均布条形荷载(包括基础自重)时,由于该基础不能承受任何弯矩,所以基础上下的外力分布必须完全一致,如果上部荷载是均布的,经过基础传至基底的压力也是均布的。由于基础完全柔性,抗弯刚度 $EI=0$,像个放在地上的柔软橡胶板,可以完全适应地基的变形。这种均布荷载在半无限弹性地基表面上引起的沉降为中间大、两端小的锅底形凹曲线,如图 3-14(c)所示。

当然,实际上没有 $EI=0$ 的完全柔性基础,工程中,常把土坝(堤)及以钢板做成的储油罐底板等视为柔性基础,因此在计算土坝底部由土坝自重引起的接触压力分布时,可近似认为底部压力分布与土坝的外形轮廓相同,其大小等于各点以上的土柱重量,如图 3-15 所示。

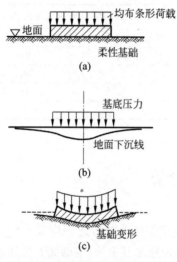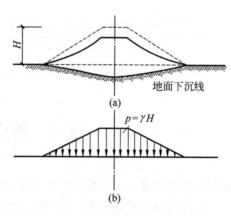

图 3-14　柔性基础基底压力分布　　　　图 3-15　土坝(堤)的接触压力分布

**（2）弹性地基上的绝对刚性基础（$EI=\infty$）**

由于基础刚度与地基土相比通常很大,常可假设为绝对刚性,如整体的块状基础等。在均布荷载作用下,绝对刚性基础只能保持平面下沉而不能弯曲。这时如果假设弹性地基表面上压力也是均匀的,地基将产生不均匀沉降,如图 3-16(a)中的虚线所示,其结果是基础变形与地基变形不协调,基底中部将会与地面脱开,出现架桥作用。为使基础位移与地基的变形保持协调相容,必然要重新调整基底压力的分布形式,使两端压力加大,中间压力减小,从

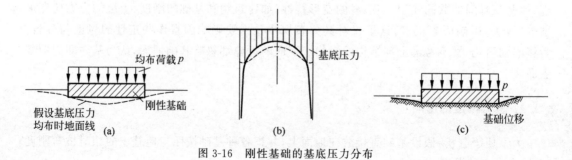

图 3-16　刚性基础的基底压力分布

而使地面保持均匀平面下沉,以适应绝对刚性基础的变形而不使二者脱离,如图 3-16(c)所示。如果地基是完全弹性体,根据弹性理论解得的基底压力分布如图 3-16(b)中实线所示,基础边缘处的压力趋于无穷大。

通过以上分析可以看出,对于刚性基础,基底压力的分布形式与作用在它上面的荷载分布形式不一致。

(3) 弹塑性地基上有限刚性的基础

这是工程实践中最常见的情况。由于绝对刚性基础只是一种理想情况,地基一般也不是完全弹性体,地基土在一定条件下会屈服,因此上述弹性理论解的基底压力分布图形实际上是不可能出现的。因为当基底两端的压力足够大,超过土的屈服应力后,土体就会达到塑性状态,这时基底两端处地基土所承受的压力不能再增大,多余的压力自行调整向中间转移;又因基础并不是绝对刚性,可以稍微弯曲,基底压力分布可以出现各种更加复杂的形式,例如可以成为马鞍形分布,这时基底两端压力不会是无穷大,而中间部分压力也会比弹性理论值大些,如图 3-16(b)中虚线所示。具体的压力分布形状与地基、基础的材料特性以及基础尺寸、荷载分布形状、大小和基础埋深等因素有关。

**2. 荷载及土性的影响**

实测资料表明,放置在黏土地基表面上的刚性基础,其底面上的压力分布形状大致有图 3-17(a)、(b)、(c)所示的三种情况。当荷载较小时,基底压力分布形状如图 3-17(a)所示,它接近于弹性理论解;荷载增大后,边缘部分土体屈服,基底压力可呈马鞍形(图 3-17(b));荷载再增大时,边缘塑性区逐渐扩大,所增加的荷载必须靠基底中部压力的增大来平衡,基底压力图形可变为倒钟形分布(图 3-17(c))。

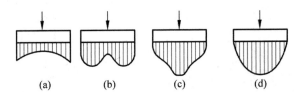

图 3-17  实测刚性基础底面上的压应力分布

在砂土地基中,浅埋基础边缘处砂土的强度很低,其基底压力分布更易发展成如图 3-17(d)所示的抛物线形;有较大埋深的砂土中刚性基础,其基底压力分布易成图 3-17(b)所示的马鞍形。

由以上分析可见,基底压力分布形式是十分复杂的,但由于基底压力都是作用在地基表面附近,根据弹性理论中的圣维南原理可知,其具体分布形式对地基内附加应力计算的影响将随深度的增加而减少,至一定深度后,地基中应力分布几乎与基底压力的分布形状无关,而只取决于荷载合力的大小和作用位置。因此,目前在基础工程的地基计算中,允许采用简化方法,即假定基底压力按直线分布的材料力学方法。但要注意,简化方法用于计算基础内力会引起较大的误差。

### 3.4.2  基底压力的简化计算

#### 1. 中心荷载作用

竖向集中荷载作用于基础形心时,其产生的基底压力均匀分布(图 3-18),并按下式计算:

$$p = \frac{P}{A} \tag{3-11}$$

式中:$p$——基底压力,kPa;

$\quad\quad$ $P$——作用于基础形心的竖直荷载,kN;

$\quad\quad$ $A$——基底面积,$m^2$。

对于条形基础,在长度方向取 1m 计算,故

$$p = \frac{P}{b} \tag{3-12}$$

式中:$P$——沿长度方向 1m 内的相应荷载值,kN/m。

#### 2. 偏心荷载作用

矩形基础受偏心荷载作用时,产生的基底压力可按材料力学中的偏心受压柱计算。若基础受双向偏心荷载作用(图 3-19),则基底任意点的基底压力为

$$p_{(x,y)} = \frac{P}{A} \pm \frac{M_x \cdot y}{I_x} \pm \frac{M_y \cdot x}{I_y} \tag{3-13}$$

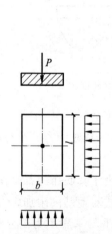

图 3-18  中心荷载下的基底压力

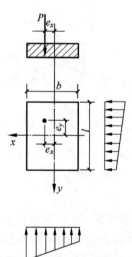

图 3-19  双向偏心荷载下的基底压力

式中:$p_{(x,y)}$——基底内任意点(坐标 $x$、$y$)的基底压力,kPa;

$\quad\quad$ $M_x$、$M_y$——竖直偏心荷载 $P$ 对基础底面 $x$ 轴和 $y$ 轴的力矩,kN · m,$M_x = P e_y$,

$\quad\quad\quad\quad\quad$ $M_y = P e_x$;

$I_x$、$I_y$——基础底面对 $x$ 轴和 $y$ 轴的惯性矩，$m^4$，$I_x=\dfrac{bl^3}{12}$，$I_y=\dfrac{lb^3}{12}$；

$e_x$、$e_y$——竖直荷载对 $y$ 轴和 $x$ 轴的偏心距，m。

若基础受单向偏心荷载作用时，例如作用于 $x$ 主轴上（图 3-20），则 $M_x=0,e_x=e$。这时，基底两端的压力为

$$p_{\substack{max\\min}}=\frac{P}{A}\left(1\pm\frac{6e}{b}\right) \tag{3-14}$$

按式（3-14），当 $e<b/6$ 时，基底压力为梯形分布（图 3-20(a)）；当 $e=b/6$ 时，$p_{min}=0$，基底压力为三角形分布（图 3-20(b)）；当 $e>b/6$ 时，基底压力将部分出现负值，即拉力，但实际上在土与基础之间不可能存在拉力。因此基础底面下的压力将重新分布，如图 3-20(c)所示。这种情况在设计中应尽量避免，但有时高耸结构物下的基底压力在某些荷载下可能出现此种情况。这时，根据基础底面下所有压力之和与基础上总竖直荷载 $P$ 相等的条件，得出基底边缘最大压力 $p_{max}$ 为

$$p_{max}=\frac{2P}{3al} \tag{3-15}$$

式中：$a=\dfrac{b}{2}-e$；其他符号意义同前。

如果偏心荷载 $P$ 作用在 $y$ 轴上，基底压力计算方法与此类似。

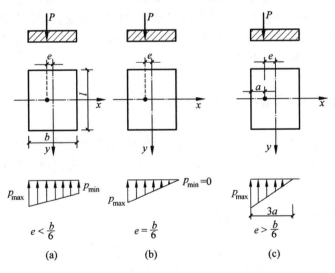

图 3-20 单向偏心荷载下的基底压力

若条形基础受偏心荷载作用，可在长度方向取一延米进行计算，则基底宽度方向两端的压力为

$$p_{\substack{max\\min}}=\frac{P}{b}\left(1\pm\frac{6e}{b}\right) \tag{3-16}$$

式中：$P$——沿长度方向取 1m，作用于基础上的总荷载，kN/m。

在以上的计算中，竖向荷载 $P$ 是上部结构传到基础顶面上的荷载与基础自重的合力。

### 3. 水平荷载作用

承受水压力或侧向土压力的建筑物,基础常常受到斜向荷载 $R$ 的作用,如图 3-21 所示,斜向荷载除了会引起竖直向基底压力 $p_v$ 外,还会引起基底水平应力 $p_h$。计算时,可将斜向荷载 $R$ 分解为竖直向荷载 $P_v$ 和水平向荷载 $P_h$,由 $P_h$ 引起的基底水平应力 $p_h$ 一般假定为均匀分布于整个基础底面,则对于矩形基础

$$p_h = \frac{P_h}{A} \tag{3-17}$$

对于条形基础

$$p_h = \frac{P_h}{b} \tag{3-18}$$

式中符号意义同前,图 3-21 表示地基对基底的反力。

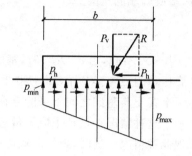

图 3-21　斜向荷载作用下的基底压力

## 3.5　地基中的附加应力计算

对天然土层来说,自重应力引起的土层压缩变形在其地质历史上通常早已完成,不会再引起地基的沉降,附加应力则是由外部作用引起的,例如修建建筑物以后在地基内新增加的应力,它是使地基发生变形,引起建筑物沉降的主要原因。下面介绍地面上作用不同形式荷载时,在地基内引起的附加应力计算。

### 3.5.1　集中荷载作用下的附加应力计算

地面上作用的集中荷载在均匀半无限地基中引起的应力分布的弹性力学理论解,是求解地基内不同形式荷载引起的附加应力的基础。下面就集中竖向荷载和集中水平荷载分别阐述。

#### 1. 竖直集中力作用——布辛内斯克课题

1885 年法国数学家布辛内斯克(Boussinesq J)用弹性理论推出了在半无限空间弹性体表面上作用有竖直集中力 $P$ 时,在弹性体内任意点 $M$ 所引起的应力解析解。这是一个轴对称的空间问题,对称轴就是集中力 $P$ 的作用线,以 $P$ 作用点 $O$ 为原点,$M$ 点坐标为 $(x, y, z)$,如图 3-22 所示,$M'$ 点为 $M$ 点在半无限弹性体表面上的投影。由布辛内斯克求解得出的 $M$ 点的 6 个应力分量和 3 个位移分量的表达式。其中对地基沉降计算意义最大的是竖直法向正应力 $\sigma_z$:

$$\sigma_z = \frac{3P}{2\pi} \frac{z^3}{R^5} = \frac{3P}{2\pi R^2} \cos^3 \beta \tag{3-19}$$

式中:$R$——$M$ 点至坐标原点 $O$ 的距离,$R = \sqrt{x^2+y^2+z^2} = \sqrt{r^2+z^2}$;

　　　$\beta$——直角三角形 $OM'M$ 中 $\overline{OM}$ 和 $\overline{MM'}$ 的夹角,其余符号见图 3-22。

布辛内斯克的 6 个应力分量和 3 个位移分量的弹性理论解参见附录Ⅰ。

利用图 3-22 中的几何关系 $R^2 = r^2 + z^2$，式(3-19)可以改写为

$$\sigma_z = \frac{3P}{2\pi} \frac{z^3}{R^5} = \frac{3}{2\pi} \frac{1}{\left[1 + \left(\frac{r}{z}\right)^2\right]^{\frac{5}{2}}} \frac{P}{z^2} = K \frac{P}{z^2} \tag{3-20}$$

式中

$$K = \frac{3}{2\pi} \frac{1}{\left[1 + \left(\frac{r}{z}\right)^2\right]^{\frac{5}{2}}} \tag{3-21}$$

$K$ 称为集中力作用下的应力分布系数，无量纲，是 $r/z$ 的函数，可由图 3-23 查得具体数值。

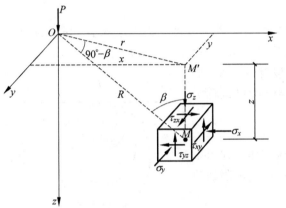
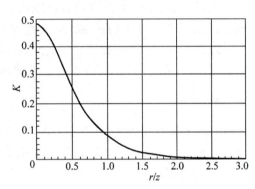

图 3-22　集中荷载作用下的应力　　　　图 3-23　$K$ 与 $r/z$ 关系曲线

由于竖直集中力 $P$ 作用下地基中的应力状态是轴对称空间问题，因此可以在通过 $P$ 作用线的任意竖直面上进行 $\sigma_z$ 分布特征的讨论，如图 3-24 所示。

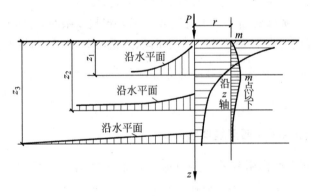

图 3-24　集中力作用下土中应力 $\sigma_z$ 的分布

(1) 在集中力 $P$ 作用线上的 $\sigma_z$ 分布

在 $P$ 作用线上，$r=0$，由式(3-20)和式(3-21)可知，$K = \dfrac{3}{2\pi}$，$\sigma_z = \dfrac{3}{2\pi} \dfrac{P}{z^2}$。

当 $z=0$ 时，$\sigma_z = \infty$。出现这一结果是由于将集中力作用面积看作零所致。这一方面说

明该解不适用于集中力作用点处及其附近,因此在选择应力计算点时,不应过于接近集中力作用点;另一方面说明在靠近 $P$ 作用点处应力 $\sigma_z$ 很大。

当 $z=\infty$ 时,$\sigma_z=0$。

可见,沿 $P$ 作用线上 $\sigma_z$ 的分布是随深度增加按与 $z^2$ 成反比的规律扩散而递减的,如图 3-24 所示。

(2) 在 $r>0$ 的竖直线上的 $\sigma_z$ 分布

由式(3-19)可知,$z=0$ 时,$R>0$,$\sigma_z=0$,即地面上各点竖向应力都为 0。随着 $z$ 的增加,$\sigma_z$ 从零逐渐增大;至一定深度后又随着 $z$ 的增加逐渐变小,如图 3-24 中 $m$ 点以下的曲线所示。

(3) 在 $z=$ 常数的水平线上的 $\sigma_z$ 分布

在同一深度,$\sigma_z$ 值在集中力作用线上最大,并随着 $r$ 的增加而逐渐减小。随着深度 $z$ 增加,集中力作用线上的 $\sigma_z$ 减小;而水平线上应力的分布趋于均匀,如图 3-24 所示。

若在空间将 $\sigma_z$ 相同的点连接成曲面,可以得到如图 3-25 所示的 $\sigma_z$ 等值线,其空间曲面的形状如泡状,所以也称为应力泡,图中 $p=\dfrac{P}{1\mathrm{m}^2}$。

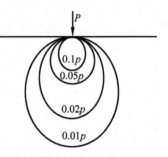

图 3-25  $\sigma_z$ 的等值线

通过上述对应力 $\sigma_z$ 分布图形的讨论,应该建立起土中应力分布的正确概念:即集中力 $P$ 在地基中引起的附加应力 $\sigma_z$ 的分布是向下、向四周无限扩散开的。

当地基表面作用有几个集中力时,可分别计算出各集中力在地基中引起的附加应力,然后根据线弹性体应力叠加原理求出附加应力的总和。图 3-26 中曲线 $a$ 表示集中力 $P_1$ 在 $z$ 深度水平线上引起的应力分布,曲线 $b$ 表示集中力 $P_2$ 在同一水平线上引起的应力分布,把曲线 $a$ 和曲线 $b$ 叠加得到曲线 $c$ 就是该水平线上两集中力引起的总的附加应力。

在实际工程中,当基础底面形状不规则或荷载分布较复杂时,可将基底分为若干个小面积,把小面积上的荷载当成集中力,作用于小面积的重心处,然后利用上述公式计算附加应力。如果小面积的最大边长小于计算应力点深度的 $\dfrac{1}{3}$,用此法所得的应力值与精确计算的应力值相比,误差不超过 5%。

### 2. 水平集中力作用——西罗提课题

如果半无限地基表面作用有平行于 $xOy$ 地面的水平集中力 $P_h$ 时,求解在地基中任意点 $M(x,y,z)$ 所引起的应力问题,是弹性体内应力计算的另一个基本课题,已由西罗提(Cerruti V)用弹性理论解出。这里只介绍与沉降计算关系最大的竖直压应力 $\sigma_z$ 的表达式:

$$\sigma_z=\frac{3P_h}{2\pi}\frac{xz^2}{R^5} \tag{3-22}$$

式中符号见图 3-27。

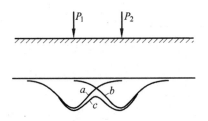

图 3-26　两个集中力作用下地基中 $\sigma_z$ 的叠加

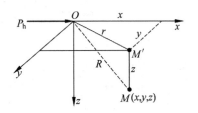

图 3-27　水平集中荷载作用于地基表面

### 3.5.2　矩形面积上各种分布荷载作用下的附加应力计算

任何建筑物都要通过一定尺寸的基础把荷载传递给地基。基底的平面形状和基底上的压力分布各不相同,但都可以利用上述集中荷载引起的应力计算结果和弹性体中的应力叠加原理,计算地基内任意点的附加应力。矩形基础是最常用的基础,以下讨论矩形面积上各类分布荷载在地基中引起的附加应力计算。

**1. 矩形面积竖直均布荷载**

地基表面有一矩形面积,宽度为 $b$,长度为 $l$,其上作用着竖向均布荷载,荷载强度为 $p$,求地基内各点的附加应力 $\sigma_z$。现先求出矩形面积角点下的应力,再利用"角点法"求出任意点下的应力。

（1）角点下的应力

角点下的应力是指图 3-28 中 $O$、$A$、$C$、$D$ 四个角点下任意深度处的应力,由于平面上的对称性,只要深度 $z$ 一样,则四个角点下的应力 $\sigma_z$ 都相同。将坐标的原点取在角点 $O$ 上,在荷载面积内任取微分面积 $dA = dx\,dy$,并将其上作用的荷载以集中力 $dP$ 代替,则 $dP = p\,dA = p\,dx\,dy$。利用式(3-19)可求出该集中力在角点 $O$ 以下深度 $z$ 处 $M$ 点所引起的竖直向附加应力 $d\sigma_z$:

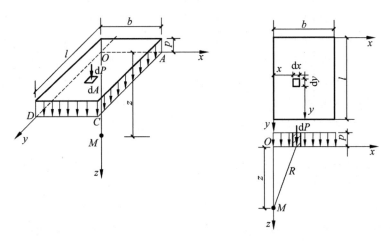

图 3-28　矩形面积均布荷载作用时角点下点的应力

$$d\sigma_z = \frac{3dP}{2\pi} \frac{z^3}{R^5} = \frac{3p}{2\pi} \frac{z^3}{(x^2+y^2+z^2)^{5/2}} dx\,dy \tag{3-23}$$

将式(3-23)沿整个矩形面积 $OACD$ 积分,即可得出矩形面积上均布荷载 $p$ 在角点下 $M$ 点引起的附加应力 $\sigma_z$:

$$\sigma_z = \int_0^l \int_0^b \frac{3p}{2\pi} \frac{z^3}{(x^2+y^2+z^2)^{5/2}} dx\,dy$$

$$= \frac{p}{2\pi}\left[\arctan\frac{m}{n\sqrt{1+m^2+n^2}} + \frac{mn}{\sqrt{1+m^2+n^2}}\left(\frac{1}{m^2+n^2} + \frac{1}{1+n^2}\right)\right] \tag{3-24}$$

式中: $m = \dfrac{l}{b}$; $n = \dfrac{z}{b}$,其中 $l$ 为矩形的长边,$b$ 为矩形的短边。

为计算方便,可将式(3-24)简写成

$$\sigma_z = K_s p \tag{3-25}$$

称 $K_s$ 为矩形竖向均布荷载角点下的应力系数,$K_s = f(m,n)$,可从表 3-5 中查得。

表 3-5  矩形面积受竖直均布荷载作用时角点下的应力系数 $K_s$ 值

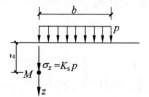

| $n=z/b$ | $m=l/b$ | | | | | | | | | | |
|---|---|---|---|---|---|---|---|---|---|---|---|
| | 1.0 | 1.2 | 1.4 | 1.6 | 1.8 | 2.0 | 3.0 | 4.0 | 5.0 | 6.0 | 10.0 |
| 0 | 0.2500 | 0.2500 | 0.2500 | 0.2500 | 0.2500 | 0.2500 | 0.2500 | 0.2500 | 0.2500 | 0.2500 | 0.2500 |
| 0.2 | 0.2486 | 0.2489 | 0.2490 | 0.2491 | 0.2491 | 0.2491 | 0.2492 | 0.2492 | 0.2492 | 0.2492 | 0.2492 |
| 0.4 | 0.2401 | 0.2420 | 0.2429 | 0.2434 | 0.2437 | 0.2439 | 0.2442 | 0.2443 | 0.2443 | 0.2443 | 0.2443 |
| 0.6 | 0.2229 | 0.2275 | 0.2300 | 0.2315 | 0.2324 | 0.2329 | 0.2339 | 0.2341 | 0.2342 | 0.2342 | 0.2342 |
| 0.8 | 0.1999 | 0.2075 | 0.2120 | 0.2147 | 0.2165 | 0.2176 | 0.2196 | 0.2200 | 0.2202 | 0.2202 | 0.2202 |
| 1.0 | 0.1752 | 0.1851 | 0.1911 | 0.1955 | 0.1981 | 0.1999 | 0.2034 | 0.2042 | 0.2044 | 0.2045 | 0.2046 |
| 1.2 | 0.1516 | 0.1626 | 0.1705 | 0.1758 | 0.1793 | 0.1818 | 0.1870 | 0.1882 | 0.1885 | 0.1887 | 0.1888 |
| 1.4 | 0.1308 | 0.1423 | 0.1508 | 0.1569 | 0.1613 | 0.1644 | 0.1712 | 0.1730 | 0.1735 | 0.1738 | 0.1740 |
| 1.6 | 0.1123 | 0.1241 | 0.1329 | 0.1436 | 0.1445 | 0.1482 | 0.1567 | 0.1590 | 0.1598 | 0.1601 | 0.1604 |
| 1.8 | 0.0969 | 0.1083 | 0.1172 | 0.1241 | 0.1294 | 0.1334 | 0.1434 | 0.1463 | 0.1474 | 0.1478 | 0.1482 |
| 2.0 | 0.0840 | 0.0947 | 0.1034 | 0.1103 | 0.1158 | 0.1202 | 0.1314 | 0.1350 | 0.1363 | 0.1368 | 0.1374 |
| 2.2 | 0.0732 | 0.0832 | 0.0917 | 0.0984 | 0.1039 | 0.1084 | 0.1205 | 0.1248 | 0.1264 | 0.1271 | 0.1277 |
| 2.4 | 0.0642 | 0.0734 | 0.0812 | 0.0879 | 0.0934 | 0.0979 | 0.1108 | 0.1156 | 0.1175 | 0.1184 | 0.1192 |
| 2.6 | 0.0566 | 0.0651 | 0.0725 | 0.0788 | 0.0842 | 0.0887 | 0.1020 | 0.1073 | 0.1095 | 0.1106 | 0.1116 |
| 2.8 | 0.0502 | 0.0580 | 0.0649 | 0.0709 | 0.0761 | 0.0805 | 0.0942 | 0.0999 | 0.1024 | 0.1036 | 0.1048 |
| 3.0 | 0.0447 | 0.0519 | 0.0583 | 0.0640 | 0.0690 | 0.0732 | 0.0870 | 0.0931 | 0.0959 | 0.0973 | 0.0987 |
| 3.2 | 0.0401 | 0.0467 | 0.0526 | 0.0580 | 0.0627 | 0.0668 | 0.0806 | 0.0870 | 0.0900 | 0.0916 | 0.0933 |

| $n=z/b$ | $m=l/b$ | | | | | | | | | | |
|---|---|---|---|---|---|---|---|---|---|---|---|
| | 1.0 | 1.2 | 1.4 | 1.6 | 1.8 | 2.0 | 3.0 | 4.0 | 5.0 | 6.0 | 10.0 |
| 3.4 | 0.0361 | 0.0421 | 0.0477 | 0.0527 | 0.0571 | 0.0611 | 0.0747 | 0.0814 | 0.0847 | 0.0864 | 0.0882 |
| 3.6 | 0.0326 | 0.0382 | 0.0433 | 0.0480 | 0.0523 | 0.0561 | 0.0694 | 0.0763 | 0.0799 | 0.0816 | 0.0837 |
| 3.8 | 0.0296 | 0.0348 | 0.0395 | 0.0439 | 0.0479 | 0.0516 | 0.0645 | 0.0717 | 0.0753 | 0.0773 | 0.0796 |
| 4.0 | 0.0270 | 0.0318 | 0.0362 | 0.0403 | 0.0441 | 0.0474 | 0.0603 | 0.0674 | 0.0712 | 0.0733 | 0.0758 |
| 4.2 | 0.0247 | 0.0291 | 0.0333 | 0.0371 | 0.0407 | 0.0439 | 0.0563 | 0.0634 | 0.0674 | 0.0696 | 0.0724 |
| 4.4 | 0.0227 | 0.0268 | 0.0306 | 0.0343 | 0.0376 | 0.0407 | 0.0527 | 0.0597 | 0.0639 | 0.0662 | 0.0692 |
| 4.6 | 0.0209 | 0.0247 | 0.0283 | 0.0317 | 0.0348 | 0.0378 | 0.0493 | 0.0564 | 0.0606 | 0.0630 | 0.0663 |
| 4.8 | 0.0193 | 0.0229 | 0.0262 | 0.0294 | 0.0324 | 0.0352 | 0.0463 | 0.0533 | 0.0576 | 0.0601 | 0.0635 |
| 5.0 | 0.0179 | 0.0212 | 0.0243 | 0.0274 | 0.0302 | 0.0328 | 0.0435 | 0.0504 | 0.0547 | 0.0573 | 0.0610 |
| 6.0 | 0.0127 | 0.0151 | 0.0174 | 0.0196 | 0.0218 | 0.0238 | 0.0325 | 0.0388 | 0.0431 | 0.0460 | 0.0506 |
| 7.0 | 0.0094 | 0.0112 | 0.0130 | 0.0147 | 0.0164 | 0.0180 | 0.0251 | 0.0306 | 0.0346 | 0.0376 | 0.0428 |
| 8.0 | 0.0073 | 0.0087 | 0.0101 | 0.0114 | 0.0127 | 0.0140 | 0.0198 | 0.0246 | 0.0283 | 0.0311 | 0.0367 |
| 9.0 | 0.0058 | 0.0069 | 0.0080 | 0.0091 | 0.0102 | 0.0112 | 0.0161 | 0.0202 | 0.0235 | 0.0262 | 0.0319 |
| 10.0 | 0.0047 | 0.0056 | 0.0065 | 0.0074 | 0.0083 | 0.0092 | 0.0132 | 0.0167 | 0.0198 | 0.0222 | 0.0280 |

（2）确定地基上任意点下的附加应力——角点法

利用角点下的应力计算公式(3-25)和应力叠加原理，推求地基中任意点的附加应力的方法称为角点法。角点法的应用可分为下列两种情况。第一种情况：计算受竖向均布荷载 $p$ 作用的矩形面积内任一点 $M'$ 下深度为 $z$ 的附加应力(图 3-29(a))。过 $M'$ 点将矩形荷载面积 $abcd$ 分成 Ⅰ、Ⅱ、Ⅲ、Ⅳ 4 个小矩形，$M'$ 点为 4 个小矩形的公共角点，则 $M'$ 点下任意 $z$ 深度处的附加应力 $\sigma_{zM'}$ 为

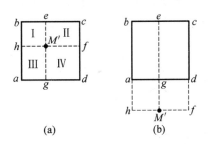

图 3-29　用角点法计算 $M'$ 点以下的附加应力

$$\sigma_{zM'} = (K_{s\,\text{I}} + K_{s\,\text{II}} + K_{s\,\text{III}} + K_{s\,\text{IV}})p$$

第二种情况：计算受竖向均布荷载 $p$ 作用的矩形面积外任意点 $M'$ 下深度为 $z$ 的附加应力。仍然设法使 $M'$ 点成为几个小矩形面积的公共角点，如图 3-29(b)所示。然后将其应力进行代数叠加。

$$\sigma_{zM'} = (K_{s\,\text{I}} + K_{s\,\text{II}} - K_{s\,\text{III}} - K_{s\,\text{IV}})p$$

以上两式中 $K_{s\,\text{I}}$、$K_{s\,\text{II}}$、$K_{s\,\text{III}}$、$K_{s\,\text{IV}}$ 分别为以 $M'$ 为角点的矩形 $M'hbe$、$M'fce$、$M'hag$、$M'fdg$ 的角点应力分布系数，$p$ 为荷载强度。必须注意，在应用角点法计算每一块矩形面积的 $K_s$ 值时，$b$ 恒为短边，$l$ 恒为长边。

对于更复杂、不规则面积上的竖向均布荷载下的附加应力，可近似分成若干个矩形叠加。如无法分成矩形时，可参见附录 Ⅱ 中的感应图法。

【例题 3-3】　有均布荷载 $p=100$kPa，荷载面积为 $2\text{m}\times1\text{m}$，如图 3-30 所示，求荷载面

积上角点 $A$、边点 $E$、中心点 $O$ 以及荷载面积外 $F$ 点和 $G$ 点等各点下 $z=1$m 深度处的附加应力，并利用计算结果说明附加应力的扩散规律。

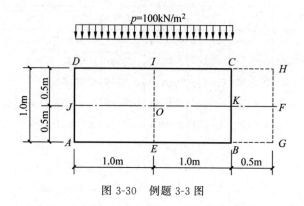

图 3-30　例题 3-3 图

**【解】**

（1）$A$ 点下的应力

$A$ 点是矩形 $ABCD$ 的角点，且 $m=\dfrac{l}{b}=\dfrac{2}{1}=2$；$n=\dfrac{z}{b}=1$，查表 3-5 得 $K_s=0.1999$，故

$$\sigma_{zA}=K_sp=0.1999\times100\text{kPa}\approx20\text{kPa}$$

（2）$E$ 点下的应力

通过 $E$ 点将矩形荷载面积分为两个相等矩形 $EADI$ 和 $EBCI$，求它们的角点应力系数 $K_s$：

$$m=\frac{l}{b}=\frac{1}{1}=1;\ n=\frac{z}{b}=\frac{1}{1}=1$$

查表 3-5 得，$K_s=0.1752$，故

$$\sigma_{zE}=2K_sp=2\times0.1752\times100\text{kPa}\approx35\text{kPa}$$

（3）$O$ 点下的应力

通过 $O$ 点将原矩形面积分为 4 个相等矩形 $OEAJ$，$OJDI$，$OICK$ 和 $OKBE$。求它们角点应力系数 $K_s$：

$$m=\frac{l}{b}=\frac{1}{0.5}=2;\ n=\frac{z}{b}=\frac{1}{0.5}=2$$

查表 3-5 得 $K_s=0.1202$，故

$$\sigma_{zO}=4K_sp=4\times0.1202\times100\text{kPa}\approx48.1\text{kPa}$$

（4）$F$ 点下应力

过 $F$ 点作矩形 $FGAJ$，$FJDH$，$FGBK$ 和 $FKCH$。设 $K_{sI}$ 为矩形 $FGAJ$ 和 $FJDH$ 的角点应力系数；$K_{sⅢ}$ 为矩形 $FGBK$ 和 $FKCH$ 的角点应力系数。

求 $K_{sI}$：　　　$m=\dfrac{l}{b}=\dfrac{2.5}{0.5}=5$；$n=\dfrac{z}{b}=\dfrac{1}{0.5}=2$

查表 3-5 得 $K_{sI}=0.1363$

求 $K_{sⅢ}$：　　　$m=\dfrac{l}{b}=\dfrac{0.5}{0.5}=1$；$n=\dfrac{z}{b}=\dfrac{1}{0.5}=2$

查表 3-1 得 $K_{s\text{III}} = 0.0840$

故　$\sigma_{zF} = 2(K_{s\text{I}} - K_{s\text{III}})p = 2 \times (0.1363 - 0.0840) \times 100\text{kPa} \approx 10.5\text{kPa}$

(5) $G$ 点下应力

通过 $G$ 点作矩形 $GADH$ 和 $GBCH$，分别求出它们的角点应力系数 $K_{s\text{I}}$ 和 $K_{s\text{II}}$。

求 $K_{s\text{I}}$：　　　　　　$m = \dfrac{l}{b} = \dfrac{2.5}{1} = 2.5 ; \ n = \dfrac{z}{b} = \dfrac{1}{1} = 1$

查表 3-5 得 $K_{s\text{I}} = 0.2016$

求 $K_{s\text{III}}$：　　　　　　$m = \dfrac{l}{b} = \dfrac{1}{0.5} = 2 ; \ n = \dfrac{z}{b} = \dfrac{1}{0.5} = 2$

查表 3-5 得 $K_{s\text{II}} = 0.1202$

故　　　　　$\sigma_{zG} = (K_{s\text{I}} - K_{s\text{II}})p = (0.2016 - 0.1202) \times 100\text{kPa} \approx 8.1\text{kPa}$

将计算结果绘成图 3-31(a)，可以看出在矩形面积受均布荷载作用时，不仅在受荷面积垂直下方的范围内产生附加应力，而且在荷载面积以外的土中（$F$、$G$ 点下方）也产生附加应力。另外，在地基中同一深度处（例如 $z = 1\text{m}$），离受荷面积中线越远的点，其 $\sigma_z$ 值越小，矩形面积中点下 $\sigma_{zO}$ 最大。求出中点 $O$ 下和 $F$ 点下不同深度的 $\sigma_z$ 并绘成曲线，如图 3-31(b) 所示。本例题的计算结果证实上文所述的附加应力的扩散规律。

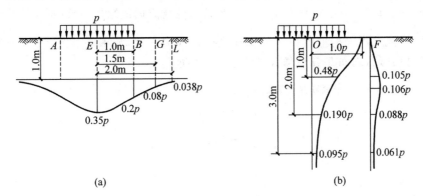

图 3-31　例题 3-3 计算结果

### 2. 矩形面积竖直三角形荷载

在矩形面积上作用着三角形分布荷载，最大荷载强度为 $p_t$，如图 3-32 所示。把荷载强度为零的一个角点 $O$ 作为坐标原点，同样可利用式(3-19)和积分方法求出角点 $O$ 下任意深度处的附加应力 $\sigma_z$。在受荷面积内，任取微小面积 $\mathrm{d}A = \mathrm{d}x\mathrm{d}y$，以集中力 $\mathrm{d}P = \dfrac{p_t \cdot x}{b}\mathrm{d}x\mathrm{d}y$ 代替作用在其上的分布荷载，则 $\mathrm{d}P$ 在 $O$ 点下任意点 $M$ 处引起的竖直附加应力 $\mathrm{d}\sigma_z$ 应为

$$\mathrm{d}\sigma_z = \frac{3p_t}{2\pi b} \frac{xz^3}{(x^2 + y^2 + z^2)^{5/2}} \mathrm{d}x\mathrm{d}y \tag{3-26}$$

将式(3-26)沿矩形面积积分后，可得出整个矩形基础面竖直三角形荷载在角点 $O$ 下任意深度 $z$ 处所引起的竖直附加应力 $\sigma_z$ 为

$$\sigma_z = K_t p_t \tag{3-27}$$

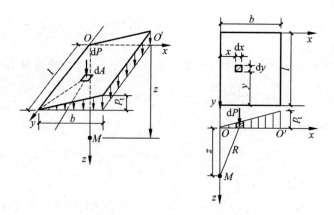

图 3-32　矩形面积作用三角形分布荷载时角点下的应力

式中：
$$K_t = \frac{mn}{2\pi}\left[\frac{1}{\sqrt{m^2+n^2}} - \frac{n^2}{(1+n^2)\sqrt{1+m^2+n^2}}\right] \tag{3-28}$$

称 $K_t$ 为矩形面积受竖直三角形荷载作用角点下的应力系数，其值可由表 3-6 查得，$K_t = f(m,n)$，$m = \dfrac{l}{b}$；$n = \dfrac{z}{b}$。注意 $b$ 是沿三角形荷载变化方向的矩形边长（不一定是矩形的短边）。另外，该表给出的是角点 $O$ 下不同深度处的应力系数，如果要求图 3-32 中角点 $O'$ 下的应力时，可用竖直均布荷载与竖直三角形荷载叠加得到。

表 3-6　矩形面积受竖直三角形分布荷载作用时角点下的应力系数 $K_t$ 值

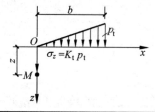

| $n=z/b$ | $m=l/b$ | | | | | | | | | | | | | | |
|---|---|---|---|---|---|---|---|---|---|---|---|---|---|---|---|
| | 0.2 | 0.4 | 0.6 | 0.8 | 1.0 | 1.2 | 1.4 | 1.6 | 1.8 | 2.0 | 3.0 | 4.0 | 6.0 | 8.0 | 10.0 |
| 0 | 0 | 0 | 0 | 0 | 0 | 0 | 0 | 0 | 0 | 0 | 0 | 0 | 0 | 0 | 0 |
| 0.2 | 0.0223 | 0.0280 | 0.0296 | 0.0301 | 0.0304 | 0.0305 | 0.0305 | 0.0306 | 0.0306 | 0.0306 | 0.0306 | 0.0306 | 0.0306 | 0.0306 | 0.0306 |
| 0.4 | 0.0269 | 0.0420 | 0.0487 | 0.0517 | 0.0531 | 0.0539 | 0.0543 | 0.0545 | 0.0546 | 0.0547 | 0.0548 | 0.0549 | 0.0549 | 0.0549 | 0.0549 |
| 0.6 | 0.0259 | 0.0448 | 0.0560 | 0.0621 | 0.0654 | 0.0673 | 0.0684 | 0.0690 | 0.0694 | 0.0696 | 0.0701 | 0.0702 | 0.0702 | 0.0702 | 0.0702 |
| 0.8 | 0.0232 | 0.0421 | 0.0553 | 0.0637 | 0.0688 | 0.0720 | 0.0739 | 0.0751 | 0.0759 | 0.0764 | 0.0773 | 0.0776 | 0.0776 | 0.0776 | 0.0776 |
| 1.0 | 0.0201 | 0.0375 | 0.0508 | 0.0602 | 0.0666 | 0.0708 | 0.0735 | 0.0753 | 0.0766 | 0.0774 | 0.0790 | 0.0794 | 0.0795 | 0.0796 | 0.0796 |
| 1.2 | 0.0171 | 0.0324 | 0.0450 | 0.0546 | 0.0615 | 0.0664 | 0.0698 | 0.0721 | 0.0738 | 0.0749 | 0.0714 | 0.0779 | 0.0782 | 0.0783 | 0.0783 |
| 1.4 | 0.0145 | 0.0278 | 0.0392 | 0.0483 | 0.0554 | 0.0606 | 0.0644 | 0.0672 | 0.0692 | 0.0707 | 0.0739 | 0.0748 | 0.0752 | 0.0752 | 0.0753 |
| 1.6 | 0.0123 | 0.0238 | 0.0339 | 0.0424 | 0.0492 | 0.0545 | 0.0586 | 0.0616 | 0.0639 | 0.0656 | 0.0667 | 0.0708 | 0.0714 | 0.0715 | 0.0715 |
| 1.8 | 0.0105 | 0.0204 | 0.0294 | 0.0371 | 0.0435 | 0.0487 | 0.0528 | 0.0560 | 0.0586 | 0.0604 | 0.0652 | 0.0666 | 0.0673 | 0.0675 | 0.0675 |
| 2.0 | 0.0090 | 0.0176 | 0.0255 | 0.0324 | 0.0348 | 0.0434 | 0.0474 | 0.0507 | 0.0533 | 0.0553 | 0.0607 | 0.0624 | 0.0634 | 0.0636 | 0.0636 |
| 2.5 | 0.0063 | 0.0125 | 0.0183 | 0.0236 | 0.0284 | 0.0326 | 0.0362 | 0.0393 | 0.0419 | 0.0440 | 0.0504 | 0.0529 | 0.0543 | 0.0547 | 0.0548 |

| $n=z/b$ | $m=l/b$ | | | | | | | | | | | | | | |
|---|---|---|---|---|---|---|---|---|---|---|---|---|---|---|---|
| | 0.2 | 0.4 | 0.6 | 0.8 | 1.0 | 1.2 | 1.4 | 1.6 | 1.8 | 2.0 | 3.0 | 4.0 | 6.0 | 8.0 | 10.0 |
| 3.0 | 0.0046 | 0.0092 | 0.0135 | 0.0176 | 0.0214 | 0.0249 | 0.0280 | 0.0307 | 0.0331 | 0.0352 | 0.0419 | 0.0449 | 0.0469 | 0.0474 | 0.0476 |
| 5.0 | 0.0018 | 0.0036 | 0.0054 | 0.0071 | 0.0088 | 0.0104 | 0.0120 | 0.0135 | 0.0148 | 0.0161 | 0.0214 | 0.0248 | 0.0283 | 0.0296 | 0.0301 |
| 7.0 | 0.0009 | 0.0019 | 0.0028 | 0.0038 | 0.0047 | 0.0056 | 0.0064 | 0.0073 | 0.0081 | 0.0089 | 0.0124 | 0.0152 | 0.0186 | 0.0204 | 0.0212 |
| 10.0 | 0.0005 | 0.0009 | 0.0014 | 0.0019 | 0.0023 | 0.0028 | 0.0033 | 0.0037 | 0.0041 | 0.0046 | 0.0066 | 0.0084 | 0.0111 | 0.0128 | 0.0139 |

**3. 矩形面积水平均布荷载**

当矩形面积上作用有水平均布荷载 $p_h$ 时(图 3-33),可利用西罗提解——式(3-22)对矩形面积积分,求出矩形角点 $A$、$B$ 下任意深度 $z$ 处的附加应力 $\sigma_z$,简化后可用下式表示:

$$\sigma_z = \mp K_h p_h \tag{3-29}$$

式中：$K_h$——矩形面积作用水平均布荷载时角点下的应力分布系数,可查表 3-7,

$$K_h = \frac{1}{2\pi}\left[\frac{m}{\sqrt{m^2+n^2}} - \frac{mn^2}{(1+n^2)\sqrt{1+m^2+n^2}}\right] \quad m=\frac{l}{b}, \quad n=\frac{z}{b}; \tag{3-30}$$

$b$——平行于水平荷载作用方向的边长；

$l$——垂直于水平荷载作用方向的边长。

**表 3-7　矩形面积受水平均布荷载作用时角点下的应力系数 $K_h$ 值**

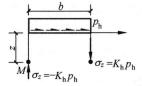

| $n=z/b$ | $m=l/b$ | | | | | | | | | | |
|---|---|---|---|---|---|---|---|---|---|---|---|
| | 1.0 | 1.2 | 1.4 | 1.6 | 1.8 | 2.0 | 3.0 | 4.0 | 6.0 | 8.0 | 10.0 |
| 0 | 0.1592 | 0.1592 | 0.1592 | 0.1592 | 0.1592 | 0.1592 | 0.1592 | 0.1592 | 0.1592 | 0.1592 | 0.1592 |
| 0.2 | 0.1518 | 0.1523 | 0.1526 | 0.1528 | 0.1529 | 0.1529 | 0.1530 | 0.1530 | 0.1530 | 0.1530 | 0.1530 |
| 0.4 | 0.1328 | 0.1347 | 0.1356 | 0.1362 | 0.1365 | 0.1367 | 0.1371 | 0.1372 | 0.1372 | 0.1372 | 0.1372 |
| 0.6 | 0.1091 | 0.1121 | 0.1139 | 0.1150 | 0.1156 | 0.1160 | 0.1168 | 0.1169 | 0.1170 | 0.1170 | 0.1170 |
| 0.8 | 0.0861 | 0.0900 | 0.0924 | 0.0939 | 0.0948 | 0.0955 | 0.0967 | 0.0969 | 0.0970 | 0.0970 | 0.0970 |
| 1.0 | 0.0666 | 0.0708 | 0.0735 | 0.0753 | 0.0766 | 0.0774 | 0.0790 | 0.0794 | 0.0795 | 0.0796 | 0.0796 |
| 1.2 | 0.0512 | 0.0553 | 0.0582 | 0.0601 | 0.0615 | 0.0624 | 0.0645 | 0.0650 | 0.0652 | 0.0652 | 0.0652 |
| 1.4 | 0.0395 | 0.0433 | 0.0460 | 0.0480 | 0.0494 | 0.0505 | 0.0528 | 0.0534 | 0.0537 | 0.0537 | 0.0538 |
| 1.6 | 0.0308 | 0.0341 | 0.0366 | 0.0385 | 0.0400 | 0.0410 | 0.0436 | 0.0443 | 0.0446 | 0.0447 | 0.0447 |
| 1.8 | 0.0242 | 0.0270 | 0.0293 | 0.0311 | 0.0325 | 0.0336 | 0.0362 | 0.0370 | 0.0374 | 0.0375 | 0.0375 |
| 2.0 | 0.0192 | 0.0217 | 0.0237 | 0.0253 | 0.0266 | 0.0277 | 0.0303 | 0.0312 | 0.0317 | 0.0318 | 0.0318 |
| 2.5 | 0.0113 | 0.0130 | 0.0145 | 0.0157 | 0.0167 | 0.0176 | 0.0202 | 0.0211 | 0.0217 | 0.0219 | 0.0219 |
| 3.0 | 0.0070 | 0.0083 | 0.0093 | 0.0102 | 0.0110 | 0.0117 | 0.0140 | 0.0150 | 0.0156 | 0.0158 | 0.0159 |
| 5.0 | 0.0018 | 0.0021 | 0.0024 | 0.0027 | 0.0030 | 0.0032 | 0.0043 | 0.0050 | 0.0057 | 0.0059 | 0.0060 |
| 7.0 | 0.0007 | 0.0008 | 0.0009 | 0.0010 | 0.0012 | 0.0013 | 0.0018 | 0.0022 | 0.0027 | 0.0029 | 0.0030 |
| 10.0 | 0.0002 | 0.0003 | 0.0003 | 0.0004 | 0.0004 | 0.0005 | 0.0007 | 0.0008 | 0.0011 | 0.0013 | 0.0014 |

计算表明,在地表下同一深度 $z$ 处,四个角点下的附加应力 $\sigma_z$ 绝对值相同,但应力符号有正负之分;在如图 3-33 所示的情况下,$C$、$A$ 点下 $\sigma_z$ 取负值,$B$、$D$ 点下 $\sigma_z$ 取正值。

同样可利用角点法和应力叠加原理计算矩形面积内、外任意点的附加应力 $\sigma_z$。

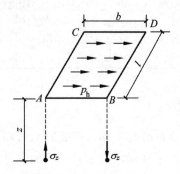

图 3-33 矩形面积作用水平均布荷载时角点下的 $\sigma_z$

### 3.5.3 条形面积上各种分布荷载作用下的附加应力计算

当一定宽度的无限长条形面积承受荷载,而且荷载在各个截面上的分布都相同时,土中的应力状态即为平面应变状态,这时垂直于长度方向的任一截面内附加应力的大小及分布规律都是相同的,而与所取截面的位置无关。实际建筑中当然没有无限长的荷载面积,但研究表明,当某一截面两侧荷载面积的延伸长度均大于等于 $5b$ 时,该截面内的应力分布与 $l/b=\infty$ 时土中应力相差甚少,因此也可以近似按条形面积进行计算。像墙基、路基、挡土墙及堤坝等条形基础,均可按平面问题计算地基中的附加应力。

#### 1. 竖直线布荷载——弗拉曼解

在地表面无限长直线上,作用有均布竖直线荷载 $\bar{p}$,如图 3-34 所示,求在地基中任意点 $M(x,y,z)$ 引起的应力。该课题的解答首先由弗拉曼(Flamant)得出,故又称弗拉曼解。由于是平面问题,需要计算的独立应力分量只有 $\sigma_z$、$\sigma_x$ 和 $\tau_{xz}$。在线性分布荷载上取微分长度 $\mathrm{d}y$,作用在上面的荷载 $\bar{p}\,\mathrm{d}y$ 可以看成集中力,则在地基内 $M$ 点引起的应力按式(3-19)计算为 $\mathrm{d}\sigma_z=\dfrac{3\bar{p}z^3}{2\pi R^5}\mathrm{d}y$,则

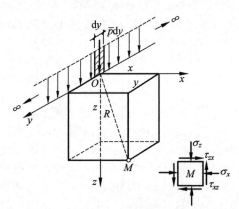

图 3-34 竖直线荷载作用下的应力状态

$$\sigma_z=\int_{-\infty}^{+\infty}\frac{3\bar{p}z^3\,\mathrm{d}y}{2\pi(x^2+y^2+z^2)^{5/2}}=\frac{2\bar{p}z^3}{\pi(x^2+z^2)^2} \tag{3-31}$$

按弹性力学方法可推导出

$$\sigma_x=\frac{2\bar{p}x^2z}{\pi(x^2+z^2)^2} \tag{3-32}$$

$$\tau_{xz} = \tau_{zx} = \frac{2\bar{p}xz^2}{\pi(x^2 + z^2)^2} \tag{3-33}$$

式中：$\bar{p}$——单位长度上的线荷载，kN/m，如图 3-34 所示。

此外，按广义胡克定律和 $\varepsilon_y = 0$ 的条件，有

$$\sigma_y = \nu(\sigma_x + \sigma_z) \tag{3-34}$$

虽然理论意义的线荷载在现实中是不存在的，但可以把它看作条形面积在宽度趋于零时的特殊情况。以线性均布荷载为基础，通过积分就可以推导出条形面积上作用着各种分布荷载时，地基中的应力计算公式。

**2. 条形面积竖直均布荷载**

当地基表面宽度为 $b$ 的条形面积上作用着竖直均布荷载 $p$ 时（图 3-35），地基内任意点 $M$ 的附加应力 $\sigma_z$ 可利用式(3-31)的积分方法求得。首先在条形荷载的宽度方向上取微分宽度 $d\xi$，将其上作用的荷载 $d\bar{p} = p\,d\xi$ 视为线性均布荷载，则 $d\bar{p}$ 在 $M$ 点引起的竖直附加应力 $d\sigma_z$ 按式(3-31)微分得：

$$d\sigma_z = \frac{2z^3}{\pi\left[(x-\xi)^2 + z^2\right]^2} p\,d\xi \tag{3-35}$$

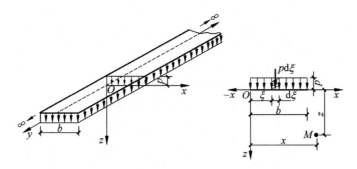

图 3-35　条形面积在竖直均布荷载作用下的任意点应力

将式(3-35)沿宽度 $b$ 积分，即可得整个条形荷载在 $M$ 点引起的附加应力 $\sigma_z$：

$$\begin{aligned}
\sigma_z &= \int_0^b \frac{2z^3}{\pi\left[(x-\xi)^2 + z^2\right]^2} p\,d\xi \\
&= \frac{p}{\pi}\left[\arctan\frac{m}{n} - \arctan\frac{m-1}{n} + \frac{mn}{m^2 + n^2} - \frac{n(m-1)}{n^2 + (m-1)^2}\right]
\end{aligned} \tag{3-36}$$

写成简化形式为

$$\sigma_z = K_z^s p \tag{3-37}$$

条形均布荷载在地基内引起的水平向应力 $\sigma_x$ 和剪应力 $\tau_{xz}$ 也可以根据式(3-32)和式(3-33)积分求得，并简化为

$$\sigma_x = K_x^s p \tag{3-38}$$

$$\tau_{xz} = K_{xz}^s p \tag{3-39}$$

上列诸式中，$K_z^s$、$K_x^s$、$K_{xz}^s$ 分别为条形面积受竖向均布荷载作用时的竖向附加应力系数、水平向应力系数和剪应力系数。其值可按 $m\left(=\dfrac{x}{b}\right)$ 和 $n\left(=\dfrac{z}{b}\right)$ 的数值由表 3-8 查得。

表 3-8 条形面积受竖直均布荷载作用时的应力系数 $K^s$ 值

| $m=x/b$ | | $n=z/b$ | | | | | | | | | |
|---|---|---|---|---|---|---|---|---|---|---|---|
| | | 0.01 | 0.1 | 0.2 | 0.4 | 0.6 | 0.8 | 1.0 | 1.2 | 1.4 | 2.0 |
| 0 | $K_z^s$ | 0.500 | 0.499 | 0.498 | 0.489 | 0.468 | 0.440 | 0.409 | 0.375 | 0.348 | 0.275 |
| | $K_x^s$ | 0.494 | 0.437 | 0.376 | 0.269 | 0.188 | 0.130 | 0.091 | 0.067 | 0.047 | 0.020 |
| | $K_{xz}^s$ | −0.318 | −0.315 | −0.306 | −0.274 | −0.234 | −0.194 | −0.159 | −0.131 | −0.108 | −0.064 |
| 0.25 | $K_z^s$ | 0.999 | 0.988 | 0.936 | 0.797 | 0.679 | 0.586 | 0.511 | 0.450 | 0.401 | 0.298 |
| | $K_x^s$ | 0.935 | 0.685 | 0.469 | 0.215 | 0.143 | 0.087 | 0.055 | 0.037 | 0.026 | 0.010 |
| | $K_{xz}^s$ | −0.001 | −0.039 | −0.103 | −0.159 | −0.147 | −0.121 | −0.096 | −0.078 | −0.061 | −0.034 |
| 0.50 | $K_z^s$ | 0.999 | 0.997 | 0.978 | 0.881 | 0.756 | 0.642 | 0.549 | 0.478 | 0.420 | 0.306 |
| | $K_x^s$ | 0.848 | 0.752 | 0.538 | 0.260 | 0.129 | 0.070 | 0.040 | 0.026 | 0.017 | 0.006 |
| | $K_{xz}^s$ | 0 | 0 | 0 | 0 | 0 | 0 | 0 | 0 | 0 | 0 |
| 0.75 | $K_z^s$ | 0.999 | 0.988 | 0.936 | 0.797 | 0.679 | 0.586 | 0.511 | 0.450 | 0.401 | 0.298 |
| | $K_x^s$ | 0.935 | 0.685 | 0.469 | 0.215 | 0.143 | 0.087 | 0.055 | 0.037 | 0.026 | 0.010 |
| | $K_{xz}^s$ | 0.001 | 0.039 | 0.103 | 0.159 | 0.147 | 0.121 | 0.096 | 0.078 | 0.061 | 0.034 |
| 1.00 | $K_z^s$ | 0.500 | 0.499 | 0.498 | 0.489 | 0.468 | 0.440 | 0.409 | 0.375 | 0.348 | 0.275 |
| | $K_x^s$ | 0.494 | 0.437 | 0.376 | 0.269 | 0.188 | 0.130 | 0.091 | 0.067 | 0.047 | 0.020 |
| | $K_{xz}^s$ | 0.318 | 0.315 | 0.306 | 0.274 | 0.234 | 0.194 | 0.159 | 0.131 | 0.108 | 0.064 |
| 1.25 | $K_z^s$ | 0.000 | 0.011 | 0.091 | 0.174 | 0.243 | 0.276 | 0.288 | 0.287 | 0.279 | 0.242 |
| | $K_x^s$ | 0.021 | 0.180 | 0.270 | 0.274 | 0.221 | 0.169 | 0.127 | 0.096 | 0.073 | 0.035 |
| | $K_{xz}^s$ | 0.001 | 0.042 | 0.116 | 0.199 | 0.212 | 0.197 | 0.175 | 0.153 | 0.132 | 0.085 |
| −0.25 | $K_z^s$ | 0.000 | 0.011 | 0.091 | 0.174 | 0.243 | 0.276 | 0.288 | 0.287 | 0.279 | 0.242 |
| | $K_x^s$ | 0.021 | 0.180 | 0.270 | 0.274 | 0.221 | 0.169 | 0.127 | 0.096 | 0.073 | 0.035 |
| | $K_{xz}^s$ | −0.001 | −0.042 | −0.116 | −0.199 | −0.212 | −0.197 | −0.175 | −0.153 | −0.132 | −0.085 |
| −0.50 | $K_z^s$ | 0.001 | 0.002 | 0.011 | 0.056 | 0.111 | 0.155 | 0.186 | 0.202 | 0.210 | 0.205 |
| | $K_x^s$ | 0.008 | 0.082 | 0.147 | 0.208 | 0.204 | 0.177 | 0.146 | 0.117 | 0.094 | 0.049 |
| | $K_{xz}^s$ | −0.0001 | −0.001 | −0.038 | −0.103 | −0.144 | −0.158 | −0.157 | −0.147 | −0.133 | −0.096 |

图 3-36(a)表示竖向应力 $\sigma_z$ 的分布图,图 3-36(b)表示水平向应力 $\sigma_x$ 的分布图,图 3-36(c)表示剪应力 $\tau_{zx}$ 的分布图,实线为正应力,虚线为负应力。

图 3-37(a)、(b)分别表示在宽度均为 $b$ 的条形面积和正方形面积上作用有相同大小的竖直均布荷载 $p$ 时,在地基内引起的 $\sigma_z$ 的等值线分布图。两者相比可以看出,它们在地基内引起的 $\sigma_z$ 向下扩散的形式一样,但扩散的速度和应力影响的深度则有很大的差别。以

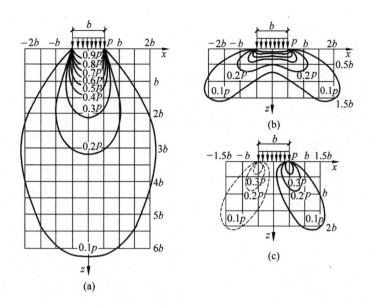

图 3-36　条形竖直均布荷载下地基中 $\sigma_z$、$\sigma_x$、$\tau_{zx}$ 的等值线图

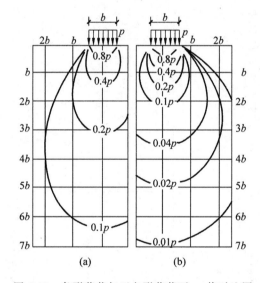

图 3-37　条形荷载与正方形荷载下 $\sigma_z$ 值对比图

(a) 条形荷载；(b) 正方形荷载

$\sigma_z = 0.1p$ 等值线作为比较，正方形荷载影响深度为 $2b$ 左右；而条形荷载影响深度达 $6b$ 以上。

### 3. 条形面积上其他分布荷载

条形面积上其他形式的分布荷载（常见的有竖直三角形分布荷载、水平均布荷载和竖直梯形分布荷载）在地基内引起的应力 $\sigma_z$ 同样可以利用应力叠加原理，通过积分求得。计算公式和计算方法见表 3-9。其中图 3-38 为表 3-9 中梯形荷载所用的曲线，可用于堤坝顶部以下地基中的附加应力计算。

**表 3-9 条形面积受其他分布荷载作用时**

| 名称 | 竖直三角形分布荷载 | 水平均布荷载 | 竖直梯形分布荷载 |
|---|---|---|---|
| 荷载分布形式 | | | |
| 应力计算公式 | $$\sigma_z = \frac{p_t}{\pi}\left\{ m\left[\arctan\left(\frac{m}{n}\right) - \arctan\left(\frac{m-1}{n}\right)\right] - \frac{(m-1)n}{(m-1)^2+n^2}\right\} = K_z^t p_t$$ $K_z^t$——条形面积三角形荷载应力分布系数。 按 $m=\frac{x}{b}, n=\frac{z}{b}$，查表 3-10 | $$\sigma_z = \frac{p_h}{\pi}\left[\frac{n^2}{(m-1)^2+n^2} - \frac{n^2}{m^2+n^2}\right] = K_z^h p_h$$ $K_z^h$——条形面积水平均布荷载应力分布系数。 按 $m=\frac{x}{b}, n=\frac{z}{b}$，查表 3-11 | $$\sigma_z = (K_{z1}^l + K_{z2}^l)p$$ $K_{z1}^l$——条形面积梯形荷载荷载Ⅰ的应力分布系数; $K_{z2}^l$——条形面积梯形荷载荷载Ⅱ的应力分布系数。 $K_{z1}^l$ 根据 $\left(\frac{a_1}{z}\right)$ 和 $\left(\frac{b_1}{z}\right)$，见图 3-38 曲线 $K_{z2}^l$ 根据 $\left(\frac{a_2}{z}\right)$ 和 $\left(\frac{b_2}{z}\right)$，见图 3-38 曲线 |
| 计算注意事项 | 梯形分布荷载可以看成三角形荷载和均布荷载之和 | | 从应力计算点 M 作竖直线将应力分布面积划分成荷载Ⅰ和荷载Ⅱ。 $K_{z1}^l p$ 表示荷载Ⅰ对 M 点引起的应力; $K_{z2}^l p$ 表示荷载Ⅱ对 M 点引起的应力 |

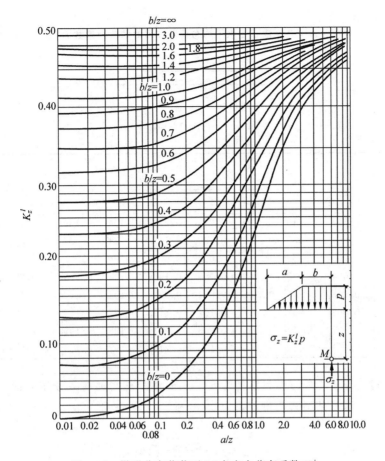

图 3-38　梯形分布荷载下 $M$ 点应力分布系数 $K_z^l$

**表 3-10　条形面积受三角形分布荷载作用时的应力系数 $K_z^t$ 值**

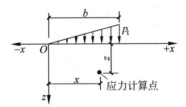

| $m=\dfrac{x}{b}$ | $n=\dfrac{z}{b}$ | | | | | | | | | |
|---|---|---|---|---|---|---|---|---|---|---|
| | 0.01 | 0.1 | 0.2 | 0.4 | 0.6 | 0.8 | 1.0 | 1.2 | 1.4 | 2.0 |
| 0 | 0.003 | 0.032 | 0.061 | 0.110 | 0.140 | 0.155 | 0.159 | 0.154 | 0.151 | 0.127 |
| 0.25 | 0.249 | 0.251 | 0.255 | 0.263 | 0.258 | 0.243 | 0.224 | 0.204 | 0.186 | 0.143 |
| 0.50 | 0.500 | 0.498 | 0.498 | 0.441 | 0.378 | 0.321 | 0.275 | 0.239 | 0.210 | 0.153 |
| 0.75 | 0.750 | 0.737 | 0.682 | 0.534 | 0.421 | 0.343 | 0.286 | 0.246 | 0.215 | 0.155 |
| 1.00 | 0.497 | 0.468 | 0.437 | 0.379 | 0.328 | 0.285 | 0.250 | 0.221 | 0.198 | 0.147 |
| 1.25 | 0.000 | 0.010 | 0.050 | 0.137 | 0.177 | 0.188 | 0.184 | 0.176 | 0.165 | 0.134 |
| 1.50 | 0.000 | 0.002 | 0.009 | 0.043 | 0.080 | 0.106 | 0.121 | 0.126 | 0.127 | 0.115 |
| −0.25 | 0.000 | 0.002 | 0.009 | 0.036 | 0.066 | 0.089 | 0.104 | 0.111 | 0.114 | 0.108 |

表 3-11    条形面积受水平均布荷载作用时的应力系数 $K_z^h$ 值

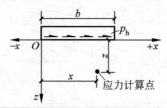

| $m=\dfrac{x}{b}$ | $n=\dfrac{z}{b}$ | | | | | | | | | |
|---|---|---|---|---|---|---|---|---|---|---|
| | 0.01 | 0.1 | 0.2 | 0.4 | 0.6 | 0.8 | 1.0 | 1.2 | 1.4 | 2.0 |
| 0 | −0.318 | −0.315 | −0.306 | −0.274 | −0.234 | −0.194 | −0.159 | −0.131 | −0.108 | −0.064 |
| 0.25 | −0.001 | −0.039 | −0.103 | −0.159 | −0.147 | −0.121 | −0.096 | −0.078 | −0.061 | −0.034 |
| 0.50 | 0.000 | 0.000 | 0.000 | 0.000 | 0.000 | 0.000 | 0.000 | 0.000 | 0.000 | 0.000 |
| 0.75 | 0.001 | 0.039 | 0.103 | 0.159 | 0.147 | 0.121 | 0.096 | 0.078 | 0.061 | 0.034 |
| 1.00 | 0.318 | 0.315 | 0.306 | 0.274 | 0.234 | 0.194 | 0.159 | 0.131 | 0.108 | 0.064 |
| 1.25 | 0.001 | 0.042 | 0.116 | 0.199 | 0.212 | 0.197 | 0.175 | 0.153 | 0.132 | 0.085 |
| 1.50 | 0.001 | 0.011 | 0.038 | 0.103 | 0.144 | 0.158 | 0.157 | 0.147 | 0.133 | 0.096 |
| −0.25 | −0.001 | −0.042 | −0.116 | −0.199 | −0.212 | −0.197 | −0.175 | −0.153 | −0.132 | −0.085 |

**【例题 3-4】**    已知某条形面积宽度为 $b=15\mathrm{m}$，其上作用的荷载分布如图 3-39 所示，试求中点 $A$ 下 30m 深度范围内的附加应力 $\sigma_z$ 分布。

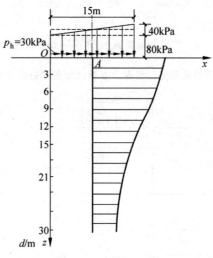

图 3-39    例题 3-4 图

**【解】**

坐标原点设置如图 3-39 所示。由于 $A$ 点是图形的中点，亦即对称点，则所有反对称的荷载在该点引起的竖向附加应力都是 0。所以梯形竖直荷载分布等效于 $p=100\mathrm{kPa}$ 的均布荷载，水平荷载引起的竖向应力为 0。首先根据表 3-8 的条形面积均布荷载 $m=x/b=0.5$ 的应力系数进行计算，见表 3-12。

表 3-12　条形荷载面积 $A$ 点下的附加应力计算表（$b=15\text{m},x/b=0.5$）

| $z/\text{m}$ | $n=z/b$ | $K_s$ | $\sigma_z=K_s\times100/\text{kPa}$ |
|---|---|---|---|
| 1.5 | 0.1 | 0.997 | 99.7 |
| 3.0 | 0.2 | 0.978 | 97.8 |
| 6.0 | 0.4 | 0.881 | 88.1 |
| 9.0 | 0.6 | 0.756 | 75.6 |
| 12.0 | 0.8 | 0.642 | 64.2 |
| 15.0 | 1.0 | 0.549 | 54.9 |
| 21.0 | 1.4 | 0.420 | 42.0 |
| 30.0 | 2.0 | 0.306 | 30.6 |

如果将此条形面积以 $A$ 点为角点,分成 4 个 $l/b=10$ 的矩形面积,$m=l/b=10,b=7.5\text{m}$。用表 3-5 计算,结果见表 3-13。

表 3-13　矩形荷载面积 $A$ 点下的附加应力计算

| $z/\text{m}$ | $n=z/b$ | $K_s$ | $\sigma_z=4K_s\times100/\text{kPa}$ |
|---|---|---|---|
| 1.5 | 0.2 | 0.2492 | 99.7 |
| 3.0 | 0.4 | 0.2443 | 97.7 |
| 6.0 | 0.8 | 0.2202 | 88.1 |
| 9.0 | 1.2 | 0.1888 | 75.5 |
| 12.0 | 1.6 | 0.1604 | 64.2 |
| 15.0 | 2.0 | 0.1374 | 55.0 |
| 21.0 | 2.8 | 0.1048 | 41.9 |
| 30.0 | 4.0 | 0.0758 | 30.3 |

可见两种方法的计算结果基本是一致的。

### 3.5.4　圆形面积竖直均布荷载作用时中心点下的附加应力计算

地表圆形面积上作用竖直均布荷载 $p$ 时,荷载中心点 $O$ 下任意深度 $z$ 处 $M$ 点的竖向附加应力 $\sigma_z$,仍可通过布辛内斯克解,在圆面积内积分求得。

如图 3-40 所示,将柱坐标原点放在圆心 $O$ 处,在圆面积内任取一微分面积 $\mathrm{d}A=\rho\mathrm{d}\theta\mathrm{d}\rho$,将其上作用的荷载视为集中力 $\mathrm{d}P=p\mathrm{d}A=p\rho\mathrm{d}\theta\mathrm{d}\rho$,$\mathrm{d}P$ 作用点与 $M$ 点距离 $R=\sqrt{\rho^2+z^2}$,则 $\mathrm{d}P$ 在 $M$ 点引起的附加应力 $\mathrm{d}\sigma_z$ 由式(3-19)计算得:

$$\mathrm{d}\sigma_z=\frac{3pz^3}{2\pi}\frac{\rho\mathrm{d}\theta\mathrm{d}\rho}{(\rho^2+z^2)^{5/2}}\qquad(3\text{-}40)$$

则整个圆形面积上均布荷载在 $M$ 点引起的应力 $\sigma_z$ 应为

$$\sigma_z=\int_0^{2\pi}\int_0^r\frac{3pz^3}{2\pi}\frac{\rho\mathrm{d}\theta\mathrm{d}\rho}{(\rho^2+z^2)^{5/2}}$$

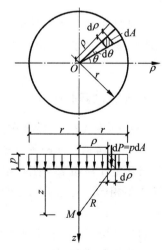

图 3-40　圆形面积均布荷载中心点下的应力

$$= \left\{ 1 - \frac{1}{\left[ 1 + \left( \dfrac{r}{z} \right)^2 \right]^{3/2}} \right\} p = K_0 p \tag{3-41}$$

式中：$K_0$——圆形面积均布荷载作用时,圆心点下的竖直应力分布系数,$K_0 = f\left( \dfrac{r}{z} \right)$,可由

表 3-14 查得；

$r$——圆面积半径；

$p$——均布荷载强度。

**表 3-14  圆形面积受竖直均布荷载作用时的应力系数 $K_0$ 值**

| $r/z$ | $K_0$ | $r/z$ | $K_0$ |
|-------|-------|-------|-------|
| 0.268 | 0.1 | 0.918 | 0.6 |
| 0.400 | 0.2 | 1.110 | 0.7 |
| 0.518 | 0.3 | 1.387 | 0.8 |
| 0.637 | 0.4 | 1.908 | 0.9 |
| 0.766 | 0.5 | $\infty$ | 1.0 |

### 3.5.5  影响土中附加应力分布的因素

上面介绍的地基中附加应力计算,都是按弹性理论把地基土视为半无限、均质、各向同性的线弹性体,而实际工程中遇到的地基均在不同程度上与上述理想条件有偏离,因此计算出的应力与实际土中的应力相比都有一定的误差。一些学者的试验研究及量测结果表明,当土质较均匀,土颗粒较细,且压力不很大时,用上述方法计算出的竖直向附加应力 $\sigma_z$ 与实测值相比,误差不是很大；不满足这些条件时将会有较大误差。下面简要讨论实际土体的非线性、非均质和各向异性等因素对土中附加应力分布的影响。

**1. 非线性材料的影响**

土体实际是非线性弹塑性材料,许多学者的研究表明,非线性对于竖直应力 $\sigma_z$ 计算值的影响一般不是很大,但有时最大误差亦可达到 $25\% \sim 30\%$,但对水平应力有更显著的影响。

**2. 成层地基的影响**

天然地基中各土层的松密、软硬程度往往很不相同,变形特性可能差别较大。例如,在软土区常可遇到一层硬黏土或密实的砂覆盖在较软的土层上；或是在山区,常可见厚度不大的可压缩土层覆盖于刚性很大的岩层上。这些情况下,地基中的应力分布显然与连续、均质土体不相同。对这类问题的解答比较复杂,目前弹性力学只对其中某些简单的情况有理论解,可以分为两类。

(1) 可压缩土层覆盖于刚性岩层上(图 3-41)

由弹性理论解得知,这种情况下,上层土中荷载中轴线附近的附加应力 $\sigma_z$ 将比均质半无限弹性体时增大；离开中轴线,应力逐渐减小,至某一距离后,应力小于均匀半无限弹性

体时的应力。这种现象称为"应力集中"现象。应力集中的程度主要与压缩层厚度 $H$ 和荷载宽度 $b$ 之比有关,随着 $H/b$ 增大,应力集中现象减弱。图 3-42 为条形均布荷载下,岩层位于不同深度时,中轴线上的 $\sigma_z$ 分布。可见,$H/b$ 值越小,应力集中的程度越高。

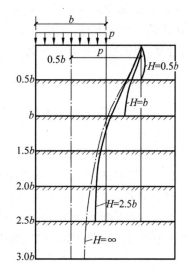

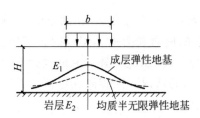

图 3-41 $E_2 > E_1$ 时的应力集中现象  图 3-42 岩层在不同深度时基础轴线下的竖向应力 $\sigma_z$ 的分布

(2) 硬土层覆盖于软土层上(图 3-43)

此种情况会在硬层下面的软土层中发生荷载中轴线附近附加应力减小的应力扩散现象。由于应力分布比较均匀,地基的沉降也相应较为均匀。在道路工程路面设计中,用一层比较坚硬的路面来降低下部路堤和地基中的应力集中,减小路面不均匀变形,就是这个道理。图 3-44 表示地基土层厚度为 $H_1$、$H_2$、$H_3$,相应的变形模量为 $E_1$、$E_2$、$E_3$,地基表面受半径 $R = 1.6H_1$ 的圆形均布荷载 $p$ 作用,荷载中心下面土层中的 $\sigma_z$ 分布情况。从图中可以看出,当 $E_1 > E_2 > E_3$ 时(曲线 $A$、$B$),荷载中心下面土层中的应力 $\sigma_z$ 明显地低于 $E =$ 常数时(曲线 $C$)的均质土情况。

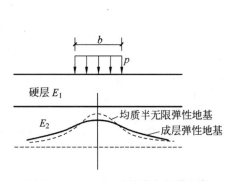

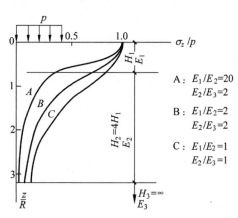

图 3-43 $E_1 > E_2$ 时的应力扩散现象  图 3-44 $E_1/E_2$,$E_2/E_3$ 不同时圆形均布
荷载中心线下的 $\sigma_z$ 分布

### 3. 变形模量随深度增大的影响

地基土的另一种非均质性表现为自重应力变形模量 $E$ 随深度逐渐增大，即越往下土越密越硬。这在砂土地基中尤为常见。这是一种连续非均质现象，是由土体在沉积过程中的受力条件所决定的。弗劳利施（Frohlich O K）研究这种情况，对于集中力作用下地基中附加应力 $\sigma_z$ 的计算，提出如下半经验公式：

$$\sigma_z = \frac{\mu P}{2\pi R^2}\cos^\mu\beta \tag{3-42}$$

式中符号意义与图 3-22 相同，$\mu$ 为大于 3 的应力集中系数，对于模量 $E =$ 常数的均质弹性体，例如均匀的黏土，$\mu = 3$，其结果即为布氏解（式(3-19)）；对于砂土，连续非均质现象最显著，取 $\mu = 6$；介于黏土与砂土之间的土，取 $\mu = 3\sim6$。

分析式(3-42)，当 $R$ 相同，$\beta = 0$ 或很小时，$\mu$ 越大，$\sigma_z$ 越高；而当 $\beta$ 很大时，则相反，$\mu$ 越大，$\sigma_z$ 越小。这就是说，这种土的非均质现象也使地基中的应力在力的作用线附近集中。当然，地面上作用的不是集中荷载，而是不同类型的分布荷载，根据应力叠加原理也会得到应力 $\sigma_z$ 向荷载中轴线附近集中的结果，类似于图 3-41 所示的情况。试验研究也证明了这一点。

### 4. 各向异性的影响

天然沉积土因沉积条件和应力状态常常具有各向异性的特征，经常是横观各向同性。例如层状结构的页片状黏土，在垂直方向和水平方向的模量 $E$ 就不相同。土体的各向异性也会影响到该土层中的附加应力分布。研究表明，如果土在水平方向的变形模量 $E_x$（$E_x = E_y$）与竖直方向的变形模量 $E_z$ 不相等，但泊松比 $\nu$ 相同时，若 $E_x > E_z$，则在各向异性地基中将出现应力扩散现象；若 $E_x < E_z$，地基中将出现应力集中现象。

### 5. 基础埋深的影响

随着建筑物不断增高及地下空间的应用，天然地基的基础埋置深度逐渐加深；或者大量使用桩基础。这对地基内附加应力有很大的影响。

竖向集中力作用于地面以下土体内部时，计算地基中应力分布及位移应采用弹性半无限体的明德林（Mindlin）解。

如图 3-45 所示，竖向集中力 $P$ 作用于半无限体内部某一深度 $c$ 处，明德林对该空间半无限弹性体内部 $M(x,y,z)$ 点竖向附加应力 $\sigma_z$ 的解为

$$\begin{aligned}\sigma_z = \frac{P}{8\pi(1-\nu)}&\left[\frac{(1-2\nu)(z-c)}{R_1^3} - \frac{(1-2\nu)(z-c)}{R_2^3} + \frac{3(z-c)^3}{R_1^5} + \right.\\ &\left. \frac{3(3-4\nu)z(z+c)^2 - 3c(z+c)(5z-c)}{R_2^5} + \frac{30cz(z+c)^3}{R_2^7}\right]\end{aligned} \tag{3-43}$$

式中：$\nu$——土的泊松比；其他符号意义见图 3-45 的标识。

从式(3-43)可以发现：

(1) 当 $c = 0$ 时，亦即荷载作用于地表时，式(3-43)与式(3-19)相同，明德林解退化为布氏解。

（2）当 $z<c$ 时,竖向附加应力 $\sigma_z$ 可为负值,将减少上部的自重应力。

（3）当 $z>c$ 时,明德林解的 $\sigma_z$ 小于布氏解,所以计算的地基沉降会较小。

图 3-46 为边长为 $b$ 矩形面积均布竖向荷载角点下,在基础埋深不同情况下的附加应力系数,也可发现,当埋深 $c=0$ 时,布氏解与明德林解是相同的。

目前,我国的有关建筑规范在计算桩基沉降时,基本上采用明德林解的 $\sigma_z$ 值,计算的沉降量较为符合实测值。

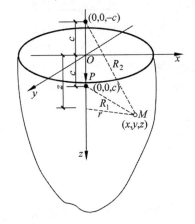

图 3-45　竖向集中力作用于半无限体内部

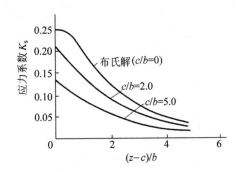

图 3-46　矩形面积均布荷载角点下 $\sigma_z$ 的应力
系数的明德林解

# 3.6　超静孔隙水压力与孔隙水压力系数

## 3.6.1　侧限应力状态下的超静孔隙水压力与渗流固结的概念

在 3.5 节讨论了在各种形式外荷载作用下,地基中附加应力的计算方法。上述计算是以弹性力学的理论解为基础进行的,所得到的附加应力是作用在地基土体上的总应力。根据太沙基有效应力原理,土的变形与强度的变化都只取决于有效应力的变化,因此如何确定饱和地基中有效附加应力的分布是个十分关键的问题。为此,一般需要首先确定土体在这种附加总应力作用下所产生的孔隙水压力的大小。在土力学中,将这种在外荷载及各种外部作用下,在土体中产生的孔隙水压力称为超静孔隙水压力,简称超静孔压。

在 3.3 节我们分析土的自重应力时,涉及的都是静孔隙水压力,简称静孔压（包括稳定渗流情况）。地基土的自重应力是由土的自重引起的,静孔隙水压力则是由水的自重引起的,静止的地下水位以下的孔隙水压力都是静孔隙水压力;在第 2 章稳定渗流场中的孔隙水压力其大小不随时间而变化,因而其土骨架上的有效应力也无变化,也应归入静孔隙水压力。

由于问题的复杂性,本节主要讨论两种简单应力状态下,即侧限应力状态和三轴应力状态下超静孔隙水压力的计算问题。

　　图 3-47 为太沙基最早提出的渗流固结的物理力学模型。它是由盛满水的钢筒①、带有细小排水孔道的活塞②和支承活塞的弹簧③所组成。钢筒模拟侧限应力状态；弹簧模拟土的骨架；筒中水模拟土骨架中的孔隙水；活塞中的小孔道则模拟土的渗透性。

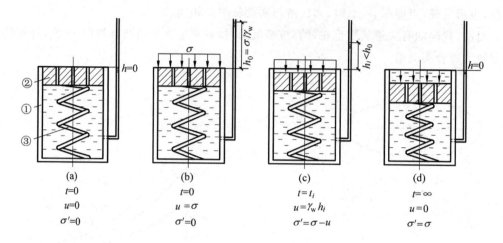

图 3-47　饱和土渗流固结模型

　　当活塞上没有荷载时,如图 3-47(a)所示,设活塞的组成物质重度与水的重度相同,与钢筒连接的测压管中的水位和筒中的静水位齐平。筒中的孔隙水压力为静孔隙水压力,任意深度处的总水头都相等,没有渗流发生,弹簧也不受力不变形。

　　当活塞上瞬时施加荷载 $\sigma$ 时,即 $t=0$ 时(图 3-47(b)),模拟土的渗透性的孔径很小,水有一定的黏滞性,容器内的水来不及流出,相当于这些孔隙在瞬时被堵塞而处于不排水状态。筒内的水在瞬时受压力 $\sigma$,且水不可压缩,故筒内体积变化为 $\Delta V=0$,活塞不能下移,弹簧就仍不受力,外加荷载 $\sigma$ 全部由水承担,测压管中的水位将上升到 $h_0$,它代表由荷载引起的初始超静孔隙水压力 $u=\sigma=\gamma_w h_0$。而作用于弹簧上的有效应力 $\sigma'=0$。

　　当 $t>0$,例如 $t=t_i$ 时(图 3-47(c)),由于活塞两侧存在水头差 $\Delta h$,将有渗流发生,水从活塞的孔隙中不断排出,活塞向下移动,其下的筒内水量减少,代表土骨架的弹簧被压缩,部分荷载作用于弹簧上($\sigma'>0$),与此同时筒内的水压力 $u$ 减少,测压管内的水位降低,$h_i<h_0$。但从竖向的静力平衡可知:$u+\sigma'=\sigma$。

　　上述的过程不断持续,直到时间足够长时,筒内的超静孔隙水压力完全消散,即 $u=0$,测压管水位又恢复到与静水位齐平,渗流停止。全部荷载都由弹簧承担,活塞稳定到某一位置,亦即总应力 $\sigma$ 等于土骨架的有效应力 $\sigma'$。

　　上述这一过程形象地模拟了饱和土体受到外荷载作用后的渗流固结过程。在这一过程中,饱和土体内的超静孔隙水压力逐渐消散,总应力逐渐转移到土骨架上,有效应力逐渐增加,与此同时土体被压缩,在这个过程中,静孔隙水压力一直未变。

　　分析以上的渗流固结过程,可以得到如下几点认识:

　　(1) 在渗流固结过程中,超静孔隙水压力 $u$ 与有效应力 $\sigma'$ 都是时间的函数,即 $u=f_1(t)$,$\sigma'=f_2(t)$。当外荷载不变时,始终 $u+\sigma'=\sigma$。渗流固结过程的实质就是两种不同的应力形态的转化过程,最后造成土体的压缩。

　　(2) 不同于静孔隙水压力,超静孔压会随时间的持续而逐步消散,与此同时,土骨架上的有效应力相应变化,并伴以土的体积改变。以后我们会看到,超静孔压可以为正,也可为负。在现实中,我们经常会遇到超静孔压引起的现象:路面以下黏土的含水量很高时,就会在重车荷载作用下从路面的裂隙中喷冒出泥水,即所谓的翻浆;含饱和砂土的地基,在地震作用下会喷砂冒水,即所谓的液化。

(3) 上述模拟的是饱和土体侧限应力状态下的一维渗流固结过程。在施加荷载 $\sigma$ 的瞬时,即 $t=0$ 时,所产生的超静孔压 $u=\sigma$。

### 3.6.2　三轴应力状态下的孔隙水压力系数

在附加应力作用下,土体中将产生多大的超静孔隙水压力,是涉及土体稳定的十分重要的问题。斯开普顿(Skempton)结合轴对称试样的三轴试验(见图 3-5(b)),提出了孔隙水压力系数(简称孔压系数)的概念。所谓孔压系数是指在不允许土中孔隙流体进出的情况下,由附加应力在土中引起的超静孔隙水压力增量与总应力增量之比。

如式(3-1)所示,可将三轴应力状态分解为一个各向等压应力状态和一个偏差应力状态。假设它们各自产生的超静孔隙水压力分别为 $\Delta u_1$ 和 $\Delta u_2$。据此,斯开普顿推导得到了孔隙水压力的计算公式为

$$\Delta u = \Delta u_1 + \Delta u_2 = B[\Delta \sigma_3 + A(\Delta \sigma_1 - \Delta \sigma_3)] \tag{3-44}$$

式中,$A$ 和 $B$ 为三轴应力状态下的孔隙水压力系数。下面分别讨论具体的推导过程。

#### 1. 各向等压应力与孔压系数 $B$

在不排水条件下施加球应力分量的增量 $\Delta \sigma_3$,会在土中产生有效应力增量 $\Delta \sigma_3'$ 和孔压增量 $\Delta u_1$。根据太沙基的有效压力原理:

$$\Delta \sigma_3 = \Delta \sigma_3' + \Delta u_1 \tag{3-45}$$

其中有效应力增量 $\Delta \sigma_3'$ 作用于土骨架上,$\Delta u_1$ 作用于孔隙流体上。在很高饱和度情况下,这里所谓的孔隙流体包括孔隙中的水和以气泡形式存在的气体,可认为

$$\Delta u_1 = \Delta u_w = \Delta u_a$$

$\Delta u_w$ 和 $\Delta u_a$ 分别表示孔隙水压力和孔隙气压力。

土骨架在 $\Delta \sigma_3'$ 作用下将被压缩,土骨架的压缩量为

$$\begin{aligned} \Delta V_s &= C_{sk} V_0 \Delta \sigma_3' \\ &= C_{sk} V_0 (\Delta \sigma_3 - \Delta u_1) \end{aligned} \tag{3-46}$$

式中:$C_{sk}$——土骨架的体积压缩系数;

　　　$V_0$——试样的初始体积。

孔隙流体本身会被压缩,在 $\Delta u_1$ 作用下其压缩量为

$$\begin{aligned} \Delta V_v &= V_v C_f \Delta u_1 \\ &= n V_0 C_f \Delta u_1 \end{aligned} \tag{3-47}$$

式中:$C_f$——孔隙流体的体积压缩系数;

　　　$V_v$——试样孔隙的总体积;

　　　$n$——土的孔隙率。

如果试样是完全饱和的,则孔隙流体就是水,$C_f = C_w$,$C_w$ 是水的体积压缩系数。

　　由于颗粒本身不可压缩,土骨架的压缩实质就是其中孔隙的减少,孔隙的减少有两种原因:①孔隙流体被挤压流出;②孔隙流体本身被压缩。在不排水条件下,孔隙流体不可能流出,只能是孔隙流体本身被压缩,土体的总压缩量必须等于土骨架的体积压缩量,也等于孔隙流体的体积压缩量,亦即 $\Delta V_s = \Delta V_v$,式(3-46)与式(3-47)相等,得到

$$C_{sk}V_0(\Delta\sigma_3 - \Delta u_1) = nV_0 C_f \Delta u_1$$

则上式可写成

$$\Delta u_1 = B \Delta \sigma_3 \qquad (3\text{-}48)$$

式中

$$B = \frac{1}{1 + n\dfrac{C_f}{C_{sk}}} \qquad (3\text{-}49)$$

其中 $B$ 就是各向等压条件下土的孔压系数,它表示的是单位球应力增量引起的超静孔隙水压力增量。对于各种土,其骨架的体积压缩系数很大,而如果土是完全饱和的,$C_f = C_w$,水的体积压缩系数极小,$C_w = 0.49 \times 10^{-6}\,\mathrm{kPa^{-1}}$,所以此前我们都假设水是不可压缩的,即 $C_f/C_{sk} \approx 0$,则 $B \approx 1.0$。表 3-15 列出了几种不同饱和岩土材料的孔压系数 $B$,可见对于各种饱和土,其孔压系数 $B$ 都接近于 1.0;而由于岩石骨架的压缩系数 $C_{sk}$ 与水的压缩系数处于同一量级,所以 $B$ 远小于 1.0。

表 3-15　不同岩土孔压力系数 $B$ 的计算值

| 块石或土 | $C_{sk}/(10^{-6}\,\mathrm{kPa^{-1}})$ | $n/\%$ | $B$ |
|---|---|---|---|
| 巴斯石灰岩 | 0.06 | 15 | 0.468 |
| 滑石 | 0.25 | 30 | 0.647 |
| 密砂 | 15 | 40 | 0.988 |
| 硬黏土 | 80 | 42 | 0.997 |
| 软黏土 | 400 | 55 | 0.999 |

　　对于饱和土体的侧限应力状态,如果竖向瞬时施加总应力 $\sigma_z$,则由于瞬时饱和土体体积不变,泊松比 $\nu = 0.5$,根据式(3-6),$K_0 = 1.0$,$\sigma_x = \sigma_y = \sigma_z = \sigma_3$,也就是施加了一个各向等压的总应力,因为孔压系数 $B = 1.0$,所以产生的超静孔压 $u = \sigma_z$,如图 3-47 所示。

### 2. 偏差压力与孔压系数 A

　　在式(3-1)中,$\sigma_3$ 不变,只施加偏差应力增量 $\Delta(\sigma_1 - \sigma_3)$,在不排水的条件下,将产生超静孔压增量 $\Delta u_2$,这需要另一个孔压系数来表述。

　　如果土骨架是弹性体,则其体积变化可以用广义胡克定律计算:

$$\Delta V_s = V_0 \frac{(\Delta\sigma_1' + \Delta\sigma_2' + \Delta\sigma_3')}{3K} \qquad (3\text{-}50)$$

式中:$K$——土骨架的体积压缩模量,$C_{sk} = 1/K$。

　　施加偏差应力增量 $\Delta(\sigma_1 - \sigma_3)$ 以后,产生超静孔压增量为 $\Delta u_2$,由于 $\Delta\sigma_2 = \Delta\sigma_3 = 0$,则 $\Delta\sigma_2' = \Delta\sigma_3' = -\Delta u_2$,$\Delta\sigma_1' = \Delta(\sigma_1 - \sigma_3) - \Delta u_2$。将它们代入式(3-50),得:

$$\Delta V_s = C_{sk} V_0 \left[ \Delta(\sigma_1 - \sigma_3)/3 - \Delta u_2 \right] \tag{3-51}$$

孔隙流体的体积压缩量为

$$\Delta V_v = n V_0 C_f \Delta u_2 \tag{3-52}$$

在不排水条件下,土骨架的体积压缩量应等于孔隙液体的体积压缩量,可以得到

$$\Delta u_2 = \frac{1}{1 + \dfrac{n C_f}{C_{sk}}} \frac{1}{3} \Delta(\sigma_1 - \sigma_3) = B \cdot A \Delta(\sigma_1 - \sigma_3) \tag{3-53}$$

对于饱和土 $B=1.0$,可见,在弹性假设条件下,由单位偏差应力增量引起的孔压增量系数为 $A=1/3$。

由于土骨架并不是线弹性体,剪应力也可以引起土的体变,即所谓土的剪胀性。所以式(3-53)一般表示为

$$\Delta u_2 = BA \Delta(\sigma_1 - \sigma_3) \tag{3-54}$$

式中,孔压系数 $A$ 在弹性情况下等于 $1/3$,当土在剪应力作用下发生体胀时(即具有剪胀性),如密砂和坚硬的黏性土,$A < 1/3$,甚至 $A < 0$;当土在剪应力作用下发生体缩时(即具有剪缩性),如松砂和软黏土,$A > 1/3$,甚至 $A > 1$,如表 3-16 所示。

表 3-16　孔压系数 $A$ 的参考值

| 土类 | $A$(用于计算沉降) | 土类 | $A$(用于土体破坏) |
|---|---|---|---|
| 很松的细砂 | 2.0～3.0 | 高灵敏度软黏土 | >1 |
| 灵敏性黏土 | 1.5～2.5 | 正常固结黏土 | 0.5～1.0 |
| 正常固结黏土 | 0.7～1.3 | 超固结黏土 | 0.25～0.5 |
| 轻超固结黏土 | 0.3～0.7 | 重超固结黏土 | 0～0.25 |
| 重超固结黏土 | -0.5～0 | | |

### 3.6.3　孔隙水压力系数的讨论

如上所述,而如果土的饱和度 $S_r = 100\%$,$C_f = C_w$,水的体积压缩系数 $C_w$ 极小,而土骨架的压缩系数很大,即 $C_f/C_{sk} \approx 0$,则 $B = 1.0$。但对于饱和度很低的土,孔隙中空气的体积压缩系数极大,$C_f/C_{sk} \to \infty$,则 $B \approx 0$。对于不同饱和度的土,$B$ 为 $0 \sim 1.0$。图 3-48 表示的是砂土和压实黏质粉土的初始饱和度与孔压系数 $B$ 之间的关系曲线。

从表 3-15 和图 3-48 可以发现,孔压系数 $B$ 主要与土的饱和度有关,各种完全饱和土的孔压系数 $B$ 都接近于 $1.0$,它也与岩土骨架的压缩性有关。

由表 3-16 可见,孔压系数 $A$ 主要反映了土的剪胀(缩)性,也由于土的剪胀性与应力水平有关,所以 $A$ 也受应力水平的影响。由于孔压系数 $A$ 与 $B$ 都是应力水平的函数,所以在一个试验过程中它们不是一个常数。

孔压系数 $B$ 和 $A$ 是通过轴对称应力状态的三轴试验确定的,但在工程实践中也常常近似地应用于一般的应力状态,计算附加应力引起的超静孔隙水压力。

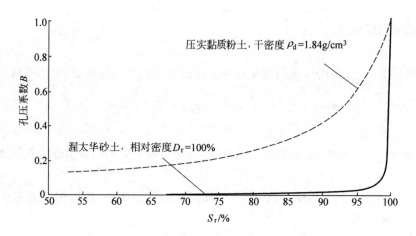

图 3-48　不同土的孔压系数 $B$ 与饱和度的关系曲线

**【例题 3-5】**　有一不完全饱和试样(图 3-49),在不排水条件下,(1)先施加周围压力 $\sigma_3 = 100\text{kPa}$,测得孔压系数 $B = 0.7$,试求土样内的 $u$ 和 $\sigma_3'$;(2)在上述试样上又施加 $\Delta\sigma_3 = 50\text{kPa}$,$\Delta\sigma_1 = 150\text{kPa}$,并测得孔压系数 $A = 0.5$,试求此时土样的 $\sigma_1$、$\sigma_3$、$u$、$\sigma_1'$、$\sigma_3'$ 各为多少(假设 $B$ 值不变)?

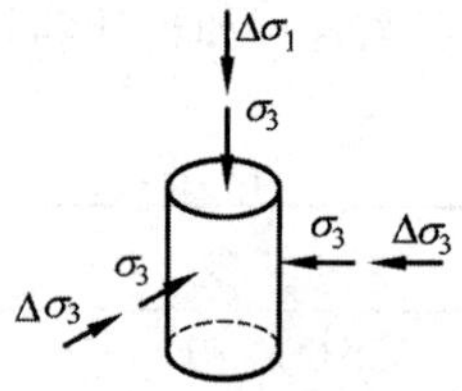

图 3-49　例题 3-5 图

**【解】**

(1) 根据式(3-48):

$$u = \Delta u_1 = B\Delta\sigma_3 = 0.7 \times 100\text{kPa} = 70\text{kPa}$$

则

$$\sigma_3' = \sigma_3 - \Delta u_1 = (100 - 70)\text{kPa} = 30\text{kPa}$$

(2) 当 $\Delta\sigma_3 = 50\text{kPa}$,$\Delta\sigma_1 = 150\text{kPa}$ 时,根据式(3-44),土样内新增加的孔隙压力 $\Delta u_2$ 为

$$\Delta u_2 = B[\Delta\sigma_3 + A(\Delta\sigma_1 - \Delta\sigma_3)] = 0.7 \times [50 + 0.5(150 - 50)]\text{kPa} = 70\text{kPa}$$

则此时试样内的总孔压 $u = (70 + 70)\text{kPa} = 140\text{kPa}$

$$\sigma_1 = (100 + 150)\text{kPa} = 250\text{kPa}$$

$$\sigma_3 = (100 + 50)\text{kPa} = 150\text{kPa}$$

$$\sigma_1' = \sigma_1 - u = (250 - 140)\text{kPa} = 110\text{kPa}$$

$$\sigma_3' = \sigma_3 - u = (150 - 140)\text{kPa} = 10\text{kPa}$$

# 习　　题

**3-1**　按图 3-50 给出的资料,计算并绘制地基中的有效自重应力 $\sigma_z'$ 沿深度的分布线。如地下水因某种原因下降至高程▽35m 处,问此地基中的有效自重应力 $\sigma_z'$ 分布有何变化?并用图表示。(提示:地下水下降后,细砂层成为非饱和状态,其密度变为 $\rho = 1.82\text{g/cm}^3$,黏土和粉质黏土因排水量不多,天然重度可近似等于饱和重度,土层中孔压为 0)。

**3-2**　一黏土层厚 4m,位于各厚 4m 的两层砂土之间。地下水位在地面以下 2m,下层砂土含承压水,测压管水面如图 3-51 所示,已知黏土的饱和密度为 $2.04\text{g/cm}^3$,砂土的饱和密度为 $1.94\text{g/cm}^3$,水位以上砂土的密度为 $1.68\text{g/cm}^3$,试求:

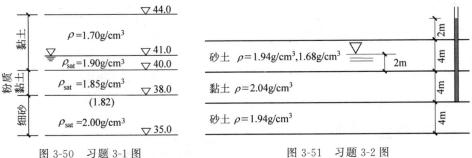

图 3-50　习题 3-1 图　　　　　　　　图 3-51　习题 3-2 图

(1) 若不考虑毛细饱和区,绘出整个土层的有效自重应力 $\sigma'_z$ 分布。

(2) 若毛细饱和区高 1.5m,绘出整个土层的有效自重应力 $\sigma'_z$ 分布。

**3-3**　地面以上有静水的黏土层下为含承压水的砂土层,承压水头如图 3-52 所示,黏土的饱和密度为 $2.0\text{g/cm}^3$,计算黏土层中上、中、下三点的有效自重应力 $\sigma'_z$。

**3-4**　岩土层分布如图 3-53 所示。上层细砂层中地下水位在地面下 2m 处。有一完全不透水页岩层位于细砂和粉质黏土两土层之间,粉质黏土层中的水位在其顶层面处。绘制此岩土层中有效自重应力 $\sigma'_z$ 的分布图。

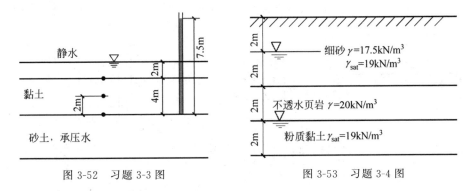

图 3-52　习题 3-3 图　　　　　　　　图 3-53　习题 3-4 图

**3-5**　为了在室内模拟原型土工问题,需要进行小比例尺的模型试验。由于土工问题中的主要荷载及承载力来源于土体的自重,只要在模型试验中土的重度增大到 $n$ 倍,则可用 $1/n$ 尺度的模型模拟原型。其应力应变与原型一致,破坏模式相同。

其中渗水模型试验就是一种小比例尺试验。图 3-54 为这种模型试验的示意图。在一个有机玻璃罐中,有 50cm 厚的细砂土,其饱和重度 $\gamma_{\text{sat}} = 20\text{kN/m}^3$,罐中上部水压力为 200kPa,正方形浅基础模型由具有与地基土同样渗透系数的透水混凝土制成。埋深 10cm,宽度 20cm,问该模型相当于原型浅基础的宽度与埋深为多少?

**3-6**　一条形基础的尺寸及荷载如图 3-55 所示。求条形基础中线下 20m 深度内的竖向附加应力分布,并按一定比例绘出该应力的分布图(水平荷载可假定均匀分布在基础的底面上)。

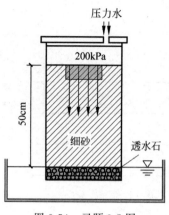

图 3-54　习题 3-5 图

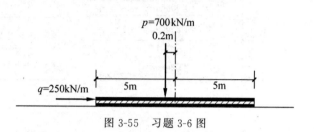

图 3-55　习题 3-6 图

**3-7**　选择一种最简便的方法计算图 3-56 所示的两种情况的荷载作用下，$O$ 点以下附加应力 $\sigma_z$。

**3-8**　有相邻两荷载面积 A 和 B，相对位置及所受荷载如图 3-57 所示。若考虑相邻荷载 B 的影响，求出荷载 A 中心点以下深度 $z=2\mathrm{m}$ 的竖直向附加应力。

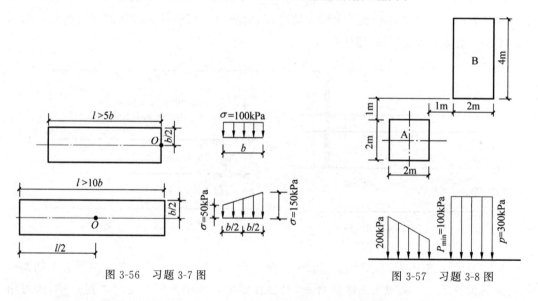

图 3-56　习题 3-7 图

图 3-57　习题 3-8 图

**3-9**　土堤的截面如图 3-58 所示，堤身土料压实重度 $\gamma=18\mathrm{kN/m^3}$，试按三角形荷载叠加应力计算方法和图 3-38 的曲线分别计算土堤轴线上黏土层中 $A$，$B$，$C$ 三点的竖直向附加应力 $\sigma_z$。

**3-10**　在一深厚均匀的砂质地基中，在支挡结构的维护下开挖一个平面尺寸为 10m×10m，深度 $d=5\mathrm{m}$ 的基坑，如图 3-59 所示。地基砂土重度 $\gamma=18\mathrm{kN/m^3}$，计算并绘制坑底中心线以下 20m 范围的附加竖向应力分布图。

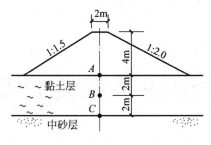

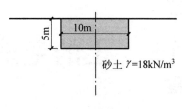

图 3-58 习题 3-9 图  　　　　　图 3-59 习题 3-10 图

**3-11** 从钻孔中获得地层的资料如图 3-60 所示。

（1）当地下水位在地面时，计算并绘制从地面起竖向总自重应力 $\sigma_z$ 和有效自重应力 $\sigma_z'$ 随深度的变化线。

（2）多年后地下水位下降 2m，水面以上细砂土的重度变为 $17\text{kN/m}^3$，计算并绘制从地面起竖向总自重应力 $\sigma_z$ 和有效自重应力 $\sigma_z'$ 随深度的分布。

**3-12** 有一深厚的饱和软黏土地基如图 3-61 所示，天然情况下已经固结完成。地表骤然施加无限大均布荷载 $q=50\text{kPa}$，试求下列各种情况下的附加竖直总应力、超静孔隙水压力和附加竖直有效应力沿深度的分布。

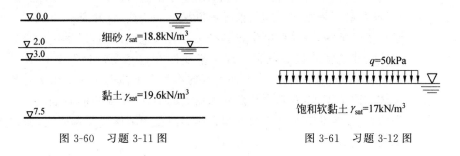

图 3-60 习题 3-11 图  　　　　　图 3-61 习题 3-12 图

（1）加荷前。

（2）加荷后的瞬时。

（3）地基完全固结以后。

**3-13** 对饱和细砂试样进行固结不排水三轴试验，$B=1.0$，试样首先在围压 $\sigma_3=150\text{kPa}$ 下固结，然后在不排水条件下施加轴向偏差应力 $\sigma_1-\sigma_3=100\text{kPa}$，测得孔隙水压力 $u=50\text{kPa}$，如假设孔压系数 $A$ 是一个常数，问偏差应力 $\sigma_1-\sigma_3$ 增加到 $150\text{kPa}$ 时，试样的总应力、孔隙水压力和有效应力各为多少？

# 第4章 土的变形特性和地基沉降计算

土的物理特性,即组成、状态和结构决定了土体受力容易变形,其中最根本的原因在于土是碎散的多孔介质。对于给定的地基,其变形的大小取决于荷载的大小和分布,几何条件以及土层的变形特性。

在上部建筑物重量等永久荷载及可变荷载的作用下,地基所产生的变形包括竖向变形和侧向变形,向下的竖向位移亦称为沉降。本章所谓的地基沉降主要是指基础下地基表面竖直向下的位移,其中由基底以上的荷载引起的压缩变形一般占主要部分;另外,地基土的湿陷、融塌、干缩、振陷以及降低地下水等原因也会引起地基的沉降。荷载分布和土层分布不均匀是引起建筑物差异沉降的主要原因,它会使建筑物的上部结构(尤其是超静定结构)产生附加应力,影响建筑物结构的安全和正常使用。因此,进行地基设计时,必须根据建筑物的情况和勘探试验资料,计算基础可能发生的沉降量和差异沉降,并采取措施将其控制在容许范围以内,以尽量减小地基沉降可能给建筑物造成的危害。近年来我国在地基变形控制方面取得很大进展。此外,土是三相体系,在外荷载的作用下土体所受应力由土骨架和孔隙流体共同承担,随着其中超静孔隙压力的消散,土体中的有效应力和变形逐渐增加,如3.6节所介绍的饱和土体的渗流固结模型所表示的;加之土具有蠕变性,因而地基的沉降具有时间效应。

本章首先介绍揭示土的变形特性常用的试验方法;接着分析土的一维压缩性指标;然后阐述地基最终沉降量的计算方法;最后,讲述土力学中的一个很重要的理论——饱和土体渗流固结理论,并讨论地基沉降速率(沉降与时间的关系)的估算方法。

## 4.1 土的变形特性试验方法

土的变形包括体积变形和剪切变形,测试土的变形特性的方法包括室内试验方法和室外试验方法两大类。本节主要讨论常用的两种室内试验方法,即侧限压缩试验和常规三轴压缩试验;常用的室外测试方法可参见《基础工程》(第3版)(周景星等,清华大学出版社,2015年)。

### 4.1.1 侧限压缩试验

侧限压缩试验,亦称固结试验,是目前最常用的测定土的压缩性参数的室内试验方法,其试样处于第 3 章所述的侧限应力状态。这种试验采用侧限压缩仪(亦称固结仪)进行。一种侧限压缩仪如图 4-1(a)所示,包括支架、杠杆式加压装置、固结容器和位移计;其核心部分是固结容器,如图 4-1(b)所示。进行该试验时,用金属环刀从原状土样切取试样或制作重塑土试样,环刀的尺寸一般为内径 80mm、高 20mm。将试样连同环刀装入固结容器的内环中,见图 4-1(b)。试样上下面各放一片滤纸和一块透水石,当用饱和土样时,应在水槽内充水超过试样顶部。通过传压板施加竖向压力 $p$,当超静孔压完全消散时 $\sigma'_z = p$,由于试样不能侧向膨胀,所以试样侧面同时承受来自环刀的水平向反力 $\sigma'_h$。这里讨论的都是作用于土骨架上的有效应力,所以有 $\sigma'_h = K_0 \sigma'_z$。在下面研究的侧限压缩问题中,将外加于土样上的竖向有效应力 $\sigma'_z$ 表示为 $p$。

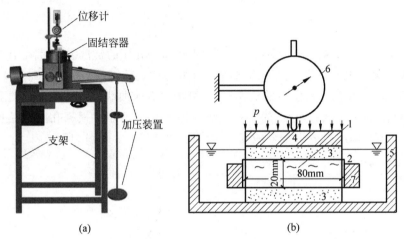

图 4-1　侧限压缩试验装置

(a) 侧限压缩仪(固结仪);(b) 固结容器

1—土试样;2—环刀;3—透水石;4—传压板;5—水槽;6—位移计;7—内环

施加竖向压力后,通过位移计量测试样的竖向变形。一般规定每小时变形量不超过0.005mm 时即认为变形已经稳定。试验时,逐级加大压力 $p$,测得每级压力作用下达到稳定时试样的竖向变形量即压缩量 $s$。

由于土颗粒在通常的压力范围下可以认为是不可压缩的,因而可将土的体积变化看作完全是土的孔隙体积的变化,则侧限条件下压缩量 $s$ 和孔隙比 $e$ 之间具有一一对应的关系,如图 4-2 所示,右侧尺寸标注表示试样厚度和压缩量,左侧尺寸标注表示体积。

图 4-2　试样变化的三相草图

设施加竖向压力 $p$ 前试样的高度为 $H_0$,孔隙比为 $e_0$,施加 $p$ 后试样的压缩变形量为 $s$,相应孔隙比为 $e$;从图 4-2 可知,施加 $p$ 前试样中的固体体积 $V_s$ 和施加 $p$ 后试样中的固体体积相等:

$$V_s = \frac{1}{1+e_0} H_0 A \qquad\qquad\qquad (\text{a})$$

$$= \frac{1}{1+e}(H_0 - s)A \qquad\qquad (\text{b})$$

因此

$$\frac{H_0}{1+e_0} = \frac{H_0 - s}{1+e}$$

或

$$\frac{1+e}{1+e_0} = 1 - \frac{s}{H_0}$$

所以

$$e = e_0 - (1+e_0)\frac{s}{H_0} \qquad\qquad\qquad (4\text{-}1)$$

由此可求出与压缩量 $s$ 相应的孔隙比 $e$。由于超静孔压的消散需要时间,压缩难以瞬间完成。各级荷载作用下荷载 $p$、竖向变形量 $s$ 和孔隙比 $e$ 随时间 $t$ 的变化如图 4-3(a)所示,根据各级荷载及其作用下稳定后的孔隙比,还可画出 $e\text{-}p$ 曲线,如图 4-3(b)所示。必要时,可做加载-卸载-再加载试验,相应的 $e\text{-}p$ 曲线如图 4-4(a)所示。根据孔隙比还可求出竖向应变 $\varepsilon_z$,并得出竖向压力 $p$ 和竖向应变 $\varepsilon_z$ 的关系曲线,如图 4-4(b)所示。

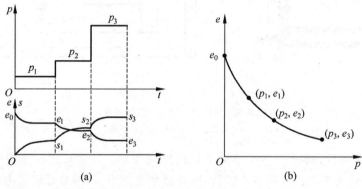

图 4-3　各级荷载作用下竖向变形量和孔隙比随时间变化及 $e\text{-}p$ 曲线

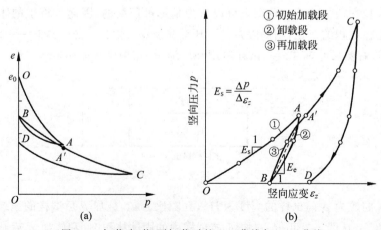

图 4-4　加载-卸载-再卸载时的 $e\text{-}p$ 曲线与 $p\text{-}\varepsilon_z$ 曲线

(a) $e\text{-}p$ 曲线;(b) $p\text{-}\varepsilon_z$ 曲线

在图 4-4(b)所示的竖向压力 $p$ 和竖向应变 $\varepsilon_z$ 的关系曲线中,$OA$ 为初次加载段,$AB$、$CD$ 为卸载段,$BA'$ 为再加载段。$A'C$ 基本上又回到初始加载曲线上。通常取初始加载曲线上任意一小段的割线斜率作为相应于该段应力范围内土的侧限压缩模量 $E_s$(常用单位: kPa 或 MPa),近似等于该点的切线模量,亦简称压缩模量:

$$E_s = \frac{\Delta p}{\Delta \varepsilon_z} \tag{4-2}$$

由图 4-4(b)可见,土的侧限压缩模量 $E_s$ 不是常数,它随压力 $p$ 的增大而增大。这是因为在侧限条件下,随着竖向压力的增加,土粒的排列越来越紧密,试样越来越难以产生新的压缩;到土粒的排列非常紧密之后,土样已几乎没有压缩的余地,模量最终将趋于固体矿物的模量。卸载段的割线斜率代表土在侧限条件下的回弹模量 $E_e$,由图 4-4(b)可见 $E_e \gg E_s$;还可以看到,即使完全卸载,曲线也回不到原点,这是因为土的压缩变形中只有一部分是可恢复的变形,如粒间应力作用下土粒接触点的弹性变形、片状颗粒的挠曲变形、粒间结合水膜的变形等;大部分是不可恢复的塑性变形,如土粒之间的相对位移到更稳定的状态、土颗粒破碎、土结构的变化等。这也是回弹量远小于初始压缩量的原因。再加载时在压力小于曾经达到过的最大压应力之前模量大;一旦超过曾经达到过的最大压应力后,逐渐与初次加载段的延线基本重合,表明土在侧限条件下经过一次加载、卸载后,在该应力范围内再压缩的压缩性要比初次加载时的压缩性小许多。在工程计算中,一般认为再加载与卸载的模量相等,这是因为大部分可能发生的土粒位移(孔隙减小)都已在初次加载时发生过了。由此可见,应力历史对土的压缩性有显著的影响。

## 4.1.2　常规三轴压缩试验

三轴试验是测定土的应力-应变关系和强度的一种常用的室内试验方法。与上述侧限压缩试验不同的是,在三轴试验时土样侧向可以变形(侧向应变 $\varepsilon_3 \neq 0$)。三轴试验装置简称三轴仪,是土力学中一种常见的、很有用的试验仪器,如图 4-5(a)所示。三轴仪由轴向加载系统、压力室、围压或反压加荷系统、量测系统和控制系统组成。轴向加载系统由底部的动力装置和加载框架组成,前者提供轴向荷载,后者提供反力施加于试样上。左右两侧是围压和反压系统。量测系统包括力传感器、位移计、孔压计、水压力传感器和水的体积量测装置等。控制系统包括信号解调器、电脑和相关软件等。压力室是三轴仪的核心部分,如图 4-5(b)所示,包括底座、有机玻璃筒和上盖构成的外罩以及控制阀门等,压力室内放试样。

常用的试样一般是圆柱形,其尺寸为直径 38～100mm,高 75～200mm,对于碎石料,试样可达直径 150～300mm,高 300～700mm,甚至更大。近年来,我国针对堆石料研制了试样直径达 50cm 乃至 100cm 的三轴仪。试样放在底座上,上面加顶帽,上下端面有滤纸,滤纸与底座以及滤纸与顶帽之间有透水盘。

把试样连同底座和上帽用薄乳胶膜套起来,并用乳胶条扎紧,然后装上压力室外罩和活塞杆。这样,试样和压力室之间形成两个没有水量交换、相对封闭的系统。试样通过顶帽或底座上管孔与外界连通。

在密闭压力室里,通过由阀门 $V_1$ 进入压力室的压力液体(水或油)使包着乳胶膜的试样承受周围压力 $\sigma_3$,简称围压,也可表示为 $\sigma_c$。然后通过活塞杆对试样顶面逐渐施加竖向

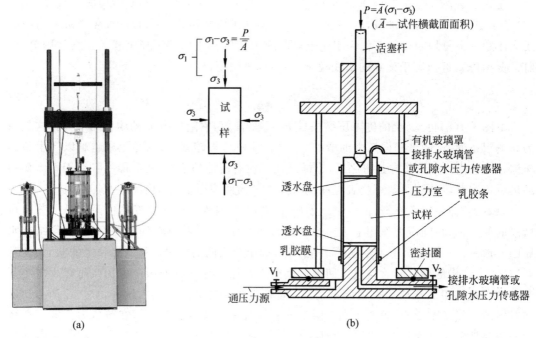

图 4-5　三轴压缩试验装置

(a) 三轴仪的构成；(b) 压力室和试样

偏差应力 $\sigma_1 - \sigma_3 = P/\bar{A}$，$P$ 为作用于活塞杆上的竖向力，$\bar{A}$ 为试样的平均横截面面积。所以三轴试样的应力状态是第 3 章所介绍的轴对称应力状态的一种。与此同时，测读压力 $P$ 作用下的竖向变形，并计算出竖向应变 $\varepsilon_1$。试验中可以变化周围压力 $\sigma_3$ 和偏差应力 $\sigma_1 - \sigma_3$ 进行不同应力路径的试验。试验过程中，侧向两个主应力总是相同，等于周围压力；相对于三个主应力不同的真三轴试验，这种试验称为常规三轴试验。有时常规三轴压缩试验也特指围压 $\sigma_3$ 不变，一直增加竖向应力 $\sigma_z = \sigma_1$ 及偏差应力 $\sigma_1 - \sigma_3$，直至试样破坏的三轴试验，简称常规三轴试验或三轴试验。这种三轴压缩试验也称三轴剪切试验。

根据 $\sigma_3$ 作用下和 $\sigma_1 - \sigma_3$ 作用下阀门 $V_2$ 是否打开，可将三轴试验按固结和排水条件分为三种类型。如果在 $\sigma_3$ 作用下，打开阀门 $V_2$，允许试样内孔隙水充分排出，超静孔隙水压力充分消散，这一过程称为固结。如果在施加 $\sigma_1 - \sigma_3$ 的过程中也始终打开阀门 $V_2$，使试样中的孔隙水能自由进出，且加载速率足够慢，试样充分排水、使超静孔隙水压力充分消散，这一过程称为排水。如果在 $\sigma_3$ 作用下和施加 $\sigma_1 - \sigma_3$ 的过程中，均打开阀门 $V_2$，则称这种试验为固结排水（CD：consolidated drained）试验，简称排水试验。如果在 $\sigma_3$ 作用下，打开阀门 $V_2$，使试样充分固结，但在施加 $\sigma_1 - \sigma_3$ 的过程中始终关闭阀门 $V_2$，使试样中的孔隙水不能自由进出，则称这种试验为固结不排水（CU：consolidated undrained）试验。对一具有初始有效应力状态或应力历史的试样，如果在施加的 $\sigma_3$ 作用下，关闭阀门 $V_2$，并且在施加 $\sigma_1 - \sigma_3$ 的过程中也始终关闭阀门 $V_2$，使试样中的孔隙水不能自由进出，则称这种试验为不固结不排水（UU：unconsolidated undrained）试验，简称不排水试验。

对饱和试样，当阀门 $V_2$ 打开时，可测读通过阀门 $V_2$ 流出或进入试样的水量，计算得出试样在试验过程中的体积应变 $\varepsilon_v$；当阀门 $V_2$ 关闭时，由于认为土颗粒和孔隙水均是不可压缩的,试样的体积应变 $\varepsilon_v = 0$,试样内将产生超静孔隙水压力,其大小用与试样底座的孔道相连的孔压传感器测读出来。当关闭阀门 $V_2$ 且在试样上只施加周围压力 $\sigma_3$ 时,测定相应的孔隙水压力 $\Delta u_1$,就可算出孔压系数 $B$ 值。而当试样上 $\sigma_3$ 不变,只施加偏差应力 $\sigma_1 - \sigma_3$ 时,测定相应的孔隙水压力增量 $\Delta u_2$,当孔压系数 $B$ 已经测得时,就可算出孔压系数 $A$ 值。

由常规三轴排水试验得出的密砂和松砂典型的应力-应变关系和体积应变 $\varepsilon_v$ 与轴向应变 $\varepsilon_1$ 的关系曲线,如图 4-6(a)所示,图 4-6(b)表示应力施加过程。①是密砂的典型曲线。当 $\sigma_1 - \sigma_3$ 较小时,应变不大,整个试样的体积略微缩小。这表明在该阶段,土粒间主要是被挤得更为紧密,没有太大侧向变形。$\sigma_1 - \sigma_3$ 再大之后,随竖向应变逐渐增加,试样体积开始膨胀;$\sigma_1 - \sigma_3$ 到达某一峰值后,由于负的体积应变已经足够大,土的结构变得松弛,偏差应力无法继续上升,反而开始下降,并逐渐趋于某一稳定值。这时,竖向应变 $\varepsilon_1$ 已很大,试样进入残余破坏阶段。②是松砂的典型曲线,其应力-应变关系曲线不像密砂那样有一个峰值,偏差应力基本上随应变的增加而渐趋稳定。受力后主要是体积压缩,密度增加。有时随着应变增大,松砂也会出现少许体积膨胀。试验研究表明,超固结黏性土在三轴试验中的变形特性与密砂相似,而正常固结黏性土则与松砂相似。对三轴试验,在围压 $\sigma_3$ 保持不变的条件下,随着偏差应力的增大,土的模量减小,当竖向应变大到一定程度时,土样将发生破坏,这与具有相同初始状态的侧限压缩条件下土的力学特性有很大差别。

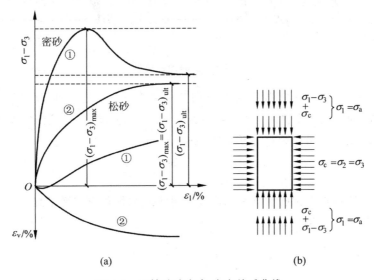

(a)                    (b)

图 4-6  三轴试验应力-应变关系曲线

下面以正常固结黏性土为例,介绍三轴应力条件下的变形模量和泊松比以及其应力-应变关系与侧限压缩试验的区别。关于正常固结的概念将在 4.2 节中介绍。

根据三轴压缩试验得出的应力-应变关系曲线可以求得土的变形模量 $E$ 和泊松比 $\nu$,它们不是常量,而是随应力水平变化的参数。

土的变形模量 $E$ 与一般弹性理论中的弹性模量(亦称杨氏模量)$E$ 在定义上相同。根据增量广义胡克定律,当 $\sigma_3$ 不变,在试样的竖直方向(图 4-7(a))施加 $\Delta\sigma_z$,试样将在竖直方向产生应变 $\Delta\varepsilon_z$;在侧向应力不变的条件下,割线变形模量 $E_{sec}$ 可表示为应力增量 $\Delta\sigma_z$ 与应变增量 $\Delta\varepsilon_z$ 的比值。

$$E_{sec} = \frac{\Delta\sigma_z}{\Delta\varepsilon_z}$$

当应力增量趋于无限小时,它就代表了该点的切线模量(图 4-7(b)):

$$E_t = \frac{d\sigma_z}{d\varepsilon_z} \tag{4-3}$$

土的变形中含有不可恢复的非弹性变形,而且 $E$ 值随应力水平而异,加载模量不等于卸载模量,所以土的模量 $E$ 不叫弹性模量或杨氏模量而称为变形模量。

从图 4-7(b)可以看出,$E_t$ 随应力增大而减小。应力-应变关系曲线初始段的切线斜率最大,称为土的初始变形模量 $E_i$。它的大小不仅与土的种类、物理状态有关,而且随围压 $\sigma_3$ 的增加而增大(图 4-7(c))。

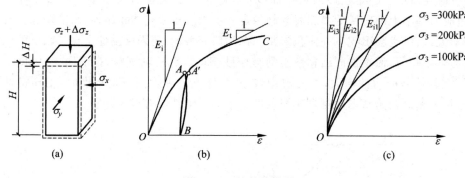

图 4-7　土的各种模量

在常规三轴试验中,当试样只承受竖向应力增量 $\Delta\sigma_1 = \Delta\sigma_z$ 时,除了产生竖向应变 $\Delta\varepsilon_1 = \Delta\varepsilon_z$ 之外,同时还产生侧向应变 $\Delta\varepsilon_3 = \Delta\varepsilon_x = \Delta\varepsilon_y$(侧向膨胀)。侧向应变增量 $\Delta\varepsilon_3$ 与竖向应变增量 $\Delta\varepsilon_1$ 的比值可用弹性力学中的泊松比 $\nu$ 表示:

$$\nu = -\frac{\Delta\varepsilon_x}{\Delta\varepsilon_z} = -\frac{\Delta\varepsilon_y}{\Delta\varepsilon_z} = -\frac{\Delta\varepsilon_3}{\Delta\varepsilon_1} \tag{4-4}$$

从常规三轴固结排水试验实测竖向应变增量 $\Delta\varepsilon_1$ 和体积应变增量 $\Delta\varepsilon_v$,可求得土的割线变形模量 $E_{sec}$ 和相应的泊松比 $\nu$:

$$E_{sec} = \frac{\Delta\sigma_1}{\Delta\varepsilon_1} \tag{4-5}$$

$$\Delta\varepsilon_v = \Delta\varepsilon_1 + 2\Delta\varepsilon_3 \tag{4-6}$$

$$\nu = -\frac{\Delta\varepsilon_3}{\Delta\varepsilon_1} = \frac{1}{2}\left(1 - \frac{\Delta\varepsilon_v}{\Delta\varepsilon_1}\right) \tag{4-7}$$

图 4-8 为侧限和三轴压缩情况下的应力-应变关系曲线的比较。可见,土的模量(反映压缩性)和受力条件有密切关系。

假定相同的起始物理状态和应力状态,三轴条件下的变形模量 $E$ 和侧限压缩试验中侧限压缩模量 $E_s$ 之间的关系可推导如下:

$$E_s = \frac{\Delta\sigma_z}{\Delta\varepsilon_z} \quad 或 \quad \Delta\varepsilon_z = \frac{\Delta\sigma_z}{E_s} \tag{a}$$

按增量广义胡克定律:

$$\Delta \varepsilon_z = \frac{\Delta \sigma_z}{E} - \nu \frac{\Delta \sigma_x}{E} - \nu \frac{\Delta \sigma_y}{E} \qquad (b)$$

在侧限条件下,根据式(3-5)和式(3-6):

$$\Delta \sigma_x = \Delta \sigma_y = K_0 \Delta \sigma_z \qquad (c)$$

$$K_0 = \frac{\nu}{1-\nu} \quad \text{或} \quad \nu = \frac{K_0}{1+K_0} \qquad (d)$$

将式(a)(c)(d)代入式(b)就可得到侧限压缩模量 $E_s$ 与变形模量 $E$ 的关系:

$$E_s = \frac{1}{\beta} E \qquad (4\text{-}8)$$

或

$$E = \beta E_s \qquad (4\text{-}9)$$

其中

$$\beta = 1 - \frac{2\nu^2}{1-\nu} \qquad (4\text{-}10)$$

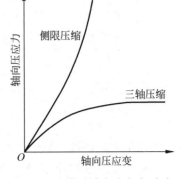

图 4-8　两类试验方法应力-应变关系曲线的对比

由式(4-8)~式(4-10)可知,在起始状态相同时,压缩模量 $E_s$ 应不小于变形模量 $E$。

### 4.1.3　土的变形特点和本构模型

由以上内容可知,土的变形特性较为复杂。土的变形特性不但与土的组成、状态、结构等基本物理性质有关,也与土的受力条件有关,如应力水平、变形条件等。其中土的压缩性是土的重要变形特性之一,是指土在各向相等压力或者侧限时竖向压力作用下体积缩小的特性,按有效应力原理就是在一定条件下有效应力增加所引起的孔隙比 $e$ 减少的特性。概括起来,土的变形有以下几个主要特征。

(1)非线性。由图 4-4、图 4-6(a)、图 4-7(b)和图 4-8 可知,土的应力-应变关系曲线随变形的发展呈明显的非线性关系。在侧限压缩条件下,压缩模量随竖向应力的增加而增加;在常规三轴压缩条件下,变形模量随偏差应力的增加而减小。

(2)弹塑性。由图 4-4 和图 4-7(b)可知,土样在荷载的作用下产生变形,在外荷载卸除后,土的应力-应变关系并没有回到原点,变形中有一部分是可恢复的、另一部分是不可恢复的,即土的变形表现出明显的弹塑性。

(3)剪胀性。与弹性材料相比,土的变形还有一个重要特性,就是受剪切时不仅会产生形状的变化,还会产生体积的变化,称为剪胀性。这里剪胀性的含义是广义的,实际上包括剪应力引起的体积膨胀和体积收缩两方面,后者也称为剪缩性。土颗粒本身是不可压缩的,因此土体积的变化完全是其中孔隙体积的变化。较密的土易产生剪胀,即在剪应力的作用下土体积增大,孔隙体积增加,土体变松;较松的土易产生剪缩,即在剪应力的作用下土体积缩小,孔隙体积减小,土体变密。土的剪胀性机理可用图 4-9 解释。图 4-9 中(a)、(b)分别表示密砂的剪胀,图 4-9(c)表示松砂的剪缩;实线表示颗粒在剪切前的位置,虚线表示剪切后的位置。

(4)压硬性。无论何种土体,在三轴应力状态下,变形模量和强度随围压 $\sigma_3$ 的增大而增大;在侧限应力状态下,随着竖向压力 $p$ 增大,土体的压缩模量会有明显提高,如图 4-4(b)与图 4-7(c)所示。土的变形模量随围压增加而提高的现象,称为土的压硬性。由于土是由碎

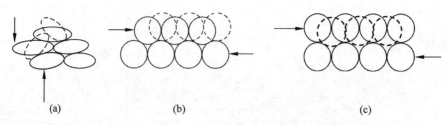

图 4-9    土的剪胀机理示意图

散的颗粒组成的,所以,围压及侧限状态下的压力可使土体变密且所提供的约束可增加颗粒之间相对移动的难度,因而提高了土的强度和模量。

(5) 时间效应。如 3.6 节所述,由于渗流固结作用,在外荷载的作用下土体变形的发展有一个时间过程。渗流固结结束后,在有效应力不变的情况下,土骨架仍随时间继续发生变形,即蠕变特性。因而地基的沉降具有时间效应,尤其是黏性土地基。

此外,土的变形特性还受土的物理状态、应力路径和应力历史的影响。因此,土工设计中必须针对所研究的问题,采用有代表性的土样、在符合或接近实际应力状况的条件下进行试验,才能获得较为适用的应力变形计算指标。

对于细粒土,塑性指数越大,通常其压缩性也越大。同一种土,超固结比 OCR(将在 4.2 节介绍)越大,一般其变形模量亦越大。扰动对土的变形特性指标有重要影响。尽管组成和密度相同,原状结构性黏土和重塑黏土的变形模量相差很大,扰动往往大大增加土的压缩性。所以,研究天然地基问题时,应从天然土层中取出结构、密度与含水量保持不变的原状土样做室内试验或进行现场原位试验;如果研究的是人工填方问题(如土坝、路堤、填筑地基等),可采取扰动土样,按照实际工程中准备采用的压实标准制备试样,做室内试验。

对于粗粒土,在其他条件相同时,相对密度越大,其压缩性越小;初始孔隙比越大,其压缩性越大;所受围压越大,其压缩性越小。

在实际工程问题中,土层中各点的受力条件既不完全符合侧限压缩试验中的情况($\sigma_x = \sigma_y = K_0 \sigma_z$),也不同于常规三轴压缩试验中的轴对称情况($\sigma_x = \sigma_y < \sigma_z$)。对于更为普遍的三维应力状态($\sigma_x \neq \sigma_y \neq \sigma_z$),应当用能够模拟实际受力条件的试验来测试土的应力-应变关系。建立能够比较全面反映土在普遍应力状态下的应力-应变关系数学模型(又称土的本构关系),再按实际工程中的初始条件和边界条件,应用解析法或数值解法求取土体中各点的应力及变形。有关土的本构关系的研究工作多年来一直是现代土力学的热门研究领域,并取得了重要进展。

迄今工程中采用的变形计算方法通常都是简化方法。在地基变形计算中,附加应力分布采用第 3 章所述的半无限空间的弹性理论计算方法,土层的压缩和地基的沉降大多采用 4.2 节将要讲述的由侧限压缩试验提供参数的一些地基沉降计算方法。对于土工建筑物,例如土坝的应力计算,土体中的应力状态不是侧限状态,这时常根据三轴压缩试验测定的应力-应变关系,建立非线性弹性模型或弹塑性模型,用数值解法(如有限元法)求解。对于重要工程,可用较能反映实际情况的本构关系,并采用精细的计算网格,结合有限元法进行求解。

## 4.2　土的一维压缩性指标

### 4.2.1　压缩曲线及压缩性指标

如前所述,根据侧限压缩试验的结果,可绘出土的孔隙比 $e$ 和竖向压力 $p$ 的关系曲线,即 $e$-$p$ 曲线,由此曲线可定义反映土的压缩性的指标。

在图 4-10 中,取 $e$-$p$ 曲线的割线斜率作为土在侧限条件下的压缩系数 $a$(单位:$kPa^{-1}$ 或 $MPa^{-1}$),亦即

$$a = -\frac{\Delta e}{\Delta p} \tag{4-11}$$

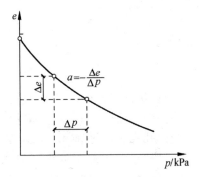

图 4-10　$e$-$p$ 坐标系中土的压缩曲线

式中:负号表示孔隙比 $e$ 随压力的增加而减小,$\Delta e$ 为相应于 $\Delta p$ 的孔隙比变化。

试样的压缩变形还可用竖向应变来表示,如以试样的初始厚度 $H_0$ 为基准,则

$$\Delta \varepsilon_z = \frac{\Delta s}{H_0} \tag{a}$$

结合式(4-1)可得

$$\frac{\Delta s}{H_0} = -\frac{\Delta e}{1+e_0} \tag{b}$$

结合式(a)和式(b)可得

$$\Delta \varepsilon_z = -\frac{\Delta e}{1+e_0} \tag{c}$$

再根据式(4-2)和式(4-11),可得

$$E_s = \frac{1+e_0}{a} \tag{4-12}$$

值得注意的是,在上述推导过程中初始孔隙比 $e_0$ 对应于试样加载前 $p=0$ 时的初始厚度 $H_0$。

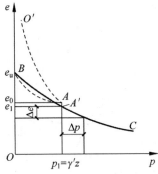

图 4-11　从地基内取土样进行
室内压缩试验的曲线

对于实际地基,考虑某深度 $z$ 处厚度为 $H_0$ 的土层或土体单元,其原位自重应力为 $\sigma_z = \gamma'z$,孔隙比为 $e_0$。用式(c)计算受竖向荷载增量 $\Delta p$ 作用产生的应变增量 $\Delta \varepsilon_z$ 时,计算的基准应采用压力 $p_1 = \gamma'z$ 作用下的原位厚度 $H_0$ 对应的孔隙比 $e_0$,而不能采用压力为 0 对应的厚度和孔隙比。如对该土层进行测试,现场沉积、取样及室内侧限压缩试验的全过程如图 4-11 所示。$O'A$ 为地基在自重应力作用下沉积过程的压缩曲线,$A$ 点对应于自重应力 $\sigma_z = \gamma'z$,相应的孔隙比为 $e_0$。$AB$ 是现场取样的回弹曲线,到达 $B$ 点时有效应力为

0,相应的孔隙比为 $e_u$。$BA'$ 是室内侧限压缩试验中竖向压力从 0 增加到 $p_1=\sigma_z=\gamma'z$ 相应的曲线,在 $A'$ 点,相应的孔隙比为 $e_1$,由图 4-11 可知,$e_1\approx e_0$。$A'C$ 为继续增加竖向压力时的压缩曲线。

简言之,式(4-12)中的 $e_0$ 要取计算土体单元初始状态的压力和试样厚度对应的孔隙比。但由于地基土在原位的初始孔隙比 $e_0$ 无法直接测定,室内能测到的曲线为图 4-11 中的 $BA'C$,所以计算中令孔隙比 $e_0\approx e_1$ 成为工程界的共识。

另外,通过侧限压缩试验还可得到一个常用指标,即体积压缩系数 $m_v$,其定义为

$$m_v=\frac{\Delta\varepsilon_v}{\Delta p} \tag{4-13}$$

在侧限应力状态,$\varepsilon_v=\varepsilon_z$ 则:

$$m_v=\frac{1}{E_s}=\frac{a}{1+e_0} \tag{4-14}$$

可见,侧限压缩模量 $E_s$(单位:kPa 或 MPa)就是体积压缩系数 $m_v$ 的倒数。

在侧限压缩试验中,体积压缩系数 $m_v$ 的单位与压缩系数 $a$ 相同。$a$ 表示单位压力变化引起的孔隙比变化,而 $m_v$ 表示单位压力变化引起的体应变的变化。

如试样单调加载至某级荷载,如图 4-12 中的 $AB$ 段,然后进行卸载,则相应的曲线为 $BC$ 段。再进行重加载,则相应的曲线在 $B$ 点附近与卸载曲线相交于 $D$ 点,重加载曲线与卸载曲线形成一个滞回圈;然后继续加载曲线按 $AB$ 段的延长趋势可至 $E$ 点。由图 4-12 可以看出,尽管重加载后的曲线位于初次加载曲线的下方,但曲线 $CDE$ 并无明显的拐点,与曲线 $ABE$ 在形状和趋势上并无显著的区别。因而,对于地基中取出的土样进行侧限压缩试验时仅凭 $e$-$p$ 曲线很难判断重加载和初次加载的界限,亦即很难根据 $e$-$p$ 曲线判断土的应力历史。如前所述,应力历史对土的压缩性有显著的影响,因此在 $e$-$p$ 坐标系中描述土的压缩曲线具有明显的不足。另外,试样可能在很大范围加载,则横坐标的尺度往往难以图示。

侧限压缩试验的结果还可用 $e$-$\lg p$ 曲线表示,如图 4-13 所示。用这种形式表示的特点之一是,在压力较大部分,$e$-$\lg p$ 关系接近直线,其直线段的斜率称为土的压缩指数 $C_c$,接近于一个常量,不随 $p$ 而变,亦即

$$C_c=-\frac{\Delta e}{\Delta(\lg p)} \tag{4-15}$$

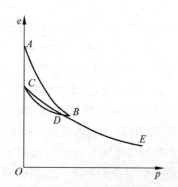

图 4-12　$e$-$p$ 坐标系中的卸载-重加载曲线

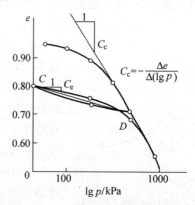

图 4-13　$e$-$\lg p$ 坐标系中土的压缩曲线

$C_c$(无量纲)表示压力 $p$ 每变化一个对数周(10 倍)所引起的孔隙比的变化量$-\Delta e$。卸载段和再加载段的平均斜率($C$ 和 $D$ 两点连线的斜率)称为土的回弹与再压缩指数 $C_e$,也简称回弹指数,$C_e$ 也基本不随压力 $p$ 的变化而变化,且 $C_e \ll C_c$,一般黏性土 $C_e \approx (1/10 \sim 1/5)C_c$。

$E_s$、$a$、$m_v$ 和 $C_c$ 都是常用的土的变形参数,用以描述侧限条件下土的压缩特性,它们之间可以相互换算。$E_s$ 值越大,土的压缩性越小;而 $a$、$m_v$ 和 $C_c$ 越大,土的压缩性越大。通常可根据表 4-1 所列数值大致判别土的压缩性大小。值得注意的是,$C_c$ 一般为常数,而其他参数均不是常数,为了相互比较方便,一般取 $p = 100 \sim 200 \text{kPa}$ 的参数值。

表 4-1　土的压缩性判别参考值

| 土的类别 | 参　数　值 | |
|---|---|---|
| | $a/\text{MPa}^{-1}$ | $C_c$ |
| 高压缩性 | $a \geqslant 0.5$ | $C_c \geqslant 0.167$ |
| 中等压缩性 | $0.1 \leqslant a < 0.5$ | $0.033 \leqslant C_c < 0.167$ |
| 低压缩性 | $a < 0.1$ | $C_c < 0.033$ |

## 4.2.2　先期固结应(压)力与地基土的应力历史

在讨论地基土的应力历史之前,先引入地基土的三个应力的概念。就是先期固结应力 $p_c$,自重固结应力 $p_s$ 和目前的有效固结应力 $p'$。

地基土某点在其地质历史上曾经承受过的最大竖向有效应力称为先期固结应力,或先期固结压力,表示为 $p_c$;地基土某点目前承受的、可转化为有效应力的上部自重应力称为自重固结应力,地下水位以上取天然重度,水下用浮重度计算,表示为 $p_s$。对于地下水位与地面齐平的均匀饱和土层,$p_s = \gamma' z$,$z$ 是所讨论的地基土层中一点的深度,自重固结应力 $p_s$ 可能含有超静孔隙水压力 $u$,只是充分固结以后才可转化为有效应力;地基土某点目前承受的有效固结应力为 $p'$,显然 $p_s = p' + u$。因而 $p'$ 不一定总是等于 $p_s$,只有当超静孔隙水压力完全消散后才有 $p' \approx p_s$。可结合图 4-14 来理解这三个应力。图 4-14(a)、(b)、(c)分别表示三种不同的地基土情况,图 4-14(d)为相应的压缩曲线。

对于三种情况,都在现地面下 $z$ 处取一土体单元进行分析,分别记为单元①②③,同时假定地层的浮重度均为 $\gamma'$。根据前述定义,它们具有相同的自重固结应力。

图 4-14(a)表示地基已经沉积了相当长的时间,并且没有过卸载,土单元①当前的有效固结应力 $p'$ 与自重固结应力 $p_s = \gamma' z$ 相同,也等于先期固结应力 $p_c$,这种地基土就是正常固结土,在图 4-14(d)中,表示为初始加载曲线上的①点。

图 4-14(b)表示地基在其地质历史上曾经有过卸载,并且经历了相当长的时间,土单元②目前的有效固结应力 $p'$ 与其自重固结应力 $p_s$ 相同,但在漫长的地质历史过程中,由于冰川融化、气候影响、覆盖土层剥蚀、地下水位上升和人类大面积开挖上部土层等,致使 $p' = p_s$ 小于先期固结应力 $p_c$,这种土为超固结土,表示为图 4-14(d)中的回弹曲线上的②点。

在自然界还有一种情况,比如泥沙含量极高的黄河,其泥沙到达河口时细粒含量增加并大量淤积,这种新近沉积的稀泥,一部分颗粒尚处于半悬浮状态,土层自重固结应力 $p_s = \gamma' z$ 尚未能充分转化为有效应力,即所谓的"稀泥嫩滩,人马不能驻足",如图 4-14(c)、(d)中

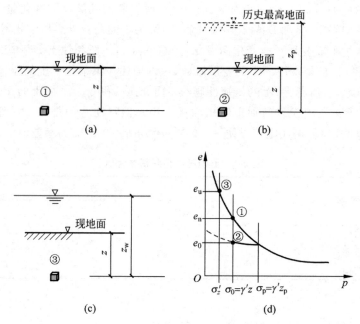

图 4-14　应力历史中的三种应力

的土单元③。新近的水力冲填土和在水中的抛填土在一定期间也是如此。其当前的有效固结应力 $p'=U\gamma'z$，它也就是其先期固结应力 $p_c$，其中 $U$ 为其当前的固结度（亦即其目前有效固结应力 $p'$ 与自重固结应力力 $p_s$ 之比，$U\leqslant1.0$）。$p'$ 小于自重固结应力 $p_s=\gamma'z$，这种土称为欠固结土。用"嫩滩"来表述这种未成年的土层就十分形象。

定义土的先期固结应力 $p_c$ 与其自重固结应力 $p_s$ 之比为超固结比 OCR，即

$$OCR = \frac{p_c}{p_s} \tag{4-16}$$

OCR 越大表示土的超固结性越强。显而易见，超固结土的 OCR>1.0，正常固结土的 OCR=1.0，欠固结土的 OCR<1.0。表 4-2 表示了这三种土的三个应力间的关系。

表 4-2　不同应力土的状态（假设土在地下水位以下）

| 应　　力 | 正常固结土① | 超固结土② | 欠固结土③ |
|---|---|---|---|
| 自重固结应力 $p_s$ | $\gamma'z$ | $\gamma'z$ | $\gamma'z$ |
| 先期固结应力 $p_c(\sigma_p)$ | $\gamma'z$ | $\gamma'z_p>\gamma'z$ | $U\gamma'z$ |
| 当前的有效固结应力 $p'$ | $\gamma'z$ | $\gamma'z$ | $U\gamma'z$ |
| 孔隙比 $e$ | $e_n$ | $e_0$ | $e_u$ |
| OCR | 1.0 | >1.0 | <1.0 |

如果正常固结饱和软黏土地基中地下水位在地表面，当水位快速降低且地表有雨水等补充使地基保持饱和状态时，地下水位降到原地面下 $H$ 处，则深度 $H$ 处的土的先期固结压力为 $p_c=\gamma'H$。而由于降水后短期内土层来不及排水固结，其天然重度 $\gamma_m\approx\gamma_{sat}$，目前的自重固结应力近似等于 $p_s=\gamma_{sat}H$，则 $p_c<p_s$，这种土也是欠固结土。因假定地表有水补充，土层始终保持饱和状态，二者之差 $\gamma_wH$ 以超静孔隙水压力的形式存在，随着土层固结，

它将逐渐转化为有效应力。

先期固结应力 $p_c$ 取决于土层的受力历史(长期自然地质作用),一般很难查明,只能根据原状土样的 $e\text{-lg}p$ 曲线推求。该曲线前面一段通常为平缓曲线,后面一段才是比较陡的直线,如图 4-15 中的 $CmD$。这是因为土样从土层中取出之前经历了从 $A$ 到 $B$ 的压缩过程,取出时经历了从 $B$ 到 $C$ 的卸载过程,然后放在固结容器内受压,先是再压缩,当压力超过原来曾经受过的压力之后,才逐渐进入初始压缩直线段。

卡萨格兰德(Casagrande A)建议采用如下经验作图法确定 $B$ 点,相应于 $B$ 点的压力就是先期固结应力 $p_c$:

(1) 在 $e\text{-lg}p$ 曲线上寻找曲率半径最小的点 $m$。

(2) 过 $m$ 作水平线 $m1$ 和曲线的切线 $m2$。

(3) 作 $\angle 1m2$ 的平分线 $m3$。

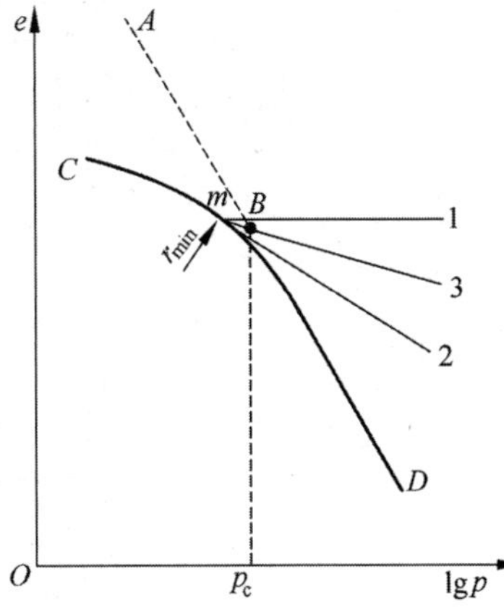

图 4-15　确定 $p_c$ 的作图法

(4) 向上延长 $e\text{-lg}p$ 曲线的直线段,与 $m3$ 相交,交点即为所求的 $B$ 点,相应的横坐标值即为 $p_c$。

按这种经验方法或其他类似的经验方法确定的先期固结应力只能是一种大致估计,因为原状土样往往并不是"原状",取样过程中的扰动会歪曲 $e\text{-lg}p$ 曲线的形状和位置。土样扰动的程度对试验成果的可靠性和准确度影响很大。

某些结构性强的土的 $e\text{-lg}p$ 曲线也会有曲率突变的 $B$ 点,但它不是由于先期固结应力所致,而是结构强度的一种反映。

在超固结土层上修建建筑物时,如果使土中应力不超过先期固结应力,沉降就比较小。

**【例题 4-1】**　对一饱和黏土样做侧限压缩试验,得表 4-3 所示数据。

表 4-3　例题 4-1 数据表

| 压力 $p$/kPa | 0 | 50 | 100 | 200 | 400 | 800 | 1600 | 3200 | 0 |
|---|---|---|---|---|---|---|---|---|---|
| 千分表稳定读数 $d$/mm | 5.000 | 4.749 | 4.501 | 4.119 | 3.460 | 2.633 | 1.696 | 0.762 | 1.494 |

土样初始厚度 $H_0=19.8\text{mm}$,土颗粒比重 $G_s=2.75$,试验终了时含水量 $w=20.3\%$。要求:

(1) 绘制 $e\text{-lg}p$ 曲线。

(2) 确定先期固结应力 $p_c$。

(3) 确定土的压缩指数 $C_c$。

**【解】**

(1) 对此饱和黏土样,压缩试验终了时,孔隙比 $e=wG_s=0.203\times 2.75\approx 0.558$

试验终了时,土样厚度变化 $s=(5.000-1.494)\text{mm}=3.506\text{mm}$

由式(4-1)可得:

$$e_0=\frac{e+s/H_0}{1-s/H_0}=\frac{0.7351}{0.8230}\approx 0.893$$

$$\Delta e=(1+e_0)s/H_0=0.0956s$$

按表 4-4 列表计算各级压力下的 $\Delta e$ 和 $e$,并在半对数坐标纸上绘制 $e$-$\lg p$ 曲线,如图 4-16 所示。

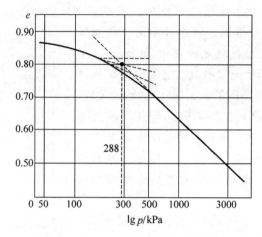

图 4-16  例题 4-1 图

**表 4-4  例题 4-1 计算表**

| $p$/kPa | 读数 $d$/mm | $s$/mm | $\Delta e$ | $e$ |
|---|---|---|---|---|
| 0 | 5.000 | 0 | 0 | 0.893 |
| 50 | 4.749 | 0.251 | 0.024 | 0.869 |
| 100 | 4.501 | 0.499 | 0.048 | 0.845 |
| 200 | 4.119 | 0.881 | 0.084 | 0.809 |
| 400 | 3.460 | 1.540 | 0.147 | 0.746 |
| 800 | 2.633 | 2.367 | 0.226 | 0.667 |
| 1600 | 1.696 | 3.304 | 0.316 | 0.577 |
| 3200 | 0.726 | 4.238 | 0.405 | 0.488 |
| 0 | 1.494 | 3.506 | 0.335 | 0.558 |

(2) 用 Casagrande 作图法从 $e$-$\lg p$ 曲线求得 $p_c = 288$ kPa。

(3) 从曲线求得:$p_1 = 288$kPa 时,$e_1 = 0.800$

$\qquad\qquad p_2 = 3200$kPa 时,$e_2 = 0.488$

$$C_c = \frac{e_1 - e_2}{\lg \dfrac{p_2}{p_1}} = \frac{0.312}{\lg 11.1} \approx 0.3$$

### 4.2.3  原位压缩曲线和原位再压缩曲线

如前所述,由图 4-13 可知,在 $e$-$\lg p$ 坐标系内,土的孔隙比和压力关系曲线的特点之一是,在压力较大部分该曲线接近直线,且再压缩指数也近似为一常数。除此之外,土的孔隙比和压力关系曲线还有其他一些重要特点。

上述压缩曲线,无论是 $e$-$p$ 形式还是 $e$-$\lg p$ 形式,都是由室内侧限压缩试验测得的。由于在取样过程中受到扰动以及取出地面后应力释放而回弹等因素的影响,室内压缩曲线已经不能完全反映地基中原位土体的压缩特性。

　　在地基中某处取一系列土样测试其压缩曲线,各土样在加载前的初始状态相同,孔隙比为 $e_0$,但受扰动的程度不同,测得的压缩曲线如图 4-17 所示。可以看出,随着扰动程度的增加,$e$-$\lg p$ 曲线上部的曲线段加长;其中最下面的那条曲线对应于初始孔隙比为 $e_0$ 的重塑土,其曲线段范围最大,最上面的那条曲线对应于扰动最小的原状样,其直线段向上延伸最长。试验中压力较大时,土样变得密实,扰动对土样的压缩性影响已很小;总结大量试验结果得出,孔隙比达到 $0.42e_0$ 时,可以认为扰动对土样压缩性的影响可以忽略,各曲线相交于一点。

　　根据上述结果,可以得出 $e$-$\lg p$ 曲线的特点之二,扰动越小,压缩曲线上部的曲线段范围越短,压力较大时不同扰动程度试样的曲线交于一点。

　　如图 4-18 所示,在正常固结土地基不同深度处取土样测试其压缩曲线并绘于 $e$-$\lg p$ 坐标系内。可以看出,土样埋深越深,其 $e$-$\lg p$ 曲线的曲线段越长,土样埋深越浅,其 $e$-$\lg p$ 曲线的直线段向上延伸越长,压力足够大时均趋于同一条直线。

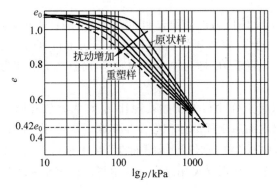

图 4-17　不同扰动条件下土样的压缩曲线

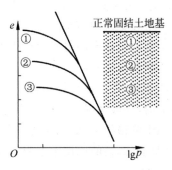

图 4-18　地基不同深度处土样的压缩曲线

　　根据上述结果,可以得出 $e$-$\lg p$ 曲线的特点之三,即同一种土,尽管其起始状态不同,但压缩曲线最终趋近于同一条直线,并可推测新沉积地表土或室内配制的泥浆的压缩曲线近似为一条直线。

　　根据压缩曲线的上述特点可以推断,在 $e$-$\lg p$ 坐标系内,原状土的原位压缩曲线为直线,原状土的原位再压缩曲线也近似为直线,可利用如下经验方法推求。

　　图 4-19(a)表示正常固结土的 $e$-$\lg p$ 曲线,因为是正常固结土,所以先期固结压力 $p_c$ 等于取土深度处的自重固结应力 $p_s$。假定土样取出后体积保持不变,则土样的初始孔隙比 $e_0$ 就相应于取土深度处土的原位孔隙比,故图中 $E$ 点即表示原位状态土的应力和孔隙比。如前所述,当 $e = 0.42e_0$ 时,可以认为试样不受扰动的影响,这时室内压缩曲线上的 $D$ 点可以表示原位状态的 $e$ 和 $p$。另外,正常固结土的 $e$ 和 $\lg p$ 呈直线关系,因此可以认为,连接 $E$ 点和 $D$ 点的直线就是原位压缩曲线,其斜率 $C_c$ 就是原位土的压缩指数。

　　对于超固结土,室内试验测得的 $e$-$\lg p$ 曲线如图 4-19(b)所示,试验中进行卸载和再加载,压缩曲线形成滞回圈。滞回圈的平均斜率就是回弹与再压缩指数 $C_e$。按前述方法先确定先期固结压力 $p_c$。超固结土的先期固结压力 $p_c$ 大于当前取土点的自重固结应力 $p_s$。显然只有当应力增加至 $p_c$ 时,土样才进入正常固结状态。同样假定土样取出地面后体积不变化,测出的初始孔隙比 $e_0$ 就是原位自重固结应力作用下的孔隙比,因此图 4-19(b)曲线中的 $F$ 点代表当前地基中取土处的 $e$ 和 $p_s$。从 $F$ 点按再压缩指数 $C_e$ 的斜率作直线交先期固结

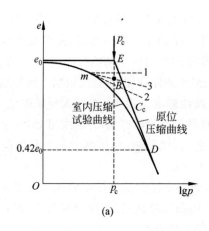
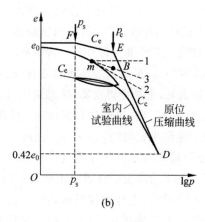

图 4-19  原位压缩曲线和再压缩曲线

压力 $p_c$ 相应的竖直线于 $E$ 点,显然 $E$ 点代表土体应力恢复到先期固结压力时的 $e$ 和 $p_c$,也就是原位土在正常固结状态的一个代表点。同样,室内压缩曲线上相应于 $0.42e_0$ 的 $D$ 点是土体正常固结状态的另一个代表点。这样,直线 $DE$ 即为原位压缩曲线,而直线 $EF$ 即为原位再压缩曲线之一。

要注意到,在上述分析中,把从地基中取出土样测得的初始孔隙比 $e_0$ 作为原位孔隙比是不准确的,一般情况下由于应力释放,取出地面后土样的体积会发生膨胀。真正原位的孔隙比应小于测得的 $e_0$ 值。可见,"原位压缩曲线"和"原位再压缩曲线"也并非真正的"原位"。事实上,真正的原位密度尚很难直接测定。显而易见用这种办法求得的原位压缩指数可能偏大。

# 4.3  地基沉降量计算

根据对黏性土地基在局部(基础)荷载作用下的实际变形特征的观察和分析可知,黏性土地基的沉降 $s$ 可以认为是由三部分不同的沉降组成(图 4-20),亦即:

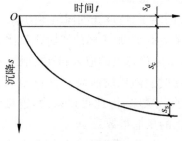

图 4-20  地基沉降类型

$$s = s_d + s_c + s_s \qquad (4\text{-}17)$$

式中:$s_d$——瞬时沉降(亦称初始沉降);

$s_c$——固结沉降(亦称主固结沉降);

$s_s$——次固结沉降(亦称蠕变沉降)。

瞬时沉降是指加载后地基瞬时发生的沉降。由于地基加载面积为有限尺寸,在宽广的地基上加载后地基中会有剪应变产生,特别是在靠近基础边缘应力集中部位。对于饱和或接近饱和的黏性土,加载瞬间土中水来不及排出,在不排水和恒体积条件下,侧向挤出变形几乎在加载的瞬时发生,所以相应的基础底部的沉降称为瞬时沉降。固结沉降是指饱和与接近饱和的黏性土在基础荷载作用下,随着超静孔隙水压力的消散和有效应力的增加,土骨架产生变形所造成的沉降(固结压密)。固结沉降速率取决于孔隙水的排出速率。次固结沉降是指主固结过程(超静孔隙水压力消散过程)结束后,在有效应力不变的情况下,土骨架仍随时间继续发生变形。这种变形的速率取决于土骨架本身的蠕变性质。次固结沉降相应的变形既包括剪切变形,也包括体积变形。

上述三部分沉降实际上并非在不同时刻截然分开发生的,如次固结沉降实际上可能在固结过程一开始就与固结沉降同时发生了,只不过数量相对很小而已,而一般情况下,主要沉降量是主固结沉降。但超静孔隙水压力消散殆尽时,主固结沉降基本完成,而次固结沉降越来越显著,逐渐成为沉降增量的主要部分。根据对上海市 33 幢建筑物沉降观测统计,建成十年后的沉降速率为 $0.007 \sim 0.008 \text{mm/d}$,可见固结过程可能持续很长时间,很难将主固结和次固结过程截然分开。但为讨论和计算的方便,通常将它们分别对待。

本节暂不考虑沉降的时间效应,主要讨论主固结沉降的最终沉降量的计算方法。在讨论具体计算方法之前,首先介绍一维压缩基本课题——有限厚度均匀土层在大面积连续均布荷载作用下的压缩变形。

### 4.3.1 一维压缩基本课题

在厚度为 $H$ 的土层上面施加大面积连续均布荷载 $p$(图 4-21(a)),这时土层只在竖直方向发生压缩变形,而侧向变形可以忽略,这就是第 3 章所介绍的侧限应力状态,与上述的侧限压缩试验中的情况一样,属一维压缩问题。

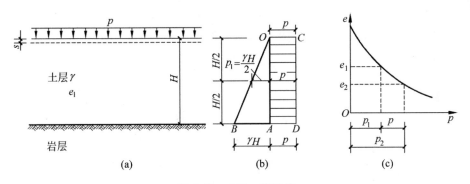

图 4-21 土层一维压缩

施加外荷载 $p$ 之前,土层中的自重应力分布为图 4-21(b)中 $OBA$ 所示;施加 $p$ 之后,在土层中引起的附加应力分布为 $OCDA$。对整个土层来说,施加外荷载前后存在于土层中的平均竖向应力分别为 $p_1 = \gamma H/2$(在地下水位以下 $\gamma$ 用浮重度)和 $p_2 = p_1 + p$。从土的侧限压缩试验 $e$-$p$ 曲线(图 4-21(c))可以看出,竖向应力从 $p_1$ 增加到 $p_2$,将引起土的孔隙比从 $e_1$ 减小为 $e_2$。参照式(4-1),可求得一维条件下土层的压缩变形量 $s$ 与土的孔隙比变化之间存在如下关系:

$$s = \frac{e_1 - e_2}{1 + e_1} H \tag{4-18}$$

这就是土层一维压缩变形量的基本计算公式。不难证明,式(4-18)亦可改写成如下各式:

$$s = \frac{a}{1 + e_1}(p_2 - p_1)H = \frac{a}{1 + e_1} pH \tag{4-19}$$

或
$$s = \frac{a}{1+e_1} A \tag{4-20}$$

$$s = m_v p H = m_v A \tag{4-21}$$

$$s = \frac{pH}{E_s} = \beta \frac{pH}{E} = \frac{A}{E_s} \tag{4-22}$$

$$s = C_c \frac{H}{1+e_1} \lg \frac{p_2}{p_1} \tag{4-23}$$

式中：$a$——土层的压缩系数；

$\quad m_v$——土层的体积压缩系数；

$\quad E_s$——土层的压缩模量；

$\quad E$——土层的变形模量；

$\quad C_c$——土层的压缩指数；

$\quad \beta = 1 - \dfrac{2\nu^2}{1-\nu}$，$\nu$ 为土层的泊松比；

$\quad H$——土层厚度；

$\quad p$——作用于土层厚度范围内的平均附加应力；

$\quad A$——作用于土层厚度范围内的附加应力分布图面积，本例中 $A = pH$，见图 4-21(b) 阴影部分。

如 $e$-$p$ 曲线已知，可用式(4-18)~式(4-22)计算；如 $e$-$\lg p$ 曲线已知，对于正常固结土，可用式(4-23)计算。

对于超固结土，如果 $p_2 \leqslant p_c$，见图 4-19(b)，则

$$s = C_e \frac{H}{1+e_1} \lg \frac{p_2}{p_1} \tag{4-24}$$

如果 $p_2 > p_c$，则

$$s = C_e \frac{H}{1+e_1} \lg \frac{p_c}{p_1} + C_c \frac{H}{1+e_1} \lg \frac{p_2}{p_c} \tag{4-25}$$

式中：$C_e$——回弹与再压缩指数；

$\quad p_c$——先期固结压力。

采用 $e$-$\lg p$ 曲线计算沉降量的优点是，可使用推定的原状土压缩曲线并可以区分正常固结土和超固结土而分别进行计算。

### 4.3.2　沉降计算分层总和法

分层总和法是目前工程中最常用的地基沉降计算方法。现将分层总和法的基本假定和计算步骤介绍如下。

#### 1. 基本假定和方法

为简化计算，作如下基本假定：

(1) 基底压力为线性分布。

(2) 用弹性理论计算基底中心点下的附加应力。

（3）地基只发生单向沉降，即土处于侧限应力状态。

（4）只计算主固结沉降，不计算瞬时沉降和次固结沉降。

（5）将地基分成若干层，分别计算基础中心点下地基中各个分层土的压缩变形量 $s_i$，认为地基的沉降量 $s$ 等于 $s_i$ 的总和，即

$$s = \sum_{i=1}^{n} s_i \tag{4-26}$$

式中：$n$——计算深度范围内的分层数。

计算 $s_i$ 时，因有假定（3）和（4），所以可用式（4-18）～式（4-23）中的任何一个公式进行计算。

（6）考虑上述假定引入的误差，根据荷载和地基条件对计算沉降量进行修正。

**2. 计算步骤**

分两种情况进行计算，情况 1 为基础面积较小且埋深较浅，基坑开挖后立即进行基础和上部结构施工，可不考虑地基回弹；情况 2 为基础面积和埋深均较大，由于基坑开挖保持敞开状态的时间较长，地基土有足够时间回弹。对情况 1 和情况 2 的计算步骤分别叙述如下。

1）情况 1

（1）在基础下的地质剖面图上绘制其中心下地基中的有效自重应力分布曲线和附加应力分布曲线，如图 4-22 所示。有效自重应力分布曲线由天然地面起算，基底压力 $p$ 由作用于基础底面以上的荷载计算。因考虑开挖基坑后随即浇筑基础，可以认为在挖土卸载与浇筑基础重加载过程中，如果基础底面因卸载减少的压力 $\gamma d$ 与重加载增加的压力相等时，则地面不产生沉降。因此，基底压力中只有一部分 $p_0 = p - \gamma d$ 才是引起沉降的压力，$p_0$ 称为基底附加应力。地基中的附加应力分布曲线可根据 $p_0$ 用第 3 章所讲的按线性分布的简化方法计算。

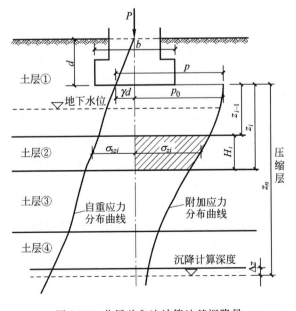

图 4-22 分层总和法计算地基沉降量

在有相邻荷载作用(其他基础荷载或地面荷载)时,沉降计算中应将相邻荷载在基础中心点下各个深度处引起的附加应力(用第 3 章介绍的角点法和附加应力系数计算表)叠加到基础荷载引起的附加应力中去。相邻荷载对基础沉降的影响随荷载与基础之间距离的增加而迅速减小。

(2) 确定沉降计算深度(亦即主要压缩层厚度)。从图 4-22 可以看出,附加应力随深度递减,有效自重应力随深度递增,到了一定深度之后,附加应力相对于该处原有的有效自重应力已经很小,加之土的压缩性更低,附加应力引起的压缩变形可以忽略不计,因此沉降算到此深度即可。一般取附加应力与有效自重应力的比值为 0.2(一般土)或 0.1(软土)的深度处作为沉降计算深度的限界。我国《建筑地基基础设计规范》(GB 50007—2011)规定采用下式确定沉降计算深度:

$$\Delta s_n \leqslant 0.025 \sum_{i=1}^{n} s_i \tag{4-27}$$

式中:$\Delta s_n$——由计算深度向上取厚度为 $\Delta z$(图 4-22)的土层变形计算值,$\Delta z = 0.3 \sim 1.0\mathrm{m}$,
　　　　取决于基础宽度 $b$,按表 4-5 取值;
　　　$s_i$——计算深度范围内,第 $i$ 层土的变形计算值,m。

表 4-5　$\Delta z$ 值

| $b/\mathrm{m}$ | $\leqslant 2$ | $2 < b \leqslant 4$ | $4 < b \leqslant 8$ | $> 8$ |
|---|---|---|---|---|
| $\Delta z/\mathrm{m}$ | 0.3 | 0.6 | 0.8 | 1.0 |

具体应用时采用试算法,先假设一个沉降计算深度,按式(4-27)校核,如不满足,再增加沉降计算深度,直至满足为止。

对一般房屋基础,如果不考虑相邻建筑物荷载的影响,当基础宽度≤30m 时,亦可按下列经验公式确定沉降计算深度 $z_n$。

$$z_n = b(2.5 - 0.4\ln b) \tag{4-28}$$

式中:$b$——基础宽度,m。

需要注意的是,如果在计算深度范围内存在基岩时,$z_n$ 可至基岩的表面;在确定的沉降计算深度以下尚有压缩性较大的土层时,沉降应继续算到该土层底面为止。

(3) 确定沉降计算深度范围内的分层界面。在沉降计算深度范围内,压缩性不同的天然土层的界面均应取为沉降计算分层面;地下水面及土的重度不同处也应取为分层面。此外,由于附加应力沿深度的变化是非线性的,$e\text{-}p$ 曲线也是非线性的,为避免沉降计算产生较大的误差,分层厚度不宜过大,一般要求分层厚度不大于基础宽度 $b$ 的 0.4 倍或 4m。

(4) 计算各分层土的变形量 $s_i$。认为各分层土都是在侧限压缩条件下,压力从 $p_1 = \sigma_{szi}$ 增加到 $p_2 = \sigma_{szi} + \sigma_{zi}$ 所产生的变形量 $s_i$,可按式(4-18)~式(4-23)中任意一式计算。计算中有效自重应力 $\sigma_{szi}$ 和附加应力 $\sigma_{zi}$ 可从图 4-22 的曲线直接量取,也可列表计算。其中计算用的变形参数应取 $p_1$ 到 $p_2$ 的压力段相应的值。

对于超固结土,可用 $e\text{-}\lg p$ 曲线求先期固结压力 $p_c$,然后根据超固结的程度,分下列两种情况进行沉降计算:

(a) 当 $\sigma_{szi} + \sigma_{zi} \leqslant p_{ci}$ 时,应用下式计算分层土 $i$ 的沉降量。

$$s_i = C_{ei} \frac{H_i}{1 + e_{0i}} \lg \frac{\sigma_{szi} + \sigma_{zi}}{\sigma_{szi}} \tag{4-29}$$

（b）当 $\sigma_{szi} + \sigma_{zi} > p_{ci}$ 时，

$$s_i = C_{ei} \frac{H_i}{1 + e_{0i}} \lg\left(\frac{p_{ci}}{\sigma_{szi}}\right) + C_{ci} \frac{H_i}{1 + e_{0i}} \lg \frac{\sigma_{szi} + \sigma_{zi}}{p_{ci}} \tag{4-30}$$

式中：$\sigma_{szi}$——第 $i$ 分层 $z$ 深度的平均有效自重应力；

$\quad\quad\ \sigma_{zi}$——第 $i$ 分层 $z$ 深度的平均附加应力；

$\quad\quad\ p_{ci}$——第 $i$ 分层的先期固结压力；

$\quad\quad\ e_{0i}$——第 $i$ 分层的初始孔隙比；

$\quad\quad\ C_{ei}$——第 $i$ 分层的原位再压缩指数，参见图 4-19；

$\quad\quad\ C_{ci}$——第 $i$ 分层的原位压缩指数，参见图 4-19；

$\quad\quad\ H_i$——第 $i$ 分层的厚度。

　　整个地基内可能由正常固结土层和超固结土层组成，应分别计算各层土的沉降量，然后叠加得到地基总的沉降量。

　　在用 $e\text{-}p$ 曲线的计算中，当采用式（4-20）计算时，$A_i$ 代表第 $i$ 分层附加应力分布图的面积，即图 4-23 中阴影线的曲边梯形面积 $efdc$，可近似表示为 $A_i \approx \sigma_{zi} H_i$，该面积也等于 $z_i$ 范围内附加应力分布图 $abdc$ 的面积减去 $z_{i-1}$ 范围内附加应力分布图 $abfe$ 的面积，两个面积可以由附加应力分布图积分求得。令矩形面积 $\bar{\alpha}_i p_0 z_i$ 等于曲边梯形 $abdc$ 的面积，$\bar{\alpha}_{i-1} p_0 z_{i-1}$ 等于曲边梯形 $abfe$ 的面积，则有

$$A_i = p_0(\bar{\alpha}_i z_i - \bar{\alpha}_{i-1} z_{i-1}) \approx \sigma_{zi} H_i \tag{4-31}$$

式中：$\bar{\alpha}_i, \bar{\alpha}_{i-1}$——按照曲边梯形积分得到的平均附加应力系数，可按表 4-6 查用；其余符号意义见图 4-23。可见 $\sigma_{zi} H_i$ 只是 $A_i$ 的近似值。

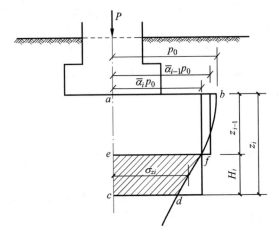

图 4-23　附加应力分布图面积计算

　　采用这种计算方法的优点是有现成的表 4-6 可查 $\bar{\alpha}$ 值，而不必计算基础底面下的附加应力分布。该法为《建筑地基基础设计规范》（GB 50007—2011）推荐的方法，俗称"规范法"。

　　（5）按式（4-26）计算地基的总沉降量。

表 4-6　矩形面积均布荷载作用下,通过中心点竖线上的平均附加应力系数 $\bar{\alpha}$

| z/b \ l/b | 1.0 | 1.2 | 1.4 | 1.6 | 1.8 | 2.0 | 2.4 | 2.8 | 3.2 | 3.6 | 4.0 | 5.0 | >10.0 (条形) |
|---|---|---|---|---|---|---|---|---|---|---|---|---|---|
| 0 | 1.000 | 1.000 | 1.000 | 1.000 | 1.000 | 1.000 | 1.000 | 1.000 | 1.000 | 1.000 | 1.000 | 1.000 | 1.000 |
| 0.2 | 0.987 | 0.990 | 0.991 | 0.992 | 0.992 | 0.992 | 0.993 | 0.993 | 0.993 | 0.993 | 0.993 | 0.993 | 0.993 |
| 0.4 | 0.936 | 0.947 | 0.953 | 0.956 | 0.958 | 0.960 | 0.961 | 0.962 | 0.962 | 0.963 | 0.963 | 0.963 | 0.963 |
| 0.6 | 0.858 | 0.878 | 0.890 | 0.898 | 0.903 | 0.906 | 0.910 | 0.912 | 0.913 | 0.914 | 0.914 | 0.915 | 0.915 |
| 0.8 | 0.775 | 0.801 | 0.810 | 0.831 | 0.839 | 0.844 | 0.851 | 0.855 | 0.857 | 0.858 | 0.859 | 0.860 | 0.860 |
| 1.0 | 0.698 | 0.738 | 0.749 | 0.764 | 0.775 | 0.783 | 0.792 | 0.798 | 0.801 | 0.803 | 0.804 | 0.806 | 0.807 |
| 1.2 | 0.631 | 0.663 | 0.686 | 0.703 | 0.715 | 0.725 | 0.737 | 0.744 | 0.749 | 0.752 | 0.754 | 0.756 | 0.758 |
| 1.4 | 0.573 | 0.605 | 0.629 | 0.648 | 0.661 | 0.672 | 0.687 | 0.696 | 0.701 | 0.705 | 0.708 | 0.711 | 0.714 |
| 1.6 | 0.524 | 0.556 | 0.580 | 0.599 | 0.613 | 0.625 | 0.641 | 0.651 | 0.658 | 0.663 | 0.666 | 0.670 | 0.675 |
| 1.8 | 0.482 | 0.513 | 0.537 | 0.556 | 0.571 | 0.583 | 0.600 | 0.611 | 0.619 | 0.624 | 0.629 | 0.633 | 0.638 |
| 2.0 | 0.446 | 0.475 | 0.499 | 0.518 | 0.533 | 0.545 | 0.563 | 0.575 | 0.584 | 0.590 | 0.594 | 0.600 | 0.606 |
| 2.2 | 0.414 | 0.443 | 0.466 | 0.484 | 0.499 | 0.511 | 0.530 | 0.543 | 0.552 | 0.558 | 0.563 | 0.570 | 0.577 |
| 2.4 | 0.387 | 0.414 | 0.436 | 0.454 | 0.469 | 0.481 | 0.500 | 0.513 | 0.523 | 0.530 | 0.535 | 0.543 | 0.551 |
| 2.6 | 0.362 | 0.389 | 0.410 | 0.428 | 0.442 | 0.455 | 0.473 | 0.487 | 0.496 | 0.504 | 0.509 | 0.518 | 0.528 |
| 2.8 | 0.341 | 0.366 | 0.387 | 0.404 | 0.418 | 0.430 | 0.449 | 0.463 | 0.472 | 0.480 | 0.486 | 0.495 | 0.506 |
| 3.0 | 0.322 | 0.346 | 0.366 | 0.383 | 0.397 | 0.409 | 0.427 | 0.441 | 0.451 | 0.459 | 0.465 | 0.474 | 0.487 |
| 3.2 | 0.305 | 0.328 | 0.348 | 0.364 | 0.377 | 0.389 | 0.407 | 0.420 | 0.431 | 0.439 | 0.445 | 0.455 | 0.468 |
| 3.4 | 0.289 | 0.312 | 0.331 | 0.346 | 0.359 | 0.371 | 0.388 | 0.402 | 0.412 | 0.420 | 0.427 | 0.437 | 0.452 |
| 3.6 | 0.276 | 0.297 | 0.315 | 0.330 | 0.343 | 0.353 | 0.372 | 0.385 | 0.395 | 0.403 | 0.410 | 0.421 | 0.436 |
| 3.8 | 0.263 | 0.284 | 0.301 | 0.316 | 0.328 | 0.339 | 0.356 | 0.369 | 0.379 | 0.388 | 0.394 | 0.405 | 0.422 |
| 4.0 | 0.251 | 0.271 | 0.288 | 0.302 | 0.314 | 0.325 | 0.342 | 0.355 | 0.365 | 0.373 | 0.379 | 0.391 | 0.408 |
| 4.2 | 0.241 | 0.260 | 0.276 | 0.290 | 0.300 | 0.312 | 0.328 | 0.341 | 0.352 | 0.359 | 0.366 | 0.377 | 0.396 |
| 4.4 | 0.231 | 0.250 | 0.265 | 0.278 | 0.290 | 0.300 | 0.316 | 0.329 | 0.339 | 0.347 | 0.353 | 0.365 | 0.384 |
| 4.6 | 0.222 | 0.240 | 0.255 | 0.268 | 0.279 | 0.289 | 0.305 | 0.317 | 0.327 | 0.335 | 0.341 | 0.353 | 0.373 |
| 4.8 | 0.214 | 0.231 | 0.245 | 0.258 | 0.269 | 0.279 | 0.294 | 0.300 | 0.316 | 0.324 | 0.330 | 0.342 | 0.362 |
| 5.0 | 0.206 | 0.223 | 0.237 | 0.249 | 0.260 | 0.269 | 0.284 | 0.296 | 0.306 | 0.313 | 0.320 | 0.332 | 0.352 |

注:$l$、$b$—矩形的长边与短边;

　　$z$—从荷载作用平面起算的深度。

2) 情况 2

情况 2 的计算步骤与情况 1 类似,只是考虑了回弹-再压缩变形,因而应力变化的计算方法有所不同。

对于基础面积和埋深均较大的情况,由于基坑开挖保持敞开状态的时间比较长,地基土有足够时间回弹。遇到这种情况,应分别计算再压缩量(当建造基础和结构相应的荷载尚未超过开挖的土重时)和初始压缩量(基础和结构加载超过开挖土重以后)。由于基础或建筑物的沉降应按基底回弹后的平面起算,所以基础的沉降由再压缩量和初始压缩量两部分组成。

图 4-24 表示一个基础宽度大、埋置深的开敞基坑。当把基底以上的土挖除时,地基内土体因卸载 $\gamma d$ 这一负的附加均布荷载而自重应力降低。原来的有效自重应力分布曲线 $Oa$ 变为 $O'a'$。图中的阴影面积表示开挖卸载所引起的负值附加应力分布图,可以用第 3 章所述的方法计算。当基础的面积很大,可以近似认为深度 $d$ 以上的土层全部挖除时,则

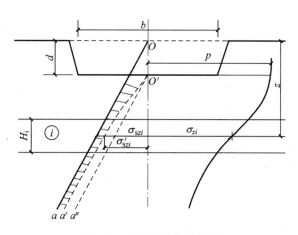

图 4-24  大基坑的沉降计算

挖除后的自重应力分布曲线变成 $O'a''$。

现在讨论分层 $i$ 中间点处的应力变化。假定开挖前为正常固结土,开挖后实际上变成超固结土,原先的有效自重应力 $\sigma_{szi}$ 可以看成先期固结压力 $p_{ci}$;经过卸载后的有效自重应力 $\sigma'_{szi}$ 就是再加载前土体中的应力,显然,这种情况下基底的附加应力 $p_0$ 就是基底全压力 $p$,因为基底处现在的自重应力为 0。根据 $p$ 值绘制地基中的附加应力分布曲线,在分层 $i$ 的中间,附加应力为 $\sigma_{zi}$,则加载后土体的应力变为 $\sigma'_{szi}+\sigma_{zi}$。

分层 $i$ 的回弹量与再压缩量,既可用 $e$-$p$ 曲线计算,也可用 $e$-$\lg p$ 曲线计算。采用 $e$-$p$ 曲线计算时,$\sigma'_{szi}$ 到 $\sigma_{szi}$ 应力范围内用再压缩曲线的压缩系数,而 $\sigma_{szi}$ 到 $\sigma'_{szi}+\sigma_{zi}$ 应力范围内用原始压缩曲线的压缩系数。按 $e$-$\lg p$ 曲线计算时,由式(4-29)有

$$s_{1i}=C_{ei}\frac{H_i}{1+e_{0i}}\lg\frac{\sigma_{szi}}{\sigma'_{szi}}$$

分层 $i$ 的初始压缩量为

$$s_{2i}=C_{ci}\frac{H_i}{1+e_{0i}}\lg\frac{\sigma'_{szi}+\sigma_{zi}}{\sigma_{szi}}$$

式中:$e_{0i}$——分层 $i$ 开挖前的原位孔隙比(相当于有效自重应力 $\sigma_{szi}$ 时的孔隙比);

$C_{ei}$,$C_{ci}$——分层 $i$ 的回弹再压缩指数和压缩指数。

分层 $i$ 的总沉降量为

$$s_i=s_{1i}+s_{2i} \tag{4-32}$$

其他分层的沉降量也可以用同一方法计算,将压缩土层范围内各分层土的再压缩量叠加,就得到地基的总再压缩量(或总回弹量);将各分层土的初始压缩量叠加就得到地基的总初始压缩量。地基的总沉降量就等于总再压缩量和总初始压缩量之和。

### 3. 沉降量修正

沉降计算的分层总和法具有诸多优点,如:计算简单;参数可由简单的试验方法测得;用 $e$-$p$ 曲线,其指标对于土样的扰动不敏感;可按照布辛内斯克解计算附加应力;合理地分层计算以及计算深度有限,等等。所以在地基基础工程中分层总和法被广泛地用于计算沉降量。

但分层总和法的各种假设会导致沉降计算的误差。采用基础中点下的附加应力进行计

算,它大于任何其他点下的附加应力,并且没有考虑基础刚度和建筑物刚度对均衡沉降的影响,从这个角度看沉降计算值会比实际偏大。

更根本的误差源于"侧限"的假设,即只产生一维(竖向)压缩,不发生侧向变形。从图 4-8 可见,侧限压缩模量是越压越大,而非侧限的三轴压缩的变形模量是越压越小。因而基底压力与地基承载力特征值的比值 $p_0/f_{ak}$ 越大,表明地基内的应力水平越高,其模量 $E$ 比侧限压缩模量 $E_s$ 小得越多,分层总和法计算的沉降也就越偏小。同时,软硬不同的地基土除了具有不同的压缩模量外,还具有不同的剪胀与剪缩特性,由非侧限应力状态的剪应力引起的体变也会对沉降有重要的影响。

此外,许多其他因素也可造成误差,如采用的压缩性指标由于土样扰动或土质不均匀而不能准确代表地基土层的实际性状等。因而,用上述分层总和法计算的基础沉降量与建筑物基础的实测沉降量往往并不相符,而是有一定差异。这种差异的大小与地基土的种类、基础的型式、基底设计压力的大小以及土的压缩性等有关。目前要从理论上确定由于各种因素造成的差异量尚有困难,只能根据建筑物实际观测资料与计算沉降量的比较,同时参考其他计算方法的优点,由经验统计得出可用于不同情况下的沉降经验修正系数 $\psi_s$,则地基的最终沉降量可表示为

$$\bar{s} = \psi_s s \tag{4-33}$$

式中:$s$——按分层总和法(式(4-26))计算的沉降量。

在没有其他资料(如本地区经验统计数据或相类似建筑物地基基础的实测资料)时,沉降经验修正系数 $\psi_s$ 可按表 4-7 采用。表中 $f_{ak}$ 为地基承载力特征值,其意义和确定方法见本书第 8 章。

表 4-7 沉降计算经验修正系数 $\psi_s$ 值

| 基底附加压力 | $\bar{E}_s$/MPa | | | | |
|---|---|---|---|---|---|
| | 2.5 | 4.0 | 7.0 | 15.0 | 20.0 |
| $p_0 \geq f_{ak}$ | 1.4 | 1.3 | 1.0 | 0.4 | 0.2 |
| $p_0 \leq 0.75 f_{ak}$ | 1.1 | 1.0 | 0.7 | 0.4 | 0.2 |

表 4-7 中,$\bar{E}_s$ 为沉降计算深度范围内侧限压缩模量的当量值,应按下式计算:

$$\bar{E}_s = \frac{\sum A_i}{\sum \dfrac{A_i}{E_{si}}}$$

式中:$A_i$——第 $i$ 层土附加应力分布图的面积;

$E_{si}$——相应于该第 $i$ 层土的侧限压缩模量。

沉降经验修正系数 $\psi_s$ 适当考虑了瞬时沉降和固结沉降的三维效应以及土变形的非线性,但未考虑次固结沉降。

【例题 4-2】 已知柱下单独方形基础,基础底面尺寸为 2.5m×2.5m,埋深 2m,作用于基础上(设计地面标高处)的轴向荷载 $N = 1250$kN,基础底面以上基础和填土的混合重度取 $\gamma_0 = 20$kN/m³。有关地基勘察资料与基础剖面详见图 4-25,试用分层总和法,分别采用 $e$-$p$ 曲线和附加应力系数计算基础下中点处最终沉降量。

【解】

(1)计算地基土的有效自重应力

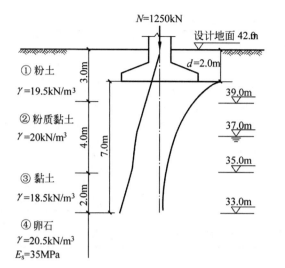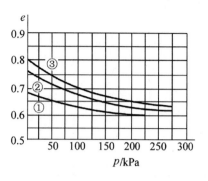

图 4-25　例题 4-2 图

$z$ 自基底标高起算原地基内有效自重应力：

$$当\ z=0,\quad \sigma_{sd}=(19.5\times2)kPa=39.0kPa$$
$$z=1m,\sigma_{sz1}=(39.0+19.5\times1)kPa=58.5kPa$$
$$z=2m,\sigma_{sz2}=(58.5+20\times1)kPa=78.5kPa$$
$$z=3m,\sigma_{sz3}=(78.5+20\times1)kPa=98.5kPa$$
$$z=4m,\sigma_{sz4}=[98.5+(20-10)\times1]kPa=108.5kPa$$
$$z=5m,\sigma_{sz5}=[108.5+(20-10)\times1]kPa=118.5kPa$$
$$z=6m,\sigma_{sz6}=[118.5+(18.5-10)\times1]kPa=127.0kPa$$
$$z=7m,\sigma_{sz7}=[127.0+(18.5-10)\times1]kPa=135.5kPa$$

（2）基底压力计算

$$p=\frac{N+G}{lb}=\frac{1250+20\times2.5\times2.5\times2}{2.5\times2.5}kPa=240kPa$$

（3）基底附加压力计算

$$p_0=p-\gamma d=(240-19.5\times2.0)kPa=201kPa$$

（4）基础中心点下地基中竖向附加应力计算,用角点法计算,$l/b=1$,查表 3-5,$\sigma_{zi}=4K_sp_0$

（5）确定沉降计算深度 $z$

考虑第④层土压缩性比第③层土小得多,且由表 4-8 可知此处 $\dfrac{\sigma_z}{\sigma_{sz}}<0.1$,能满足计算深度取值要求。初步确定 $z_n=7m$。

（6）计算基础中心点最终沉降量,利用勘察资料中的 $e\text{-}p$ 曲线,求

$$a_i=\frac{e_{1i}-e_{2i}}{\sigma'_{2i}-\sigma'_{1i}}\quad 及\quad E_{si}=\frac{1+e_{1i}}{a_i}$$

最后按下式求得

$$s=\sum_{i=1}^{n}\frac{\overline{\sigma}_{zi}}{E_{si}}H_i\quad （计算结果见表 4-9）$$

表 4-8　例题 4-2 计算表一

| $z/m$ | $\dfrac{z}{b/2}$ | $K_s$ | $\sigma_z/kPa$ | $\sigma_{sz}/kPa$ | $\dfrac{\sigma_z}{\sigma_{sz}}/\%$ | $z_n/m$ |
|---|---|---|---|---|---|---|
| 0 | 0 | 0.2500 | 201 | 39 | | |
| 1 | 0.8 | 0.1999 | 160.7 | 58.5 | | |
| 2 | 1.6 | 0.1123 | 90.29 | 78.5 | | |
| 3 | 2.4 | 0.0642 | 51.62 | 98.5 | | |
| 4 | 3.2 | 0.0401 | 32.24 | 108.5 | 29.7 | |
| 5 | 4.0 | 0.0270 | 21.71 | 118.5 | 18.32 | |
| 6 | 4.8 | 0.0193 | 15.52 | 127.0 | 12.22 | |
| 7 | 5.6 | 0.0148 | 11.90 | 135.5 | 8.78 | 按7m计 |

表 4-9　按 $e\text{-}p$ 曲线计算结果表

| $z/m$ | $\sigma_{sz}/$ kPa | $\sigma_z/$ kPa | $H_i/$ cm | 自重应力平均值 $\bar{\sigma}_{sz}/$ kPa | 附加应力平均值 $\bar{\sigma}_z/$ kPa | $\bar{\sigma}_{sz}+\bar{\sigma}_z$ /kPa | $e_1$ | $e_2$ | $a=\dfrac{e_1-e_2}{\bar{\sigma}_z}$ /kPa$^{-1}$ | $E_s=\dfrac{1+e_1}{a}$ /kPa | $s_i=\dfrac{\bar{\sigma}_z}{E_s}H_i$ /cm | $s=\sum s_i$ /cm |
|---|---|---|---|---|---|---|---|---|---|---|---|---|
| 0 | 39.0 | 201.0 | | | | | | | | | | |
| | | | 100 | 48.75 | 180.85 | 229.60 | 0.650 | 0.60 | 0.000276 | 5978 | 3.03 | |
| 1 | 58.5 | 160.7 | | | | | | | | | | |
| | | | 100 | 68.50 | 125.50 | 194.00 | 0.700 | 0.63 | 0.000558 | 3046 | 4.12 | |
| 2 | 78.5 | 90.29 | | | | | | | | | | |
| | | | 100 | 88.50 | 70.96 | 159.46 | 0.675 | 0.64 | 0.000493 | 3398 | 2.09 | |
| 3 | 98.5 | 51.62 | | | | | | | | | | |
| | | | 100 | 103.50 | 41.93 | 145.43 | 0.670 | 0.645 | 0.000596 | 2802 | 1.49 | 12.81 |
| 4 | 108.5 | 32.24 | | | | | | | | | | |
| | | | 100 | 113.50 | 26.98 | 140.48 | 0.665 | 0.65 | 0.000556 | 2994 | 0.90 | |
| 5 | 118.5 | 21.71 | | | | | | | | | | |
| | | | 100 | 122.80 | 18.62 | 141.37 | 0.69 | 0.68 | 0.000537 | 3147 | 0.59 | |
| 6 | 127.0 | 15.52 | | | | | | | | | | |
| | | | 100 | 131.25 | 13.71 | 145.00 | 0.68 | 0.67 | 0.000729 | 2304 | 0.59 | |
| 7 | 135.5 | 11.90 | | | | | | | | | | |

(7) 假定 $E_{si}$ 已知,如按《建筑地基基础设计规范》(GB 50007—2011)平均附加应力系数法计算地基沉降量,则计算过程见表 4-10。

表 4-10　按平均附加应力系数计算结果表

| $z/m$ | $l/b$ | $z/b$ | $\bar{a}_i$ | $\bar{a}_i z_i$ | $\bar{a}_i z_i - \bar{a}_{i-1}z_{i-1}$ | $E_{si}$ /kPa | $s_i=\dfrac{p_0}{E_{si}}(\bar{a}_i z_i - \bar{a}_{i-1}z_{i-1})$ /cm | $s=\sum s_i$ /cm |
|---|---|---|---|---|---|---|---|---|
| 0 | 2.5/2.5=1 | 0 | 1.000 | 0 | | | | |
| | | | | | 0.936 | 5978 | 3.15 | |
| 1 | | 0.4 | 0.936 | 0.936 | | | | |
| | | | | | 0.614 | 3046 | 4.05 | |
| 2 | | 0.8 | 0.775 | 1.550 | | | | |
| | | | | | 0.343 | 3398 | 2.02 | |
| 3 | | 1.2 | 0.631 | 1.893 | | | | |
| | | | | | 0.203 | 2802 | 1.46 | 12.74 |
| 4 | | 1.6 | 0.524 | 2.096 | | | | |
| | | | | | 0.134 | 2994 | 0.90 | |
| 5 | | 2.0 | 0.446 | 2.230 | | | | |
| | | | | | 0.092 | 3147 | 0.59 | |
| 6 | | 2.4 | 0.387 | 2.322 | | | | |
| | | | | | 0.065 | 2304 | 0.57 | |
| 7 | | 2.8 | 0.341 | 2.387 | | | | |

按式(4-28)，$z_n = 2.5 \times (2.5 - 0.4\ln 2.5)$m$= 5.3$m；至 7m 深处附加应力与自重应力的比值已小于 0.1；同时 7m 以下为较硬的卵石层。因而取 $z_n = 7.0$m 已能满足计算精度要求。

(8) 按式(4-33)计算最终沉降量

当按表 4-9 计算：

$$\bar{E}_s = \frac{\sum A_i}{\sum \dfrac{A_i}{E_{si}}}$$

$$= [100 \times (180.85 + 125.5 + 70.96 + 41.93 + 26.98 + 18.62 + 13.71)] \div$$

$$\left[ \frac{100 \times 180.85}{5978} + \frac{100 \times 125.5}{3046} + \frac{100 \times 70.96}{3398} + \frac{100 \times 41.93}{2802} + \right.$$

$$\left. \frac{100 \times 26.98}{2994} + \frac{100 \times 18.62}{3147} + \frac{100 \times 13.71}{2304} \right] \text{kPa}$$

$$= \frac{100 \times 478.55}{3.025 + 4.120 + 2.088 + 1.496 + 0.901 + 0.592 + 0.595} \text{kPa}$$

$$= \frac{47855}{12.817} \text{kPa} \approx 3734 \text{kPa} = 3.734 \text{MPa}$$

当按表 4-10 计算时：

$$\bar{E}_a = \frac{0.936 + 0.614 + 0.343 + 0.203 + 0.134 + 0.094 + 0.065}{\dfrac{0.936}{5978} + \dfrac{0.614}{3046} + \dfrac{0.343}{3398} + \dfrac{0.203}{2802} + \dfrac{0.134}{2994} + \dfrac{0.092}{3147} + \dfrac{0.065}{2304}} \text{kPa}$$

$$= \frac{2.387}{1.566 + 2.016 + 1.009 + 0.725 + 0.448 + 0.272 + 0.282} \times 10^4 \text{kPa}$$

$$= \frac{2.387}{6.338} \times 10^4 \text{kPa} \approx 3.766 \text{MPa}$$

(注：这种计算为规范所规定的方法，更简明。)

查表 4-7，设 $f_{ak} = p_0$，则

$$\psi_s = 1.32$$

得

$$\bar{s} = \psi_s s = 1.32 \times 12.81 \text{cm} \approx 16.91 \text{cm}$$

### 4.3.3　关于地基沉降计算的讨论

上述分层总和法是当前工程实践中最广泛采用的沉降计算方法，也是《建筑地基基础设计规范》(GB 50007—2011)中规定采用的沉降计算方法。

对于一般黏性土压缩层，在分层计算时可得出各层土在侧限条件下的固结沉降量，在进行沉降量修正时适当考虑了瞬时沉降和固结沉降的三维效应。对次固结沉降，可以采用流变学理论或其他力学模型进行计算，但比较复杂，而且有关参数不易测定。因此，目前在生产中主要使用下述半经验的方法估算土层的次固结沉降。

图 4-26 为室内压缩试验得出的孔隙比 $e$ 与时间对数 $\lg t$ 的关系曲线，取曲线反弯点前后两段曲线的切线的交点 $m$ 作为主固结段与次固结段的分界点；设相当于分界点的时间为 $t_1$；次固结段(基本上是一条直线)的斜率反映土的次固结变形速率，一般用 $C_a$ 表示，称

为土的次固结指数。知道了 $C_\alpha$，也就可以按下式计算土层的次固结沉降 $s_s$：

$$s_s = \frac{H}{1+e_1} C_\alpha \lg \frac{t}{t_1} \tag{4-34}$$

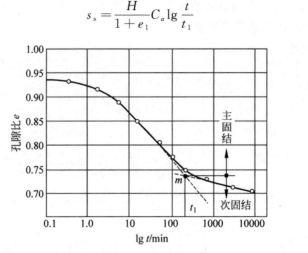

图 4-26　土的 $e$-$\lg t$ 曲线

式中：$H, e_1$——土层的厚度和初始孔隙比；

　　　　$t$——欲求次固结沉降量的时间，$t > t_1$；

　　其余符号意义同前。

从式(4-34)可以看出，给定地基土层的次固结沉降量 $s_s$ 主要取决于土的次固结指数 $C_\alpha$。研究表明，土的 $C_\alpha$ 与下列因素有关：(1)土的种类，塑性指数越大，$C_\alpha$ 越大，尤其是对有机土；(2)含水量 $w$ 越大，$C_\alpha$ 越大；(3)温度越高，$C_\alpha$ 越大。$C_\alpha$ 的一般取值范围如表 4-11 所示。

表 4-11　次固结指数 $C_\alpha$ 值

| 土　　　类 | $C_\alpha$ |
| --- | --- |
| 正常固结黏土 | $0.005 \sim 0.020$ |
| 高塑性黏土、有机土 | $\geqslant 0.030$ |
| 超固结黏土(OCR>2) | $< 0.001$ |

对于地基中的无黏性土层，其绝对沉降量一般不是很大。但当荷载较大、土的相对密度较小时，其沉降量也不能忽略。无黏性土的渗透系数比较大，相当于在排水条件下加载，所以在一般情况下，大部分沉降在施工期间已经完成。计算无黏性土层的沉降，原则上可用上述分层总和法，常采用侧限压缩模量 $E_s$ 进行计算，$E_s$ 通常通过标准贯入法等现场测试手段由经验的相关关系确定。

有关沉降量更深入的讨论可参考《高等土力学》(第 2 版)(李广信主编，清华大学出版社，2016 年)。

## 4.4　饱和土体渗流固结理论

本节仅讨论饱和土体。如在 3.2 节与 3.6 节所介绍，根据有效应力原理，在外荷载的作用下饱和土体所受应力由土骨架和孔隙水共同承担，即土骨架上产生有效应力，孔隙内产生超静孔隙水压力。随着孔隙水的排出,超静孔隙水压力逐渐消散,有效应力逐渐增加,土体的变形随之增加,这一过程称为渗流固结。图 3-47 表示了饱和土体的渗流固结物理模型。饱和黏性土地基承载后一般都要经历缓慢进行的渗流固结过程,压缩变形才能逐渐达到稳定。4.3 节的固结沉降计算方法得出的是渗流固结终了时达到的最终沉降量。在工程设计中,除了要知道最终沉降量之外,往往还需要知道沉降随时间的增加过程,亦即沉降与时间的关系。此外,在研究土体的稳定性时,还需要知道土体中孔隙水压力的大小,特别是超静孔隙水压力。这两个问题需根据土体渗流固结理论来解决。渗流固结理论是土力学的最重要的理论之一。下面首先考察最简单的一维渗流固结情况。

### 4.4.1　太沙基一维渗流固结理论

厚度为 $H$ 的饱和黏土层坐落在不可压缩且不透水的基岩上,在上面施加无限宽广的均布荷载 $p$,如图 4-27(a)所示,这时土中的附加应力沿深度均匀分布(如面积 $abdc$ 所示),土层只在与外荷载作用方向相一致的竖直方向发生渗流和变形(一维问题)。渗流固结过程中,附加应力由孔隙水和土骨架共同承担,面积 $bedb$ 表示时间为 $t$ 时由孔隙水分担的超静水压力 $u$ 的空间分布,面积 $abeca$ 表示由土骨架分担的有效应力 $\sigma'$ 沿竖向的分布。曲线 $be$ 的位置随时间逐渐变化,当瞬时加载 $t=0$ 时,$be$ 与 $ac$ 重合,亦即全部附加应力由水承担;当 $t=\infty$ 时,$be$ 与 $bd$ 重合,亦即全部附加应力由土骨架承担。在整个渗流固结过程中,土中的超静水压力 $u$ 和附加有效应力 $\sigma'$ 是深度 $z$ 和时间 $t$ 的函数。可以在下列基本假设前提下,建立渗流固结微分方程,然后根据具体的初始条件和边界条件求解土层中任意点在任意时刻的 $u$ 或 $\sigma'$,进而求得整个土层在任意时刻达到的固结度(土层中总附加应力转化成有效应力的百分比)。这就是渗流固结理论所要解决的主要问题。

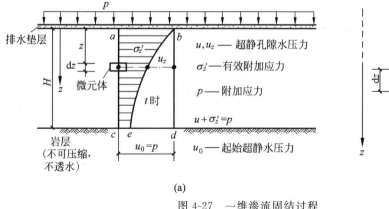
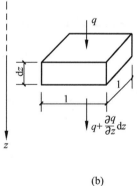

图 4-27　一维渗流固结过程

#### 1. 基本假设

太沙基建立一维渗流固结理论时作了如下假设。
(1) 土层是均质的、完全饱和的。
(2) 土颗粒和水是不可压缩的。
(3) 水的渗出和土层的压缩只沿一个方向(竖向)发生。

(4) 水的渗流遵从达西定律,且渗透系数 $k$ 保持不变。

(5) 孔隙比的变化与有效应力的变化成正比,即 $-\mathrm{d}e/\mathrm{d}\sigma'=a$,且压缩系数 $a$ 保持不变。

(6) 外荷载一次瞬时施加并保持不变。

### 2. 微分方程的建立

定义一维坐标系 $z$,原点在土层表面,向下为正。现从土层中深度 $z$ 处取一微元体 $\mathrm{d}x=1$,$\mathrm{d}y=1$,厚度为 $\mathrm{d}z$,则断面面积 $A=1\times1$,体积$=\mathrm{d}z$,见图 4-27(b)。在此微元体中,固体体积 $V_1$ 和孔隙体积 $V_2$ 分别为

$$V_1=\frac{1}{1+e_1}\mathrm{d}z=常量 \tag{a}$$

$$V_2=eV_1=e\left(\frac{1}{1+e_1}\mathrm{d}z\right) \tag{b}$$

式中: $e_1$——渗流固结前土的孔隙比。

因定义了 $z$ 坐标向下为正,流速 $v$ 和流量 $q$ 等水力要素也是向下为正。

首先运用连续性条件,即在 $\mathrm{d}t$ 时段内,微元体中孔隙体积的变化(减小)等于同一时段内从微元体中净流出的水量,亦即

$$-\frac{\partial V_2}{\partial t}\mathrm{d}t=\frac{\partial q}{\partial z}\mathrm{d}z\mathrm{d}t \tag{c}$$

式中: $q$——流量。

由式(b)得:

$$\frac{\partial V_2}{\partial t}\mathrm{d}t=\frac{\mathrm{d}z}{1+e_1}\frac{\partial e}{\partial t}\mathrm{d}t$$

代入式(c),得:

$$-\frac{1}{1+e_1}\frac{\partial e}{\partial t}=\frac{\partial q}{\partial z} \tag{4-35}$$

这是饱和土体渗流固结过程的基本关系式。由式(4-11)得,$\mathrm{d}e=-a\mathrm{d}\sigma'_z$,且 $\mathrm{d}u=-\mathrm{d}\sigma'_z$,则

$$\frac{\partial e}{\partial t}=-a\frac{\partial \sigma'_z}{\partial t}=a\frac{\partial u}{\partial t} \tag{d}$$

只考虑超静孔隙水压力引起的渗流,根据达西定律:

$$q=kiA=-\frac{k}{\gamma_w}\times\frac{\partial u}{\partial z} \tag{e}$$

式(e)对 $z$ 微分可得:

$$\frac{\partial q}{\partial z}=-\frac{k}{\gamma_w}\times\frac{\partial^2 u}{\partial z^2} \tag{f}$$

将式(d)和式(f)代入式(4-35),得

$$\frac{k(1+e_1)}{a\gamma_w}\frac{\partial^2 u}{\partial z^2}=\frac{\partial u}{\partial t}$$

或

$$\frac{\partial u}{\partial t}=C_v\frac{\partial^2 u}{\partial z^2} \tag{4-36}$$

式中,

$$C_v=\frac{k(1+e_1)}{a\gamma_w} \tag{4-37}$$

$C_v$ 称为土的固结系数,常用单位有 $\text{m}^2/$年、$\text{cm}^2/$年、$\text{cm}^2/\text{s}$ 等。

式(4-36)是描述超静孔压时空分布的微分方程,其中 $C_v$ 与 $\dfrac{\partial u}{\partial t}$ 成正比,而 $\dfrac{\partial u}{\partial t}$ 为孔压对时间的变化速率,因此固结系数 $C_v$ 是反映土体中孔压变化速率的参数。

**3. 固结微分方程的解析解**

式(4-36)一般称为一维渗流固结微分方程,可以根据不同的初始条件和边界条件求得它的特解。对图 4-27 所示的情况:

$$\text{当 } t = 0, 0 \leqslant z \leqslant H \text{ 时}, u = u_0 = p$$
$$\text{当 } 0 < t \leqslant \infty, z = 0 \text{ 时}, u = 0$$
$$\text{当 } 0 \leqslant t \leqslant \infty, z = H \text{ 时}, \frac{\partial u}{\partial z} = 0$$
$$\text{当 } t = \infty, 0 \leqslant z \leqslant H \text{ 时}, u = 0$$

应用傅里叶级数,可求得满足上述边界条件和初始条件的解答如下:

$$u_{zt} = \frac{4p}{\pi} \sum_{m=1}^{\infty} \frac{1}{m} \sin \frac{m \pi z}{2H} \text{e}^{-m^2 \frac{\pi^2}{4} T_v} \tag{4-38}$$

式中:$m$ —— 正奇数$(1,3,5,\cdots)$;

　　　e —— 自然对数底数;

　　　$H$ —— 排水最长距离,当土层为单面排水时,$H$ 等于土层厚度,当土层上下双面排水时,$H$ 采用土层厚度的一半;

　　　$T_v$ —— 时间因数(无量纲),按下式计算:

$$T_v = \frac{C_v}{H^2} t \tag{4-39}$$

式中:$C_v$ —— 土层的固结系数;

　　　$t$ —— 固结历时。

在上述边界条件下,固结微分方程的解析解式(4-38)具有如下特点:

(1) 孔压 $u$ 用无穷级数表示。

(2) 孔压 $u$ 与 $p$ 成正比。

(3) 每一项的正弦函数中仅含变量 $z$,表示孔压在空间上按三角函数分布。

(4) 每一项的指数函数中仅含变量 $t$ 且系数为负,表示孔压在时间上按指数衰减。

(5) 随着 $m$ 的增加,以后各项的影响急剧减小。

根据上述特点(5),当时间因数 $T_v$ 不是很小时,式(4-38)取一项即可满足一般工程要求的精度。

按式(4-38),可以绘制不同 $t$ 值时土层中的超静孔隙水压力分布曲线($u$-$z$ 曲线),如图 4-28 所示。从 $u$-$z$ 曲线随 $t$(或 $T_v$)的变化情况可看出渗流固结的进展情况。$u$-$z$ 曲线上某点的切线斜率反映该点处的竖向水力梯度,即 $i = -\dfrac{1}{\gamma_w} \dfrac{\partial u}{\partial z}$。

**4. 固结度**

图 4-27(a)表示在附加应力 $p$ 的作用下,在 $t$ 时刻,土层中的有效应力 $\sigma'_{zt}$ 和超静孔隙

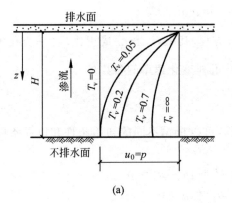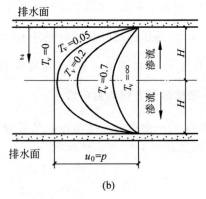

图 4-28 土层在固结过程中超静孔隙水压力的分布

(a) 单面排水；(b) 双面排水

水压力 $u_{zt}$ 的分布。在某一深度 $z$ 处，$t$ 时刻有效应力 $\sigma'_{zt}$ 与 $t=\infty$ 时有效应力 $\sigma'_{z\infty}$ 的比值，称为该点土的固结度。对图 4-27 所示的情况，深度 $z$ 处的固结度也等于有效应力 $\sigma'_{zt}$ 对总应力 $p$ 的比值，亦即超静孔隙水压力的消散部分 $u_0-u_{zt}$ 与起始超静孔隙水压力 $u_0$ 的比值，表示为

$$U_{zt}=\frac{\sigma'_{zt}}{\sigma'_{z\infty}}=\frac{\sigma'_{zt}}{p}=\frac{u_0-u_{zt}}{u_0} \tag{4-40}$$

对于实际工程，更有意义的是土层的平均固结度。$t$ 时刻土层的平均固结度等于此时土层中土骨架已经承担的有效应力面积对最终有效应力面积的比值，表示为

$$U_t=\frac{\text{面积 } abec}{\text{面积 } abdc}$$

亦即

$$U_t=\frac{\int_0^H u_0\mathrm{d}z-\int_0^H u_{zt}\mathrm{d}z}{\int_0^H u_0\mathrm{d}z}=1-\frac{\int_0^H u_{zt}\mathrm{d}z}{\int_0^H u_0\mathrm{d}z} \tag{4-41}$$

将式(4-38)代入式(4-41)，积分化简后得：

$$U_t=1-\frac{8}{\pi^2}\sum_{m=1}^{\infty}\frac{1}{m^2}\mathrm{e}^{-m^2\frac{\pi^2}{4}T_v} \quad (m=1,3,5,\cdots) \tag{4-42}$$

或

$$U_t=1-\frac{8}{\pi^2}\left(\mathrm{e}^{-\frac{\pi^2}{4}T_v}+\frac{1}{9}\mathrm{e}^{-9\frac{\pi^2}{4}T_v}+\cdots\right) \tag{4-43}$$

由于括号内是快速收敛的级数，通常为实用目的在 $T_v$ 不是很小时采用第一项已经有足够精度，此时，式(4-43)亦可近似写成：

$$U_t=1-\frac{8}{\pi^2}\mathrm{e}^{-\frac{\pi^2}{4}T_v} \tag{4-44}$$

式(4-44)的适用条件是 $T_v>0.06$ 或 $U>0.3$，否则会引起较大误差。

式(4-43)给出的 $U_t$ 和 $T_v$ 之间的关系可用图 4-29 中的曲线①表示。由式(4-43)和式(4-44)及图 4-29 可以看出，$U_t$ 和 $T_v$ 之间具有一一对应的递增关系，且 $T_v$ 是 $U_t$ 表达式中唯一的一个变量，因而时间因数 $T_v$ 是一个反映土层固结度的参数。

为计算简便，曲线①或式(4-43)亦可用下列近似公式表达：

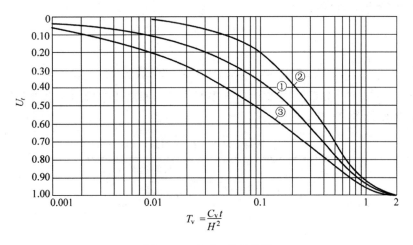

图 4-29　$U_t$-$T_v$ 关系曲线

$$T_v = \frac{\pi}{4}U_t^2 \qquad\qquad (U_t \leqslant 0.6) \qquad\qquad (4\text{-}45a)$$

$$T_v = -0.933\lg(1-U_t) - 0.085 \qquad\qquad (U_t > 0.6) \qquad\qquad (4\text{-}45b)$$

$$T_v \approx 3 \qquad\qquad (U_t = 1.0) \qquad\qquad (4\text{-}45c)$$

对于起始超静水压力 $u_0$ 沿土层深度为线性变化的情况,如图 4-30(a)中单面排水的情况 2 和情况 3,可根据此时的边界条件,解微分方程(4-36),再由式(4-41)分别得情况 2 和情

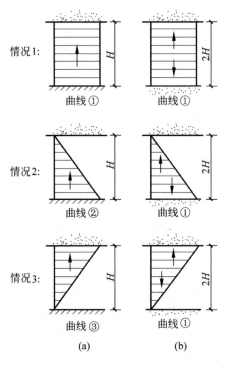

图 4-30　一维渗流固结的三种基本情况

(a) 单面排水;(b) 双面排水

况 3 对应的固结度表达式：

$$U_{t2} = 1 - 1.03\left(e^{-\frac{\pi^2}{4}T_v} - \frac{1}{27}e^{-9\frac{\pi^2}{4}T_v} + \cdots\right) \qquad (4\text{-}46)$$

$$U_{t3} = 1 - 0.59\left(e^{-\frac{\pi^2}{4}T_v} + 0.37e^{-9\frac{\pi^2}{4}T_v} + \cdots\right) \qquad (4\text{-}47)$$

这两种情况下的 $U_t$-$T_v$ 关系曲线如图 4-29 中的曲线②和曲线③所示。也可利用表 4-12 查相应于不同固结度的 $T_v$ 值。

表 4-12 $U_t$、$T_v$ 对照表

| 固结度 $U_t$ /% | 时间因数 $T_v$ | | |
|---|---|---|---|
| | $T_{v1}$（曲线①） | $T_{v2}$（曲线②） | $T_{v3}$（曲线③） |
| 0 | 0 | 0 | 0 |
| 5 | 0.002 | 0.024 | 0.001 |
| 10 | 0.008 | 0.047 | 0.003 |
| 15 | 0.016 | 0.072 | 0.005 |
| 20 | 0.031 | 0.100 | 0.009 |
| 25 | 0.048 | 0.124 | 0.016 |
| 30 | 0.071 | 0.158 | 0.024 |
| 35 | 0.096 | 0.188 | 0.036 |
| 40 | 0.126 | 0.221 | 0.048 |
| 45 | 0.156 | 0.252 | 0.072 |
| 50 | 0.197 | 0.294 | 0.092 |
| 55 | 0.236 | 0.336 | 0.128 |
| 60 | 0.287 | 0.383 | 0.160 |
| 65 | 0.336 | 0.440 | 0.216 |
| 70 | 0.403 | 0.500 | 0.271 |
| 75 | 0.472 | 0.568 | 0.352 |
| 80 | 0.567 | 0.665 | 0.440 |
| 85 | 0.676 | 0.772 | 0.544 |
| 90 | 0.848 | 0.940 | 0.720 |
| 95 | 1.120 | 1.268 | 1.016 |
| 100 | $\infty$ | $\infty$ | $\infty$ |

在实际工程中，饱和土层中的起始超静水压力分布要比图 4-30 所示的三种情况复杂，但实用上可以足够准确地把实际上可能遇到的起始超静水压力分布近似地分为五种情况处理(图 4-31)。

情况 1：基础底面积很大而压缩土层较薄的情况。

情况 2：相当于无限宽广的水力冲填土层(欠固结土)，由于自重应力而产生固结的情况，见 4.2.2 节。

情况 3：相当于基础底面积较小，在压缩土层底面的附加应力已接近零的情况。

情况 4：相当于地基在自重作用下尚未完全固结就在上面修建建筑物基础的情况。

情况 5：与情况 3 相似，但相当于在压缩土层底面的附加应力还不接近于零的情况。

尽管情况 3、情况 4、情况 5 已不是一维问题，但在一般实际工程中常按一维问题近似求

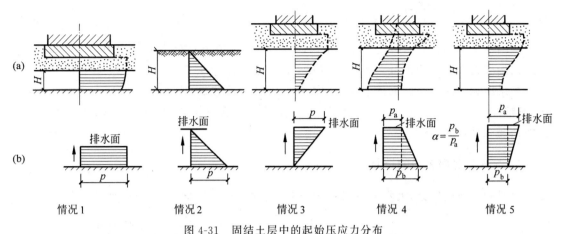

图 4-31　固结土层中的起始压应力分布

(a) 实际分布图；(b) 简化分布图(箭头表示水流方向)

解。情况 4 和情况 5 的固结度 $U_{t4}$、$U_{t5}$ 可以根据土层平均固结度的物理概念，利用情况 1，2，3 的 $U_t$-$T_v$ 关系式叠加来推算。该方法称为固结度的合成计算方法，如图 4-32 所示。

按式(4-41)，土层在某时刻 $t$ 的固结度等于该时刻土层中有效应力分布图的面积与总固结应力分布图面积之比。用虚线将图 4-31(b)情况 4 的总固结应力分布图(亦即起始超静孔隙水压力分布图)分成两部分，第一部分即为情况 1，第二部分为情况 2。在 $t$ 时刻，第一部分的固结度 $U_{t1}$，可用式(4-43)计算，此时土层中的有效应力分布面积应为

$$A_1 = U_{t1} p_a H \qquad (a)$$

同一时刻第二部分，即情况 2 的固结度 $U_{t2}$ 可用式(4-46)求得，此时土层中的有效应力面积应为

$$A_2 = U_{t2} \cdot \frac{1}{2} H(p_b - p_a) \qquad (b)$$

$t$ 时刻土层中有效应力面积之和为 $A_1 + A_2$。按上述固结度定义，这时情况 4 的土层总固结度为

$$U_{t4} = \frac{A_1 + A_2}{A_0} \qquad (c)$$

式中：$A_0$ 为土层中总应力分布图面积，即 $A_0 = \frac{H}{2}(p_a + p_b)$。将式(a)、式(b)、式(c)代入式(4-41)，得：

$$U_{t4} = \frac{U_{t1} p_a H + \frac{1}{2} U_{t2}(p_b - p_a) H}{\frac{1}{2} H(p_a + p_b)} = \frac{2U_{t1} + U_{t2}(\alpha - 1)}{1 + \alpha} \qquad (4\text{-}48)$$

式中：$\alpha = \frac{p_b}{p_a}$。

用同样的方法可以推出情况 5 的固结度。

$$U_{t5} = \frac{1}{1 + \alpha} [2U_{t1} - (1 - \alpha)U_{t2}] \qquad (4\text{-}49)$$

或
$$U_{t5} = \frac{1}{1+\alpha}[2\alpha U_{t1} + (1-\alpha)U_{t3}] \qquad (4\text{-}50)$$

应当注意,在式(4-48)、式(4-49)和式(4-50)中,$p_a$ 恒表示排水面的应力,$p_b$ 恒表示不透水面的应力而不是应力分布图的上边和下边的应力。

如果压缩土层上下两面均为排水面,由于可以线性叠加,则无论压力分布为哪一种情况,和情况 1 一样,只要在式(4-39)中以 $H/2$ 代替 $H$,就可按式(4-43)或式(4-44)计算,亦即按情况 1 计算固结度。

### 5. 沉降与时间关系的计算

以时间 $t$ 为横坐标,沉降 $s_t$ 为纵坐标,可以绘出沉降与时间关系曲线,如图 4-33 所示。

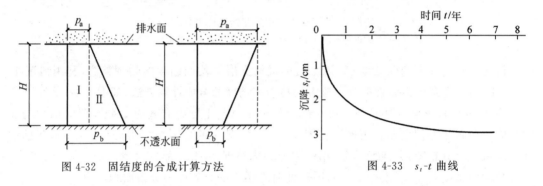

图 4-32    固结度的合成计算方法          图 4-33    $s_t\text{-}t$ 曲线

对一层土的沉降与时间关系,按土层平均固结度的定义:

$$U_t = \frac{\displaystyle\int_0^H \sigma'_{zt}\,\mathrm{d}H}{pH} = \frac{\dfrac{a}{1+e_1}\displaystyle\int_0^H \sigma'_{zt}\,\mathrm{d}H}{\dfrac{a}{1+e_1}pH} = \frac{s_t}{s_\infty}$$

或
$$s_t = U_t s_\infty \qquad (4\text{-}51)$$

即知道土层的最终沉降量 $s_\infty$ 和固结度 $U_t$ 就可以求得基础在时间 $t$ 达到的沉降量 $s_t$。

如果求达到某一沉降量 $s_t$ 所需时间 $t$,可先计算最终沉降量 $s_\infty$,然后根据式(4-51)计算固结度 $U_t$,再根据式(4-44)计算 $T_v$,进而根据式(4-39)计算时间 $t$。

另外一种常见的情况是,根据前一阶段测定的沉降-时间曲线,推算以后的沉降-时间关系。前述情况 1~5 固结度与时间的关系可写成如下统一的形式:

$$U_t = 1 - a\mathrm{e}^{-bt} \qquad (4\text{-}52)$$

如果已知时间 $t_1$ 以前的一系列沉降量与时间的关系,可先计算最终沉降量 $s_\infty$,然后可求出各时刻实测沉降量对应的固结度 $U_t$,即可根据式(4-52)拟合求取参数 $a$ 和 $b$,在此基础上可求出 $t_1$ 以后任一时刻的固结度和沉降量。

实际工程中的地基和施工条件可能与上述假定有较大差别,如地基可能并不是均质地基,荷载也可能并不是瞬时施加等,采用上述方法计算时应合理评价计算误差。

**【例题 4-3】**    在不透水基岩上有一 10m 厚的饱和黏土层,在地面上铺设 30cm 厚的砂垫层,进行大面积堆载预压。已知该黏土层的物理力学指标为:平均初始孔隙比 $e_1 = 0.8$,压缩系数 $a = 0.25\mathrm{MPa}^{-1}$,渗透系数 $k = 0.56 \times 10^{-6}\mathrm{cm/s}$。问一次很快堆载后黏土层多长时间固结度可达 0.75?

**【解】**

1) 计算固结系数 $C_v$:

$$C_v = \frac{k(1+e_1)}{a\gamma_w} = \frac{0.56 \times (1+0.8) \times 10^{-8}}{0.00025 \times 10} \text{m}^2/\text{s} = 4.032 \times 10^{-6} \text{m}^2/\text{s}$$

2) 用不同方法计算在 $U=0.75$ 时的时间因数 $T_v$:

(1) 用式(4-44)计算:

$$U = 1 - \frac{8}{\pi^2} e^{-\frac{\pi^2}{4}T_v}$$

$$-\frac{\pi^2}{4}T_v = \ln[\pi^2(1-U)/8] = \ln[0.25/8 \times \pi^2] = \ln 0.308 = -1.176$$

$$T_v = 1.176 \times 4/\pi^2 = 0.477$$

(2) 查图 4-29 得:

$$U = 0.75, \quad T_v = 0.460$$

(3) 查表 4-12 得:

$$U = 0.75, \quad T_v = 0.472$$

(4) 用式(4-45)近似计算:

$$T_v = -0.933\lg(1-U) - 0.085 = 0.5617 - 0.085 = 0.477$$

3) 取 $T_v = 0.472$,计算时间:

$$T_v = \frac{C_v}{H^2}t, \quad t = \frac{T_v H^2}{C_v} = \frac{0.472 \times 100}{4.032 \times 10^{-6}} \text{s} = 11.7 \times 10^6 \text{s} = 135.5\text{d}$$

## 6. 固结系数的测定

应用饱和土体渗流固结理论求解实际工程问题时,固结系数 $C_v$ 是关键参数,它直接影响超静孔隙水压力 $u$ 的消散速率和地基沉降与时间关系。$C_v$ 值越大,孔隙水压力消散越快,在其他条件相同的情况下,土体完成固结所需的时间越短。

一般可根据侧限压缩试验(固结试验)结果确定饱和土体的 $C_v$ 值。对于每级荷载作用下测得的变形与时间关系曲线(图 4-26),可认为名义主固结段中除了固结沉降以外,还有试验中不可避免产生的初始压缩,包括试样表面不平与加压板接触不良等原因产生的压缩。消除初始压缩的影响后,即符合一维渗流固结理论解。目前常采用下述两种半经验方法,即时间平方根法和时间对数法,将试验曲线与理论曲线进行拟合以确定 $C_v$ 值。

1) 时间平方根法

从式(4-45a)可知,当 $U_t \leqslant 0.6$ 时

$$U_t \approx \sqrt{\frac{4}{\pi}T_v} = C\sqrt{T_v} \tag{4-53}$$

上式表明,把试验固结曲线绘在 $s\text{-}\sqrt{t}$ 坐标上,如图 4-34 所示,当变形量在稳定变形量的 60% 以前,试验点应落在一条直线上。但是因为试验开始时有初始压缩,起始的试验点常偏离理论的直线段。在试验曲线上找出直线段①,延伸直线段①交 $s$ 坐标轴于 $s_0$,$s_0$ 应该就是实际主固结段的起点,$\Delta s$ 就相当于试验中的初始压缩量。

当 $U_t > 0.6$ 以后,式(4-45a)的固结曲线与式(4-43)的固结曲线相互分开。计算表明,当 $U_t = 90\%$ 时,式(4-43)的 $\sqrt{T_v}$ 值为式(4-45a)计算值的 1.15 倍。因此,在图 4-34 中,从 $s_0$ 引直线②,其横坐标为直线①的 1.15 倍,交试验曲线于一点,该点即认为是主固结达 90% 的试验点。其相应的坐标即为固结度达 90% 的变形量 $s_{90}$ 和时间 $\sqrt{t_{90}}$。$t_{90}$ 已知后,从表 4-12 查得情况 1 的 $U_t = 90\%$ 时,$T_v$ 为 0.848,便可按式(4-39)计算土的固结系数 $C_v$:

$$C_v = \frac{0.848H^2}{t_{90}} \qquad (4-54)$$

式中:$H$——土样在该级荷载作用下的平均厚度的 1/2。

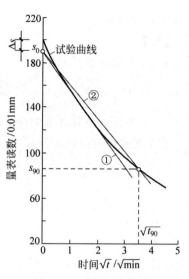

图 4-34　时间平方根法

**2) 时间对数法**

将试验测得的变形量和时间关系绘制在半对数坐标上,如图 4-35 所示。如前所述,取曲线下反弯点前后两段曲线切线的交点 $m$ 作为主固结段和次固结段的分界点,亦即 $U_t = 100\%$ 的结束点。根据固结曲线前段符合抛物线的规律,在前段任选两点 $a$、$b$,其时间比值为 1:4(例如 1min 和 4min),固结曲线上 $a$、$b$ 间的变形量为 $\Delta s$,则在 $a$ 上再加上一个 $\Delta s$,该点就是主固结变形开始的点,表示为 $s_0$。$s_0 \sim m$ 的变形量就是主固结段的总变形量,$s_0 \sim m$ 竖直距离中点 $c$ 的坐标,即为渗流固结完成 50% 的变形量 $s_{50}$ 和时间 $t_{50}$。由表 4-12 查得,相应于 $U_t = 50\%$ 时的 $T_v = 0.197$,因此

$$C_v = \frac{0.197}{t_{50}}H^2 \qquad (4-55)$$

式中,$H$ 的意义同前。

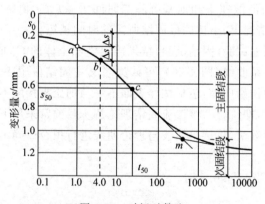

图 4-35　时间对数法

采用时间平方根法,有时会遇到试验曲线的直线段不明显的情况,采用时间对数法,$U_t = 0$ 点的确定不如时间平方根法方便。目前在生产实践中,两种方法都采用。但要注意,无论采用哪一种方法得出的 $C_v$ 值都只能作为近似值,因为这两种方法都是半经验法,而且试验土样不一定能够完全代表天然土层的情况(如天然土层中可能夹有很薄的砂层),试验

条件也不完全符合实际条件(如土样薄、水力坡降太大,因而应变速率太大等)。此外,土在固结过程中密度不断变化,渗透系数 $k$、压缩系数 $a$、孔隙比 $e$ 值都在改变,$C_v$ 值也在改变,因而选用 $C_v$ 值时,还应考虑实际的荷载增量级。

**【例题 4-4】** 在饱和土样的侧限压缩试验中,当压力从 200kPa 瞬时增加至 400kPa 后,测得千分表随时间的读数如表 4-13 所示。

表 4-13　例题 4-4 表

| 时间/min | 0 | 0.25 | 0.5 | 1.0 | 2.0 | 4.0 | 9.0 | 16.0 | 25.0 | 36.0 | 49.0 | 60.0 | 90.0 | 120.0 | 210.0 | 300.0 | 1440.0 |
|---|---|---|---|---|---|---|---|---|---|---|---|---|---|---|---|---|---|
| 读数 $d$/mm | 5.00 | 4.82 | 4.77 | 4.64 | 4.51 | 4.32 | 4.00 | 3.72 | 3.49 | 3.31 | 3.19 | 3.10 | 2.98 | 2.89 | 2.78 | 2.72 | 2.60 |

经过 24h(1440min)后,土样厚度为 14.10mm。试用时间对数法确定固结系数 $C_v$。

**【解】** 相应于本级荷载增量,土样厚度变化　$s=(5.00-2.60)\text{mm}=2.40\text{mm}$

固结过程中土样的平均厚度　$2H=\left(14.10+\dfrac{2.40}{2}\right)\text{mm}=15.30\text{mm}$

最长渗径　$H=\dfrac{15.3}{2}\text{mm}=7.65\text{mm}$

绘制 $d$-$\lg t$ 曲线如图 4-36 所示,取 0.5～2min 的变形增量为参考。从曲线上求得:
$$t_{50}=12.0\text{min}$$

故
$$C_v=\frac{0.197\times(0.765)^2}{12\times60}\text{cm}^2/\text{s}\approx1.59\times10^{-4}\text{cm}^2/\text{s}$$

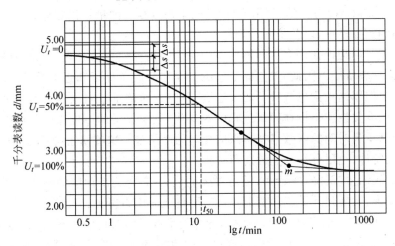

图 4-36　例题 4-4 $d$-$\lg t$ 曲线

## 4.4.2　关于渗流固结理论的研究进展

人们关注的建筑物地基沉降问题有着悠久的历史,关于土的压缩与固结的研究也经历了漫长岁月,直到太沙基提出了土力学中最重要的理论——有效应力原理以及一维渗流固结理论,才建立起能反映土的力学机理的计算分析方法。

固结与压缩对土的工程特性有重要影响,与土工建筑物和地基的渗流、稳定和沉降等问题有密切联系。例如,土体由于压缩,渗透性减小,伴随着固结过程,土体内的粒间应力不断改变,使土的强度相应变化;土体的压缩导致建筑物地基下沉,直接影响上部结构的使用条件和安全。

土的固结和压缩的规律相当复杂。它不仅取决于土的类别和性状,也因其边界条件、排水条件和受荷方式而异。黏性土与无黏性土的变形机理不同;两相土和三相土的固结过程迥然有别,后者由于土中含气,变形指标不易准确测定,状态方程的建立与求解都比较复杂。天然土体一般都是各向异性、非均质或成层的,如何合理地考虑它们对变形的影响,尚待进一步研究。就地基而言,建筑物施加的通常是局部荷重,在固结过程中,除上下方向的排水压缩外,同时还有不同程度的侧向排水与膨胀,这一类二向与三向固结问题,迄今还没有获得普遍的解析解。考虑到荷重随时间而改变的情况,固结微分方程的数学处理会更加复杂。

太沙基的饱和土体固结理论是建立在许多简化和假设基础上的。后来,经太沙基与伦杜立克(Rendulic)发展,1935年推广为三向固结方程,可以考虑三向排水时的压缩,其中假设了固结过程中总应力的正应力之和为常量,故称为准三维固结方程或扩散方程。比奥(Biot)进一步研究了材料三向变形与孔隙压力的相互作用,于1941年推导出比较完善的三向固结方程。但是,由于比奥理论将变形与渗流结合起来考虑,大大增加了固结方程的求解难度,至今仅得到个别情况的解析解。多年来,固结理论的发展,主要围绕着假设不同材料的模式,得到不同的物理方程:(1)土骨架假设为弹性的(各向同性与各向异性的)、弹塑性的或黏弹性的(线性与非线性以及它们的各种组合);(2)土中流体假设为不可压缩的,线性黏滞体或可压缩的;(3)关于土骨架与流体间的相互作用,有人提出以混合体力学(mechanics of mixture)为基础,利用连续原理、平衡方程与能量守恒定律,建立混合体特性方程,选用适当边界条件,以获得固结理论解。

虽然二向、三向理论在许多实际情况中比单向固结理论更为合理,但是,在指标测定与方程求解方面比较复杂。因此,单向固结理论至今在某些条件下和近似计算中仍被广泛应用。多年来,单向固结理论也获得了较大进展,研究方向侧重于对太沙基基本假设的修正。例如,考虑土的有关性质指标在固结过程中的变化,压缩土层的厚度随时间改变,非均质土的固结,固结荷重为时间的函数以及有限应变时的固结等。这些修正,使得计算模型能更准确地反映土的特性、土层分布和土的加荷过程。

对于土的压缩量(沉降)的计算,随着对土的应力-应变关系理解的深化,也从原先只考虑单向压缩变形,发展到计及侧向变形,后来,更将土的应力历史、应力路径等因素纳入计算方案。20世纪60年代电子计算机问世后,计算技术有了划时代的飞跃,极大地推动了岩土力学理论的发展,使得以往无法考虑的许多土的复杂的本构关系,有可能被引入计算。例如,在压缩变形计算中,除土的线弹性模型外,已经逐渐引用其他各种模型:非线性弹性模型(其中最著名的有邓肯-张模型)、弹塑性模型(如剑桥模型)等。采用应力-应变与渗流耦合的有限单元法进行固结计算,可以在一次分析中得到土体应力-变形-孔压发展的全过程。

关于非饱和土固结问题,因其极其复杂,直到20世纪60年代才开始系统地研究。早期的研究主要针对气封闭的非饱和土,只建立孔隙水压力的控制方程。Fredlund等人于1979年提出用两个偏微分方程可以求解非饱和土固结过程中的孔隙气压力和孔隙水压力,并认为液相和气相的渗透系数都是土的基质吸力或某一体积-质量特性的函数。此后非饱和土的固结理论被推广到三维并进行了实际工程应用。我国学者在相关理论研究和工程实用方面也做了大量卓有成效的工作。

在固结理论发展的同时,测试技术也有了相应提高。虽然沿用多年的侧限固结仪至今仍被采用,并作了许多改进,研制了各种形式的连续加荷的试验仪器和方法;但是,越来越多的研究者强调,应该用三轴仪测定土的变形指标,并建立相应的计算方法。当前,计算技术的迅速发展,排除了计算途径上的许多障碍,使计算指标测定的可靠性问题居于重要地位。

# 习　题

**4-1**　侧限压缩试验试样初始厚度为 2.000cm,当压力由 200kPa 增加到 300kPa,变形稳定后土样厚度由 1.990cm 变为 1.970cm,试验结束后卸去全部荷载,厚度变为 1.980cm(试验全过程都处于饱和状态),取出土样测得土样含水量 $w=27.8\%$,土粒比重为 2.7。计算土样的初始孔隙比以及 200~300kPa 的压缩系数 $a_{2-3}$。

**4-2**　在图 4-37 所示的地基上修建条形基础(墙基),基础宽度为 1.6m,地面以上荷重(包括墙基自重)为 200kN/m,基础埋置深度为 1m,黏土层试样的压缩试验结果如表 4-14所示。要求:(1)绘制自重应力沿深度分布曲线。(2)基础中点下土层中的附加应力分布曲线(绘在同一张图上)。(3)计算基础中点的最终沉降量(用分层总和法,用 100~200kPa 的 $E_{s1-2}$ 计算,设沉降计算经验系数 $\psi_s=1$,粗砂可以按一层计算)。

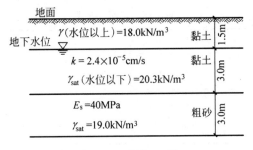

图 4-37　习题 4-2 图

表 4-14　习题 4-2 表

| 压应力/kPa | 100 | 200 | 300 |
|---|---|---|---|
| 孔隙比 $e$ | 0.952 | 0.936 | 0.924 |

**4-3**　某建筑物基础为矩形,长 3.6m,宽 2.0m,埋深 1.5m。地面以上荷重 $N=900$kN,地基土为均匀粉质黏土,$\gamma=18$kN/m³,$e_0=1.0$,$a=0.4$MPa$^{-1}$。试用规范法计算基础中心点的最终沉降量(考虑沉降计算经验修正系数时,$p_0=f_{ak}$)。

**4-4**　已知甲、乙两条形基础如图 4-38 所示。$H_1=H_2$,$b_2=2b_1$,$N_2=2N_1$。问两基础中心点的沉降量是否相同?通过调整两基础的 $H$ 和 $b$,能否使两基础的沉降量相接近?有几种可能的调整方案?哪一种方法较好?为什么?

**4-5**　在图 4-39 所示的饱和软黏土层表面很快施加 150kPa 大面积均布荷载,经过四个月,测得土层中各深度处的超静水压力 $\Delta u$ 如表 4-15 所示。

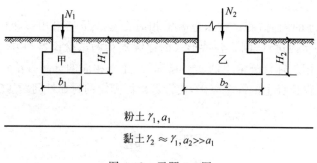

图 4-38 习题 4-4 图

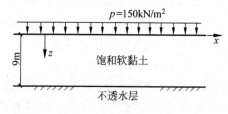

图 4-39 习题 4-5 图

(1) 绘制 $t=0$, $t=4$ 个月, $t=\infty$ 时土层中超静水压力沿深度的分布图。

(2) 估计需要再经过多长时间土层才能达到 90% 固结度?

表 4-15 习题 4-5 表

| $z/\mathrm{m}$ | $\Delta u/\mathrm{kPa}$ | $z/\mathrm{m}$ | $\Delta u/\mathrm{kPa}$ |
|---|---|---|---|
| 1 | 25 | 6 | 105 |
| 2 | 48 | 7 | 112 |
| 3 | 67 | 8 | 118 |
| 4 | 83 | 9 | 120 |
| 5 | 95 | | |

**4-6** 如图 4-40 所示,设饱和黏土层的厚度为 10m,其下为不透水且不可压缩岩层,地面上作用均布荷载 $p=240\mathrm{kPa}$。该黏土层的物理力学性质如下:初始孔隙比 $e_0=0.8$,压缩系数 $a=0.25\mathrm{MPa}^{-1}$,渗透系数 $k=2.0\mathrm{cm}/$年。试问:

(1) 加荷一年后地面沉降多少?

(2) 加荷历时多久地面沉降量达 20cm?(按一层计算,设粗砂垫层压缩量可忽略不计)

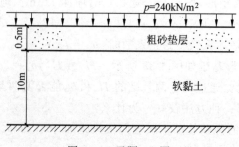

图 4-40 习题 4-6 图

**4-7**　在天然地基上建闸,闸长 500m,闸板底宽 20m,在长度方向(垂直于纸面)荷载为每延米 5000kN(中心荷载,包括自重),闸底埋深 5m,地基土层分布如图 4-41 所示,土特性见表 4-16 和表 4-17。

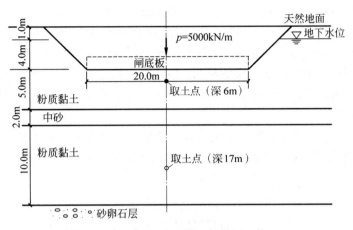

图 4-41　习题 4-7 图

**表 4-16　土的物性试验成果表**

| 土层编号 | 土名称 | 天然密度 $\rho/(g/cm^3)$ | 天然含水量 $w/\%$ | 比重 $G_s$ | 孔隙比 $e$ | 孔隙度 $n$ | 饱和度 $S_r$ | 液限 $w_L$ | 塑限 $w_p$ | 液性指数 $I_L$ | 塑性指数 $I_p$ | 渗透系数 $k/(cm/s)$ | 备注 |
|---|---|---|---|---|---|---|---|---|---|---|---|---|---|
| 1 | 粉质黏土 | 1.910 | 32.1 | 2.70 | | | | 34.8 | 22.6 | | | $5\times10^{-7}$ | 地下水位以上为毛细饱和区 |
| 2 | 中砂 | 2.030 | 22.6 | 2.65 | | | | | | | | | $E_s=25MPa$ |
| 3 | 粉质黏土 | 1.935 | 29.7 | 2.68 | | | | 36.2 | 21.2 | | | $5\times10^{-7}$ | |
| 4 | 砂卵石 | | | | | | | | | | | 50m/d | 密实 |

**表 4-17　侧限压缩试验成果表(孔隙比 $e$ 值)**

| 土层编号 | 土名称 | 加载方式 | 压力/kPa | | | | | | | | |
|---|---|---|---|---|---|---|---|---|---|---|---|
| | | | 0 | 10 | 30 | 50 | 70 | 100 | 200 | 400 | 800 |
| 1 | 粉质黏土 | 加载 | 0.867 | 0.865 | 0.862 | 0.855 | 0.845 | 0.832 | 0.804 | 0.775 | 0.745 |
| | | 卸载 | 0.859 | 0.850 | 0.840 | 0.836 | 0.833 | | | | |
| | | 重加载 | | 0.856 | 0.845 | 0.840 | 0.836 | 0.831 | | | |

| 土层编号 | 土名称 | 加载方式 | 压力/kPa | | | | | | | | |
|---|---|---|---|---|---|---|---|---|---|---|---|
| | | | 0 | 20 | 40 | 80 | 120 | 200 | 400 | 800 | 1600 |
| 3 | 粉质黏土 | 加载 | 0.796 | 0.794 | 0.792 | 0.789 | 0.784 | 0.773 | 0.753 | 0.731 | 0.712 |
| | | 卸载与重加载 | 回弹压缩指数 $C_e=0.012$ | | | | | | | | |

（1）绘出 1、3 土层的 $e$-$p$ 曲线和 $e$-$\lg p$ 曲线（包括卸载和重加载曲线，如试验成果中的孔隙比未达到 $0.42 e_0$，可根据已有曲线的直线段延长估算）。

（2）求 1、3 土层的先期固结压力，判断土层固结性质并绘出现场初始压缩曲线。

（3）求 1、3 土层的 $a_{1-2}$、$E_{s(1-2)}$、$C_c$（初始压缩曲线）和 $C_v$。

（4）不考虑地基回弹，用 $e$-$p$ 曲线求地基的最终沉降量（分层厚度不超过 $0.25b$ 或 4m）。

（5）考虑地基回弹，用 $e$-$\lg p$ 曲线求地基的最终沉降量（按土层划分计算层）。

（6）计算加载 10 天后 1、3 土层的超静孔隙水压力和有效应力分布曲线，土层的固结度和地基的沉降量（基础中心点为计算点，附加应力简化为矩形分布、侧限条件，单面排水，基础底面当成不排水面）。

**4-8**　在图 4-42 中，某建筑物地基的沉降主要是第二层软黏土层引起的，根据一维渗流固结理论计算，建成后一年的沉降量为 14.5cm，两年的累计沉降量为 20cm。试推算其最终沉降量 $s_\infty$。

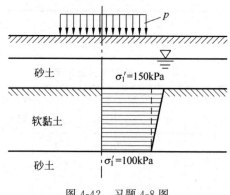

图 4-42　习题 4-8 图

**4-9**　在不透水地层上有一 10m 厚的饱和黏土层，在瞬时局部荷载作用下产生的附加应力见图 4-43。已知该土层的物理力学指标为：平均初始孔隙比 $e_1 = 0.8$，压缩系数 $a = 0.5 \text{MPa}^{-1}$，渗透系数 $k = 1.2 \times 10^{-6} \text{cm/s}$。问加载多长时间沉降量可达到 28cm？

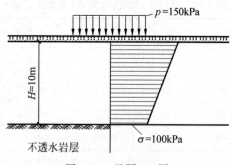

图 4-43　习题 4-9 图

第
5
章

# 土的抗剪强度

## 5.1 概　　述

　　材料的强度是指材料抵抗外荷载的能力,其数值等于作用在其上的极限应力。在研究土的强度时,始终不应忘记土具有碎散性、多相性和自然变异性等基本特点。这些特点使得土的强度呈现出一些特殊性。

　　首先,土是一种碎散的颗粒材料。土颗粒矿物本身具有较高的强度,不易发生破坏。土颗粒之间的接触界面相对软弱,容易发生相对滑移等。因此,土的强度主要由颗粒间的相互作用力决定,而不是由颗粒矿物的强度决定,这个特点决定了土破坏的主要表现形式是剪切破坏。土的抗剪强度是单元土体在一定条件下抵抗剪切破坏的能力,在数值上等于作用于其剪切面上的最大剪应力。土的抗剪强度主要表现为黏聚力和摩擦力,亦即其抗剪强度主要由颗粒间的黏聚力和摩擦强度组成。其次,土由三相组成,固体颗粒与液气两相间的相互作用对于土的强度有很大影响,所以在研究时要考虑孔隙水压力、吸力等土所特有的影响因素。最后,土的地质历史造成土强度具有强烈的多变性、结构性和各向异性等。这些特性表明,土强度受到它内部和外部、微观和宏观众多因素的影响,是一个十分复杂的研究课题。

　　为了说明土体剪切破坏的主要特点,首先来考察如图 5-1 所示的砂堆。当我们通过一个漏斗贴近砂体向下轻轻撒砂时,在地面上形成一个砂堆,其砂坡处于极限平衡状态。这个砂堆与水平面的夹角 $\alpha$ 就是天然休止角,也是最松状态下砂的内摩擦角。

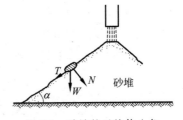

图 5-1　砂坡的天然休止角

　　砂坡上重量为 $W$ 的微单元砂体处于极限平衡状态,对其进行受力分析,根据沿坡向的受力平衡可得:

$$T = N\tan\alpha \quad \Rightarrow \quad \tan\alpha = \frac{T}{N} \qquad (5-1)$$

　　显然,砂坡天然休止角的大小与砂粒本身的颗粒强度基本无关,而主要取决于砂粒之间在接触界面上的相互作用。经验表明,砂坡的天然休止角一般为 30°～35°,大于其组成矿物平面滑动的摩擦角。可见即使在"最松"状态下,除了滑动摩擦之外,颗粒间还存在一定的咬合作用。

　　土的强度通常是指土体抵抗剪切破坏的能力。例如当堤坝的边坡太陡时,要发生滑坡,如图 5-2 所示。土体的滑坡就是土坡上的一部分土体相对另一部分土体发生的剪切破坏。地基土受过大的荷载作用,也会出现部分土体沿着某一滑动面挤出,导致建筑物严重下陷,甚至倾倒,如图 5-3 所示。土体中滑动面的产生就是由于该滑动面上的剪应力达到土的抗剪强度所引起的。

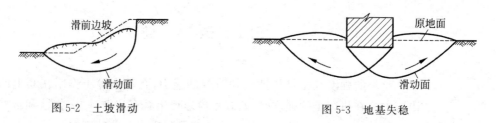

图 5-2　土坡滑动　　　　　　　　　　图 5-3　地基失稳

　　抗剪强度是土的主要力学性质之一。土是否达到剪切破坏状态,除了取决于它本身的性质外,还与所受的应力组合密切相关。这种破坏时的应力组合关系称为破坏准则。土的破坏准则是一个十分复杂的问题,可以说,目前还没有一个被认为能完美适用于土的理想的破坏准则。本章主要介绍目前被认为能较好地拟合试验结果,因而为生产实践所广泛采用的破坏准则,即莫尔-库仑破坏准则。

　　土的抗剪强度,首先取决于它本身的基本性质,那就是土的组成、土的状态和土的结构,这些性质又与它形成的环境和应力历史等因素有关;其次还取决于它当前所受的应力状态。土的抗剪强度主要依靠室内试验和原位测试确定,试验仪器的种类和试验方法对确定强度值有很大的影响。本章除介绍主要的测试仪器和常规的试验方法外,将着重阐明试验过程中土样的排水固结条件对测得的强度指标的影响。不清楚这个问题,就无法理解同一种土用相同的仪器,在不同的试验条件下,得出的抗剪强度指标差别可以十分悬殊,因而也就无法根据实际的工程条件来选择合适的指标。

　　在土力学学科中,对土的抗剪强度已经进行了大量的试验和理论研究工作。但是由于土是一种十分复杂的材料,这个问题至今仍然是土力学的一个主要研究课题。本章只能介绍这一课题的最基本的理论和分析方法。

## 5.2　土的抗剪强度理论

### 5.2.1　直剪试验与库仑公式

　　早在 1773 年,法国著名力学家、物理学家库仑(Coulomb C A)采用直剪仪系统地研究了土体的抗剪强度特性。图 5-4(a)是直剪仪装置的原理简图。仪器由固定的上盒和可移动的下盒构成,水平截面面积为 A 的土样置于上、下剪切盒所构成的圆柱形空间内。

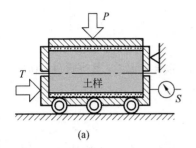 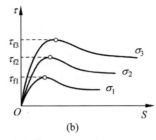 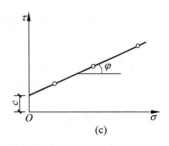

图 5-4　直剪试验及抗剪强度包线

（a）直剪仪；（b）剪切曲线；（c）强度包线

　　试验时，首先通过传压板对试样施加竖向压力 $P$，然后施加水平力 $T$ 于下盒，使试样在上、下盒之间水平接缝处产生剪切位移 $S$。在施加每一个竖向压应力 $\sigma = P/A$ 后，逐步增加剪切面上的剪切位移 $S$，并测量作用在剪切面上的平均剪应力 $\tau = T/A$，直至试样破坏。将试验结果绘制成剪应力 $\tau$ 和剪切变形 $S$ 的关系曲线，如图 5-4（b）所示。图中每条曲线的峰值 $\tau_f$ 为土样在该级竖向应力 $\sigma$ 作用下所能承受的最大剪应力，即相应的抗剪强度。

　　试验结果表明，同一种土的抗剪强度不是常量，而是随剪切面上的法向应力 $\sigma$ 的增加而增大的（图 5-4（c））。据此，库仑总结了土的破坏现象和影响因素，提出土的抗剪强度公式为

$$\tau_f = c + \sigma \tan\varphi \tag{5-2}$$

式中：$\tau_f$——剪切破裂面上的剪应力，即土的抗剪强度；

　　　　$\sigma \tan\varphi$——摩擦强度，其大小正比于法向应力 $\sigma$；

　　　　$\varphi$——土的内摩擦角；

　　　　$c$——土的黏聚力，是法向应力为零时的抗剪强度，即其大小与试验时所受法向应力无关，对于无黏性土，$c=0$。

　　式（5-2）就是著名的库仑公式，其中 $c$ 和 $\varphi$ 是决定土的抗剪强度的两个指标，称为土的抗剪强度指标。对于同一种土，在相同的试验条件下它们为常数，但是当试验方法不同时则可能会有很大的差异。这点将在 5.5 节中详细讨论。

　　后来，由于有效应力原理的提出，人们认识到只有有效应力的变化才能真正引起土强度的变化。因此，上述库仑公式改写为

$$\tau_f = c' + \sigma' \tan\varphi' = c' + (\sigma - u)\tan\varphi' \tag{5-3}$$

式中：$\sigma'$——剪切破裂面上的有效法向应力；

　　　　$u$——土中的孔隙水压力；

　　　　$c'$——土的有效黏聚力；

　　　　$\varphi'$——土的有效内摩擦角。

　　$c'$ 和 $\varphi'$ 称为土的有效应力抗剪强度指标，对于同一种土，其值理论上与试验方法无关，接近于常数。

　　式（5-3）称为有效应力抗剪强度公式。有关这两个公式的区别和应用范围，将在 5.5 节中详细阐述。

### 5.2.2　土的抗剪强度机理

库仑抗剪强度公式 $\tau = c + \sigma \tan\varphi$ 表明,土的抗剪强度由两部分组成,即摩擦强度 $\sigma\tan\varphi$ 和黏聚强度 $c$。通常认为,粗粒土颗粒间没有黏聚强度,即 $c=0$。

**1. 摩擦强度**

摩擦强度取决于剪切面上的正应力 $\sigma$ 和土的内摩擦角 $\varphi$。粗粒土的内摩擦涉及土颗粒之间的相对滑动,其物理过程包括如下两个组成部分:一个是颗粒之间滑动时产生的滑动摩擦;另一个是颗粒之间由于咬合所产生的咬合摩擦。

滑动摩擦是由于矿物接触面粗糙不平引起的。土粒间的滑动摩擦可用滑动摩擦角 $\varphi_\mu$ 表示。对于给定的矿物,$\varphi_\mu$ 值基本为常数,例如对饱和石英 $\varphi_\mu = 22° \sim 24.5°$。

咬合摩擦是指相邻颗粒对于相对移动的约束作用。图 5-5(a)表示相互咬合着的颗粒排列。当土体内沿某一剪切面产生剪切破坏时,相互咬合着的颗粒必须从原来的位置被抬起(如图 5-5(b)中颗粒 $A$),跨越相邻颗粒(颗粒 $B$),或者在尖角处将颗粒剪断(颗粒 $C$),然后才能移动。总之先要破坏原来的咬合状态,一般表现为体积胀大,才能达到剪切破坏。这种由剪应力引起的体胀即所谓"剪胀"现象。剪胀需要消耗部分能量,这部分能量需要由剪应力做功来补偿,即表现为内摩擦角的增大。土越密,磨圆度越小,咬合作用越强,则内摩擦角越大。此外,在剪切过程中,土体中的颗粒重新排列,也要消耗掉或释放出一定的能量,对内摩擦角也有影响。

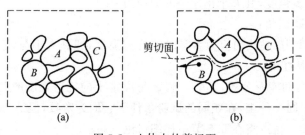

图 5-5　土体内的剪切面

综合以上分析,可以认为影响粗粒土内摩擦角的主要因素是:(1)密度;(2)粒径级配;(3)颗粒形状;(4)矿物成分等。图 5-6 综合表示这些因素对砂土内摩擦角 $\varphi$ 的影响及一般的变化范围,可供参考。

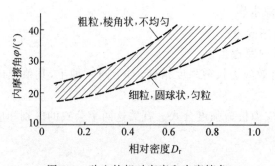

图 5-6　砂土的相对密度和内摩擦角

细粒土的颗粒细微,颗粒表面存在着吸附水膜,颗粒间可以在接触点处直接接触,也可以通过结合水膜间接接触,所以其摩擦强度要比粗粒土复杂。除了由于相互移动和咬合作用所引起的摩擦强度外,接触点处的颗粒表面因为物理化学作用而产生的吸引力,对土的摩擦强度也有影响。

**2. 黏聚强度**

细粒土的黏聚力 $c$ 取决于土粒间的各种物理化学作用力,包括库仑力(静电力)、范德华力、胶结作用力等。对黏聚力的微观研究是一个很复杂的问题,目前还存在着各种不同的见解。苏联学者把黏聚力区分成两部分,即原始黏聚力和固化黏聚力。原始黏聚力来源于颗粒间的静电力和范德华力。颗粒间的距离越近,单位面积上土粒的接触点越多,则原始黏聚力越大。因此,同一种土,密度越大,原始黏聚力就越大。当颗粒间相互离开一定距离以后,原始黏聚力才完全丧失。固化黏聚力取决于存在于颗粒之间的胶结物质的胶结作用,例如土中的游离氯化物、铁盐、碳酸盐和有机质等。固化黏聚力除了与胶结物质的强度有关外,还会随着时间的推移而强化。密度相同的重塑土的抗剪强度与原状土的抗剪强度往往有较大的差别,而且沉积年代越老的土,强度越高,很重要的原因就是固化黏结力所起的作用。

地下水位以上的土,由于毛细水的表面张力作用,在土骨架间引起毛细压力。毛细压力也有联结土颗粒的作用。颗粒越细,毛细压力越大。在黏性土中,毛细压力可达到一个大气压以上。

粗粒土的粒间作用力与重力相比可以忽略不计,故一般认为无黏性土不具有黏聚强度。但有时粗粒土间也有胶结物质存在而具有一定的黏聚强度。另外,在非饱和砂土中,粒间受毛细压力,含水量适当时也有明显的黏聚作用,可以捏成团,但因为是暂时性的,又称为“假黏聚力”,工程中一般不将其作为黏聚强度考虑。

## 5.2.3 莫尔-库仑强度理论

**1. 应力状态和莫尔圆**

在一般的土工建筑物中,土体单元处于三维应力状态,其三个主应力分别表示为 $\sigma_1$、$\sigma_2$、$\sigma_3$。但在本节将要介绍的土的莫尔-库仑强度理论中并没有考虑中主应力 $\sigma_2$ 的影响,强度包线只取决于大主应力 $\sigma_1$ 和小主应力 $\sigma_3$,而与中主应力 $\sigma_2$ 的大小无关。因此,在本章有关应力状态和莫尔圆的讨论中,主要考虑大主应力 $\sigma_1$ 和小主应力 $\sigma_3$ 作用平面的情况。

在采用莫尔圆法进行应力状态的分析时,应力符号采用材料力学的符号规定。在材料力学的符号规定中,正应力以拉为正,剪应力以使微元产生顺时针方向转动时为正(图 5-7(a))。如第 3 章所述,由于土体为散粒体,很少或完全不能承受拉应力,土体单元一般处于受压状态。为了使用方便,采用了和材料力学相反的规定,也即,正应力以压为正,剪应力以使微元产生逆时针方向转动时为正(图 5-7(b))。

需要注意的是,在第 3 章中进行土体中的应力计算时,土力学采用了和弹性力学相反的应力符号规定。由于材料力学和弹性力学对剪应力的符号规定存在差别,这使得在土力学中进行一般应力计算和莫尔圆应力分析时,对剪应力符号的规定也是不相同的。在具体使

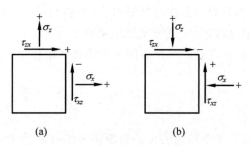

图 5-7　莫尔圆应力分析时应力符号的规定

(a) 材料力学；(b) 土力学

用中,要注意这两种符号规定之间的差别与转换。

土体中一点的应力状态是客观存在的,但作用在某个面上的正应力和剪应力分量却是随作用面的转动而发生变化的,其完整的二维应力状态可通过一个莫尔圆来表示。图 5-8 给出了土体中一点应力状态和相对应的莫尔圆的画法。假定土体单元在垂直于 $x$ 轴和 $z$ 轴平面上所作用的应力分量分别是$(\sigma_x, \tau_{xz})$和$(\sigma_z, \tau_{zx})$,则其对应莫尔圆的

(1) 圆心坐标：$p = (\sigma_x + \sigma_z)/2$。

(2) 半径：$r = \sqrt{[(\sigma_x - \sigma_z)/2]^2 + \tau_{xz}^2}$。

(3) 大、小主应力：$\sigma_1 = p + r$, $\sigma_3 = p - r$。

(4) 莫尔圆顶点坐标：$p = (\sigma_1 + \sigma_3)/2$, $q = (\sigma_1 - \sigma_3)/2$。

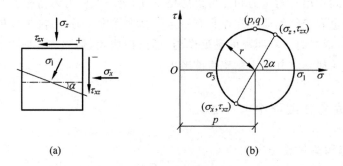

图 5-8　应力状态莫尔圆

(a) 应力状态；(b) 莫尔圆

莫尔圆周上每一点均对应一个作用面上的应力分量。其中,莫尔圆周上的点和作用面所对应转角的方向相同,但转角大小前者为后者的 2 倍。在图 5-8 中分别标出了大主应力作用面的位置和相对$(\sigma_z, \tau_{zx})$作用面的转角。

**2. 极限平衡应力状态与强度包线**

当土体单元发生剪切破坏,也即剪切破坏面上的剪应力达到其抗剪强度 $\tau_f$ 时,称该土体单元达到极限平衡状态。根据库仑公式,判别一个土体单元是否发生剪切破坏,取决于其某一个面上作用的正应力 $\sigma$ 和剪应力 $\tau$ 是否满足库仑抗剪强度公式(5-2),也即基于库仑公式的抗剪强度 $\tau_f$ 可由下式确定：

$$\tau_f = c + \sigma \tan\varphi$$

如图 5-9 所示,在 $\tau$-$\sigma$ 图上,该抗剪强度 $\tau_f$ 为一条截距为 $c$、倾角为 $\varphi$ 的直线。假定土体中一点的应力状态由图 5-9 所示的莫尔圆表示。则对于图中所示的情况,该莫尔圆和代表抗剪强度 $\tau_f$ 的直线相切,切点为 $A$ 点。这说明在 $A$ 点所对应的作用面上,满足了库仑公式,也即该面上的剪应力达到了土体的抗剪强度 $\tau_f$。因此,该土体单元达到了破坏或者说达到了极限平衡状态。

需注意的是,对于土体中一点的应力状态,由于不同方向的面上作用着大小不同的正应力和剪应力,不可能所有面上的剪应力都能达到抗剪强度。因此,我们规定土体单元只要有一个面发生了剪切破坏,就认为该土体单元达到了破坏或极限平衡状态。这也就意味着,当土体单元达到极限平衡状态时,在它的许多面上剪应力并没有达到抗剪强度 $\tau_f$。例如,对于图 5-9 中的 $B$ 点,该点位于 $\tau_f=c+\sigma\tan\varphi$ 直线的下面,说明在 $B$ 点对应的面上的剪应力小于相应的抗剪强度 $\tau_f$。

基于土体极限平衡状态的概念,我们可以进一步定义土的抗剪强度包线的概念。根据上面的讨论可知,在应力莫尔圆图上,土体单元发生剪切破坏或达到极限平衡状态就意味着表示该单元应力状态的莫尔圆同表征抗剪强度的 $\tau_f$ 线相切。其中,切点所对应的面即为土体发生剪切破坏的破坏面(图 5-10)。土体单元所有达到极限平衡状态的莫尔圆的公切线也就是土的抗剪强度包线。显然,如果库仑公式(5-2)恒定成立的话,土的抗剪强度包线就为一条直线。

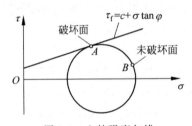

图 5-9　土的强度包线

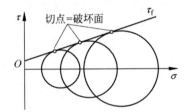

图 5-10　破坏状态应力莫尔圆和强度包线的关系

根据土体单元的应力莫尔圆和抗剪强度包线的相对位置关系,可以形象地判别土体单元是否发生了剪切破坏。如图 5-11 所示,应力莫尔圆和抗剪强度包线的相对关系存在如下三种可能的情况:

(1) 应力莫尔圆处于抗剪强度包线之下。此时表明,任何一个面上的一对应力 $\sigma$ 与 $\tau$ 都没有达到强度包线,该土体单元不发生剪切破坏。

(2) 应力莫尔圆和抗剪强度包线相切。此时表明,有一个面(实际上为一对面,见图 5-11)上的一对应力 $\sigma$ 与 $\tau$ 正好达到强度包线,即该土体单元沿切点所对应的面发生了剪切破坏。

(3) 应力莫尔圆和抗剪强度包线相交。此时表明,有一些面上的剪应力 $\tau$ 超过了土的抗剪强度 $\tau_f$,即该土体单元沿这些面均已发生了剪切破坏。但是,实际上这种应力状态是不会存在的,因为剪应力 $\tau$ 增加到抗剪强度 $\tau_f$ 值时,就不可能再继续增长了。

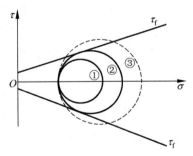

图 5-11　应力莫尔圆和强度包线的关系

### 3. 莫尔-库仑强度理论

莫尔(Mohr)继续库仑的早期研究工作,提出材料的破坏是剪切破坏的理论,认为在破裂面上,抗剪强度 $\tau_f$ 是法向应力 $\sigma$ 的单值函数,即

$$\tau_f = f(\sigma) \tag{5-4}$$

与库仑公式相比,这个函数更加广义,库仑公式可看作是该函数在特定情况下的一个特例。大量试验结果证明,在应力变化范围不很大的情况下,一般土的莫尔强度包线可以用库仑强度公式(5-2)来表示,即土的抗剪强度与法向应力呈线性函数的关系。这种以库仑公式作为抗剪强度公式,根据剪应力是否达到抗剪强度作为破坏标准的理论就称为莫尔-库仑强度理论。

归纳莫尔-库仑破坏理论,可表达为如下三个要点:

(1) 破裂面上,材料的抗剪强度是该面上所作用的法向应力的单值函数,可表达为

$$\tau_f = f(\sigma)$$

(2) 当法向应力不是很大时,抗剪强度可简化为法向应力的线性函数,即表示为库仑公式

$$\tau_f = c + \sigma \tan\varphi$$

(3) 土体单元中,任何一个面上的剪应力达到该面上土的抗剪强度,土体单元即发生破坏。

大量试验结果表明,无论是粗粒土或细粒土,试样破坏时的应力组合都比较接近于莫尔-库仑强度理论,但在一些状态下,试验结果和莫尔-库仑强度理论也存在一些差别。其中,很重要的一点是没有考虑中主应力 $\sigma_2$ 的影响。

在三维问题中,土体单元的主应力分别为 $\sigma_1$、$\sigma_2$、$\sigma_3$。用每对主应力作莫尔圆,可绘成三个莫尔圆,如图 5-12 所示。根据莫尔-库仑强度理论,当土体应力状态的最大莫尔圆和强度包线相切时,土体单元发生剪切破坏。这也意味着,土体的强度只取决于大主应力 $\sigma_1$ 和小主应力 $\sigma_3$,而与中主应力 $\sigma_2$ 的大小无关。但试验资料表明,$\sigma_2$ 对土的抗剪强度具有一定的影响。实际上,中主应力增加,平均主应力也随之增加,从而使土体被压密;另外,破坏时 $\sigma_2$ 方向的应力较大,会增加对土颗粒的约束和咬合作用。莫尔-库仑强度理论完全不计中主应力的影响,一般是偏于保守的。但由于破坏及伴随的剪切面都发生在 $\sigma_1$、$\sigma_3$ 平面上,$\sigma_2$ 的影响毕竟是次要的,忽略其影响在工程问题的分析中往往是可以接受的,也是偏于安全的。

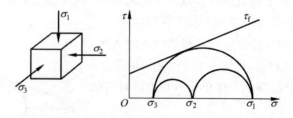

图 5-12　三维应力状态和莫尔圆

### 4. 极限平衡条件和土体破坏的判断方法

如果可能发生剪切破坏面的位置已经预先确定,只要算出作用于该面上的剪应力和正应力,就可判别剪切破坏是否发生。但是在实际问题中,可能发生剪切破坏的平面一般不易

预先确定。土体中的应力分析一般只计算各点垂直于坐标轴平面上的正应力和剪应力或各点的主应力,故无法直接判定土体单元是否破坏。因此,需要进一步研究莫尔-库仑强度理论如何直接用主应力表示的问题。用主应力表示的莫尔-库仑强度理论的数学表达式称为莫尔-库仑强度准则,也称土的极限平衡条件。

下面进一步分析试样达到破坏状态的应力条件,从图 5-13 的几何关系得:

$$\sin\varphi = \frac{ab}{O'a} = \frac{ab}{O'O + Oa} \tag{a}$$

$$OO' = c \cdot \cot\varphi, \quad Oa = \frac{\sigma_1 + \sigma_3}{2}, \quad ab = \frac{\sigma_1 - \sigma_3}{2} \tag{b}$$

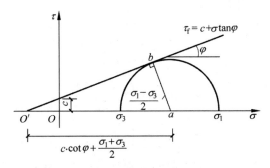

图 5-13　极限平衡条件

将式(b)代入式(a),可得:

$$\sin\varphi = \frac{\dfrac{\sigma_1 - \sigma_3}{2}}{\dfrac{\sigma_1 + \sigma_3}{2} + c \cdot \cot\varphi} = \frac{\sigma_1 - \sigma_3}{\sigma_1 + \sigma_3 + 2c \cdot \cot\varphi} \tag{5-5}$$

对式(5-5)进行整理,得:

$$\sigma_1 - \sigma_3 = (\sigma_1 + \sigma_3)\sin\varphi + 2c \cdot \cos\varphi$$

即

$$\sigma_1 = \sigma_3 \cdot \frac{1 + \sin\varphi}{1 - \sin\varphi} + 2c \cdot \frac{\cos\varphi}{1 - \sin\varphi} \tag{5-6}$$

进一步整理

$$\sigma_1 = \sigma_3 \cdot \frac{1 + \sin\varphi}{1 - \sin\varphi} + 2c \cdot \sqrt{\left(\frac{\cos\varphi}{1 - \sin\varphi}\right)^2} = \sigma_3 \cdot \frac{1 + \sin\varphi}{1 - \sin\varphi} + 2c \cdot \sqrt{\frac{1 + \sin\varphi}{1 - \sin\varphi}}$$

$$= \sigma_3 \cdot \frac{1 - \cos(90° + \varphi)}{1 + \cos(90° + \varphi)} + 2c \cdot \sqrt{\frac{1 - \cos(90° + \varphi)}{1 + \cos(90° + \varphi)}}$$

$$= \sigma_3 \cdot \frac{2\sin^2\left(45° + \dfrac{\varphi}{2}\right)}{2\cos^2\left(45° + \dfrac{\varphi}{2}\right)} + 2c \cdot \sqrt{\frac{2\sin^2\left(45° + \dfrac{\varphi}{2}\right)}{2\cos^2\left(45° + \dfrac{\varphi}{2}\right)}}$$

$$\sigma_1 = \sigma_3 \tan^2\left(45° + \frac{\varphi}{2}\right) + 2c \cdot \tan\left(45° + \frac{\varphi}{2}\right) \tag{5-7}$$

用同样的方法可以推导出:

$$\sigma_3 = \sigma_1 \tan^2\left(45° - \frac{\varphi}{2}\right) - 2c \cdot \tan\left(45° - \frac{\varphi}{2}\right) \tag{5-8}$$

式(5-5)~式(5-8)都是表示土体单元达到破坏时大小主应力之间应满足的关系,就是莫尔-库仑理论的强度准则,也是土体达到极限平衡状态的条件,故也称之为极限平衡条件。显然,只知道一个主应力,并不能确定土体是否处于极限平衡状态,必须知道一对大、小主应力 $\sigma_1$、$\sigma_3$,才能进行判断。实际上,土体是否达到极限平衡状态,取决于 $\sigma_1$ 与 $\sigma_3$ 的相对大小。当 $\sigma_1$ 一定时,$\sigma_3$ 越小,土体越接近于破坏;反之,当 $\sigma_3$ 一定时,$\sigma_1$ 越大,土体越接近于破坏。

对于粗粒土,由于黏聚力 $c = 0$,则极限平衡条件的表达式可简化为

$$\sin\varphi = \frac{\sigma_1 - \sigma_3}{\sigma_1 + \sigma_3} \tag{5-9}$$

$$\frac{\sigma_1}{\sigma_3} = \frac{1 + \sin\varphi}{1 - \sin\varphi} \tag{5-10}$$

$$\sigma_1 = \sigma_3 \tan^2\left(45° + \frac{\varphi}{2}\right) \tag{5-11}$$

$$\sigma_3 = \sigma_1 \tan^2\left(45° - \frac{\varphi}{2}\right) \tag{5-12}$$

式(5-5)~式(5-8)、式(5-9)~式(5-12)分别是细粒土和粗粒土达到极限平衡状态的应力表达式。利用这些表达式,当知道土体单元实际的受力状态和土的抗剪强度指标 $c$、$\varphi$ 时,可以很容易判断该土体单元是否发生了剪切破坏,具体步骤包括:

(1)确定土体单元的应力状态($\sigma_x$,$\sigma_z$,$\tau_{xz}$)。

(2)计算主应力 $\sigma_1$ 和 $\sigma_3$:$\sigma_{1,3} = \dfrac{\sigma_x + \sigma_z}{2} \pm \sqrt{\left(\dfrac{\sigma_x - \sigma_z}{2}\right)^2 + \tau_{xz}^2}$。

(3)选用极限平衡条件判别土体单元是否剪切破坏。

利用极限平衡条件式(5-5)~式(5-12)判别土体单元是否发生剪切破坏,可采用如下的三种方法之一。

(1)大主应力比较法(图 5-14(a))

利用土体单元的实际小主应力 $\sigma_3$ 和强度参数 $c$、$\varphi$,求取假如土体单元处在极限平衡状态时的大主应力 $\sigma_{1f}$

$$\sigma_{1f} = \sigma_3 \tan^2\left(45° + \frac{\varphi}{2}\right) + 2c \cdot \tan\left(45° + \frac{\varphi}{2}\right)$$

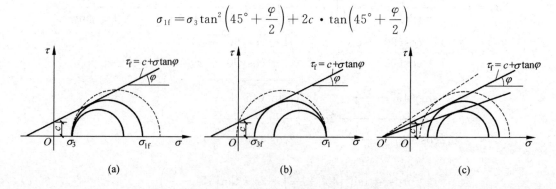

图 5-14  土体单元是否破坏的判别

(a)大主应力比较法;(b)小主应力比较法;(c)内摩擦角比较法

并与土体单元的实际大主应力 $\sigma_1$ 相比较。如果 $\sigma_{1f} > \sigma_1$，表示达到极限平衡状态要求的大主应力大于实际的大主应力，土体单元没有发生破坏。如果 $\sigma_{1f} = \sigma_1$，表示土体单元正好处于极限平衡状态，也即发生了破坏。如果 $\sigma_{1f} < \sigma_1$，显然表示土体单元也已发生了破坏，但实际上这种情况是不可能存在的，因为此时土体单元一些面上的剪应力 $\tau$ 已经大于了土的抗剪强度。

（2）小主应力比较法（图 5-14(b)）

利用土体单元的实际大主应力 $\sigma_1$ 和强度参数 $c$、$\varphi$，求取假如土体单元处在极限平衡状态时的小主应力 $\sigma_{3f}$

$$\sigma_{3f} = \sigma_1 \tan^2\left(45° - \frac{\varphi}{2}\right) - 2c \cdot \tan\left(45° - \frac{\varphi}{2}\right)$$

并与土体单元的实际小主应力 $\sigma_3$ 相比较。如果 $\sigma_{3f} < \sigma_3$，表示达到极限平衡状态要求的小主应力小于实际的小主应力，土体单元没有发生破坏。如果 $\sigma_{3f} = \sigma_3$，表示土体单元正好处于极限平衡状态，土体单元发生破坏。如果 $\sigma_{3f} > \sigma_3$，显然表示土体单元已发生了破坏，但如前所述这种情况也是不可能存在的。

（3）内摩擦角比较法（图 5-14(c)）

如图 5-14(c)所示，假定土体的莫尔-库仑强度包线与横轴相交于 $O'$ 点。通过该交点 $O'$ 作土体应力状态莫尔圆的切线，将该切线的倾角称为该应力状态莫尔圆的视内摩擦角 $\varphi_m$。根据几何关系，$\varphi_m$ 的大小可用下式进行计算：

$$\sin\varphi_m = \frac{\sigma_1 - \sigma_3}{\sigma_1 + \sigma_3 + 2c \cdot \cot\varphi}$$

将视内摩擦角 $\varphi_m$ 与土体的实际内摩擦角 $\varphi$ 相比较，可直观地判断土体单元是否发生了剪切破坏。如果 $\varphi_m < \varphi$，显然表示土体单元的应力状态莫尔圆位于强度包线之下，土体单元没有发生破坏。如果 $\varphi_m = \varphi$，则表示土体单元的应力状态莫尔圆正好同强度包线相切，土体单元发生破坏。如果 $\varphi_m > \varphi$，显然表示土体单元也已发生了破坏，但同上所述，这种情况也是不可能存在的，因为实际上在此之前土体单元必已破坏。

下面分析土体破坏时剪切破坏面的位置。如图 5-15(a)所示，假定在三轴剪切试验中，试样的周围压力为不变的 $\sigma_3$，破坏时的轴向应力为 $\sigma_{1f}$，则 $\sigma_{1f} = \sigma_3 + (\sigma_1 - \sigma_3)_f$，$(\sigma_1 - \sigma_3)_f$ 就是土样达到破坏时的偏差应力。在 $\tau$-$\sigma$ 坐标上绘制土样破坏时的莫尔圆，如图 5-15(b)所示。按照莫尔-库仑强度理论，破坏莫尔圆必定与强度包线相切。显然，切点所代表的平面满足 $\tau = \tau_f$ 的条件，是试样的破裂面。

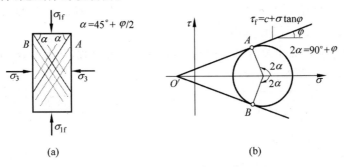

图 5-15　土体剪切破裂面的位置

从图 5-15 所示的几何关系,有

$$2\alpha = 90° + \varphi$$

$$\alpha = 45° + \frac{\varphi}{2} \tag{5-13}$$

即破裂面与大主应力作用面成 $45° + \varphi/2$ 的夹角。根据莫尔圆和剪应力的对称性,如图 5-15(b)所示,莫尔圆和强度包线存在有 $A$ 和 $B$ 上下两个切点。根据图中所示的几何关系,两个切点和大主应力 $\sigma_{1f}$ 分别呈逆时针和顺时针旋转 $2\alpha = 90° + \varphi$ 的角度。这两个切点在图 5-15(a)中各自对应着一组剪切破坏面 $A$ 和 $B$,分别和大主应力 $\sigma_{1f}$ 作用面呈逆时针和顺时针旋转 $\alpha = 45° + \varphi/2$ 的角度。

由此可见,与一般连续性材料(如钢材等)不同,土是一种具有内摩擦强度的颗粒材料,这种材料的破裂面不是最大剪应力面,而是与大主应力面成 $45° + \varphi/2$ 的夹角。如果土质均匀,且试验中能保证试样内的应力、应变分布均匀,则试样内将会出现两组完全对称的破裂面,如图 5-15(a)所示。

**【例题 5-1】** 图 5-16(a)所示地基表面作用有条形均布荷载 $p$,在地基内 $M$ 点引起的附加应力为 $\sigma_z = 94\text{kPa}$,$\sigma_x = 45\text{kPa}$,$\tau_{zx} = 51\text{kPa}$。地基为粉质黏土,重度 $\gamma = 19.6\text{kN/m}^3$,$c = 19.6\text{kPa}$,$\varphi = 28°$,静止土压力系数 $K_0 = 0.5$,试求作用于 $M$ 点的主应力值、大主应力面方向并判断该点土体是否破坏。

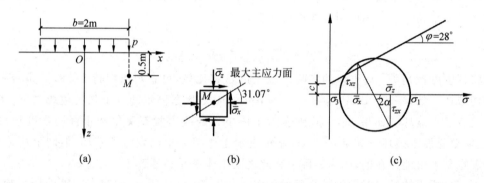

图 5-16　例题 5-1 图

**【解】**

(1) 计算 $M$ 点应力

$$\bar{\sigma}_z = \sigma_z + \sigma_{sz} = (94 + 0.5 \times 19.6)\text{kPa} = 103.8\text{kPa}$$

$$\bar{\sigma}_x = \sigma_x + K_0\sigma_{sz} = (45 + 0.5 \times 0.5 \times 19.6)\text{kPa} = 49.9\text{kPa}$$

$$\tau_{zx} = \tau_{xz} = 51.0\text{kPa}$$

按照第 3 章应力计算中应力符号的规定,画单元体的应力,如图 5-16(b)所示。

(2) 求 $M$ 点主应力值

$$\sigma_{1,3} = \frac{\bar{\sigma}_z + \bar{\sigma}_x}{2} \pm \sqrt{\left(\frac{\bar{\sigma}_z - \bar{\sigma}_x}{2}\right)^2 + \tau^2} = \left[\frac{103.8 + 49.9}{2} \pm \sqrt{\left(\frac{103.8 - 49.9}{2}\right)^2 + 51^2}\right]\text{kPa}$$

$$= (76.85 \pm 57.68)\text{kPa}$$

$$\sigma_1 = 134.53\text{kPa}, \quad \sigma_3 = 19.17\text{kPa}$$

（3）求大主应力面方向

根据图 5-16(b)绘莫尔圆,如图 5-16(c)所示。注意按照本章画莫尔圆时应力符号的规定,这时 $\tau_{zx}$ 为负值。

$$\tan2\alpha = \frac{\tau_{2x}}{\dfrac{\bar{\sigma}_z - \bar{\sigma}_x}{2}} = \frac{-51}{26.95}$$

$$2\alpha = -62.14°, \quad \alpha = -31.07°$$

大主应力面方向如图 5-16(b)所示。

（4）破坏可能性判断

由式(5-7)知

$$\sigma_{1f} = \sigma_3 \tan^2\left(45° + \frac{\varphi}{2}\right) + 2c \cdot \tan\left(45° + \frac{\varphi}{2}\right)$$

$$= \left[19.17 \times \tan^2\left(45° + \frac{28°}{2}\right) + 2 \times 19.6 \times \tan\left(45° + \frac{28°}{2}\right)\right]\text{kPa}$$

$$= (53.1 + 65.24)\text{kPa} = 118.34\text{kPa} < \sigma_1 = 134.53\text{kPa}$$

故 $M$ 点土体已破坏。

若改用式(5-8),则

$$\sigma_{3f} = \sigma_1 \tan^2\left(45° - \frac{\varphi}{2}\right) - 2c \cdot \tan\left(45° - \frac{\varphi}{2}\right)$$

$$= \left[134.53 \times \tan^2\left(45° - \frac{28°}{2}\right) - 2 \times 19.6 \times \tan\left(45° - \frac{28°}{2}\right)\right]\text{kPa}$$

$$= (48.57 - 23.55)\text{kPa} = 25.02\text{kPa} > \sigma_3 = 19.17\text{kPa}$$

即实际的小主应力低于维持极限平衡状态所要求的小主应力,故土体破坏。

## 5.3　土的抗剪强度的测定试验

工程上常用的测定土的抗剪强度的试验方法有室内试验和现场试验方法。室内试验方法主要包括三轴剪切试验、直剪试验、无侧限压缩试验以及其他室内试验方法。现场试验包括十字板剪切试验等。

### 5.3.1　直剪试验

直剪试验,亦即直接剪切试验,是发展较早的一种测定土的抗剪强度的方法。由于其设备简单,易于操作,目前在国内外岩土工程中应用较广,如图 5-4 所示。

**1. 试验设备和试验方法**

图 5-17 是直剪仪的构造示意图。它的主要部分是剪切盒,剪切盒分上盒和下盒,上盒通过量力环固定于仪器架上,下盒放在能沿滚珠槽滑动的底盘上。试验通常采用由环刀切

出的一块厚 20mm 的圆饼形试样，或在盒内直接制样。试验时，将土样推入剪切盒内，先在试样上施加垂直压力 $P$，然后通过推进螺杆推动下盒，使试样沿上下盒间的平面进行直接剪切。剪力 $T$ 由量力环测定。剪切变形 $S$ 为上下盒的相对剪切位移。

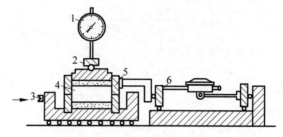

图 5-17 应变控制式直剪仪

1—百分表；2—垂直加荷框架；3—推动座；4—试样；5—剪切盒；6—量力环

在施加每一个法向压应力 $\sigma = P/A$ 后（其中，$A$ 为试样水平截面面积），逐级增加剪切位移，直至试样破坏。将试验结果绘制成剪应力 $\tau$ 和剪切变形 $S$ 的关系曲线，如图 5-18 所示。一般以曲线的峰值作为该级法向应力 $\sigma$ 相应的抗剪强度 $\tau_f$。有时也可取终值作为残余抗剪强度，详见 5.5.4 节中的说明。

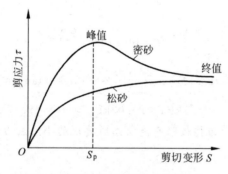

图 5-18 剪应力-剪切变形关系曲线

变化几个法向应力 $\sigma$，分别测出相应的抗剪强度 $\tau_f$。在 $\sigma$-$\tau$ 坐标上绘制 $\sigma$-$\tau_f$ 曲线，即为土的抗剪强度曲线，也就是莫尔-库仑强度包线，如图 5-19 所示。

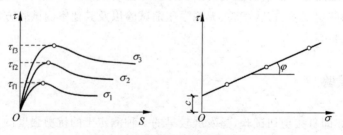

图 5-19 抗剪强度包线的确定

### 2. 直剪试验的类型

对于饱和试样，在直剪试验过程中，无法严格控制试样的排水条件及超静孔压的消散，只能通过控制剪切速率近似地进行模拟。根据固结和剪切过程中的排水条件，直剪试验分为固结慢剪、固结快剪和快剪三种类型。

（1）固结慢剪试验。简称慢剪试验，试验的要点是要保证试验中试样能充分固结排水。为此，试样的上下面都垫有可以透水的滤纸及透水石。施加法向应力 $\sigma$ 后，让试样充分固结，待变形稳定后再施加剪应力。施加剪应力的速率也很缓慢，以便让剪切过程中试样内的超静孔隙水压力得以完全消散。

（2）固结快剪试验。试样上下面都垫有可透水的滤纸使试样可以排水。其要点是，施加法向应力 $\sigma$ 后，让试样充分固结；之后施加剪应力，施加剪应力的速率应比较快，即要求试样在 3～5min 内剪坏，使黏性土试样来不及排水。

（3）快剪试验。在试样的上下面贴不透水蜡纸或薄膜，以模拟不排水的边界条件。快剪试验的要点是，施加法向应力 $\sigma$ 后，不待试样固结，立即施加剪应力，剪应力的施加速度也很快，要求在 3～5min 内将试样剪坏，使黏性土试样来不及排水。在《碾压土石坝设计规范》(SL274—2020)中规定，只有土样的渗透系数 $k < 10^{-7}$cm/s 时，才能用快剪试验代替不排水三轴试验。

单就排水条件而言，这三种直剪试验分别与三轴试验中的固结排水、固结不排水和不固结不排水试验相对应。但由于试验仪器和方法以及土试样渗透系数的不同，直剪试验无法严格控制试样的排水条件，使得相应类型的直剪试验和三轴试验所得到的强度指标会有不同程度的差异，详见 5.5.3 节中的相关内容。

**3. 优缺点和新发展**

直剪试验已有两百年以上的历史，由于仪器简单，操作方便，至今在工程中仍广泛应用。其试样薄，固结快，试验的历时短。特别是对于黏性大的细粒土，用三轴试验需要的固结时间很长，剪切时为了使试样中孔隙水压力分布均匀，剪切速率要求很慢，这种情况下用直剪试验相对有明显的优势。

但是这种仪器也有不少的缺点，主要表现在如下几方面：

（1）人为固定的破坏面（也即剪切面）。在材料的强度试验中，人为事先规定破坏面往往会增加附加的约束作用。

（2）剪切面上的应力状态复杂。如图 5-20 所示为这种试验在剪切前和剪切破坏时剪切面上单元的应力状态。在剪切前，大主应力 $\sigma_1$ 是作用于试样上的竖向应力，试样处于侧限应力状态，所以 $\sigma_2 = \sigma_3 = K_0 \sigma_1$。施加剪应力 $\tau$ 后，主应力的方向产生偏转，且剪应力越大，偏转角也越大，所以主应力的大小与方向在试验过程中均是不断变化的。当发生剪切破坏时，应力状态莫尔圆和土的强度包线相切，且切点坐标对应剪切面。

（3）应力和应变分布不均，且在试验中随剪切位移的增大，剪切面积逐渐减小。在试验资料的分析中，假定试样中的剪应力均匀分布，但事实上并非如此。当试样被剪坏时，靠近剪力盒边缘的应变最大，而试样竖向中轴部分的应变相对要小得多。剪切面附近的应变又大于试样顶部和底部的应变。所以，在剪切过程中，特别是在剪切破坏时，试样内的应力和应变，既不均匀又难确定。

（4）排水条件不明确。这种试验方法不能严格控制试样的排水，受土的渗透系数影响，也不能量测试验过程中试样内孔隙水压力的变化。因此只能根据剪切速率，大致模拟实际工程中土体的排水条件。

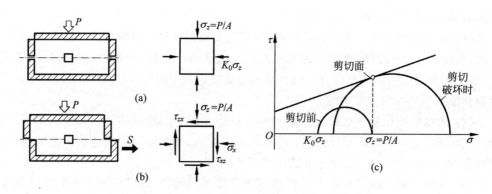

图 5-20 直剪试验中剪切面上单元的应力状态

(a) 剪切前；(b) 剪切破坏时；(c) 莫尔圆

由于这些原因,用它来研究土的力学性状有较大的缺点。不过,因为它已广泛用于工程中,积累了很多宝贵的经验,因此,所给出的抗剪强度仍然很有实用价值。

为了保持直剪仪简单易行的优点并克服上述的缺点,人们对直剪仪进行了不少的改进。其中,单剪仪就是一种有代表性的仪器。图 5-21(a)是一种叠环式单剪仪,图 5-21(b)是一种侧板式单剪仪。试样均装于橡皮膜内,所以能控制排水条件和测定试样在试验中产生的孔隙水压力。剪切时,保持两个侧面平行移动,因而可使试样内的应力和应变较为均匀。国外有逐渐以单剪仪替代直剪仪的趋势。不过对于这种仪器,试样中的应力和应变分布是否均匀,仍然是有争议的。

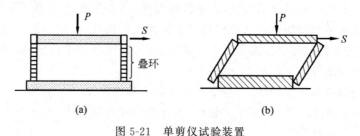

图 5-21 单剪仪试验装置

### 5.3.2 三轴压缩试验

#### 1. 常规三轴压缩试验方法

有关三轴压缩试验设备和试验方法的介绍详见第 4 章。三轴试验中,可同时变化周围压力 $\sigma_3$ 和偏差应力$(\sigma_1-\sigma_3)$,所以可以进行很多类型的试验,工程中最常用的是 $\sigma_3=$ 常数的常规三轴压缩试验。图 5-22 给出了常规三轴压缩试验及在试验中试样的应力状态。可见试样始终处在轴对称应力状态,轴向应力 $\sigma_a$ 是大主应力 $\sigma_1$,两个侧向应力总是相等,即 $\sigma_2=\sigma_3$。

一般可将常规三轴压缩试验分为如下两个阶段：

(1) 施加围压阶段,亦即通过橡皮膜对试样施加一个各向相等的围压力 $\sigma_1=\sigma_2=\sigma_3=\sigma_c$。

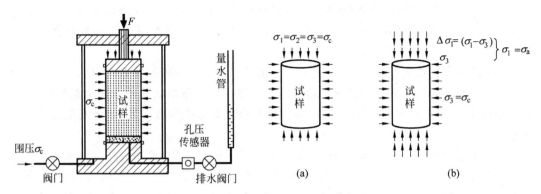

图 5-22　常规三轴压缩试验及试样的应力状态

(a) 施加围压力；(b) 施加偏差应力进行剪切

在这个阶段,如果打开排水阀门,并让试样中由围压产生的超静孔压完全消散,孔隙水排出,伴以土样体积的压缩,这一过程称为固结。反之,如果关闭排水阀门,不允许试样中的孔隙水排出,试样内保持有超静孔隙水压力,这个过程称为不固结。

(2) 剪切阶段,保持 $\sigma_3 = \sigma_c$ 不变,通过轴向活塞杆对试样施加轴向偏差应力 $\Delta \sigma_1 = \sigma_1 - \sigma_3$ 进行剪切。

在剪切过程中,如果打开排水阀门,允许试样内的孔隙水自由进出,并根据土样渗透性的大小控制加载速率,使试样内产生的超静孔压得以及时消散,这个过程称为排水。反之,剪切过程中关闭排水阀门,不允许试样内的孔隙水进出,试样内保持有剪切过程中产生的超静孔压,这个过程称为不排水。在不排水剪切过程中,饱和土试样的体积保持不变。

根据施加围压和剪切阶段排水条件的不同,常规三轴压缩试验可以分为固结排水(CD)、固结不排水(CU)和不固结不排水(UU)三种类型。

**2. 三轴试验中强度包线的确定方法**

三轴试验可以完整地反映土样受力变形直到破坏的全过程,因而既可用于研究土体的应力-应变关系,也可用来研究土体的强度特性。本节讨论如何利用一组不同围压的三轴试验结果确定土体的强度包线。

要确定土体的强度包线首先需要确定试验土样应力-应变曲线上的破坏点及对应的应力状态。无论是排水试验还是不排水试验,均可得出土的应力-应变关系曲线,即 $(\sigma_1 - \sigma_3)$-$\varepsilon_1$ 曲线,并从该曲线得到试样的破坏点。下面以图 5-23 所示的典型三轴固结排水试验结果为例进行说明。从应力-应变关系曲线寻找破坏偏差应力 $(\sigma_1 - \sigma_3)_f$ 的方法有如下三种:

(1) 当应力-应变曲线存在峰值时(图 5-23 的密砂或超固结黏土试验曲线,亦称应变软化),取峰值对应的最大偏差应力作为破坏偏差应力 $(\sigma_1 - \sigma_3)_f$。当研究土的残余强度时,则取试验曲线的终值 $(\sigma_1 - \sigma_3)_r$ 作为破坏偏差应力。

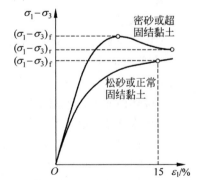

图 5-23　破坏偏差应力取值方法

（2）当应力应变曲线为持续硬化型，也即不存在峰值时（图 5-23 的松砂或正常固结黏土试验结果），取规定的轴向应变值（通常取 15%）所对应的偏差应力作为破坏偏差应力 $(\sigma_1 - \sigma_3)_f$。

（3）以最大有效主应力比 $(\sigma_1'/\sigma_3')_{max}$ 处的偏差应力值作为破坏偏差应力 $(\sigma_1 - \sigma_3)_f$。这通常用于固结不排水三轴试验情况。这时需要根据试样中所测的孔隙水压力的发展，计算有效主应力 $\sigma_1'$ 和 $\sigma_3'$ 的变化，再求出 $(\sigma_1'/\sigma_3')$ 最大值所对应的偏差应力，求取有效应力强度指标。

在确定了每个围压 $\sigma_3$ 对应的破坏偏差应力 $(\sigma_1 - \sigma_3)_f$ 之后，可得破坏时的大主应力为 $\sigma_{1f} = \sigma_3 + (\sigma_1 - \sigma_3)_f$，见图 5-24（a）。这样用周围应力 $\sigma_3$ 和对应于这个周围应力的 $\sigma_{1f}$ 就可以在 $\tau$-$\sigma$ 坐标图上绘制出一个极限状态莫尔圆。改变几种周围应力 $\sigma_3$，就可绘制几个极限状态莫尔圆。按照极限平衡条件，作这些极限状态莫尔圆的公切线就可得到土的莫尔-库仑抗剪强度包线。该条强度包线与 $\sigma$ 轴的倾角就是土的内摩擦角 $\varphi$，在 $\tau$ 轴上的截距就是土的黏聚力 $c$，如图 5-24（b）所示。这就是用三轴剪切试验测定土的抗剪强度指标 $c$ 和 $\varphi$ 的理论依据。

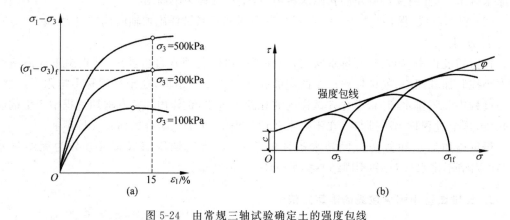

图 5-24　由常规三轴试验确定土的强度包线

### 3. 三轴仪的优缺点和发展

自 20 世纪 30 年代常规三轴仪被应用于测定土的强度以来，历经许多土力学专家的研究与完善，逐步发展成目前在土力学实验室中不可缺少的仪器。与直剪仪相比，三轴仪具有许多明显的优势：

（1）可以完整地反映试样受力变形直到破坏的全过程。因而，既可做强度试验，也可做应力-应变关系试验。

（2）为一单元体试验，试样内应力和应变相对均匀，状态明确，量测简单可靠。

（3）破坏面非人为固定，且可较容易地判断试样的破坏，操作比较简单。

（4）可很好地控制排水条件，不排水条件下还可量测试样内的超静孔隙水压力。

（5）可以模拟不同的工况，进行不同应力路径的试验。

此后，又陆续出现了进行土动力试验的动三轴仪、进行高围压试验的高压三轴仪、进行粗颗粒土试验的大型三轴仪以及进行非饱和土试验的非饱和土三轴仪等。目前，三轴试验技术及设备仍处在快速发展之中，例如，各种高精度传感器和试验数据自动采集技术，应力路径和应变路径自动控制技术以及针对软岩和硬土试验的微应变量测技术等。

常规三轴剪切试验仪的主要不足之一是试样的受力是轴对称的,即试样所受的三个主应力中,有两个是相等的。因此测得的土的力学性质只能代表这种特定轴对称应力状态下土的性质。实际上,土体的应力状态十分复杂,可以是侧限、轴对称、平面应变以及 $\sigma_1 > \sigma_2 > \sigma_3$ 的各种三维应力状态。此外,土多是各向异性的材料,主应力作用的方向不同,土的力学性质也不一样,许多实际土体中的主应力方向并不是竖直和水平向,而是与坐标轴呈各种不同的角度。为了模拟更多的应力状态,现代的土工实验室还发展了如下几种新型的剪切试验设备。

1) 平面应变试验仪

这种仪器用以测定平面应变状态下土的剪切特性。试样一般如图 5-25(a)所示。两个侧面受刚性板限制不能移动($\varepsilon_y = 0$),使试样处于平面应变状态。前后面可通过橡皮囊施加某一数值的主应力 $\sigma_x$。然后施加竖向主应力 $\sigma_1 = \sigma_a$ 直至试样破坏。试验中,竖向和 $x$ 方向的主应力和主应变均可测出,并可求出强度包线。如前所述,由于土样破坏时有 $\sigma_y > \sigma_x$,所以平面应变试验测得的抗剪强度指标高于三轴压缩试验测得的指标。

2) 真三轴试验仪

真三轴试验仪是一种能独立施加三个方向主应力的仪器。试样一般为如图 5-25(b)所示的正立方体。仪器通过刚性板或橡皮囊分别向试样施加三个方向的应力 $\sigma_1$、$\sigma_2$、$\sigma_3$,并可独立测定三个主应力方向的变形量。其中最具代表性的是 20 世纪 60 年代英国剑桥大学的亨勃雷(Hambly)和皮阿斯(Pearce)设计和发展的剑桥盒式真三轴仪。三对刚性加载板包裹立方体形状的试样进行加载(图 5-25(b))。为了保证三个方向能独立施加应力而变形又不互相干扰,真三轴仪的型式很多,一般构造十分复杂,但仍难以完全避免这种干扰。目前这种设备只用于研究性的试验中。

3) 空心圆柱扭剪试验仪

前面两种仪器虽然可实现比轴对称更复杂的应力状态,但却只能直接施加主应力,并且主应力的方向在试验过程中都是固定不变的。空心圆柱扭剪仪的试样是如图 5-25(c)所示的空心圆柱。通过设备可以对试样独立施加竖向应力 $\sigma_z$、圆柱内外壁径向应力 $\sigma_{ri}$ 和 $\sigma_{ro}$,圆周向应力 $\sigma_\theta$ 可以根据 $\sigma_{ri}$ 和 $\sigma_{ro}$ 算出。另外,还可通过施加于活塞杆上的扭矩对试样端面

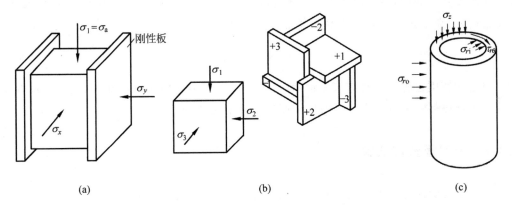

图 5-25　新型三轴仪试样的应力状态

(a) 平面应变仪;(b) 剑桥盒式真三轴仪;(c) 空心圆柱扭剪试验仪

施加剪应力 $\tau_{r\theta}$。因此,这种仪器除了能独立改变三个方向的应力 $\sigma_z$,$\sigma_r$ 和 $\sigma_\theta$ 外,还可以施加剪应力使主应力的方向偏转成任意角度,以模拟实际土体中主应力的方向,故可用于研究各向异性土的力学性质。这种试验的试样并不是一个受力均匀的单元,只有试样足够薄时才可以近似认为其应力是均匀的。

### 5.3.3    无侧限压缩试验

无侧限压缩试验实际上是三轴压缩试验的一种特殊情况,即周围压力 $\sigma_3=0$ 的三轴试验,其设备如图 5-26(a)所示。试样直接放在仪器的底座上,转动手轮,使底座缓慢上升,顶压上部量力环,从而产生轴向压力 $q$ 至试样产生剪切破坏,破坏时的轴向压应力以 $q_u$ 表示,称为无侧限抗压强度。由于无黏性土在无侧限条件下试样难以成形,故该试验主要用于已成形的黏性土,尤其适用于原状饱和软黏土。在无侧限压缩试验中,土样不用橡胶膜包裹,并且剪切速度快,水来不及排出,所以属于不固结不排水剪的一种。

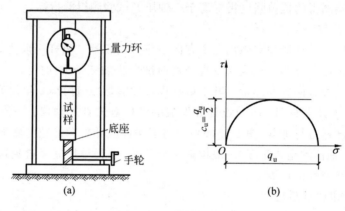

图 5-26    无侧限压缩试验

由于不能施加和改变周围压力 $\sigma_3$,所以如图 5-26(b)所示,只能测得一个通过原点的极限应力状态莫尔圆,得不到强度包线。然而,正如将在 5.5.2 节所讨论的,饱和黏土在不固结不排水剪切试验中,强度包线就是一根水平线,即 $\varphi_u=0$。对于这种情况,就可用无侧限抗压强度 $q_u$ 来换算土的不固结不排水强度 $c_u$,即

$$\tau_f = \frac{q_u}{2} = c_u \tag{5-14}$$

但是在使用这种方法时应该注意到,由于取样过程中土样受到扰动,原位应力被释放,用这种土样测得的不排水强度一般低于原位不排水强度。

### 5.3.4    十字板剪切试验

十字板剪切仪是一种使用方便的原位测试仪器,通常用于测定饱和黏性土的原位不排水强度,特别适用于均匀饱和软黏土。这种土常因取样操作和试样成形过程中不可避免地受到扰动而破坏其天然结构,致使室内试验测得的强度值低于原位土的强度。

十字板剪切仪由板头、加力装置和量测装置三部分组成。设备装置简图见图 5-27(a)。板头是两片正交的金属板,厚 2mm,刃口成 60°,常用尺寸为 $D$(宽)$\times H$(高)$=50\text{mm}\times$ 100mm。试验通常在钻孔内进行,先将钻孔钻进至要求测试的深度以上 75cm 左右。清理孔底后,将十字板头压入土中至测试的深度。然后,通过安放在地面上的施加扭力装置,旋转钻杆并带动十字板头扭转,这时可在土体内形成一个直径为 $D$,高度为 $H$ 的圆柱形剪切面(图 5-27(b))。剪切面上的剪应力随扭矩的增加而增大,当达到最大扭矩 $M_{\max}$ 时,土体沿该圆柱面破坏,圆柱面上的剪应力达到土的抗剪强度 $\tau_{\text{f}}$。

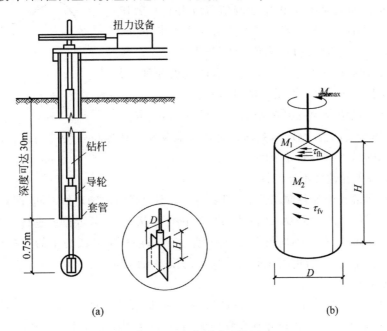

图 5-27　十字板试验装置

(a) 仪器装置简图;(b) 板头剪切面受力分析

图 5-27(b)表示了土的抗剪强度与最大扭矩的关系。实际上,抗扭力矩是由 $M_1$ 和 $M_2$ 两部分所组成,即

$$M_{\max}=M_1+M_2 \tag{5-15}$$

$M_1$ 是柱体上顶面与下底面的抗剪强度对中心轴所产生的抗扭力矩,其值为

$$M_1=2\int_0^{D/2}\tau_{\text{fh}}\cdot 2\pi r\cdot r\,\text{d}r=\frac{\pi D^3}{6}\tau_{\text{fh}} \tag{5-16}$$

其中,$\tau_{\text{fh}}$ 为水平面上土的抗剪强度。

$M_2$ 是圆柱侧面上的剪应力对中心轴所产生的抗扭力矩,其值为

$$M_2=\pi DH\cdot\frac{D}{2}\cdot\tau_{\text{fv}} \tag{5-17}$$

其中,$\tau_{\text{fv}}$ 为竖直面上土的抗剪强度。假定土体为各向同性体,即 $\tau_{\text{fh}}=\tau_{\text{fv}}$,将式(5-16)和式(5-17)代入式(5-15),得

$$M_{\max}=M_1+M_2=\frac{\pi D^2}{2}\cdot\frac{D}{3}\cdot\tau_{\text{f}}+\frac{1}{2}\pi D^2 H\tau_{\text{f}}$$

$$\tau_{\rm f} = \frac{M_{\rm max}}{\dfrac{\pi D^2}{2}\left(\dfrac{D}{3}+H\right)} \tag{5-18}$$

通常认为在不排水条件下，饱和软黏土的内摩擦角 $\varphi_{\rm u}=0$，因此十字板剪切试验所测得的抗剪强度也就相当于 5.5.2 节所讲述的土的不排水强度 $c_{\rm u}$ 或 5.3.3 节所述的无侧限抗压强度 $q_{\rm u}$ 之半。

试验时，当扭矩达到 $M_{\rm max}$，土体剪切破坏，这时土所发挥的抗剪强度 $\tau_{\rm f}$ 也就是图 5-28 中的峰值剪应力 $\tau_{\rm p}$。剪切破坏后，扭矩不断减小，也即剪切面上的剪应力不断下降，最后趋于稳定。稳定时的剪应力称为残余剪应力 $\tau_{\rm r}$。残余剪应力代表原状土的结构被完全破坏后的抗剪强度，所以 $\tau_{\rm p}/\tau_{\rm r}$ 有时也可以表示土的灵敏度，代替式(1-24)。

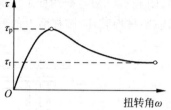

图 5-28　十字板试验的 $\tau$-$\omega$ 曲线

十字板剪切试验因为直接在原位进行试验，不必取土样，故地基土体所受的扰动较小，被认为是比较能反映土体原位强度的测试方法。但是，是否能测得满意的结果与下列几个因素有关。

（1）土的各向异性和不均匀性

实际土体通常是横观各向同性的，即 $\tau_{\rm fv}\neq\tau_{\rm fh}$，不但峰值的绝对值不同，而且达到峰值所需的扭转角也不同。有时需要采用不同 $D/H$ 的十字板头，在邻近位置进行多次测定，以便区分 $\tau_{\rm fv}$ 和 $\tau_{\rm fh}$。此外，对于不均匀土层，特别是夹有薄层粉细砂或粉土的软黏土，剪切过程中不能保证不排水，十字板剪切试验会有较大的误差，使用时需谨慎。

（2）扭转速率

目前国内外一般都采用 1°/10s 的扭转速率。试验结果表明，扭转速率对测试结果的影响很大。一方面，由于黏土颗粒间存在黏滞阻力，旋转越快，测得的强度越高。特别是在塑性高的黏土中，这种效应尤其明显。另一方面，十字板试验虽被认为是不排水剪，但实际上在规定的 1°/10s 的剪切速率下，仍存在着排水的可能性，导致所测得的"不排水抗剪强度"偏大。对于具有不同渗透特性的地基土，采用不同的剪切速率更合理一些。

（3）插入深度对土的扰动的影响

清孔会扰动试验点土体的状态，故插入深度原则上不应小于所用套管直径的 5 倍。各国采用的插入深度范围为 46～92cm，我国通常采用 75cm。

（4）渐进破坏效应

十字板旋转时两端和周围各点土体的应力和应变分布并不均匀，这就使得在整个剪切面上不能同时达到峰值抗剪强度。此外，相关研究认为，十字板剪切破坏面实为带状（或至少不是理想的圆柱状），实际剪切破坏面较计算值为大，因此，常使计算的 $\tau_{\rm f}$ 值偏大。

原位十字板剪切试验已经经历了半个多世纪的工程实践与发展，试验方法和仪器本身已基本标准化。这种试验方法用于正常固结饱和黏性土较为有效。尽管目前它的测试结果在理论上尚难做出严格的解释，上述各种因素的影响也难以确切的修正，但在实用上，仍不失为一种简便可行和有效解决工程问题的方法。

**【例题 5-2】**　在某饱和各向同性粉质黏土中进行十字板剪切试验，十字板头尺寸为 50mm×100mm，测得峰值扭矩 $M_{\rm max}=0.0103$kN·m，终值扭矩 $M_{\rm r}=0.0041$kN·m。求该土的抗剪强度和灵敏度。

【解】

通常抗剪强度指峰值强度,用式(5-18)计算:

$$\tau_f = \frac{M_{max}}{\frac{\pi D^2}{2}\left(\frac{D}{3}+H\right)} = \frac{0.0103}{\frac{\pi \times 0.05^2}{2}\left(\frac{0.05}{3}+0.1\right)}kPa \approx 22.48kPa$$

灵敏度:

$$S_t = \frac{\tau_p}{\tau_r} = \frac{M_{max}}{M_r} = \frac{0.0103}{0.0041} \approx 2.51$$

## 5.4  应力路径和破坏主应力线

### 5.4.1  应力路径及表示方法

试验中的土样或土体中的土单元,在外荷载变化的过程中,应力将随之发生变化。如果是弹性体,应力-应变关系符合广义胡克定律。这种关系只取决于材料本身的特性而不随应力的变化而变化,即应力和应变总是一一对应。但是,在一般条件下土体并不是一种弹性材料,而是非线性或弹塑性材料。因而,对处于相同应力状态的同一种土体,如果其应力历史或应力变化过程不同,则土体所具有的性质或所产生的应变可能会有很大的差别。所以,研究土的性质,不但需要知道土的初始和最终应力状态,而且还需要知道它所受应力的变化过程。如 4.2.2 节所介绍,土在其形成的地质年代中所经受的应力变化情况称为应力历史。

在一般的土工建筑物或地基中,土体单元处于三维应力状态,可用土体微单元上作用的正应力和剪应力来表示,也可用三个主应力 $\sigma_1$、$\sigma_2$、$\sigma_3$ 来表示(图 5-29(a))。我们称作用在土体中一点(微小单元)上的应力大小与方向为该点的应力状态。土体中一点的应力状态可用某种应力坐标系中的一个点来表示。例如,对于图 5-29(a)所示的三维应力状态,在以三个主应力为坐标轴的坐标系中,可用图 5-29(b)中的点 A 来表示。

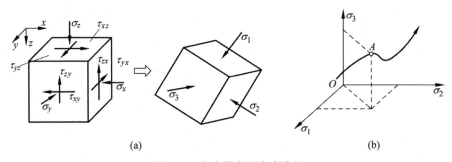

图 5-29  应力状态和应力路径

(a) 应力状态;(b) 在应力坐标系中的应力路径

当作用在土工建筑物或地基上的荷载发生变化时,土体中该点的应力状态也会随之发生变化。在应力坐标系中,表示该点应力状态的点会发生相应的移动。当土体中一点的应力状态发生连续变化时,表示应力状态的点在应力空间(或平面)中形成的轨迹称为应力路径(图 5-29(b))。

如在 5.2.3 节"应力状态和莫尔圆"所述,对本章所主要考虑的大主应力 $\sigma_1$ 和小主应力 $\sigma_3$ 作用平面的情况,土体中一点完整的应力状态可通过一个莫尔圆来表示(图 5-30)。该莫尔圆的圆心坐标为 $p=(\sigma_1+\sigma_3)/2$;半径为 $r=(\sigma_1-\sigma_3)/2$;顶点坐标为 $p=(\sigma_1+\sigma_3)/2$, $q=(\sigma_1-\sigma_3)/2$。

由图 5-30 可见,应力状态莫尔圆的大小和位置与其顶点坐标$(p,q)$存在一一对应的关系,因此,土体中一点的应力状态也可以用莫尔圆的顶点坐标$(p,q)$来表示。

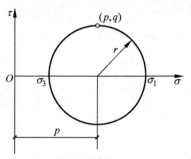

图 5-30　应力状态莫尔圆

在二维应力问题中,应力的变化过程可以用若干个莫尔圆表示。图 5-31(a)以常规三轴压缩试验为例,给出了用一系列莫尔圆表示的应力状态变化过程。在常规三轴压缩试验中,首先对试样施加周围压力 $\sigma_3$,这时 $\sigma_1=\sigma_3$,莫尔圆退化为横轴上的一个点 $A$。然后,在剪切过程中,在轴向增加偏差应力$(\sigma_1-\sigma_3)$使得大主应力 $\sigma_1$ 逐步增大,应力莫尔圆的直径也逐步增大。当试样达到破坏状态时,应力莫尔圆与强度包线相切。这种用若干个莫尔圆表示应力变化过程的方法显然很不方便,特别是当应力不是单调增加,而是有增有减的情况,用莫尔圆来表示应力变化过程,极易发生混乱。

也可以在 $p\text{-}q$ 应力平面上,用应力莫尔圆顶点的移动轨迹来表示应力的变化过程,本章的应力路径特指这种应力坐标下的应力变化轨迹。图 5-31(b)同样以常规三轴压缩试验为例,给出了用该种方法表示的应力路径。在对试样施加周围压力 $\sigma_3$ 时,同样表示为横轴上的点 $A$。在剪切过程中,增加偏差应力$(\sigma_1-\sigma_3)$使得大主应力 $\sigma_1$ 逐步增大时,莫尔圆顶点的轨迹是倾角为 $45°$ 的直线。当试样达到破坏状态时,莫尔圆顶点 $B$ 并不位于强度包线上,而是到达强度包线下方的另外一条直线上,我们称该直线为破坏主应力线。

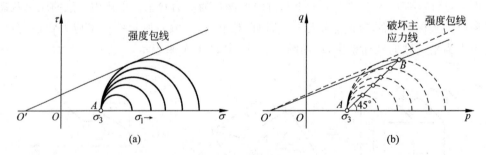

图 5-31　常规三轴压缩试验的应力路径
(a) 莫尔圆法;(b) $p\text{-}q$ 应力平面法

## 5.4.2　强度包线与破坏主应力线

如 5.4.1 节所述,应力状态的变化过程可以用 $p\text{-}q$ 坐标上的应力路径来表示。在常规三轴压缩试验中,$p\text{-}q$ 图上的应力路径如图 5-31(b)所示,沿与 $p$ 轴呈 $45°$ 的直线向上发展直至试样破坏。不同 $\sigma_3$ 试验的破坏点的连线,就是 $p\text{-}q$ 图上的破坏线,被称为破坏主应力线,简称 $K_f$ 线。

强度包线 $\tau_f$ 和破坏主应力线 $K_f$ 都对应土体的破坏状态。强度包线 $\tau_f$ 为在 $\sigma\text{-}\tau$ 坐标系中所有破坏状态莫尔圆的公切线,它和破坏状态对应的应力莫尔圆相切。破坏主应力线 $K_f$ 为在 $p\text{-}q$ 坐标系中所有处于极限平衡应力状态点的集合,它通过破坏状态莫尔圆的顶点。

强度包线 $\tau_f$ 和破坏主应力线 $K_f$ 两者是相关联的。图 5-32(a)给出了两者之间的几何关系。图中莫尔圆为破坏状态莫尔圆,强度包线必与之相切,切点为莫尔圆上的一个点。破坏主应力线通过破坏莫尔圆的顶点,它也是莫尔圆上的一个点。所以,当莫尔圆的半径无限缩小而趋于零时,会缩变成点圆 $O'$,可见 $\tau_f$ 线和 $K_f$ 线必定相交于横轴上相同的 $O'$ 点。此外,由两者的几何关系还可以发现,如果强度包线 $\tau_f$ 为直线,则破坏主应力线 $K_f$ 也必为直线。

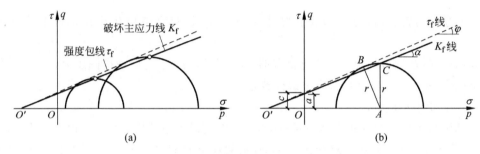

图 5-32 强度包线与破坏主应力线

设破坏主应力线的倾角为 $\alpha$,在 $q$ 轴上的截距为 $a$;强度包线与 $\sigma$ 轴的倾角为 $\varphi$,在 $\tau$ 轴的截距为 $c$。则 $\alpha$ 与 $\varphi$ 以及 $a$ 和 $c$ 之间的关系可以由图 5-32(b)中所示的莫尔圆进行推导。图中的莫尔圆为一土体破坏状态莫尔圆,其半径为 $r$。点 $B$ 为强度包线 $\tau_f$ 和该莫尔圆的切点。点 $C$ 为莫尔圆的顶点,破坏主应力线 $K_f$ 通过 $C$ 点。在三角形 $O'AB$ 和 $O'AC$ 中,有

$$r = \overline{O'A} \cdot \tan\alpha = \overline{O'A} \cdot \sin\varphi$$

故

$$\alpha = \arctan(\sin\varphi) \tag{5-19}$$

由于

$$a = O'O \cdot \tan\alpha, c = O'O \cdot \tan\varphi$$

所以

$$a = \tan\alpha \frac{c}{\tan\varphi} = \sin\varphi \frac{c}{\dfrac{\sin\varphi}{\cos\varphi}} = c \cdot \cos\varphi \tag{5-20}$$

因此,从 $p\text{-}q$ 应力路径图作出 $K_f$ 线后,再利用式(5-19)和式(5-20)也可求得抗剪强度指标 $c$ 和 $\varphi$,绘出莫尔-库仑强度包线。

### 5.4.3 总应力路径与有效应力路径

如前所述,土体中的应力可以用总应力 $\sigma$ 表示,也可以用有效应力 $\sigma'$ 表示。表示总应力变化的轨迹称为总应力路径,表示有效应力变化的轨迹称为有效应力路径。按照有效应力

计算的 $p'$ 和 $q'$ 与按照总应力计算的 $p$ 和 $q$ 存在如下的关系:

根据有效应力原理, $\sigma'_3 = \sigma_3 - u$, $\sigma'_1 = \sigma_1 - u$, 故

$$p' = \frac{1}{2}(\sigma'_1 + \sigma'_3) = \frac{1}{2}(\sigma_1 - u + \sigma_3 - u) = \frac{1}{2}(\sigma_1 + \sigma_3) - u = p - u \tag{5-21}$$

$$q' = \frac{1}{2}(\sigma'_1 - \sigma'_3) = \frac{1}{2}(\sigma_1 - u - \sigma_3 + u) = \frac{1}{2}(\sigma_1 - \sigma_3) = q \tag{5-22}$$

上面两式表明,用有效应力表示的莫尔圆与用总应力表示的莫尔圆的半径相等,但圆心位置相差一个孔隙水压力值,如图 5-33 所示。也就是说,通过土体单元的任意平面,用总应力表示的法向应力 $\sigma_n$ 与用有效应力表示的法向应力 $\sigma'_n$ 相比,两者的差值是孔隙水压力值 $u$。而剪应力则无论是以总应力表示或以有效应力表示,其值不变。因为水不能承受剪应力,所以孔隙水压力的大小不会影响土骨架所受的剪应力值。

**1. 常规三轴压缩试验的总应力路径**

绘制总应力路径时,无须考虑孔隙水压力的作用,只需考虑作用在试样上的总应力即可。

如前所述,在进行常规三轴压缩试验时,主要分为两步: ①施加周围压力 $\sigma_3 = \sigma_c$; ②施加偏差应力 $(\sigma_1 - \sigma_3)$ 进行剪切,直至试样破坏。

(1) 施加周围压力 $\sigma_3$

三轴试验通常先对试样施加一周围压力 $\sigma_3$, 在此过程中试样的总应力由零应力 ($p = 0$, $q = 0$) 变化为 $p = \sigma_3$, $q = 0$。对应图 5-34 所示的应力路径图,为从原点 $O$ 沿 $p$ 轴移动到 $A$ 点。

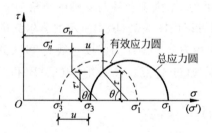

图 5-33　总应力和有效应力莫尔圆

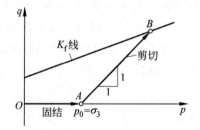

图 5-34　常规三轴压缩试验的总应力路径

(2) 增加偏差应力 $\Delta\sigma_1 = \sigma_1 - \sigma_3$

这时 $\sigma_3$ 保持不变,周围压力增量 $\Delta\sigma_3 = 0$, 但 $\sigma_1$ 不断增加,即 $\Delta\sigma_1 > 0$。此时有:

$$\Delta p = \frac{1}{2}(\Delta\sigma_1 + \Delta\sigma_3) = \frac{1}{2}\Delta\sigma_1$$

$$\Delta q = \frac{1}{2}(\Delta\sigma_1 - \Delta\sigma_3) = \frac{1}{2}\Delta\sigma_1$$

可见,有

$$\frac{\Delta q}{\Delta p} = 1 \tag{5-23}$$

因此,此时的总应力路径是倾角为 $45°$ 的斜线,向上最终到达破坏主应力线 $K_f$, 如

图 5-34 中所示的直线 $AB$。

上面介绍的是常规三轴压缩试验的情况。有时也会进行更加复杂应力路径的三轴试验。在这种试验中,根据需要可单独或同时改变 $\sigma_1$ 和 $\sigma_3$ 的大小。对这些复杂应力路径的三轴试验,其应力路径的画法是基本相同的,这里不再赘述。

**2. 常规三轴压缩试验的有效应力路径**

在排水试验过程中,试样内的孔隙水压力恒为零,总应力等于有效应力。所以,三轴排水试验的有效应力路径和总应力路径重合,有效应力破坏主应力线和总应力破坏主应力线重合。

如果在加载过程中,试样内有超静孔隙水压力产生,则绘制有效应力路径就比较复杂。通常需要先根据量测结果计算每一个加载点的总应力 $p$、$q$ 和孔隙水压力 $u$,再根据 $p' = p - u$ 和 $q' = q$ 计算出各点的有效应力 $p'$ 和 $q'$,并绘出有效应力路径。因此,绘制有效应力路径的关键在于确定总应力变化所引起的孔隙水压力 $u$ 的变化。

下面以饱和土的固结不排水常规三轴压缩试验为例,具体说明有效应力路径的绘制方法。对饱和土样,孔压系数 $B = 1.0$。因此,在固结不排水的常规三轴压缩试验中,由偏差应力引起的孔隙水压力 $u$ 可以用下式计算:

$$u = A(\sigma_1 - \sigma_3) \tag{5-24}$$

其中,孔压系数 $A$ 值的大小与土的性质、应力历史、应力水平等因素有关,在三轴剪切过程中一般不为常数,通常是根据试验中实测孔压反算求得的。

常规三轴固结不排水试验主要有施加周围压力和进行不排水剪切两个阶段。下面分别讨论这两个过程有效应力路径的画法。

（1）施加周围压力 $\sigma_3$,进行排水固结

由于排水固结后,试样内的孔隙水压力消散为零,所以该过程的有效应力路径和总应力路径相同,均为图 5-35 中的 $OA$。

（2）增加偏差应力 $\Delta\sigma_1 = \sigma_1 - \sigma_3$,进行不排水剪切

在该过程中,总应力路径是与 $p$ 轴呈 45°向上发展的直线,直至试样破坏。在图 5-35 中,该段总应力路径表示为 $AB$。其中,$B$ 点位于总应力破坏主应力线 $K_f$ 上。

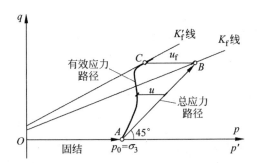

图 5-35　固结不排水三轴试验的总应力和有效应力路径

由于进行的是不排水剪切,所以,当作用偏差应力 $(\sigma_1 - \sigma_3)$ 时,饱和试样内会产生超静孔隙水压力 $u = A \times (\sigma_1 - \sigma_3)$。这时由于 $p' = p - u$,$q' = q$,所以每个点的有效应力 $p'$ 都和总应力 $p$ 相差 $u$。在图 5-35 中,该段的有效应力路径表示为 $AC$。$C$ 点位于有效应力破坏

主应力线 $K'_f$ 上,$B$ 点和 $C$ 点水平坐标相差 $u_f$。其中,$u_f$ 为试样破坏时的超静孔隙水压力。

需要说明的是,只有当孔压系数 $A$ 在整个剪切过程为常数时,有效应力路径 $AC$ 才是直线。但孔压系数 $A$ 一般并非常数,试验过程中其值是不断变化的,所以有效应力路径 $AC$ 一般是一条曲线。因为 $p'=p-u_f$,$q'_f=q_f$,所以当孔隙水压力是正值时,$K'_f$ 线总是位于 $K_f$ 线之上。

上述讨论表明,孔压系数 $A$ 对有效应力路径具有显著的影响,如 3.6.2 节和 3.6.3 节所述。孔压系数 $A$ 可反映土的剪胀特性:对于弹性体 $A=1/3$;对于剪胀土(如密砂和超固结黏土)$A<1/3$,甚至可能为负值;对于剪缩土(如松砂或正常固结黏土)$A>1/3$。

下面讨论假定 $A$ 分别等于常数 0、0.5 和 1.0 时,不排水剪切过程有效应力路径的方向。

(1) $A=0$ 的情况

按式(5-24),$A=0$ 时,$u=0$,则增加偏差应力不产生孔隙水压力,有效应力路径与总应力路径相同,是与 $p$ 轴成 45° 向上发展的直线,见图 5-36。

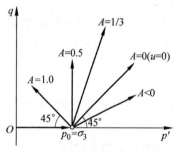

图 5-36　孔压系数 $A$ 和有效应力路径

(2) $A=0.5$ 的情况

此时有,$\Delta u=0.5\Delta\sigma_1$,$\Delta p'=\Delta p-\Delta u=0.5\Delta\sigma_1-0.5\Delta\sigma_1=0$,所以,有效应力路径是与 $p$ 轴垂直向上的直线,见图 5-36。

(3) $A=1.0$ 的情况

此时有,$\Delta u=\Delta\sigma_1$,$\Delta p'=\Delta p-\Delta u=0.5\Delta\sigma_1-\Delta\sigma_1=-0.5\Delta\sigma_1$,$\Delta q'=\Delta q=0.5\Delta\sigma_1$,所以,有效应力路径是与 $p$ 轴成 135° 向上发展的直线,见图 5-36。

可见,在对试样进行不排水剪切过程中,孔压系数 $A$ 值越大,试样中产生的孔隙水压力越高,有效应力路径越向左上方发展。而孔压系数 $A$ 越小,试样中产生的孔隙水压力越低,有效应力路径越向右上方发展。实际上,若试样在加载的过程中,$A$ 值不断变化,则有效应力路径的方向也应不断变化,成为一条连续发展的曲线。

【例题 5-3】　若土的泊松比 $\nu=0.3$,画出在侧限压缩和排水条件下加载时土样的应力路径。

【解】

在侧限压缩和排水条件下加载时,试样不产生超静孔压,水平向应力增量 $\Delta\sigma_3$ 与竖直向应力增量 $\Delta\sigma_1$ 之比为静止土压力系数 $K_0$。根据式(3-6)有

$$K_0=\frac{\Delta\sigma_3}{\Delta\sigma_1}=\frac{\nu}{1-\nu}=\frac{0.3}{1-0.3}\approx 0.429$$

$$\Delta\sigma_3=0.429\Delta\sigma_1$$

又　$\Delta p=\frac{1}{2}(\Delta\sigma_1+\Delta\sigma_3)=0.715\Delta\sigma_1$

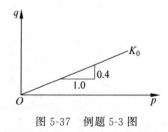

图 5-37　例题 5-3 图

$$\Delta q=\frac{1}{2}(\Delta\sigma_1-\Delta\sigma_3)=0.286\Delta\sigma_1$$

故有,$\dfrac{\Delta q}{\Delta p}=\dfrac{0.286\Delta\sigma_1}{0.715\Delta\sigma_1}=0.4$

即在 $p$-$q$ 坐标上的应力路径是通过原点,斜率为 0.4 的直线,见图 5-37。

**【例题 5-4】** 对某一饱和土样,先施加周围压力 $\sigma_3 = 100\text{kPa}$,让其排水固结。然后,在不排水条件下施加偏差应力 $\Delta\sigma_1 = 100\text{kPa}$,测得平均孔压系数 $A = 0.50$。再在不排水条件下施加偏差应力 $\Delta\sigma_1 = 80\text{kPa}$,测得本增量段的平均值 $A = 0.35$。试绘出试样在加载全过程中的总应力路径和有效应力路径。

**【解】**

饱和试样孔压系数 $B = 1.0$。

(1) 第一级荷载为施加周围压力 $\sigma_3 = 100\text{kPa}$,并排水固结。

加载前试样处于零应力状态　$p = p' = 0, q = q' = 0$

第一级加载并排水固结后　$u_1 = 0, p_1 = p_1' = 100\text{kPa}, q_1 = q_1' = 0$

(2) 第二级荷载在试样上施加 $\Delta\sigma_1 = 100\text{kPa}$,不排水,孔压系数 $A = 0.5$。

孔隙水压力增量　$\Delta u_2 = A \cdot \Delta\sigma_1 = 50\text{kPa}$

总应力增量　$\Delta p_2 = \dfrac{1}{2}(\Delta\sigma_1 + \Delta\sigma_3) = \dfrac{1}{2}\Delta\sigma_1 = 50\text{kPa}$

$$\Delta q_2 = \frac{1}{2}(\Delta\sigma_1 - \Delta\sigma_3) = \frac{1}{2}\Delta\sigma_1 = 50\text{kPa}$$

有效应力增量　$\Delta p_2' = \Delta p_2 - \Delta u_2 = 0, \Delta q_2' = \Delta q_2 = 50\text{kPa}$

第二级加载后　$p_2 = (100+50)\text{kPa} = 150\text{kPa}, p_2' = 100\text{kPa}, q_2 = q_2' = 50\text{kPa}$

(3) 第三级荷载又加 $\Delta\sigma_1 = 80\text{kPa}$,不排水,本偏差应力增量段孔压系数 $A = 0.35$。

孔隙水压力增量　$\Delta u_3 = A \cdot \Delta\sigma_1 = 28\text{kPa}$

总应力增量　$\Delta p_3 = \dfrac{1}{2}(\Delta\sigma_1 + \Delta\sigma_3) = \dfrac{1}{2} \times 80\text{kPa} = 40\text{kPa}, \Delta q_3 = \dfrac{1}{2}(\Delta\sigma_1 - \Delta\sigma_3) = 40\text{kPa}$

有效应力增量　$\Delta p_3' = \Delta p_3 - \Delta u_3 = 12\text{kPa}, \Delta q_3' = \Delta q_3 = 40\text{kPa}$

第三级加载后　$p_3 = (150+40)\text{kPa} = 190\text{kPa}, p_3' = (100+12)\text{kPa} = 112\text{kPa}$

$$q_3 = q_3' = (50+40)\text{kPa} = 90\text{kPa}$$

(4) 分别绘制总应力路径和有效应力路径,如图 5-38 中的 $OABC$ 和 $OAB'C'$。

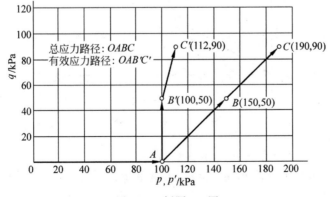

图 5-38　例题 5-4 图

**【例题 5-5】** 对某饱和砂土试样进行围压 $\sigma_3 = 100\text{kPa}$ 下的固结不排水三轴试验,测得试样破坏时的偏差应力 $(\sigma_1 - \sigma_3)_f = 440\text{kPa}$,破坏时的孔压系数 $A_f = -0.16$。试在 $p$-$q$ 图

上作出有效应力路径(ESP)和总应力路径(TSP),并求出破坏主应力线和强度包线。

**【解】**

(1) 求试样破坏时的孔隙水压力 $u_f$

饱和砂土试样,孔压系数 $B = 1.0$。对固结不排水试验,施加围压 $\sigma_3$ 时不产生孔隙水压力。因此有:

$$u_f = A_f(\sigma_1 - \sigma_3)_f = -0.16 \times 440\text{kPa} = -70.4\text{kPa}$$

(2) 求破坏时试样的总应力 $p_f$、$q_f$ 和有效应力 $p'_f$、$q'_f$

$$p_f = \frac{1}{2}(\sigma_{1f} + \sigma_3) = \frac{1}{2} \times (440 + 100 + 100)\text{kPa} = 320\text{kPa}$$

$$p'_f = p_f - u_f = [320 - (-70.4)]\text{kPa} = 390.4\text{kPa}$$

$$q'_f = q_f = \frac{1}{2}(\sigma_1 - \sigma_3)_f = 220(\text{kPa})$$

(3) 总应力路径

固结前:$p = 0$,$q = 0$,在原点 $O$。

固结后:$p = \sigma_3 = 100\text{kPa}$,$q = 0$,在 $p_0$ 点。

剪切破坏时:$p_f = 320\text{kPa}$,$q_f = 220\text{kPa}$,即 $T$ 点。

总应力路径为图 5-39 中的 $O\text{-}p_0\text{-}T$,其中 $p_0\text{-}T$ 段是倾角为 45° 的直线。

(4) 有效应力路径

固结前:$p' = 0$,$q' = 0$,在原点 $O$。

固结后:$p' = \sigma'_3 = 100\text{kPa}$,$q' = 0$,在 $p_0$ 点。

剪切破坏时:$p'_f = 390.4\text{kPa}$,$q'_f = 220\text{kPa}$,即 $E$ 点。

有效应力路径为图 5-39 中的 $O\text{-}p_0\text{-}E$。当孔压系数 $A$ 为常数时,$p_0\text{-}E$ 段为直线,否则为曲线。

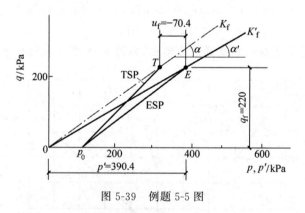

图 5-39　例题 5-5 图

(5) 有效应力破坏主应力线 $K'_f$ 和强度包线

有效应力破坏主应力线 $K'_f$ 即为 $OE$ 线,其倾角为 $\alpha'$

$$\alpha' = \arctan\frac{q'_f}{p'_f} = \arctan\frac{220}{390.4} = \arctan 0.564 = 29.4°$$

强度包线的倾角为有效内摩擦角 $\varphi'$

$$\varphi' = \arcsin(\tan\alpha') = \arcsin 0.564 = 34.3°$$

（6）总应力破坏主应力线和强度包线

总应力破坏主应力线 $k_f$ 即为 OT 线，其倾角为 $\alpha$

$$\alpha = \arctan\frac{q_f}{p_f} = \arctan\frac{220}{320} = 34.5°$$

强度包线的倾角为总应力内摩擦角 $\varphi$

$$\varphi = \arcsin(\tan\alpha) = \arcsin0.6875 = 43.4°$$

计算结果表明，由于破坏时为负孔隙水压力，所以总应力内摩擦角 $\varphi$ 大于有效应力内摩擦角 $\varphi'$。

# 5.5　土的抗剪强度指标

确定土的抗剪强度指标，即内摩擦角 $\varphi$ 和黏聚力 $c$ 是研究土的抗剪强度时的关键问题。这两个指标可用 5.3 节所述的三轴试验或直剪试验测定。但是应该指出，对同一种土，使用同一台仪器做试验，如果采用的试验方法，特别是排水条件不一样，测得的结果往往可差别很大，这是土有别于其他材料的一个很重要的特点。因此，如果不理解各种试验测得指标的物理含义，就随便用于实际工程中，可能会因为低估土的抗剪强度造成浪费，也可能会因为高估土的抗剪强度，导致地基或土工构筑物破坏，造成工程事故。因此，阐明各类试验方法测得的抗剪强度指标的物理意义，对正确选用土的抗剪强度指标十分重要。

按照不同的标准，可将土的抗剪强度指标划分为不同的类型。根据应力变形特性可划分为峰值强度指标与残余强度指标；根据应力分析方法可划分为总应力强度指标与有效应力强度指标；根据确定强度指标的试验方法可划分为直剪试验强度指标与三轴试验指标等。本节重点讨论各种强度指标的特点、相互关系和工程应用等问题。

## 5.5.1　总应力强度指标和有效应力强度指标

为了更直观地阐明问题，对一个处于不排水剪切破坏状态的砂土试样进行分析。假定试验中测得破裂面上的抗剪强度为 $\tau_f$，试样中破裂面法上的向应力为 $\sigma$，孔隙水压力为 $u_f$。如果用总应力写出抗剪强度公式，应为

$$\tau_f = \sigma\tan\varphi \tag{5-25}$$

若改用有效应力写出抗剪强度公式，则为

$$\tau_f = \sigma'\tan\varphi' = (\sigma - u_f)\tan\varphi' \tag{5-26}$$

式中：$\varphi$——该砂土的总应力内摩擦角；

$\varphi'$——该砂土的有效应力内摩擦角。

同一个试样，用同一种试验方法，测得的抗剪强度 $\tau_f$ 只有一个值，但却可以表达为式(5-25)和式(5-26)两种形式。如图 5-40 所示，若土样是松砂，孔隙水压力 $u_f>0$，$\sigma'<\sigma$，则 $\varphi'>\varphi$。若土很松，$u_f$ 很大，则 $\varphi'\gg\varphi$。反之，若土样是密砂，$u_f<0$ 则 $\varphi'<\varphi$。可见，有效应力强度指标与总应力强度指标的差别，实质上反映的是试样中孔隙水压力对土的抗剪强度的影响。

根据有效应力原理,土抗剪强度的变化只取决于有效应力 $\sigma'$ 的变化。$\sigma'$ 是作用在土骨架上的应力,有效内摩擦角 $\varphi'$ 才是真正反映土的内摩擦特性的指标(图 5-41)。所以,从理论上说,只有有效应力法才能准确反映土的抗剪强度的实质,才是正确合理的方法。但是,采用有效应力法分析实际土体的抗剪强度时,除总应力外,还必须要知道土体中的孔隙水压力。而土体中的孔隙水压力并不是在任何情况下都能求得或测得的。以土坡稳定分析为例,在渗流稳定期,土坡中的孔隙水压力可以通过流网法或数值计算较为准确地求得。但在地震期间,因震动产生的孔隙水压力就较难准确计算。而土坡在剪切破坏过程中所产生的超静孔隙水压力,则更加难以预估。由于工程上有许多情况,孔隙水压力难以估算,所以有效应力法就难以完全取代总应力法。

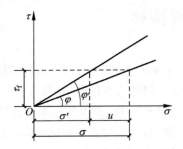

图 5-40   有效应力强度包线和总应力强度包线

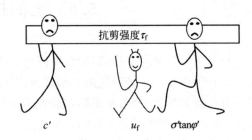

图 5-41   土抗剪强度的组成

由于孔隙水压力 $u$ 不能产生抗剪强度,所以从原理上看,总应力法并不完全符合土的抗剪强度机理。只是在无法确定现场的孔隙水压力 $u$ 时才会使用。实际工程经验表明,尽管总应力法不符合土的抗剪强度机理,但是在正确使用的前提下,也能取得合理的分析结果。这里关键的问题是需要根据相应工程现场的孔隙水条件,合理选择确定强度参数试验的方法和条件。

下面结合一个具体例子对这一问题进行说明。例如,对如图 5-42(a)所示的地基承载力分析问题,假设地基土失稳时,破裂面上孔隙水压力 $u_f$ 和法向有效应力 $\sigma'$ 的比值为 0.25。

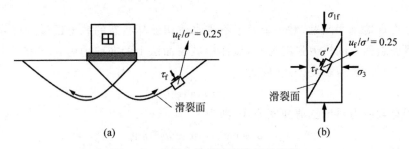

图 5-42   总应力抗剪强度指标的应用

在实验室,采用某种试验来测定地基土的抗剪强度指标。如图 5-42(b)所示,为了合理模拟地基土中的孔隙水压力特性,试验中选择贴近实际的排水条件,使得土样破坏时,剪切面上孔隙水压力 $u_f$ 和法向有效应力 $\sigma'$ 的比值也同样为 0.25。则对于总应力强度参数有

$$\tau_f = \sigma \tan\varphi = (\sigma' + u_f)\tan\varphi = (1.25\sigma')\tan\varphi \qquad (5\text{-}27)$$

因此,在给定的孔隙水压力条件下,根据该试验确定的总应力摩擦角 $\varphi$ 和有效内摩擦

角 $\varphi'$ 满足的关系为 $1.25\tan\varphi = \tan\varphi'$。这时,采用总应力分析方法分析地基土的抗剪强度时,有

$$\tau_f = \sigma\tan\varphi = (\sigma' + u_f)\tan\varphi = (1.25\sigma')\tan\varphi = \sigma'\tan\varphi'$$

可见,在给定的情况下,采用总应力分析方法,得到了和有效应力方法相同的计算结果。需要说明的是,在上面的分析中,之所以采用总应力分析法能得到正确的计算结果,是由于在测定总应力强度指标的试验中,孔隙水压力的条件和现场地基土中的相同所致。可以设想,如果试验中土样破坏时,剪切面上孔隙水压力 $u_f$ 和法向有效应力 $\sigma'$ 的比值不为 0.25 的话,总应力法分析的结果就会出现偏差。

上述分析表明,如果根据相应工程现场的孔隙水条件,合理选择确定抗剪强度参数试验的方法,采用总应力法也能得到合理的分析结果。但是,在实际的工程问题中,原位土体中的孔隙水压力往往无法确切得知,在进行试验时也很难准确进行模拟。因此,总应力法所提供的指标一般是近似的。近似的程度取决于所选择的试验方法,在多大程度上能够反映原位土体的实际工作状况,这常常取决于工程的经验和判断。

综上所述,对于总应力抗剪强度指标和有效应力抗剪强度指标,选择的基本原则是,对于能够可靠确定孔隙水压力的问题,都应该优先采用有效应力分析方法;而对于孔隙水压力不能确定的问题,采用总应力方法进行分析时,应该选择与原位土体孔隙水条件相同或相近的试验方法来测定土的总应力抗剪强度指标。

此外,由于总应力法不符合土的抗剪强度机理,因此,土体实际破裂面的发生方向应由有效应力强度指标 $\varphi'$ 决定,亦即破裂面和大主应力作用面倾角为 $45° + \varphi'/2$,而不是 $45° + \varphi/2$。

## 5.5.2　三轴试验强度指标

本节主要讨论各种不同排水条件下常规三轴压缩试验强度指标的特点以及它们之间的相互关系。

### 1. 三轴固结排水试验

固结排水三轴试验也表示为 CD 试验,在这种试验中,图 4-5 中的排水阀门 $V_2$ 始终打开。试样先在周围压力 $\sigma_3$ 作用下充分排水固结,稳定后缓慢增加轴向偏差应力 $(\sigma_1 - \sigma_3)$ 进行剪切,让试样在剪切过程中充分排水。这样,试样中超静孔隙水压力得以及时消散,总应力恒等于有效应力。用这种试验方法测得的抗剪强度称为排水强度。相应的抗剪强度指标称为排水强度指标 $c_d$ 和 $\varphi_d$。因为试样内的应力始终为有效应力,所以,$c_d$ 和 $\varphi_d$ 也可视为有效应力抗剪强度指标 $c'$ 和 $\varphi'$。

首先来讨论三轴试验中正常固结土的概念。在三轴试验中,将土样在历史上受到的最大有效固结应力称为先期固结压力 $\sigma_p$。假设三轴试验中施加在试样上的有效围压力为 $\sigma_3'$,则根据先期固结压力 $\sigma_p$ 和三轴试验有效围压力 $\sigma_3'$ 的大小,把三轴试验分为如下的两种:

(1) 如果 $\sigma_3' \geqslant \sigma_p$,称为正常固结土三轴试验;

(2) 如果 $\sigma_3' < \sigma_p$,称为超固结土三轴试验。

需要注意的是,尽管其基本判定标准与原理相同,但天然地基中正常固结土层的概念与室内三轴试验中正常固结土三轴试验的含义是不完全相同的。在地基土层中,是否正常固结土,是把先期固结压力和土层的当前有效自重应力进行比较。而在三轴试验中,是否正常固结土,是把土样的先期固结压力和三轴试验中对试样施加的有效围压力 $\sigma_3'$ 进行比较。显然,按照这样的标准,无论是从正常固结土层还是从超固结土层取出的土样,在实验室进行三轴试验时,都既有可能是正常固结土的三轴试验,也有可能是超固结土的三轴试验。这取决于试验中所施加的有效围压力 $\sigma_3'$ 的大小,是大于还是小于土样的先期固结压力 $\sigma_p$。

此外,还需要注意的是,正常固结或超固结土一般通常只针对黏性土,对于砂土一般称松砂或密砂。

根据上述的讨论可知,对实验室三轴试验中在任何围压下恒处于正常固结状态的黏土,当 $\sigma_3'=0$ 时,必然有 $\sigma_p=0$,表示这种土历史上从未受过任何应力的固结,例如天然状态下水中刚刚沉积的泥沙或实验室内调制的重塑泥浆等,必定处于很软弱的泥浆状态,抗剪强度 $\tau_f=0$。这表明,同无黏性土一样,实验室正常固结黏土的抗剪强度包线应该通过原点,如图 5-43 所示。因此,对三轴固结排水试验,砂土和正常固结黏土的抗剪强度均可表示为

$$\tau_f=\sigma\tan\varphi_d, \quad c_d=0 \tag{5-28}$$

正常固结黏土的黏聚强度 $c_d=0$,并不意味着这种土在任何情况下都不具有黏聚强度。黏性土黏聚力的存在是客观的。但是,对于处于正常固结状态的黏土,其黏聚强度也如摩擦强度一样与压应力 $\sigma$ 近似成正比,两者难以区分,使得黏聚强度实际上隐含于摩擦强度内。这也说明,强度参数 $c$ 和 $\varphi$ 在物理意义上并不严格"真实"地分别反映黏聚和摩擦两个抗剪强度分量,而通常是"你中有我,我中有你",从而变成仅为计算参数的含义。

图 5-44 给出了超固结黏土峰值强度包线和残余强度包线的示意图,这时一直是 $\sigma_3'<\sigma_p$。超固结黏土的应力-应变关系曲线具有峰值(图 5-23),在土的峰值强度之后,土发生应变软化,随变形增大偏差应力不断减小,最后趋于稳定,此时对应土的残余强度。试验结果表明,超固结黏土的强度包线不过原点,即 $c_d=c'\neq0$。对于残余强度,由于大变形会完全破坏土的结构强度和咬合作用,所以,超固结黏土残余强度包线是通过原点的直线。

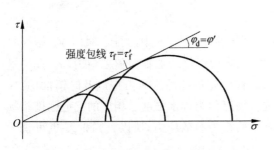

图 5-43 砂土和正常固结黏土的强度包线

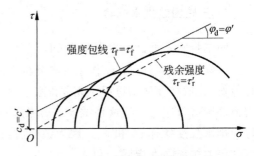

图 5-44 超固结黏土的强度包线

从天然土层中取出的原状土样、实验室经过预固结或击实的重塑土样均存在一个初始的先期固结压力。如果对一组具有相同初始先期固结压力 $\sigma_p$ 的土样进行试验,其强度包线包括下面两段:①当 $\sigma_3'<\sigma_p$ 时,土样处于超固结状态。在超固结段内,试样的实际密度大于正常固结时的密度。按密度大,抗剪强度高的道理,超固结段的抗剪强度包线应高于正常

固结状态的抗剪强度包线,并且是一段曲线。为便于计算,用直线段 $ab$ 代替。②当 $\sigma'_3 > \sigma_p$ 时,土样处于正常固结状态,其抗剪强度回到正常固结土的强度包线 $Oc$ 上。因此,对具有相同初始先期固结压力的黏性土在实验室中所测得的强度包线是两段折线 $ab$ 和 $bc$,其折点在 $\sigma'_3 = \sigma_p$ 的破坏圆的切线上,如图 5-45 所示。由于两段折线不便于工程应用,在实用上再简化成图中的点划线 $de$,这样,强度包线就又可用库仑抗剪强度公式表示。

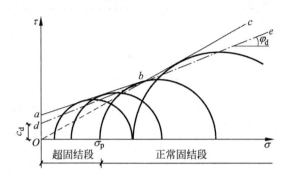

图 5-45　具有相同初始先期固结压力黏土的强度包线

综上所述,对于这两种情况,由固结排水三轴试验所得到的强度包线可统一采用下式来表示:

$$\tau_f = c_d + \sigma \tan \varphi_d \tag{5-29}$$

式中:$c_d$——排水试验的黏聚力;

$\quad\quad \varphi_d$——排水试验的内摩擦角。

**2. 三轴固结不排水试验**

固结不排水三轴试验亦称为 CU 试验,在进行这种试验时,首先让土样在围压力 $\sigma_3$ 作用下充分排水固结。之后,关闭图 4-5 中排水阀门 $V_2$,逐步施加轴向偏差应力 $(\sigma_1 - \sigma_3)$ 进行不排水剪切。在剪切过程中,试样内将出现不断变化的超静孔隙水压力,其值可以通过孔压量测系统进行测定。用这种试验方法测得的总应力抗剪强度称为固结不排水强度,其指标用 $c_{cu}$ 和 $\varphi_{cu}$ 表示。由于可测定试验过程中的孔隙水压力 $u$,所以,该种试验也可用来确定土体的有效应力强度指标 $c'$ 和 $\varphi'$。由于不排水剪切时一般 $u \neq 0$,因此测得的总应力强度指标和有效应力强度指标并不相同。

如图 5-46(a) 所示,和固结排水试验一样,正常固结黏土的总应力固结不排水强度包线是通过原点的直线,也即 $c_{cu} = 0$。可表达为

$$\tau_f = \sigma \tan \varphi_{cu} \tag{5-30}$$

若将总应力 $\sigma$ 坐标改换成有效应力 $\sigma'$ 坐标,则每个破坏莫尔圆将沿 $\sigma$ 轴平移一段距离,其值等于孔隙水压力的大小。正孔压向左移,负孔压则向右移。有效应力破坏莫尔圆的公切线就是有效应力强度包线,其抗剪强度指标即为有效应力强度指标 $c'$ 和 $\varphi'$。对于正常固结黏土,剪切时总是产生正孔隙水压力 $u$,图 5-46(b) 分别给出了其总应力和有效应力路径以及破坏主应力线。图中,$AB$ 为固结不排水剪切总应力路径,$AC$ 为其有效应力路径,$ABC$ 阴影部分的水平长度代表试验过程中试样内的孔隙水压力。

对正常固结黏土,同样有 $c' = 0$,且由图 5-46(a) 可知 $\varphi_{cu} < \varphi'$。

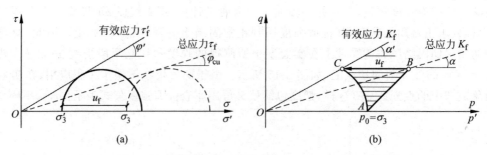

图 5-46　正常固结黏土的强度包线和破坏主应力线

(a) 强度包线；(b) 破坏主应力线

如图 5-47(a)所示，超固结黏土的总应力固结不排水强度包线也是一条不通过原点的直线，即 $c_{cu}>0$，可采用下式来表示：

$$\tau_f = c_{cu} + \sigma\tan\varphi_{cu} \tag{5-31}$$

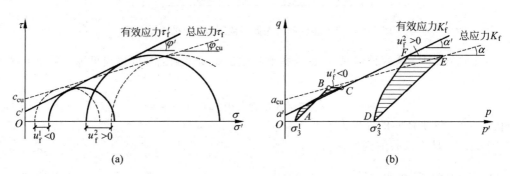

图 5-47　超固结黏土的强度包线和破坏主应力线

(a) 强度包线；(b) 破坏主应力线

对强超固结状态的黏土试样，在进行剪切时通常具有较为显著的剪胀趋势，在不排水条件下会产生负孔隙水压力。因此，当从总应力莫尔圆绘制有效应力莫尔圆时，靠近坐标原点附近的莫尔圆，围压力 $\sigma_3$ 较小，往往远小于初始先期固结压力 $\sigma_p$，试样处于强超固结状态，剪切破坏时的孔隙水压力常为负值，有效应力莫尔圆将向右侧移动；而远离坐标原点的莫尔圆，固结围压力 $\sigma_3$ 增大，接近先期固结压力 $\sigma_p$，试样破坏时的孔隙水压力 $u$ 一般会为正值，有效应力莫尔圆相反向左侧移动。因此，如图 5-47(a)所示，对固结不排水三轴试验，超固结黏土的总应力和有效应力强度包线呈剪刀交叉的形式，也即有：$\varphi'>\varphi_{cu}$，$c'<c_{cu}$。

图 5-47(b)分别给出了超固结黏土固结不排水三轴试验的总应力和有效应力路径以及破坏主应力线。图中 $AB$、$DE$ 分别为不排水剪切的总应力路径，$AC$、$DF$ 分别为相应的有效应力路径，$ABC$ 和 $DEF$ 阴影部分的水平长度代表在剪切过程中试样内的孔隙水压力。

同固结排水试验一样，天然黏土固结不排水试验的强度包线也分成超固结和正常固结两段组成的折线。实用上也常被简化为一条强度包线，也用式(5-31)来表示。

### 3. 黏性土密度-有效应力-抗剪强度的唯一性关系

影响土的抗剪强度的因素众多，特别是对于黏性土更为复杂，其中最主要的因素包括土的组成、土的密度、土的结构以及所受的应力状态。对于同一种土，组成和结构相同，则抗剪强度主要取决于密度和应力,而这两者之间又是密切相关的。

在总结分析大量试验成果的基础上,亨开尔(Henkel D J,1960)等学者证实,对同一种饱和正常固结黏土,存在单一的有效应力强度包线,且破坏时土样的含水量(密度)和强度间存在唯一性关系,与试验的类型、排水条件和应力路径等无关。这一规律被称作黏性土的密度-有效应力-抗剪强度的唯一性关系。之后,进一步的研究还表明,对具有相同先期固结压力的超固结黏土也有相似的规律。

图 5-48 分别给出了正常固结、超固结饱和 Weald 黏土,破坏偏差应力$(\sigma_1-\sigma_3)_f$和破坏时饱和含水量 $w_f$ 关系的三轴压缩试验结果。可见,对于正常固结和超固结两种情况下的土样,在破坏时其抗剪强度$(\sigma_1-\sigma_3)_f$和试样的饱和含水量 $w_f$ 之间均存在一一对应的关系,与试验的排水条件和应力路径等无关。试验结果证实了上述唯一性关系的存在。

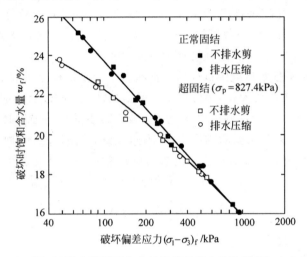

图 5-48　Weald 黏土破坏时含水量和偏差应力关系图(Henkel,1960)

为了对上述的唯一性关系进行进一步论证,如图 5-49 所示,可以对完全相同的饱和正常固结黏土试样分别进行如下的两个三轴试验:

(1)固结排水试验。让饱和试样在周围压力 $\sigma_3$ 作用下固结到 $A$ 点,固结后试样的孔隙比为 $e_0$。然后进行排水剪切,增加偏差应力直至试样破坏。在排水剪切的过程中,试样的孔隙比是变化的,测得破坏时的孔隙比为 $e_f$。其有效应力路径是与 $p'$ 轴成 45°的斜线,交破坏主应力线 $K'_f$ 于 $C$ 点,如图 5-49 中路径①所示。$C$ 点的坐标为 $p'_f$ 和 $q_f$。

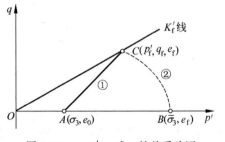

图 5-49　$q_f$-$p'_f$-$e_f$ 唯一性关系验证

(2)固结不排水试验。试验所采用土样的初始状态与前一个试验完全相同。试验选择某一适当的周围压力 $\bar{\sigma}_3$ 进行固结,使固结后的孔隙比与第一个试样破坏时的孔隙比 $e_f$ 相同并达到 $B$ 点。然后进行不排水剪切,直至试样破坏。饱和试样在不排水剪切过程中孔隙比 $e_f$ 不变,但孔隙水压力 $u$ 不断发展。测出孔隙水压力,绘制剪切过程的有效应力路径,直至试样破坏,如图 5-49 中路径②所示。试验结果表明,应力路径与破坏主应力线 $K'_f$ 的交点正好是第一个试验的破坏点 $C$。

上述的试验结果说明,两种试验虽然方法不同,应力路径不同,但是破坏时的 $q_f$, $p'_f$ 和 $e_f$ 是一样的。这就证明 $q_f$-$p'_f$-$e_f$ 的唯一性关系不受加载应力路径的影响。经过很多试验验证,这种唯一性关系对于正常固结黏土恒成立。进一步的研究还表明,对于超固结黏土,只要应力历史相同,$q_f$-$p'_f$-$e_f$ 唯一性关系原则上也仍然可以适用。因此可以得出结论,应力历史相同的同一种黏土,密度越高,抗剪强度越大;平均有效应力越高,抗剪强度也越大。

### 4. 三轴不固结不排水剪切试验

三轴不固结不排水剪切试验简称不排水剪,也常简称为 UU 试验。将从地基中取出的原状土或由实验室制备的黏土土样放在三轴仪的压力室内,在排水阀门关闭的情况下施加围压 $\sigma_3$,不让试样内的孔隙水排出,饱和试样不压密,$\sigma_3$ 所引起的超静孔隙水压力也不消散。然后,增加偏差应力 $(\sigma_1-\sigma_3)$ 进行剪切,在这一过程中也关闭排水阀门不让试样排水。用这种试验方法测得的总应力抗剪强度称为不排水强度,用 $c_{uu}$ 和 $\varphi_{uu}$ 或 $c_u$ 和 $\varphi_u$ 表示。

首先分析不固结不排水试验中试样的工作状态。如果试样是饱和的,则在整个试验过程中试样的孔隙比 $e$(或含水量 $w$)保持不变。根据黏性土"密度-有效应力-抗剪强度"唯一性关系,无论在试样上所加的围压力 $\sigma_3$ 多大,破坏时土的抗剪强度必定相同。试验结果如图 5-50 所示,表明尽管各试验的围压力 $\sigma_3$ 不同,但抗剪强度相同,即破坏状态应力莫尔圆的半径 $(\sigma_1-\sigma_3)/2$ 相等,因此,其总应力抗剪强度包线是一条与各个半径相等的破坏莫尔圆相切的水平线。因此,饱和黏土 UU 试验的内摩擦角 $\varphi_u=0$,黏聚力为

$$c_u = \frac{1}{2}(\sigma_1-\sigma_3)_f \tag{5-32}$$

式中:$c_u$——不排水强度。

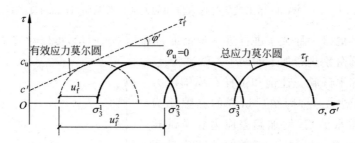

图 5-50　饱和黏土不固结不排水强度包线

不排水强度 $c_u$ 的大小取决于土样所受的先期固结压力(或试样密度)。先期固结压力越高,土样的密度越大,不排水强度 $c_u$ 也越高。

由于饱和土的孔隙水压力系数 $B=1.0$,施加 $\sigma_3$ 所产生的孔隙水压力 $u=\sigma_3$,因此若扣除孔隙水压力 $u$,则所有的总应力莫尔圆会集中为一个唯一的有效应力莫尔圆,即图 5-50 中的虚线半圆。因为只能得到一个有效应力莫尔圆,所以无法根据不固结不排水试验结果绘制有效应力强度包线,当然也无法确定土体的有效应力强度指标 $c'$ 和 $\varphi'$。

应该指出,$\varphi_u=0$ 并不意味着该黏土不具有摩擦强度。由于在剪切面上存在有效应力就应该有摩擦强度,只不过是在这种试验方法中,摩擦强度隐含于黏聚强度内,两者难以区分。

下面分别讨论饱和土样在不固结不排水试验过程中的总应力路径和有效应力路径。

(1) 总应力路径

施加围压力 $\sigma_3$ 后,如图 5-51 所示,土样的总应力路径为从原点 $O$ 沿 $p$ 轴移动到 $A$。施加偏差应力($\sigma_1 - \sigma_3$)进行剪切时,总应力路径是沿倾角为 45° 的斜线 $AB$。其中,$B$ 点为破坏点,位于总应力破坏主应力线 $K_f$ 上。所以,总应力路径为 $O$-$A$-$B$。

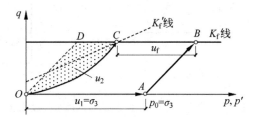

图 5-51　饱和土样不排水试验中的应力路径

(2) 有效应力路径

饱和土的孔压系数 $B = 1$。试验过程中,土样内的总孔隙水压力 $u$ 等于施加围压力 $\sigma_3$ 产生的 $u_1 = \sigma_3$ 和施加偏差应力($\sigma_1 - \sigma_3$)产生的 $u_2 = A(\sigma_1 - \sigma_3)$ 两部分之和。在施加围压力 $\sigma_3$ 后,试样内的孔压 $u_1 = \sigma_3$,土样有效应力 $\sigma_3' = 0$,试样的有效应力状态点仍位于 $O$ 点。施加偏差应力($\sigma_1 - \sigma_3$)进行剪切时,有效应力路径为 $OC$。$C$ 点为有效应力破坏点,位于有效应力破坏主应力线 $K_f'$ 上。当孔隙水压力系数 $A$ 为常数时,$OC$ 为直线。但一般 $A$ 不为常数,因此路径 $OC$ 一般为曲线。所以,有效应力路径为 $O$-$O$-$C$。

下面讨论试样内孔隙水压力的变化情况。施加围压力 $\sigma_3$ 后产生的孔隙水压力 $u_1 = \sigma_3$。在施加偏差应力($\sigma_1 - \sigma_3$)时,如图 5-51 中所示,假如孔压系数 $A = 0$,则有效应力路径为一条和总应力路径 $AB$ 平行的直线 $OD$。在不排水试验中,一般有 $A < 0$,$u < 0$,所以实际的有效应力路径 $OC$ 一般位于 $OD$ 的右侧。$ODC$ 阴影部分的水平宽度代表试样在剪切过程中产生的孔隙水压力 $u_2$。$C$ 点为破坏点,对应的孔隙水压力为 $u_f$。

需要注意的是,如果是在现场饱和黏土层中取原状土样进行不排水试验,由于取样后原位应力得到释放,土样中会产生负的孔隙水压力。在对该种原状土样进行试验前,土样中常存在一定的残余负孔隙水压力,此时,图 5-51 中有效应力路径的起点不在原点 $O$。

实际上,同一种饱和黏土的不排水强度 $c_u$ 和固结不排水抗剪强度指标 $\varphi_{cu}$ 和 $c_{cu}$ 间存在一定的相互关系。从不固结不排水试验中得知,如土样经受过某种先期预固结压力,具有一个相应的密度,则不排水试验将会得出一种相应的不排水强度。因此,如果让几个试样分别在几种不同的周围压力 $\sigma_3^i$ 作用下固结,将固结后的试样进行不排水剪切试验,就可得到几种不同的不排水强度 $c_u^i$,也就是几个直径不同的破坏应力莫尔圆,如图 5-52(a)所示。这几个莫尔圆的公切线也就是固结不排水试验的强度包线,并对应固结不排水抗剪强度指标 $\varphi_{cu}$ 和 $c_{cu}$。而与固结不排水试验强度包线相切的每一个莫尔圆的半径,则是一个具有相同先期预固结压力和相同密度的土样的不排水强度指标 $c_u^i$。

对于天然深厚的饱和黏土层,土样所受到的有效固结压力随深度逐渐增加,具有随深度减少的孔隙比 $e$,因而也具有随深度增加的不排水强度 $c_u$。图 5-52(b)表示的是用十字板剪切试验测得的不排水强度 $c_u$ 随深度近于线性的增加。对于很软的正常固结黏土的峰值强

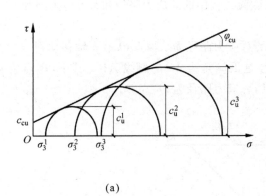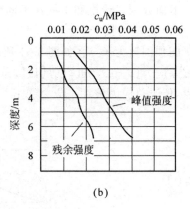

图 5-52　固结不排水强度包线和不排水强度指标

(a) 两强度指标的关系；(b) 不排水强度 $c_u$ 随土层深度增加

度线，它应当过原点，但由于一些自然和人为的影响，通常会表现出超固结土的特性，但其残余强度线过原点。

　　非饱和土由于土样中含有空气，孔压系数 $B<1.0$。试验过程中，虽然不让试样排水，但在加载过程中，气体能压缩或部分溶解于水中，从而使土的密度有所提高，抗剪强度也随之增长，故强度包线的起始段为曲线，直至土样由于围压的提高而完全饱和后才趋于水平线，如图 5-53 所示。

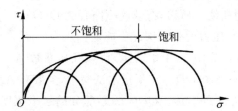

图 5-53　非饱和黏土不固结不排水强度包线

　　对于饱和土的三轴不固结不排水试验，因为试验中所施加的有效周围压力 $\sigma_3'=0$，近似于前面提到的无侧限压缩试验，因此，可以把无侧限压缩试验近似看成 $\sigma_3=0$ 的 UU 试验。由于不施加周围压力 $\sigma_3$，所以，无侧限压缩试验只能测得一个通过原点的破坏莫尔圆。但正如前面讨论的，饱和黏土的不排水强度包线就是一条水平线，即 $\varphi_u=0$。将该规律应用于无侧限压缩试验，就可用无侧限抗压强度 $q_u$ 来换算土的不固结不排水强度 $c_u$，分别见图 5-26 和式(5-14)。

　　饱和土不固结不排水的实质是保持试验过程中土样的密度不变，原位十字板试验一般也能满足这一条件，故可以认为用十字板试验测得的抗剪强度 $\tau_f$ 也相当于不排水强度 $c_u$。不过十字板剪切试验是在原位土体中进行，不会因为取样而使土体受扰动与回弹，所以，十字板试验测得的抗剪强度往往会高于室内的不排水强度 $c_u$。

### 5.5.3　直剪试验强度指标

　　如前所述，在直剪试验过程中，无法严格控制试样的排水条件，但可通过控制剪切速率近似模拟现场的排水条件。据此可将直剪试验分为固结慢剪、固结快剪和快剪三种类型,可将它们分别与三轴固结排水试验、固结不排水试验和不固结不排水试验相对应。两种试验得到的强度指标在一些情况下较为接近,有时也有可能具有较大的差别,主要与土的渗透系数有关。

**1. 慢剪试验**

慢剪试验的要点是保证试验中试样要能充分排水,不能累积孔隙水压力。施加法向应力 $\sigma$ 后,要让试样充分排水固结,加剪应力的速率也很缓慢,让剪切过程中的超静孔隙水压力完全消散。这种试验与三轴固结排水试验方法相对应。

用慢剪试验测得的指标称为慢剪强度指标,标记为 $c_s$ 和 $\varphi_s$。由于试样中没有孔隙水压力,总应力就是有效应力,所以这种指标与有效应力强度指标相当。经验表明,由于试验仪器和方法的不同,$c_s$ 和 $\varphi_s$ 一般略高于三轴试验有效应力强度指标 $c'$ 和 $\varphi'$。所以,作为有效应力强度指标应用时,常乘以 0.9 的系数。

**2. 固结快剪试验**

固结快剪试验的要点是,施加法向应力 $\sigma$ 后,让试样充分固结,之后快速进行剪切。通常要求试样在 3~5min 内剪坏,以尽量减少试样的排水。对于黏性土,这种试验与三轴固结不排水试验方法相对应。用固结快剪试验测得的指标称为固结快剪指标,标记为 $c_{cq}$ 和 $\varphi_{cq}$。

**3. 快剪试验**

快剪试验的要点是,施加法向应力 $\sigma$ 后,不让试样固结,立即快速进行剪切,通常要求在 3~5min 内将试样剪坏,以尽量减少试样的排水。对于黏性土,这种试验与三轴不排水试验方法相对应。用这种试验方法测得的抗剪强度指标,称为快剪强度指标,标记为 $c_q$、$\varphi_q$。

需要注意的是,直剪试验采用加载速率控制试样的排水固结条件。但实际上,试样的排水固结状况不但与加荷速率有关,而且还取决于土的渗透性和土样的厚度等因素。因此,各类试验方法所测得的指标的差别与土的性质关系很大。如果是黏性较大渗透系数较小的土样,进行快速剪切时,能保持孔隙水压力基本不消散,密度基本不变化,此时固结快剪和快剪试验分别与三轴固结不排水和不排水试验的性质基本相同。但对于低黏性土或无黏性土,因为试样很薄,边界不能保证绝对不排水,所以在规定的加载速率下,土样仍能部分排水固结,甚至接近完全排水固结。这时固结快剪和快剪试验测得的抗剪强度指标与三轴固结不排水和不排水试验测得的强度指标就会有较大的差别。

表 5-1 给出了几种塑性指数不同的饱和黏性土进行直剪试验时,用三种不同方法测得的抗剪强度指标的差别。对于塑性指数高的黏性土,各种指标有明显的区别,而且比较符合三轴试验同类指标的变化规律。但是对于塑性指数较低的黏性土,不同方法所测得的内摩擦角已经没有多大的差别。由于砂土的渗透系数较大,三种试验都接近完全排水的情况,结果都接近于有效应力指标 $c'$ 和 $\varphi'$。这说明,在选用试验方法和分析试验成果时,应特别注意土的性质。

表 5-1  黏性土直剪强度指标比较

| 土样编号 | 塑性指数 $I_p$ | 快　剪 | | 固结快剪 | | 慢　剪 | |
| --- | --- | --- | --- | --- | --- | --- | --- |
| | | $c_q$/kPa | $\varphi_q$/(°) | $c_{cq}$/kPa | $\varphi_{cq}$/(°) | $c_s$/kPa | $\varphi_s$/(°) |
| 1 | 15.4 | 90 | 2°30′ | 33 | 18°30′ | 23 | 24°30′ |
| 2 | 9.1 | 66 | 24°30′ | 44 | 29°00′ | 20 | 36°30′ |
| 3 | 5.8~8.5 | 51 | 34°50′ | 37 | 36°00′ | 15 | 36°30′ |

## 5.5.4　残余抗剪强度指标

如图 5-18 和图 5-23 所示的直剪试验和三轴试验结果均表明,密砂或超固结黏土受剪切时,应力-应变关系曲线存在峰值。峰值后,若变形继续发展,剪应力或偏差应力将不断降低,当变形很大时,趋于稳定值,称为残余强度。对松砂和正常固结黏土,偏差应力一直升高,不出现峰值,所以虽然最后也达到同样的稳定值,但就不称为残余强度。

密砂或超固结黏土在剪切变形较大时对应残余抗剪强度。对于砂土,表示这时砂粒间的咬合作用已被完全破坏,其结构已被彻底松动而成为一种强度不变的摩擦流体,在相当于残余强度的剪应力作用下,发生体积恒定的连续剪切变形。黏性土的残余强度机理与砂土有所不同,它的强度的降低主要是由于在剪切中土的结构发生变化所致。在剪切面附近,剪应力使片状颗粒沿剪切面形成定向排列,成为分散结构,强度降低。在直剪试验中,由于固定剪切面,更容易因上述原因而造成强度降低。

无论是砂土,还是黏性土,大变形完全破坏了土的结构强度和咬合作用,它们的残余强度包线都是通过原点的直线,而且残余强度指标内摩擦角 $\varphi_r$ 主要取决于土的矿物成分,与其所受的应力历史等因素无关(图 5-54)。在一般情况下,由石英、长石、方解石等组成的土,其残余内摩擦角略高于 30°,主要含云母类矿物(如伊利石)土的残余内摩擦角为 15°~26°,主要含蒙特石矿物土的残余内摩擦角则可小于 10°。

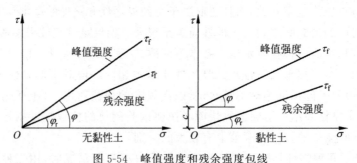

图 5-54　峰值强度和残余强度包线

## 5.5.5　土的强度指标的工程应用

土体稳定分析成果的可靠性,在很大程度上取决于对抗剪强度试验方法和强度指标的正确选择。因为不同试验方法所得不同抗剪强度导致分析结果的差别往往超过不同稳定分析方法之间的差别。

在选用试验仪器方面,由于三轴剪切仪具有前述的诸多优点,应优先采用,特别是在重要的工程中。直剪仪因其设备简单,易于试验,且已有较长的应用历史,积累了大量的工程数据,仍然是目前测定土的抗剪强度所普遍使用的仪器,但应了解其特点和缺点,以便能够按照不同土类和不同的固结排水条件,合理选用指标。

对于土的强度问题,一般采用峰值强度指标进行分析。只有当分析的土体会发生大变形或已受多次剪切而累积了大变形时才应该选用残余强度指标。对于天然滑坡的滑动面或断层面,土体往往因多次滑动而经历了相当大的变形,在分析其稳定性时,应该采用残余强度指标。在某些裂隙黏土中,常发生渐进性的破坏,即部分土体因应力集中,先达到峰值强度,而后应力减退,从而引起四周土体应力增加,也相继达到峰值强度,如此破坏区逐步扩展。在这种情况下,破坏土体的变形都很大,也应该采用残余强度指标进行分析。另外,对于高灵敏性土,在某些情况下其强度应予以折减。

土体的稳定分析分为有效应力分析法和总应力分析法两种。当采取土体的有效应力状态和有效应力强度指标进行分析时称有效应力分析法。当采取土体的总应力状态和相应的总应力强度指标进行分析时称总应力分析法。控制土体抗剪强度的是有效应力,而不是总应力,且有效应力强度指标的测定和取值相对比较稳定可靠,一般与应力路径无关。所以应将有效应力分析法作为基本方法。当土体内的孔隙水压力能通过计算或其他方法确定时,宜采用有效应力法。采用总应力指标时,应根据现场土体可能的应力路径和固结排水情况,选用合适的试验方法和总应力强度指标,即不固结不排水强度(快剪强度)或固结不排水强度(固结快剪强度)指标。

图 5-55 给出了黏土不固结不排水(快剪)强度指标的一些典型应用。不排水强度指标用于荷载增加所引起的孔隙水压力不消散,土体密度保持不变的情况。具体的工程问题,如在地基的极限承载力计算中,若建筑物的施工速度快,地基土的黏性大,透水性小,排水条件差时就应该采用不排水强度指标。当不排水强度指标用于饱和土中时,因为 $\varphi_u=0$,所以也称为 $\varphi=0$ 法,在软土地基的稳定分析中是一种常用的方法,已积累有相当丰富的工程经验。天然饱和黏性土坡的稳定分析也常采用这种方法。此外,碾压土石坝施工期的边坡稳定分析,如果采用总应力法时,对心墙黏土料也应采用不排水强度指标,不过属于非饱和土的不排水强度指标。

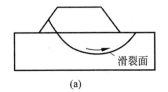 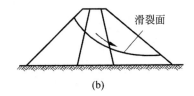 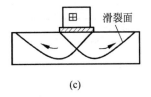

图 5-55 黏土不固结不排水(快剪)强度指标的典型应用

(a) 在黏土地基上的快速填方;(b) 土坝快速施工,黏土心墙未固结;(c) 黏土地基上快速施工的建筑物

图 5-56 给出了黏土固结不排水剪(固结快剪)强度指标的一些典型应用。一般来说,在工程中,如果黏性土层先在某种应力下固结,然后又进行快速加载(增加剪应力)时,若用总应力法分析土体的稳定性,就可采用由固结不排水试验测定的土的抗剪强度指标。从某种意义上说,固结不排水试验方法反映土体已部分固结,但又不完全固结时的抗剪强度。如果土体在加载过程中既非完全不排水,又非完全排水,而处于两者之间时也常用这种抗剪强度指标。

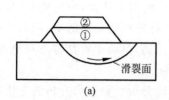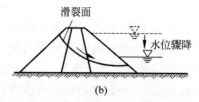

图 5-56 黏土固结不排水(固结快剪)强度指标的典型应用

(a) 在软黏土地基上分期填方,①层固结后,②层快速施工;(b) 土坝运行期,水位骤降时的黏土心墙

采用固结排水剪(慢剪)强度指标时,实质上进行的是有效应力法的分析。实际工程中应用于孔隙水压力可全部并及时消散,土体密度不断增加的情况。当建筑物的施工速度较慢时,而地基土的黏性小,或无黏性,透水性大,排水条件良好时,在地基极限承载力的计算中可采用由排水试验确定的抗剪强度指标。

【例题 5-6】 某场地地质剖面如图 5-57 所示。表层 3m 为粗砂(地下水位以上可近似按干砂计算),以下为正常固结黏性土,其静止土压力系数 $K_0 = 0.7$。在 $M$ 点取土样进行固结不排水试验,测得试样破坏时的数据如表 5-2 所示。求:(1)黏性土的总应力强度指标和有效应力强度指标。(2)破坏时的孔隙水压力系数 $A_f$。(3)估算 $M$ 点处土的无侧限抗压强度 $q_u$。

表 5-2 试样破坏时数据

|  | 周围压力 $\sigma_3$/kPa | 破坏偏差应力 $(\sigma_1 - \sigma_3)_f$/kPa | 破坏孔隙水压力 $u_f$/kPa |
|---|---|---|---|
| 试验 1 | 490 | 286 | 271 |
| 试验 2 | 686 | 400 | 379 |

【解】

(1) 总应力强度指标和有效应力强度指标

根据试验 1 结果 $\sigma_3 = 490\text{kPa}$  $\sigma_{1f} = \sigma_3 + (\sigma_1 - \sigma_3)_f = (490 + 286)\text{kPa} = 776\text{kPa}$

根据试验 2 结果 $\sigma_3 = 686\text{kPa}$  $\sigma_{1f} = (686 + 400)\text{kPa} = 1086\text{kPa}$

绘总应力强度包线如图 5-58 曲线①,得总应力抗剪强度指标 $c_{cu} = 0$,$\varphi_{cu} = 13.06°$。

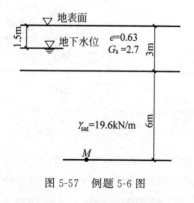

图 5-57 例题 5-6 图

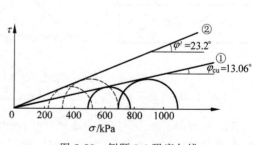

图 5-58 例题 5-6 强度包线

根据试验 1 结果 $\sigma_3' = \sigma_3 - u = (490 - 271)\text{kPa} = 219\text{kPa}$  $\sigma_1' = \sigma_1 - u = (776 - 271)\text{kPa} = 505\text{kPa}$

根据试验 2 结果 $\sigma_3' = (686-379)\text{kPa} = 307\text{kPa}$　$\sigma_1' = (1086-379)\text{kPa} = 707\text{kPa}$

绘有效莫尔圆如图 5-58 曲线②，得有效应力抗剪强度指标 $c'=0$，$\varphi'=23.2°$。

（2）破坏时的孔隙水压力系数

试验 1　$A_{f1} = \dfrac{u_f}{(\sigma_1-\sigma_3)_f} = \dfrac{271}{286} \approx 0.948$

试验 2　$A_{f2} = \dfrac{u_f}{(\sigma_1-\sigma_3)_f} = \dfrac{379}{400} \approx 0.948$

（3）无侧限抗压强度 $q_u$

作用于 $M$ 点上的有效自重应力 $\sigma_{sv}$ 计算（取 $\gamma_w = 10\text{kN/m}^3$）：

砂土的干重度　$\gamma_d = \dfrac{G_s \gamma_w}{1+e} = \dfrac{2.7 \times 10}{1+0.63}\text{kN/m}^3 \approx 16.6\text{kN/m}^3$

饱和重度　$\gamma_{sat} = \dfrac{(G_s+e)\gamma_w}{1+e} = \dfrac{(2.7+0.63)\times 10}{1+0.63}\text{kN/m}^3 \approx 20.4\text{kN/m}^3$

砂土的浮重度　$\gamma' = (20.4-10)\text{kN/m}^3 = 10.4\text{kN/m}^3$

黏性土的浮重度　$\gamma' = (19.6-10)\text{kN/m}^3 = 9.6\text{kN/m}^3$

$\sigma_{sv}' = (1.5 \times 16.6 + 1.5 \times 10.4 + 6 \times 9.6)\text{kPa} = 98.1\text{kPa}$

$\sigma_{sh}' = K_0 \sigma_{sv}' = 0.7 \times 98.1\text{kPa} \approx 68.7\text{kPa}$

平均固结应力　$\overline{\sigma'} = \dfrac{1}{3}(\sigma_{sv}' + 2\sigma_{sh}') = \dfrac{1}{3} \times (98.1 + 2 \times 68.7)\text{kPa} = 78.5\text{kPa}$

在地基中，土样不处于等向固结应力状态。这里近似假定 $\overline{\sigma'}$ 相当于三轴试验的固结应力 $\sigma_3'$。正常固结土的强度包线通过原点，因此固结不排水试验莫尔圆的直径与固结应力成正比。故当有效固结应力 $\sigma_3' = 78.5\text{kPa}$ 时的破坏偏差应力为

$$(\sigma_1-\sigma_3)_f = \frac{78.5}{490} \times 286\text{kPa} \approx 45.8\text{kPa}$$

或

$$(\sigma_1-\sigma_3)_f = \frac{78.5}{686} \times 400\text{kPa} \approx 45.8\text{kPa}$$

这就是 $M$ 点土样做不排水试验应该得到的莫尔圆直径，也就是无侧限抗压强度 $q_u$，即 $q_u = 45.8\text{kPa}$。

【例题 5-7】　某饱和正常固结黏土，由固结不排水三轴试验测得其总应力 $K_f$ 线的倾角 $\alpha = 20°$。试问：(1)若让土样首先在围压力 $\sigma_3 = 196\text{kPa}$ 下预固结，再在不同围压下进行不固结不排水三轴试验，其不排水强度 $c_u$ 为多大？(2)若试样剪切破坏时由剪切过程产生的孔隙水压力 $u_f = 100\text{kPa}$，该黏土的有效内摩擦角和有效黏聚力各为多大？

【解】

（1）为了便于运用莫尔圆进行分析，将 $\alpha$ 角化成 $\varphi$ 角。则正常固结黏土的 $c_{cu} = 0$，$\varphi_{cu} = \arcsin(\tan\alpha) = 21.34°$

（2）所求不排水强度 $c_u$ 即为围压力 $\sigma_3 = 196\text{kPa}$ 时，固结不排水三轴试验破坏莫尔圆的半径，根据如图 5-59 所示的几何关系，有：

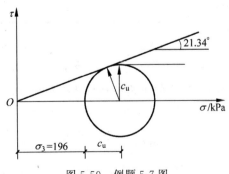

图 5-59　例题 5-7 图

$$\frac{c_{\mathrm{u}}}{\sigma_3 + c_{\mathrm{u}}} = \sin\varphi_{\mathrm{cu}} = 0.364$$

代入具体数值可得：

$$c_{\mathrm{u}} = 112.2\mathrm{kPa}$$

也可采用如下的解法：

对围压力 $\sigma_3 = 196\mathrm{kPa}$ 时的固结不排水三轴试验，破坏时的大主应力为

$$\sigma_{1\mathrm{f}} = \sigma_3 \cdot \tan^2(45° + \varphi/2) = 196 \times \tan^2(45° + 21.34°/2)\mathrm{kPa} = 420.4\mathrm{kPa}$$

因此，所求不排水强度 $c_{\mathrm{u}} = \frac{1}{2}(\sigma_1 - \sigma_3)_{\mathrm{f}} = \frac{1}{2} \times (420.4 - 196)\mathrm{kPa} = 112.2\mathrm{kPa}$

（3）确定土的有效内摩擦角。正常固结土 $c' = 0$。有效应力和总应力莫尔圆的直径相同，故破坏莫尔圆半径仍为 $c_{\mathrm{u}} = 112.2\mathrm{kPa}$，则有：

$$\sin\varphi' = \frac{\sigma_1 - \sigma_3}{\sigma_1 + \sigma_3 - 2u} = \frac{\sigma_1 - \sigma_3}{(\sigma_1 - \sigma_3) + 2\sigma_3 - 2u} = \frac{c_{\mathrm{u}}}{c_u + \sigma_3 - u} = \frac{112.2}{112.2 + 196 - 100} = 0.539$$

得 $\varphi' = 32.6°$。

【例题 5-8】　对某正常固结黏性土饱和试样进行三轴固结不排水试验，得 $c' = 0$，$\varphi' = 30°$，问：（1）若试样先在周围压力 $\sigma_3 = 100\mathrm{kPa}$ 下预固结，然后关闭排水阀，将 $\sigma_3$ 增大至 $200\mathrm{kPa}$ 进行不固结不排水试验，测得破坏时的孔隙压力系数 $A_{\mathrm{f}} = 0.5$，求土的不排水抗剪强度指标；（2）若试样在周围压力 $\sigma_3 = 200\mathrm{kPa}$ 下进行固结不排水试验，试样破坏时的主应力差 $(\sigma_1 - \sigma_3)_{\mathrm{f}} = 165\mathrm{kPa}$，求固结不排水总应力强度指标、破坏时试样内的孔隙水压力及相应的孔隙水压力系数 $A_{\mathrm{f}}$、剪切破坏面上的法向总应力和剪应力。

【解】

（1）由于是饱和土体，所以孔压系数 $B = 1.0$。假定试样破坏时的偏差应力为 $(\sigma_1 - \sigma_3)_{\mathrm{f}}$，则可分3阶段写出试样应力状态的变化过程，如表5-3所示。

表5-3　试验应力状态变化过程

| 试验阶段 | $\sigma_3/\mathrm{kPa}$ | $\sigma_1/\mathrm{kPa}$ | $u/\mathrm{kPa}$ | $\sigma_3'/\mathrm{kPa}$ | $\sigma_1'/\mathrm{kPa}$ |
|---|---|---|---|---|---|
| 预固结 $\sigma_3 = 100\mathrm{kPa}$ | 100 | 100 | 0 | 100 | 100 |
| 不排水 $\Delta\sigma_3 = 100\mathrm{kPa}$ | 200 | 200 | $u = B\Delta\sigma_3 = 100$ | 100 | 100 |
| 不排水剪 $(\sigma_1 - \sigma_3)_{\mathrm{f}}$ | 200 | $200 + (\sigma_1 - \sigma_3)_{\mathrm{f}}$ | $u = 100 + A_{\mathrm{f}}(\sigma_1 - \sigma_3)_{\mathrm{f}}$ $= 100 + 0.5(\sigma_1 - \sigma_3)_{\mathrm{f}}$ | $\sigma_3' = 200 - u$ $= 100 - 0.5(\sigma_1 - \sigma_3)_{\mathrm{f}}$ | $\sigma_1' = 200 + (\sigma_1 - \sigma_3)_{\mathrm{f}} - u$ $= 100 + 0.5(\sigma_1 - \sigma_3)_{\mathrm{f}}$ |

正常固结土破坏时的应力状态满足极限平衡条件：$\sigma_1' = \sigma_3' \tan^2(45° + \varphi'/2)$

将 $\varphi' = 30°$ 以及表5-3中破坏状态时的 $\sigma_1'$ 和 $\sigma_3'$ 代入上式，可解得：$(\sigma_1 - \sigma_3)_{\mathrm{f}} = 100\mathrm{kPa}$。

因此，土的不排水抗剪强度指标为：$\varphi_{\mathrm{u}} = 0°$，$c_{\mathrm{u}} = 100\mathrm{kPa}/2 = 50\mathrm{kPa}$。

（2）对正常固结黏土，$c_{\mathrm{cu}} = 0$

$$\sin\varphi_{\mathrm{cu}} = \frac{\sigma_1 - \sigma_3}{\sigma_1 + \sigma_3} = \frac{165}{200 + 165 + 200} \approx 0.2920 \qquad 得：\varphi_{\mathrm{cu}} = 17°$$

设破坏时土样的孔压系数为 $A_{\mathrm{f}}$，则破坏时：

$$u_f = A_f(\sigma_1 - \sigma_3)_f = 165A_f$$

$$\sigma'_3 = 200 - 165A_f, \quad \sigma'_1 = 200 + 165 - 165A_f = 365 - 165A_f$$

同样,土体破坏时的应力状态满足极限平衡条件:

$$\sigma'_1 = \sigma'_3 \tan^2(45° + \varphi'/2)$$

代入可得:

$$A_f = 0.712, \quad u_f = 165A_f = 117.5\text{kPa}$$

有效应力莫尔圆对应真正的土体破裂面,因此,破裂面上的应力应根据破坏时的有效应力计算:

$$\sigma'_3 = 200 - 165A_f = 82.5\text{kPa}, \quad \sigma'_1 = 365 - 165A_f = 247.5\text{kPa}$$

可得剪切破坏面上的法向有效应力和剪应力:

$$\sigma'_n = \frac{\sigma'_1 + \sigma'_3}{2} - \frac{\sigma'_1 - \sigma'_3}{2}\sin\varphi' = 123.8\text{kPa}, \quad \tau = \frac{\sigma'_1 - \sigma'_3}{2}\cos\varphi' = 71.4\text{kPa}$$

剪切破坏面上的法向总应力:

$$\sigma_n = \sigma'_n + u_f = 241.3\text{kPa}$$

剪应力不变,仍为

$$\tau = 71.4\text{kPa}$$

# 习　题

**5-1** 一种土样在 100kPa、200kPa、300kPa 和 400kPa 的法向应力下进行直剪试验,测得土的峰值抗剪强度分别为 $\tau_f = 105\text{kPa}$、151kPa、207kPa 和 260kPa；终值抗剪强度分别为 $\tau_r = 34\text{kPa}$、65kPa、93kPa 和 123kPa。试用作图法求该土的峰值和终值抗剪强度指标,并阐明这两种指标的用法。

**5-2** 对一干砂试样进行直剪试验,在法向应力 $\sigma = 96.6\text{kPa}$ 时,测得破坏剪应力 $\tau = 67.7\text{kPa}$。试求:(1)该砂土的内摩擦角;(2)破坏时剪切面上土体单元的大主应力和小主应力的大小和作用方向。

**5-3** 对某土样进行常规三轴固结排水压缩试验,土样破坏时 $\sigma_1 = 500\text{kPa}$,$\sigma_3 = 100\text{kPa}$,且剪破面与大主应力面的交角约为 60°。试绘制极限应力莫尔圆,估算土的强度参数 $\varphi$ 和 $c$,并计算剪破面上的法向应力和剪应力。

**5-4** 已知建筑物地基中土体某点的应力状态为:$\sigma_z = 250\text{kPa}$,$\sigma_x = 100\text{kPa}$ 和 $\tau_{xz} = 40\text{kPa}$,土的强度参数为 $\varphi = 30°$,$c = 0$。问该点是否发生剪切破坏?又如 $\sigma_z$ 和 $\sigma_x$ 不变,$\tau_{xz}$ 值增加至 60kPa,则该点的状态又将如何?

**5-5** 以某饱和黏土做三轴固结不排水剪切试验,测得破坏时四个试样的大主应力、小主应力和孔隙水压力如表 5-4 所示。

表 5-4　习题 5-5 数据表

| $\sigma_1/\text{kPa}$ | 145 | 228 | 310 | 401 |
| --- | --- | --- | --- | --- |
| $\sigma_3/\text{kPa}$ | 60 | 100 | 150 | 200 |
| $u/\text{kPa}$ | 31 | 55 | 92 | 120 |

(1) 用总应力法确定土的强度指标 $c_{cu}$ 和 $\varphi_{cu}$。

(2) 用有效应力法确定土的强度指标 $c'$ 和 $\varphi'$。

(3) 用有效应力法求取土的破坏主应力线,并根据破坏主应力线求土的 $c'$ 和 $\varphi'$。

**5-6** 如图 5-60 所示。土坝坝体中 $M$ 点处于极限平衡状态,已知该点的应力状态如下:$\sigma_z = 350\text{kPa}$,$\sigma_x = 150\text{kPa}$ 和 $\tau_{xz} = -100\text{kPa}$,若土料为砾砂料,试确定:

(1) 砾砂的内摩擦角为多大?

(2) 滑动面通过 $M$ 点的方向。

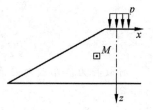

图 5-60　习题 5-6 图

**5-7** 有三个相同饱和土试样,首先将它们在周围压力 $\sigma_3 = 50\text{kPa}$ 下分别排水预固结。然后,关闭排水阀门,并将围压力 $\sigma_3$ 分别升高至 100kPa、150kPa 和 200kPa 进行不固结不排水三轴试验,测得破坏时的偏差应力分别为 $(\sigma_1 - \sigma_3)_f = 85\text{kPa}$、83kPa 和 87kPa。假设土样破坏时的孔压系数 $A_f = 0.2$,试确定三个试样破坏时的孔隙水压力 $u_f$,并绘出有效应力莫尔圆。

**5-8** 已知某饱和黏土的有效应力强度指标 $\varphi' = 30°$,$c' = 10\text{kPa}$。对该种土试样进行法向压力 $\sigma_n = 100\text{kPa}$ 的固结快剪试验,测得破坏时的剪应力 $\tau_f = 50\text{kPa}$。试求:剪切面上的孔隙水压力 $u_f$ 和有效法向应力 $\sigma_n'$。

**5-9** 用两种尺寸规格的十字板在黏土层的同一深度处测定土的抗剪强度,十字板尺寸和测得最大扭矩见表 5-5。试问,在此深度处土竖直面上的抗剪强度和水平面上的抗剪强度各有多大?

表 5-5　习题 5-9 数据表

| 十字板 | 直径/mm | 长度/mm | 最大扭矩/(N·cm) |
|---|---|---|---|
| A | 50 | 150 | 2000 |
| B | 50 | 50 | 1000 |

**5-10** 某土体单元处于侧限应力状态,其静止土压力系数为 $K_0$,竖向应力 $\sigma_1$ 自零开始逐步加载,试在 $p\text{-}q$ 图上绘制其应力路径。

**5-11** 对饱和细砂进行常规三轴压缩试验,试样首先在围压 $\sigma_3 = 150\text{kPa}$ 下排水固结,然后在不排水条件下施加轴向偏差应力 $(\sigma_1 - \sigma_3) = 100\text{kPa}$,测得孔隙水压力 $u = 50\text{kPa}$。如果假设孔压系数 $A$ 是常数,问偏差应力 $(\sigma_1 - \sigma_3)$ 增加到 150kPa 时,试样的总应力、孔隙水压力和有效应力各为多少?绘出整个试验过程的总应力路径和有效应力路径。

**5-12** 对一饱和黏土试样进行固结不排水常规三轴试验,围压力为 $\sigma_3 = 100\text{kPa}$,试验测试结果见表 5-6。绘制其总应力路径和有效应力路径。

表 5-6　习题 5-12 数据表

| 轴向应变 $\varepsilon_1$/% | 0 | 1 | 2 | 4 | 6 | 8 | 10 | 12 |
|---|---|---|---|---|---|---|---|---|
| 偏差应力 $(\sigma_1 - \sigma_3)$/kPa | 0 | 35 | 45 | 52 | 54 | 56 | 57 | 58 |
| 孔压 $u$ /kPa | 0 | 19 | 29 | 41 | 47 | 51 | 53 | 55 |

**5-13** 已知,某饱和重塑黏土的有效应力强度指标分别为 $c' = 25\text{kPa}$,$\varphi' = 30°$。对该土进行无侧限压缩试验,测得无侧限抗压强度 $q_u = 95\text{kPa}$。试求破坏时土样的孔隙水压力系

数 $A_f$。

**5-14**　在某饱和黏土地基中取样,加工成原状饱和试样进行无侧限抗压强度试验,测得无侧限抗压强度 $q_u = 141kPa$,破坏时孔压系数 $A_f = -0.2$。已知有效强度指标为 $c' = 7kPa$, $\varphi' = 20°$。试计算:

(1) 其不排水抗剪强度为多少?

(2) 试验前,试样中的残余孔隙水压力 $u_r$ 为多少?

(3) 如果已知饱和黏土的 $\gamma_{sat} = 18kN/m^3$,该试样的取样深度是多少?

**5-15**　某饱和正常固结黏性土 $\varphi' = 30°$。将该土样先在 $\sigma_3 = 100kPa$ 下固结,然后在不排水条件下增加 $\Delta\sigma_1 = \sigma_1 - \sigma_3 = 80kPa$,测得孔压系数 $A = 0.5$(假定 $A$ 为常数)。让孔隙水压力完全消散后再进行不排水加载,问 $\Delta\sigma_1$ 再增加多大时试样发生破坏?破坏时,破裂面上的剪应力多大?在 $p'$-$q$ 图上绘出上述过程中土样的有效应力路径。

**5-16**　在 $p$-$q$ 坐标上画出下列 4 种常见三轴试验的应力路径(试样先在周围压力 $\sigma_3$ 下固结):

(1) $\sigma_3$ 等于常量,增大 $\sigma_1$ 直至试样剪切破坏。

(2) $\sigma_1$ 等于常量,减小 $\sigma_3$ 直至试样剪切破坏。

(3) 保持平均应力 $P = \dfrac{1}{3}(\sigma_1 + 2\sigma_3)$ 等于常量,增大偏差应力 $\Delta\sigma_1$ 直至剪切破坏。

(4) 保持 $\Delta\sigma_1/\Delta\sigma_3$ 等于常量,增大偏差应力 $\Delta\sigma_1$ 直至剪切破坏。

**5-17**　已知某饱和正常固结黏土的有效应力抗剪强度指标 $c' = 0$, $\varphi' = 20°$。若对该黏土分别进行如下的常规三轴压缩试验:

(1) 进行围压力 $\sigma_3 = 200kPa$ 的固结排水试验,试计算试样破坏时的偏差应力 $(\sigma_1 - \sigma_3)_f$。

(2) 进行围压力 $\sigma_3 = 200kPa$ 的固结不排水试验,测得破坏时的偏差应力 $(\sigma_1 - \sigma_3)_f = 175kPa$,试计算试样破坏时的孔隙水压力 $u_f$。

(3) 若先让试样在某个围压力 $\sigma_3$ 下排水固结,然后进行不固结不排水试验,得其不排水强度指标 $c_u = 150kPa$,试求该固结围压力 $\sigma_3$ 的大小。

**5-18**　对两个饱和正常固结黏土试样分别进行了固结排水和固结不排水三轴试验,测得如表 5-7 所示的试验结果。

表 5-7　习题 5-18 数据表　　　　　　　　　　　　　　kPa

| 试验类型 | $\sigma_3$ | 破坏时$(\sigma_1 - \sigma_3)_f$ |
|---|---|---|
| 固结排水 | 300 | 650 |
| 固结不排水 | 200 | 250 |

试计算:

(1) 该黏土的有效应力强度指标。

(2) 该黏土的固结不排水强度指标。

(3) 固结不排水试验中,试样破坏时的孔隙水压力、破裂面上的法向有效应力、剪应力以及法向总应力、剪应力。

**5-19** 图 5-61(a)为某饱和土固结不排水常规三轴压缩试验的结果。试验的固结围压为 $\sigma_3$,假定可认为到达 $B$ 点时土样已达到残余破坏状态。试在图 5-61(b)中定性绘出该试验的总应力和有效应力路径,并标出 $A$、$B$ 和 $C$ 点的位置。

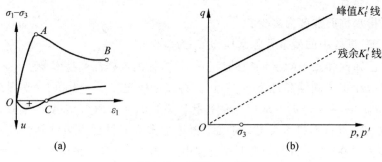

图 5-61 习题 5-19 图

**5-20** 对某饱和黏性土进行正常固结三轴剪切试验。先将试样在围压 $\sigma_3=100\text{kPa}$ 下排水固结后,第一次关闭排水阀门进行不排水剪切,当增加竖向压力 $\Delta\sigma_1=100\text{kPa}$ 时测得试样中的孔隙水压力 $u=50\text{kPa}$。打开排水阀门,使孔隙水压力完全消散,然后第二次关闭排水阀继续进行不排水剪切,增加竖向压力至 $\sigma_1=250\text{kPa}$ 时,试样发生破坏。假设整个试验过程中该土样的孔压系数 $A$ 为常数。

(1) 分别画出上述试验过程的有效应力路径和总应力路径。

(2) 求该土样破坏时破坏面的位置以及作用在破坏面上的正应力(总应力)及剪应力。

(3) 若在第二次关闭排水阀后先增加 $\sigma_3$,再增加 $\sigma_1$ 至 300kPa 时试样破坏,求此时的 $\sigma_3$。

(4) 如果对该土进行一组固结不排水三轴试验,求其总应力强度指标 $c_{cu}$ 和 $\varphi_{cu}$。

**5-21** 某饱和正常固结黏性土的有效内摩擦角 $\varphi'=30°$。该土试样在围压 $\sigma_3=200\text{kPa}$ 下充分固结后进行三轴剪切试验。关闭排水阀,增加围压 $\sigma_3$ 至 300kPa,然后增加轴向应力 $\sigma_1-\sigma_3=100\text{kPa}$,此时测得试样中的超静孔隙水压力 $\Delta u=150\text{kPa}$。将排水阀打开,使得孔隙水压力完全消散。之后关闭排水阀,按 $\Delta\sigma_1/\Delta\sigma_3=4$ 的比例加载直至试样破坏。假设该饱和正常固结黏性土的孔压系数 $A$ 为常数,在试验过程中保持不变。

试求:

(1) 该饱和正常固结黏性土的孔压系数 $A$。

(2) 该试样破坏时的偏差应力 $(\sigma_1-\sigma_3)_f$。

(3) 该饱和土样破坏时滑裂面的方向,以及作用在滑裂面上的孔隙水压力、总应力和有效应力(包括正应力和剪应力)。

(4) 画出上述试验过程的有效应力路径和总应力路径。

# 第 6 章

# 挡土结构物上的土压力

## 6.1 概　述

在土木、水利、交通、市政等工程中，经常会遇到修建挡土结构物的问题，它是用来支撑天然或人工土坡不致坍塌，以保持土体稳定的一种建筑物，常称为挡土墙。图 6-1 为几种典型类型的挡土墙。从图中不难看出，无论哪种类型的挡土墙，都要承受来自墙后填土的侧向压力——土压力。因此，土压力是设计挡土结构物断面及验算其稳定性的主要荷载。

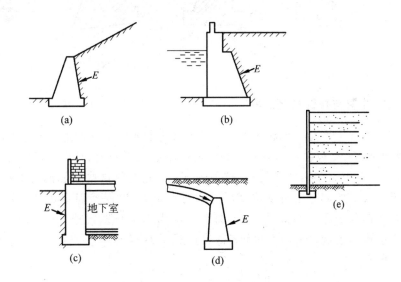

图 6-1　挡土墙的几种类型

（a）支撑土坡的挡土墙；（b）堤岸挡土墙；（c）地下室外墙；（d）拱桥桥台；（e）加筋挡土墙

本章将主要讨论作用在挡土结构物上的土压力类型及土压力计算，包括土压力的大小、方向、分布和合力作用点。土压力的计算是个比较复杂的问题，影响因素很多。土压力的大小和分布，除了与土的性质有关外，还与墙体的位移方向、位移量、位移形式、土体与结构物间的相互作用以及挡土结构物类型有关。

### 6.1.1 挡土结构的类型

挡土墙或挡土结构可从不同的角度进行分类,按其结构的特点通常可分为重力式、悬臂与扶壁式、埋入式和加筋式挡土结构等。

#### 1. 重力式挡土墙

顾名思义,可知这是一种靠墙自身的重力抵抗侧向土压力,以维持自身稳定的挡土墙,这是一种历史悠久的挡土墙型式。通常是用砖、石、混凝土等材料砌筑或浇筑而成,具有较大的自重和底宽,墙体刚度很大。它一般只会发生整体平移与转动,墙身的挠曲变形可以忽略,所以在工程设计中主要验算其抗滑移与抗倾覆稳定。图 6-2 表示的是几种代表性的重力式挡土墙,其中图 6-2(a)是垂直墙背式,图 6-2(b)是垂直墙面式,图 6-2(c)是墙底倾斜式,图 6-2(d)是由石笼砌筑的格宾式挡土墙。

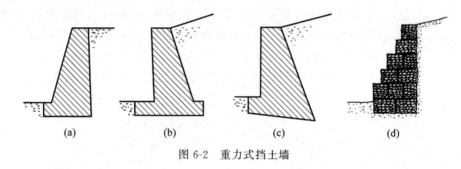

图 6-2    重力式挡土墙

#### 2. 悬臂与扶壁式挡土墙

悬臂与扶壁式挡土墙与重力式挡土墙的主要区别有两点:①它采用钢筋混凝土结构,主要由底板、立板组成,其中扶壁式墙还有扶壁,其设计除了验算抗滑移和抗倾覆稳定以外,还要考虑这些构件的抗弯、抗剪强度;②它是靠这些钢筋混凝土构件自身的重力和作用于底板上的部分土重抵抗墙后的侧向土压力,以保持稳定。其主要类型见图 6-3,其中图 6-3(a)为 L 形悬臂式挡土墙,图 6-3(b)为 L 形扶壁式挡土墙;图 6-3(c)为倒 T 形悬臂与扶壁式挡土墙,图 6-3(d)为底部带凸榫的悬臂与扶壁式挡土墙,它更有利于墙体的抗滑移稳定。

#### 3. 插入式挡土结构

这一类挡土结构主要用于人工开挖的基坑、路堑、沟、池等的支挡,因而主要是用于支挡原状地基土而非填土。其施工常常是先在地面灌注或打入桩或墙(板),然后在它的支挡维护下逐层开挖一侧的地基土,其组成部分有竖向的支挡结构、侧向的支撑结构,其自身的重力对于其稳定的作用甚微,维持其稳定的是靠嵌入的地下部分和侧向的支撑结构。竖向的支挡结构物通常是板桩、钢筋混凝土排桩或钢筋混凝土地下连续墙等。对于地质条件较好、开挖深度不大的情况,可以采用插入的悬臂式桩墙,如图 6-4(a)所示;在地质和环境允许时,可以采用预应力土层锚杆或锚定板(桩)支撑,见图 6-4(b);在软黏土基坑中常用钢、钢

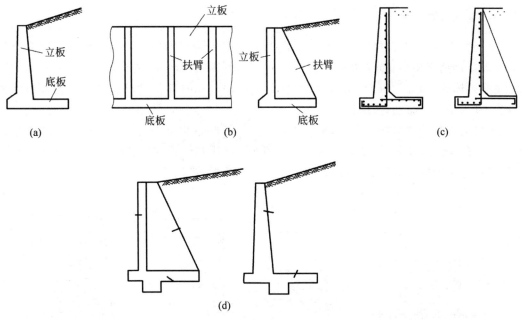

图 6-3　悬臂与扶壁式挡土墙

筋混凝土内支撑,见图 6-4(c);由于在土压力作用下其支挡结构是会变形的(图 6-4(d)),因而其土压力的大小与分布是与支挡结构的变形耦合的,见图 6-4(e)。

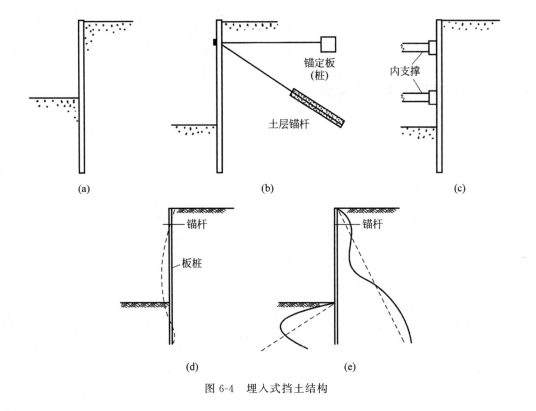

图 6-4　埋入式挡土结构

#### 4. 加筋式挡土墙

加筋挡土墙是靠筋材的拉力承担土压力,通过滑动面后面的土体与筋材的摩擦力锚定筋材,保持加筋土体的稳定(图 6-5(c))。它可有各种形式的墙面,图 6-5(a)是一种包裹式墙面,也有整体式(图 6-5(b))与砌块式墙面(图 6-5(c)),这时筋材可以通过不同方式与墙面连接。施工中分层布筋,分层铺土碾压。

土钉墙也是一种加筋挡土墙,见图 6-5(d),它是在原状土中开挖形成的。在平地先开挖 2m 左右,侧向钻(掏)孔,插入钢筋,全长灌浆;然后在墙面布设钢筋网,喷射混凝土浆,向下逐层施工形成土钉墙。它可用于基坑支护、开挖护坡等。

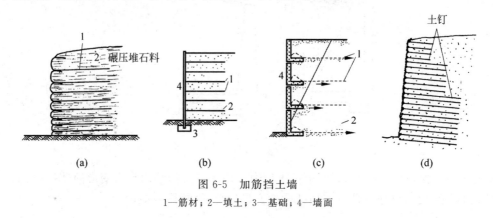

图 6-5  加筋挡土墙
1—筋材;2—填土;3—基础;4—墙面

本章主要以重力式挡土墙为例介绍墙后土压力的计算,其他类型挡土墙的土压力计算原理与方法也是类似的。此外,本书还在附录Ⅴ中简要讨论了土中埋管上的土压力计算。

### 6.1.2  墙体位移与土压力类型

在影响土压力的诸多因素中,墙体位移条件是重要因素。墙体位移的方向、形式和位移量决定着所产生的土压力性质和土压力大小。

#### 1. 静止土压力

当挡土墙具有足够的截面面积和重量,并且建立在坚实的地基上(例如岩基),墙在墙后填土的推力作用下,不发生任何移动或转动时(图 6-6(a)),墙后土体没有水平位移,处于侧限应力状态,这时作用于墙背上的土压力称为静止土压力 $E_0$。

#### 2. 主动土压力

如果墙体可以位移,墙在土压力作用下产生向离开填土方向的水平移动或绕墙踵的转动时(图 6-6(b)),墙后土体因侧面所受约束的放松而有下滑趋势。为阻止其下滑,土内潜在滑动面上剪应力增加,从而使作用在墙背上的土压力减少。当墙的平移或转动达到某一数量时,滑动面上的剪应力达到了土的抗剪强度,墙后土体达到主动极限平衡状态,产生了滑动面 $BC$,这时作用在墙上的土压力达到最小值,称为主动土压力 $E_a$。

### 3. 被动土压力

当挡土墙在外力作用下向着填土方向水平移动或转动时(如拱桥桥台)，墙后土体受到挤压，有上滑趋势(图 6-6(c))。为阻止其上滑，土体的抗剪阻力逐渐发挥，使得作用在墙背上的土压力加大。直到墙的移动量足够大时，滑动面上的剪应力达到了土的抗剪强度，墙后土体达到被动极限平衡状态，土体发生向上滑动，滑动面为 $BC$，这时作用在墙上的土压力达到最大值，称为被动土压力 $E_\mathrm{p}$。

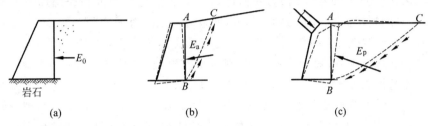

图 6-6　作用在挡土墙上的三种土压力

(a) 静止土压力；(b) 主动土压力；(c) 被动土压力

综上所述，可将墙体位移对土压力的影响概括为以下两点：

第一，挡土墙所受的土压力类型，首先取决于墙体是否发生位移以及位移的方向，其中三种特殊的情况为 $E_0$、$E_\mathrm{a}$ 和 $E_\mathrm{p}$。

第二，挡土墙所受土压力大小并不是一个常数，随着墙向前向后位移量的变化，墙上所受土压力值也在变化。根据对中密以上的砂所进行的试验和数值计算的结果，墙的移动量与土压力的关系示意图如图 6-7 所示。图中横坐标 $\dfrac{\Delta}{H}$ 代表墙的水平移动量(或转动时墙顶的位移量)与墙高之比，$+\dfrac{\Delta}{H}$ 代表墙向离开填土方向移动，$-\dfrac{\Delta}{H}$ 则代表墙朝向填土方向移动；纵坐标 $E$ 代表作用在墙上的总土压力。从图中可以看出：为使墙后土体达到主动极限平衡

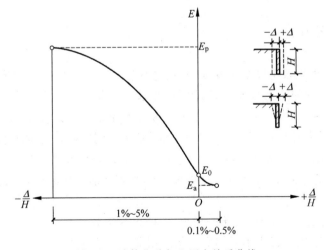

图 6-7　墙体位移与土压力关系曲线

状态,从而产生主动土压力 $E_a$,所需的墙体位移量很小,对密砂或中密砂来说其 $\dfrac{\Delta}{H}$ 值只需 0.1%～0.5%,这种量级的位移在一般挡土墙中是容易发生的。因此,计算这种位移形式的挡土墙所受的土压力时,可以用主动土压力 $E_a$。从图中也可看出,产生被动土压力 $E_p$ 要比产生主动土压力 $E_a$ 所需的位移量大很多,$\dfrac{\Delta}{H}$ 大致要达 1%～5%。显然,这样大的位移量在一般工程建筑中是不容许发生的,因为在墙后土体发生破坏之前,相关的结构物可能已先破坏或者不能正常使用。因此,在估计挡土墙能抵抗多大外力作用而不发生破坏时(图 6-6(c)),只能利用被动土压力的一部分,或以静止土压力 $E_0$ 代替。

本章将主要介绍图 6-7 曲线上的三个特定点的土压力计算,即 $E_0$、$E_a$ 和 $E_p$。其中 $E_0$ 属于侧限应力状态土压力,对于土的弹性-理想塑性模型,这时土处于弹性阶段;$E_a$ 和 $E_p$ 则属于极限平衡状态土压力,目前对 $E_a$ 和 $E_p$ 的计算方法仍是以土的抗剪强度准则和极限平衡理论为基础的古典土压力理论,也就是下面将要重点介绍的朗肯土压力理论和库仑土压力理论。然而,实际工程中不少挡土结构的位移量不一定会达到土体发生主动或被动极限平衡状态所需的位移量,因而作用于挡土墙上的土压力可能是介于主动与被动之间的某一数值,这种任意位移下的土压力计算比较复杂,涉及墙、土和地基三者的变形、强度特性和共同作用,可用有限元等数值方法计算。

## 6.2 静止土压力计算

如前所述,当挡土墙完全没有侧向位移、偏转和自身变形时,作用在其上的土压力即为静止土压力,建在岩石地基上的重力式挡土墙,或墙上、下端有顶板、底板固定的地下室外墙(图 6-1(c)),实际位移与变形极小,墙后土体可处于侧限压缩应力状态,与土的自重应力状态相同,墙后的土压力就属于这种土压力。可用第 3 章计算自重应力的方法来确定静止土压力的大小。

### 6.2.1 静止土压力 $p_0$

图 6-8(a)表示半无限土体中 $z$ 深度处一点的应力状态,如 3.3.1 节所述,由于任一竖直平面都是对称面,其水平面和竖直面都是主应力面,所以,作用于该土单元上的竖直向主应力就是自重应力 $\sigma_v = \gamma z$,水平向自重应力 $\sigma_h = K_0 \sigma_v = K_0 \gamma z$。设想用一垛不动的刚性墙代替墙背左侧的土体,若该墙的墙背垂直光滑(无剪应力),则代替后,右侧土体中的应力状态并没有改变,墙后土体仍处于侧限应力状态(图 6-8(b));$\sigma_v$ 仍然是土的自重应力,只不过 $\sigma_h$ 由原来表示土体内部的应力,现在变成土对墙的压力,按定义即为静止土压力的强度 $p_0$,故

$$p_0 = K_0 \gamma z \tag{6-1}$$

式中:$K_0$——静止土压力系数,对于一种土,一般设为常数。

若将处在静止土压力时土单元的应力状态用莫尔圆表示在 $\tau$-$\sigma$ 坐标上,则如图 6-8(d)所示。可以看出,这种应力状态离强度包线还很远,属于弹性平衡应力状态。

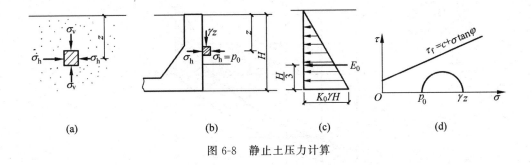

图 6-8　静止土压力计算

## 6.2.2　静止土压力分布及总土压力

由式(6-1)可知，$p_0$ 沿墙高呈三角形分布；若墙高为 $H$，则作用于单位长度墙上的总静止土压力 $E_0$ 为

$$E_0 = \frac{1}{2} K_0 \gamma H^2 \tag{6-2}$$

$E_0$ 的作用点应在墙高的 $\frac{1}{3}$ 处，见图 6-8(c)。

## 6.2.3　关于静止土压力系数 $K_0$

对于线弹性体，式(3-6)给出了泊松比 $\nu$ 与静止土压力系数的关系，但土并不是完全弹性体。$K_0$ 的大小可根据试验测定，也可根据经验公式计算。研究证明，$K_0$ 除了与土性及密度有关外，黏性土的 $K_0$ 值还与应力历史有很大关系。下列经验公式可供估算 $K_0$ 值之用。

对于无黏性土及正常固结黏性土

$$K_0 = 1 - \sin\varphi' \tag{6-3}$$

式中：$\varphi'$——土的有效内摩擦角。显然，对这类土，$K_0$ 值均小于 1.0。

对于超固结黏性土

$$(K_0)_{O\cdot C} = (K_0)_{N\cdot C} \cdot (OCR)^m \tag{6-4}$$

式中：$(K_0)_{O\cdot C}$——超固结土的 $K_0$ 值；

$(K_0)_{N\cdot C}$——正常固结土的 $K_0$ 值；

OCR——超固结比；

$m$——经验系数，一般取 $m = 0.40 \sim 0.50$，塑性指数小的取大值。

图 6-9 的阴影区表示超固结比 OCR 与 $K_0$ 值范围的关系，它是根据大量实测数据总结得到的，分别令 $m = 0.4$ 与 $m = 0.5$，也把用式(6-4)计算的曲线绘在图中(虚线)，可以看出，对于 OCR 较大的超固结土，$K_0$ 值可大于 1.0。

土的静止土压力系数不仅与土的种类有关，而且与土的密度和含水量等因素有关，可以在较大的范围内变化。对于正常固结土，在初步计算时表 6-1 的值可供参考。

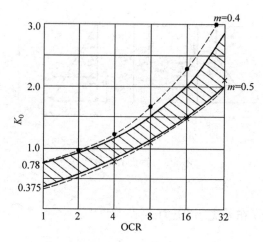

图 6-9　$K_0$ 与超固结比 OCR 的关系

**表 6-1　静止土压力系数 $K_0$ 值**

| 土类及物性 | | $K_0$ | 土类及物性 | | $K_0$ |
|---|---|---|---|---|---|
| 砾石土 | | 0.17 | | 硬黏土 | 0.11～0.25 |
| 砂土 | $e=0.5$ | 0.23 | 黏土 | 紧密黏土 | 0.33～0.45 |
| | $e=0.6$ | 0.34 | | 塑性黏土 | 0.61～0.82 |
| | $e=0.7$ | 0.52 | 泥炭土 | 有机质含量高 | 0.24～0.37 |
| | $e=0.8$ | 0.60 | | 有机质含量低 | 0.40～0.65 |
| 粉土与粉 | $w=15\%～20\%$ | 0.43～0.54 | 砂质粉土 | | 0.33 |
| 质黏土 | $w=25\%～30\%$ | 0.60～0.75 | | | |

# 6.3　朗肯土压力理论

朗肯土压力理论是土压力计算中两个著名的古典土压力理论之一,由英国学者朗肯(Rankine W J M)于 1857 年提出。由于其概念明确,方法简便,至今仍被广泛应用。

## 6.3.1　基本原理

朗肯研究在自重应力作用下,半无限土体内各点的应力状态从弹性平衡状态发展为极限平衡状态的条件,提出了计算挡土墙上土压力的朗肯理论。其分析原理和方法如图 6-10 和图 6-11 所示。

具有水平表面的半无限土体处于静止土压力状态时,深度 $z$ 处的土单元的应力状态为 $\sigma_v = \gamma z$,$\sigma_h = K_0 \gamma z$,可用图 6-10 和图 6-11 的莫尔圆①表示。若以一个竖直光滑无限高的刚性墙面 $mn$ 代替左侧的土体,它不会影响右侧土体的应力状态。当 $mn$ 向左侧平移时,右侧土体被水平向伸长,其水平应力 $\sigma_h$ 逐渐减小,竖向应力 $\sigma_v$ 则保持不变,代表其应力状态的莫尔圆直径逐渐增大,当向左的侧向位移足够大,达到图 6-10(a)中的 $m'n'$ 时,土体的应力

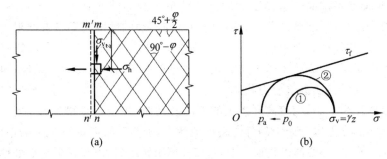

图 6-10　朗肯主动极限平衡状态

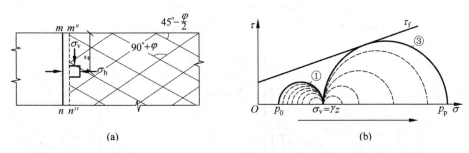

图 6-11　朗肯被动极限平衡状态

状态莫尔圆与土的强度包线相切,如图 6-10(b)的莫尔圆②,表示土体达到了主动极限平衡应力状态。这时右侧土体作用于 $m'n'$ 上的土压力达到了最小值,即为主动土压力 $p_a$。这时右侧(墙后)土体的大主应力 $\sigma_1 = \sigma_v = \gamma z$,小主应力 $\sigma_3 = \sigma_h = p_a$,根据式(5-13),滑动面与水平面(大主应力作用面)间的夹角为 $45° + \varphi/2$。

相反,若 $mn$ 在外力的作用下向右推进,使右侧土体水平向压缩,在竖向应力 $\sigma_v$ 保持不变的情况下,水平应力 $\sigma_h$ 逐渐增加,其偏差应力 $(\sigma_1 - \sigma_3)$ 开始时减少,当 $\sigma_h = \sigma_v$ 时,莫尔圆变为一个点。随后 $\sigma_h$ 成为大主应力,莫尔圆直径增大,当墙面位移到 $m''n''$ 时,应力莫尔圆在初始莫尔圆的右侧(图 6-11(b))与强度包线相切,达到了被动极限应力状态,如图 6-11(b)的莫尔圆③。作用于 $m''n''$ 面上的土压力达到最大值,即被动土压力 $p_p$,滑动面与水平面间的夹角为 $45° - \varphi/2$。

以上土体的两种极限平衡状态称为朗肯主动应力状态和朗肯被动应力状态。下面讨论符合朗肯理论边界条件的挡土墙两种土压力的计算方法。

## 6.3.2　朗肯土压力计算

当墙背面较光滑时,可忽略墙背与填土之间的摩擦作用,即假定墙背与填土之间的摩擦角 $\delta = 0°$,则墙背与土之间无剪应力。对于挡土墙墙背垂直,墙后填土面水平的情况,墙背相当于图 6-10 和图 6-11 中的 $mn$ 面,作用于其上的土压力可用朗肯理论计算。

### 1. 主动土压力

与图 6-10 和图 6-11 所示的半无限土体不同,实际挡土墙建筑在地基上,其高度是有限的,墙底部的地面是不动的。这样墙后的土体就不可能如图 6-10 和图 6-11 所示的那样均匀地水平伸长和压缩,当墙体位移时,墙后的填土与不动的地面间存在着摩阻力。只有地面是绝对光滑时,才能保证其上剪应力 $\tau \equiv 0$,从而形成图 6-10 和图 6-11 所示的应力状态。由于地面附近存在摩阻力,墙后土体无法满足水平与竖直方向作用主应力条件,因而也就不能形成理想的朗肯主(被)动极限应力状态。

当墙体以墙踵为中心,朝着离开填土的方向转动时,填土与地面间没有水平相对位移,则在靠近墙体的部分土体可处于朗肯主动应力状态,则墙后的主动土压力为线性(三角形)分布,如图 6-12(a)所示;当墙体以墙顶为中心,离开填土转动时,由于接近地面处填土受到地基面摩阻力的约束,不能达到朗肯主动应力状态,形成了曲线形的土压力分布,见图 6-12(b);当墙体朝着离开填土方向水平位移时,下部填土体也不是朗肯主动应力状态,土压力分布也是曲线形,如图 6-12(c)所示,但其主动土压力较接近于三角形分布。

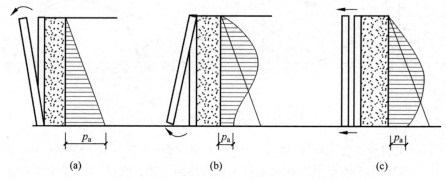

$(a)$      $(b)$      $(c)$

图 6-12 墙体的位移形式与主动土压力分布

尽管如此,一般只要墙体位移达到了发生主动土压力的数值(对于砂土 $\Delta/H=0.1\%\sim 0.5\%$),几种位移形式的总土压力都可以用朗肯理论的三角形主动土压力近似计算。

根据前述分析可知,当墙后填土达主动极限平衡状态时,作用于任意 $z$ 深度处土单元上的竖直应力 $\sigma_v = \gamma z$ 应是大主应力 $\sigma_1$,而作用在墙背的水平向土压力 $p_a$ 应是小主应力 $\sigma_3$。因此,利用第 5 章所述的极限平衡条件下 $\sigma_1$ 与 $\sigma_3$ 的关系,即可直接求出主动土压力强度 $p_a$。

(1) 无黏性土

已知土的抗剪强度为 $\tau_f = \sigma \tan\varphi$,根据极限平衡条件式(5-12),$\sigma_3 = \sigma_1 \tan^2\left(45° - \dfrac{\varphi}{2}\right)$,将 $\sigma_3 = p_a$ 及 $\sigma_1 = \gamma z$ 代入,可得

$$p_a = \gamma z \tan^2\left(45° - \frac{\varphi}{2}\right) = K_a \gamma z \tag{6-5}$$

式中:$K_a = \tan^2\left(45° - \dfrac{\varphi}{2}\right)$,称为朗肯主动土压力系数。

$p_a$ 的作用方向为垂直于墙背的水平方向,沿墙高呈三角形分布。若墙高为 $H$,则作用于单位长度墙上的总土压力 $E_a$ 为

$$E_a = K_a \frac{\gamma H^2}{2} \tag{6-6}$$

$E_a$ 垂直于墙背,作用点在距墙底 $\dfrac{H}{3}$ 处,见图 6-13(a)。

当墙绕墙踵发生离开填土方向的转动,达到主动极限平衡状态时,墙后土体破坏,形成如图 6-13(b)所示的滑动楔体,滑动面与大主应力作用面(水平面)夹角 $\theta = 45° + \dfrac{\varphi}{2}$。滑动楔体内,土体均达到极限平衡状态,两组破裂面之间的夹角为 $90° - \varphi$。

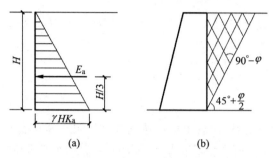

图 6-13　无黏性土主动土压力

(a) 主动土压力分布;(b) 墙后破裂面形状

(2) 黏性土

这里的黏性土通常是指其黏聚力 $c$ 不能不考虑的土。黏性土的抗剪强度表示为 $\tau_f = c + \sigma \tan\varphi$,达到主动极限平衡状态时,$\sigma_1$ 与 $\sigma_3$ 的关系应满足式(5-8),即 $\sigma_3 = \sigma_1 \tan^2\left(45° - \dfrac{\varphi}{2}\right) - 2c \tan\left(45° - \dfrac{\varphi}{2}\right)$。将 $\sigma_3 = p_a$,$\sigma_1 = \gamma z$ 代入,得

$$p_a = \gamma z \tan^2\left(45° - \frac{\varphi}{2}\right) - 2c \tan\left(45° - \frac{\varphi}{2}\right) = K_a \gamma z - 2c \sqrt{K_a} \tag{6-7}$$

式(6-7)说明,黏性土的主动土压力由两部分组成:第一部分为土重产生的土压力 $\gamma z K_a$,是正值,随深度呈三角形分布;第二部分为黏聚力 $c$ 产生的抗力,表现为负的土压力,起减少土压力的作用,其值是常量,不随深度变化,见图 6-14(b)。两项叠加会使墙后土压力在 $z_0$ 深度以上出现负值,即拉应力,但实际上墙和填土之间无法传递拉应力,拉应力的存在会使填土与墙背脱开,出现 $z_0$ 深度的裂缝,如图 6-14(d)所示。因此,在 $z_0$ 以上可以认为土压力

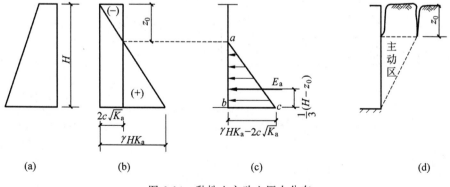

图 6-14　黏性土主动土压力分布

为零；$z_0$ 以下，土压力强度按三角形 $abc$ 分布(图 6-14(c))。$z_0$ 位置可从式(6-7)中 $p_a=0$ 的条件求出，即

$$K_a\gamma z_0 - 2c\sqrt{K_a} = 0$$

$$z_0 = \frac{2c}{\gamma\sqrt{K_a}} \tag{6-8}$$

则 $p_a = K_a\gamma(z-z_0)$，总主动土压力 $E_a$ 应为三角形 $abc$ 的面积，即

$$E_a = \frac{1}{2}K_a\gamma(H-z_0)^2 = \frac{1}{2}K_a\gamma H^2 - 2\sqrt{K_a}cH + \frac{2c^2}{\gamma} \tag{6-9}$$

$E_a$ 作用点则位于墙底以上 $\frac{1}{3}(H-z_0)$ 处。

### 2. 被动土压力

当外力通过墙推动填土时，墙后土体可达到被动极限平衡状态时，水平应力比竖直应力大，故此时竖直应力 $\sigma_v = \gamma z$ 应为小主应力 $\sigma_3$，作用在墙背的水平土压力 $p_p$ 则为大主应力 $\sigma_1$。

1) 无黏性土

根据极限平衡条件式(5-11)，$\sigma_1 = \sigma_3\tan^2\left(45° + \frac{\varphi}{2}\right)$，将 $p_p = \sigma_1$，$\gamma z = \sigma_3$ 代入，可得

$$p_p = \gamma z\tan^2\left(45° + \frac{\varphi}{2}\right) = K_p\gamma z \tag{6-10}$$

式中：$K_p = \tan^2\left(45° + \frac{\varphi}{2}\right)$，称为朗肯被动土压力系数。

$p_p$ 沿墙高的分布为三角形，单位长度墙体上被动土压力合力 $E_p$ 作用点的位置与主动土压力相同，见图 6-15(a)，$E_p$ 值则为

$$E_p = \frac{1}{2}K_p\gamma H^2 \tag{6-11}$$

达到被动极限平衡状态时，墙后土体破坏，形成的滑动楔体如图 6-15(b)所示，滑动面与小主应力作用面(水平面)之间的夹角 $\alpha = 45° - \frac{\varphi}{2}$，两组破裂面之间的夹角则为 $90° + \varphi$。

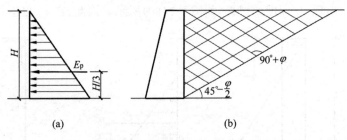

图 6-15 无黏性土被动土压力

(a) 被动土压力分布；(b) 墙后破裂面形状

2) 黏性土

将 $p_p = \sigma_1$，$\gamma z = \sigma_3$ 代入极限平衡条件式(5-7)，$\sigma_1 = \sigma_3\tan^2\left(45° + \frac{\varphi}{2}\right) +$

$2c\tan\left(45°+\dfrac{\varphi}{2}\right)$，可得黏性填土作用于挡土墙墙背上的被动土压力强度 $p_p$

$$p_p = \gamma z \tan^2\left(45°+\frac{\varphi}{2}\right) + 2c\tan\left(45°+\frac{\varphi}{2}\right) = K_p \gamma z + 2c\sqrt{K_p} \tag{6-12}$$

由式(6-12)可知，黏性填土的被动土压力也由两部分组成，一部分为土的摩擦阻力，另一部分为土的黏聚阻力，二者都是对墙体位移的抗力。叠加后，其压力强度 $p$ 沿墙高呈梯形分布，如图 6-16(b)所示。总被动土压力为

$$E_p = \frac{1}{2}K_p\gamma H^2 + 2cH\sqrt{K_p} \tag{6-13}$$

$E_p$ 的作用方向为垂直于墙背的水平方向，作用点位于梯形面积形心上。

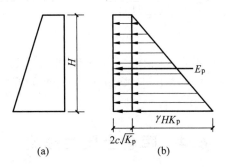

图 6-16 黏性土被动土压力分布

【例题 6-1】 某重力式挡土墙的墙高 $H=5m$，墙背垂直光滑，墙后填无黏性土，填土面水平，填土性质指标如图 6-17 所示。试分别求出作用于墙上的静止、主动及被动土压力的大小及分布。

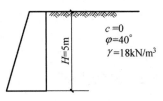

图 6-17 例题 6-1 图

【解】
(1) 计算土压力系数：

静止土压力系数 $K_0 = 1-\sin\varphi' = 1-\sin40° = 0.357$

主动土压力系数 $K_a = \tan^2\left(45°-\frac{\varphi}{2}\right) = \tan^2(45°-20°) = 0.217$

被动土压力系数 $K_p = \tan^2\left(45°+\frac{\varphi}{2}\right) = \tan^2(45°+20°) = 4.6$

(2) 计算墙底处土压力强度

静止土压力 $p_0 = K_0\gamma H = 0.357×18×5\text{kPa} = 32.1\text{kPa}$

主动土压力 $p_a = K_a\gamma H = 0.217×18×5\text{kPa} = 19.5\text{kPa}$

被动土压力 $p_p = K_p\gamma H = 4.6×18×5\text{kPa} = 414\text{kPa}$

(3) 计算单位墙长度上的总土压力

静止土压力 $E_0 = \frac{1}{2}\gamma H^2 K_0 = \frac{1}{2}×18×5^2×0.357\text{kN/m} \approx 80.3\text{kN/m}$

主动土压力 $E_a = \frac{1}{2}\gamma H^2 K_a = \frac{1}{2}×18×5^2×0.217\text{kN/m} \approx 48.8\text{kN/m}$

被动土压力 $E_p = \frac{1}{2}\gamma H^2 K_p = \frac{1}{2} \times 18 \times 5^2 \times 4.6 \text{kN/m} \approx 1035 \text{kN/m}$

三者比较可以看出 $E_p > E_0 > E_a$。

(4) 土压力强度分布见图 6-18,总土压力作用点均在距墙底 $\frac{H}{3} = \frac{5}{3}\text{m} \approx 1.67\text{m}$ 处。

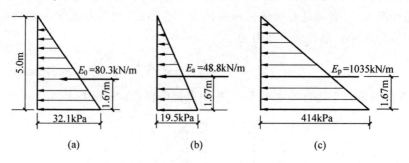

图 6-18　例题 6-1 土压力强度分布

(a) 静止土压力；(b) 主动土压力；(c) 被动土压力

# 6.4　库仑土压力理论

1776 年库仑根据墙后土楔体处于极限平衡状态时的力系平衡条件,提出了另一种土压力分析方法,称为库仑土压力理论,适用于各种填土面和不同的墙背条件,且方法简便,有足够的计算精度,至今仍然是一种被广泛应用的土压力理论。

## 6.4.1　方法要点

### 1. 库仑公式推导的出发点

与朗肯理论相比较,库仑土压力理论有两点不同:首先,在挡土墙及填土的边界条件上,库仑理论考虑的挡土墙,可以是墙背倾斜,与竖直面间的倾斜角为 $\alpha$；墙背粗糙,与填土之间存在摩擦力,摩擦角为 $\delta$；墙后填土面与水平面间的坡角为 $\beta$,如图 6-19 所示。其次,库仑不是从研究墙后土体中一点的极限平衡应力状态出发,从而求出作用在墙背上的土压力强度 $p_a$ 或 $p_p$,而是从考虑墙后某个滑动楔体的整体极限平衡条件出发,先求出作用在墙背上的总土压力 $E_a$ 或 $E_p$。

### 2. 基本假设

库仑土压力公式最早从填土为无黏性土条件得出的,研究中作了如下几点基本假设(图 6-19):

(1) 平面滑动面假设。当墙向前或向后移动,使墙后填土达到破坏时,填土楔体将沿两个平面同时下滑或上滑；一个是墙背 $AB$ 面,另一个是土体内某一滑动面 $BC$,$BC$ 与水平面成 $\theta$ 角。平面滑动面假设是库仑理论的最主要假设,库仑在当时已认识到这一假设与实

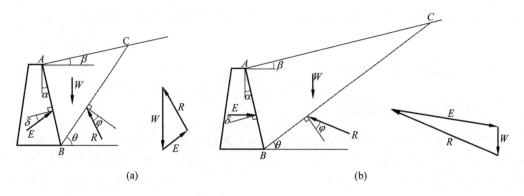

图 6-19 库仑土压力理论

（a）主动状态；（b）被动状态

际情况不符,但它可使计算工作大大简化,在一般情况下精度能满足工程的要求。

（2）刚体滑动假设,将滑动土楔体 $ABC$ 视为刚体,不考虑滑动楔体内部的应力和变形条件。

（3）楔体 $ABC$ 整体处于极限平衡状态。在 $AB$ 和 $BC$ 滑动面上,抗剪强度均已充分发挥,即滑动面上的剪应力 $\tau$ 均已达抗剪强度 $\tau_f$。

### 3. 取滑动楔体 $ABC$ 为隔离体进行受力分析

在图 6-19（a）中,假设滑动土楔 $ABC$ 自重为 $W$,滑动面 $BC$ 与水平面夹角为 $\theta$,下滑时受到墙面给予的支撑力 $E$（其反力就是土压力）,和滑动面外土体支撑力 $R$,则

（1）根据楔体整体处于极限平衡状态的条件,可得知 $E$、$R$ 的方向。反力 $R$ 的方向与 $BC$ 面的法线夹角为 $\varphi$（土的内摩擦角）;反力 $E$ 的方向则应与墙背 $AB$ 面的法线成夹角为 $\delta$。只是当土体处于主动状态时,为阻止楔体下滑,$R$、$E$ 都在法线的下方;被动状态时,为阻止楔体 $ABC$ 被推挤而向上滑动,$R$、$E$ 都在法线的上方,见图 6-19（b）。

（2）根据楔体应满足静力平衡力三角形闭合的条件,可推求 $E$、$R$ 的大小,见图 6-19（a）和（b）。

（3）求极值,变化滑动面倾角 $\theta$,找出真正滑动面,从而得出作用在墙背上的总主动土压力 $E_a$ 和总被动土压力 $E_p$。

图 6-19 中的 $BC$ 面的倾角是任意假设的,不一定就是真正的滑动面。为了找出土中真正滑动面,可假定不同 $\theta$ 角的若干滑动面,分别算出使各个滑动楔体达到极限平衡时的土压力 $E$ 值。

在主动土压力的情况下,墙体逐步离开土体时,随着位移量 $\Delta$ 增加,土压力 $E$ 随之减小,这时首先在土体中出现的滑动面（与水平面夹角为 $\theta_a$）,对应的土压力必定是所有假设滑动面对应的土压力中最大的一个,因为如果有比这个滑动面对应的土压力还大的滑动面 $\theta_i$,此前一定是先沿 $\theta_i$ 滑动面发生滑动。同理,在被动土压力情况下,墙体挤压土体时,随着 $\Delta$ 的绝对值的增加,土压力随之增大,这时首先在土体中出现滑动面（与水平面夹角为 $\theta_p$）,对应的土压力必定是所有假设滑动面对应的土压力中最小的一个,因为如果有比这个滑动面对应的土压力还小的滑动面 $\theta_j$,则此前一定是先沿 $\theta_j$ 滑动面发生滑动。因而这是一

个求极值的问题,利用 $\dfrac{\mathrm{d}E}{\mathrm{d}\theta}=0$ 的条件,即可求得作用于挡土墙上的总土压力 $E_{\mathrm{a}}$ 或 $E_{\mathrm{p}}$。

### 6.4.2 计算主动土压力的数解法

**1. 无黏性土的主动土压力**

设挡土墙如图 6-20(a)所示,墙高为 $H$,墙后为无黏性填土。当墙向前(离开填土方向)移动时,$BC$ 面为其假设的滑动面,与水平面夹角为 $\theta$。取土楔 $ABC$ 为隔离体,根据静力平衡条件,作用于隔离体 $ABC$ 上的力 $W$、$E$、$R$ 组成力的闭合三角形,如图 6-20(b)所示。根据几何关系可知,$W$ 与 $E$ 之间的夹角 $\psi=90°-\delta-\alpha$,$\delta$ 和 $\alpha$ 为已知量,故 $\psi$ 为已知数;$W$ 与 $R$ 之间的夹角,按图 6-20 所示的几何关系应为 $\theta-\varphi$。利用正弦定理可得:

$$\frac{E}{\sin(\theta-\varphi)}=\frac{W}{\sin[180°-(\theta-\varphi+\psi)]} \tag{6-14}$$

$$则\quad E=\frac{W\sin(\theta-\varphi)}{\sin(\theta-\varphi+\psi)}$$

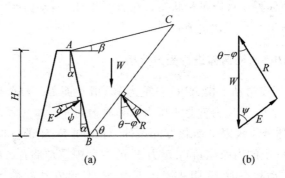

图 6-20 库仑主动土压力计算图

由于式(6-14)中的土楔自重 $W$ 也是 $\theta$ 的函数,而 $\varphi$ 和 $\psi$ 为已知常数,$E$ 就只是 $\theta$ 的单值函数,即 $E=f(\theta)$。令 $\dfrac{\mathrm{d}E}{\mathrm{d}\theta}=0$,解出 $\theta$ 的表达式,再代回式(6-14),即可得出最后作用于墙背上的总主动土压力 $E_{\mathrm{a}}$,其表达式为

$$E_{\mathrm{a}}=\frac{1}{2}K_{\mathrm{a}}\gamma H^{2} \tag{6-15}$$

其中

$$K_{\mathrm{a}}=\frac{\cos^{2}(\varphi-\alpha)}{\cos^{2}\alpha\cdot\cos(\alpha+\delta)\left[1+\sqrt{\dfrac{\sin(\varphi+\delta)\cdot\sin(\varphi-\beta)}{\cos(\alpha+\delta)\cdot\cos(\alpha-\beta)}}\right]^{2}} \tag{6-16}$$

式中:$K_{\mathrm{a}}$——库仑主动土压力系数,$K_{\mathrm{a}}$ 与 $\alpha$、$\beta$、$\delta$、$\varphi$ 有关;

$\gamma$、$\varphi$——填土的重度与内摩擦角;

$\alpha$——墙背与竖直线之间的夹角,以竖直线为准,逆时针为正(图 6-20),称为俯斜墙背;顺时针为负,称为仰斜墙背;

$\beta$——填土面与水平面之间的倾角,填土面在过墙顶的水平面以上为正(图 6-20),在

此水平面以下为负；

$\delta$——墙背与填土之间的摩擦角，其值可由试验确定，无试验资料时，一般取为

$\left(\dfrac{1}{3}\sim\dfrac{2}{3}\right)\varphi$，也可参考表 6-2 中的数值。

表 6-2　土对挡土墙墙背的摩擦角

| 挡土墙情况 | 摩擦角 $\delta$ |
| --- | --- |
| 墙背平滑、排水不良 | $(0\sim0.33)\varphi$ |
| 墙背粗糙、排水良好 | $(0.33\sim0.5)\varphi$ |
| 墙背很粗糙、排水良好 | $(0.5\sim0.67)\varphi$ |
| 墙背与填土间不能滑动 | $(0.67\sim1.0)\varphi$ |

注：$\varphi$ 为墙后填土的内摩擦角。

可以证明，当 $\alpha=0$，$\delta=0$，$\beta=0$ 时，由式（6-15）及式（6-16）可得出 $E_a=\dfrac{1}{2}\gamma H^2\tan^2\left(45°-\dfrac{\varphi}{2}\right)$ 的表达式，与前述的朗肯总主动土压力公式（6-6）完全相同，说明在这种条件下，库仑与朗肯理论的结果是一致的。

关于土压力强度沿墙高的分布形式，可通过对式（6-15）求导得出，即

$$p_a=\frac{\mathrm{d}E_a}{\mathrm{d}z}=\frac{\mathrm{d}}{\mathrm{d}z}\left(\frac{1}{2}K_a\gamma z^2\right)=K_a\gamma z \tag{6-17}$$

式（6-17）表明 $p_a$ 沿墙高呈三角形分布，见图 6-21（b）。值得注意的是，$p_a$ 是沿着深度 $z$ 的土压力强度，而不是沿着墙背斜面上的土压力强度；这种分布形式只表示土压力强度数值的大小。土压力合力 $E_a$ 与土压力强度 $p_a$ 的作用方向仍在墙背法线上方，并与法线成 $\delta$ 角或与水平面成 $\alpha+\delta$ 角，如图 6-21 所示；$E_a$ 作用点在距墙底 $\dfrac{1}{3}H$ 处。

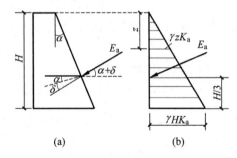

图 6-21　库仑主动土压力强度分布

### 2. 无黏性土的被动土压力

用同样方法可得出总被动土压力 $E_p$ 值为

$$E_p=\frac{1}{2}K_p\gamma H^2 \tag{6-18}$$

其中

$$K_p=\frac{\cos^2(\varphi+\alpha)}{\cos^2\alpha\cdot\cos(\alpha-\delta)\left[1-\sqrt{\dfrac{\sin(\varphi+\delta)\cdot\sin(\varphi+\beta)}{\cos(\alpha-\delta)\cdot\cos(\alpha-\beta)}}\right]^2} \tag{6-19}$$

式中：$K_p$ 称为库仑被动土压力系数，其他符号意义同前。

被动土压力强度 $p_p$ 沿墙也呈三角形分布，见图 6-22（b）。被动土压力强度 $p_p$ 及其合力 $E_p$ 作用方向在墙背法线下方，与法线成 $\delta$ 角，与水平面成 $\delta-\alpha$ 角，如图 6-22 所示，$E_p$ 作用点在距墙底 $\dfrac{1}{3}H$ 处。

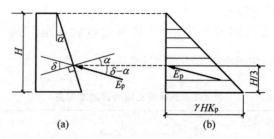

图 6-22  库仑被动土压力强度分布

**【例题 6-2】** 某重力式挡土墙高 $H=4.0\text{m},\alpha=10°,\beta=5°$,墙后回填砂土,$c=0,\varphi=30°,\gamma=18\text{kN/m}^3$。试分别求出当 $\delta=\dfrac{1}{2}\varphi$ 和 $\delta=0°$ 时,作用于墙背上的总主动土压力 $E_\text{a}$ 的大小、方向及作用点。

**【解】**

(1) 求 $\delta=\dfrac{1}{2}\varphi=15°$ 时的 $E_\text{a1}$

用库仑土压力理论的式(6-16),根据 $\alpha=10°,\beta=5°,\varphi=30°,\delta=15°$,计算得 $K_\text{a1}=0.405$。

则
$$E_\text{a1}=\frac{1}{2}K_\text{a1}\gamma H^2=\frac{1}{2}\times0.405\times18\times4^2\text{kN/m}\approx58.3\text{kN/m}$$

$E_\text{a1}$ 作用点位置在距墙底 $\dfrac{H}{3}$ 处,即 $y=\dfrac{4}{3}\text{m}\approx1.33\text{m}$。

$E_\text{a1}$ 作用方向与墙背法线夹角为 $\delta=15°$,如图 6-23 所示。

(2) 求 $\delta=0°$ 时的 $E_\text{a2}$

根据 $\alpha=10°,\beta=5°,\delta=0°$ 计算得 $K_\text{a2}=0.431$,

则  $E_\text{a2}=\dfrac{1}{2}K_\text{a2}\gamma H^2=\dfrac{1}{2}\times0.431\times18\times4^2\text{kN/m}$

$\qquad\approx62.06\text{kN/m}$

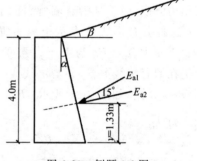

图 6-23  例题 6-2 图

$E_\text{a2}$ 作用点同 $E_\text{a1}$;作用方向与墙背垂直。

(3) 经上述计算比较得知,当墙背与填土之间的摩擦角 $\delta$ 减小时,作用于墙背上的总主动土压力增大,并且方向更趋向水平方向,这对墙体的抗滑和抗倾覆稳定不利。

### 6.4.3  计算主动土压力的图解法

库仑理论本来只讨论了 $c=0$ 的无黏性土的土压力问题,而且要求填土表面为水平面,填土表面不是单一平面,其竖直截面上为折线或曲线形状时,前述库仑公式就不能直接应用,这种情况下可用图解法求解土压力。

**1. 基本方法**

设挡土墙及其填土条件如图 6-24(a)所示。根据数解法已知,若在墙后填土中任选一与

水平面夹角为 $\theta_1$ 的滑动面 $BC_1$，则可求出土楔 $ABC_1$ 重量 $W_1$ 的大小及方向用 $0n_1$ 表示（图 6-24(b)），以及反力 $E_1$ 及 $R_1$ 的方向，从而可绘制闭合的力三角形 $0n_1m_1$ 并进而求出 $E_1$ 的大小，见图 6-24(b)。然后再任选多个不同的滑动面 $BC_2$、$BC_3$、$\cdots$、$BC_n$；用同样方法可连续绘出多个闭合的力三角形，并得出相应的 $E_2$、$E_3$、$\cdots$、$E_n$ 值。将这些力三角形的顶点连成曲线 $\overset{\frown}{m_1m_n}$，作曲线 $\overset{\frown}{m_1m_n}$ 的竖直切线（平行于 $W$ 方向），得到切点 $m$，自 $m$ 点作 $E_i$ 方向的平行线交 $0W$ 线于 $n$ 点，则 $mn$ 所代表的 $E$ 值为诸多 $E_i$ 值中的最大值，即为主动土压力 $E_a$ 值。

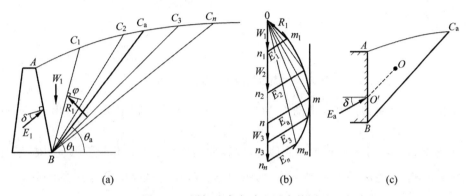

图 6-24　图解法求主动土压力的原理

　　为找出填土中"真正"滑动面的位置，考虑图 6-24(b)中的力三角形 $0mn$，由图 6-20(b)可知，对应于土压力 $E_a$ 的 $R_a(0m)$ 与 $W_a(0n)$ 之间的夹角应为 $\theta_a-\varphi$，土的内摩擦角 $\varphi$ 已知，故可求出 $\theta_a$ 角，从而可在图 6-24(a)中确定出滑动面 $\overline{AC_a}$。

　　值得提出的是，由图解法只能确定总土压力 $E_a$ 的大小和滑动面位置，而不能求出 $E_a$ 的作用点位置。为此，太沙基（1943 年）建议可用下述近似方法确定。如图 6-24(c)所示，在得出滑动面位置 $\overline{BC_a}$ 后，再找出滑动体 $ABC_a$ 的重心 $O$，过 $O$ 点作滑动面 $\overline{BC_a}$ 的平行线，交墙背于 $O'$ 点，可以认为 $O'$ 点就是 $E_a$ 的作用点。

### 2. 库尔曼图解法

　　库尔曼图解法是对上述基本方法的一种改进与优化，因此在工程中得到广泛应用。其优化之处在于库尔曼把图 6-24(b)中的闭合三角形的顶点 0 直接放在墙踵 $B$ 处，并使之逆时针方向旋转 $90°+\varphi$ 角度，使得力三角形中矢量 $\boldsymbol{R}$ 的方向与所假定的滑动面一致，如图 6-25(a)所示。这时矢量 $\boldsymbol{W}$ 的方向与水平线之间的夹角应为 $\varphi$；$\boldsymbol{W}$ 与 $\boldsymbol{E}$ 之间夹角应为 $\psi$，见图 6-25(c)，$\varphi$ 和 $\psi=90°-\alpha-\delta$ 均为常数。然后沿 $W$ 方向即可画出图 6-25(b)所示的一系列闭合的三角形，从而使上述基本图解法得到简化。下面介绍库尔曼图解法的具体步骤（图 6-25(b)）。

　　(1) 过 $B$ 点作两条辅助线，一条为 $BL$，令其与水平线成夹角 $\varphi$，代表重力矢量 $\boldsymbol{W}$ 的方向；另一条为 $BM$，与 $BL$ 线成夹角 $\psi$，代表矢量 $\boldsymbol{E}$ 的方向。

　　(2) 任意假定一滑动面 $BC_1$，算出楔体 $ABC_1$ 的重量 $W_1$，并按一定比例在 $BL$ 线上截取 $Bn_1$ 代表 $W_1$，自 $n_1$ 点作 $BM$ 的平行线交滑动面于 $m_1$ 点，则 $\triangle m_1 n_1 B$ 即为滑动土体 $ABC_1$ 的闭合的力三角形，$m_1 n_1$ 的长度就等于滑动面为 $BC_1$ 时对应的土压力 $E_1$。

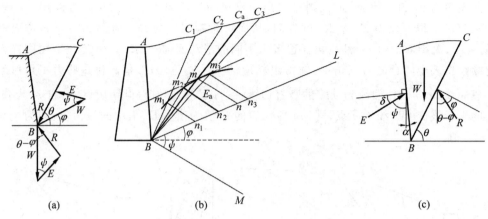

图 6-25 库尔曼图解法求主动土压力

（3）同理，再任意假定其他滑动面 $BC_2$，$BC_3$，…求得 $n_2$、$n_3$ 各点，并得出 $m_2 n_2$、$m_3 n_3$ 等线。

（4）连接 $m_1$、$m_2$、$m_3$ 各点得一曲线，此线即称为库尔曼线。作该曲线与 $BL$ 平行的切线，得切点 $m$，过切点 $m$ 引 $BM$ 平行线交 $BL$ 于 $n$，线段 $\overline{mn}$ 就是所求的主动土压力 $E_a$。

（5）连接 $\overline{Bm}$，并延长与填土面交于 $C_a$，则 $\overline{BC_a}$ 即为真正的滑动面。

### 3. 黏性填土的主动土压力

当墙后填土为黏性土时，主动土压力的数值解比较复杂，可参见附录Ⅲ。也可考虑用图解法求解主动土压力，见图 6-26。此种情况下，滑动楔体的滑动面上以及墙背与填土的接触面上，除了有摩擦力外，还有黏聚力 $c$ 和 $\bar{c}$ 的作用。根据前述朗肯理论已知，在无表面荷载作用的黏性填土表层以下 $z_0$ 深度内，由于存在拉应力，将导致裂缝出现（图 6-26(a)），故在 $z_0$ 深度内的墙背面上和滑动面上无法传递拉应力。$z_0 = \dfrac{2c}{\gamma \sqrt{K_a}}$，该表达式不因地表倾角不同而变化。其中 $K_a$ 可按式(6-16)计算。

假定滑动面为 $BD$ 时，作用在滑动楔体上的力有：

（1）滑动土楔 $BFACD$ 的重量 $W$。

（2）墙背对填土土压力的反力 $E$。

（3）沿墙背 $FB$ 的总黏聚力 $\bar{C}_c = \bar{c} \cdot$ $\overline{FB}$，其中 $\bar{c}$ 为墙与填土接触面上单位面积黏聚力，方向沿接触面，如图 6-26 所示。

（4）滑动面 $BD$ 上的反力 $R$。

（5）滑动面 $BD$ 上的总黏聚力 $C_c = c \cdot$ $\overline{BD}$，$c$ 为填土内单位面积上的黏聚力，方向沿滑动面 $BD$。

这样，上述 5 个力的作用方向均为已知，且 $W$、$\bar{C}_c$ 和 $C_c$ 的大小也已知，根据力系平衡

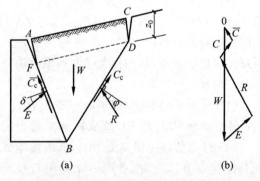

图 6-26 用图解法求黏性土主动土压力

时力多边形闭合的条件,即可确定出 $E$ 的大小,如图 6-26(b)所示。

用与无黏性土同样的方法,试算多个滑动面,根据图 6-24(b)中矢量 $E$ 与 $R$ 的交点的轨迹,画出一条光滑曲线,找到 $E$ 的最大值即为主动土压力 $E_a$。

# 6.5　朗肯理论与库仑理论的比较

朗肯和库仑两种土压力理论都是计算土体极限平衡条件下土压力问题的简化方法,它们各有不同的基本假定、分析方法与适用条件,在应用时必须注意根据实际情况合理选择,否则将会造成不同程度的误差。本节将从分析方法、应用条件以及误差范围等方面将这两个土压力理论作一简单比较。

## 6.5.1　分析方法的异同

郎肯与库仑土压力理论均属于极限状态土压力理论。就是说,用这两种理论计算出的土压力都是墙后土体处于极限平衡状态下的主动与被动土压力 $E_a$ 和 $E_p$,这是它们的相同点。但两者在分析方法上存在着较大的差别,主要表现在研究的出发点和途径的不同。朗肯理论是从研究土中一点的极限平衡应力状态出发,首先求出的是作用在土中竖直面上的土压力强度 $p_a$ 或 $p_p$ 及其分布形式,然后再计算出作用在墙背上的总土压力 $E_a$ 或 $E_p$,因而朗肯理论属于极限应力法。库仑理论则是考虑墙背和填土中滑动面之间的土楔体,整体处于极限平衡状态,根据静力平衡条件,先求出作用在墙背上的总土压力 $E_a$ 或 $E_p$,需要时再计算出土压力强度 $p_a$ 或 $p_p$ 及其分布形式,因而库仑理论属于极限平衡法中的滑动楔体法。

在上述两种研究途径中,朗肯理论在理论上比较严密,但只能得到如本章所介绍的理想简单边界条件下的解答,在应用上受到限制。库仑理论显然是一种近似的简化理论,但由于其能适用于较为复杂的各种实际边界条件,且在一定范围内能得出比较满意的结果,因而应用更广泛。

## 6.5.2　适用范围

### 1. 坦墙的土压力计算

(1) 什么是坦墙

对于主动土压力计算,按照前述库仑假定,当墙离开填土体移动直至墙后土楔体破坏时,有两个滑动面产生。一个是墙的背面,另一个是土中某一平面(图 6-19(a))。无疑,这种假定在 $\delta \ll \varphi$ 时是比较合理的,但是当墙背粗糙度较大,$\delta \approx \varphi$ 时,就可能出现两种情况:一种情况是若墙背较陡,与竖直线夹角 $\alpha$ 较小,则上述假定仍可成立;另一种情况是,如果墙背较平缓,夹角 $\alpha$ 较大,则墙后土体破坏时滑动土楔体可能不再沿墙背 $AB$ 滑动,而是沿如图 6-27 所示的 $BC$ 和 $BC'$ 面滑动,两个滑动面将均发生在土中。这时,称 $BC$ 为第一滑动面,$BC'$ 为第二滑动面。工程中常把出现第二滑动面的挡土墙定义为坦墙。在这种情况下,

滑动土楔 $BCC'$ 仍处于极限平衡状态,而位于第二滑动面与墙体之间的棱体 $ABC'$ 则尚未达到极限平衡状态,它将贴附于墙背 $AB$ 上与墙一起移动,故可将其视为墙体的一部分。

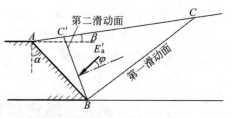

图 6-27　坦墙与第二滑动面

　　显然,对于坦墙,库仑公式不能用来直接求出作用在墙背 $AB$ 面上的土压力,但却可用其求出作用于第二滑动面 $BC'$ 上的土压力 $E_a'$。要注意的是,由于滑动面 $BC'$ 也存在于土中,是土与土之间的摩擦,$E_a'$ 与 $BC'$ 面法线的夹角不是 $\delta$ 而应是 $\varphi$。这样,最终作用于墙背 $AB$ 面上的主动土压力 $E_a$ 就是 $E_a'$ 与三角形土体 $ABC'$ 重力的合力。

　　根据前述可知,产生第二滑动面的条件应与墙背倾角 $\alpha$,墙背与土摩擦角 $\delta$,土的内摩擦角 $\varphi$,以及填土坡角 $\beta$ 等因素有关,一般可用临界倾斜角 $\alpha_{cr}$ 来判别:当墙背倾角 $\alpha > \alpha_{cr}$ 时,认为能产生第二滑动面,应按坦墙进行土压力计算。研究表明,$\alpha_{cr} = f(\delta, \varphi, \beta)$。可以证明,当 $\delta = \varphi$ 时,$\alpha_{cr}$ 可用下式表达:

$$a_{cr} = 45° - \frac{\varphi}{2} + \frac{\beta}{2} - \frac{1}{2}\arcsin\frac{\sin\beta}{\sin\varphi} \tag{6-20}$$

若填土面水平,$\beta = 0$,则:

$$a_{cr} = 45° - \frac{\varphi}{2} \tag{6-21}$$

　　(2) 坦墙土压力计算方法

　　对于填土面为平面($\beta = 0°$)的坦墙($\delta = \varphi, \alpha > \alpha_{cr}$),朗肯与库仑两种土压力理论均可应用。下面以图 6-28 所示的 $\beta = 0°$,$\delta = \varphi$ 的坦墙为例,说明其土压力计算方法。

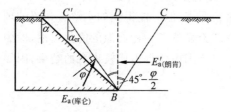

图 6-28　坦墙的土压力计算

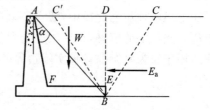

图 6-29　L 形悬臂式挡土墙土压力计算

按库仑理论计算:

　　根据式(6-21),$\alpha_{cr} = 45° - \frac{\varphi}{2}$,则墙后滑动土楔 $C'BC$ 将以过墙踵 $B$ 点的竖直面 $BD$ 面为对称面下滑,两个滑动面 $BC$ 和 $BC'$ 与 $BD$ 夹角都应是 $45° - \frac{\varphi}{2}$,从而两个滑动面位置均为已知,根据库仑理论即可求出作用于第二滑动面 $BC'$ 上的库仑土压力 $E_{a(库仑)}$ 的大小和方向(与 $BC'$ 面的法线成夹角 $\varphi$)。最后作用于 $AB$ 墙背上的土压力 $E_a$ 就是土压力 $E_{a(库仑)}$ 与三角形土体 $ABC'$ 的重力 $W$(竖向)的向量和。

　　按朗肯理论计算:

　　由于滑动楔体 $BCC'$ 以垂直面 $BD$ 为对称面,故 $BD$ 面可视为无剪应力的竖直光滑平面,符合朗肯的竖直光滑墙背条件。当填土面水平时,可按前述朗肯理论,用式(6-6)求出作用于 $BD$ 面上的朗肯主动土压力 $E_{a(朗肯)}$(方向水平)。最后作用在 $AB$ 墙背上的土压力 $E_a$ 应是土压力 $E_{a(朗肯)}$ 与三角形土体 $ABD$ 重力 $W$ 的向量和。

同样理由,对于工程中经常采用的 L 形悬臂式或扶壁式钢筋混凝土挡土墙(图 6-29),通常将其墙背当成 $AB$,当墙底板足够宽,使得由墙顶 $A$ 与墙踵 $B$ 的连线与竖直线形成的夹角 $\alpha$ 大于 $\alpha_{cr}$ 时,作用在这种挡土墙上的土压力也可按坦墙方法进行计算。通常可用朗肯理论求出作用在经过墙踵 $B$ 点的竖直面 $BD$ 上的主动土压力 $E_a$。在对这种挡土墙进行稳定分析时,底板以上 $AFED$ 范围内的土重 $W$,可作为墙身重量的一部分来考虑。

【**例题 6-3**】　某悬臂式钢筋混凝土挡土墙如图 6-30 所示,已知墙后的填土为密砂,$c=0$,$\varphi=40°$,$\gamma=18\mathrm{kN/m^3}$,墙底混凝土与地基土间的摩擦角 $\delta=30°$,墙身钢筋混凝土重度 $\gamma_c=23.5\mathrm{kN/m^3}$。试分别用朗肯和库仑土压力理论求挡土墙的抗滑稳定安全系数。

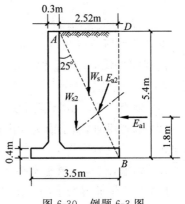

图 6-30　例题 6-3 图

【**解**】

首先根据式(6-21)判断是否为坦墙:$\alpha_{cr}=45°-\dfrac{\varphi}{2}=45°-\dfrac{40°}{2}=25°$,$\alpha=\arctan\dfrac{2.52}{5.4}=25°$,所以这是一个临界条件下的坦墙。可以分别用朗肯和库仑土压力理论计算其抗滑稳定安全系数。

(1)用朗肯土压力理论计算

主动土压力系数:$K_{a1}=\tan^2\left(45°-\dfrac{\varphi}{2}\right)=\tan^2 25°=0.217$

$DB$ 上的总主动土压力:$E_{a1}=\dfrac{1}{2}\gamma H^2 K_a=\left(\dfrac{1}{2}\times 18\times 5.4^2\times 0.217\right)\mathrm{kN/m}\approx 57\mathrm{kN/m}$

墙底板以上六面体的土重:$W_{s1}=(2.52\times 5.0\times 18)\mathrm{kN/m}=226.8\mathrm{kN/m}$

挡土墙混凝土自重:$W_c=[(0.3\times 5.0+3.5\times 0.4)\times 23.5]\mathrm{kN/m}=68.15\mathrm{kN/m}$

挡土墙抗滑稳定安全系数:$F_s=\dfrac{(W_{s1}+W_c)\tan 30°}{E_{a1}}=\dfrac{(226.8+68.15)\times\tan 30°}{57}\approx 2.99$

(2)用库仑土压力理论计算

以 $AB$ 作墙背,用式(6-16)计算主动土压力系数:

$$K_{a2}=\dfrac{\cos^2(40°-25°)}{\cos^2 25°\cos(25°+40°)\left[1+\sqrt{\dfrac{\sin(40°+40°)\sin 40°}{\cos(25°+40°)\cos 25°}}\right]^2}$$

$$=\dfrac{0.933}{0.821\times 0.423\times 0.522}\approx 0.5143$$

总主动土压力:$E_{a2}=\dfrac{1}{2}\gamma H^2 K_a=\left(\dfrac{1}{2}\times 18\times 5.4^2\times 0.5143\right)\mathrm{kN/m}\approx 135\mathrm{kN/m}$

其中水平分量:$E_{ax}=E_a\cos(40°+25°)=57\mathrm{kN/m}$

竖直分量:$E_{az}=E_a\sin(40°+25°)=122.3\mathrm{kN/m}$

墙底板以上三角形部分的土重：

$$W_{s2} = \left[\frac{1}{2} \times (2.52 - 0.4 \times \tan25°) \times 5.0 \times 18\right] \text{kN/m} \approx 105\text{kN/m}$$

挡土墙混凝土自重：$W_c = [(0.3 \times 5.0 + 3.5 \times 0.4) \times 23.5]\text{kN/m} \approx 68.15\text{kN/m}$

挡土墙抗滑稳定安全系数：

$$F_s = \frac{(W_{s2} + W_c + E_{az})\tan30°}{E_{ax}} = \frac{(105 + 68.15 + 122.3)\tan30°}{57} \approx 2.99$$

可见两种计算方法的结果是完全一样的，但是用朗肯理论计算要更简单一些。

**2. 朗肯理论的应用范围**

1）墙背与填土面条件

综合前面所述可知，对于填土水平的坦墙，只有当墙背条件不妨碍第二滑动面形成时，才能出现朗肯状态，因而才能采用朗肯公式。故朗肯公式可用于图 6-31 所示的如下四种情况：

（1）墙背垂直、光滑、墙后填土面水平，即 $\alpha=0,\delta=0,\beta=0$（图 6-31(a)）。

（2）墙背垂直，填土面为无限倾斜平面，即 $\alpha=0,\beta\neq0$，但 $\beta<\varphi$ 且 $\delta>\beta$（图 6-31(b)）（见附录Ⅳ）。

（3）坦墙，$\alpha>\alpha_{cr}$，填土水平计算面如图 6-31(c)所示。

（4）L 形钢筋混凝土挡土坦墙，计算面如图 6-31(d)所示。

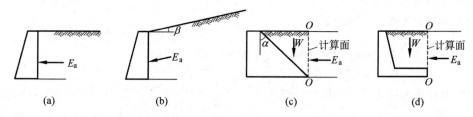

图 6-31　用朗肯公式求解的适用范围

2）土质条件

无黏性土与黏性土均可用。除情况（2）且填土为黏性土外，其他情况均有公式直接求解。

**3. 库仑理论的应用范围**

1）墙背与填土面条件

（1）可用于各种倾斜墙背的陡墙（$\alpha<\alpha_{cr}$），填土面倾角与形状不限（图 6-32(a)），即 $\alpha$、$\beta$、$\delta$ 可以不为零，但也可以等于零，故较朗肯公式应用范围更广。

（2）坦墙，填土表面倾角不限，计算面为第二滑动面，如图 6-32(b)所示。

2）土质条件

数解法一般只用于无黏性土，黏性土的数解法表达式复杂，参见附录Ⅲ。图解法则对于无黏性土或黏性土均可方便应用。

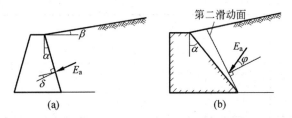

图 6-32 用库仑公式求解的适用范围

## 6.5.3 计算误差

如前所述,朗肯理论假设竖直的墙背完全光滑($\delta=0°$);库仑理论假设滑动面为过墙踵的平面,这与挡土墙及墙后土体的实际情况都有差别,因此计算结果都有一定的误差。因为不管是什么墙的墙背都不可能是绝对光滑($\delta=0°$),而 $\delta>0°$ 则滑动面就不是平面。比较严格的挡土墙土压力解,可以按极限平衡理论,考虑墙背与填土之间的摩擦角 $\delta$,土体内的滑动面是由一段平面和一段对数螺旋线曲面所组成的复合滑动面,如图 6-33 所示。苏联学者索科洛夫斯基(Соколовский BB,1960)用极限平衡理论的滑移线法对水平填土面的挡土墙,求出主动土压力系数 $K_a$ 和被动土压力系数 $K_p$ 的理论解,见表 6-3,可供计算时查用。以下分别将朗肯理论与库仑理论与极限平衡理论解相对比,从而说明这两种古典土压力理论可能引起多大的误差。

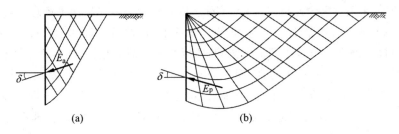

图 6-33 墙背有摩擦时的曲面滑动面

(a) 主动状态;(b) 被动状态

表 6-3 索科洛夫斯基解的主动与被动土压力系数值

| $\varphi$ | $\delta$ | $\alpha=0°$ | | $\alpha=10°$ | | $\alpha=20°$ | |
|---|---|---|---|---|---|---|---|
| | | $K_a$ | $K_p$ | $K_a$ | $K_p$ | $K_a$ | $K_p$ |
| | 0° | 0.70 | 1.42 | 0.72 | 1.31 | 0.73 | 1.18 |
| 10° | 5° | 0.67 | 1.56 | 0.70 | 1.43 | 0.70 | 1.29 |
| | 10° | 0.65 | 1.66 | 0.68 | 1.52 | 0.70 | 1.35 |
| | 0° | 0.49 | 2.04 | 0.54 | 1.77 | 0.58 | 1.51 |
| 20° | 10° | 0.45 | 2.55 | 0.50 | 2.19 | 0.54 | 1.83 |
| | 20° | 0.44 | 3.04 | 0.50 | 2.57 | 0.54 | 2.13 |
| | 0° | 0.33 | 3.00 | 0.40 | 2.39 | 0.46 | 1.90 |
| 30° | 15° | 0.30 | 4.62 | 0.37 | 3.62 | 0.43 | 2.79 |
| | 30° | 0.31 | 6.55 | 0.38 | 5.03 | 0.45 | 3.80 |

| $\varphi$ | $\delta$ | $\alpha=0°$ | | $\alpha=10°$ | | $\alpha=20°$ | |
|---|---|---|---|---|---|---|---|
| | | $K_a$ | $K_p$ | $K_a$ | $K_p$ | $K_a$ | $K_p$ |
| 40° | 0° | 0.22 | 4.60 | 0.29 | 3.37 | 0.35 | 2.50 |
| | 20° | 0.20 | 9.69 | 0.27 | 6.77 | 0.34 | 4.70 |
| | 40° | 0.22 | 18.2 | 0.29 | 12.3 | 0.38 | 8.23 |

**1. 朗肯理论**

当填土面与水平面夹角 $\beta=0°$,墙背与竖向夹角 $\alpha=0°$ 时,朗肯土压力理论计算的主动土压力系数与极限平衡理论解的比较见表 6-4。

表 6-4 朗肯土压力系数与极限平衡理论解土压力系数的比较

| 计算方法 土压力系数 $\varphi$ $\delta$ | | 10° | | | 20° | | | 30° | | | 40° | | |
|---|---|---|---|---|---|---|---|---|---|---|---|---|---|
| | | 0 | 5° | 10° | 0° | 10° | 20° | 0 | 15° | 30° | 0 | 20° | 40° |
| 极限平衡理论解 | $K_a$ | 0.70 | 0.67 | 0.65 | 0.49 | 0.45 | 0.44 | 0.33 | 0.30 | 0.31 | 0.22 | 0.20 | 0.22 |
| | $K_p$ | 1.42 | 1.56 | 1.66 | 2.04 | 2.55 | 3.04 | 3.00 | 4.62 | 6.55 | 4.60 | 9.69 | 18.2 |
| 朗肯理论 | $K_a$ | 0.704 | | | 0.490 | | | 0.333 | | | 0.217 | | |
| | $K_p$ | 1.420 | | | 2.04 | | | 3.00 | | | 4.60 | | |

可见这时如果墙背完全光滑($\delta=0°$),实际上朗肯理论解就是极限平衡理论解,图 6-33(a)中的滑动面也变成了与水平面夹角为 $45°\pm\varphi/2$ 的平面,如图 6-13 和图 6-15 所示。但是实际上墙背不可能,也不应当做成完全光滑的,所以与实际情况相比,朗肯理论计算存在误差。

表中数据表明,对于主动土压力,朗肯理论的土压力系数偏大,但差别不大。对于被动土压力,忽略墙背与填土的摩擦作用,会带来相当大的误差。特别是当 $\delta$ 和 $\varphi$ 都比较大时,朗肯的被动土压力系数较之理论解可以小 2~3 倍,并且当 $\delta>0°$ 时,朗肯理论与理论解计算的主动与被动土压力的方向也都不同。

**2. 库仑理论**

库仑理论考虑了墙背与填土的摩擦作用,但把土体中的滑动面假定为平面,与实际情况和极限平衡理论解不符。这种平面滑动面的假定,使得滑动楔体平衡时所必须满足的力系,对任一点的力矩之和等于零 $\left(\sum M=0\right)$ 的条件不一定能满足,这是用库仑理论计算土压力,特别是被动土压力存在很大误差的重要原因。对主动土压力而言,最先滑动的面就是产生土压力最大的真正滑动面,它不一定是平面,这时沿平面滑动比沿理论复合面滑动要靠后,因而算得的主动土压力并不是最大的。相反的,对于被动土压力最先滑动的面就是能够承受推力最小的真正滑动面,它同样不一定是平面,如假定平面滑动,使阻力增加,推力加大,所以库仑理论计算的被动土压力偏高。表 6-5 列举当 $\beta=0$,$\alpha=0$,在常见的 $\delta$ 和 $\varphi$ 下,极限平衡理论解和库仑理论得到的主动土压力系数 $K_a$ 和被动土压力系数 $K_p$ 的对比。表中数据表明,对于主动土压力,这两种理论计算结果差别都很小,用库仑理论计算的稍小;对于被动土压力,当 $\delta$ 和 $\varphi$ 较小时,两者的差别也在工程设计所允许的范围内,但是当 $\delta$ 和 $\varphi$ 值都较大时,两种方法的差别很大,由于被动土压力在设计中常被当成抗力,计算过大的抗力是不安全的,这时用库仑理论计算的被动土压力就不宜采用。

表 6-5 库仑土压力系数与极限平衡理论解土压力系数的比较

| 计算方法 | 土压力系数 $\diagdown$ $\varphi$ $\diagdown$ $\delta$ | 10° | | | 20° | | | 30° | | | 40° | | |
|---|---|---|---|---|---|---|---|---|---|---|---|---|---|
| | | 0 | 5° | 10° | 0° | 10° | 20° | 0 | 15° | 30° | 0 | 20° | 40° |
| 极限平衡理论解 | $K_a$ | 0.70 | 0.67 | 0.65 | 0.49 | 0.45 | 0.44 | 0.33 | 0.30 | 0.31 | 0.22 | 0.20 | 0.22 |
| | $K_p$ | 1.42 | 1.56 | 1.66 | 2.04 | 2.55 | 3.04 | 3.00 | 4.62 | 6.55 | 4.60 | 9.69 | 18.2 |
| 库仑理论 | $K_a$ | 0.70 | 0.66 | 0.64 | 0.49 | 0.45 | 0.43 | 0.33 | 0.30 | 0.30 | 0.22 | 0.20 | 0.21 |
| | $K_p$ | 1.42 | 1.57 | 1.73 | 2.04 | 2.63 | 3.52 | 3.00 | 4.98 | 10.09 | 4.60 | 11.77 | 92.6 |

综前所述,对于计算主动土压力,各种理论计算的差别都不大。朗肯土压力公式简单,且能建立起土体处于极限平衡状态时理论滑动面的形式。这对于分析许多土体破坏问题,如板桩墙的受力状态,地基的滑动区等都很有用,所以受到工程人员的欢迎,不过在具体实用中,要注意边界条件是否符合朗肯理论的规定,以免得到错误的结果。库仑理论可适用于比较广泛的边界条件,包括各种墙背倾角、填土面倾角和墙背与土的摩擦角等,在工程中应用更广。至于被动土压力的计算,当 $\delta$ 和 $\varphi$ 较小时,这两种古典土压力理论尚可应用;而当 $\delta$ 和 $\varphi$ 较大时,误差都很大,并且伴随着较大位移,所以都不宜无条件采用。

**【例题 6-4】** 某重力式挡土墙墙高为 10m,底宽为 6.0m,墙背竖直。墙后填土为中砂,填土面水平,$c=0$,$\varphi=32°$,$\gamma=17\text{kN/m}^3$,墙背与填土间的摩擦角 $\delta=16°$,混凝土重度为 $23.7\text{kN/m}^3$,墙底与地基土摩擦系数 $\mu=0.5$,如图 6-34 所示。分别用朗肯理论和库仑理论计算该墙的抗滑移和抗倾覆稳定安全系数。

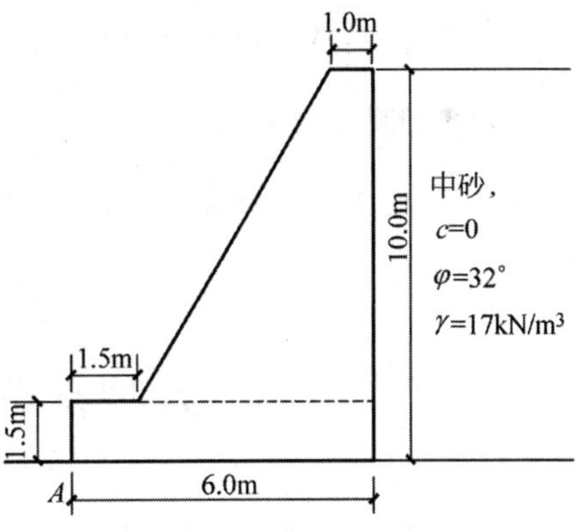

图 6-34 例题 6-4 图

**【解】**

(1) 朗肯理论

这时假设 $\delta=0°$。

主动土压力系数:$K_{a1}=\tan^2\left(45°-\dfrac{\varphi}{2}\right)=\tan^2 29°=0.307$

总主动土压力:$E_a=\dfrac{1}{2}\gamma H^2 K_a=\left(\dfrac{1}{2}\times 17\times 10^2\times 0.307\right)\text{kN/m}\approx 261.2\text{kN/m}$

挡土墙混凝土自重:$W_c=\left\{\left[1.5\times 6.0+\dfrac{1}{2}(1+4.5)\times 8.5\right]\times 23.7\right\}\text{kN/m}\approx 767.3\text{kN/m}$

挡土墙抗滑移稳定安全系数:$F_s=\dfrac{767.3\times 0.5}{261.2}\approx 1.47$

绕墙趾 $A$ 转动倾覆力矩：$M_0 = \frac{1}{3}HE_a = \left(\frac{1}{3} \times 261.2 \times 10\right) \mathrm{kN \cdot m/m} \approx 870.7 \mathrm{kN \cdot m/m}$

抗倾覆力矩：

$$M_r = \left\{\left[1.5 \times \frac{6^2}{2} + 8.5 \times 1 \times 5.5 + \frac{1}{2} \times 3.5 \times 8.5 \times \left(1.5 + 2 \times 3.5 \times \frac{1}{3}\right)\right] \times 23.7\right\} \mathrm{kN \cdot m/m}$$
$$= [(27 + 46.75 + 57.02) \times 23.7] \mathrm{kN \cdot m/m} \approx 3099.3 \mathrm{kN \cdot m/m}$$

抗倾覆稳定安全系数：$F_s = \frac{3099.3}{870.7} \approx 3.56$

（2）用库仑土压力理论计算：

用式(6-16)计算主动土压力系数：

$$K_{a2} = \frac{\cos^2 \varphi}{\cos\delta \left[1 + \sqrt{\dfrac{\sin(\varphi + \delta)\sin\varphi}{\cos\delta}}\right]^2} = \frac{0.7192}{0.9613 \times 2.69} \approx 0.278$$

总主动土压力：$E_a = \frac{1}{2}\gamma H^2 K_a = \left(\frac{1}{2} \times 17 \times 10^2 \times 0.278\right) \mathrm{kN/m} \approx 236.4 \mathrm{kN/m}$

其中水平分量：$E_{ax} = E_a \cos 16° = 227.2 \mathrm{kN/m}$

竖直分量：$E_{az} = E_a \sin 16° = 65.2 \mathrm{kN/m}$

挡土墙抗滑移稳定安全系数：$F_s = \frac{(767.3 + 65.2) \times 0.5}{227.2} \approx 1.83$

倾覆力矩：$M_0 = \frac{1}{3}HE_{ax} = \left(\frac{1}{3} \times 227.2 \times 10\right) \mathrm{kN \cdot m/m} \approx 757.3 \mathrm{kN \cdot m/m}$

抗倾覆力矩：$M_r = (3099.3 + 65.2 \times 6.0) \mathrm{kN \cdot m/m} \approx 3490.5 \mathrm{kN \cdot m/m}$

抗倾覆稳定安全系数：$F_s = \frac{3490.5}{757.3} \approx 4.61$

可见，由于考虑了墙背的摩擦，用库仑理论计算的抗滑移和抗倾覆稳定安全系数更高一些。

# 6.6  几种常见情况的主动土压力计算

工程上所遇到的挡土墙及填土的条件，要比朗肯和库仑理论所假定的条件复杂得多。例如填土本身可能是性质不同的分层土，墙后填土内有地下水，墙背不是直线而是折线以及填土面上有荷载作用等。对于这些情况，只能在前述理论基础上具体分析或作些近似处理。本节将介绍几种常见情况的主动土压力计算方法。

## 6.6.1  成层土的土压力

墙后填土由性质不同的土层组成时，土压力将受到不同填土性质的影响，当墙背竖直、填土面水平时，为简单起见，常用朗肯理论计算。现以图 6-35 所示的双层无黏性填土为例，按两种情况说明其计算方法。

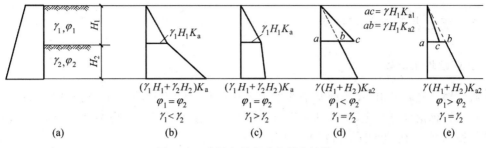

图 6-35　成层土的主动土压力计算

**1. 若 $\varphi_1 = \varphi_2$，$\gamma_1 \neq \gamma_2$**

在这种条件下，两层填土的主动土压力系数 $K_a$ 应相同，只是填土的重度 $\gamma$ 不同，因而按照公式 $p_a = \gamma z K_a$，根据 $\mathrm{d}p_a / \mathrm{d}z = \gamma K_a$ 可知，两层填土的土压力强度分布线将表现为在土层分界面处斜率发生变化的折线分布，如图 6-35(b)和(c)所示。

**2. 若 $\gamma_1 = \gamma_2$，$\varphi_1 \neq \varphi_2$**

按照朗肯土压力理论 $K_a = \tan^2(45° - \varphi/2)$ 可知，两层土的主动土压力系数不同，分别为 $K_{a1}$ 和 $K_{a2}$。又根据 $p_a = \gamma z K_a$，在分界面的上下点主动土压力强度不等，分别为 $p_{a1} = \gamma_1 H_1 K_{a1}$（图 6-35(d)和(e)中的 $ac$）和 $p_{a2} = \gamma_1 H_1 K_{a2}$（图 6-35(d)和(e)中的 $ab$），亦即主动土压力强度在分界面发生了突变。因为 $\mathrm{d}p_a / \mathrm{d}z = \gamma K_a$，所以上下两层土的主动土压力分布斜率也发生变化，但其下部分的主动土压力强度分布的延长线应当过填土地面点。

## 6.6.2　墙后填土中有地下水

填土中有地下水时要考虑静止的地下水对墙侧向压力的影响，具体表现在：(1)地下水位以下计算土压力时应用填土的浮重度 $\gamma'$；(2)地下水对填土的强度指标 $c$、$\varphi$ 的影响，一般认为其对无黏性土抗剪强度指标的影响可以忽略，但对黏性填土，地下水将使 $c$、$\varphi$ 值减小，从而使土压力增大；(3)地下水对墙背产生静水压力作用。

以图 6-36 所示的挡土墙为例，假设它符合朗肯理论的边界条件，且墙后填土为均一的无黏性土，地下水位在填土表面下 $H_1$ 处，水位上下土的内摩擦角相同，则土压力计算与图 6-35(c)情况相似，但需考虑静水压力 $E_w$。

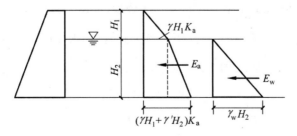

图 6-36　墙后有地下水位时土压力计算

### 6.6.3 填土表面有荷载作用

#### 1. 连续均布荷载

假设墙背竖直光滑，在表面水平的填土上作用有连续均布的荷载 $q$（图 6-37(a)），可用朗肯土压力理论计算其主动、被动土压力。深度 $z$ 处土单元的竖向应力为 $\sigma_z = \gamma z + q$，对于砂填土根据式(5-12)和式(5-11)，则

$$p_a = K_a \gamma z + K_a q \tag{6-22}$$

$$p_p = K_p \gamma z + K_p q \tag{6-23}$$

图 6-37(b)和式(6-22)表明，这时作用于墙背上的主动土压力由两部分组成，一部分是由土的自重引起的三角形分布的土压力，另一部分是由均布荷载引起的矩形分布的土压力，总土压力 $E_a$ 为这两部分面积之和。

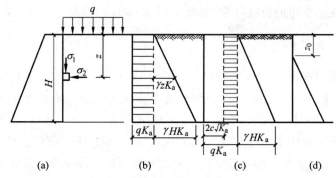

图 6-37 水平填土面上有连续均布荷载作用的主动土压力

(a) 挡土墙；(b) 砂填土；(c) 黏性填土 $z_0 < 0$；(d) 黏性填土 $z_0 > 0$

对于黏性填土，根据式(5-8)和式(5-7)，可以得出

$$p_a = K_a \gamma z + K_a q - 2c\sqrt{K_a} \tag{6-24}$$

$$p_p = K_p \gamma z + K_p q + 2c\sqrt{K_p} \tag{6-25}$$

这时，在计算主动土压力时应考虑墙背与土体间的拉力和裂缝问题，即首先要计算零土压力区深度 $z_0$：

$$z_0 = \frac{1}{\gamma}\left(\frac{2c}{\sqrt{K_a}} - q\right) \tag{6-26}$$

当 $z_0 < 0$ 时，可按式(6-24)计算各深度的土压力强度，如图 6-37(c)所示，总主动土压力为

$$E_a = \frac{1}{2}K_a\gamma H^2 - 2c\sqrt{K_a}H + K_a q H \tag{6-27}$$

如果 $z_0 > 0$，如图 6-37(d)所示，则

$$p_a = K_a \gamma(z - z_0) \tag{6-28}$$

$$E_a = \frac{1}{2}K_a\gamma(H - z_0)^2 \tag{6-29}$$

当 $z_0 = 0$ 时，主动土压力 $p_a$ 为顶点在填土地面上的直角三角形分布。

若墙背填土为斜坡,墙背也不竖直光滑,在倾斜的填土面上作用有连续均布荷载 $q$,$q$ 为单位水平投影面积上的均布荷载,如图 6-38(a)所示,则需要用库仑土压力理论的数解法或图解法计算。对于无黏性土,可以认为滑动面与无荷载作用时相同,只是在滑动楔体的自重 $W$ 上增加在滑动面范围内的总荷载 $G$。如图 6-38(b)和(c)所示,可按照 6.4 节的数解法计算其总主动土压力 $E_a$。

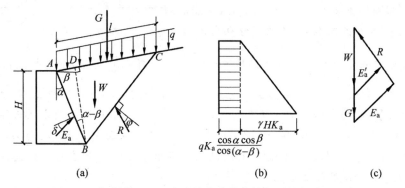

图 6-38　倾斜填土面上有连续均布荷载情况下的主动土压力

在图 6-38(a)、(c)中

$$G = ql\cos\beta \tag{6-30}$$
$$E_a = E'_a + \Delta E_a \tag{6-31}$$

其中,$E'_a$ 为表面无荷载作用时的主动土压力,$\Delta E_a$ 为由荷载 $q$ 产生的附加主动土压力。根据图 6-38(c)中的三角形相似原理,应有

$$\frac{E_a}{E'_a} = \frac{W + G}{W} \tag{6-32}$$

$$E_a = E'_a\left(1 + \frac{G}{W}\right) \tag{6-33}$$

根据式(6-31)有:

$$\Delta E_a = E'_a \frac{G}{W} \tag{6-34}$$

根据图 6-38(a),

$$W = \frac{l \cdot \overline{BD}}{2}\gamma = \frac{l\gamma}{2}\frac{H}{\cos\alpha}\cos(\alpha - \beta) \tag{6-35}$$

将式(6-35)、式(6-30)和式(6-15)代入式(6-34),简化后得:

$$\Delta E_a = K_a qH \frac{\cos\alpha\cos\beta}{\cos(\alpha - \beta)} \tag{6-36}$$

将式(6-36)和式(6-15)代入式(6-31),得:

$$E_a = \frac{1}{2}K_a\gamma H^2 + K_a qH \frac{\cos\alpha\cos\beta}{\cos(\alpha - \beta)} \tag{6-37}$$

主动土压力强度 $p_a$ 的分布如图 6-38(b)所示。

**2. 局部荷载作用**

当填土表面有局部荷载 $q$ 作用时(图 6-39(a)),则 $q$ 对墙背产生的附加土压力强度值仍可用朗肯公式计算,即 $p_{aq}=qK_a$,但其分布范围缺乏在理论上的严格分析,目前有不同的经验算法。一种近似方法认为,地面局部荷载产生的土压力是沿平行于滑动面的方向传递至墙背上的。在如图 6-39(a)所示的条件下,荷载 $q$ 仅在墙背 $cd$ 范围内引起附加土压力 $p_{aq}$,$c$ 点以上和 $d$ 点以下,认为不受荷载 $q$ 的影响,$c$、$d$ 两点分别为自局部荷载 $q$ 的两个端点 $a$、$b$ 作与水平面成 $45°+\dfrac{\varphi}{2}$

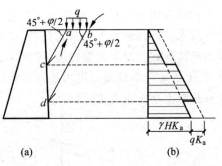

图 6-39　填土表面有局部荷载作用

的斜线至墙背的交点。作用于墙背面的总土压力分布如图 6-39(b)中所示的阴影面积。

**【例题 6-5】**　某挡土墙的墙背竖直光滑($\delta=0$),墙高 7.0m,墙后两层表面水平的无黏性填土,土的性质指标如图 6-40(a)所示,地下水位在填土表面下 3.5m 处与第二层填土顶面齐平。填土表面作用有 $q=100$kPa 的连续均布荷载。试求作用在墙上的总主动土压力 $E_a$、水压力 $E_w$ 及其作用点位置。

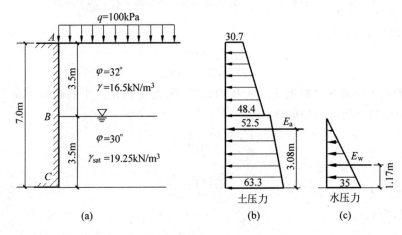

图 6-40　例题 6-5 图

**【解】**　依本题所给条件,可按朗肯理论计算主动土压力。

(1) 先分别求两层土的主动土压力系数 $K_{a1}$ 和 $K_{a2}$。

$$K_{a1}=\tan^2\left(45°-\frac{32°}{2}\right)=0.307$$

$$K_{a2}=\tan^2\left(45°-\frac{30°}{2}\right)=0.333$$

(2) 沿墙高求 $A$、$B$、$C$ 三点的土压力强度。

根据式(6-22)可知:

$A$ 点:$z=0$,$p_{aA}=qK_{a1}=(100\times0.307)$kPa$=30.7$kPa;

$B$ 点:分界面以上,$H_1=3.5$m,$\gamma_1=16.5$kN/m³,

$$p_{aB1}=qK_{a1}+\gamma_1 H_1 K_{a1}=(30.7+16.5\times3.5\times0.307)\text{kPa}$$
$$\approx(30.7+17.7)\text{kPa}\approx48.4\text{kPa}$$

分界面以下：

$$p'_{aB2} = (q + \gamma_1 H_1) K_{a2} = [(100 + 16.5 \times 3.5) \times 0.333] \text{kPa}$$
$$\approx 52.5 \text{kPa}$$

$C$ 点：$H_2 = 3.5\text{m}$，$\gamma' = (19.25 - 10)\text{kN/m}^3 = 9.25\text{kN/m}^3$

$$p_{aC} = (q + \gamma_1 H_1 + \gamma'_2 H_2) K_{a2} = [(100 + 16.5 \times 3.5 + 9.25 \times 3.5) \times 0.333] \text{kPa}$$
$$\approx 63.3 \text{kPa}$$

$A$、$B$、$C$ 三点主动土压力分布图示于图 6-40(b)中。作用于挡土墙上的总土压力，即为土压力分布面积之和，故

$$E_a = \left[ \frac{1}{2} \times (30.7 + 48.4) \times 3.5 + \frac{1}{2} \times (52.5 + 63.3) \times 3.5 \right] \text{kN/m} \approx 341.1 \text{kN/m}$$

（3）求水压力 $E_w$。

$$E_w = \frac{1}{2} \gamma_w H_2^2 = \left( \frac{1}{2} \times 10 \times 3.5^2 \right) \text{kN/m} \approx 61.3 \text{kN/m}$$

水压力的分布见图 6-40(c)，$E_w$ 作用于距墙底 $\dfrac{3.5}{3}\text{m} \approx 1.17\text{m}$ 处。

（4）求 $E_a$ 的作用点位置。

设 $E_a$ 作用点距墙底高度为 $H_c$，则

$$H_c = \left\{ \left[ 30.7 \times 3.5 \times 5.25 + \frac{1}{2} \times (48.4 - 30.7) \times 3.5 \times 4.67 + 52.5 \times \right. \right.$$
$$\left. \left. 3.5 \times 1.75 + \frac{1}{2} \times (63.3 - 52.5) \times 3.5 \times 1.17 \right] / 341.1 \right\} \text{m}$$
$$\approx 3.08 \text{m}$$

## 6.6.4　墙背形状有变化的情况

### 1. 折线形墙背

当挡土墙墙背不是一个平面而是折面时（图 6-41(a)），可用墙背转折点为界，分成上墙与下墙，然后分别按库仑理论计算主动土压力 $E_a$，最后再叠加。

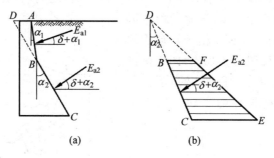

图 6-41　折线墙背土压力计算

首先将墙 $AB$ 段当作独立挡土墙，计算出主动土压力 $E_{a1}$，这时不考虑下墙的存在。然后计算下墙的土压力。计算时，可将下墙背 $BC$ 向上延长交填土面于 $D$ 点，以 $DBC$ 作为假

想墙背,算出墙背主动土压力强度沿墙高的分布,如图 6-41(b)中三角形 $DCE$ 所示。再截取与 $BC$ 段相应的部分,即 $BCEF$ 部分,算出其合力,即为作用于下墙 $BC$ 段的总主动土压力 $E_{a2}$。最后总土压力 $E_a$ 为 $E_{a1}$ 和 $E_{a2}$ 的向量和。

### 2. 墙背设置卸荷平台

为了减少作用在墙背上的主动土压力,和增加挡土墙的稳定性,有时采用在墙背中部加设卸荷平台的办法,见图 6-42(a),由于平台上的土重 $W$ 成为墙重的一部分,它可以有效地提高重力式挡土墙的抗滑移和抗倾覆稳定安全系数,并使墙底压力更均匀。此时,平台以上 $H_1$ 高度内,可按朗肯理论计算作用在 $AB$ 面上的土压力分布,如图 6-42(b)所示。由于平台以上土重 $W$ 已由卸荷台 $DBC$ 承担,故平台下 $C$ 点处土压力变为零,从而减少了平台下 $H_2$ 段内的土压力。减压范围一般认为至滑动面与墙背交点 $E$ 处为止。连接图 6-42(b)中相应的 $C'$ 和 $E'$,则图中阴影部分即为减压后的土压力分布。显然卸荷平台伸出越长,则减压作用越大。

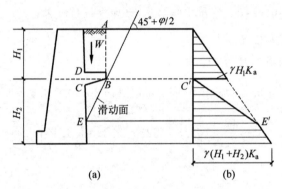

图 6-42　带卸荷台的挡土墙土压力

### 6.6.5　墙后滑动面受限

有时墙后的填土范围有限,不能形成朗肯或库仑理论所确定的发生主动土压力的滑动面。在图 6-43 中,墙后填土处于墙背与岩坡(或天然土坡)之间,岩坡与填土间界面的摩擦角 $\delta_r$ 常常低于土的内摩擦角 $\varphi$,这时的两个滑动面就可能是墙背与岩土界面。由于滑动面的倾角 $\theta$ 是确定的,可以按照图 6-19(a)的楔体极限平衡计算主动土压力 $E_a$,如图 6-43 所示。

这种楔体极限平衡推导的主动土压力系数,可表示为式(6-38):

$$K_a = \frac{\cos(\alpha-\theta)\cos(\alpha-\beta)\sin(\theta-\delta_r)}{\cos^2\alpha\sin(\theta-\beta)\cos(\alpha+\delta-\theta+\delta_r)}$$

(6-38)

可见,它与土的内摩擦角无关。

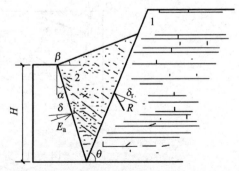

图 6-43　有限填土挡土墙土压力计算示意图

1—岩石边坡;2—填土

### 6.6.6 加筋挡土墙

人类很早就利用竹、木、柴、草等天然纤维材料与土料(砂、石、黏土等)混合形成复合材料,提高土的抗剪强度,建造蔚为壮观的大型土工构造物。图 6-44(a)表示的是在约 5000 年前的太湖流域的良渚文化中早期,我国古代先民们发明的"草裹泥"加筋土,它将河湖湿地的淤泥,使用芒草包裹,苇条绑扎做成便于运输和填筑的加筋土单元,建造了远古水利工程中的 11 座土坝,总土方 260 多万方。

(a)　　　　　　　　　　(b)

图 6-44　良渚文化时期的"草裹泥"加筋土
(a) 草裹泥;(b) 用草裹泥建造的土坝

20 世纪 80 年代以后随着高分子聚合物的普及和发展,各种土工合成材料(土工格栅和土工织物)广泛用于土工加筋。加筋挡土墙中的土压力是由筋材承担的,如图 6-45 所示。筋材在滑动面两侧所受的摩擦力方向相反,在与滑动面交界处的拉力最大。主动区产生的土压力为筋材的拉力所平衡,筋材又被锚固在滑动面后面的土体中,从而维持墙体的稳定。加筋挡土墙需要分别验算整体稳定和加筋土体的内部稳定。

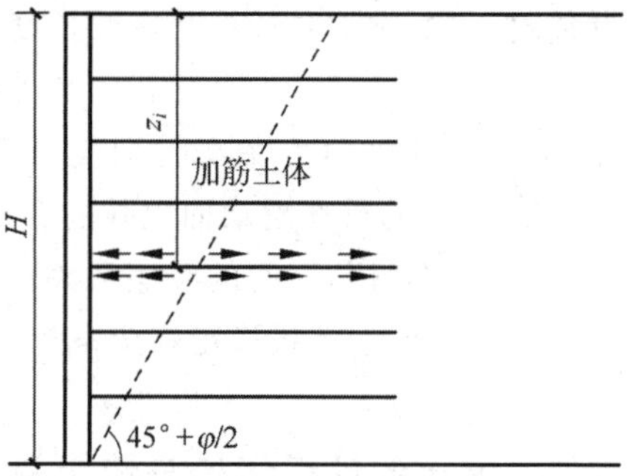

**1. 整体稳定性**

整体稳定亦称外部稳定,一般设计加筋长度

图 6-45　筋材的工作原理

为$(0.7\sim0.8)H$,这就形成了一个由加筋土体组成的重力式挡土墙,它的整体抗滑稳定安全系数可以通过加筋土体所产生的竖向力在基底产生的摩阻力与主动土压力 $E_a$ 的水平分量之比计算。其主动土压力可通过库仑土压力理论计算,如图 6-46(a)所示。

**2. 内部稳定性**

对于刚度不是很大的筋材,在加筋土体中,其滑动面是一个大约与水平面夹角为$45°+\varphi/2$ 的平面,如图 6-46(b)所示。这时主动土压力可以按朗肯土压力理论计算,即主动土压力系数为 $K_a=\tan^2(45°-\varphi/2)$。

验算内部稳定主要是验算筋材的抗拉断破坏和抗拔出稳定。第 $i$ 层筋材承担的主动土压力为其筋材竖向间距范围的土压力,见图 6-46(b)中的阴影部分,对于片状的筋材,每延

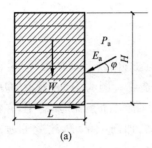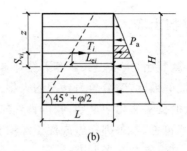

图 6-46  加筋挡土墙的滑动面与稳定性

(a) 外部稳定；(b) 内部稳定

米筋材承受的拉力 $T_i$ 等于这部分主动土压力之和。

$$T_i = \gamma z_i K_a S_{vi} \tag{6-39}$$

式中：$z_i$——第 $i$ 层筋材距地面的深度；

$K_a$——第 $i$ 层筋材处的主动土压力系数；

$S_{vi}$——第 $i$ 层筋材处的竖直向间距。

为了保证筋材不被拉断,应满足式(6-40)：

$$T_a/T_i \geqslant 1.0 \tag{6-40}$$

式中：$T_a$——筋材的设计容许抗拉强度。

为了保证筋材不被拔出,它在滑动面以外的土体中需要有足够的锚固长度,对于第 $i$ 层片状筋材,可通过下式计算其有效长度 $L_{ei}$：

$$2\sigma_{vi} L_{ei} f \geqslant F_s T_i \tag{6-41}$$

式中：$\sigma_{vi}$——筋材上的有效法向应力,kPa；

$L_{ei}$——筋材在滑动面以外的有效长度,m；

$f$——筋材与土间的摩擦系数；

$F_s$——筋材抗拔稳定安全系数,我国有关规范规定 $F_s = 1.3$。

### 6.6.7  填土的性质指标与填土材料的选择

#### 1. 填土的性质指标

土压力计算的可靠与否,不仅取决于计算理论和方法的准确性,而且还要看计算中采用的土的物理力学性质指标是否符合实际情况。计算用的土的性质指标一般包括土的重度 $\gamma$,土的强度指标 $c$、$\varphi$,以及墙与土的摩擦角 $\delta$。在土压力计算中所采用的上述指标的大小,应通过试验确定。当无试验资料时,也可参考一些经验值。其中 $\delta$ 值可按表 6-2 选用。以下只对 $\gamma$、$c$、$\varphi$ 等指标作一简单讨论。

（1）无黏性土

对于砂、砾等无黏性土填土,其压实重度值为 $\gamma = 17.0 \sim 19.0 \text{kN/m}^3$,可通过试验测定。其内摩擦角 $\varphi$,应当用有效应力强度指标,可用三轴排水试验值 $\varphi_d$ 或直剪试验的慢剪值 $\varphi_s$。

（2）黏性土

黏性土填土的压实重度应根据填筑时的含水量实测,其范围为 $\gamma = 17.0 \sim 19.0 \mathrm{kN/m^3}$, 黏性土强度 $c$、$\varphi$ 值的选择,要比无黏性土复杂,这是因为当墙后用黏性土回填时,填土的自重和超载的作用,将在填土中引起超静孔隙水压力,如果能较准确得知孔压值,则用有效应力法,采用有效强度指标 $c'$、$\varphi'$ 进行土压力计算是合理的。但工程中要做到这一点往往比较困难,故根据实践经验,对高度 5m 左右的一般挡土墙及基坑支挡结构物,设计中可采用三轴固结不排水剪的总强度指标 $c_{\mathrm{cu}}$、$\varphi_{\mathrm{cu}}$,或直剪试验的固结快剪指标 $\varphi_{\mathrm{cq}}$、$c_{\mathrm{cq}}$。对一些高度较大,填土碾压速度较快的重要挡土墙,则宜用现场土样的三轴不排水剪指标 $c_{\mathrm{uu}}$、$\varphi_{\mathrm{uu}}$。

**2. 填土材料的选择**

挡土墙后填土的选材和填筑质量,对土压力大小有很大的影响,在设计回填料时,应尽量考虑减小土压力。良好的回填料应具有较高的长期强度和较好的透水性。一般来说,粒状的砂砾料是一种最好的回填料,因为它们除了有较高的 $\varphi$ 值外,还能长期保持着主动应力状态,而且具有较好的透水性。黏性土则有蠕变趋势,而且透水性很低;蠕变趋势能使土从主动土压力状态向静止状态发展,从而引起侧压力随时间而增加。因此,有关规范建议,墙后填土宜选择透水性较强的无黏性土填料。若填土采用黏性土料时,宜掺入适量的碎石。要避免用成块的硬黏土作填料,因为这种土浸湿后,可能产生很大的膨胀力。在季节性冻土地区,墙后填土应选用非冻胀性填料,如炉渣、碎石、粗砾等。

土的强度通常会随密度的增加而增加,因此填土时应注意填筑质量,对填土应进行分层压密。

# 习　　题

**6-1**　墙背竖直光滑的挡土墙,高 6m。墙后填土表面水平,黏性填土 $\gamma = 18 \mathrm{kN/m^3}$, $c = 16 \mathrm{kPa}$, $\varphi = 22°$。填土面作用有竖向连续均布荷载 $q = 20 \mathrm{kN/m^2}$,要求:

（1）判断墙土间是否会发生裂缝,如存在裂缝,计算其深度 $z_0$。

（2）画出沿墙背高度主动土压力强度 $p_{\mathrm{a}}$ 的分布。

（3）计算主动土压力合力 $E_{\mathrm{a}}$ 的大小及作用点的位置。

**6-2**　挡土墙断面如图 6-47 所示,墙高 $H = 6\mathrm{m}$,墙后分层填土。上层砂土 $\gamma = 17 \mathrm{kN/m^3}$, $\varphi = 30°$, $H_1 = 2\mathrm{m}$;下层黏土 $\gamma = 19 \mathrm{kN/m^3}$, $\varphi = 20°$, $c = 20 \mathrm{kPa}$,按朗肯主动土压理论,计算作用在墙后的总主动土压力 $E_{\mathrm{a}}$。

**6-3**　挡土墙如图 6-48 所示,墙高 $H = 6\mathrm{m}$,墙后分层填土, $H_1 = 2\mathrm{m}$,已知砂土与黏土都是 $\gamma = 19 \mathrm{kN/m^3}$,上层黏土 $\varphi = 20°$, $c = 10 \mathrm{kPa}$;下层砂土 $\varphi = 30°$。按朗肯主动土压力理论,计算作用在墙后的总主动土压力 $E_{\mathrm{a}}$。

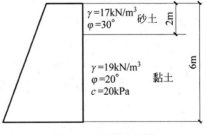

图 6-47　习题 6-2 图

**6-4**　重力式混凝土挡土墙如图 6-49 所示,墙高 7m,墙顶宽 1m,底宽 4m;混凝土重度 $\gamma_c = 25kN/m^3$;墙后砂填土 $\varphi = 30°$, $\gamma = 18kN/m^3$。墙底与地基土摩擦系数 $\mu = 0.58$。由于洪水,水位升至地面以上 3m,墙身与填土均浸水,砂土饱和重度为 $\gamma_{sat} = 20kN/m^3$,浸水后强度指标不变。按朗肯理论计算该墙浸水后的抗滑移稳定安全系数。

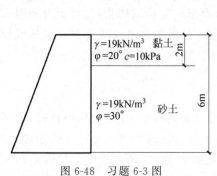

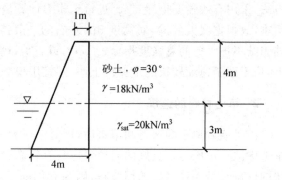

图 6-48　习题 6-3 图　　　　　　　　　图 6-49　习题 6-4 图

**6-5**　某海港码头高 5.0m 的混凝土重力式挡土墙如图 6-50 所示,墙前是海水,墙后填土为水力冲填的饱和砂土,墙前后水位齐平。砂土饱和重度为 $\gamma_{sat} = 19kN/m^3$, $\varphi = 33°$。地震时冲填砂完全液化,用朗肯理论计算液化前与液化时该挡土墙承受的净水平压力。

**6-6**　如图 6-51 所示,某河流梯级挡水重力坝,上游水深 1m,入土深 $AB$ 为 4.5m,河床为砂土,$\gamma_{sat} = 21kN/m^3$, $\varphi = 30°$,砂土中有自上而下的稳定渗流,从 $A$ 到 $B$ 的水力坡降 $i = 0.1$,按朗肯土压力理论,计算作用在该坝迎水侧的总(水土)压力为多少?

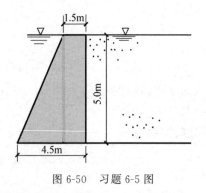

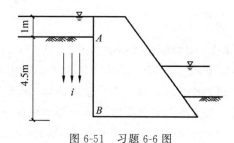

图 6-50　习题 6-5 图　　　　　　　　图 6-51　习题 6-6 图

**6-7**　图 6-52 表示了一墙背竖直的挡土墙,墙高 5.0m,填土表面水平,墙背与砂填土间摩擦角 $\delta = 20°$,墙后静止的地下水位在地面以下 1.5m 处。水上填土 $\gamma = 18kN/m^3$,水下填土 $\gamma_{sat} = 20kN/m^3$,内摩擦角均为 $\varphi = 36°$。试绘出主动土压力强度 $p_a$ 及水压力 $p_w$ 沿高度的分布图。

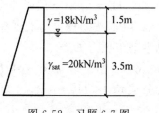

图 6-52　习题 6-7 图

**6-8**　图 6-53 表示俯斜与仰斜两种墙背的挡土墙,墙背均倾斜 1:5,墙后填土为相同的砂土,$\gamma = 18kN/m^3$, $\varphi = 30°$;墙背与填土间摩擦角为 $\delta = 15°$。计算并画出土压力强度沿高度的分布,计算总主动土压力 $E_a$,标注其方向与作用点。

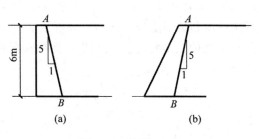

图 6-53 习题 6-8 图

**6-9** 某重力式挡土墙,墙背与竖向夹角 $\alpha=15°$,墙背与填土间的摩擦角 $\delta=20°$;回填砂土 $\gamma=18\mathrm{kN/m^3}$,$\varphi=30°$。填土表面成折线(图 6-54),试用库尔曼图解法求出总主动土压力 $E_a$ 值,并确定力的作用点和方向。

**6-10** 某悬臂式挡土墙如图 6-55 所示,墙高 6m,墙后填砂土,表面水平。填土 $\gamma=20\mathrm{kN/m^3}$,$\varphi=30°$,墙踵下缘与墙顶内缘的连线与竖直线的夹角 $\alpha=40°$,在达到主动土压力状态时,分别用朗背和库仑理论计算作用于第二滑动面 $BC'$ 上的总主动土压力 $E_a$。

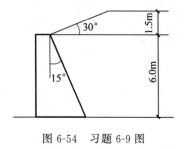

图 6-54 习题 6-9 图

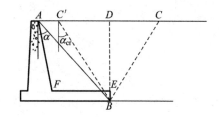

图 6-55 习题 6-10 图

**6-11** 挡土墙断面如图 6-56 所示,墙后填土水平,填土面作用有 $q=10\mathrm{kN/m^2}$ 的连续均布竖向荷载。填土为中砂,$\gamma=17.2\mathrm{kN/m^3}$,$\varphi=30°$;墙背与填土摩擦角 $\delta=30°$。求作用于墙背上总土压力 $E_a$ 的大小、方向和作用点。

**6-12** 重力式挡土墙墙高 8m,墙背垂直、光滑,砂填土与墙顶齐平,如图 6-57 所示。砂土 $\gamma=20\mathrm{kN/m^3}$,$\varphi=36°$。该挡土墙建在岩坡前,岩坡倾角为 55°,岩石与砂填土间摩擦角 $\delta_r=25°$,计算作用于挡土墙上的总主动土压力 $E_a$ 为多少?

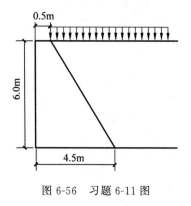

图 6-56 习题 6-11 图

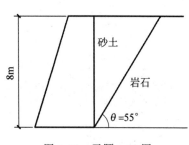

图 6-57 习题 6-12 图

**6-13** 黏性土地基上折线墙背的混凝土重力式挡土墙墙高 8m,断面如图 6-58 所示,墙背与填土间 δ=0°,墙后填土性质和地下水位见图示。混凝土 $\gamma_c$=24kN/m³,墙底与地基土间摩擦系数 $f$=0.5,计算挡土墙的抗滑稳定安全系数。如果安全系数达不到要求的 $F_s$=1.3,提出增加稳定的措施。

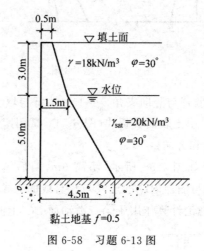

图 6-58 习题 6-13 图

# 第 7 章

# 土坡稳定分析

## 7.1 概　　述

　　土坡是具有倾斜表面的土体,它的外形和各部位名称如图 7-1 所示。由自然地质作用所形成的土坡,如山坡、江河湖海的岸坡等,称为天然土坡。由人工开挖或回填而形成的土坡,如基坑、渠道、土坝、路堤等的边坡,则称为人工土坡。土体自重以及渗透力等会在坡体内引起剪应力,如果剪应力达到土的抗剪强度,就要产生剪切破坏。如果坡面内剪切破坏的面积很大,则将发生一部分土体相对于另一部分土体的滑动,这一现象称为滑坡。本章讨论的都是二维(平面应变)边坡稳定问题,三维滑坡要更复杂。

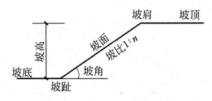

图 7-1　土坡各部位名称

　　滑坡的形式多种多样,就其滑动面的形状可以分为平面的滑坡和曲面的滑坡。平面滑坡坡面的长度与滑坡深度相比大很多,呈平面形状的滑动,如图 7-2(a)所示。在岩坡上有浅层残积土及强风化层,及外倾的结构面和软弱夹层时,常会出现这种情况。而曲面滑坡滑动面长度与滑坡深度在相同的数量级,如图 7-2(b)所示。黏聚力为零,内摩擦角为常数的砂砾土,其浅层滑动面常为平面。黏性土中的滑坡则深入坡体内。均质黏性土坡滑动面的形状按塑性理论分析为对数螺旋线曲面,它很接近于圆弧面,故在计算中通常以圆弧面代替,如图 7-3 所示。沟渠、土石坝、河堤、路堤等都具有人工土坡,其中土石坝具有大型人工土坡。由于它采用当地材料填筑,有很强的变形适应性,能适应各种地形和地质条件,是近代坝工建筑中广泛采用的一种坝型。目前一些土石坝的坝高已接近或超过 300m。我国已建和拟建的 300m 级的高坝就有位于澜沧江上的糯扎渡(261.5m)和如美(315m),位于大渡河上的双江口(312m),位于金沙江上的古水(245m)以及位于雅砻江上的两河口(293m)等高坝。

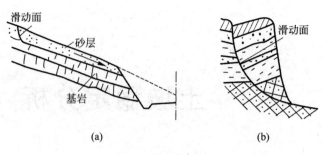

图 7-2  滑坡的类型

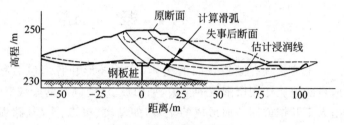

图 7-3  马歇尔溪坝滑坡

图 7-4 是建于黄河上的小浪底斜心墙堆石坝,于 2001 年年底竣工。图 7-5 是最大坝高 261.5m 的糯扎渡心墙堆石坝,于 2014 年 6 月竣工,位于云南澜沧江。

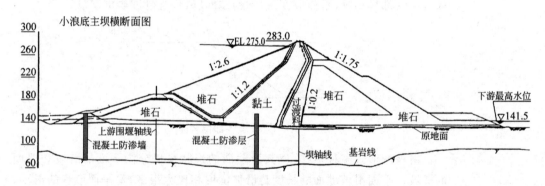

图 7-4  小浪底斜心墙堆石坝(坝高 154m)

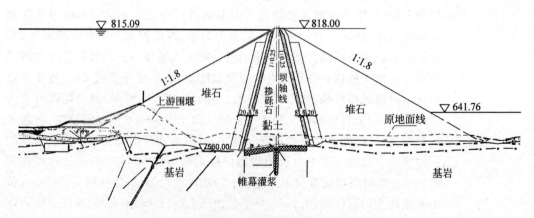

图 7-5  糯扎渡心墙堆石坝(最大坝高 261.5m)

高土石坝的土石方工程量巨大,因此选择安全而又经济合理的断面是一个十分重要的问题。图 7-6 表示一座高 100m 的土坝,如果上、下游坝坡能从 1 : 2.5 增大到 1 : 2.0,每一延米断面可节省土方量 5000m³。1km 坝长就可节省土方 500 万 m³,这是一个巨大的工程量。是否能更陡以节省土方,取决于边坡是否能保持稳定。因此,边坡稳定分析是土石坝设计中的一项很重要的内容。

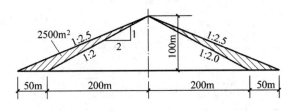

图 7-6 土坝简化剖面

土体剪切破坏的分析方法有极限平衡法、极限分析法和有限元法等。在边坡稳定分析中,目前工程实践中基本上是采用极限平衡法。极限平衡法的一般步骤是先假定破坏是沿土体内某一确定的滑动面滑动。根据滑动土体的静力平衡条件和莫尔-库仑破坏准则可以计算沿该滑动面滑动的可能性,即安全系数的大小,或破坏概率的高低,然后系统地选取许多个可能的滑动面,用同样方法计算稳定安全系数或破坏概率。安全系数最低或破坏概率最高的滑动面就是可能性最大的滑动面。

本章主要讨论极限平衡法在边坡稳定分析中的应用,对于有限元法只简要介绍其概念。关于地震期边坡稳定分析参见附录Ⅵ。在下面分析中,一般取二维土坡的单位长度进行分析。

## 7.2  无黏性土坡的稳定分析

无黏性土坡是指由黏聚力 $c \approx 0$ 的土构成的土坡,无黏性土一般为粗颗粒土,特别是较纯净的砂土与砾石等。无黏性土坡的稳定性分析相对比较简单,分如下几种情况进行讨论。

### 7.2.1  均匀的无黏性土坡

这里主要讨论的是砂土,对砾石、碎石等也都适用。由于它们的黏聚力 $c = 0$,并常假设同一种土的内摩擦角 $\varphi$ 是常数,则其滑动面通常为平面(直线)。

#### 1. 干燥的无黏性土坡

在图 7-7(a)中,从坡趾 $A$ 出发可以引出无数个平面滑动面,分析其中坡角为 $\alpha_i$ 的第 $i$ 个滑动面,对应的楔体 $ABC_i$ 的极限平衡条件。单位长度的楔体自重为 $W_i$,在滑动面 $AC_i$ 上的切向分力(滑动力)为 $S_i = W_i \sin\alpha_i$;滑动面上的法向分力为 $N_i = W_i \cos\alpha_i$,法向力产生的抗滑力(摩阻力)为 $R_i = N_i \tan\varphi = W_i \cos\alpha_i \tan\varphi$,其中 $\varphi$ 为砂土的内摩擦角。则该楔体滑动的安全系数 $F_{si}$(也常用 $K$ 表示)为

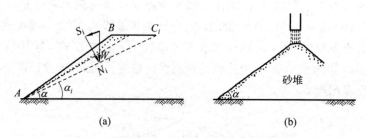

图 7-7　无黏性土坡

$$F_{si} = \frac{\text{抗滑力}}{\text{滑动力}} = \frac{R_i}{S_i} = \frac{W_i\cos\alpha_i\tan\varphi}{W_i\sin\alpha_i} = \frac{\tan\varphi}{\tan\alpha_i} \tag{7-1}$$

从 $A$ 出发的滑动面及对应的滑动楔体有无数个,显而易见,无限靠近坡面的滑动面具有最大的倾角 $\alpha$,因而也就具有最小的安全系数,也就是代表该土坡的实际安全度的安全系数。所以,该土坡的实际安全系数为

$$F_s = \frac{\tan\varphi}{\tan\alpha} \tag{7-2}$$

图 7-7(b)表示的是通过漏斗贴近砂堆顶轻轻将砂土漏下,砂堆不断增高,根据式(7-2),此时砂堆的坡角是一定的,即 $\alpha = \varphi_{\min}$,这是砂堆坡面处于极限平衡状态的坡角。$\varphi_{\min}$ 相当于这种砂土处于最松散状态的内摩擦角。这时的坡角 $\alpha = \alpha_{\mathrm{cr}}$,$F_s = 1.0$,$\alpha_{\mathrm{cr}}$ 亦称为天然休止角。

### 2. 静水下无黏性土坡

用式(7-2)计算的土坡安全系数与土的重度无关,所以浸没在静水中的砂土坡(重度为浮重度)其稳定安全系数也适用于式(7-2)。以纯石英矿物组成的砂土,其干湿状态的内摩擦角相差很小,可以认为这种砂土坡在天然风干与浸水情况下安全系数不变。而含有其他矿物的砂土坡,饱和状态比干燥状态的内摩擦角要小,尤其是矿物风化较严重时。

### 3. 部分浸水的无黏性土坡

由于一般的粗粒土在浸水后内摩擦角通常会有所减少,水平面以下重度变为浮重度。一个坡角 $\alpha = \varphi$ 的无黏性干土坡,如果坡面外水位上升而部分浸水,土坡就不会再保持稳定,而形成如图 7-8 所示在断面上为深入坝体内部的折线滑动面。即沿 $ADC$ 折线滑动的安全系数可能会比坡面附近的直线滑动的安全系数更小,应当进行验算。在这种情况下,工程上常假设为折线的滑动面,其拐点高程在水平面的位置,如图 7-8(a)所示。两直线的倾角分别为 $\alpha_1$ 和 $\alpha_2$,水平面以上取天然重度 $\gamma$ 和内摩擦角 $\varphi_1$;水平面以下取浮重度 $\gamma'$ 和水下摩擦角 $\varphi_2$。在现实临水的坡面常常是折线形的,这也与波浪作用和水位升降有关。

分析折线滑动面的计算方法常用不平衡推力传递法,亦称传递系数法。图 7-8(b)中由竖直面 $ED$ 将滑动土体分为两部分,作用于折线滑动面上的法向压力分别为 $N_1$、$N_2$,用强度折减法表示,$\tan\varphi_e = \tan\varphi/F_s$,则处于强度折减后的两部分极限平衡状态时的抗滑力分别为 $R_1 = (N_1\tan\varphi)/F_s$ 和 $R_2 = (N_2\tan\varphi)/F_s$;在 $ED$ 面上作用有块间力 $P_1$(第一条块的剩

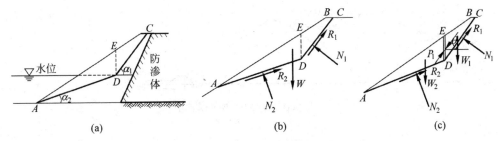

图 7-8　部分浸水的无黏性土坡

余下滑力,其倾角为 $\theta$),在推力传递法中,是假设其方向与上滑块的滑动面方向一致,亦即 $\theta = \alpha_1$,考虑上滑块 $BCDE$ 在滑动面上的极限平衡,有滑动力 $S_1 = W_1 \sin\alpha_1$,以及折减后的抗滑力 $R_1 = (N_1 \tan\varphi)/F_s = (W_1 \cos\alpha_1 \tan\varphi)/F_s$,剩余下滑力 $P_1$ 为

$$P_1 = S_1 - R_1 = W_1 \sin\alpha_1 - \frac{1}{F_s} W_1 \cos\alpha_1 \tan\varphi_1 \tag{7-3}$$

式中:$W_1$——上滑块 $BCDE$ 的重量;

　　$\varphi_1$——水位以上沿滑动面 $CD$ 土的内摩擦角。

　　然后考虑下部滑块 $EDA$ 沿滑动面 $DA$ 的抗滑稳定性。将 $P_1$ 与下滑块重量 $W_2$ 分别沿滑动面 $DA$ 的切向和法向分解,$N_2 = W_2 \cos\alpha_2 + P_1 \sin(\alpha_1 - \alpha_2)$ 考虑下滑块 $EDA$ 沿滑动面 $DA$ 的极限平衡条件,由于剩余下滑力 $P_2 = S_2 - R_2 = 0$,亦即:

$$P_2 = S_2 - R_2 = [W_2 \sin\varphi_2 + P_1 \cos(\alpha_1 - \alpha_2)] - [W_2 \cos\alpha_2 + P_1 \sin(\alpha_1 - \alpha_2)]\frac{\tan\varphi_2}{F_s} = 0 \tag{7-4}$$

则得到下滑块的抗滑稳定安全系数:

$$F_s = \frac{[P_1 \sin(\alpha_1 - \alpha_2) + W_2 \cos\alpha_2]\tan\varphi_2}{P_1 \cos(\alpha_1 - \alpha_2) + W_2 \sin\alpha_2} \tag{7-5}$$

式中:$W_2$——下滑块 $EDA$ 的重量,水下以浮重度计算;

　　$\varphi_2$——水位以下沿滑动面 $DA$ 处土的内摩擦角。

　　由于式(7-5)中 $P_1$ 含有未知数 $F_s$,所以需用迭代法计算 $F_s$。此外,事先并不知道哪一个折线滑动面对应最小安全系数,因而必须假设 $D$ 和 $C$ 在不同位置,计算最小安全系数。对于堆石坝还需要确定最不利的上游水位,因而需使用计算机进行运算。

#### 4. 土中水有渗流的无黏性土坡

　　在挡水的堤、坝、堰体内会形成渗流场,存在自由水面线,亦称浸润线。这时在浸润线以下的土骨架除了受到重力作用外,还受到浮力和渗透力的作用,在这些土工结构物的下游坡处其渗透力主要产生滑动力,会降低下游坡的稳定性。

　　在如图 7-9 所示无黏性土堤坝中,对于高堆石坝,由于堆石料的内摩擦角随围压增加而减小以及饱和状态下内摩擦角会有所减小,下游阴影部分作用着向外的渗透力,图中深层的圆弧滑动面可能比浅层平面滑动面更危险,具有更小的安全系数,需要验算深层圆弧滑动的可能性。

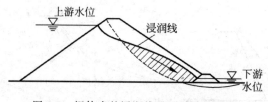

图 7-9　坝体内的浸润线及下游坡的稳定

### 7.2.3　无限坡长的无黏性土坡

实际上,天然边坡和人工边坡的坡长都是有限的。但对于一些坡面相对于土层厚度很长的土坡,可以将其当成二维的无限土坡。在这种情况下,如果沿平行于坡面分层时,各层土质都是均匀的,在无限边坡中的各竖直面上,作用有相同的应力分布,平行于坡面的任意一个平面上各点的荷载和抗力也都是相等的。具有外倾结构面的岩体上的表面风化残积土层,海相沉积的海底坡体等都可看作无限土坡,图 7-2(a)所示的砂土坡就是这种情况。

**1. 无限干燥无黏性土坡**

天然风干的处于基岩上的无黏性土坡如图 7-10 所示,坡角为 $\alpha$。如果土岩界面处的摩擦角与砂土的内摩擦角相同,可以取任意一个平行于坡面的滑动面 $i$,分析沿其滑动的安全系数。

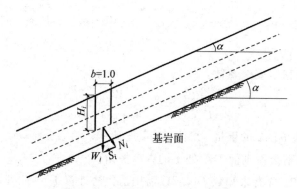

图 7-10　无限干砂石土坡的稳定性

设滑动面深度为 $H_i$,水平向宽度 $b=1.0$,则土柱重量 $W_i = \gamma H_i$,由于土坡无限长,两侧的作用力方向相反,大小相等,滑动力 $S_i = W_i \sin\alpha$,抗滑力 $R_i = N_i \tan\varphi = W_i \cos\alpha \tan\varphi$,则抗滑稳定的安全系数为

$$F_s = \frac{抗滑力}{滑动力} = \frac{R_i}{S_i} = \frac{W_i \cos\alpha \tan\varphi}{W_i \sin\alpha} = \frac{\tan\varphi}{\tan\alpha} \tag{7-6}$$

它与天然和浸水的砂土坡的安全系数(式(7-2))是相同的。可见,任意一条与坡面平行的滑动面,都具有相同的安全系数,也就是说,对于无限长土坡,所有平行于坡面的滑动面都是危险的滑动面。

**2. 有沿坡渗流的无限长无黏性坡**

无限长土层较薄的砂土坡在降雨时雨水将渗入土层,使土达到饱和,随后将发生沿坡的渗流。这时由于渗透力的加入,土坡的稳定性将急剧下降,可能发生滑坡等地质灾害。其稳定分析见图 7-11。

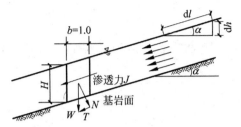

图 7-11 有沿坡渗流的无限砂石土坡的稳定性

在图 7-11 中,取单位水平向宽度,高度为 $H$,数值上体积为 $V=H$ 的土骨架,其重量 $W=\gamma'H$。在稳定分析中,与图 7-10 比较,多了一个渗透力 $J$。由图 7-11 可见,沿坡渗流的渗径为 $dl$ 时,水头差为 $dh$,则水力坡降为 $i=dh/dl=\sin\alpha$,土柱的总渗透力 $J=jH=\gamma_w iH=\gamma_w H\sin\alpha$,则:

$$F_s=\frac{R}{S}=\frac{W\cos\alpha\tan\varphi}{W\sin\alpha+J}=\frac{\gamma'H\cos\alpha\tan\varphi}{\gamma'H\sin\alpha+\gamma_w H\sin\alpha}=\frac{\gamma'}{\gamma_{sat}}\frac{\tan\varphi}{\tan\alpha} \tag{7-7}$$

与式(7-6)比较,安全系数几乎减少了一半,这就是为什么降雨会引起山体滑坡和其他地质灾害的重要原因。

在现实中,由于土与基岩的接触面处常湿润积水,接触面的摩擦角 $\delta_r$ 常常小于砂土的内摩擦角 $\varphi$,所以对于坡厚较小的土坡,通常发生沿着接触面的滑坡,这时在式(7-6)和式(7-9)中应以 $\delta_r$ 代替 $\varphi$。

【**例题 7-1**】 一无限长土坡坡角为 $\alpha$,砂土的重度 $\gamma=19\text{kN/m}^3$,土与基岩面的抗剪强度指标 $c=0,\delta_r=\varphi=30°$。求安全系数 $F_s=1.2$ 时的 $\alpha$ 角容许值。

【**解**】 从无限长坡中截取单宽土柱进行稳定分析,如图 7-12 所示。由于是无限长的土坡,单宽土柱的安全系数与全坡相同。

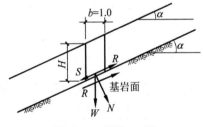

图 7-12 例题 7-1 图

单位宽度土柱重量 $W=\gamma H$

沿基岩面滑动力 $S=W\sin\alpha$

沿基岩面抗滑力 $R=W\cos\alpha\tan\varphi$

由于为无限坡,土柱两侧的作用力,大小相等,沿坡面方向相反,对抗滑稳定无影响。

故

$$F_s=\frac{W\cos\alpha\tan\varphi}{W\sin\alpha}=\frac{\tan\varphi}{\tan\alpha}$$

$$\tan\alpha=\frac{\tan\varphi}{F_s}=\frac{0.577}{1.2}=0.48$$

$$\alpha=25.7°$$

【**例题 7-2**】 上题中,若地下水沿平行于坡面方向渗流,土的比重 $G_s=2.65$,饱和含水量 $w=20\%$,试计算安全系数为 1.2 时 $\alpha$ 角的容许值。

【**解**】 按图 7-13 中的三相草图求土的饱和重度

$$e = \omega G_s = 2.65 \times 0.2 = 0.53$$

$$\gamma_{sat} = \frac{2.65(1+0.2)}{1+e} \times 10 = 20.8 \text{kN/m}^3$$

土的浮重度

$$\gamma' = \gamma_{sat} - \gamma_w = (20.8 - 10) \text{kN/m}^3 = 10.8 \text{kN/m}^3$$

渗透坡降 $i$

$$i = \sin\alpha$$

单位渗透力

$$j = \gamma_w i = 10\sin\alpha$$

土柱总渗透力

$$J = Vj = H\gamma_w i = 10H\sin\alpha$$

安全系数

$$F_s = \frac{W'\cos\alpha\tan\varphi}{W'\sin\alpha + J} = \frac{\gamma'H\cos\alpha\tan\varphi}{\gamma'H\sin\alpha + \gamma_w H\sin\alpha} = \frac{\gamma'}{\gamma'+\gamma_w}\frac{\tan\varphi}{\tan\alpha} = \frac{10.8\tan\varphi}{(10.8+10)\tan\alpha}$$

$$\tan\alpha = \frac{10.8 \times 0.577}{1.2 \times (10.8+10)} = \frac{6.23}{24.96} \approx 0.25$$

$$\alpha = 14.0°$$

与上题比较,可见有渗流时稳定坡角要平缓得多。

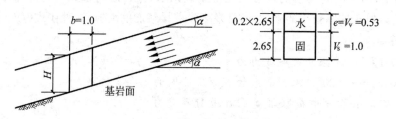

图 7-13　例题 7-2 图

## 7.3　黏性土坡的稳定分析

　　黏性土的抗剪强度由摩擦强度和黏聚强度两个部分组成。由于黏聚力的存在,均匀深厚的黏性土坡一般不会像无黏性土坡一样沿坡面表面滑动或者沿平面滑动面滑动。如果在坡面上取一薄片土体进行稳定性分析,由于其厚度是一个微量,则重量和由此而产生的滑动力也是一个微量。在抗滑力中,摩擦力也是微量,而黏聚力并非微量。因此,计算的安全系数将会很大,这说明黏性土不会沿边坡表面或浅层滑动。最危险的滑动面必定深入土体内部。根据土体极限平衡理论,可以推导出均质黏性土坡的滑动面为对数螺旋线曲面,形状近似于圆柱面,在断面上近似为圆弧形。观察现场滑坡体滑动面的形状,也与圆弧相似。因此,在工程设计中常假定平面应变状态的土坡的滑动面为圆弧面。建立在这一假定上的稳定分析方法称为圆弧滑动法,是极限平衡法的一种常用分析方法。

### 7.3.1　整体圆弧滑动法

1915 年瑞典彼得森(Petterson K E)用圆弧滑动法分析边坡的稳定性,以后此法在各国得到广泛应用,称为瑞典圆弧法。

图 7-14 表示一个均质的黏性土坡。$\overset{\frown}{AC}$ 为滑动圆弧,$O$ 为圆心,$R$ 为半径。瑞典圆弧法认为边坡失稳就是滑动土体绕圆心发生转动。把滑动土体当成一个刚体,滑动土体的重量 $W$ 将使土体绕圆心 $O$ 旋转,滑动力矩为 $M_s = Wd$,$d$ 为过滑动土体重心的竖直线与圆心 $O$ 的水平距离。抗滑力矩 $M_R$ 由两部分组成:一部分是滑动面 $\overset{\frown}{AC}$ 上黏聚力产生的抗滑力矩,其值为 $c \cdot \overset{\frown}{AC} \cdot R$,$c$ 为土的黏聚力;另一部分是滑动土体重量在滑动面上的法向应力所产生的摩擦力提供的抗滑力矩。滑动面上的这一抗滑力矩可沿圆弧积分求得:

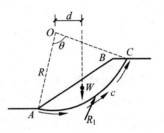

图 7-14　整体滑动弧面

$$M_{R2} = \int_A^C \sigma_n \tan\varphi R \, \mathrm{d}l \tag{7-8}$$

但由于滑动面上各点的 $\sigma_n$ 无法确定,这部分抗滑力矩也就无法直接积分求得。因此对于 $\varphi > 0°$ 的土,必须用后面将讲述的条分法,才能近似求得摩擦力所产生的抗滑力矩。当饱和黏土的不排水强度指标 $\varphi_u = 0°$ 时,各点反力的方向必垂直于滑动面,即通过圆心 $O$,不产生抗滑力矩,因此抗滑力矩只有 $c \cdot \overset{\frown}{AC} \cdot R$ 一项。这时稳定安全系数可用下式定义:

$$F_s = \frac{抗滑力矩}{滑动力矩} = \frac{M_R}{M_s} = \frac{c \cdot \overset{\frown}{AC} \cdot R}{Wd} \tag{7-9}$$

这就是整体圆弧滑动法计算边坡稳定的公式,它只适用于 $\varphi_u = 0°$ 的情况。亦即适用于饱和软黏土的不排水条件。

### 7.3.2　条分法的基本概念

为了将圆弧滑动法应用于 $\varphi > 0°$ 的黏性土,通常采用条分法。条分法一般是将滑动土体分成若干竖直土条,亦即将式(7-8)中的无限小弧长 $\mathrm{d}l$ 假设为有限弧长。把各土条当成相互接触的刚体,分别求作用于各土条上的力对圆心的滑动力矩和抗滑力矩,设各土条具有相同的安全系数,然后求土坡的安全系数。

把滑动土体分成若干土条后,土条的两个侧面存在着条间的作用力,如图 7-15(b)所示。作用在土条 $i$ 的力,除重力 $W_i$ 外,土条侧面 $ac$ 和 $bd$ 还作用有法向力 $P_i$、$P_{i+1}$,切向力 $H_i$、$H_{i+1}$,法向力的作用点距弧面 $\overset{\frown}{cd}$ 两端的高度分别为 $h_i$、$h_{i+1}$。滑弧段 $\overset{\frown}{cd}$ 的长度为 $l_i$,其上作用着法向力 $N_i$ 和切向阻力 $T_i$,在极限平衡条件下 $T_i$ 中包括黏聚阻力 $c_{ei}l_i$ 和摩擦阻力 $N_i\tan\varphi_{ei}$。由于土条的宽度不大,$W_i$ 和 $N_i$ 可假设作用于土条中线与弧段 $\overset{\frown}{cd}$ 的交点。每个土条可建立三个力的平衡方程,即 $\sum F_{xi} = 0$,$\sum F_{zi} = 0$,$\sum M_i = 0$ 和一个极限平衡方程 $T_i = \dfrac{N_i\tan\varphi_i + c_il_i}{F_s} = N_i\tan\varphi_{ei} + c_{ei}l_i$。

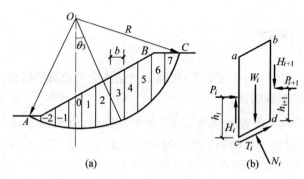

图 7-15　土条的作用力

如果把滑动土体分成 $n$ 条,则除两端边界条件为已知外,条块间的分界面还有 $(n-1)$ 个。界面上力和作用点的未知量为 $3(n-1)$ 个,滑动面上力的未知量为 $2n$ 个,加上待求的安全系数 $F_s$,总计未知量个数为 $(5n-2)$。可以建立的静力平衡方程为 $3n$ 个,极限平衡方程为 $n$ 个。待求未知量与方程数的差为 $(n-2)$。一般用条分法计算时,$n$ 为 10 以上,因此是一个高次的超静定问题。要使问题得到解答,必须建立新的条件方程。有两种可能的途径,一种途径是放弃刚体的概念,把土当成变形体,通过对土坡进行应力变形分析来求解。根据变形协调条件,可以计算出滑动面上的应力分布,这就是有限元法。另一种途径是仍以条分法为基础,但对条块间作用力进行一些可以接受的简化与假定,以减少未知量或增加方程数。目前有许多种不同的条分法,其差别都在于采用不同的简化与假定。这些简化与假定,大体上分为三种类型:(1)不考虑条间作用力或仅考虑其中的一个分量,下述的瑞典条分法和简化毕肖甫法属于此类;(2)假定条间力的作用方向或规定 $P_i$ 和 $H_i$ 的比值,前述的折线滑动面分析的推力传递法属于这一类;(3)假定条块间力的作用位置,假如规定 $h_i$ 等于侧面高度的 $1/2$ 或 $1/3$,下述的普遍条分法属于这一类。

### 7.3.3　瑞典条分法

瑞典条分法亦称瑞典圆弧法,是条分法中最简单最古老的一种。该法假定滑动面是一个圆弧面,并认为条块间的作用力对边坡的整体稳定性影响不大,可以忽略,或者说,假定条

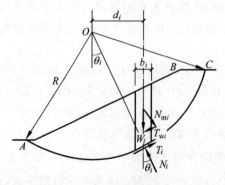

图 7-16　瑞典条分法

块两侧的作用力大小相等,方向相反且作用于同一直线上,所以可以不予考虑。图 7-16 中取条块 $i$ 进行分析,土条 $i$ 的重力 $W_i$ 沿该条滑动面分解为切向力 $T_{wi}=W_i\sin\theta_i$ 和法向力 $N_{wi}=W_i\cos\theta_i$。滑动面以下部分土体对该条的反力的两个分量分别表示为 $N_i$ 和 $T_i$。

首先根据径向力的平衡条件,有

$$N_i = N_{wi} = W_i\cos\theta_i \tag{7-10}$$

设安全系数 $F_s$ 定义为

$$F_s = \frac{\tan\varphi}{\tan\varphi_e} = \frac{c}{c_e} \tag{7-11}$$

式中，$\varphi_e$ 和 $c_e$ 分别为折减后的内摩擦角和黏聚力，所以安全系数也被定义为强度折减系数。

再根据滑动面上的极限平衡条件，有

$$T_i = \frac{c_i l_i + N_i \tan\varphi_i}{F_s} \tag{7-12}$$

可见在式(7-12)中，每一土条的 $T_i \neq T_{wi} = W_i \sin\theta_i$，这是由于没有考虑土条在滑动面上的切向静力平衡，因而土条 $i$ 所受的 3 个力($W_i$、$T_i$、$N_i$)形成的力三角形一般不会闭合，亦即不满足静力平衡条件。

最后，按照滑动土体对圆心的整体力矩平衡条件，土体产生的滑动力矩为

$$\sum W_i d_i = \sum W_i R \sin\theta_i \tag{7-13}$$

滑动面上的抗滑力矩为

$$\sum T_i R = \sum \frac{c_i l_i + W_i \cos\theta_i \tan\varphi_i}{F_s} R \tag{7-14}$$

由于滑动土体处于极限平衡状态时，滑动力矩＝抗滑力矩，式(7-13)与式(7-14)相等，即

$$\sum W_i R \sin\theta_i = \sum \frac{c_i l_i + W_i \cos\theta_i \tan\varphi_i}{F_s} R$$

$$F_s = \frac{\sum (c_i l_i + W_i \cos\theta_i \tan\varphi_i)}{\sum W_i \sin\theta_i} \tag{7-15}$$

由此看来瑞典条分法是忽略条间力影响的一种简化方法，它只满足各土条在径向力和滑动土体整体力矩平衡条件而不满足各土条的所有静力平衡条件，这是它区别于后面将要讲述的其他条分法的主要特点。此法应用的时间很长，积累了丰富的工程经验，一般计算得到的安全系数偏低，即误差偏于安全方面，故目前仍然是工程上常用的方法。

### 7.3.4　毕肖甫法

毕肖甫(Bishop A N)于 1955 年提出一个考虑土条侧面力的土坡稳定分析方法，称毕肖甫法。图 7-17 中从圆弧滑动体内取出土条 $i$ 进行分析。作用在土条 $i$ 上的力，除了重力 $W_i$ 外，滑动面上有切向抗力 $T_i$ 和法向力 $N_i$，条块的侧面分别有法向力 $P_i$、$P_{i+1}$ 和切向力 $H_i$、$H_{i+1}$。若条块处于静力平衡状态，根据竖向力平衡条件，应有

$$\sum F_z = 0 \qquad W_i + \Delta H_i = N_i \cos\theta_i + T_i \sin\theta_i$$

$$N_i \cos\theta_i = W_i + \Delta H_i - T_i \sin\theta_i \tag{7-16}$$

根据满足安全系数为 $F_s$ 时的极限平衡条件，即将式(7-12)代入式(7-16)，整理后得

$$N_i = \frac{W_i + \Delta H_i - \dfrac{c_i l_i}{F_s} \sin\theta_i}{\cos\theta_i + \dfrac{\sin\theta_i \tan\varphi_i}{F_s}} = \frac{1}{m_{\theta i}}\left(W_i + \Delta H_i - \frac{c_i l_i}{F_s}\sin\theta_i\right) \tag{7-17}$$

式中

$$m_{\theta i} = \cos\theta_i + \frac{\sin\theta_i \tan\varphi_i}{F_s} \tag{7-18}$$

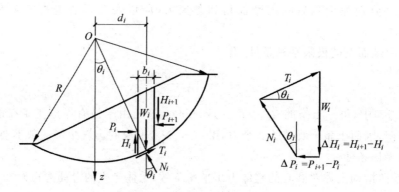

图 7-17 毕肖甫法条块作用力分析

考虑整个滑动土体对圆心 $O$ 的整体力矩平衡条件,所有土条的作用力对圆心力矩之和应为零。这时条间力 $P_i$ 和 $H_i$ 成对出现,大小相等,方向相反,相互抵消,对圆心不产生力矩。滑动面上的正压力 $N_i$ 通过圆心,也不产生力矩。因此,只有重力 $W_i$ 和滑动面上的切向力 $T_i$ 对圆心分别产生滑动和抗滑力矩,二者相等。

$$\sum W_i d_i = \sum T_i R$$

将式(7-12)代入上式,得

$$\sum W_i R \sin\theta_i = \sum \frac{1}{F_s}(c_i l_i + N_i \tan\varphi_i) R$$

代入式(7-17)的 $N_i$ 值,简化后,得

$$F_s = \frac{\sum \frac{1}{m_{\theta i}}[c_i b_i + (W_i + \Delta H_i)\tan\varphi_i]}{\sum W_i \sin\theta_i} \qquad (7-19)$$

这就是毕肖甫法的土坡稳定一般计算公式。式中 $\Delta H_i = H_{i+1} - H_i$,仍然是未知量。如果不引进其他的简化假定,式(7-19)仍然不能求解。毕肖甫进一步假定 $\Delta H_i = 0$,实际上也就是认为条块间只有水平作用力 $P_i$ 而不存在切向力 $H_i$,或者假设两侧的切向力数值相等,即 $\Delta H_i = 0$。于是式(7-19)进一步简化为

$$F_s = \frac{\sum \frac{1}{m_{\theta i}}(c_i b_i + W_i \tan\varphi_i)}{\sum W_i \sin\theta_i} \qquad (7-20)$$

这称为简化毕肖甫公式。式中,参数 $m_{\theta i}$ 包含安全系数 $F_s$。因此不能直接求出安全系数,而需要采用试算的办法,迭代求算 $F_s$ 值。

试算时,可先假定 $F_s = 1.0$,由式(7-18)计算出土条 $i\theta_i$ 所相应的 $m_{\theta i}$ 值。分别代入式(7-20)中,求得边坡的安全系数 $F_s'$。若 $F_s'$ 与 $F_s$ 之差大于规定的误差,用 $F_s'$ 计算 $m_{\theta i}'$,再次计算出安全系数 $F_s''$,如是反复迭代计算,直至前后两次计算的安全系数非常接近,满足规定精度的要求为止。通常迭代总是收敛的,一般只要 3~4 次就可满足精度的要求。

与瑞典条分法相比,简化毕肖甫法是在不考虑条块间切向力的前提下,满足力多边形闭合条件,就是说,隐含着条块间有水平力的作用,虽然在竖向力平衡公式中水平作用力未出现。所以它的特点是:(1)满足整体力矩平衡条件;(2)考虑了各条块力的多边形闭合条件,

但不满足条块的力矩平衡条件;(3)假设条块间作用力只有法向力没有切向力;(4)满足极限平衡条件。由于考虑了条块间水平力的作用,得到的安全系数较瑞典条分法高一些。很多工程计算表明,毕肖甫法与较严格的极限平衡分析法,即满足全部静力平衡条件的方法相比,计算结果甚为接近。由于计算不很复杂,精度较高,所以是目前工程中很常用的一种方法。

### 7.3.5  简布法

普遍条分法是适用于任意滑动面的方法,而不必规定一定是圆弧滑动面。它特别适用于不均匀土体的情况,简布法是其中的一种方法。图 7-18 的滑动面一般发生在地基具有软弱夹层的情况。简布法是假设条间力的作用点位置,这样,各土条都满足所有的静力平衡条件和极限平衡条件,滑动土体的整体平衡条件自然也得到满足。

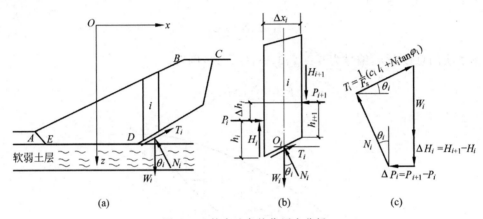

图 7-18  简布法条块作用力分析

从图 7-18(a)滑动土体 $ABCDE$ 中取任意土条 $i$ 进行静力分析。作用在土条 $i$ 上的力及其作用点如图 7-18(b)所示。按静力平衡条件,

$\sum F_z = 0$,得式(7-16)

$$W_i + \Delta H_i = N_i \cos\theta_i + T_i \sin\theta_i$$
$$N_i \cos\theta_i = W_i + \Delta H_i - T_i \sin\theta_i$$

$\sum F_x = 0$,得

$$\Delta P_i = T_i \cos\theta_i - N_i \sin\theta_i \qquad (7-21)$$

从式(7-16)求得 $N_i$,代入式(7-21)整理后得

$$\Delta P_i = T_i \left( \cos\theta_i + \frac{\sin^2\theta_i}{\cos\theta_i} \right) - (W_i + \Delta H_i)\tan\theta_i \qquad (7-22)$$

根据极限平衡条件,考虑安全系数 $F_s$,得式(7-12)

$$T_i = \frac{1}{F_s}(c_i l_i + N_i \tan\varphi_i)$$

由式(7-16)得

$$N_i = \frac{1}{\cos\theta_i}(W_i + \Delta H_i - T_i \sin\theta_i)$$

将 $N_i$ 代入式(7-12),整理后得

$$T_i = \frac{\dfrac{1}{F_s}\left[c_i l_i + \dfrac{1}{\cos\theta_i}(W_i + \Delta H_i)\tan\varphi_i\right]}{1 + \dfrac{\tan\theta_i \tan\varphi_i}{F_s}} \tag{7-23}$$

将式(7-23)代入式(7-22),得

$$\Delta P_i = \frac{1}{F_s}\frac{\sec^2\theta_i}{1 + \dfrac{\tan\theta_i \tan\varphi_i}{F_s}}[c_i l_i \cos\theta_i + (W_i + \Delta H_i)\tan\varphi_i] - (W_i + \Delta H_i)\tan\theta_i$$

$$\tag{7-24}$$

图 7-19 表示对于作用在土条侧面的法向力 $P_i$,显然有 $P_0 = 0$,$P_1 = \Delta P_1$,$P_2 = P_1 + \Delta P_2 = \Delta P_1 + \Delta P_2$,以此类推,有

$$P_i = \sum_{j=0}^{i} \Delta P_j \tag{7-25}$$

若全部条块的总数为 $n$,编号为 $0,1,2,3,\cdots,(n-1)$,则有

$$P_n = \sum_{i=0}^{n-1} \Delta P_i = 0 \tag{7-26}$$

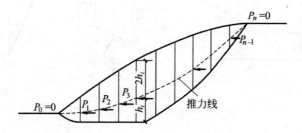

图 7-19    土条间的法向力 $P_i$

将式(7-24)代入式(7-26),得

$$\sum \frac{1}{F_s}\frac{\sec^2\theta_i}{1 + \dfrac{\tan\theta_i \cdot \tan\varphi_i}{F_s}}[c_i l_i \cos\theta_i + (W_i + \Delta H_i)\tan\varphi_i] - \sum(W_i + \Delta H_i)\tan\theta_i = 0$$

整理后得

$$\begin{aligned}
F_s &= \frac{\sum[c_i l_i \cos\theta_i + (W_i + \Delta H_i)\tan\varphi_i]\dfrac{1}{\cos\theta_i(\cos\theta_i + \sin\theta_i \tan\varphi_i/F_s)}}{\sum(W_i + \Delta H_i)\tan\theta_i} \\
&= \frac{\sum[c_i l_i \cos\theta_i + (W_i + \Delta H_i)\tan\varphi_i]\dfrac{1}{m_{\theta i}\cos\theta_i}}{\sum(W_i + \Delta H_i)\tan\theta_i}
\end{aligned} \tag{7-27}$$

式中 $m_{\theta i}$ 见式(7-18)。

比较毕肖甫公式(7-19)和简布公式(7-27),两者很相似,但有一定差别,毕肖甫公式是根据滑动面为圆弧面,滑动土体满足整体力矩平衡条件推导出的。简布公式则是利用力的

多边形闭合和极限平衡条件,最后从 $\sum_{i=0}^{n-1}\Delta P_i=0$ 得出。 显然这些条件适用于任何形式的滑动面而不仅限于圆弧面,在式(7-27)中,$\Delta H_i$ 仍然是待定的未知量。毕肖甫没有解出 $\Delta H_i$,让 $\Delta H_i=0$ 而成为简化毕肖甫公式。而简布则利用各条的力矩平衡条件,因而整个滑动土体的整体力矩平衡也自然得到满足。

　　将作用在条 $i$ 上的力对土条中线与滑弧段交点 $O_i$ 取矩(图 7-18(b)),并让 $\sum M_{O_i}=0$。假设重力 $W_i$ 和滑弧段上的力 $N_i$ 作用在圆弧中点上,$T_i$ 通过 $O_i$ 点,均不产生力矩。条间力的作用点位置在假设土条侧面的 1/3 高处,并有如图 7-19 所示的推力线,故有:

$$H_i\frac{\Delta x_i}{2}+(H_i+\Delta H_i)\frac{\Delta x_i}{2}-(P_i+\Delta P_i)\Big(h_i+\Delta h_i-\frac{1}{2}\Delta x_i\tan\theta_i\Big)+$$
$$P_i\Big(h_i-\frac{1}{2}\Delta x_i\tan\theta_i\Big)=0$$

略去高阶微量整理后得

$$H_i\Delta x_i-P_i\Delta h_i-\Delta P_ih_i=0$$
$$H_i=P_i\frac{\Delta h_i}{\Delta x_i}+\Delta P_i\frac{h_i}{\Delta x_i} \tag{7-28}$$
$$\Delta H_i=H_{i+1}-H_i \tag{7-29}$$

式(7-28)表示条块间切向力与法向力之间的关系。式中符号见图 7-18。

　　由式(7-24)～式(7-29),利用迭代法可以求得普遍条分法的边坡稳定安全系数。其步骤如下:

　　(1) 假定 $\Delta H_i=0$,利用式(7-27)迭代求第一次近似的安全系数 $F_{s1}$。

　　(2) 将 $F_{s1}$ 和 $\Delta H_i=0$ 代入式(7-24),求相应的 $\Delta P_i$(对每一条,从 0 到 $n-1$)。

　　(3) 用式(7-25)求条块间的法向力 $P_i$(对每一条,从 0 到 $n-1$)。

　　(4) 将 $P_i$ 和 $\Delta P_i$ 代入式(7-28)和式(7-29),求条块间的切向作用力 $H_i$(对每一条,从 0 到 $n-1$)和 $\Delta H_i$。

　　(5) 将 $\Delta H_i$ 重新代入式(7-27),迭代求新的稳定安全系数 $F_{s2}$。

　　如果 $|F_{s2}-F_{s1}|>\Delta$,$\Delta$ 为规定的安全系数计算精度,重新按上述步骤(2)～(5)进行第二轮计算。 如是反复进行,直至 $|F_{s(k)}-F_{s(k-1)}|\leqslant\Delta$ 为止。 $F_{s(k)}$ 就是该假定滑动面的安全系数。边坡的真正安全系数还要计算很多滑动面,进行比较,找出最危险的滑动面,其安全系数才是真正的安全系数。工作量相当烦琐,一般要编制程序在计算机上计算。用简布法计算一个滑动面安全系数的流程如图 7-20 所示。

　　除简布法之外,适用于任意滑动面的普遍条分法还有多种。它们多是假设条间力的方向,如假设条间力的方向为常数,或者其方向为某种函数,或者设条间力方向与滑动面倾角一致等。

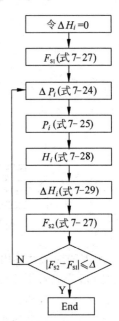

图 7-20　简布法计算程序流程

### 7.3.6　有限元法

#### 1. 滑动面应力法

从瑞典条分法到普遍条分法的基本思路都是把滑动土体分割成一定宽度的土条,把土条当成刚体,根据静力平衡条件和极限平衡条件求得滑动面上力的分布,从而可计算出土坡稳定安全系数。但是因为土体是变形体而非刚体。用分析刚体的办法不满足变形协调条件,因而计算出滑动面上的应力状态不可能是真实的。有限元法的滑动面应力法就是把土坡当成变形体,按照土的变形特性和应力-应变关系数学模型,计算出土坡内的应力分布,然后再假设滑动面,验算滑动土体的整体抗滑稳定性。

将土坡划分成许多单元,如图 7-21 所示。用有限元法可以计算出每个单元的应力、应变和每个结点的结点力和位移。这种计算目前已经成为土石坝应力变形分析的常用方法,有各种现成的程序可供使用。图 7-22 表示一座土坝用有限元法分析所得竣工时坝体的剪应变分布图,可以清楚地看出坝坡在重力的作用下剪切变形的轨迹类似于滑弧面。

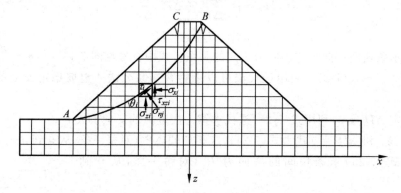

图 7-21　土坝的有限元网格和滑动面示意图

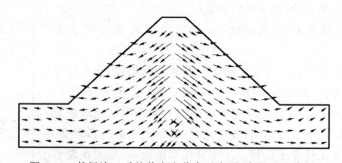

图 7-22　某坝竣工后的剪应变分布示意图(有限元法分析)

土坡的应力计算出来以后,再假设滑动面,图 7-21 给出了一个可能的圆弧滑动面。把滑动面划分成若干小弧段 $\Delta l_i$,小弧段 $\Delta l_i$ 上的应力用弧段中点的应力代表,其值可以按有限元法应力分析的结果,根据弧段中点所在的单元的应力确定,表示为 $\sigma_{xi}$,$\sigma_{zi}$,$\tau_{xzi}$。如果小弧段 $\Delta l_i$ 与水平线的倾角为 $\theta_i$,则作用在弧段上的法向应力和剪应力分别为

$$\sigma_{ni} = \frac{1}{2}(\sigma_{xi} + \sigma_{zi}) - \frac{1}{2}(\sigma_{xi} - \sigma_{zi})\cos2\theta_i + \tau_{xzi}\sin2\theta_i \tag{7-30}$$

$$\tau_i = -\tau_{xzi}\cos2\theta_i - \frac{1}{2}(\sigma_{xi} - \sigma_{zi})\sin2\theta_i \tag{7-31}$$

根据莫尔-库仑强度理论,该点土的抗剪强度为

$$\tau_{fi} = c_i + \sigma_{ni}\tan\varphi_i$$

将滑动面上所有小弧段的剪应力和抗剪强度分别求出后,累加求沿着滑动面的剪切力之和 $\sum\tau_i\Delta l_i$ 和抗剪力之和 $\sum\tau_{fi}\Delta l_i$。边坡稳定安全系数为

$$F_s = \sum_{i=1}^{n}(c_i + \sigma_{ni}\tan\varphi_i)\Delta l_i / \sum_{i=1}^{n}\tau_i\Delta l_i \tag{7-32}$$

显然,这种分析方法的优点是把边坡稳定分析与坝体的应力和变形分析结合起来。这时,滑动土体自然满足静力平衡条件而不必如条分法那样引入人为的假定。但是当边坡接近失稳时,滑动面通过的大部分土单元处于临近破坏状态,这时,用有限元法分析边坡内的应力和变形所需要的土的基本特性,如变形特性、强度特性等均变得十分复杂,计算中也会出现一些困难。要提出一种准确描述土的应力-应变-强度关系的本构模型也不容易。

**2. 强度折减有限元法**

强度折减有限元法是将土的抗剪强度除以折减系数 $F_r$,直接用于有限元计算。如果计算的土坡正好失稳破坏,所用的折减系数就等于土坡的安全系数。土的强度折减公式为

$$\tau_r = \frac{\tau_f}{F_r} = \frac{\sigma\tan\varphi + c}{F_r} = \sigma\frac{\tan\varphi}{F_r} + \frac{c}{F_r} = \sigma\tan\varphi_r + c_r$$

这样

$$\varphi_r = \arctan\frac{\tan\varphi}{F_r}$$
$$\tag{7-33}$$
$$c_r = \frac{c}{F_r}$$

式中, $\varphi_r$ 和 $c_r$ 即为折减后的强度指标。可将其用于有限元计算的本构模型中,将折减系数 $F_r$ 从 1.0 逐渐增大,最后达到整体失稳时的折减系数就等于安全系数,亦即 $F_r = F_s$。判断整体失稳有不同的标准和指标,如单元的应力水平、土坡的最大水平位移、坡顶角点的水平位移等。由于这种计算所采用的本构模型多为弹性-理想塑性模型,所以也有用塑性区的发展来判断失稳的方法。

**【例题 7-3】**　均匀黏性土坡,坡高 25m,坡比为 1:2,碾压土料的重度 $\gamma = 20\text{kN/m}^3$,内摩擦角 $\varphi = 26.6°$,黏聚力 $c = 10\text{kPa}$。滑动圆弧的圆心、半径和位置如图 7-23 所示,半径 $R = 43.5\text{m}$。试分别用瑞典条分法和简化毕肖甫法求对应于该滑动面的安全系数,并对计算结果进行比较。

**【解】**　为使计算简单,将滑动土体分为 6 个土条,分别计算各条的重量 $W_i$,滑动面弧长 $l_i$ 和土条中心线与竖向的夹角 $\theta_i$,然后用瑞典条分法与简化毕肖甫法计算抗滑稳定安全系数。

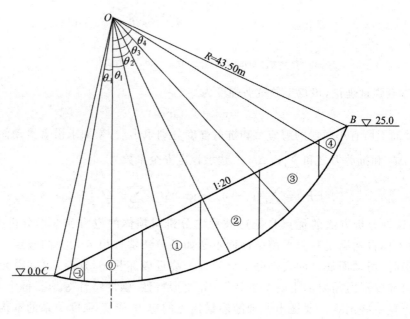

图 7-23 例题 7-3 图

**(1) 瑞典条分法**

分项计算见表 7-1

表 7-1 瑞典条分法计算表

| 土条号 | $b_i$/m | $\theta_i$/(°) | $W_i$/kN | $\sin\theta_i$ | $\cos\theta_i$ | $W_i\sin\theta_i$ /kN | $W_i\cos\theta_i$ /kN | $W_i\cos\theta_i\tan\varphi_i$ /kN | $(l_i = b_i\cos\theta_i)$ /m | $c_i l_i$/kN |
|---|---|---|---|---|---|---|---|---|---|---|
| −1 | 5 | −9.93 | 182 | −0.172 | 0.985 | −31.3 | 179.3 | 89.6 | 5.08 | 50.8 |
| 0 | 10 | 0 | 1210 | 0 | 1.000 | 0 | 1210.0 | 605.0 | 10.00 | 100.0 |
| 1 | 10 | 13.29 | 1990 | 0.230 | 0.973 | 458.0 | 1936.0 | 968.0 | 10.30 | 103.0 |
| 2 | 10 | 27.37 | 2250 | 0.460 | 0.888 | 1035.0 | 1998.0 | 999.0 | 11.26 | 112.6 |
| 3 | 10 | 43.60 | 1825 | 0.690 | 0.724 | 1259.0 | 1321.0 | 660.5 | 13.80 | 138.0 |
| 4 | 5 | 59.55 | 350 | 0.862 | 0.507 | 302.0 | 177.5 | 88.8 | 9.90 | 99.0 |
| $\sum$ | | | | | | 3023.0 | | 3411.0 | | 604.0 |

$$F_s = \frac{\sum(W_i\cos\theta_i\tan\varphi_i + c_i l_i)}{\sum W_i\sin\theta_i} = \frac{3411+604}{3023} \approx 1.33$$

**(2) 简化毕肖甫法**

根据以上计算的 $F_s = 1.33$,由于毕肖甫法计算的安全系数一般高于瑞典条分法大约 $10\%$,设初始值 $F_{s1} = 1.50$,通过表 7-2 计算。

从表 7-2 可以计算

$$F_{s2} = \frac{\sum\dfrac{1}{m_{\theta i}}(c_i l_i + W_i\tan\varphi_i)}{\sum W_i\sin\theta_i} = \frac{4421}{3023} \approx 1.462$$

表 7-2 简化毕肖甫法计算表

| 土条号 | $\sin\theta_i$ | $\cos\theta_i$ | $\sin\theta_i\tan\varphi_i$ | $\dfrac{\sin\theta_i\tan\varphi_i}{F_s}$ | $m_{\theta i}$ | $W_i\sin\theta_i$ /kN | $c_ib_i$/kN | $W_i\tan\varphi_i$ /kN | $\dfrac{(c_ib_i+W_i\tan\varphi_i)}{m_{\theta i}}$ |
|---|---|---|---|---|---|---|---|---|---|
| −1 | −0.172 | 0.985 | −0.086 | −0.057 | 0.928 | −31.3 | 50 | 91 | 152 |
| 0 | 0 | 1.000 | 0 | 0 | 1.000 | 0 | 100 | 605 | 705 |
| 1 | 0.230 | 0.973 | 0.115 | 0.077 | 1.050 | 458.0 | 100 | 995 | 1043 |
| 2 | 0.460 | 0.888 | 0.230 | 0.153 | 1.041 | 1035.0 | 100 | 1125 | 1177 |
| 3 | 0.690 | 0.724 | 0.345 | 0.230 | 0.954 | 1259.0 | 100 | 913 | 1061 |
| 4 | 0.862 | 0.507 | 0.431 | 0.287 | 0.794 | 302.0 | 50 | 175 | 283 |
| $\sum$ | | | | | | 3023.0 | | | 4421 |

计算结果 $F_{s2}$ 与 $F_{s1}$ 相差较大（$F_{s1}-F_{s2}=0.038$），设 $F_{s2}=1.46$ 重新计算，见表 7-3。

表 7-3 重新计算结果

| 土条号 | $\sin\theta_i$ | $\cos\theta_i$ | $\sin\theta_i\tan\varphi_i$ | $\dfrac{\sin\theta_i\tan\varphi_i}{F_s}$ | $m_{\theta i}$ | $W_i\sin\theta_i$ /kN | $c_ib_i$/kN | $W_i\tan\varphi_i$ /kN | $\dfrac{(c_ib_i+W_i\tan\varphi_i)}{m_{\theta i}}$ |
|---|---|---|---|---|---|---|---|---|---|
| −1 | −0.172 | 0.985 | −0.086 | −0.0590 | 0.926 | −31.3 | 50 | 91 | 152.3 |
| 0 | 0 | 1.000 | 0 | 0 | 1.000 | 0 | 100 | 605 | 705.0 |
| 1 | 0.230 | 0.973 | 0.115 | 0.0788 | 1.052 | 458.0 | 100 | 995 | 1041.0 |
| 2 | 0.460 | 0.888 | 0.230 | 0.1575 | 1.045 | 1035.0 | 100 | 1125 | 1172.0 |
| 3 | 0.690 | 0.724 | 0.345 | 0.2363 | 0.960 | 1259.0 | 100 | 913 | 1055.0 |
| 4 | 0.862 | 0.507 | 0.431 | 0.2952 | 0.802 | 302.0 | 50 | 175 | 280.0 |
| $\sum$ | | | | | | 3023.0 | | | 4405.0 |

从表 7-3 可以计算

$$F_{s3}=\dfrac{\sum\dfrac{1}{m_{\theta i}}(c_il_i+W_i\tan\varphi_i)}{\sum W_i\sin\theta_i}=\dfrac{4405}{3023}\approx 1.457$$

计算误差已经很小了，则 $F_s=1.46$

可见简化毕肖甫法计算的安全系数比瑞典条分法高 8%～10%。

### 7.3.7 最危险滑动面的确定方法和容许安全系数

**1. 最危险滑动面的位置**

前面介绍的是用不同条分法计算某个位置已确定的滑动面稳定安全系数的方法。但这一安全系数并不一定表示边坡的真正稳定性，因为滑动面是任意取的。假设一个滑动面，就可计算其相应的安全系数。真正代表边坡稳定程度的安全系数应当是所有计算得到的安全系数中的最小值。相应于最小的安全系数的滑动面称为最危险滑动面，它才是最可能发生的滑动面。

当采用圆弧条分法时，确定最危险圆弧滑动圆心的位置和半径大小是稳定分析中工作量很大的工作。而确定普遍条分法的最危险滑动面位置，其工作量就要大得多。目前，人们已经发展了很多搜索最危险滑动面位置，搜寻整体极值的方法，包括直接搜索的方法、解析方法以及各种不确定性的方法,后者包括随机搜索方法、优化方法以及遗传算法、神经网络、蚂蚁算法等仿生学的方法。随着计算机技术的发展,在短时间完成大量的计算已经不难,在这方面已经有不少计算程序可供使用。但费伦纽斯(Fellenius W)提出的经验方法,在简单土坡的工程计算中仍然有一定使用价值。

费伦纽斯认为,对于均匀黏性土坡,最危险滑动面一般通过坡脚。在$\varphi_u=0$整体圆弧法的边坡稳定分析中,最危险滑弧圆心位置 $E$ 为图 7-24(a)中 $\beta_1$ 和 $\beta_2$ 夹角的交点。$\beta_1$ 和 $\beta_2$ 的值与坡角 $\alpha$ 大小的关系,可由表 7-4 查用。

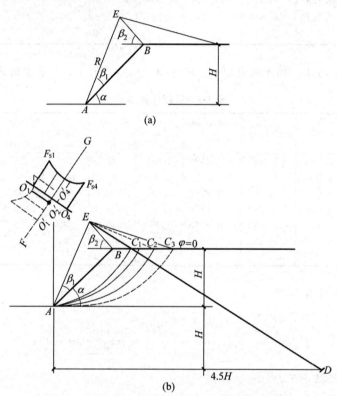

图 7-24　最危险圆弧滑动面圆心的经验确定方法

表 7-4　各种坡角的 $\beta_1$、$\beta_2$ 值

| 坡角 $\alpha$ | 坡度 $1:m$ | $\beta_1$ | $\beta_2$ |
| --- | --- | --- | --- |
| 60° | 1:0.58 | 29° | 40° |
| 45° | 1:1.0 | 28° | 37° |
| 33°41′ | 1:1.5 | 26° | 35° |
| 26°34′ | 1:2.0 | 25° | 35° |
| 18°26′ | 1:3.0 | 25° | 35° |
| 14°02′ | 1:4.0 | 25° | 36° |
| 11°19′ | 1:5.0 | 25° | 39° |

对于 $\varphi>0°$ 的土坡,最危险滑动面的圆心位置可能在图 7-24(b)中 $DE$ 线的延长段上。$DE$ 线的位置按图 7-24(b)中所示的方法确定。在 $DE$ 延长线上取圆心 $O_1$、$O_2$、$\cdots$,通过坝脚 $A$ 分别作圆弧 $\overset{\frown}{AC_1}$、$\overset{\frown}{AC_2}$、$\cdots$,并求出相应的安全系数 $F_{s1}$、$F_{s2}$、$\cdots$。然后用适当的比例尺

标在相应圆心点上,并连成安全系数 $F_s$ 随圆心位置的变化曲线。曲线的最低点即为圆心在 $DE$ 延长线上时安全系数的最小值。但是真正的最危险滑弧圆心并不一定正好在 $DE$ 线方向上。通过这个最低点,引 $DE$ 的垂直线 $FG$,在 $FG$ 线与 $DE$ 方向的延长线交点的前后再定几个圆心 $O_1'$、$O_2'$、$\cdots$,用类似步骤确定圆心在 $FG$ 线上时的最小安全系数的圆心,这个圆心才认为是通过坡脚滑出时的最危险滑动圆弧的圆心。

当地基土层性质比填土软弱,或者坝体填土种类不一、强度各异时,最危险滑动面不一定从坡脚滑出。这时寻找最危险滑动面位置就更为困难。对于非均质的、边界条件较为复杂的土坡,用上述方法寻找最危险滑动面的位置是不够的,还需要在更大的范围随机搜索,然后再用其他方向确定整体极值。

**2. 边坡容许安全系数**

在土坡稳定分析中,从土料的强度指标到计算方法,很多因素都无法准确确定。因此如果计算得到的安全系数等于 1 或稍大于 1,并不表示边坡的稳定性能得到可靠的保证。综合考虑经济、技术条件,安全系数必须满足一个基本的要求,称为容许安全系数。容许安全系数值是以过去的工程经验为依据并以各种规范的形式规定。因为采用不同的抗剪强度试验方法和不同的稳定分析方法所得到的安全系数差别很大,所以在应用规范所给定的容许安全系数时,一定要注意它所规定的试验方法和计算方法。

表 7-5、表 7-6 和表 7-7 是水利水电部门颁布的《碾压土石坝设计规范》(DL/T 5395—2007)和

**表 7-5  碾压土石坝坝坡稳定最小安全系数(采用计及条间力的计算方法)(一)**

| 应用条件 | 土石坝级别 | | | |
|---|---|---|---|---|
| | 1 | 2 | 3 | 4、5 |
| 正常运用条件 | 1.50 | 1.35 | 1.30 | 1.25 |
| 非正常运用条件 I | 1.30 | 1.25 | 1.20 | 1.15 |
| 非正常运用条件 II | 1.20 | 1.15 | 1.15 | 1.10 |

**表 7-6  碾压土石坝坝坡稳定最小安全系数(采用不计及条间力的瑞典圆弧法)(二)**

| 应用条件 | 土石坝级别 | | | |
|---|---|---|---|---|
| | 1 | 2 | 3 | 4、5 |
| 正常运用条件 | 1.30 | 1.25 | 1.20 | 1.15 |
| 非正常运用条件 I | 1.20 | 1.15 | 1.10 | 1.05 |
| 非正常运用条件 II | 1.10 | 1.05 | 1.05 | 1.05 |

注:1. 正常运用条件

(1) 水库水位处于正常蓄水位和设计洪水位与死水位之间的各种水位的稳定渗流期;

(2) 水库水位在上述范围内经常性的正常降落;

(3) 抽水蓄能电站的水库水位的经常性变化和降落。

2. 非正常运用条件 I

(1) 施工期;

(2) 校核洪水位有可能形成稳定渗流的情况;

(3) 水库水位的非常降落,如自校核洪水位降落、降落至死水位以下,以及大流量快速泄空等。

3. 非正常运用条件 II

正常运用条件遇地震。

**表 7-7    建筑边坡稳定最小安全系数（采用毕肖甫法）**

| 稳定安全系数 边坡类型 | 边坡工程安全等级 | 一级 | 二级 | 三级 |
|---|---|---|---|---|
| 永久边坡 | 一般工况 | 1.35 | 1.30 | 1.25 |
| | 地震工况 | 1.15 | 1.10 | 1.05 |
| 临时边坡 | | 1.25 | 1.20 | 1.15 |

注：1. 地震工况时，安全系数仅适用于塌滑区内无重要建筑物的边坡；

　　2. 对地质条件很复杂或破坏后果极严重的边坡工程，其稳定安全系数宜适当提高。

国家标准《建筑边坡工程技术规范》（GB 5033—2013）中规定的边坡稳定最小（容许）安全系数。表 7-5 适用于考虑条间力的计算方法。表 7-6 中适用于瑞典条分法。

### 7.3.8　边坡稳定分析图解法

以上所讲的黏性土坡稳定分析方法，即便是最简单的瑞典条分法，由于要找到最危险的滑动圆弧，都需要大量的分析计算工作。为简化计算工作量，曾有不少学者根据他们所掌握的丰富的计算资料，整理出坡高 $H$、坡角 $\alpha$ 与土的抗剪强度指标 $c$、$\varphi$ 和重度 $\gamma$ 等参数之间的关系，并绘成图表供直接查用。其中较简便实用的如图 7-25 所示的苏联学者洛巴索夫（Лобасов）的土坡稳定计算图。

对于均质的简单土坡，高度在 10m 以内时可以直接查用。对于更高的土坡，也有参考

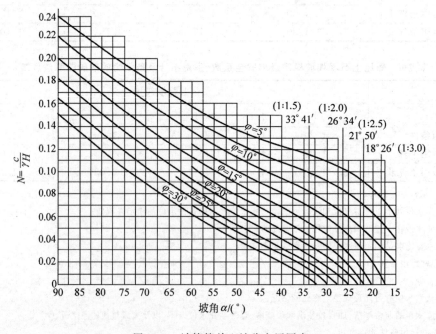

图 7-25　计算简单土坡稳定用图表

价值。图中 $N = \dfrac{c}{\gamma H}$ 称为稳定数,其中 $c$ 为黏聚力,以 kPa 计,$\gamma$ 为土的重度,以 $\mathrm{kN/m^3}$ 计,$H$ 为土坡的高度,以 m 计。利用这张图表,可以很快地解决下列土坡稳定问题:

(1) 已知坡角 $\alpha$、土的内摩擦角 $\varphi$、黏聚力 $c$、重度 $\gamma$,求土坡的临界高度 $H$。

(2) 已知土的性质指标 $c$、$\varphi$、$\gamma$ 以及坡高 $H$,求许可的坡角 $\alpha$。

(3) 如果已经规定了设计的安全系数 $F_s$,则可用 $c_e = c/F_s$ 和 $\tan\varphi_e = \tan\varphi/F_s$,求取土坡容许高度 $H$ 或容许坡角 $\alpha$。

【例题 7-4】  已知土坡坡角 $\alpha = 33°41'$($1 : 1.5$),土的内摩擦角 $\varphi = 20°$,黏聚力 $c = 4.9\mathrm{kPa}$,重度 $\gamma = 15.7\mathrm{kN/m^3}$,求土坡的容许高度 $H$(安全系数已包括在强度指标中)。

【解】  按坡角 $\alpha$ 和内摩擦角 $\varphi$,由图 7-25 查得稳定数 $N = 0.036$。

又        $N = \dfrac{c}{\gamma H}$

故        $H = \dfrac{c}{\gamma N} = \dfrac{4.9}{15.7 \times 0.036} \mathrm{m} \approx 8.7\mathrm{m}$

【例题 7-5】  土的性质同例题 7-4,若坡高 $H = 15\mathrm{m}$,求土坡的稳定坡角 $\alpha$。

【解】  求稳定数

$$N = \frac{c}{\gamma H} = \frac{4.9}{15.7 \times 15} \approx 0.0208$$

按稳定数 $N$ 和内摩擦角 $\varphi$,由图 7-25 查得稳定坡角 $\alpha = 28.5°$。

# 7.4  边坡稳定分析的总应力法和有效应力法

## 7.4.1  基本概念

无论是天然土坡还是人工土坡,在许多情况下土体内存在着孔隙水压力,例如渗流场中的孔隙水压力或者填土辗压所引起的超静孔隙水压力,孔隙水压力的大小有些情况下容易确定,有些情况下则较难确定或无法确定。稳定渗流场中的水压力一般可以根据流网比较准确地确定,而在施工期、水位骤降期,以及地震时产生的孔隙水压力就很难确定;而土坡在滑动过程中产生的超静孔隙水压力变化目前几乎还没有办法确定。显然,在前节所讨论的边坡稳定计算方法中,作用于滑动土体上的力是用总应力表示还是用有效应力表示是一个十分重要的问题。

图 7-26 表示土坡中因某种原因存在着孔隙水压力。作用在滑动弧面 $\overset{\frown}{AC}$ 上的孔隙水压力总是垂直作用于滑动弧面、指向圆心。取土条 $i$ 进行力的分析。将土条重力 $W_i$ 分解成法向力 $W_i\cos\theta_i$ 和切向力 $W_i\sin\theta_i$。$W_i\sin\theta_i$ 是滑动力,对圆心产生滑动力矩 $M_{si}$。$W_i\cos\theta_i$ 是土条作用于滑动面上的法向力,如果将其减去孔隙水压力 $u_i l_i$,剩余部分($W_i\cos\theta_i - u_i l_i$)与黏聚力在滑动弧面上对土条产生阻力 $T_i = [(W_i\cos\theta_i - u_i l_i)\tan\varphi' + c_i' l_i]/F_s$,该阻力对于圆心产生抗滑力矩 $M_{Ri}$。这样的抗滑稳定分析方法就称为有效应力法。因为这时孔隙水压力已被扣除,摩阻力完全由作用于土骨架上的有效应力计算。抗剪强度指标应当用有效强度指标 $\varphi'$ 和 $c'$。

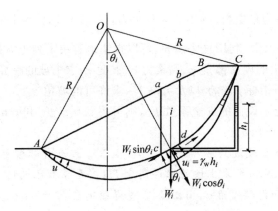

图 7-26　滑动面上孔隙水压力的作用

另一种分析方法是计算摩阻力时不扣除孔隙水压力。阻力直接用式 $T_i = (W_i \cos\theta_i \tan\varphi_i + c_i l_i)/F_s$ 计算,$\varphi_i$ 和 $c_i$ 为总应力强度指标,这就是总应力法。

同一种情况用两种计算方法得到的抗滑力矩在理论上应该是一样的。为了得出这一结果一般是当 $u_i > 0$ 时 $\varphi_i < \varphi_i'$。$\varphi_i$ 就是总应力强度指标。正确的 $\varphi_i$ 和 $c_i$ 值必须能恰当地反映 $u_i$ 所起的作用,使两种方法算得的结果一致。这种依靠不同的试验方法得出适当的强度指标 $c$ 和 $\varphi$ 值以反映具体情况下土体中孔隙水压力对强度的影响,就是总应力法的实质。

显然,如果孔隙水压力 $u$ 能够比较容易地计算出来,应该采用有效应力法,这样概念清楚,结果可靠。但是许多情况下,孔隙水压力难以准确计算,就只能采用总应力法。目前在工程界中这两种方法均有应用。但在强度指标的配合选用上,常常因存在模糊不清的概念而引起差错。因此,正确使用总应力法或有效应力法以及选择相应的合适的抗剪强度指标,是土坡稳定分析中的关键问题。

如前所述,总应力法是通过控制试验方法,得到合适的强度指标,间接反映孔隙水压力的影响。例如对于边坡土体已经完全固结和渗透系数较大、排水边界条件充分,土体内没有超静孔隙水压力时,试验方法就应该用直剪试验的慢剪或三轴试验的排水剪,得出的指标就是有效强度指标。而在碾压后饱和度较高的黏性土施工期的稳定分析,情况就不一样。这时土体内可能产生较大的超静孔隙水压力且来不及消散,用总应力法时,从辗压后原位取得土样的抗剪强度试验就应该在不固结不排水条件下进行,即采用直剪试验的快剪指标或三轴试验的不排水剪指标。但是,实验室控制的试验条件是很有限的。常规的做法只有三种,即慢剪(三轴排水剪)、固结快剪(三轴固结不排水剪)和快剪(三轴不固结不排水剪)。用有限的几种试验条件去模拟千变万化的孔隙水压力状态,显然是很粗糙的,有时还可能会有较大的误差。这就是总应力法的缺点。

有效应力法物理概念明确,困难在于孔隙水压力的计算上。采用此法时,在取滑动土体进行力的平衡分析上又有两种方法。第一种方法是把土体(包括土骨架和孔隙中的流体——水和气)作为整体取隔离体,滑动面是隔离体的边界面。如果边界面上受水压力的作用,水压力的大小就是边界面上各点的孔隙水压力值,方向垂直于边界面。图 7-26 中所表示的就是这种方法,在工程上应用较多。第二种方法则是把滑动土体中的土骨架作为研究的对象,孔隙中的流体作为存在于土骨架中的连续介质。分析滑动土体中土骨架的力的平衡时要考虑流体与土骨架间的相互作用力,即浮力和渗透力。这种取土骨架为隔离体的方法在第 2 章已经做了分析。这种方法,在工程中采用较少,有时用于已绘制出渗透流网的和有限元计算的情况。在下面稳定渗流期边坡稳定分析中将作进一步阐述。

以下就土石坝边坡稳定分析的几个控制工况如何应用总应力法和有效应力法作较详细的探讨。为阐述简便,在计算方法中主要采用瑞典条分法。对于复杂一些的方法,如毕肖甫法和简布法等,同样可以适用。

### 7.4.2　稳定渗流期土坡稳定分析

稳定渗流期是指坝体内施工期间由于填筑土体所产生的超静孔隙水压力已经全部消散,水库长期蓄水,上下游水位基本不变,其水头差在坝体内已形成稳定渗流,坝体内的渗透流网得以唯一确定,而且不随时间变化。这种情况下,坝体内各点的孔隙水压力均能由流网确定。因此,原则上应该用有效应力法分析而不用总应力法。因为稳定渗流期的孔隙水压力不随时间变化,也应属于静孔隙水压力,可以较容易准确地确定。

如前所述,根据取隔离体的方法不同,又可分以下两种计算方法。

(1) 方法一:将土骨架与孔隙流体(水与气)一起当成整体取隔离体,进行力的平衡分析。

图 7-27 中从滑动土体 $ABC$ 内取出土条 $i$ 进行分析。由于将土骨架与孔隙流体当成一个整体,因此浸润线以上的土重取压实土的压实重度 $\gamma_1$,浸润线以下的土体处于饱和状态,取饱和重度 $\gamma_{sat}$。土条 $i$ 的一部分处于渗流场中,弧面 $\overset{\frown}{cd}$ 受水压力 $P_{wi}$ 的作用。水压力值用如下办法确定。通过弧段 $\overset{\frown}{cd}$ 的中点 $O_i$ 作等势线与浸润线交于 $O_i'$。$O_i$-$O_i'$ 的竖直高度 $h_{ti}$ 即为 $\overset{\frown}{cd}$ 段上的平均孔压水头。作用于 $\overset{\frown}{cd}$ 段上的总水压力为 $P_{wi}=\gamma_w h_{ti} l_i$。$l_i$ 为弧段 $\overset{\frown}{cd}$ 的长度。土条 $i$ 的重量 $W_i=(\gamma_1 h_{1i}+\gamma_{sat} h_{2i})b_i$,$b_i$ 为土条的宽度。弧面 $\overset{\frown}{cd}$ 上的切向滑动分力为 $W_i\sin\theta_i$,弧面上的总法向分力为 $W_i\cos\theta_i$,有效法向力为 $W_i\cos\theta_i-\gamma_w h_{ti} l_i$。圆弧稳定安全系数为

$$F_s=\frac{\sum\limits_1^n\left[(W_i\cos\theta_i-\gamma_w h_{ti}l_i)\tan\varphi_i'+c_i'l_i\right]}{\sum\limits_1^n W_i\sin\theta_i} \tag{7-34}$$

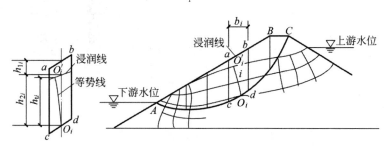

图 7-27　渗流期分析(取土体为隔离体)

式中符号见图 7-26 和图 7-27。因为是有效应力法,所以用有效内摩擦角 $\varphi_i'$ 和有效黏聚力 $c_i'$。

在瑞典条分法中,在考虑土条的径向力的平衡时,忽略了土条两侧孔隙水压力的不同,

用式(7-34)计算可能会产生较大的偏差。而简化毕肖甫法由于是考虑土条竖向力的平衡,土条两侧孔隙水压力的不同就没有影响;其他考虑条间力的计算方法也不会产生这个问题。

当下游水位高于滑动土体时,如图7-28所示,一些土条的部分土体浸没在下游水位以下,如图7-28中的弓形阴影土体。这部分的土体(如第$i$条的$h_{3i}$部分)可近似认为是处于静水之中,这部分土体按照浮重度计算自重应力,就等于考虑了下游水位的影响。第$i$条上作用于弧段$\overset{\frown}{cd}$上的压力水头就应当是从等势线的顶点到下游水位之间的高度,即$h_{ti}$。边坡稳定的安全系数变为

$$F_s = \frac{\sum\limits_1^n \{[(\gamma h_{1i} + \gamma_{sat} h_{2i} + \gamma' h_{3i}) b_i \cos\theta_i - \gamma_w h_{ti} l_i]\tan\varphi'_i + c'_i l_i\}}{\sum\limits_1^n [(\gamma h_{1i} + \gamma_{sat} h_{2i} + \gamma' h_{3i}) b_i \sin\theta_i]} \quad (7\text{-}35)$$

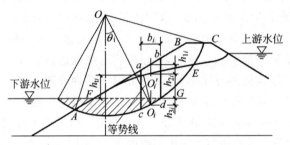

图 7-28　下游水位高于滑动土体的情况

这种计算需要绘制流网,确定各土条中点的等势线,有时为了简便,对于小型堤坝采用一种近似的计算,即在计算滑动力矩时,下游水位以下$h_{3i}$部分按浮重度计算,$h_{2i}$部分按饱和重度计算;而在计算抗滑力矩时,$h_{1i}$部分取天然压实重度$\gamma$,$h_{2i}$与$h_{3i}$部分均按浮重度$\gamma'$计算,即

$$F_s = \frac{\sum\limits_1^n [(\gamma h_{i1} + \gamma' h_{2i} + \gamma' h_{3i}) b_i \cos\theta_i \tan\varphi'_i + c'_i l_i]}{\sum\limits_1^n [(\gamma_1 h_{i1} + \gamma_{sat} h_{2i} + \gamma' h_{3i}) b_i \sin\theta_i]} \quad (7\text{-}36)$$

这种方法亦称为重度替代法,简称替代法,是一种近似的计算方法。与式(7-35)比较,可见它是在抗滑力计算中以$\gamma_w h_{2i}$代替式(7-35)中的$\gamma_w h_{ti}$,以避免通过流网确定过$O_i$的等势线。

同理,用简化毕肖甫法分析稳定渗流期土坡稳定性时,式(7-20)变成:

$$F_s = \frac{\sum\limits_1^n \frac{1}{m_{\theta i}}[(W_i - \gamma_w h_{ti} b_i)\tan\varphi'_i + c' b_i]}{\sum W_i \sin\theta_i} \quad (7\text{-}37)$$

(2) 方法二:将土骨架作为稳定分析的隔离体,渗透水流当成在土骨架孔隙中流动的连续介质,两者是独立的相互作用的传力体系。分析图7-29中滑动土体$ABC$内土骨架的平衡。它除了受重力和滑动面外的反力外,还受水流的渗透力作用。可取滑动土体中的第$i$条来分析。因为土骨架置于渗流的水中,受水的浮力和渗透力的作用,所以计算土条的重量时,水位以下均用浮重度,$W_i = (\gamma_1 h_{1i} + \gamma' h_{2i}) b_i$。渗透力作用于渗透水流流过的全部体积中,沿坝轴线方向取单位长度计算,即图7-29中的阴影部分面积为$A$。单位体积的渗透

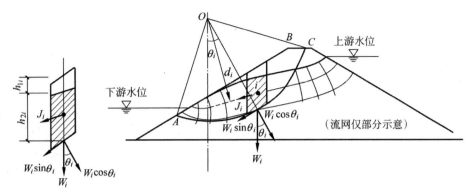

图 7-29　渗流期稳定分析(取土骨架为隔离体)

力 $j = \gamma_w i$,渗透坡降 $i$ 可以从等势线的分布求得。对于均质各向同性土体,渗透力 $j$ 的方向就是流线的方向。作用于条块的总渗透力 $J = \gamma_w iA$,方向取为该面积渗流的平均方向,作用点取在渗流面积的形心处。根据作用点和渗流方向可以定出渗透力的力臂 $d_i$。当 $J$ 的方向与滑动面夹角不大时,通常只考虑渗透力的滑动作用而不考虑渗透力增加(或减小)骨架径向压力,从而影响沿滑动面的抗滑力。这样,以土骨架为隔离体的滑动圆弧安全系数可表示为

$$F_s = \sum_1^n (W_i \cos\theta_i \tan\varphi_i' + c_i' l_i) \Big/ \Big( \sum_1^n W_i \sin\theta_i + \sum_1^n \frac{J_i d_i}{R} \Big) \tag{7-38}$$

这种分析方法既然是以土骨架为隔离体,力作用在骨架上,当然是有效应力法,强度指标应采用有效内摩擦角 $\varphi'$ 和有效黏聚力 $c'$。

由于隔离体的取法不同,滑弧稳定安全系数的表达式(7-34)和式(7-38)的形式不一样,但都是有效应力法,计算结果应很相近。由于取土骨架为隔离体的办法需用流网分块计算渗透力,计算较为繁琐,故较少应用。

【例题 7-6】　图 7-30 表示了位于不透水地基上的某均质土坝下游断面。坝高 25m,上下游坝坡都是 1∶2,处于正常运用的稳定渗流条件,流网如图所示。土坝的压实土料重度 $\gamma = 20\text{kN/m}^3$,饱和重度 $\gamma_{\text{sat}} = 20.7\text{kN/m}^3$,$\varphi = 26.6°$,$c = 10\text{kPa}$,设滑弧圆心的坐标为 $(12.5\text{m}, 47.5\text{m})$,半径 $R = 47.5\text{m}$,试用瑞典条分法中的流网法、替代法和简化毕肖甫法的有效应力法分别分析该坝下游坡的稳定性。

基本公式:

(1) 流网法:　　　$F_s = \dfrac{\sum [(W_i \cos\theta_i - \gamma_w h_{ti} l_i) \tan\varphi_i' + c_i' l_i]}{\sum W_i \sin\theta_i}$

(2) 替代法:　　　$F_s = \dfrac{\sum (W_i' \cos\theta_i \tan\varphi_i' + c_i' l_i)}{\sum W_i \sin\theta_i}$

(3) 简化毕肖甫法:$F_s = \dfrac{\sum \dfrac{1}{m_{\theta i}} [(W_i - \gamma_w h_{ti} b_i) \tan\varphi_i' + c_i' b_i]}{\sum W_i \sin\theta_i}$

计算表见表 7-8～表 7-11。用瑞典条分法和替代法计算的稳定系数分别为 0.950 和 0.987,二者相差不大。而用简化毕肖甫法计算安全系数为 1.051,比瑞典条分法计算值提高 10% 左右。

**表 7-8　瑞典条分法中的流网法计算表**

| (1) 土条号 | (2) $b_i$ | (3) $h_1$ | (4) $h_2$ | (5) $h_3$ | (6) $W_i$ | (7) $\theta_i$ | (8) $\sin\theta_i$ | (8) $\cos\theta_i$ | (9) $W_i\sin\theta_i$ | (10) $W_i\cos\theta_i$ | (11) $l_i$ | (12) $u_i=\gamma_w h_t$ | (13) $U_i=u_i l_i$ | (14) $c_i l_i$ | (15) $(W_i\cos\theta_i-U_i)\tan\varphi$ | (16) (14)+(15) |
|---|---|---|---|---|---|---|---|---|---|---|---|---|---|---|---|---|
| -1 | 5.25 | 0 | 0 | 1.88 | 106 | -9.24 | -0.16 | 0.987 | -17 | 105 | 5.32 | 0 | 0 | 53.2 | 53 | 106 |
| 0 | 10 | 0 | 0.75 | 5.5 | 744 | 0 | 0 | 1 | 0 | 744 | 10 | 7.5 | 75 | 100 | 334 | 435 |
| 1 | 10 | 1 | 4.65 | 4.5 | 1644 | 12.15 | 0.21 | 0.978 | 345 | 1608 | 10.22 | 41 | 420 | 102 | 594 | 696 |
| 2 | 10 | 4 | 6.75 | 1.25 | 2331 | 24.9 | 0.421 | 0.907 | 981 | 2114 | 11.03 | 65 | 717 | 110 | 699 | 809 |
| 3 | 10 | 7.25 | 3.5 | 0 | 2175 | 39.2 | 0.632 | 0.775 | 1375 | 1686 | 12.90 | 34 | 439 | 129 | 623 | 752 |
| 4 | 6.88 | 5.6 | 0 | 0 | 771 | 54 | 0.809 | 0.587 | 624 | 453 | 11.72 | 0 | 0 | 117 | 227 | 343 |
| ∑ | | | | | | | | | 3308 | | | | | | | 3141 |

$F_s = 3141/3308 \approx 0.950$

**表 7-9　瑞典等分法中的替代法计算表**

| (1) 土条号 | (2) $b_i$ | (3) $h_1$ | (4) $h_2$ | (5) $h_3$ | (6) $W_i$ | (7) $W_i'$ | (8) $\theta_i$ | (8) $\sin\theta_i$ | (9) $\cos\theta_i$ | (10) $W_i\sin\theta_i$ | (11) $W_i'\cos\theta_i$ | (12) $l_i$ | (13) $c_i l_i$ | (14) $W_i'\cos\theta_i\tan\varphi$ | (15) (13)+(14) |
|---|---|---|---|---|---|---|---|---|---|---|---|---|---|---|---|
| -1 | 5.25 | 0 | 0 | 1.88 | 106 | 106 | -9.24 | -0.16 | 0.987 | -17 | 105 | 5.32 | 53.2 | 53 | 106 |
| 0 | 10 | 0 | 0.75 | 5.5 | 744 | 669 | 0 | 0 | 1 | 0 | 669 | 10 | 100 | 334 | 434 |
| 1 | 10 | 1 | 4.65 | 4.5 | 1644 | 1177 | 12.15 | 0.21 | 0.978 | 345 | 1153 | 10.22 | 102 | 577 | 679 |
| 2 | 10 | 4 | 6.75 | 1.25 | 2331 | 1656 | 24.9 | 0.421 | 0.907 | 981 | 1512 | 11.03 | 110 | 756 | 866 |
| 3 | 10 | 7.25 | 3.5 | 0 | 2175 | 1825 | 39.2 | 0.632 | 0.775 | 1375 | 1414 | 12.90 | 129 | 707 | 836 |
| 4 | 6.88 | 5.6 | 0 | 0 | 771 | 771 | 54 | 0.809 | 0.587 | 624 | 453 | 11.72 | 117 | 227 | 344 |
| ∑ | | | | | | | | | | 3308 | | | | | 3265 |

$F_s = 3265/3308 \approx 0.987$

表 7-10　简化毕肖甫法计算表（设 $F_s=1.0$）

| (1) 土条号 | (2) $b_i$ | (3) $W_i$ | (4) $\theta_i$ | (5) $\sin\theta_i$ | (6) $W_i\sin\theta_i$ | (7) $\sin\theta_i\tan\varphi$ | (8) $\cos\theta_i$ | (9) $m_{\theta i}:(5)/F+(7)$ | (10) $u_i=\gamma_m h_t$ | (11) $c_i b_i$ | (12) $U_i=u_i b_i$ | (13) $W_i-U_i$ | (14) $(13)/2+(11)$ | (15) $(14)/m_{\theta i}$ |
|---|---|---|---|---|---|---|---|---|---|---|---|---|---|---|
| -1 | 5.25 | 106 | -9.24 | -0.16 | -17 | -0.08 | 0.987 | 0.907 | 0 | 52.5 | 0 | 106 | 106 | 117 |
| 0 | 10 | 744 | 0 | 0 | 0 | 0 | 1 | 1.0 | 7.5 | 100 | 75 | 670 | 435 | 435 |
| 1 | 10 | 1644 | 12.15 | 0.21 | 345 | 0.11 | 0.978 | 1.088 | 41 | 100 | 410 | 1234 | 717 | 659 |
| 2 | 10 | 2331 | 24.9 | 0.421 | 981 | 0.21 | 0.907 | 1.117 | 65 | 100 | 650 | 1681 | 941 | 842 |
| 3 | 10 | 2175 | 39.2 | 0.632 | 1375 | 0.316 | 0.775 | 1.091 | 34 | 100 | 340 | 1835 | 1018 | 933 |
| 4 | 6.88 | 771 | 54 | 0.809 | 624 | 0.405 | 0.587 | 0.992 | 0 | 69 | 0 | 771 | 455 | 456 |
| $\sum$ | | | | | 3308 | | | | | | | | | 3445 |

$F_s=3445/3308\approx1.041$

表 7-11　简化毕肖甫法计算表（设 $F_s=1.05$）

| (1) 土条号 | (2) $b_i$ | (3) $W_i$ | (4) $\theta_i$ | (5) $\sin\theta_i$ | (6) $W_i\sin\theta_i$ | (7) $\sin\theta_i\tan\varphi$ | (8) $\cos\theta_i$ | (9) $m_{\theta i}:(5)/F+(7)$ | (10) $u_i=\gamma_m h_t$ | (11) $c_i b_i$ | (12) $U_i=u_i b_i$ | (13) $W_i-U_i$ | (14) $(13)/2+(11)$ | (15) $(14)/m_{\theta i}$ |
|---|---|---|---|---|---|---|---|---|---|---|---|---|---|---|
| -1 | 5.25 | 106 | -9.24 | -0.16 | -17 | -0.08 | 0.987 | 0.911 | 0 | 52.5 | 0 | 106 | 106 | 116 |
| 0 | 10 | 744 | 0 | 0 | 0 | 0 | 1 | 1.0 | 7.5 | 100 | 75 | 670 | 435 | 435 |
| 1 | 10 | 1644 | 12.15 | 0.21 | 345 | 0.11 | 0.978 | 1.083 | 41 | 100 | 410 | 1234 | 717 | 662 |
| 2 | 10 | 2331 | 24.9 | 0.421 | 981 | 0.21 | 0.907 | 1.107 | 65 | 100 | 650 | 1681 | 941 | 850 |
| 3 | 10 | 2175 | 39.2 | 0.632 | 1375 | 0.316 | 0.775 | 1.076 | 34 | 100 | 340 | 1835 | 1018 | 946 |
| 4 | 6.88 | 771 | 54 | 0.809 | 624 | 0.405 | 0.587 | 0.973 | 0 | 69 | 0 | 771 | 455 | 467 |
| $\sum$ | | | | | 3308 | | | | | | | | | 3477 |

$F_s=3477/3308\approx1.051$

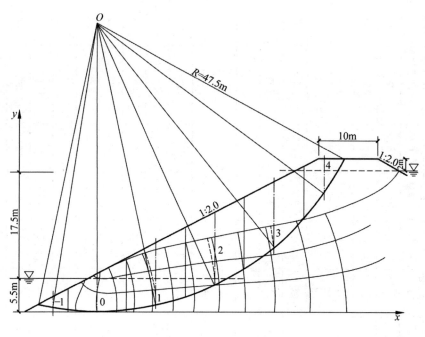

图 7-30　例题 7-6 图

### 7.4.3　施工期的填方边坡稳定分析

土石坝和路堤、河堤等在施工期填土逐层填铺辗压加高,下部黏性填土受到上部填土的自重压力和辗压作用,会出现超静孔隙水压力且不易消散。特别是对于黏性大、含水量高且接近饱和的土更是如此。这种情况下,边坡高度增加,剪应力不断加大,填土的有效应力和抗剪强度却增加不多,因而容易导致土坡失稳。土石坝施工期的稳定分析,可以分别采用总应力法和有效应力法。

**1. 总应力法**

不直接考虑孔隙水压力的影响,边坡稳定安全系数用式(7-15)计算:

$$F_s = \frac{\sum_1^n (W_i \cos\theta_i \tan\varphi_i + c_i l_i)}{\sum_1^n W_i \sin\theta_i}$$

式中土条 $i$ 的重量 $W_i$ 应用压密后填土的重量。对于黏性填土,认为自重压力作用下来不及充分渗流固结,压密只是由于未充水部分孔隙体积的减少,应该从坝体上直接取土样测试抗剪强度指标 $c_i$、$\varphi_i$,采用直剪试验的快剪指标或三轴试验的不排水剪指标。直剪试验因为试样薄、排水条件得不到严格控制,对于渗透系数 $k > 1.0 \times 10^{-7}$ cm/s 的土难以保证不排水条件,故要慎重使用。三轴试验对排水条件能严格控制,对各种渗透性的土均可采用。对于无黏性土,渗透系数很大,应认为在填筑的过程中土已基本完成固结过程,式(7-15)中的

$\varphi$ 值应用直剪试验的慢剪或三轴试验的排水剪指标。

总应力法可以不必计算施工期填土内的孔隙水压力变化和分布情况,比较简便。

**2. 有效应力法**

有效应力法必须先计算施工期填土内超静孔隙水压力的分布及发展变化情况,然后才能进行稳定计算。施工期孔隙水压力的估算包括两部分内容。一部分是估算不排水条件下孔隙水压力的发生,称为起始孔隙水压力的计算。另一部分是估算施工期间孔隙水压力的消散,即孔隙水压力随时间的发展。对于黏性填土,如果体积大、渗透性小、施工速度又快,孔隙水压力在施工期间可以认为不消散,则只要进行第一项估算。一般若渗透系数 $k > 1 \times 10^{-7}$ cm/s 时,就需要进行第二项计算。

施工期坝体填土是非饱和的,严格地说,应分别确定孔隙气压力和孔隙水压力,才能比较精确地定出土的抗剪强度。但是,大多数堤坝填土压实后的饱和度均在 $80\% \sim 85\%$ 以上。这种情况下,孔隙间的空气以封闭气体的形式分布于土中,只计算孔隙水压力,并且 $B < 1.0$,按有效应力强度的公式 $\tau_{\mathrm{f}} = c' + (\sigma - u)\tan\varphi'$ 估算土的强度,就已经具有与其他环节相适应的精度。

施工期坝体应力状态变化所产生的起始孔隙水压力,可以用下式计算:

$$\Delta u = B\left[\Delta\sigma_3 + A(\Delta\sigma_1 - \Delta\sigma_3)\right]$$

$$= B\Delta\sigma_1\left[\frac{\Delta\sigma_3}{\Delta\sigma_1} + A\left(1 - \frac{\Delta\sigma_3}{\Delta\sigma_1}\right)\right]$$

$$= B\Delta\sigma_1\left[A + (1-A)\frac{\Delta\sigma_3}{\Delta\sigma_1}\right] = \bar{B}\Delta\sigma_1 \qquad (7\text{-}39)$$

$$\bar{B} = \frac{\Delta u}{\Delta\sigma_1} = B\left[A + (1-A)\frac{\Delta\sigma_3}{\Delta\sigma_1}\right] \qquad (7\text{-}40)$$

式中 $\bar{B}$ 称为全孔隙水压力系数。$\dfrac{\Delta\sigma_3}{\Delta\sigma_1}$ 为加载过程中主应力增量的比值。研究坝体应力变化的规律表明,坝体填筑过程中,主应力增量的比值 $\dfrac{\Delta\sigma_3}{\Delta\sigma_1}$ 近似于常量。$\bar{B}$ 值可以从三轴不排水试验求之。其方法是让试样在一定的比值 $\dfrac{\Delta\sigma_3}{\Delta\sigma_1}$ 下增加荷载,测出相应的孔隙水压力 $\Delta u$,变化不同的 $\dfrac{\Delta\sigma_3}{\Delta\sigma_1}$ 值进行系列试验。然后绘制各种加载比例 $\dfrac{\Delta\sigma_3}{\Delta\sigma_1}$ 下的 $u$-$\sigma_1$ 关系曲线,如图 7-31 所示。根据曲线的斜率就可以求出全孔压系数 $\bar{B}$。图 7-31 曲线表明,在整个应力范围内 $\bar{B}$ 不是一个常数。应根据实际的应力变化范围采用平均值。为简化计算,滑动面上的 $\sigma_1$ 值可以近似地用该点以上土柱的自重应力 $\gamma h$ 来代替,则土条滑动面上的起始孔隙水压力就可表达为

$$u = \bar{B}\gamma h \qquad (7\text{-}41)$$

如果填土的渗透系数较大,$k > 1 \times 10^{-7}$ cm/s,需要考虑施工期间孔隙水压力的消散。一方面坝体在加高,压力在加大,孔隙水压力在发展;另一方面,随着时间的推移,坝体在固结,孔隙水压力在消散。这一过程的计算可参阅有关文献。根据计算结果可绘制出某一阶

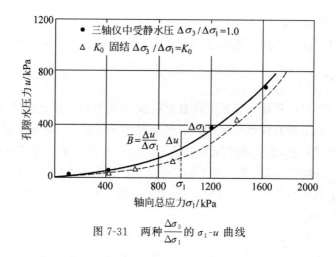

图 7-31  两种 $\dfrac{\Delta\sigma_3}{\Delta\sigma_1}$ 的 $\sigma_1$-$u$ 曲线

段坝体内孔隙水压力等值线图，如图 7-32 所示。

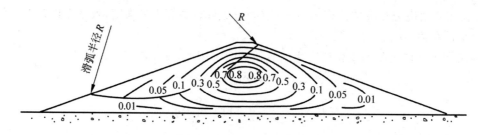

图 7-32  竣工时坝体孔隙水压力等值线图

坝体内孔隙水压力分布确定后，就可以用 7.4.2 节中所述的任何一种方法，用有效应力法计算边坡的稳定性。计算时将土骨架和孔隙流体一起取隔离体。滑弧面上的孔隙水压力按孔隙水压力等值线图上条块滑弧段中点处的孔隙水压力计算，方向垂直于滑动面。用瑞典条分法时，稳定安全系数为

$$F_s = \frac{\sum_1^n \left[ (W_i\cos\theta_i - u_i l_i)\tan\varphi_i' + c_i' l_i \right]}{\sum_1^n W_i\sin\theta_i} \tag{7-42}$$

## 7.5　天然土体的边坡稳定问题

天然土体由于形成的自然环境、沉积时间以及应力历史等因素不同，性质比人工填土要复杂得多，边坡稳定分析仍然可按上述方法进行，但在强度指标的选择上要更为慎重。

### 7.5.1　裂隙硬黏土的边坡稳定

硬黏土通常为超固结土，其应力-应变关系曲线属于应变软化型曲线，如图 7-33 所示。

这类土如果也按一般的天然土坡稳定分析办法,认为剪切过程中密度不变,采用不固结不排水强度指标,得到的安全系数一般过大,造成偏于不安全的结果。表 7-12 是 5 个已发生滑坡的这类土的饱和天然土坡或挖方的稳定分析实例。表中数据表明,用 $\varphi_u = 0°$ 法分析时,安全系数均很大,但实际上都发生了滑动破坏。其原因是土坡内滑动面上的剪应力分布不均匀,各点不能同时达到破坏。破坏过程是在

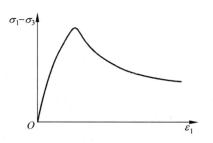

图 7-33　硬黏土的应力-应变关系曲线

某些部位剪应力首先达到峰值,其他部位的土尚未破坏,于是随着应变不断加大,已破坏部位的强度不断降低,直至变成残余强度。其他部分也会相继发生这种情况,形成所谓渐进破坏现象,这种情况对于膨胀性土更为严重,这时边坡破坏的时间持续很长,而滑动面的强度降至很低。有些天然滑坡体以及断层带,在其历史年代上发生过多次的滑移,经受很大的应变,土的强度下降很多,这种情况下,验算其稳定性时需注意取其残余强度。

**表 7-12　几个已发生滑坡的超固结土滑坡的实例**

| 边坡类型 | 黏 土 资 料 | | | | | (按 $\varphi_u = 0°$ 法分析) 安全系数 $F_s$ | 备 注 |
| --- | --- | --- | --- | --- | --- | --- | --- |
| | $w$ | $w_L$ | $w_p$ | $I_p$ | $\dfrac{w - w_p}{I_p}$ | | |
| 挖方 | 24 | 57 | 27 | 30 | −0.10 | 3.2 | |
| 天然土坡 | 20 | 45 | 20 | 25 | 0 | 4.0 | 超固结 |
| 挖方 | 30 | 86 | 30 | 56 | 0 | 4.0 | 裂隙硬黏土 |
| 挖方 | 30 | 81 | 28 | 53 | 0.04 | 3.8 | |
| 天然土坡 | 28 | 110 | 20 | 90 | 0.09 | 6.3 | |

### 7.5.2　软土地基上土坡的稳定分析

在软弱地基上修筑堤坝或路基,其破坏常由地基失稳所引起。当软土比较均匀,厚度较大时,实地勘测和试验表明其滑动面是一个近似圆柱面,切入地基一定深度如图 7-34 中 $\overset{\frown}{ABC}$ 所示。$\overset{\frown}{AB}$ 部分通过地基,$\overset{\frown}{BC}$ 部分通过堤坝土体。根据瑞典圆弧法式(7-9),$F_s = M_R/M_s$。抗滑力矩 $M_R$ 由两部分组成。一部分是 $\overset{\frown}{AB}$ 段上抗滑力所产生的抗滑力矩 $M_{RI}$;另一部分是 $\overset{\frown}{BC}$ 段上抗滑力所产生的抗滑力矩 $M_{R\text{II}}$。考虑到在软土地基上的堤坝破坏时,

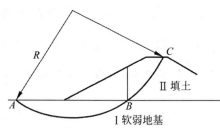

图 7-34　软弱地基上的土坡滑动

在形成滑动面之前堤坝土体一般已发生严重裂缝,或者软土地基已经破坏而填方土体部分的抗剪强度尚未完全发挥。因此,如果全部计算 $M_{RI}$ 和 $M_{R\text{II}}$,求得的安全系数偏大。为安全计,工程中有时建议对高度在 5～6m 以下的堤防或路堤,可以不考虑坝体部分的抗滑力矩,即让 $M_{R\text{II}} = 0$,进行稳定分析(滑动力矩则应包括坝体部分的 $M_{s\text{II}}$,而且是最主要的部分)。而对于

中等高度的堤坝，则可考虑采用部分的 $M_{RⅡ}$，可根据具体工程情况并参照当地经验，采用适当折减系数，例如用 0.5。

对于地基内深度不大处有软弱夹层时，滑动面将不是连续的圆弧面而是由两段不同的圆弧和一段沿软弱夹层的直线所组成的复合滑动面 $ABCD$（图 7-35）。这种情况下，土坡的稳定分析可用普遍条分法计算，也可采用如下的近似方法计算。

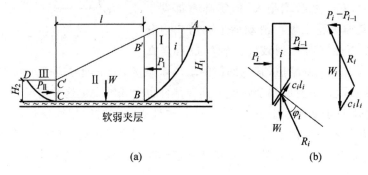

图 7-35　复合滑动面

图 7-35 中滑动土体由不同圆心和半径的两段圆弧 $\overset{\frown}{AB}$ 和 $\overset{\frown}{CD}$ 以及沿软弱夹层面的平面 $\overline{BC}$ 组成。用竖直线 $\overline{BB'}$ 和 $\overline{CC'}$ 将滑动土体分成 $ABB'$、$B'BCC'$ 和 $C'CD$ Ⅰ、Ⅱ、Ⅲ 三部分。第Ⅰ部分对中间第Ⅱ部分作用以推力 $P_Ⅰ$，第Ⅲ部分对中间第Ⅱ部分提供以抗力 $P_Ⅱ$。现分析中间部分土体 $B'BCC'$ 的抗滑稳定性。稳定安全系数可表达为

$$F_s = \frac{(cl + W\tan\varphi) + P_Ⅱ}{P_Ⅰ} \tag{7-43}$$

式中：$c,\varphi$——软弱夹层土的抗剪强度指标；

　　　　$W$——土体 $B'BCC'$ 的重量；

　　　　$l$——滑动面在软弱夹层上的长度；

　　　　$P_Ⅰ$——土体 $ABB'$ 作用于土体 $B'BCC'$ 的滑动力，假定为水平方向；

　　　　$P_Ⅱ$——土体 $CC'D$ 对土体 $B'BCC'$ 所提供的抗力，假定为水平方向。

$P_Ⅰ$ 和 $P_Ⅱ$ 是两个待定的力，可用如下的作图法求之。

将圆弧段的滑动土体按条分法分成若干条，并假定土条间的作用力为水平方向。取第 $i$ 土条进行力的平衡分析。作用在条块上的力有两个侧面上的水平力 $P_i$ 和 $P_{i-1}$、重力 $W_i$、滑动弧段上的反力 $R_i$ 以及黏聚力 $c_i l_i$。其中 $W_i$ 和 $c_i l_i$ 的大小和方向均已知，$R_i$ 和 $\Delta P_i = P_i - P_{i-1}$ 的方向已知，大小待定。根据平衡力系力的多边形闭合的道理，$R_i$ 和 $\Delta P_i$ 可由图解法确定。这样从上而下，逐个土条进行图解分析。由于 $P_0 = 0$，第一个土条的条间力 $P_1 = \Delta P_1$，第二个土条的条间力 $P_2 = P_1 + \Delta P_2 = \sum_1^2 \Delta P_i$。以此类推，就可以求出 $BB'$ 面上的作用力 $P_Ⅰ$。同理可以求得 $CC'$ 面上的作用力 $P_Ⅱ$。$P_Ⅰ$ 和 $P_Ⅱ$ 算出后，就可以代入式（7-43）求复合滑动面 $ABCD$ 的稳定安全系数。

将这种简化的计算方法与 7.2 节中的折线滑动面推力传递法安全系数计算方法进行对比，可以看出，这种方法算得的安全系数 $F_s$ 并不代表整个复合滑动面 $ABCD$ 的安全系数，而是假定图 7-35 中圆弧滑块 $ABB'$ 和 $C'CD$ 的安全系数 $F_s = 1.0$ 的情况下，中部块体

$B'BCC'$ 的安全系数。要计算整个块体 $ABCD$ 的安全系数,必须在求条间水平作用力 $P_i$ 时,将图 7-35(b)中滑弧段 $l_i$ 上的黏聚力改成 $c_i l_i / F_s$,将反力 $R_i$ 与弧面法线的夹角改成 $\varphi_{ei} = \arctan \dfrac{\tan \varphi_i}{F_s}$。这样用式(7-43)求安全系数 $F_s$ 时就必须采用迭代法,即先假定一个安全系数 $F_{s0}$,用图解法求 $P_{\mathrm{I}}$ 和 $P_{\mathrm{II}}$,然后代入式(7-43),求安全系数 $F_{s\mathrm{I}}$。当 $F_{s\mathrm{I}}$ 与 $F_{s0}$ 之差大于允许误差时,用 $F_{s\mathrm{I}}$ 代替 $F_{s0}$ 重新用图解法求 $P_{\mathrm{I}}$ 和 $P_{\mathrm{II}}$,再次由式(7-43)计算安全系数 $F_{s\mathrm{II}}$。如此反复进行直至由式(7-43)算得的安全系数与计算 $P_{\mathrm{I}}$ 和 $P_{\mathrm{II}}$ 时用的安全系数差别小于允许误差为止,这时的安全系数 $F_s$ 就是复合滑动面 $ABCD$ 的真正安全系数。

另外,本法中 $\overparen{AB}$、$\overline{BC}$ 和 $\overparen{CD}$ 都是任意假定的,得到的安全系数只代表一个特定滑动面上的安全系数。还必须假定很多个可能的滑动面进行系统计算,得到最小的安全系数,才是真正代表边坡稳定性的安全系数。计算工作量很大,为简化计算,可把 $B'$ 和 $C'$ 定在坡肩和坡脚处,并把 $BB'$ 和 $CC'$ 当成光滑挡土墙的墙面。于是 $P_{\mathrm{I}}$ 变为朗肯的主动土压力 $E_a$。

$$E_a = \frac{1}{2} \gamma H_1^2 K_a - 2c H_1 \sqrt{K_a} + \frac{2c^2}{\gamma}$$

式中,$K_a$ 为朗肯主动土压力系数,其值为 $K_a = \tan^2 \left( 45° - \dfrac{\varphi}{2} \right)$;$c$ 和 $\varphi$ 为填土的抗剪强度指标,而 $P_{\mathrm{II}}$ 则是朗肯的被动土压力 $E_p$。

$$E_p = \frac{1}{2} \gamma H_2^2 K_p + 2c H_2 \sqrt{K_p}$$

式中,$K_p$ 为朗肯被动土压力系数,其值为 $K_p = \tan^2 \left( 45° + \dfrac{\varphi}{2} \right)$。

$P_{\mathrm{I}}$ 和 $P_{\mathrm{II}}$ 求出后,就可用式(7-43)直接求土坡沿复合滑动面的安全系数 $F_s$。

# 习　题

**7-1**　有一天然风干的无限砂土坡,其重度 $\gamma = 16.0 \mathrm{kN/m^3}$,比重 $G = 2.67$,孔隙比 $e = 0.66$,内摩擦角 $\varphi = 35°$,黏聚力 $c = 0$。问:

(1) 该天然风干土坡的临界坡度为多大?

(2) 如果由于降雨产生沿坡向的渗流,其临界坡度为多大?

(3) 当坡度为 1:3 时,在上述两种情况下的安全系数各为多少?

**7-2**　无限黏性土土坡如图 7-36 所示,坡角 $\alpha = 20°$,土的重度 $\gamma = 16 \mathrm{kN/m^3}$。土与基岩间的摩擦角 $\delta_r = 15°$,黏聚力 $c_r = 10 \mathrm{kPa}$,问土坡沿着界面滑动处于临界状态(安全系数为 1.0)时,土层的深度 $H$ 为多少?

**7-3**　无限黏性土坡如图 7-37 所示,地下水沿坡面方向渗流。坡高 $H = 4\mathrm{m}$,坡角 $\alpha = 20°$,土的颗粒比重 $G_s = 2.65$,孔隙比 $e = 0.70$,与基岩接触面的摩擦角 $\delta_r = 20°$,黏聚力 $c_r = 15 \mathrm{kPa}$。求土坡沿着界面

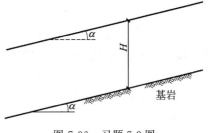

图 7-36　习题 7-2 图

滑动的安全系数 $F_s$。

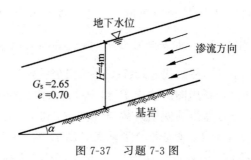

图 7-37　习题 7-3 图

**7-4**　如图 7-38 所示,无黏性土坡的坡角 $\alpha = 20°$,土的内摩擦角 $\varphi = 32°$,浮重度 $\gamma' = 10\mathrm{kN/m^3}$,地基为不透水地层,若渗流逸出段的局部水流方向近似平行于地面,且水力坡降 $i \approx \tan\alpha$ 求该局部土坡的稳定安全系数。

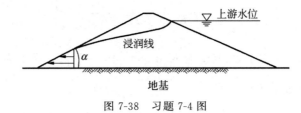

图 7-38　习题 7-4 图

**7-5**　一个坡角为 28° 的很长的均质土坡,如图 7-39 所示。由于降雨,土坡中地下水发生平行于坡面方向的渗流,土层深度为 3m,计算作用在土层底面上的孔隙水压力 $u$ 为多少?

**7-6**　纵向很长的土坡剖面如图 7-40 所示,土坡坡角为 30°。砂土与黏土的重度都是 $18\mathrm{kN/m^3}$,砂土 $c_1 = 0$, $\varphi_1 = 35°$,黏土 $c_2 = 30\mathrm{kPa}$, $\varphi_2 = 20°$,黏土与岩石界面的 $c_r = 25\mathrm{kPa}$, $\delta_r = 15°$,假设滑动面都平行于坡面,请计算最小安全系数及滑动面位置。

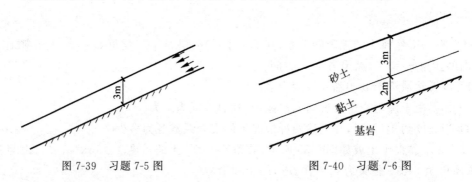

图 7-39　习题 7-5 图　　　　　　图 7-40　习题 7-6 图

**7-7**　有一个部分浸水的砂土坡,坡度为 1∶1.5,坡高 4m,静水位在地面以上 2m 处,见图 7-41。水上、水下的砂土的内摩擦角均为 $\varphi = 38°$;水上砂土重度 $\gamma = 18\mathrm{kN/m^3}$,水下砂土饱和重度 $\gamma_{sat} = 20\mathrm{kN/m^3}$。用推力传递法计算沿图示的折线滑动面滑动的安全系数(已知 $W_2 = 1000\mathrm{kN}$, $P_1 = 560\mathrm{kN}$, $\alpha_1 = 38.7°$, $\alpha_2 = 15.0°$)。

**7-8**　土坝的上游坡为黏土厚斜墙,横断面如图 7-42 所示,压实填土重度 $\gamma = 19.6\mathrm{kN/m^3}$。若黏土斜墙与砂砾石料和地基的接触面的摩擦角都是 $\delta_r = 18°$,黏聚力 $c_r = 5\mathrm{kPa}$。用推力传

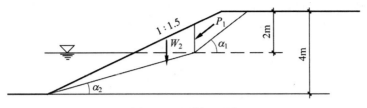

图 7-41  习题 7-7 图

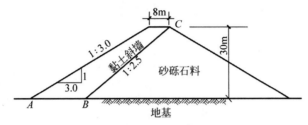

图 7-42  习题 7-8 图

递法计算黏土斜墙沿接触面 $ABC$ 滑动的安全系数 $F_s$。

**7-9**  在天然重度为 $\gamma=18\mathrm{kN/m^3}$，$\varphi=25°$，$c=8\mathrm{kPa}$ 的土层中开挖基坑，基坑深度 $H=10\mathrm{m}$，用洛巴索夫图解法求解，问其极限坡角 $\alpha$ 多大？ 若以 $1:0.5$ 的坡度开挖，计算最大极限开挖深度多大？

**7-10**  要在某场地开挖基坑，已知均匀地基土 $\gamma=19\mathrm{kN/m^3}$，$\varphi=10°$，$c=12\mathrm{kPa}$，如果采用放坡开挖，用洛巴索夫图解法计算：

(1) 坡角 $\alpha=60°$，在安全系数 $F_s=1.5$ 的条件下，基坑最大开挖深度为多少？

(2) 如果坡角 $\alpha=45°$，在安全系数 $F_s=1.5$ 的条件下，基坑最大开挖深度为多少？

(3) 如果基坑开挖深度为 6m，在安全系数 $F_s=1.5$ 的条件下，基坑的坡角为多少？

**7-11**  某饱和的黏性土坡见图 7-43，坡高 $H=5\mathrm{m}$，坡度 $1:1.5$，$\gamma=18\mathrm{kkN/m^3}$，$c_u=20\mathrm{kPa}$，$\varphi_u=0°$，试用弗伦纽斯法求土坡最危险滑动面的位置，并计算其安全系数。

**7-12**  在验算淤泥土地基中基坑坑底隆起时，可采用图示圆弧滑动面的整体圆弧法计算，见图 7-44，已知 $c_u=30\mathrm{kPa}$，$\varphi_u=0°$，问极限荷载 $q_u$ 是多少？

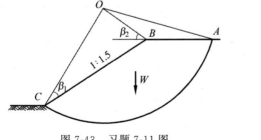

图 7-43  习题 7-11 图

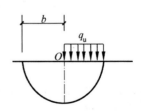

图 7-44  习题 7-12 图

**7-13**  用圆弧法作黏土边坡稳定分析时，滑弧的半径 $R=30\mathrm{m}$，第 $i$ 土条的宽度为 2m，过滑弧的中心点切线、渗流水面和土条顶部的倾角均为 30°。土条的水下高度为 7m，水上高度为 3m，见图 7-45。已知黏土在水上、水下的重度均为 $\gamma=20\mathrm{kN/m^3}$，黏聚力 $c'=22\mathrm{kPa}$，内摩

擦角 $\varphi'=25°$。问该土条的滑动力矩和抗滑力矩各为多少?

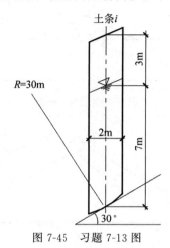

图 7-45　习题 7-13 图

**7-14**　土坝断面和渗流流网如图 7-46 所示,土的性质见表 7-13,试用瑞典圆弧法和简化毕肖甫法计算指定圆弧滑动面的安全系数。

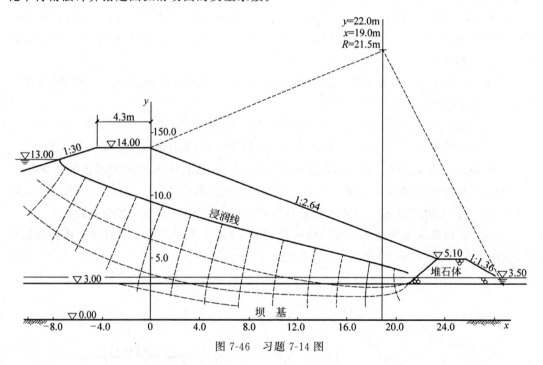

图 7-46　习题 7-14 图

表 7-13　习题 7-14 表

| 指标　　　　 土类 | 重度 $\gamma$ / $(kN/m^3)$ | 饱和重度 $\gamma_{sat}$ / $(kN/m^3)$ | 浮重度 $\gamma'$ / $(kN/m^3)$ | 摩擦角 $\varphi$ /(°) | 黏聚力 $c$ /kPa |
|---|---|---|---|---|---|
| 地基土 | | 19.5 | 9.5 | 23 | 8.0 |
| 坝体土 | 19.5 | | | 26 | 12.0 |
| 饱和坝体土 | | 20.4 | | 25 | 10.0 |
| 堆石体 | 18.5 | 21.0 | 11.0 | 33 | 0 |

**7-15**  图 7-47 所示的土坡,高 8m,坡度为 1∶2。在坡脚高程以下 2m 深处有水平饱和软黏土层,$\varphi_u = 0°$,$c_u = 10\mathrm{kPa}$,$\gamma_{sat} = 18\mathrm{kN/m^3}$;软黏土以上均为砂质粉土,$\varphi = 20°$,$c = 20\mathrm{kPa}$,$\gamma = 19\mathrm{kN/m^3}$。用朗肯主动和被动土压力计算土体 $BB'CC'$ 沿着软黏土层滑动的安全系数。

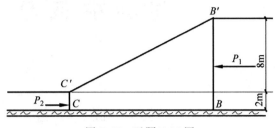

图 7-47  习题 7-15 图

第
8
章

# 地基承载力

## 8.1 概　述

　　地基承受基础传下来的上部建筑的荷载,其内部应力将发生变化。一方面附加应力引起地基内土体变形,造成建筑物沉降,有关这方面的问题,已在第 4 章中阐述；另一方面,引起地基内土体的应力水平提高。当某一点的剪应力达到土的抗剪强度时,这一点的土就处于极限平衡状态。若土体中某一区域内各点都达到极限平衡状态,就形成极限平衡区,或称为塑性区。如荷载继续增大,地基内极限平衡区的发展范围随之不断增大,局部的塑性区发展成为连续贯穿到地表的整体滑动面。这时,基础下地基的一部分土体将沿滑动面产生整体滑动,称为地基失稳。如果这种情况发生,建筑物将发生严重的塌陷、倾倒等灾害性的破坏。图 8-1 就是地基失稳破坏的一个实例。

图 8-1　地基失稳实例

(摘自《美国基础工程手册·*Foundation Engineering Handbook*》)

　　地基承受荷载的能力称为地基承载力。地基基础的设计有两种极限状态,即承载能力极限状态和正常使用极限状态。前者对应于地基基础达到最大承载能力或达到不适于继续承载的变形状态,对应于地基的极限承载力；后者对应于地基基础达到变形或耐久性能的某一限值的极限状态,对应于地基的容许承载力。所以地基极限承载力等于其可能承受的最大荷载；而容许承载力则等于既确保地基不会失稳,又保证建筑物的沉降不超过允许值的荷载。

影响地基极限承载力的因素很多,除地基土的性质外,还与基础的埋置深度、宽度、形状有关。容许承载力还与建筑物的结构特性等因素有关。

本章研究地基的极限承载力和容许承载力的分析方法和影响因素。在研究中,把地基土当成线弹性-理想塑性体,即当其应力小于破坏应力时,或者是应力状态达到极限平衡条件之前,土为线弹性体;当其剪应力达到其抗剪强度时,则当成理想的塑性体。另外,在以下的研究中,都是假设均匀各向同性地基土承受条形荷载的情况。

## 8.2　地基的失稳形式和过程

### 8.2.1　临塑荷载 $p_{cr}$ 和极限承载力 $p_u$

地基从开始发生变形到失去稳定(即破坏)的发展过程,可用现场载荷试验进行研究。

浅层平板载荷试验常简称为载荷试验,是一种在现场模拟地基基础工作条件的原位试验,见图 8-2(a)。可在试坑内的持力层上进行,通过一定尺寸的承压板,对地基土体施加垂直中心荷载,绘制各级荷载和板的相应下沉量的关系曲线,据此研究地基土的变形特性和地基承载力。

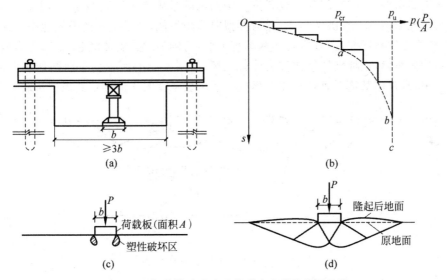

图 8-2　现场载荷试验及地基受力变形的发展阶段

图 8-2(b)表示由载荷试验测得的 $p$-$s$ 曲线。典型的 $p$-$s$ 曲线可分为按顺序发生的三个阶段:即压密变形阶段($Oa$)、出现局部塑性阶段($ab$)和整体剪切破坏阶段($b$ 以后)。三个阶段之间存在着两个界限荷载。第一个界限荷载 $p_{cr}$ 此前 $p$-$s$ 曲线近似为直线,$p_{cr}$ 亦称为临塑荷载,标志着地基土从压密阶段进入局部塑性阶段。当荷载小于这一界限荷载时,地基内各点土体均未达到极限平衡状态。当荷载大于这一界限荷载时,位于基础下的局部土体,通常是基础边缘下的土体,首先达到极限平衡状态,于是地基内开始出现弹性区和塑性区并存的现象,见图 8-2(c)。这一界限荷载称为临塑荷载,用 $p_{cr}$ 表示。第二个界限荷载标志着地基土从局部塑性阶段进入整体破坏阶段。这时,基础下滑动边界范围内的全部土体都处于塑性破坏状态,地基丧失稳定,称为极限荷载,其值等于地基的极限承载力,用 $p_u$ 表示,见

图 8-2(d)。这两个界限荷载对于研究地基的稳定性有很重要的意义。详细的分析和计算方法将在后面阐述。

### 8.2.2　竖直荷载下地基的破坏形式

以上所描述的地基从压密到失稳过程的 $p$-$s$ 曲线,仅仅是载荷试验所归纳的一类常见的 $p$-$s$ 曲线,它所代表的破坏形式称为整体剪切破坏。但是它并不是地基破坏的唯一形式。在松软的土层中,或者荷载板的埋置深度较大时,经常会出现图 8-3(a)所示的 $b$ 型和 $c$ 型的 $p$-$s$ 曲线。$b$ 型曲线的特点是板底的压应力 $p$ 与变形量 $s$ 的关系,从一开始就呈现非线性变化,且随着 $p$ 的增加,变形加速发展,但是直至地基破坏,仍然不会出现曲线 $a$ 那样明显的沉降突然急剧增加的现象。相应于 $b$ 型曲线,荷载板下土体的剪切破坏也是从基础边缘开始,且随着基底压应力 $p$ 的增加,极限平衡区在相应扩大。但是荷载进一步增大,极限平衡区却限制在一定的范围内,不会形成延伸至地面的连续破裂面,如图 8-3(c)所示。地基破坏时,荷载板两侧地面只略为隆起,但沉降速率加大,总沉降量很大,说明地基也已破坏,这种破坏形式称为·局·部·剪·切·破·坏。局部剪切破坏的发展是渐进的,即破坏面上的抗剪强度未能同时发挥出来,所以地基承载的能力较低。$b$ 型曲线由于没有明显直线段和的转折点,只能根据曲线上斜率变化比较强烈处,或者按一定的沉降量确定极限荷载 $p_u$。图 8-3(a)中的 $c$ 型曲线表示地基的第三种破坏形式,它与 $b$ 型曲线相类似,但是变形的发展速率更快。试验中,由于板下土体被压缩,荷载板几乎是垂直下切,两侧不发生土体隆起,地基土沿板侧发生竖直的剪切破坏面,这种破坏形式称为·冲·剪·破·坏,如图 8-3(d)所示。对后两种破坏形式,在载荷试验中,常常用其绝对沉降量或沉降量与承压板宽度的比值确定其极限承载力。

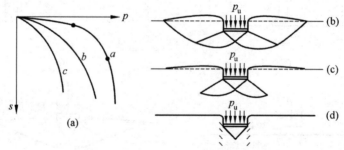

图 8-3　竖直荷载下地基的破坏形式

整体剪切破坏、局部剪切破坏和冲剪破坏是竖直荷载作用下地基失稳的三种破坏形式。实际发生哪种形式的破坏取决于许多因素,主要的是地基土的特性和基础的埋置深度。当土质比较坚硬、密实,基础埋深不大时,通常会出现整体剪切破坏。如地基土质松软则容易出现局部剪切破坏或冲剪破坏。随着基础埋深增加,局部剪切破坏和冲剪破坏变得更为常见。埋入砂土很深的基础,即使砂土很密实也不会出现与地面贯通的滑动面和整体剪切破坏现象。

## 8.3　地基的极限承载力

与极限状态下的土压力问题和土坡稳定问题一样,在解决地基的极限承载力问题时,也是假设土为理想塑性材料。但通过理想塑性材料的极限平衡理论求得问题的解析解,即使是对材料和边界条件做了很大的简化,也是极为困难的,一般都是在简化材料和边界条件以后,利用特征线法求解(见附录Ⅷ)。这类方法可以在理论上确定"真"滑动面的形状和位置,也同时确定了极限承载力的数值,例如普朗德尔-瑞斯纳解。但是由于简化与假设会使问题与实际材料和边界条件相差较大,使其实用性受到限制。另一种方法是根据观测和分析,预先假设滑动面,然后对滑动土体进行极限平衡分析,确定其极限承载力,如太沙基和梅耶霍夫等方法。

### 8.3.1　无重介质地基的极限承载力——普朗德尔-瑞斯纳公式

#### 1. 普朗德尔(Prandtl L,1920)-瑞斯纳(Reissner H,1924)公式的基本假定

在用极限平衡理论求解地基的极限承载力时,如果对问题作如下三个简化假定,就可以把复杂的问题大为简化。这三个假定是:(1)把基底以下的地基土当成无重介质,就是说,假设基础底面以下,土的重度 $\gamma=0$。(2)基础底面是完全光滑面。因为没有摩擦力,所以基底的压应力垂直于地面,并成为一个主应力。(3)对于埋置深度 $d$ 小于基础宽度 $b$ 的浅基础,可以把基底平面当成地基表面,滑动面只延伸到这一假定的地基表面。将这个平面以上基础两侧土体的自重应力 $\gamma d$,当成作用在基础两侧的均布荷载 $q=\gamma d$,$d$ 为基础的埋置深度。经过这样简化后,地基表面的荷载如图 8-4 所示。

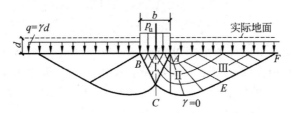

图 8-4　无重介质地基的滑移线网

#### 2. 普朗德尔-瑞斯纳公式的解答

根据上述的基本假定,用特征线法解偏微分方程组,即可得到普朗德尔-瑞斯纳公式的解答。解题方法和步骤,参见本书附录Ⅷ。主要结果如下:

(1)当荷载达到极限荷载 $p_u$ 时,地基内出现连续的滑动面。滑动土体可以分成三个区域,如图 8-4 和图 8-5 所示。其中Ⅰ区为朗肯主动区,Ⅲ区为朗肯被动区,Ⅱ区为过渡区。朗肯主动区的滑动线与水平面成 $\pm\left(45+\dfrac{\varphi}{2}\right)$ 的夹角,朗肯被动区的滑动线则与水平面成 $\pm\left(45°-\dfrac{\varphi}{2}\right)$ 的夹角。过渡区Ⅱ的两组滑动线,一组是自荷载边缘 $A$ 点和 $B$ 点引出的射线;另一组是连接Ⅰ、Ⅲ区滑动线的对数螺旋线,该对数螺旋线可表示为

$$r=r_0 e^{\psi\tan\varphi} \tag{8-1}$$

式中,$\varphi$ 为土的内摩擦角;$r_0$ 为Ⅱ区的起始半径,其值等于Ⅰ区的边界长度 $\overline{AC}$;$\psi$ 为射线 $r$ 与 $r_0$ 间的夹角,见图 8-5。

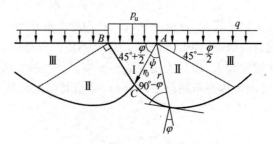

图 8-5  滑动体的过渡区

（2）地基的极限承载力 $p_u$ 可表示为下式

$$p_u = q\,\frac{1+\sin\varphi}{1-\sin\varphi}\,\mathrm{e}^{\pi\tan\varphi} + c\cdot\cot\varphi\left(\frac{1+\sin\varphi}{1-\sin\varphi}\,\mathrm{e}^{\pi\tan\varphi}-1\right)$$

$$= q\tan^2\left(45°+\frac{\varphi}{2}\right)\mathrm{e}^{\pi\tan\varphi} + c\cdot\cot\varphi\left[\tan^2\left(45°+\frac{\varphi}{2}\right)\mathrm{e}^{\pi\tan\varphi}-1\right]$$

可将上式写成

$$p_u = qN_q + cN_c \tag{8-2}$$

式中，$N_q$ 和 $N_c$ 称为承载力系数，是土的内摩擦角 $\varphi$ 的函数：

$$N_q = \tan^2\left(45°+\frac{\varphi}{2}\right)\mathrm{e}^{\pi\tan\varphi} \tag{8-3}$$

$$N_c = (N_q-1)\cdot\cot\varphi \tag{8-4}$$

通过理论分析，地基滑动面的形状可确定，如图 8-4 所示。在这一前提下，采用刚体平衡方法，同样可以求出用式（8-2）所表示的极限承载力 $p_u$。分析方法如下：

将图 8-4 所示的地基中的滑动土体沿Ⅰ区和Ⅲ区的中线切开。取土体 *OCEGAO* 作为隔离体，如图 8-6 所示。不计上体的自重，该隔离体周边的作用力如下。

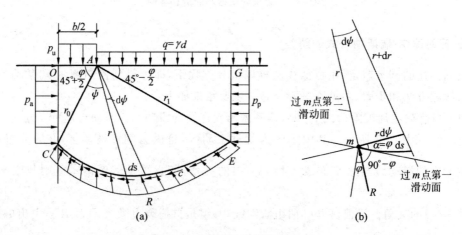

图 8-6  力平衡法求极限承载力

$\overline{OA}$：作用有待求的极限承载力 $p_u$；

$\overline{AG}$：作用有基础两侧荷载 $q=\gamma d$；

$\overline{OC}$：作用有朗肯主动土压力 $p_a$，$p_a = p_u K_a - 2c\sqrt{K_a}$，$K_a = \tan^2\left(45° - \dfrac{\varphi}{2}\right)$；

$\overline{GE}$：作用有朗肯被动土压力 $p_p$，$p_p = qK_p + 2c\sqrt{K_p}$，$K_p = \tan^2\left(45° + \dfrac{\varphi}{2}\right)$；

$\overparen{CE}$：作用有两种力，一是黏聚力 $c$，黏聚力沿 $\overparen{CE}$ 面的切线均匀分布，还有法向压力与摩擦力的合力 $R$，$R$ 指向 $A$ 点。

在图 8-6(b)中，取转角增量 $\mathrm{d}\psi$，相邻的两径向长度分别为 $r$ 和 $r+\mathrm{d}r$，与 $r$ 垂直向的增量长度为 $r\mathrm{d}\psi$，对数螺旋线滑动面的增量为 $\mathrm{d}s$。如果将 $r\mathrm{d}\psi$ 与 $\mathrm{d}s$ 间的夹角记为 $\alpha$，则

$$\tan\alpha = \frac{\mathrm{d}r}{r\mathrm{d}\psi} \tag{8-5}$$

根据式(8-1)

$$\mathrm{d}r = \mathrm{d}(r_0 \mathrm{e}^{\psi\tan\varphi}) = r_0 \mathrm{e}^{\psi\tan\varphi}\mathrm{d}\psi\tan\varphi$$

将此 $\mathrm{d}r$ 表达式代入式(8-5)，则得到

$$\tan\alpha = \frac{r_0 \mathrm{e}^{\psi\tan\varphi} \times \mathrm{d}\psi\tan\varphi}{r\mathrm{d}\psi} = \frac{r\mathrm{d}\psi\tan\varphi}{r\mathrm{d}\psi} = \tan\varphi \tag{8-6}$$

亦即 $\alpha = \varphi$。由于反力 $R$ 与滑动面曲线的外法线方向夹角为 $\varphi$，则 $R$ 必垂直于 $r\mathrm{d}\psi$ 亦即 $R$ 与 $r$ 方向重合，所以各点的 $R$ 都必须指向极点 $A$，亦即它对 $A$ 点的力矩为 0。

根据图 8-6 的几何关系，各边界线的长度为

$$\overline{OA} = \frac{b}{2}, \quad \overline{OC} = \frac{b}{2}\tan\left(45° + \frac{\varphi}{2}\right), \quad r_0 = \frac{b}{2\cos\left(45° + \frac{\varphi}{2}\right)}$$

$$r_1 = r_0 \mathrm{e}^{\frac{\pi}{2}\tan\varphi}, \quad \overline{GE} = r_1\sin\left(45° - \frac{\varphi}{2}\right), \quad \overline{AG} = r_1\cos\left(45° - \frac{\varphi}{2}\right)$$

因为隔离体处于静力平衡状态，各边界面上的作用力对极点 $A$ 取矩，应有 $\sum M_A = 0$，则

$$p_u\frac{b^2}{8} + p_a\frac{\overline{OC}^2}{2} = q\frac{\overline{AG}^2}{2} + p_p\frac{\overline{GE}^2}{2} + M_c \tag{8-7}$$

式中：$M_c$ 为弧面 $\overparen{CE}$ 上黏聚力对极点 $A$ 的力矩，可由式(8-8)计算：

$$M_c = \int c \cdot \mathrm{d}s \cdot \cos\varphi \cdot r \tag{8-8}$$

式中：$\mathrm{d}s = \dfrac{r\mathrm{d}\psi}{\cos\varphi}$，代入式(8-8)，得

$$M_c = \int_0^{\frac{\pi}{2}} cr^2\mathrm{d}\psi = c\int_0^{\frac{\pi}{2}} (r_0\mathrm{e}^{\psi\tan\varphi})^2\mathrm{d}\psi = cr_0^2\frac{1}{2\tan\varphi}(\mathrm{e}^{\pi\tan\varphi} - 1) \tag{8-9}$$

将式(8-9)和各个边界长度以及作用力代入式(8-7)，整理后，也可以得到普朗德尔-瑞斯纳公式的地基极限承载力的表达式，该式与用特征线法求得的极限承载力公式(8-2)完全一致。

$$p_u = q\tan^2\left(45° + \frac{\varphi}{2}\right)\mathrm{e}^{\pi\tan\varphi} + c\cdot\cot\varphi\left[\tan^2\left(45° + \frac{\varphi}{2}\right)\mathrm{e}^{\pi\tan\varphi} - 1\right]$$
$$= qN_q + cN_c$$

对于黏性大、排水条件差的饱和黏土地基,在加载速率很快时,可按 $\varphi_u = 0$ 求极限承载力。这时,按式(8-3)有,$N_q = 1.0$,$N_c$ 为不定解,可以用数学中的罗彼塔法则计算。对式(8-4)应用罗彼塔法则,得

$$\lim_{\varphi \to 0} N_c = \lim_{\varphi \to 0} \frac{\dfrac{d}{d\varphi}\left\{\left[\tan^2\left(45° + \dfrac{\varphi}{2}\right)\right]e^{\pi\tan\varphi} - 1\right\}}{\dfrac{d}{d\varphi}\tan\varphi} = \pi + 2 = 5.14 \tag{8-10}$$

这时地基的极限荷载为

$$p_u = q + 5.14c \tag{8-11}$$

【例题 8-1】 黏性土地基上条形基础的宽度 $b = 2m$,埋置深度 $d = 1.5m$,地基土的天然重度 $\gamma = 17.6kN/m^3$,$c = 10kPa$,$\varphi = 20°$。按普朗德尔-瑞斯纳公式,求地基的极限承载力,并给出地基滑移线网的外轮廓。

【解】

(1) 按式(8-2),求极限承载力 $p_u$:

$$p_u = qN_q + cN_c$$

$$q = \gamma d = (17.6 \times 1.5)kPa = 26.4kPa$$

$$N_q = \tan^2\left(45° + \frac{\varphi}{2}\right) \cdot e^{\pi\tan\varphi} = \tan^2\left(45° + \frac{20°}{2}\right) \cdot e^{\pi\tan20°} = 6.4$$

$$N_c = (N_q - 1)\cot\varphi = (6.4 - 1)\cot20° = 14.8$$

故

$$p_u = (26.4 \times 6.4 + 10 \times 14.8)kPa = 317kPa$$

(2) 绘制滑移线轮廓

$$\theta_1 = 45° + \frac{\varphi}{2} = 55°, \quad \theta_2 = 45° - \frac{\varphi}{2} = 35°$$

因为 $r_0\cos\theta_1 = \dfrac{b}{2} = 1$,所以 $r_0 = \dfrac{1}{\cos\theta_1} = 1.74m$。按式(8-1)有

$$r_1 = r_0 e^{\psi\tan\varphi} = r_0 e^{\frac{\pi}{2}\tan20°} = 3.08m$$

绘出地基滑移线外轮廓,如图8-7所示。

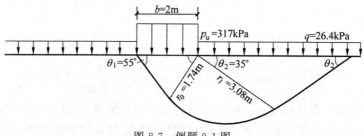

图 8-7 例题 8-1 图

【例题 8-2】 基础尺寸和埋置深度同例题8-1,但地基土为饱和软黏土,天然重度 $\gamma = 18.6kN/m^3$,不排水强度 $c_u = 15kPa$,$\varphi_u = 0°$,求地基极限承载力和滑移线轮廓。

**【解】**

(1) 根据式(8-11),求地基极限承载力 $p_u$:

$$q = \gamma d = (18.6 \times 1.5)\text{kPa} = 27.9\text{kPa}$$

$$p_u = q + 5.14c = \gamma d + 5.14c = (27.9 + 5.14 \times 15)\text{kPa} = 105\text{kPa}$$

(2) 绘制滑移线轮廓

因为 $\varphi = 0°$,故 $\theta_1 = \theta_2 = 45°$。

因为 $r_0 \cos\theta_1 = \dfrac{b}{2} = 1$,故 $r_0 = \dfrac{1}{\cos\theta_1} = 1.41\text{m}$。

按式(8-12)有

$$r_1 = r_0 e^{\psi \tan\varphi} = r_0 e^{\frac{\pi}{2}\tan 0°} = r_0 = 1.41\text{m}$$

即当 $\varphi_u = 0$ 时,第Ⅱ区从对数螺旋线变为圆弧,滑移线轮廓如图 8-8 所示。

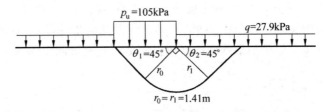

图 8-8　例题 8-2 图

### 3. 普朗德尔-瑞斯纳公式的讨论

应该指出,普朗德尔-瑞斯纳用极限平衡理论求地基的极限承载力在工程实际上并不是很实用。这种理论认为地基土由滑移边界线截然分成塑性破坏区和弹性变形区,基础以下,滑移边界线以内的土体都处于塑性极限状态,在塑性极限区内,土体各点可以沿滑移面产生无限制的变形。实际上大量试验证明,由于基底与土的摩擦作用,在基础底面下存在着压密的弹性区域。弹性区域的存在对地基极限承载力的影响将在下节详述。此外土的应力-应变关系并不像理想弹塑性模型所表示的那样,不是线弹性体就是理想塑性体。实际的土体是一种非线性弹塑性体。显然,用理想化的弹塑性理论不能完全反映地基土的破坏特征,更无法描述地基土从变形发展到破坏的真实过程。

该公式推导中假设为无重介质地基,从式(8-2)可以发现,对于砂土如果地基埋深 $d = 0$,则 $p_u = 0$。这显然与实际相差甚远。

此外,用极限平衡理论求地基的极限承载力,解题方法十分繁冗,难以适用于边界稍微复杂一些的问题。作为建立地基极限承载力和滑动面的基本物理概念和分析途径,无疑有重要作用,但对解决具体工程问题,则只能限于简单的边界条件和均匀的地基。本节所介绍的刚体极限平衡法,是在已经通过特征线法解出滑动面的形状位置后(见附录Ⅷ),确定极限承载力的简单方法,它的前提是首先解出滑动面形状。

## 8.3.2　基础下形成刚性核时地基的极限承载力——太沙基公式

实际上基础底面并不会完全光滑,与地基表面之间存在着摩擦力。摩擦力约束了直接位于基底下那部分土体的水平变形,使它不能处于极限平衡状态。图 8-9 的地基模型试验表明,在荷载作用下基础向下移动时,基底下的土体形成一个刚性核(或称弹性核),与基础组成整体,竖直向下移动。下移的刚性核挤压两侧土体,使地基土破坏,形成滑裂线网。由于刚性核的存在,地基中部分土体并不处于极限平衡状态。这种情况边界条件复杂,难以直接解极限平衡偏微分方程组求地基的极限承载力。这时,通常先假定刚性核和滑动面的形状,再应用极限平衡概念和隔离体的平衡条件求极限承载力的近似解。这类半理论半经验方法的公式较多,应用最广泛的是太沙基公式。

### 1. 刚性核和滑动面形状的确定

太沙基在分析基底上刚性核的形状时,认为基础完全粗糙,刚性核与基础组成一个整体沿竖直方向下沉,因此在刚性核的尖端 $C$ 点处,左右两侧对称的曲线滑动面必定与铅垂线 $CM$ 相切,如图 8-10(a)所示。如果刚性核的两个侧面 $AC$ 和 $BC$ 也是滑动面,则按极限平衡理论,两组滑动线的交角 $\angle ACM$ 为($90° + \varphi$)。根据几何条件,不难看出 $AC$ 和 $BC$ 面与基础底面的交角 $\bar{\psi} = \varphi$。但是如果基底的摩擦力不足以完全限制土体 $ABC$ 的侧向变形,则 $\bar{\psi}$ 将介于 $\varphi$ 与 $\left(45° + \dfrac{\varphi}{2}\right)$ 之间。

刚性核代替了普朗德尔解的朗肯主动区(即Ⅰ区),于是地基滑动面的形状只由两个极限平衡区即朗肯被动区和对数螺旋线过渡区所构成,如图 8-10(a)所示。

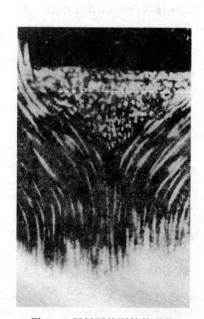

图 8-9　压板下的刚性核形状

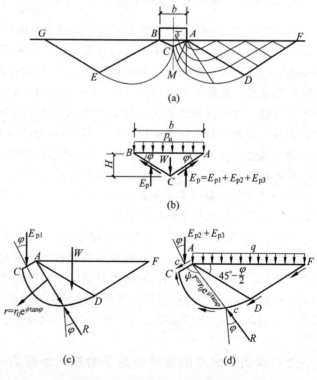

图 8-10　太沙基地基极限承载力

**2. 从刚性核的静力平衡条件求地基的极限承载力**

刚性核的形状确定以后,太沙基把它取为隔离体,将两个侧面 $AC$ 和 $BC$ 当成两个仰斜式挡土墙的墙背。基底压应力 $p_u$ 促使刚性核向下移动,$AC$ 和 $BC$ 面挤压两侧土体,直至土体破坏,这时基底的压应力就是极限承载力 $p_u$。根据图 8-10(b)的几何条件,当 $\bar{\psi} = \varphi$ 时,被动土压力 $E_p$ 的方向必定是竖直向。$E_p$ 求得以后,就可以根据刚性核本身的静力平衡条件,求地基的极限承载力,如下式:

$$p_u b = 2E_p + cb\tan\varphi - \frac{\gamma b^2}{4}\tan\varphi \tag{8-12}$$

式中:$\frac{\gamma b^2}{4}\tan\varphi$ 为刚性核的自重,$cb\tan\varphi$ 为 $AC$ 和 $BC$ 面上黏聚力的竖直分量,因此用式(8-12)求极限承载力的关键在于计算刚性核两个侧面上的被动土压力 $E_p$。

**3. 被动土压力 $E_p$ 的确定与太沙基公式**

对于浅埋基础($d \leqslant b$),可以不考虑基础底面以上土体的抗剪强度,而把它当成基础两侧作用着均布荷载 $q = \gamma d$,因此总的被动土压力 $E_p$ 可以看成由图 8-10(c)中滑动土体 $CDFAC$ 的重量所产生的摩阻力抗力 $E_{p1}$ 和图 8-10(d)中滑动面 $\overset{\frown}{CF}$ 和 $\overline{AC}$ 上的黏聚力 $c$ 所产生的抗力 $E_{p2}$ 以及均布荷载 $q$ 所产生的摩阻力抗力 $E_{p3}$ 这三部分所构成。

土体中真正滑动面的形状取决于这三种抗力共同作用的结果,但很难确切求得。太沙基为了简化计算,先把地基土当成无侧荷载的无黏性土,即 $q = 0, c = 0, \varphi > 0, \gamma > 0$,求由于滑动土体 $CDFAC$ 的重量所产生的抗力 $E_{p1}$,如图 8-10(c)所示。再把地基土当成有侧荷载的无重黏性土,即 $q > 0, c > 0, \varphi > 0, \gamma = 0$,计算黏结力 $c$ 和侧荷载 $q$ 所产生的抗力 $E_{p2}$ 和 $E_{p3}$,如图 8-10(d)所示。然后三者叠加起来就得到总的被动土压力 $E_p$。

$$E_p = E_{p1} + E_{p2} + E_{p3} \tag{8-13}$$

对于这种仰斜式挡土墙的情况,无黏性土的被动土压力可按库仑土压力理论计算:

$$E_{p1} = \frac{1}{2}\gamma H^2 \frac{K_{p1}}{\cos\bar{\psi}\sin\alpha} \tag{8-14}$$

无重黏性土由黏聚力 $c$ 和侧荷载 $q$ 引起的被动土压力,分别表示为

$$E_{p2} = H \frac{cK_{p2}}{\cos\bar{\psi}\sin\alpha} \tag{8-15}$$

$$E_{p3} = H \frac{qK_{p3}}{\cos\bar{\psi}\sin\alpha} \tag{8-16}$$

式中:$H$——刚性核的竖直高度,$H = \frac{1}{2}b\tan\bar{\psi}$;

$\bar{\psi}$——刚性核的斜边与水平面的夹角;

$\alpha$——刚性核的斜边与水平面夹角的外角,即 $\alpha = 180 - \bar{\psi}$;

$K_{p1}$、$K_{p2}$、$K_{p3}$——由于滑动土体重量、滑动面上黏聚力和侧荷载所产生的被动土压力系数。

当 $\bar{\psi}=\varphi$ 时，

$$E_{\mathrm{p}}=\frac{1}{8}\gamma b^2\frac{K_{\mathrm{p1}}}{\cos^2\varphi}\tan\varphi+\frac{b}{2}\frac{cK_{\mathrm{p2}}}{\cos^2\varphi}+\frac{b}{2}\frac{qK_{\mathrm{p3}}}{\cos^2\varphi} \tag{8-17}$$

将式(8-17)代入式(8-12)，经过整理后得：

$$\begin{aligned}p_{\mathrm{u}}&=\frac{\gamma b}{2}\left[\frac{\tan\varphi}{2}\left(\frac{K_{\mathrm{p1}}}{\cos^2\varphi}-1\right)\right]+c\left(\frac{K_{\mathrm{p2}}}{\cos^2\varphi}+\tan\varphi\right)+q\frac{K_{\mathrm{p3}}}{\cos^2\varphi}\\&=\frac{\gamma b}{2}N_{\gamma}+cN_{\mathrm{c}}+qN_{\mathrm{q}}\end{aligned} \tag{8-18}$$

式(8-18)是太沙基的极限承载力公式，后一部分也是其他不同计算方法的地基极限承载力的统一表达式。不同计算方法的差异表现在承载力系数 $N_{\gamma}$、$N_{\mathrm{c}}$、$N_{\mathrm{q}}$ 的数值上。

对于太沙基公式，当取 $\bar{\psi}=\varphi$ 时，有

$$N_{\gamma}=\frac{\tan\varphi}{2}\left(\frac{K_{\mathrm{p1}}}{\cos^2\varphi}-1\right) \tag{8-19}$$

$$N_{\mathrm{c}}=\frac{K_{\mathrm{p2}}}{\cos^2\varphi}+\tan\varphi \tag{8-20}$$

$$N_{\mathrm{q}}=\frac{K_{\mathrm{p3}}}{\cos^2\varphi} \tag{8-21}$$

显然这三个承载力系数是在一定的假定条件下推导出的。太沙基经过计算分析后指出，这样处理对极限承载力所带来的误差不很大，工程上可以允许。

仰斜式墙背的无黏性土被动土压力系数 $K_{\mathrm{p1}}$ 较容易用现有的土压力理论计算，而倾斜墙背的无重黏性土的被动土压力系数 $K_{\mathrm{p2}}$ 和 $K_{\mathrm{p3}}$ 则尚无现成的计算方法。但是图8-10(d)边界条件下的承载力系数 $N_{\mathrm{q}}$ 和 $N_{\mathrm{c}}$ 已由普朗德尔瑞斯纳公式给出，可用式(8-22)和式(8-23)表示：

$$N_{\mathrm{q}}=\frac{\mathrm{e}^{\left(\frac{3}{2}\pi-\varphi\right)\tan\varphi}}{2\cos^2\left(45°+\dfrac{\varphi}{2}\right)} \tag{8-22}$$

$$N_{\mathrm{c}}=(N_{\mathrm{q}}-1)\cot\varphi \tag{8-23}$$

地基承载力系数 $N_{\gamma}$、$N_{\mathrm{c}}$、$N_{\mathrm{q}}$ 的值只取决于土的内摩擦角 $\varphi$。太沙基将其绘制成曲线如图8-11所示，可供直接查用。

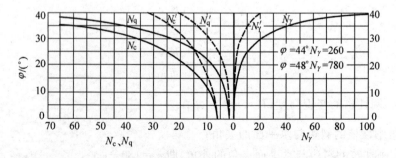

图8-11  太沙基地基承载力系数

对于不排水条件下的饱和黏土，$\varphi_u = 0°$，则 $N_r = 0$。按式(8-22)和式(8-23)，用罗彼塔法则，求得

$$N_q = \frac{1}{2\left(\frac{1}{\sqrt{2}}\right)^2} = 1$$

$$N_c = \frac{3}{2}\pi + 1 = 5.7 \tag{8-24}$$

故
$$p_u = q + 5.7c \tag{8-25}$$

比较式(8-25)和式(8-11)，可见形成刚性核以后，这种情况下的地基的极限承载力略有提高。

### 4. 局部剪切破坏时地基的极限承载力

上述计算地基极限承载力的太沙基公式，只适用于地基土发生整体剪切破坏的情况，不适用于局部剪切破坏。由于局部剪切破坏时地基的变形量较大，承载力有所降低，太沙基建议仍然可以采用式(8-18)计算极限承载力，但是要把抗剪强度指标适当折减。具体计算时可用 $c_e = \frac{2}{3}c$，$\tan\varphi_e = \frac{2}{3}\tan\varphi$，于是式(8-18)变为

$$p_u = \frac{\gamma b}{2}N'_\gamma + c_e N'_c + \gamma d N'_q$$

由于降低了内摩擦角 $\varphi$，因此承载力系数 $N'_\gamma$、$N'_q$ 和 $N'_c$ 小于相应的 $N_\gamma$、$N_q$ 和 $N_c$。修改后的数值见图 8-11 中虚线所示。

## 8.3.3 考虑基底以上土体抗剪强度时地基的极限承载力——梅耶霍夫公式

梅耶霍夫(Meyerhof G G)和太沙基一样，认为基础底面与地基土间存在着摩擦力，摩擦角为 $\delta$，基底下的土体形成刚性核 $ABC$，如图 8-12 所示。$AC$ 和 $BC$ 是滑动面，三角形两个底角 $\overline{\psi}$ 介于 $\varphi$ 与 $\left(45° + \frac{\varphi}{2}\right)$ 之间。但在推导极限承载力时，假定 $\overline{\psi} = 45° + \frac{\varphi}{2}$。

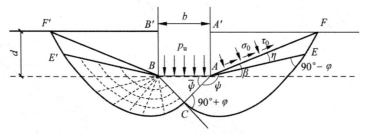

图 8-12 梅耶霍夫地基极限承载力分析法

在荷载作用下，刚性核 $ABC$ 与基础形成整体向下移动。挤压两侧土体达到破坏时，两侧土体形成对数螺旋线的破裂面。与太沙基不同之处在于考虑基底以上地基土的抗剪强度。梅耶霍夫假定破裂面延伸至地面，并在 $F$ 和 $F'$ 处滑出，如图 8-12 所示。$F$ 和 $F'$ 点是自基础边缘 $A$、$B$ 处引一与水平面成 $\beta$ 角的斜线与地面的交点。$\beta$ 角的确定方法下面再进

一步说明。以 $\overline{AF}$ 和 $\overline{BF'}$ 作为等代地基自由表面。将 $\overline{AF}$ 和 $\overline{BF'}$ 以上的三角形土体重量以及基础侧面 $\overline{AA'}$ 和 $\overline{BB'}$ 上的摩擦力用自由表面 $\overline{AF}$ 和 $\overline{BF'}$ 上的法向应力 $\sigma_0$ 和剪应力 $\tau_0$ 来反映。$\overparen{CE}$、$\overparen{CE'}$ 为对数螺旋线。$\overline{FE}$、$\overline{F'E'}$ 为对数螺旋线的切线。梅耶霍夫根据图 8-12 所示的滑动面的形状,推导出地基极限承载力的计算式,同样简化为极限承载力的普遍表达式:

$$p_u = \frac{\gamma b}{2} N_\gamma + c N_c + \sigma_0 N_q \tag{8-26}$$

但是式中的承载力系数 $N_\gamma$、$N_c$、$N_q$ 与极限平衡理论公式或太沙基公式均有不同。它们不仅取决于土的内摩擦角 $\varphi$,而且还与 $\beta$ 值有关,它们可从图 8-13 中曲线查用。图中曲线以 $\beta$ 角为参数,$\beta$ 值是基础埋深和形状的函数,因此用梅耶霍夫公式求极限承载力前,必须找到确定破裂面滑出点 $F$ 和 $F'$ 的 $\beta$ 角。$\beta$ 可用迭代法计算确定,其计算过程简述如下:

(1) 先任意假设一个 $\beta$ 角,求作用于等代自由面上的法向应力 $\sigma_0$ 和剪应力 $\tau_0$。按下式计算:

$$\sigma_0 = \frac{1}{2} \gamma_0 d \left( K_0 \sin^2\beta + \frac{K_0}{2} \tan\delta \sin 2\beta + \cos^2\beta \right) \tag{8-27}$$

$$\tau_0 = \frac{1}{2} \gamma_0 d \left( \frac{1-K_0}{2} \sin 2\beta + K_0 \tan\beta \sin^2\beta \right) \tag{8-28}$$

式中:$\delta$——地基土与基础侧面的摩擦角;

$K_0$——静止土压力系数;

$d$——基础埋置深度;

$\gamma_0$——基础底面以上土的重度。

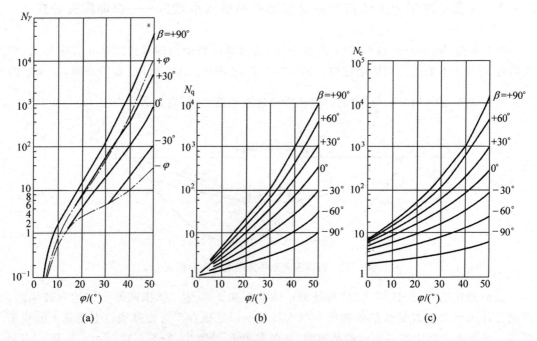

图 8-13    梅耶霍夫地基承载力系数

（2）等代自由面 $\overline{AF}$ 和 $\overline{BF'}$ 并不是滑动线，与等代自由面向下成夹角 $\eta$ 的直线 $\overline{AE}$ 和 $\overline{BE'}$ 才是滑动线。$\eta$ 角可以用作图法求得，见图 8-14。先在 $\sigma\text{-}\tau$ 坐标上取 $E$ 点，其应力值为 $\sigma_0$、$\tau_0$，$E$ 点即代表 $\overline{AF}$ 面的应力。然后在 $\sigma$ 轴上找圆心 $C$，作应力圆，使该应力圆过 $E$ 点并与强度包线相切，切点为 $T$。切点代表该面上土的剪应力等于抗剪强度，亦即滑动面的位置。故：圆心角 $\angle ECT = 2\eta$。

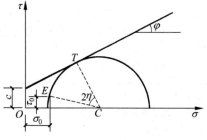

图 8-14　$\eta$ 角的图解法

（3）按梅耶霍夫推导，角 $\beta$ 和 $\eta$ 与基础埋置深度 $d$ 的关系为

$$d = \frac{b\sin\beta\cos\varphi \cdot \mathrm{e}^{\psi\tan\varphi}}{2\sin\left(45° - \dfrac{\varphi}{2}\right)\cos(\eta + \varphi)} \quad (8\text{-}29)$$

$$\psi = 135° + \beta - \eta - \frac{\varphi}{2} \quad (8\text{-}30)$$

$\psi$ 为 $\overline{AC}$ 和 $\overline{AE}$ 间对数螺旋滑动线的中心角，如图 8-12 所示。根据假设的 $\beta$，由式（8-27）和式（8-28）求 $\sigma_0$ 和 $\tau_0$，并由应力圆求 $\eta$ 角，然后代入式（8-30）求 $\psi$，再将 $\psi$、$\beta$ 和 $\eta$ 代入式（8-29），计算出 $d_1$。如果 $d_1$ 与 $d$ 相差较大则变化 $\beta$ 计算 $d_2$，直到 $d_i \approx d$ 为止。有关式（8-27）～式（8-30）的证明从略。

$\beta$ 求出后就可以从图 8-13 中查出承载力系数 $N_\gamma$、$N_c$、$N_q$，再由地基的极限承载力公式求极限承载力 $p_u$。

## 8.3.4　汉森极限承载力公式

用上述几种方法计算极限承载力 $p_u$ 和承载力系数 $N_\gamma$、$N_q$、$N_c$ 均按条形竖直均布荷载推导得到。汉森（Hansen J B）在极限承载力计算时对承载力进行数项修正，包括非条形荷载的基础形状修正。埋深范围内考虑土抗剪强度的深度修正，基底有水平荷载时的荷载方向倾斜修正，地面有倾角 $\beta$ 时的地面修正以及基底有倾角 $\overline{\eta}$ 时的基底修正，每种修正均需在承载力系数 $N_\gamma$、$N_q$、$N_c$ 上乘以相应的修正系数。加修正后汉森的极限承载力公式为

$$p_u = \frac{1}{2}\gamma b N_\gamma s_\gamma d_\gamma i_\gamma g_\gamma b_\gamma + q N_q s_q d_q i_q g_q b_q + c N_c s_c d_c i_c g_c b_c \quad (8\text{-}31)$$

式中：$N_q$、$N_c$、$N_\gamma$——地基承载力系数；在汉森公式中取 $N_q = \tan^2\left(45° + \dfrac{\varphi}{2}\right)\mathrm{e}^{\pi\tan\varphi}$，$N_c = (N_q - 1)\cot\varphi$，$N_\gamma = 1.5(N_q - 1)\tan\varphi$；

$s_\gamma$、$s_q$、$s_c$——相应于基础形状的修正系数；

$d_\gamma$、$d_q$、$d_c$——相应于考虑埋深范围内土强度的深度修正系数；

$i_\gamma$、$i_q$、$i_c$——相应于荷载方向倾斜的修正系数；

$g_\gamma$、$g_q$、$g_c$——相应于地面倾斜的修正系数；

$b_\gamma$、$b_q$、$b_c$——相应于基础底面倾斜的修正系数。

对于 $d \leqslant b$，$\varphi > 0°$ 的情况，汉森提出的上述各系数的计算公式见表 8-1。

**表 8-1　汉森承载力公式中的修正系数**

| 承载力系数 | 形状修正系数（无荷载倾斜） | 深度修正系数 | 荷载倾斜修正系数 | 地面倾斜修正系数 | 基底倾斜修正系数 |
|---|---|---|---|---|---|
| $N_c$ | $s_c = 1 + 0.2\dfrac{b}{l}$ | $d_c = 1 + 0.4\dfrac{d}{b}$ | $i_c = i_q - \dfrac{1 - i_q}{N_q - 1}$ | $g_c = 1 - \beta°/147°$ | $b_c = 1 - \bar{\eta}°/147°$ |
| $N_q$ | $s_q = 1 + \dfrac{b}{l}\tan\varphi$ | $d_q = 1 + 2\tan\varphi(1 - \sin\varphi)^2\dfrac{d}{b}$ | $i_q = \left(1 - \dfrac{0.5P_h}{P_v + A_f c \cdot \cot\varphi}\right)^5$ | $g_q = (1 - 0.5\tan\beta)^5$ | $b_q = \exp(-2\bar{\eta}\tan\varphi)$ |
| $N_\gamma$ | $s_\gamma = 1 - 0.4\dfrac{b}{l}$ | $d_\gamma = 1.0$ | $i_\gamma = \left(1 - \dfrac{0.7P_h}{P_v + A_f c \cdot \cot\varphi}\right)^5$ | $g_\gamma = (1 - 0.5\tan\beta)^5$ | $b_\gamma = \exp(-2\bar{\eta}\tan\varphi)$ |

表中符号

$A_f$——基础的有效接触面积，$A_f = b'l'$

$b'$——基础的有效宽度，$b' = b - 2e_b$

$l'$——基础的有效长度，$l' = l - 2e_l$

$d$——基础的埋置深度

$e_b$、$e_l$——相对于基础面积中心而言的荷载偏心距

$b$——基础的宽度

$l$——基础的长度

$c$——地基土的黏聚力

$\varphi$——地基土的内摩擦角

$P_h$——平行于基底的荷载分量

$P_v$——垂直于基底的荷载分量

$\beta$——地面倾角

$\bar{\eta}$——基底倾角

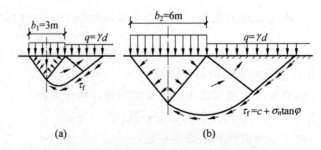

## 8.3.5　地基承载力机理和公式的普遍形式

上述各种公式计算的地基极限承载力都是根据地基土的极限平衡基本原理推导出来的，它们都可以表示为式(8-18)这样的普遍公式，差别只在于承载力系数的数值不同。

$$p_u = \frac{\gamma b}{2}N_\gamma + cN_c + \gamma d N_q$$

上式也可表示为

$$p_u = p_{uc} + p_{u\gamma} + p_{uq} \tag{8-32}$$

式中，$p_{uc}$、$p_{u\gamma}$ 和 $p_{uq}$ 分别为由滑动面上的黏聚力 $c$、滑动土体自重和基础埋深 $d$ 部分土重量在两侧的超载所形成的极限承载力的三个组成部分。

下面通过图 8-15 和图 8-16 进行分析，只考虑右侧的滑动面。

（a）　　　　　　　　　　（b）

图 8-15　相同地基上荷载宽度不同的情况

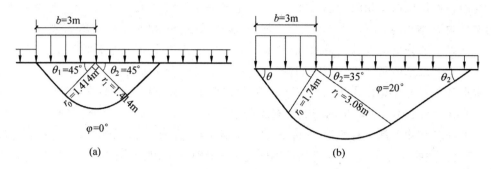

图 8-16　相同荷载宽度，不同地基土情况

**1. 滑动面上的黏聚力产生的承载力 $p_{uc}$**

从图 8-15 中可以看出，对于作用有条形荷载的地基，滑动土体只有克服了滑动面上的黏聚阻力才可能产生滑动与破坏，在相同的地基上，土的内摩擦角 $\varphi$ 相同，滑动面形状也就相同，只是荷载宽度 $b$ 不同，则 $bp_{uc}=bcN_c$，$b$ 为基底宽度，可见因滑动面的总长度与宽度 $b$ 成正比，地基的总承载力 $bp_{uc}$ 与基底宽度 $b$ 呈线性关系，所以单位面积的极限承载力 $p_{uc}=cN_c$ 与基底宽度无关。

但是当地基土的内摩擦角 $\varphi$ 增加时，滑动面会加深加宽，滑动面的总边界长度加大，在图 8-16 中，两个荷载等宽，当 $\varphi=0°$ 时滑动面长度最小；当 $\varphi>0°$ 时，滑动面长度增加，如果黏聚力 $c$ 相等，滑动面承载力也将增加，这表明承载力系数 $N_c$ 随内摩擦角增加而增加。

**2. 由滑动土体自重产生的承载力 $p_{u\gamma}$**

在图 8-15 中，滑动土体的自重在滑动面上产生正应力 $\sigma_n$，当 $\varphi>0°$ 时，将会在滑动面上产生摩擦阻力，成为极限承载力的重要组成部分。这个摩擦阻力正比于滑动土体的体积和重量，当地基土的内摩擦角相同时，不同荷载宽度的滑动面形状相似，产生的总承载力 $bp_{u\gamma}=N_\gamma b^2\gamma/2$，由于平面应变状态下滑动土体的体积与基础的宽度 $b$ 的平方成正比，可见总承载力 $bp_{u\gamma}$ 是 $b^2$ 的线性函数，所以单位宽度的承载力 $p_{u\gamma}$ 是 $b$ 的线性函数，即 $p_{u\gamma}=N_\gamma b\gamma/2$。由图 8-16 可见，对于同样基础宽度的情况，当内摩擦角增加时摩擦阻力增加，滑动土体的深度与宽度也都增加，所以承载力系数 $N_\gamma$ 随 $\varphi$ 增加的速度比另两个承载力系数快得多。对于内摩擦角大的粗粒土，这部分承载力占很大比例。

**3. 由基底以上两侧超载产生的承载力 $p_{uq}$**

由于多数承载力公式都忽略了深度 $d$ 这部分土体本身的黏聚力和摩擦力，而只是将它的重力作为超载 $q=\gamma d$ 作用于基底以上两侧的地面。

这部分抗力有两个方面的贡献，一是它作为超载作用于与基底齐平的假想地面上，滑动土体趋向于隆起时，必须同时将它抬起。在图 8-16(a) 中可以看出，当 $\varphi=0°$ 时，$p_u$ 与 $\gamma d$ 作用在同一平面上，且二者在滑动土体上作用宽度相等且对称，所以此时 $N_q=1.0$。第二个作用是由于它压在滑动土体之上，在滑动面上也会产生正应力和摩阻力，组成承载力的另一部分。

这两种作用也都使相应的总承载力 $bp_{uq}$ 与宽度 $b$ 呈线性关系,所以 $p_{uq}$ 与宽度无关。当内摩擦角 $\varphi$ 增加时,上述两种作用都会加强,所以系数 $N_q$ 也是 $\varphi$ 的递增函数。

根据以上的分析可以看到,提高地基承载力需要考虑以上 3 个方面的因素。其中它们都与地基土的内摩擦角 $\varphi$ 有关,因而选择好的持力层是十分重要的。

根据各承载力计算公式和工程实际经验,可以归纳出如下的一些结论:

(1) 由滑动土体自重产生的与宽度有关的承载力 $p_{u\gamma} = \gamma b N_\gamma / 2$ 部分,对于黏性土与无黏性土的地基承载力都会有所提高(除非 $\varphi_u = 0°$ 情况)。在 $b < 3m$ 的情况下,这一项的影响不大,常可以忽略;另外,宽度 $b$ 增加并不会使 $p_{u\gamma}$ 无限增大,当 $b$ 值很大时,其整体滑动的深度与宽度过大,难以实现。这时需对 $p_{u\gamma}$ 进行折减,有的规范规定当 $b < 3m$ 时,按 $b = 3m$ 计;当 $b > 6m$ 时,按 $b = 6m$ 计。

(2) 对于黏性土,$p_{uc}$ 是地基承载力中的主要部分,由于在饱和黏性土地基中常常会按照不排水强度指标 $\varphi_u = 0°$ 计算承载力,黏聚力的影响就更加突出。

(3) 在无黏性土中,基础埋深对应的超载产生的承载力 $p_{uq}$ 占重要地位,很难想象会将浅基础放在砂土地基表面上。

(4) 形成图 8-3(b)这样的破坏,地基持力层应具有一定的厚度,对于持力层较薄的分层土地基,需要对其软弱下卧层承载力进行验算。

【例题 8-3】 条形基础宽 1.5m,埋置深度 1.2m,地基为均匀粉质黏土,土的重度 $\gamma = 17.6\mathrm{kN/m^3}$,$c = 15\mathrm{kPa}$,$\varphi = 24°$。用太沙基极限承载力公式求地基的极限承载力。

【解】 按题意已知:$q = \gamma d = 17.6 \times 1.2 \mathrm{kN/m^2} = 21.12\mathrm{kN/m^2}$,$c = 15\mathrm{kN/m^2}$,$b = 1.5m$,$\varphi = 24°$。用太沙基极限承载力公式求地基产生整体剪切破坏的极限承载力。按太沙基极限承载力公式得:

$$p_u = \frac{\gamma b}{2} N_\gamma + C N_c + q N_q$$

查图 8-11 知:

$$N_\gamma = 8.0, \quad N_q = 12, \quad N_c = 23.5$$

代入上式,得:

$$p_u = \left( \frac{17.6}{2} \times 1.5 \times 8.0 + 15 \times 23.5 + 21.12 \times 12 \right) \mathrm{kN/m^2} \approx 711.54\mathrm{kN/m^2}$$

【例题 8-4】 上述例题中若基础埋深改为 3m,地基土的物理力学特性指标为 $\gamma = 17.6\mathrm{kN/m^3}$,$c = 8\mathrm{kN/m^2}$,$\varphi = 24°$,按太沙基公式求地基产生局部剪切破坏时的极限承载力。

【解】 用太沙基公式计算地基极限承载力

$$p_u = \frac{\gamma b}{2} N'_\gamma + c_e N'_c + q N'_q \tag{a}$$

$$c_e = \frac{2}{3} c = \frac{2}{3} \times 8 \mathrm{kN/cm^2} \approx 5.3\mathrm{kN/cm^2}$$

按 $\varphi' = 24°$ 查图 8-11 虚线,得

$$N'_\gamma = 1.5, \quad N'_q = 5.2, \quad N'_c = 14$$

代入式(a)得:

$$p_u = \left(\frac{17.6}{2} \times 1.5 \times 1.5 + 5.3 \times 14 + 17.6 \times 3 \times 5.2\right) \text{kN/m}^2$$

$$= (19.8 + 74.2 + 274.6)\text{kN/m}^2 = 369\text{kN/m}^2$$

# 8.4　地基的容许承载力

## 8.4.1　地基容许承载力的概念

地基极限承载力是从地基稳定的角度判断地基土体所能够承受的最大荷载。但是虽然地基尚未失稳,若变形太大,引起上部建筑物结构破坏或者不能正常使用也是不允许的。所以正确的地基设计,既要保证满足地基稳定性的要求,也要保证满足地基变形的要求,也就是说,要求作用在基底的压应力不超过地基的极限承载力,并且有足够的安全度,而且所引起的变形不能超过建筑物的容许变形。满足以上两项要求,地基单位面积上所能承受的荷载就满足了地基在正常使用极限状态设计中的容许承载力的要求。

显然,地基的容许承载力不仅取决于地基土的性质,还受其他很多因素的影响。除基础宽度、基础埋置深度外,建筑物的容许沉降也起重要的作用。所以,地基的"容许承载力"与材料的"容许强度"的概念差别很大。材料的容许强度一般只取决于材料的特性,例如钢材的容许强度$[\sigma]$很少与构件断面的大小和形状有关。而地基的容许承载力就远远不只是取决于地基土的特性。这是研究地基容许承载力问题时所必须建立的一个基本概念。

由于地基的容许承载力牵涉建筑物的容许变形,因此要确切地确定它就很困难。一般的求法是先保证地基稳定的要求,通过载荷试验确定其极限承载力,再按极限承载力除以安全系数(通常取 2～3),或者控制地基内极限平衡区的发展范围,也有根据地基的物理状态,根据经验取值。根据这个初值设计基础,然后再进行沉降验算,如果沉降也满足要求,这时的基底压力就是地基的容许承载力。对于形状简单、尺寸较小的次要建筑物,在满足承载力要求的条件下通常也可满足沉降要求,常可不进行沉降验算。从式(8-18)可见基础宽度越大,地基的承载力越高;而在第 3 章中得知,随着基础宽度加大附加应力的影响深度加大,建筑物的沉降量也更大。所以对于大型高层建筑物往往是变形(沉降)控制,而不仅仅是承载力控制。

## 8.4.2　按控制地基中极限平衡区(塑性区)发展范围的方法确定地基的容许承载力

### 1. 基本概念

图 8-2 中的现场载荷试验表明,基础上的荷载达到临塑荷载时,地基土中就开始出现极限平衡区,见图 8-2(c)。极限平衡区最先发生于基础的边侧局部,随着荷载的增加而继续扩展。最后当荷载达到极限承载力时,塑性区贯通,地基产生失稳破坏。设计中往往选用临

塑荷载 $p_{cr}$ 或比临塑荷载稍大的临界荷载 $p_{1/4}$ 和 $p_{1/3}$ 作为地基容许承载力的初值。$p_{1/4}$ 和 $p_{1/3}$ 代表基础下极限平衡区发展的最大深度等于基础宽度 $b$ 的 1/4 和 1/3 时所相应的荷载。临塑荷载 $p_{cr}$ 和临界荷载 $p_{1/4}$ 与 $p_{1/3}$ 具有如下的特性:

(1) 地基内即将产生或已产生局部极限平衡状态,但尚未发展成整体失稳,这时部分地基土的强度已经发挥,但距离地基丧失稳定仍有足够的安全系数。

(2) 地基中处于极限平衡区的范围不大,因此整个地基仍然可以近似地当成弹性半空间体,可近似用弹性理论计算地基中的附加应力,以便计算变形量。

由于这两个特点,$p_{cr}$、$p_{1/4}$ 和 $p_{1/3}$ 常用以作为初步确定的地基容许承载力。

**2. 极限平衡区(塑性区)发展范围的一般计算方法**

在基底均布荷载 $p$ 作用下,地基中是否发生极限平衡区,或者极限平衡区发展的范围有多大,可以按下述方法近似计算。

(1) 在条形基础中,靠近基础底面一定范围内,选定若干点,如图 8-17 中水平线和竖直线的交点。以 $M$ 点为例,分别计算各点的自重应力和附加应力,叠加后为

$$\left.\begin{array}{l} \bar{\sigma}_z = \sigma_z + \gamma(z+d) \\ \bar{\sigma}_x = \sigma_x + K_0\gamma(z+d) \\ \bar{\tau}_{xz} = \tau_{xz} \end{array}\right\} \qquad (8\text{-}33)$$

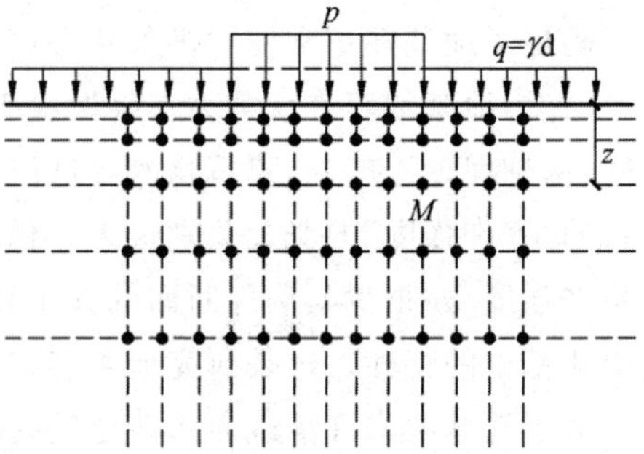

图 8-17　计算地基内极限平衡区的网点

式中:$\sigma_z$、$\sigma_x$、$\tau_{xz}$——用弹性理论计算的计算点的附加应力;

$\gamma$——土的重度,设地基土质均匀;

$z$——计算点在基底以下的深度;

$d$——基础的埋置深度;

$K_0$——静止土压力系数。

(2) 根据式(8-33)的应力,求各计算点的主应力:

$$\bar{\sigma}_1 = \frac{\bar{\sigma}_z + \bar{\sigma}_x}{2} + \sqrt{\left(\frac{\bar{\sigma}_z - \bar{\sigma}_x}{2}\right)^2 + \bar{\tau}_{zx}^2}$$

$$\bar{\sigma}_3 = \frac{\bar{\sigma}_z + \bar{\sigma}_x}{2} - \sqrt{\left(\frac{\bar{\sigma}_z - \bar{\sigma}_x}{2}\right)^2 + \bar{\tau}_{zx}^2} \qquad (8\text{-}34)$$

(3) 根据 $\sigma_1$ 和 $\sigma_3$,判断计算点是否处于极限平衡状态(见 5.2 节)。

(4) 按照处于极限平衡状态各点的分布,绘出地基内土体处于极限平衡状态区域的范围。

应该指出,用上述方法求得的极限平衡区的范围,实际上是不完全准确的。首先,当土体中部分区域达到极限平衡状态以后,这部分土体进入塑性状态,土中的应力分布规律便发生了变化,这时地基中的应力分布很复杂,是一个弹塑性混合课题,不再符合弹性理论解,而式(8-33)的附加应力却是按弹性理论求得的。其次,在计算中认为基底压力是均匀分布的,但是通常的情况是基础的刚度远大于地基土的刚度,因而基底的压力分布并非均匀,而是如第 3 章中所分析的那样,一般呈边缘大中间小的马鞍形分布,基底压力非均匀分布的程度直

接影响到极限平衡区的发展范围。一般来说,按弹性理论计算附加应力得到的极限平衡区范围偏大,而假定基底压应力均匀分布则使计算得的极限平衡区范围偏小。虽然极限平衡区发展范围的计算方法理论上不够严格,但在实用上,由于用这种方法已积累了很多工程经验,目前仍然是确定地基容许承载力的一种常用方法。

**3. 条形均布荷载下极限平衡区的发展和界限荷载的计算方法**

（1）极限平衡区的界线方程式和最大发展深度

上述确定极限平衡区的一般计算方法当然也适用于各种基础形状和荷载分布的情况。但用这一方法时,需要逐点进行计算,工作量大。条形荷载属于平面问题,可以直接推导出极限平衡区的界线方程,使计算工作得以简化。

根据弹性力学解,条形均布荷载作用下,地基中任一点 $M$ 由于基底附加应力$(p-\gamma d)$所引起的主应力为

$$\left.\begin{aligned}\sigma_1 &= \frac{p-\gamma d}{\pi}(2\beta+\sin2\beta)\\ \sigma_3 &= \frac{p-\gamma d}{\pi}(2\beta-\sin2\beta)\end{aligned}\right\} \tag{8-35}$$

式中,$2\beta$ 为 $M$ 点与条形荷载两侧边缘连线 $\overline{MA}$、$\overline{MB}$ 之间的夹角,以弧度表示。大主应力 $\sigma_1$ 的方向在角$\angle AMB$ 的分角线上,如图 8-18 所示。

若假定静止土压力系数 $K_0=1$,则土自重所引起的应力各个方向均相等,因此任意点 $M$ 由于外荷载及土的自重所产生的主应力总值为

$$\left.\begin{aligned}\bar{\sigma}_1 &= \frac{p-\gamma d}{\pi}(2\beta+\sin2\beta)+\gamma(d+z)\\ \bar{\sigma}_3 &= \frac{p-\gamma d}{\pi}(2\beta-\sin2\beta)+\gamma(d+z)\end{aligned}\right\} \tag{8-36}$$

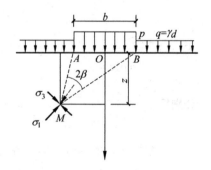

图 8-18　条形均布荷载下地基内应力的计算

将式(8-36)代入极限平衡条件公式(5-5)中,整理后,可以得到如下表示极限平衡区界线的方程式:

$$z = \frac{p-\gamma d}{\pi\gamma}\left(\frac{\sin2\beta}{\sin\varphi}-2\beta\right)-c\frac{\cot\varphi}{\gamma}-d \tag{8-37}$$

当土的特性指标 $\gamma$、$c$、$\varphi$ 已知,式(8-37)表示极限平衡区边界点的深度与视角 $\beta$ 的关系,也就决定了极限平衡区的边界。

在工程应用中,往往只要知道极限平衡区最大的发展深度就够,而不需要绘出整个区域的边界。因此,将式(8-37)对 $\beta$ 求导,并令$\dfrac{\mathrm{d}z}{\mathrm{d}\beta}=0$,得

$$\frac{\mathrm{d}z}{\mathrm{d}\beta}=\frac{p-\gamma d}{\pi\gamma}\cdot2\left(\frac{\cos2\beta}{\sin\varphi}-1\right)=0$$

故　　　　　　　　　　　　$\cos2\beta=\sin\varphi$

得　　　　　　　　　　　　$2\beta=\dfrac{\pi}{2}-\varphi \tag{8-38}$

将式(8-38)代入式(8-37),整理后就得到极限平衡区的最大发展深度的计算公式。

$$z_{\max} = \frac{p - \gamma d}{\gamma \pi} \left( \cot\varphi - \frac{\pi}{2} + \varphi \right) - \frac{c \cdot \cot\varphi}{\gamma} - d \qquad (8\text{-}39)$$

（2）临塑荷载 $p_{\mathrm{cr}}$ 和临界荷载 $p_{1/4}$、$p_{1/3}$

式(8-39)表示基底压应力 $p$ 作用下，极限平衡区的最大发展深度。当 $z_{\max} = 0$ 时，由式(8-39)得到的压应力 $p$ 就是地基局部开始达到极限平衡，但极限平衡区尚未得到扩展时的荷载，也就是临塑荷载 $p_{\mathrm{cr}}$。同理，将 $z_{\max} = b/4$ 或 $z_{\max} = b/3$ 代入式(8-39)，整理后得到的压应力 $p$ 就是相应于极限平衡区的最大发展深度为基础宽度的 $1/4$ 和 $1/3$ 时的荷载，称为临界荷载 $p_{1/4}$ 和 $p_{1/3}$。故

$$p_{\mathrm{cr}} = \gamma d \left( 1 + \frac{\pi}{\cot\varphi - \dfrac{\pi}{2} + \varphi} \right) + c \left( \frac{\pi\cot\varphi}{\cot\varphi - \dfrac{\pi}{2} + \varphi} \right) \qquad (8\text{-}40)$$

$$p_{1/4} = \gamma b \frac{\pi}{4\left( \cot\varphi - \dfrac{\pi}{2} + \varphi \right)} + \gamma d \left( 1 + \frac{\pi}{\cot\varphi - \dfrac{\pi}{2} + \varphi} \right) + c \left( \frac{\pi\cot\varphi}{\cot\varphi - \dfrac{\pi}{2} + \varphi} \right) \quad (8\text{-}41)$$

$$p_{1/3} = \gamma b \frac{\pi}{3\left( \cot\varphi - \dfrac{\pi}{2} + \varphi \right)} + \gamma d \left( 1 + \frac{\pi}{\cot\varphi - \dfrac{\pi}{2} + \varphi} \right) + c \left( \frac{\pi\cot\varphi}{\cot\varphi - \dfrac{\pi}{2} + \varphi} \right) \quad (8\text{-}42)$$

式(8-40)、式(8-41)和式(8-42)同样可以写成如下的一般形式：

$$p = \frac{1}{2}\gamma b N_\gamma + q N_q + c N_c \qquad (8\text{-}43)$$

式中，$N_c = \dfrac{\pi \cdot \cot\varphi}{\cot\varphi - \dfrac{\pi}{2} + \varphi}$；$N_q = 1 + \dfrac{\pi}{\cot\varphi - \dfrac{\pi}{2} + \varphi} = 1 + N_c \tan\varphi$；相应于 $p_{\mathrm{cr}}$、$p_{1/4}$、$p_{1/3}$ 的 $N_\gamma$

分别等于 $0$、$\dfrac{\pi}{2\left( \cot\varphi - \dfrac{\pi}{2} + \varphi \right)}$ 和 $\dfrac{2\pi}{3\left( \cot\varphi - \dfrac{\pi}{2} + \varphi \right)}$；$q = \gamma d$；可见承载力系数 $N_c$、$N_q$ 和 $N_\gamma$

也是内摩擦角 $\varphi$ 的函数。对于在基底处分层的地基，在应用上述公式计算 $q$ 时，土的重度应采用基础底面以上土的重度，而第一项 $\frac{1}{2}\gamma b N_\gamma$ 重度则为基础下土的重度。对所有重度，地下水位以上均用天然重度，而地下水位以下则用浮重度。

比较式(8-43)和地基极限承载力公式(8-18)，两者形式完全一样。当然由于公式的推导前提和计算方法不一样，承载力系数 $N_\gamma$、$N_q$ 和 $N_c$ 会有很大的差别。式(8-18)是地基的极限承载力，它表示荷载达到这一强度时，基础下的极限平衡区已形成连续并与地面贯通的滑动面，这时，地基已丧失整体稳定性。而式(8-40)～式(8-42)则表示地基中极限平衡区刚开始发展(临塑荷载 $p_{\mathrm{cr}}$)或发展范围不大(临界荷载 $p_{1/4}$ 和 $p_{1/3}$)时的荷载。显然，对于地基破坏而言，前者已经没有任何安全储备，或者说，安全系数 $F_s = 1$，而后者则有相当大的安全储备，可以作为地基容许承载力的初值。

### 8.4.3 按《建筑地基基础设计规范》(GB 50007—2011)确定地基承载力

我国《建筑地基基础设计规范》(GB 50007—2011)对于地基承载力的设计，是基于正常

使用极限状态的设计,设计中采用容许承载力。其中确定承载力的方法有基于地基抗剪强度的公式计算法、现场原位测试法和经验的方法。这些方法确定的也是容许承载力的初值,最后还要通过沉降计算确定设计取值。

**1. 承载力公式法**

该规范给出的计算公式为

$$f_a = M_b \gamma b + M_d \gamma_m d + M_c c_k \tag{8-44}$$

式中: $f_a$——地基承载力的特征值;

$M_b$、$M_d$、$M_c$——承载力系数,可按表 8-2 取值;

$b$——基底宽度,大于 6m 按 6m 取值,对于砂土,小于 3m 按 3m 取值;

$c_k$、$\varphi_k$——基底以下 1 倍底宽 $b$ 内的地基土内摩擦角和黏聚力标准值。

表 8-2　承载力系数表

| $\varphi_k(°)$ | 基础宽度系数 | | 基础埋深系数 | | 黏聚力系数 | |
|---|---|---|---|---|---|---|
| | 式(8-44)$M_b$ | 式(8-43)$N_\gamma/2$ | 式(8-44)$M_d$ | 式(8-43)$N_q$ | 式(8-44)$M_c$ | 式(8-43)$N_c$ |
| 0 | 0 | 0 | 1.00 | 1.00 | 3.14 | 3.14 |
| 2 | 0.03 | 0.03 | 1.12 | 1.12 | 3.32 | 3.32 |
| 4 | 0.06 | 0.06 | 1.25 | 1.25 | 3.51 | 3.51 |
| 6 | 0.10 | 0.10 | 1.39 | 1.40 | 3.71 | 3.71 |
| 8 | 0.14 | 0.14 | 1.55 | 1.55 | 3.93 | 3.93 |
| 10 | 0.18 | 0.18 | 1.73 | 1.73 | 4.17 | 4.17 |
| 12 | 0.23 | 0.23 | 1.94 | 1.94 | 4.42 | 4.42 |
| 14 | 0.29 | 0.30 | 2.17 | 2.17 | 4.69 | 4.70 |
| 16 | 0.36 | 0.36 | 2.43 | 2.43 | 5.00 | 5.00 |
| 18 | 0.43 | 0.43 | 2.72 | 2.72 | 5.31 | 5.31 |
| 20 | 0.51 | 0.50 | 3.06 | 3.10 | 5.66 | 5.66 |
| 22 | 0.61 | 0.60 | 3.44 | 3.44 | 6.04 | 6.04 |
| 24 | 0.80 | 0.70 | 3.87 | 3.87 | 6.45 | 6.45 |
| 26 | 1.10 | 0.80 | 4.37 | 4.37 | 6.90 | 6.90 |
| 28 | 1.40 | 1.00 | 4.93 | 4.93 | 7.40 | 7.40 |
| 30 | 1.90 | 1.20 | 5.59 | 5.60 | 7.95 | 7.95 |
| 32 | 2.60 | 1.40 | 6.35 | 6.35 | 8.55 | 8.55 |
| 34 | 3.40 | 1.50 | 7.21 | 7.20 | 9.22 | 9.22 |
| 36 | 4.20 | 1.80 | 8.25 | 8.25 | 9.97 | 9.97 |
| 38 | 5.00 | 2.10 | 9.44 | 9.44 | 10.80 | 10.80 |
| 40 | 5.80 | 2.50 | 10.84 | 10.84 | 11.73 | 11.73 |

使用该公式时有如下几点值得注意:

(1) 该公式与确定塑性区深度的临界荷载 $p_{1/4}$ 的公式是相近的,在表 8-2 中,当 $\varphi < 20°$ 时,它与式(8-43)中 $p_{1/4}$ 的三个承载力系数数值基本相同;当 $\varphi > 20°$ 时,式(8-44)的承载力系数 $M_b$ 值比 $N_r/2$ 显著提高了;其他两个系数相同。

(2) 与 $p_{1/4}$ 的公式一样,该公式也是在竖向中心荷载条件下推导的,所以它适用于偏心距 $e$ 不大的情况,要求 $e \leqslant 0.033b$。

(3) 该公式采用的强度指标是基于室内三轴试验的标准值,它不同于简单的试验成果的平均值,对成果进行了统计分析,考虑了成果的离散情况。

首先要求进行 $n \geqslant 6$ 组三轴试验,然后计算试验指标的平均值 $\mu$、标准差 $\sigma$ 和变异系数 $\delta$:

$$\mu = \frac{\sum_{i=1}^{n} \mu_i}{n} \tag{8-45}$$

$$\sigma = \sqrt{\frac{\sum_{i=1}^{n} \mu_i^2 - n_2}{n-1}} \tag{8-46}$$

$$\delta = \frac{\sigma}{\mu} \tag{8-47}$$

再计算内摩擦角和黏聚力的统计修正系数 $\psi_\varphi$ 和 $\psi_c$:

$$\psi_\varphi = 1 - \left(\frac{1.704}{\sqrt{n}} + \frac{4.678}{n^2}\right)\delta_\varphi \tag{8-48}$$

$$\psi_c = 1 - \left(\frac{1.704}{\sqrt{n}} + \frac{4.678}{n^2}\right)\delta_c \tag{8-49}$$

最后,计算强度指标的标准值:

$$\varphi_k = \psi_\varphi \varphi_m$$
$$c_k = \psi_c c_m \tag{8-50}$$

式中: $\varphi_m$、$c_m$——内摩擦角和黏聚力的试验平均值;

$\delta_\varphi$、$\delta_c$——内摩擦角和黏聚力的试验变异系数。

### 2. 现场原位试验法

现场原位试验确定承载力的方法有浅层和深层平板载荷试验、标准贯入试验、静力触探试验和旁压仪试验等。其中最常用的是浅层平板载荷试验,见图 8-2(a)。首先通过试验测得荷载-沉降曲线($p\text{-}s$ 曲线),确定承载力的特征值的初值 $f_{ak}$,它可以取为曲线的比例界限(相当于临塑荷载 $p_{cr}$);或者极限承载力的一半,但如试验的极限荷载 $p_u$ 小于比例界限的 2 倍时,则取 $f_{ak} = p_u/2$;当没有做到极限荷载时,取试验最大荷载的一半。

在对具体基础工程进行设计时,对于从载荷试验或者按经验值确定的承载力 $f_{ak}$,还应当计入基础的深度和宽度的影响。

$$f_a = f_{ak} + \eta_b \gamma (b-3) + \eta_d \gamma_m (d-0.5) \tag{8-51}$$

式中: $f_a$——修正后的地基承载力特征值;

$\eta_b$、$\eta_d$——基础的宽度和深度承载力修正系数,可按表 8-3 取值;

$\gamma$——基底以下土的加权平均重度,潜水位以下取浮重度;

$\gamma_m$——基底以上土的加权平均重度,潜水位以下取浮重度;

$b$——基底宽度(m),当 $b<3$m,按 $b=3$m 取值,当 $b>6$m,按 $b=6$m 取值;

  $d$——基础埋置深度,一般自室外地面标高算起。在填方整平地区,可按填方地面标
   高算起,但填方在上部结构施工后完成时,按天然地面算起。对于地下室,采
   用整体性的基础(如箱型基础和筏形基础)时,可从室外地面算起;采用独立基
   础或条形基础时,应从室内地面算起。

表 8-3　承载力修正系数表

| 土的类别 | | $\eta_b$ | $\eta_d$ |
|---|---|---|---|
| 淤泥和淤泥质土 | | 0 | 1.0 |
| 人工填土<br>$e$ 或 $I_L$ 大于或等于 0.85 的黏性土 | | 0 | 1.0 |
| 红黏土 | 含水比 $\alpha_w > 0.8$ | 0 | 1.2 |
| | 含水比 $\alpha_w \leqslant 0.8$ | 0.15 | 1.4 |
| 大面积压实填土 | 压实系数大于 0.95,黏粒含量 $\rho_c \geqslant 10\%$ 的粉土 | 0 | 1.5 |
| | 最大干密度大于 2.1g/cm³ 的级配砂石 | 0 | 2.0 |
| 粉土 | 黏粒含量 $\rho_c \geqslant 10\%$ | 0.3 | 1.5 |
| | 黏粒含量 $\rho_c < 10\%$ | 0.5 | 2.0 |
| $e$ 及 $I_L$ 均小于 0.85 的黏性土 | | 0.3 | 1.6 |
| 粉砂、细砂(不包括很湿与饱和时的稍密状态) | | 2.0 | 3.0 |
| 中砂、粗砂、砾砂和碎石土 | | 3.0 | 4.4 |

  具体工程可通过载荷试验或其他原位试验、按经验取值和公式计算综合确定,然后还要
进行沉降计算,有时还要验算软弱下卧层地基承载力。

  **【例题 8-5】**　均匀黏性土地基上条形基础的宽度 $b=2.0$m,基础埋置深度 $d=1.5$m,地
下水位在基底高程处。地基土的比重 $G_s=2.70$,孔隙比 $e=0.70$,水位以上的饱和度 $S_r=$
80%,土的强度指标 $c=10$kPa,$\varphi=20°$。求地基的临塑荷载 $p_{cr}$、临界荷载 $p_{1/4}$ 和 $p_{1/3}$,用规
范的承载力公式(8-44)计算承载力特征值 $f_a$,并与太沙基的极限承载力 $p_u$ 进行比较。

  **【解】**

  (1) 求土的天然重度 $\gamma$、饱和重度 $\gamma_{sat}$ 和浮重度 $\gamma'$,见图 8-19。

$$\gamma_{sat}=[10\times(2.7+0.7)/1.7]kN/m^3=20kN/m^3$$

$$\gamma'=10kN/m^3$$

$$\gamma=[10\times(2.7+0.7\times0.8)/1.7]kN/m^3\approx19.2kN/m^3$$

  (2) 计算式(8-43)中的各系数。

$$N_c=\frac{\pi\cot\varphi}{\cot\varphi-\pi/2+\varphi}=\frac{3.14\times\cot20°}{\cot20°-\pi/2+20\pi/180}=\frac{8.635}{1.528}\approx5.65$$

$$N_q=1+\frac{\pi}{\cot\varphi-\varphi/2+\gamma}=1+\frac{3.14}{1.528}\approx3.06$$

$$N_{\gamma1/4}=\frac{1}{2}\frac{\pi}{\cot\varphi-\varphi/2+\gamma}=\frac{1}{2}\times2.06=1.03$$

$$N_{\gamma1/3}=\frac{2}{3}\frac{\pi}{\cot\varphi-\varphi/2+\gamma}=\frac{2}{3}\times2.06\approx1.37$$

图 8-19　例题 8-5 图

  (3) 计算 $p_{cr}$,$p_{1/4}$,$p_{1/3}$。

$$p_{cr}=\gamma_0dN_q+cN_c=(19.2\times1.5\times3.06+10\times5.65)kPa\approx144.6kPa$$

$$p_{1/4} = \frac{1}{2}\gamma_1 b N_{\gamma 1/4} + \gamma_0 d N_q + c N_c$$

$$= \left(\frac{1}{2} \times 10 \times 2 \times 1.03 + 19.2 \times 1.5 \times 3.06 + 10 \times 5.65\right) \text{kPa} \approx 155\text{kPa}$$

$$p_{1/3} = \frac{1}{2}\gamma_1 b N_{\gamma 1/3} + \gamma_0 d N_q + c N_c$$

$$= \left(\frac{1}{2} \times 10 \times 2 \times 1.37 + 19.2 \times 1.5 \times 3.06 + 10 \times 5.65\right) \text{kPa}$$

$$\approx 158.3\text{kPa}$$

(4) 用规范的公式计算。

$$f_a = M_b \gamma b + M_d \gamma_m d + M_c c_k$$

通过 $\varphi = 20°$ 分别查表 8-2 中的三个系数 $M_b = 0.51, M_d = 3.06, M_c = 5.66$。

$$f_a = M_b \gamma b + M_d \gamma_m d + M_c c_k = (0.51 \times 10 \times 2 + 3.06 \times 19.2 \times 1.5 + 5.66 \times 10) \text{kPa}$$

$$\approx 154.9\text{kPa}$$

可见它基本等于 $p_{1/4}$。

(5) 计算太沙基极限承载力 $p_u$。

$$p_u = \frac{1}{2}\gamma_1 b N_\gamma + \gamma_0 d N_q + c N_c$$

通过 $\varphi = 20°$ 分别查图 8-11 三个系数：$N_\gamma = 4.5, N_q = 7, N_c = 17$。

$$p_u = \frac{1}{2}\gamma_1 b N_\gamma + \gamma_0 d N_q + c N_c = \left(\frac{1}{2} \times 10 \times 2 \times 4.5 + 19.2 \times 1.5 \times 7 + 10 \times 17\right) \text{kPa}$$

$$\approx 416.6\text{kPa}$$

与极限承载力比较，用规范公式计算，相当于安全系数 $F_s = 416.6/155 = 2.69$。

**【例题 8-6】** 地基土为中密的中砂，重度 $\gamma = 16.7\text{kN/m}^3$，条形基础的宽度 $b = 2.0\text{m}$，基础埋置深度 $d = 1.2\text{m}$，通过现场平板载荷试验得到极限承载力 $p_u = 420\text{kPa}$，求该基础的地基承载力特征值 $f_a$。

(1) 根据载荷试验的极限承载力求其特征值的初值。

$$f_{ak} = p_u/2 = (420/2)\text{kPa} = 210\text{kPa}$$

(2) 经深度和宽度修正。

查表 8-3 求系数 $\eta_b = 3.0, \eta_d = 4.4$。

(3) 计算承载力特征值。

$$f_a = f_{ak} + \eta_b \gamma (b - 3) + \eta_d \gamma_m (d - 0.5) = [210 + 0 + 4.4 \times 16.7 \times (1.2 - 0.5)]\text{kPa}$$

$$= (210 + 51.4)\text{kPa}$$

$$= 261\text{kPa}$$

（当 $b < 3\text{m}$，按 $b = 3\text{m}$ 取值）

# 习　题

**8-1** 分析式(8-18)和图 8-15、图 8-16：

(1) 说明条形基础宽度 $b$、基础埋深 $d$ 和黏聚力 $c$ 对承载力影响的机理，3 个极限承载力系数与持力层内摩擦角 $\varphi$ 有何关系？

（2）砂土地基为什么埋深不宜太浅。

（3）为什么在其他条件不变时，基础的宽度增加，地基的极限承载力 $p_u$ 会增加？

**8-2**　如图 8-20 所示，条形基础受中心竖向荷载作用，基础宽度 $b=2.4\text{m}$，埋深 $d=2\text{m}$，地下水位与基底齐平，水上与水下土的重度分别为 $18.4\text{kN/m}^3$ 和 $19.2\text{kN/m}^3$，土的内摩擦角 $\varphi=20°$，黏聚力 $c=8\text{kPa}$。试用太沙基公式比较地基整体剪切破坏和局部剪切破坏时的极限承载力。

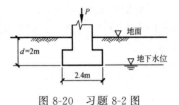

图 8-20　习题 8-2 图

**8-3**　一栋 16 层的楼房筏形基础，底板尺寸为 $20\text{m}\times30\text{m}$，底板放置在均匀黏性土层上，地下水位与地面齐平，埋深 $d=3\text{m}$，黏性土的饱和密度 $\rho_{sat}=2.0\text{g/m}^3$。对原状土试样用无侧限抗压强度试验测得 $c_u=60\text{kPa}$，用重塑土试样做无侧限抗压强度试验测得 $q_u=40\text{kPa}$。设计基底压力为 $200\text{kPa}$，问地基的稳定安全系数有多大？如果要求安全系数满足表 8-4 的要求，判断设计是否合适。

表 8-4　习题 8-3 表

| 灵敏度 | 要求安全系数 | |
| --- | --- | --- |
| | 永久建筑物 | 临时建筑物 |
| ≥4 | 3.0 | 2.5 |
| 2～4 | 2.7 | 2.0 |
| 1～2 | 2.5 | 1.8 |
| 1 | 2.2 | 1.6 |

**8-4**　某基础的地基土如习题图 8-21 所示。土的物理力学性质指标见表 8-5，若已知基础尺寸为 $8\text{m}\times3\text{m}$，埋置深度 1.5m。试按条形基础求地基的临塑荷载 $p_{cr}$、临界荷载 $p_{1/4}$、$p_{1/3}$。分别按普朗德尔公式、太沙基公式和汉森公式及其形状与深度修正系数计算极限承载力 $p_u$。

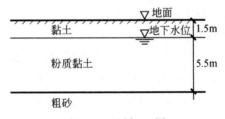

图 8-21　习题 8-4 图

表 8-5　习题 8-4 表

| 土层 | 天然密度 $\rho/(\text{g/cm}^3)$ | 天然含水量 $w$ /% | 比重 | 液限 | 塑限 | 强度指标 | |
| --- | --- | --- | --- | --- | --- | --- | --- |
| | | | | | | $\varphi/(°)$ | $c/\text{kPa}$ |
| 黏土 | 1.79 | 38.0 | 2.72 | 44.1 | 24.3 | 20 | 10 |
| 粉质黏土 | 1.96 | 28.3 | 2.70 | 29.6 | 19.2 | 25 | 15 |
| 粗砂 | 2.04 | 21.8 | 2.65 | | | 35 | 0 |

**8-5**　对习题8-4用《建筑地基基础设计规范》(GB 50007—2011)中的承载力公式(8-44)计算其承载力特征值。

**8-6**　均质黏土地基上有一条形基础,基础受偏心、倾斜荷载作用:$p_v=1200\text{kN/m}$, $p_h=180\text{kN/m}$,偏心距为$e_b=0.3\text{m}$。黏土的$\varphi=26°$,$c=30\text{kPa}$,$\gamma=18\text{kN/m}^3$。基础宽度$b=4\text{m}$,埋深$d=1.5\text{m}$,如图8-22所示。用汉森公式及其荷载偏心、倾斜修正系数验算地基承载力。

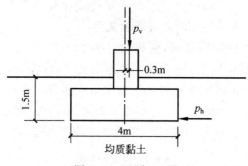

图 8-22　习题 8-6 图

**8-7**　有一建造在砂土地基上的宽2m的条形基础,砂土的$\varphi=28°$,$\gamma=18.5\text{kN/m}^3$。另一建造在饱和软黏土地基上的条形基础,$\varphi_u=0°$,$c_u=18\text{kPa}$,$\gamma=17.5\text{kN/m}^3$。如果埋深都是1.5m,分别计算它们的$p_{1/4}$各为多少;如打算使二者的$p_{1/4}$相等,应采取什么措施?

**8-8**　条形基础宽度$b=3\text{m}$,埋深$d=1.2\text{m}$,持力层为粉土,$c=20\text{kPa}$,$\varphi=19°$,$\gamma_{sat}=20\text{kN/m}^3$,地下水位在基底处,基底以上为砂土,其重度$\gamma=19\text{kN/m}^3$。

(1) 用太沙基公式计算地基极限承载力。

(2) 用规范的承载力公式(8-44)计算承载力的特征值。

**8-9**　在砂土地基上的条形基础地下水位与地面齐平,$\gamma_{sat}=21\text{kN/m}^3$,$\varphi=30°$,用太沙基理论公式分别计算下列三种情况地基的极限承载力。

(1) $b=4\text{m}$,$d=1.5\text{m}$;(2) $b=8\text{m}$,$d=1.5\text{m}$;(3) $b=4\text{m}$,$d=3\text{m}$。

**8-10**　已知载荷试验的荷载板尺寸为1.0m×1.0m,试验坑的剖面如图8-23所示。在均匀的黏性土层中,试验坑的深度为2.0m,黏性土层的抗剪强度指标的标准值为黏聚力$c_k=40\text{kPa}$,内摩擦角$\varphi_k=20°$,土的重度为18kN/m³。如果承载力特征值为极限值的1/2,用式(8-44)估算此载荷试验取得的地基极限承载力。

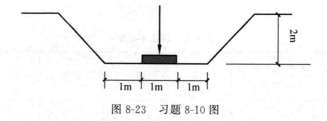

图 8-23　习题 8-10 图

# 第 9 章

# 土的动力特性

在本章之前的各章所研究的问题中,无论是土体的变形问题或稳定问题,都认为荷载是静止的,即不随时间变化或随时间变化很慢,称为静力问题。即便在土压力和边坡稳定分析中考虑地震力作用时,也是把惯性力当成静力处理,即"拟静力法"。严格地说,很多实际荷载都不是静止的,只是它对被作用体系所引起的动力效应很小,可以忽略不计。动荷载则是指荷载的大小、方向或作用位置等随时间变化,而且对作用体系所产生的动力效应不能忽略。一般情况下,当荷载变化的周期为结构自振周期的 5 倍以上时,就可以简化为静荷载计算。土在动荷载作用下的响应一般与静力条件下的响应有较大区别。比如,根据经典的土动力学理论,土的动强度除了与土的类型、物理性质和初始应力状态有关外,还与动荷载的幅值和循环周次等有关;地震中常遇到的液化现象就与土的动强度有关。再如,在动力荷载作用下土体应力-应变关系的描述方法与静力条件下也有所不同。本章将对上述问题依次进行简要的介绍。

## 9.1 动 荷 载

作用在地基或土工建筑物上的动荷载种类很多,如机器运转的惯性力,车辆行驶的移动荷载,爆破引起的冲击荷载,风荷载,波浪荷载以及地震荷载等都可视为动荷载。这些荷载中,有的是荷载变化的速率很大,有的则是循环作用的次数很多,可以分成如下三种类型。

### 1. 周期荷载

以同一振幅按一定周期往复循环作用的荷载称为周期荷载,其中最简单的是简谐荷载(图 9-1)。简谐荷载随时间 $t$ 的变化规律可用正弦或余弦函数表示:

$$P(t) = P_0 \sin(\omega t + \theta) \tag{9-1}$$

式中: $P_0$——简谐荷载的单幅值;

$\omega$——圆频率;

$\theta$——初相位角。

上式中 $\omega t$ 每变化 $2\pi$ 即为一个加载循环。单位时间内所完成的循环数

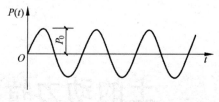

图 9-1　简谐荷载

$f=\omega/(2\pi)$ 称为频率,常用单位为赫兹(Hz)。完成一个循环所需的时间称为周期,以 $T$ 表示。显然,$T$、$f$ 和 $\omega$ 之间的关系为

$$T=\frac{1}{f}=\frac{2\pi}{\omega}\tag{9-2}$$

工程中很多常见的荷载都可近似为简谐荷载,如许多机械振动(电机、汽轮机等)以及一般波浪荷载等,所以实验室中的动力试验也常采用这种荷载。

有些荷载虽然不再是简谐荷载,但其变化仍然是周期性的,属于一般性的周期荷载,如图 9-2 所示。一般的周期荷载可以通过傅里叶系数展开,分解成若干个简谐荷载的叠加,见式(9-3)。

$$P(t)=\frac{a_0}{2}+a_1\cos\omega t+a_2\cos2\omega t+\cdots+a_i\cos i\omega t+\cdots+$$
$$b_1\sin\omega t+b_2\sin2\omega t+\cdots+b_i\sin i\omega t+\cdots\tag{9-3}$$

式中:$a_i$,$b_i$——傅里叶系数,亦即各个简谐荷载的幅值。

### 2. 冲击荷载

这种荷载的特点是强度很大,持续的时间很短,如图 9-3 所示。例如爆破荷载,打桩时的冲击荷载等,可表示为

$$P(t)=P_0\phi(t/t_0)\tag{9-4}$$

式中:$P_0$——冲击荷载的峰值;

　　　$\phi(t/t_0)$——描述冲击荷载形状的无因次时间函数。

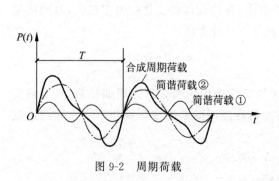

图 9-2　周期荷载

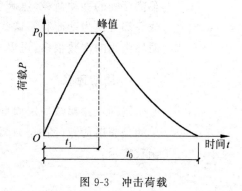

图 9-3　冲击荷载

### 3. 不规则荷载

如果荷载随时间的变化没有规律可循,即为不规则荷载,如地震荷载,图 9-4 是 1976 年

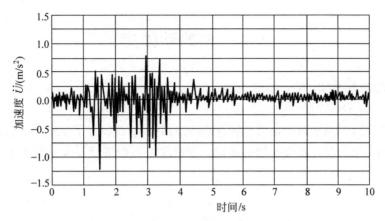

图 9-4　唐山余震迁安加速度记录(1976 年)

唐山地震时在迁安测得的余震记录,就是一种不规则荷载。

质点在外力的激励下,围绕平衡位置往复运动,称为振动。如果该质点存在于连续介质之中,则质点的振动能量将传递给周围的介质,引起周围质点也随着振动,并且在介质内向远处传播,这种现象称为波动。

构造地震就是震源处地壳发生断裂,释放出强大的能量,引起四周岩土介质强烈震动,并以各种波的形式向四周传播,使远处岩土及其上面的建筑物也发生震动。地震可造成严重的灾害,震害的程度取决于震级的大小、震源深度、震中距、岩土介质的性质以及建筑物的特点等。

图 9-5 为地基上的一幢建筑物受地震动作用的示意图。在某次地震中传到基岩面的加速度时程曲线为 $\ddot{U}$-$t$,如图 9-5 中①所示。根据波在介质中的传播理论和 $\ddot{U}$-$t$①曲线,可以计算出地基土层中某一点 $a$ 和建筑物上某一点 $b$ 的加速度反应曲线 $\ddot{U}$-$t$②和 $\ddot{U}$-$t$③,同时还可以算出任意点的动应力时程曲线 $\tau_d$-$t$ 和动应变时程曲线 $\gamma_d$-$t$。进行动力反应分析时,必须有土的动力特性指标,包括动模量、阻尼和动强度等。这些指标可通过试验求取。

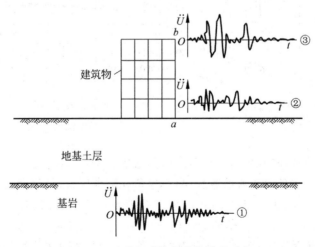

图 9-5　地基和建筑物的加速度反应

# 9.2 土的动强度

## 9.2.1 冲击荷载作用下土的动强度

早在 1948 年,美国学者卡萨格兰德(Cassagrande A)就设计了多种冲击试验仪,以测定冲击荷载作用下土的动力特性。以后各国学者对这一问题进行了大量的研究,典型的试验结果简述如下。

### 1. 砂土

用干砂做冲击试验得到的应力-应变关系如图 9-6 所示。若以瞬态破坏荷载的峰值偏差应力 $\sigma_{tp}$ 与周围应力 $\sigma_3$ 之和为大主应力 $\sigma_1$,可整理出大主应力比 $(\sigma_1/\sigma_3)_{max}$ 与加荷时间 $t$ 的关系,如图 9-7 所示。图 9-6 和图 9-7 表明加荷时间对干砂强度的影响一般不超过 20%,而对模量的影响则更小。

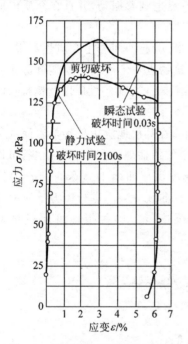

图 9-6 瞬态和静力试验中干砂的
应力-应变关系

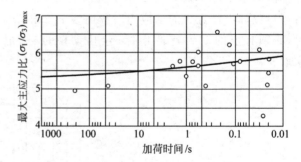

图 9-7 瞬态试验中干砂的大主应力比与
加荷时间的关系

饱和砂受冲击荷载作用时,由于加载的时间很短,相当于不排水条件,因此密砂和松砂表现出不同的特性。密砂由于有剪胀趋势,产生负孔隙水压力,与静力条件相比强度有较明显的提高。松砂则相反,由于剪缩趋势产生正孔隙水压力,动强度较静强度有所降低,如图 9-8 所示。图中纵坐标为最大偏差应力 $(\sigma_1-\sigma_3)_f$,对于快速瞬态试验(即冲击试验),就是指试样到达剪切破坏时所承受的冲击应力的峰值 $\sigma_{tp}$。由试验曲线可知,对该试验所用的砂,在 $\sigma_3 = 200kPa$ 条件下,临界孔隙比大约为 0.79,亦即在此围压和孔隙比下,破坏时砂土既不剪胀也不剪缩。小于该孔隙比时,冲击荷载下的强度大于静荷载下的强度;而大于该孔隙比时,冲击荷载下的强度则小于静荷载下的强度。

### 2. 黏性土

用黏性土进行静荷载和冲击荷载下土的强度试验,典型曲线如图 9-9 所示。由该图可知,与静荷载相比,冲击荷载下土的动强度和动模量均有很大的提高。加载时间为 0.02s 的动强度约为加载时间 465s 时的静强度的 2 倍,模量也提高 2 倍左右。土体破坏时其结构将发生变化,如果加载速率很快,土的结构来不及调整,则土不易发生破坏。

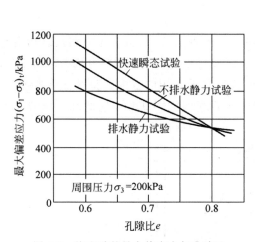

图 9-8　饱和砂的最大偏应力与孔隙比
　　　　的关系曲线

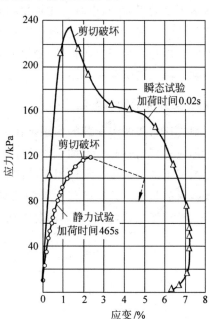

图 9-9　瞬态和静力试验中黏性土的
　　　　应力-应变关系

理查德(Richart F E)将这类问题归结为应变速率对土的动强度的影响,并用下式表示:

$$(\tau_{\max})_d = K(\tau_{\max})_s \tag{9-5}$$

式中:$(\tau_{\max})_d$——土的动强度;

$(\tau_{\max})_s$——土的静强度;

$K$——应变速率系数。

总结很多动力试验的结果,可知 $K$ 值的变化有如下规律:

(1) 与土的性质关系密切。对于干砂,在一般周围压力下,当应变速率在(0.02%～1000%)/s 范围内时,$K$ 值为 1.1～1.15;饱和黏性土的 $K$ 值为 1.5～3.0;非饱和黏性土的 $K$ 值为 1.5～2.0。

(2) $K$ 值随周围压力的增加而增加,例如某一密砂,周围压力小于 588kPa 时,$K=1.07$,而在高压力下 $K$ 值可达 1.2。

由此可见,应变速率对土的动强度的影响,对砂土,各种速率下的强度差别不是很大,对黏性土,则有成倍的差别。有关这一问题的研究,目前公布的试验资料尚少,有待不断充实。

### 9.2.2　周期荷载作用下土的动强度

20 世纪 60 年代以来,特别是 1964 年日本新潟地震和美国阿拉斯加大地震以后,人们对地震造成的灾害越来越重视。许多灾害是由动荷载作用下地基失稳所致,因而促使人们系统地开展对土的动强度的较大规模的研究。在我国则是于 1966 年邢台地震以后,很多科学工作者也致力于这方面的研究工作。地震荷载虽然是一种不规则荷载,但是如后面所述,在研究中往往将其等价成为简单的周期荷载。此外,由于开发海洋油、气资源的要求,需建造很多大型的近海、离岸海工建筑物和海底管线,作用于这类建筑物和海床上的一种经常性荷载是波浪荷载,是一种典型的周期荷载。还有,公路、铁路路基受车辆的作用,高耸建筑物(如烟囱、冷却塔和海上风机等)受风荷载的作用,其下地基土受到的往复作用也可简化为周期荷载。因此周期荷载作用下土的动强度成为土动力学中的重要研究课题之一。

**1. 动强度的测试方法**

地震荷载或波浪荷载的作用是在土工建筑物或地基原有应力(自重应力和建筑物引起的附加应力)的基础上,增加一个动应力。显然,土的动强度与振动前的应力状态密切相关,因此测试土的动强度必须模拟振动前的静应力状态。目前采用的室内试验设备有多种,其中最常用的是动三轴试验仪。电磁式动三轴仪的装置简图见图 9-10。它的基本构造类似于静三轴剪切仪,但增加一套轴向的动力加载装置,所以构造要复杂得多。

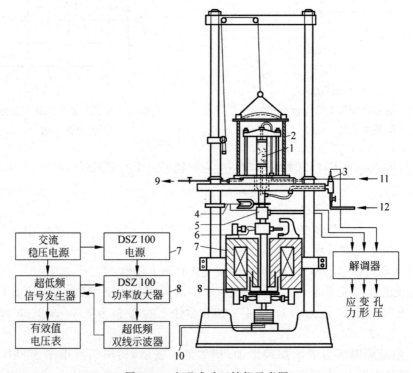

图 9-10　电磁式动三轴仪示意图

1—试样;2—压力室;3—孔隙压力传感器;4—变形传感器;5—力传感器;6—导轮;7—励磁线圈(定圈);
8—激振线圈(动圈);9—接侧压力稳压罐系统;10—接轴向压力稳压罐系统;11—接反压力饱和及排水系统;
12—接静孔隙压力测量系统

　　动三轴试验的土样一般是一个圆柱体,装在压力室内,先加周围压力 $\sigma_3$ 和轴应力 $\sigma_1$ 固结,以模拟振动前土体的有效应力状态。振动前应力状态通常以 $\sigma_3$ 和固结应力比 $K_c = \sigma_1 / \sigma_3$ 表示。土样固结后,通过动力加载系统对试样在不排水条件下施加简单的周期轴向应力,常用的是简谐应力 $\sigma_d = \sigma_{d0} \sin \omega t$ ,如图 9-11 所示,$\sigma_{d0}$ 称为动应力幅值。在施加动力的过程中,用传感器测出试样的动应力、动应变和孔隙水压力并绘出时程曲线,如图 9-12 所示。根据记录曲线和如下所述的破坏标准,可以找出这种动应力幅值下的破坏振次 $N_f$ 。

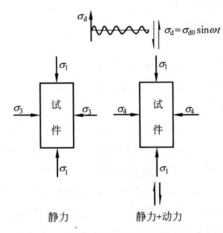

图 9-11　动三轴试验试样的应力状态

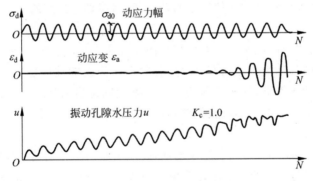

图 9-12　动力试验实测曲线

　　除了动三轴试验外,土的动强度还可以用振动单剪仪、振动扭剪仪等测试手段测定,本章不逐一作详细介绍。

### 2. 破坏标准

　　在动强度试验的结果整理中,目前常用的有如下三种破坏标准。

　　(1) 极限平衡标准

　　假定土的静力极限平衡条件也适用于动力试验中,而且动荷载和静荷载的有效应力莫尔-库仑强度包线相同,即土的动力有效黏聚力 $c_d'$ 和内摩擦角 $\varphi_d'$ 分别等于静力有效黏聚力 $c'$ 和内摩擦角 $\varphi'$ 。图 9-13 中,应力圆①表示振动前试样的应力状态,应力圆②表示加动载过程中最大的应力圆,也就是对应于动应力等于幅值 $\sigma_{d0}$ 瞬间的应力圆。如果加动荷载的过程中,试样内的孔隙水压力不断发展,显然用有效应力表示时,应力圆②将不断向强度包线移动。当孔隙水压力达到临界值 $u_{cr}$ 时,应力圆与强度包线相切。按极限平衡条件,这时试样达到破坏状态。根据几何条件,可以推导出极限平衡状态时的孔隙水压力,见式(9-6)。

$$u_{cr}=\frac{\sigma_1+\sigma_3}{2}-\frac{\sigma_1-\sigma_3+\sigma_{d0}(1-\sin\varphi')}{2\sin\varphi'}+\frac{c'}{\tan\varphi'} \tag{9-6}$$

式中:$\varphi'$——土的静力有效内摩擦角;

$\quad\quad c'$——土的静力有效黏聚力;

$\quad\quad \sigma_{d0}$——动应力幅值。

计算出 $u_{cr}$ 后,在试验中所记录的孔隙水压力发展曲线上可找到孔隙水等于 $u_{cr}$ 的振次,它就是动应力幅值为 $\sigma_{d0}$ 时的破坏振次 $N_f$。

应该指出,由于动应力是随时间不断变化的,图 9-13 中试样破坏时对应的应力圆③,仅仅发生于动应力达到幅值 $\sigma_{d0}$ 的瞬间。过后,动应力即

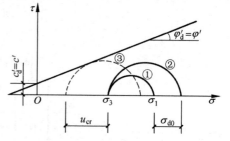

图 9-13　临界孔隙水压力

减小,应力圆相应缩小。土样若在瞬间不破坏,则又恢复其稳定状态,这点与静荷载的应力保持不变有较大的差异。实际上,在某些情况下,例如对于饱和松砂,在固结应力比 $K_c=1.0$ 时,按这一标准,土样确实已接近于破坏。而对于另外一些情况,例如土的密度较大,且固结应力比 $K_c>1.0$,则虽然达到瞬时极限平衡状态,但试样仍能继续承担荷载,距离破坏尚远。一般来说,用这种标准将过低估计土的动强度,因而具有过高的安全度。

(2) 液化标准

对于砂性土,当周期荷载所产生的累积孔隙水压力 $u=\sigma_3$,即 $\sigma_3'=0$ 时,土完全丧失强度,处于黏滞液体状态,称为液化状态。以这种状态作为土的破坏标准,即为液化标准。通常只有饱和松散的砂或粉土,且振动前的应力状态为固结应力比 $K_c=1.0$ 时,才会出现累积孔压 $u=\sigma_3$ 的情况。有关土的液化概念,将在 9.3 节进一步阐述。

(3) 破坏应变标准

对于不出现液化破坏的土,随着振次增加,孔隙水压力增长的速率将逐渐减缓并趋向于一个小于 $\sigma_3$ 的稳定值,但是变形却随振次继续发展。因此也如静力试验一样,对于周期荷载也可以规定一个限制应变作为破坏标准。例如等压固结,即 $K_c=1.0$ 时,常用双幅轴向动应变 $2\varepsilon_d$ 等于 5% 或 10% 作为破坏应变。$K_c>1.0$ 时则常以总应变(包括残余应变 $\varepsilon_r$ 和动应变 $\varepsilon_d$)达 5% 或 10% 作为破坏应变,如图 9-14 所示。具体取值与建筑物的性质有关,目前尚无统一的规定。

显然,在以上三种破坏标准中,当土不可能液化时,常以限制应变值作为破坏标准。

**3. 动强度曲线**

以几个土质相同的试样为一组,在同样的 $\sigma_1$ 和 $\sigma_3$ 下固结完成后,施加幅值 $\sigma_{d0}$ 不相同的周期荷载,加载过程中,测得图 9-12 和图 9-14 所示的曲线,然后根据已经确定的破坏标准,即可从实测曲线上查得与该动应力幅值相对应的破坏振次 $N_f$。以 $\lg N_f$ 为横坐标,以试样 45°面上动剪应力 $\tau_d$(即动应力幅 $\sigma_{d0}$ 的一半)或动应力比 $\sigma_{d0}/(2\sigma_3)$ 为纵坐标,绘制曲线,

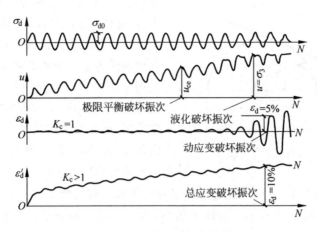

图 9-14　动力试验破坏标准

如图 9-15 所示,这种曲线称为土的动强度曲线。根据这种曲线,土的动强度可理解为:某种静应力状态下(即 $\sigma_1$ 和 $\sigma_3$ 一定),周期荷载使土试样在某一预定的振次下发生破坏,这时试样 45°面上动剪应力幅值 $\sigma_{d0}/2$ 即为土的动强度。所以动强度并不仅仅取决于土的性质,还与振动前的应力状态和预定的振次有关。根据一般土的测试结果可知,动强度随周围压力 $\sigma_3$ 和固结应力比 $K_c$ 的增加而增加。只有很松散,结构很不稳定的土,或 $K_c$ 比较大时才会出现固结应力比增加,动强度反而下降的现象。

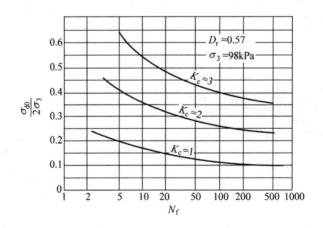

图 9-15　动强度曲线

### 4. 土的动强度指标 $c_d$ 和 $\varphi_d$

用上述动强度的概念只能判别某种静力状态下的土体单元在一定的动应力作用下(即一定的应力幅和振次下)是否破坏。在进行土体的整体稳定性分析时,如采用圆弧法或滑动楔体法,在土的抗剪强度指标中必须同时考虑静力和动力的作用。这时,常用的强度指标是动强度指标 $c_d$ 和 $\varphi_d$,可根据前述试验结果求取,其整理方法如下。将固结应力比 $K_c$ 相同、周围压力 $\sigma_3$ 不同的几个动力试验分为一组,根据作用在每一试样上的固结应力比 $K_c$ 和 $\sigma_3$,可以从图 9-15 的动强度曲线上查得与某一规定振次 $N_f$ 相应的动应力幅值 $\sigma_{d0}$,把 $\sigma_{d0}$ 叠

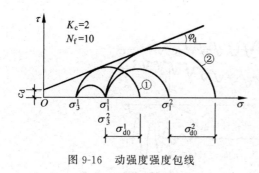

图 9-16  动强度强度包线

加在 $\sigma_1$ 上并在 $\tau$-$\sigma$ 坐标上绘出相应的破坏应力圆,如图 9-16 中破坏应力圆①和②。这几个破坏应力圆的公切线即为动强度包线,根据动强度包线可求出土的动强度指标 $c_d$ 和 $\varphi_d$。它可用于静力和动力共同作用下土体的整体稳定分析中,例如第 7 章中地震情况下边坡的稳定分析,就应当采用这种动强度指标。需要说明的是,此处 $c_d$ 和 $\varphi_d$ 相应于固结不排水条件,而不是有效应力条件。

应该特别注意的是,一种动强度指标是对应于某一规定的破坏振次 $N_f$ 和振动前的固结应力比 $K_c$ 的。图 9-17 表示一种砂土的 $N_f$-$K_c$-$\varphi_d$ 的关系曲线。在实际应用中,破坏振次 $N_f$ 可以根据地震的震级由图 9-20 或表 9-1 查取。$K_c$ 代表所假定的土体整体滑动时滑动面上的平均固结应力比。在对土体已进行过应力-应变分析的情况下,可取滑动面所通过的各个单元的固结应力比的平均值。当没有进行过土体的应力-应变分析时,可用下述方法根据滑动面的稳定安全系数 $F_s$ 求滑动面的平均固结应力比。为阐述简明起见,以无黏性土为例进行说明。图 9-18 中应力圆①为土的极限状态应力圆,应力圆②为周围应力 $\sigma_3$ 相同但土试样尚未达到极限应力状态的应力圆,此时其安全系数为

$$F_s = \frac{\tau_f}{\tau} = \frac{\frac{1}{2}(\sigma_{1f} - \sigma_3)\cos\varphi_d}{\frac{1}{2}(\sigma_1 - \sigma_3)\cos\varphi_d} = \frac{\sigma_{1f} - \sigma_3}{\sigma_1 - \sigma_3} = \frac{K_{cf} - 1}{K_c - 1} \qquad (9\text{-}7)$$

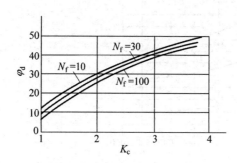

图 9-17  某种砂的 $N_f$-$K_c$-$\varphi_d$ 关系曲线

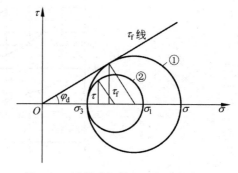

图 9-18  试样破坏前和破坏时的应力圆

式中:$\tau_f$——破坏面上的剪应力,即抗剪强度;

$\tau$——潜在破坏面上的剪应力;

$K_{cf}$——破坏时的应力比,根据极限平衡条件:

$$K_{cf} = \frac{\sigma_{1f}}{\sigma_3} = \frac{1 + \sin\varphi_d}{1 - \sin\varphi_d}$$

代入式(9-7),简化后得:

$$K_c = \frac{1}{F_s} \cdot \frac{2\sin\varphi_d}{1 - \sin\varphi_d} + 1 \qquad (9\text{-}8)$$

假定滑动土体沿某一滑动面各处的安全系数相同,则对于滑动面所通过的土体,其平均固结应力比 $K_c$ 可以用式(9-8)估算。

当 $K_c$ 和 $N_f$ 确定以后,就可以从图 9-17 查找与这种应力状态相适应的动力内摩擦角 $\varphi_d$。$c_d$ 和 $\varphi_d$ 是总应力法指标,亦即振动所产生的孔隙水压力对强度的影响已在指标中得到反映。在动力稳定分析中,也可以采用有效应力法。这时试验中必需测出破坏时的孔隙水压力 $u_f$。将总应力扣去孔隙水压力 $u_f$,绘制破坏时的有效应力圆,即可得到有效应力强度包线。根据有效应力强度包线求出有效应力法的动强度指标 $c_d'$ 和 $\varphi_d'$。许多研究结果表明,土的有效应力动强度指标 $c_d'$ 和 $\varphi_d'$ 与有效应力静强度指标 $c'$ 和 $\varphi'$ 十分接近,所以用静力指标代替动力指标不会引起很大的误差。

## 9.2.3  不规则荷载作用下土的动强度

地震荷载是不规则荷载,目前在实验室内重现各种不规则荷载以研究土的动强度已完全可能。不过地震荷载的变化规律难以预估,要确定将要发生的地震在土体内所引起的动力过程十分困难。因此直接研究不规则荷载作用下土的动强度往往不是很必要。工程上为简化计算,通常把不规则荷载简化成等价的简单周期荷载。

### 1. 不规则荷载的等价循环周数

假定每一次应力循环所具有的能量对材料都要起破坏作用,这种破坏作用与能量的大小成正比而与应力循环的先后次序无关。根据这种假定,就可以直接利用动强度曲线将一列不规则荷载等价成为剪应力幅值为 $\tau_{eq}$,周数为 $N_{eq}$ 的简单周期荷载。图 9-19(a)表示一条不规则动应力时程曲线,其最大动剪应力幅值为 $\tau_{max}$。取 $\tau_{eq}=R\tau_{max}$ 作为等效简单循环剪应力的幅值,其中 $R$ 可以是任意小于 1 的数值,习惯上取为 0.65,然后把不规则动应力时程曲线按幅值的大小分成若干组,例如组数为 $K$。分别计算出每一种幅值应力波的等价循环周数。例如,在这一列不规则应力波中,幅值为 $\tau_i$ 的循环周数为 $n_i$。从图 9-19(b)的动强

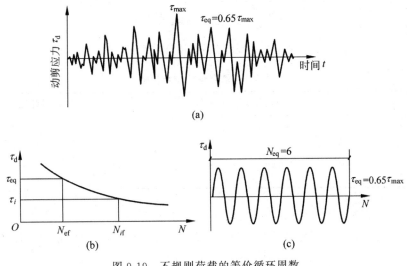

图 9-19  不规则荷载的等价循环周数

度曲线查出,当幅值为 $\tau_i$ 时的破坏振次为 $N_{if}$。取 $\tau_{eq}=0.65\tau_{max}$ 为简单循环荷载的等价幅值,从动强度曲线查得幅值为 $\tau_{eq}$ 时的破坏次数为 $N_{ef}$。若认为每一应力循环的能量与应力幅值成正比,则幅值为 $\tau_i$ 的一次振动的破坏作用相当于幅值为 $\tau_{eq}$ 时的 $N_{ef}/N_{if}$。因此幅值为 $\tau_i$ 的 $n_i$ 次振动相当于幅值为 $\tau_{eq}$ 的等价次数为

$$n_{eqi}=n_i\frac{N_{ef}}{N_{if}} \tag{9-9}$$

故整个不规则动应力曲线等价为幅值为 $\tau_{eq}$ 的简单周期荷载,其等价周数为

$$N_{eq}=\sum_{i=1}^{K}n_{eqi}=\sum_{i=1}^{K}n_i\frac{N_{ef}}{N_{if}} \tag{9-10}$$

### 2. 地震的等价震次

西特(Seed H B)和伊德利斯(Idriss I M)等人对一系列地震记录进行统计分析,以 $0.65\tau_{max}$ 作为简单周期荷载的幅值,得出等价周数与地震震级的相关关系如图 9-20 所示。在此基础上他们提出表 9-1 的简化等效标准。

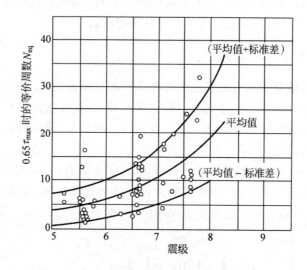

图 9-20 震级和等价周数关系曲线

**表 9-1 地震等效循环周数**

| 震 级 | 等效循环剪应力幅 | 等效循环周数 |
|:---:|:---:|:---:|
| 7.0 | $0.65\tau_{max}$ | 12 |
| 7.5 | $0.65\tau_{max}$ | 20 |
| 8.0 | $0.65\tau_{max}$ | 30 |

需要注意的是图 9-20 和表 9-1 中所确定的等价振次都是以震级为依据而不是以烈度为依据。把不规则动应力简化成简单周期应力后,就可以按前述方法,确定土体单元是否破坏或求出动强度指标 $c_d$ 和 $\varphi_d$,并可进一步分析土体的整体动力稳定性。

# 9.3　土的振动液化

振动液化是土动强度中的一个特殊问题。在前节讲述动强度的破坏标准中指出,对饱和砂性土,当 $u=\sigma_3$ 时,土处于液化状态。液化是地震中经常发生的主要震害之一,危害很大。例如 1976 年我国唐山地震时,发生液化的面积达 24000km$^2$,在液化区域内,由于地基丧失承载力,造成建筑物大量沉陷和倒塌。所以近几十年来,液化成为国内外土动力学界所致力研究的主要课题之一。

## 9.3.1　液化的基本概念

地震时,在烈度比较高的地区往往出现喷水冒砂现象,这种现象就是地下砂层发生液化的宏观表现。砂土的液化机理可以用图 9-21 说明。假定砂土是由均匀的圆球构成,若震前处于松散状态,排列如图 9-21(a)所示。当受水平方向的振动荷载作用时,颗粒有被剪切挤密的趋势。在由松变密的过程中,如果土是饱和的,孔隙内充满水,且孔隙水在振动的短促期间内排不出去,就将出现从松到密的过渡阶段。这时颗粒离开原来位置,而又未落到新的稳定位置上,与四周颗粒脱离接触,处于悬浮状态。这种情况下,颗粒的自重,连同作用在颗粒上的荷载将全部由水承担。图 9-21(b)中容器内装填饱和砂,并在砂中装一测压管。摇动容器,即可见测压管水位迅速上升。这种现象表明饱和砂中因振动出现超静孔隙水压力。根据有效应力原理,土的抗剪强度为

$$\tau_f = (\sigma - u)\tan\varphi'$$

显然,超静孔隙水压力增加,抗剪强度随之减小。如果振动强烈,孔隙水压力增长很快而又消散不了,则可能发展至 $u=\sigma$,导致 $\sigma'=0$ 和 $\tau_f=0$。这时,土颗粒完全悬浮于水中,成为黏滞流体,抗剪强度 $\tau_f$ 和剪切模量 $G$ 几乎都等于零,土体处于流动状态,这就是液化现象,或称为完全液化。广义的液化通常还包括振动时孔隙水压力升高而丧失部分强度的现象,有时也称为部分液化。

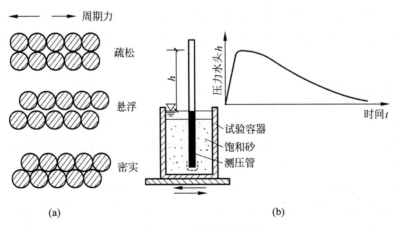

图 9-21　土的液化机理

若地基由几层土组成,且较易液化的砂层被不易液化的土层所覆盖,地震时,往往地基内部的砂层首先发生液化,在砂层内产生很高的超静孔隙水压力,引起很大的自下而上的水力坡降。当上覆土层中的水力坡降大于临界坡降时,原来在振动中没有液化的土层,在渗透水流的作用下也处于悬浮状态,砂层以及上覆土层中的颗粒随水流喷出地面,这种现象称为渗流液化。这种情况下,表征地基液化的喷水冒砂现象在地震过程中可能并未表现出来,而在地震结束后才出现,并且要持续相当长的时间,因为液化砂层中的孔隙水压力通过渗流消散,需要一个过程。

### 9.3.2　振动孔隙水压力的发展

如第 3~5 章所述,土在排水条件下受剪切将发生体胀或体缩,而在不排水条件下受剪切,则体积的变化趋势表现为超静孔隙水压力的发展,其值可正可负。土受周期荷载作用,实际上是受反复的剪切作用,因此在不排水条件下必然伴随着孔隙水压力的生成和发展。不过,与静应力作用有一点不同,就是无论是松砂或密砂,每一次应力循环都要引起正值的孔隙水压力的增加,松砂增加得快,密砂增加得慢。

关于周期荷载作用下孔隙水压力的发展规律,从理论上讲是一个很复杂的问题。目前尚没有较好的理论解答。试验研究结果表明,振动孔隙水压力的发展主要取决于如下几个因素。

**1. 土的性质**

土受振动时容易变密,渗透系数较小、孔隙水压力不易消散的土类,如较松的中、细、粉砂和粉土受到振动作用时都容易生成和发展超静孔隙水压力。

**2. 振动前应力状态**

振动前应力状态用周围压力 $\sigma_3$ 和固结应力比 $K_c$ 表示。周围压力 $\sigma_3$ 在土体内不引起剪应力,它对振动孔隙水压力的影响主要是通过土的密度起作用,$\sigma_3$ 越大,土越密,孔隙水压力的发展越慢。对振动孔隙水压力发展影响更大的是固结应力比 $K_c$。它表示振动前土体已经承受的剪切程度。周期应力作用下,虽然总是产生正的孔隙水压力,但是 $K_c$ 越大的土,由于振动前已发生较大的剪切变形,孔隙水压力的发展速度越慢,且最终的累积值也越小。

**3. 动荷载的特点**

动荷载是引起孔隙水压力发展的外因。显然,动应力的幅值越大,循环的次数越多,积累的孔隙水压力也越高。至于频率的影响,试验研究的结果表明,对于粗粒土,在试验常用的频率范围内,频率对孔隙水压力发展的影响很小,一般可不予考虑。

目前,有许多估算振动孔隙水压力发展的公式,每个公式都必须反映上述三个基本因素的影响。较典型的如西特-芬恩(Seed-Finn)的反正弦函数公式。对于等压固结,即 $K_c=1$ 的情况,该公式为

$$\frac{u}{\sigma_3} = \frac{2}{\pi} \arcsin\left(\frac{N}{N_f}\right)^{\frac{1}{\theta}} \tag{9-11}$$

式中：$u$——$N$ 次循环所累积的孔隙水压力；

$N_f$——破坏振次，可根据动应力幅值，从动强度曲线上查取；

$\theta$——土性质的试验参数，其值与土的种类和密度有关。

对于 $K_c > 1.0$ 的情况，式(9-11)可修改为

$$\frac{u}{\sigma_3} = \frac{1}{2} + \frac{1}{\pi} \arcsin\left[\beta\left(\frac{N}{N_{50}}\right)^{\frac{1}{\theta}} - 1\right] \tag{9-12}$$

式中：$N_{50}$——在孔隙水压力发展曲线，即 $u$-$N$ 曲线上，当 $u = 0.5\sigma_3$ 时所对应的循环周数，
它与 $N_f$ 类似，也是反映应力幅值影响的参数；

$\beta$——土质参数，一般可取 $1.0$；

$\theta$——与固结应力比 $K_c$ 有关的土质参数，可表示为 $\theta = \alpha_1 K_c + \alpha_2$，$\alpha_1$ 和 $\alpha_2$ 直接由试验测定。

图 9-22 表示不同 $K_c$ 和 $\theta$ 值时，用式(9-12)计算的孔隙水压力发展规律，可供参考。

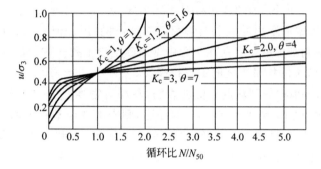

图 9-22　振动孔压发展曲线

## 9.3.3　影响土液化的主要因素

如前所述，液化是土体内孔隙水压力发展引起强度降低，直至丧失，使土体变成液态的一种现象。因此，一般只能发生于饱和土。上述影响孔隙水压力发展的因素也就是影响土体液化的因素。不过振动荷载一般都要在土体内引起孔隙水压力的积累，但不一定能达到液化的程度。是否能发生液化，主要还是取决于土的性质。

就土的种类而言，总结国内外现场调查和试验研究的结果可知，中、细、粉砂是最容易发生振动液化的土。粉土和砂粒含量较高的砂砾土也属于可液化土。砂土的抗液化性能与平均粒径 $d_{50}$ 的关系很密切。$d_{50} = 0.07 \sim 1.0\,\text{mm}$ 的土，抗液化性能最差。黏性土由于有黏聚力，振动不容易使其颗粒移动而发生体积变化，也就不容易产生较高的孔隙水压力；即使产生一定的超静孔隙水压力使有效正应力接近于零，因黏聚力的存在也不至于产生液化；所以黏性土是非液化土。粒径较粗的土，如砾石、卵石等渗透系数很大，孔隙水压力消散很快，难以累积到较高的数值，通常也不会液化。图 9-23 表示可液化土的范围，可供参考。

土的状态，即密度或相对密度是衡量砂土是否能液化的重要指标。曾经有些学者用临

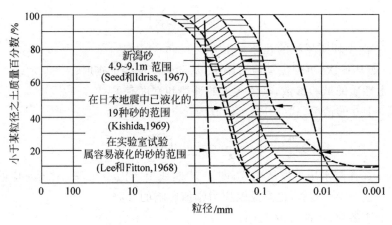

图 9-23　可液化土的范围

界孔隙比作为判别砂土能否液化的界限值。当实际孔隙比 $e < e_{cr}$ 时,不排水剪切将发生负孔隙水压力,土不会液化;只有当 $e > e_{cr}$ 时,不排水剪切产生正孔隙水压力,才有液化的可能。不过如前所述 $e_{cr}$ 并不是恒值,它与周围压力 $\sigma_3$ 有关。另外,$e_{cr}$ 值是从静力试验求得的,动荷载作用下孔隙水压力的发展与静荷载有所不同,因此似乎很难直接用临界孔隙比 $e_{cr}$ 作为能否液化的判别标准。目前在工程中常用砂土粉土的标贯击数 $N$ 来判断液化的可能性,因为 $N$ 是反映土的相对密度的重要指标。

　　1964 年日本新潟地震的现场调查资料表明,在相对密度低于 50% 的地区,地基砂土普遍出现液化现象,而在相对密度大于 70% 的地区,则未出现地基砂土的液化。我国几十年来历次大地震的调查资料也得到类似的结论。因此在《水利水电工程地质勘察规范》(GB 50487—2008)中规定,对于饱和砂土,当相对密度不大于表 9-2 中的数值时,则可能发生液化。

表 9-2　饱和砂土地震时可能发生液化的相对密度

| 设计烈度/度 | 6 | 7 | 8 | 9 |
|---|---|---|---|---|
| 地震动峰值加速度/g | 0.05 | 0.10 | 0.20 | 0.40 |
| 液化临界相对密度$(D_r)_{cr}$/% | 65 | 70 | 75 | 85 |

　　对于饱和黏性土,即粉土,只有当饱和含水量 $w_s \geqslant 0.9 w_L$ 或当液性指数 $I_L \geqslant 0.75 \sim 1.0$ 时才属于可液化土。

### 9.3.4　土体单元的液化可能性判别

　　如图 9-15 所示的动强度曲线,如果绘制时是以 $u = \sigma_3$ 为破坏标准,这类曲线即为液化强度曲线,它给出液化破坏时动应力幅值与循环次数的关系。如果通过某种分析方法(目前常用的是动力有限元法)能够计算出土体单元的动剪应力时程曲线,通常是不规则的,则可以通过上述的等价方法,取 $0.65 \tau_{max}$ 为等价幅值 $\tau_{eq}$,利用液化强度曲线和式(9-10)计算出等价周数 $N_{eq}$。再用 $N_{eq}$ 从液化强度曲线上查取发生液化破坏的动剪应力幅值 $\tau_d$,在动三轴试验中，$\tau_d = \dfrac{\sigma_{d0}}{2}$。如果 $\tau_d > \tau_{eq}$，说明土的液化强度大于动剪应力，该单元土体处于稳定状态，不会发生液化破坏。反之，若 $\tau_d \leqslant \tau_{eq}$，即液化强度小于或等于等价动剪应力，土体单元要产生液化破坏。因此，只要对土工建筑物或地基进行动力反应分析，求得各个土单元的动剪应力时程曲线，就可用上述方法判别是否发生液化以及液化区的发展范围。除动力反应分析方法外，地基的液化可能性判别还有其他较为简便的方法，将在后续课程"基础工程"中讲述。

## 9.4　土的动应力-应变关系和阻尼特性

进行土体动力反应分析，需要知道土在动荷载作用下的应力-应变关系及其随时间的变化规律，即动本构关系、动应力-应变关系或动本构模型。目前常见的动本构模型包括弹塑性模型、黏弹塑性模型和黏弹性模型等几类，下面仅介绍其中较简单的黏弹性模型。

### 9.4.1　土的动应力-应变关系

在动三轴试验中，试样固结后施加周期荷载，测出动应力和动应变的时程曲线，如图 9-24 所示。

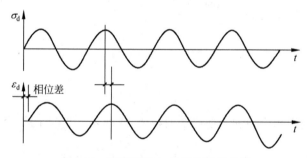

图 9-24　实测动应力-动应变时程曲线

受动荷载作用的土可视为黏弹性体，它对变形有阻尼作用，因此应变的发展滞后于应力的变化，表现为图 9-24 中的应变曲线总是落后于应力一定的相位。若选取一个应力循环，并在 $\sigma_d$-$\varepsilon_d$ 坐标上绘制这一循环内的动应力-应变关系，可以得到如图 9-25 所示的滞回圈。滞回圈两顶点连线的斜率就是该应力水平下土的平均动模量 $E_d = \sigma_{d0}/\varepsilon_{d0}$。对于理想的黏弹性体，当应力幅相同时，滞回圈的形状和大小不因振次而变化。增加应力幅值，同样可绘制另一个滞回圈，与小应力幅的滞回圈相比，大应力幅滞回圈的特点是：(1)端点连线的斜率减小，即土的动模量降低；(2)应变滞后于应力的相位增加，滞回圈的宽度加大，面积和阻尼力也都加大。改变几种动应力幅值，可以绘制相应的几个滞回圈，如图 9-26 所示，滞回圈同侧诸端点的连线，称为动荷载的应力-应变骨干曲线。大量的试验资料表明，骨干曲线大体上符合双曲线规律，即可表示为

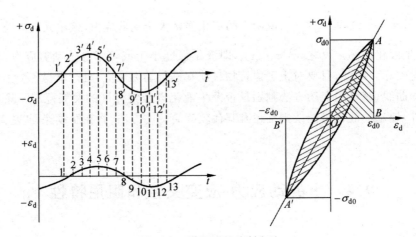

图 9-25 滞回圈的绘制方法

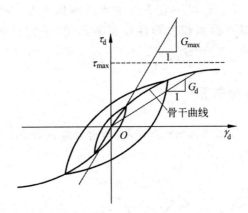

图 9-26 骨干曲线

$$\sigma_{d} = \frac{\varepsilon_{d}}{a' + b'\varepsilon_{d}} \tag{9-13}$$

式中,$\sigma_d$ 和 $\varepsilon_d$ 都是指周期应力和周期应变的幅值,亦即 $\sigma_{d0}$ 和 $\varepsilon_{d0}$ 的简写,故:

$$E_{d} = \frac{\sigma_{d}}{\varepsilon_{d}} = \frac{1}{a' + b'\varepsilon_{d}} \tag{9-14}$$

式中,$a'$ 和 $b'$ 为常数。

地震作用通常当成剪切波自基岩向上传播,因此在动力分析中应用动剪切模量。直接计算土体的动剪应力和动剪应变,动剪切模量计算公式为

$$G_{d} = \frac{\tau_{d}}{\gamma_{d}} = \frac{1}{a + b\gamma_{d}} \tag{9-15}$$

式中,$a$ 和 $b$ 为常数。

如前所述,在动三轴试验中,动剪应力用试样 45°面上的动剪应力表示,即 $\tau_d = \sigma_d/2$。相应地,该面上的动剪应变为 $\gamma_d = (1+\nu)\varepsilon_d$。$\nu$ 为土的泊松比,对于饱和土,$\nu = 0.5$。

试验常数 $a$ 和 $b$ 取决于土的性质。为说明它的物理概念,将式(9-15)用倒数表示,即:

$$\frac{\gamma_{d}}{\tau_{d}} = a + b\gamma_{d} \tag{9-16}$$

若以 $\gamma_d/\tau_d$ 为纵坐标，$\gamma_d$ 为横坐标，将骨干曲线点绘在这一坐标系中，应该是一条直线。直线的斜率就是 $b$，直线的截距就是 $a$，当 $\gamma_d=0$ 时：

$$a=\left(\frac{\gamma_d}{\tau_d}\right)_{\gamma_d=0}=\frac{1}{G_{max}} \tag{9-17}$$

$G_{max}$ 就是骨干曲线在原点处的切线斜率，也就是最大动剪切模量。

把式(9-16)改写成 $\dfrac{1}{\tau_d}=\dfrac{a}{\gamma_d}+b$，当 $\gamma_d=\infty$ 时：

$$b=\left(\frac{1}{\tau_d}\right)_{\gamma_d=\infty}=\frac{1}{\tau_{max}} \tag{9-18}$$

所以常数 $a$ 是该种土的最大剪切模量 $G_{max}$ 的倒数，而常数 $b$ 则是最大动剪应力的倒数。这样式(9-15)可以写成：

$$G_d=\frac{1}{\dfrac{1}{G_{max}}+\dfrac{\gamma_d}{\tau_{max}}} \tag{9-19}$$

最大动剪切模量 $G_{max}$ 需要在很小动应变的条件下测定，一般的动三轴仪在动应变很小时量测精度很差，不适用于测定 $G_{max}$ 值。$G_{max}$ 值通常用波速比法、共振柱法或高精度小应变动三轴试验法测定。当没有这类试验条件时，可以用下列经验公式估算（Hardin-Richart，1963；Hardin-Black，1968）。

对于圆粒干净砂($e<0.8$)

$$G_{max}=6930\frac{(2.17-e)^2}{1+e}(\sigma'_0)^{0.5}\quad(kPa) \tag{9-20}$$

对于角粒干净砂

$$G_{max}=3230\frac{(2.97-e)^2}{1+e}(\sigma'_0)^{0.5}\quad(kPa) \tag{9-21}$$

对于黏性土

$$G_{max}=3230\frac{(2.97-e)^2}{1+e}OCR^k(\sigma'_0)^{0.5}\quad(kPa) \tag{9-22}$$

式中：$e$——土的孔隙比；

$\sigma'_0$——土的平均有效固结应力，kPa；

OCR——土的超固结比；

$k$——与黏性土的塑性指数 $I_p$ 有关的常数，可自表 9-3 取用。

表 9-3　常数 $k$ 值

| $I_p$ | 0 | 20 | 40 | 60 | 80 | ≥100 |
|---|---|---|---|---|---|---|
| $k$ | 0 | 0.18 | 0.30 | 0.41 | 0.48 | 0.50 |

$G_{max}$ 和 $\tau_{max}$ 确定后，动剪切模量就是动剪切应变 $\gamma_d$ 的单值函数，计算中应根据实际的 $\gamma_d$ 选择相对应的动剪切模量 $G_d$。应当注意的是，在试验资料的整理中，$\gamma_d$ 是指往复变化的动剪应变幅值，而不包括振动所产生的不可恢复的残余应变。

### 9.4.2 土的阻尼特性

把土体当成一个振动体系,这个振动体系的质点在运动过程中由于内摩擦作用和塑性变形等有一定的能量损失,这种现象称为阻尼。土体在振动中的内摩擦和塑性变形,类似于黏滞液体流动中的黏滞摩擦,所以也称为等价黏滞阻尼。在自由振动中,阻尼表现为质点的振幅随振次而逐渐衰减,如图9-27所示。在强迫振动中则表现为应变滞后于应力而形成的滞回圈。振幅衰减的速度或滞回圈面积的大小都反映振动中能量损失的大小,也就是阻尼的大小。

介质的黏滞阻尼力 $F$ 与运动的速度成正比,可表示为

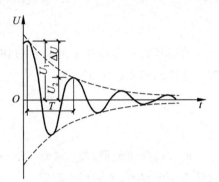

图 9-27 自由振动衰减曲线

$$F = c\dot{U} \tag{9-23}$$

式中:$\dot{U}$——黏滞介质质点的运动速度;

$c$——黏滞介质的阻尼系数。

如果阻尼力很大,以至于振动体系不能产生回复运动,这种阻尼称为过阻尼。通常情况下,体系能够振动的阻尼称为弱阻尼。弱阻尼过渡为过阻尼之间的临界值称为临界阻尼,这时的阻尼系数称为临界阻尼系数 $c_{cr}$。在土体的动力反应分析中,土的阻尼常用另一个土质常数——阻尼比 $\lambda$ 表示。

$$\lambda = c/c_{cr} \tag{9-24}$$

阻尼比的大小可以通过试验方法测定,常用两类方法。一类是让土试样受一个瞬时荷载的作用,引起自由振动,量测振幅的衰减规律,用下式求土的阻尼比:

$$\lambda = \frac{1}{2\pi} \frac{w_r}{w} \ln \frac{U_k}{U_{k+1}} \tag{9-25}$$

式中:$w_r$——有阻尼时试样的自振圆频率;

$w$——无阻尼时试样的自振圆频率;

$U_k$——第 $k$ 次循环的振幅;

$U_{k+1}$——第 $k+1$ 次循环的振幅。

一般 $w_r$ 与 $w$ 差别不大,故式(9-25)可简化为

$$\lambda = \frac{1}{2\pi} \ln \frac{U_k}{U_{k+1}} \tag{9-26}$$

另一种测定阻尼比的方法是让土试样在某一扰动力的作用下强迫振动,测出动应力-应变时程曲线。取曲线上某一应力循环,在应力-应变坐标上绘制滞回圈,如图9-25所示。测得滞回圈的面积,用下式计算土的阻尼比:

$$\lambda = \frac{1}{4\pi} \frac{A}{A_L} \tag{9-27}$$

式中:$A$——滞回圈的面积;

$A_L$——图9-25中三角形 $OAB$ 的面积,它表示把土当成弹性体时,加载至应力幅值所做的功,或弹性体内所蓄存的弹性能。

试验证明,土的阻尼比与动剪应变之间的关系也可用双曲线表示:

$$\lambda = \lambda_{\max} \frac{\gamma_d}{\gamma_d + \dfrac{\tau_{\max}}{G_{\max}}} \qquad (9\text{-}28)$$

式中:$\lambda_{\max}$——土体在变形很大时的阻尼比,称最大阻尼比,其他符号同前。

关于土的阻尼特性目前研究还很不充分。Hardin 建议最大阻尼比可用下列公式估算:

对于纯砂

$$\lambda_{\max} = (D - 1.5\lg N) \times 100\% \qquad (9\text{-}29)$$

对于饱和黏性土

$$\lambda_{\max} = [31 - (3 + 0.03f)(\sigma'_0)^{1/2} + 1.5f^{1/2} - 1.5\lg N] \times 100\% \qquad (9\text{-}30)$$

式中:$D$——土质常数,对于干砂可取 33,对于饱和砂可取 28;

$N$——循环周次;

$f$——周期荷载的频率;

$\sigma'_0$——振动前的平均有效应力。

当 $\lambda_{\max}$、$G_{\max}$ 和 $\tau_{\max}$ 确定以后,阻尼比 $\lambda$ 也是动剪应变 $\gamma_d$ 的单值函数,应根据实际的 $\gamma_d$ 值选用。

图 9-28 是一种土的实测 $\dfrac{G_d}{G_{\max}}$-$\gamma_d$ 和 $\lambda$-$\gamma_d$ 曲线,是土体动力反应分析中必用的基本资料。曲线表明,动模量随动剪应变的增加而减小,阻尼比则随动剪应变的增加而增加。

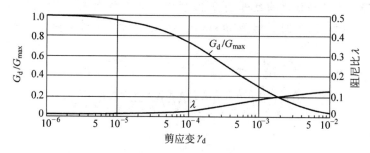

图 9-28  土的动变形特性曲线和阻尼比曲线

**【例题 9-1】** 某饱和砂的动强度可以用 $\sigma_3$ 进行归一化(即不同 $\sigma_3$ 的动应力比 $\sigma_d/(2\sigma_3)$ 相同)。固结应力比 $K_c = 2$ 时的动强度曲线如图 9-29 所示,地区震级为 8 级,问进行动力稳定分析时可以采用多大的动力内摩擦角。

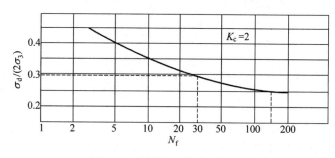

图 9-29  例题 9-1 的动强度曲线

**【解】**

(1) 由表 9-1 查得 8 级地震的等效循环周数 $N=30$。

(2) 按图 9-29 的强度曲线查得 $N_f=30$ 时的动应力比 $\dfrac{\sigma_d}{2\sigma_3}=0.293$。

(3) 若 $\sigma_3=100\text{kPa}$，则 $\sigma_d=58.6\text{kPa}$；若 $\sigma_3=200\text{kPa}$，则 $\sigma_d=117.2\text{kPa}$。

(4) 作两个破坏应力圆，见图 9-30。

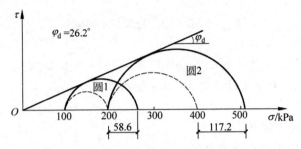

图 9-30　例题 9-1 的破坏圆

圆 1，$\sigma_3=100\text{kPa}$，$\sigma_1=200\text{kPa}$，$\sigma_d=58.6\text{kPa}$

圆 2，$\sigma_3=200\text{kPa}$，$\sigma_1=400\text{kPa}$，$\sigma_d=117.2\text{kPa}$

这两个破坏应力圆的公切线 $\varphi_d=26.2°$ 即为动力内摩擦角（注：因为是砂土，$c_d=0$，只要作一个圆即可求得 $\varphi_d$，作两个圆是为了校核减小计算误差）。

**【例题 9-2】**　土的动强度曲线如图 9-29 所示。若土样在 $\sigma_3=100\text{kPa}$，$K_c=2.0$ 下，受变幅的周期动应力作用，如图 9-31 所示，以 $\sigma_d=60\text{kPa}$ 作为等价振幅 $\sigma_{eq}$，问土样是否破坏。

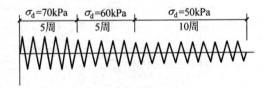

图 9-31　例题 9-2 图

**【解】**

(1) 根据图 9-29 的动强度曲线，查 $\sigma_d=70\text{kPa}$，$60\text{kPa}$，$50\text{kPa}$ 相应的破坏振次，分别为
$$N_{f1}=10 \qquad N_{f2}=28 \qquad N_{f3}=135$$

(2) 以 $\sigma_d=60\text{kPa}$ 作为等价振幅 $\sigma_{eq}$，则图 9-31 的等价振次为

$$N_{eq}=\sum_{i=1}^{K}n_i\frac{N_{ef}}{N_{if}}=\left(5\times\frac{28}{10}+5\times\frac{28}{28}+10\times\frac{28}{135}\right)\text{周}=21\text{ 周}$$

(3) 当 $N_f=21$ 周时，$\dfrac{\sigma_d}{2\sigma_3}=0.31$，$\sigma_d=2\times100\times0.31\text{kPa}=62.0\text{kPa}$

$\sigma_d=62.0\text{kPa}>\sigma_{eq}$。

即动强度大于动应力，故此土样尚不会破坏。

**【例题 9-3】**　正弦荷载动剪应力幅值 $\tau_d=10\text{kPa}$，测得动剪切模量 $G_d=50\text{MPa}$，已知剪应变滞后于剪应力的相位角为 $18°$，试绘出滞回圈并计算出土在这种状态下的阻尼比 $\lambda$。

**【解】**

（1）计算剪应变幅值

$$\gamma_d = \frac{\tau_d}{G_d} = \frac{10}{50000} = 2 \times 10^{-4}$$

（2）以 $\frac{\pi}{10}$（即 18°）为分度，计算动应力 $\tau_d$ 和动应变 $\gamma_d$ 的正弦变化规律，如图 9-32 所示。

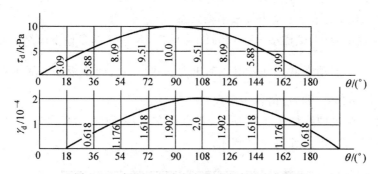

图 9-32　例题 9-3 动应力和动应变的变化规律

（3）根据图 9-32 在 $\tau_d$-$\gamma_d$ 坐标上绘制滞回圈（半圈），如图 9-33 所示。

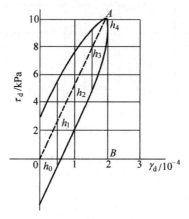

图 9-33　例题 9-3 滞回圈

（4）计算滞回圈面积 $A$ 和三角形面积 $A_L$

$$A = 2 \times 0.5 \left( \frac{h_0}{2} + h_1 + h_2 + h_3 + \frac{h_4}{2} \right)$$
$$= 1.0 \times (3.2 + 5.8 + 5.4 + 4.2 + 0.8)$$
$$= 19.4$$

$$A_L = \frac{1}{2} \times 10 \times 2 = 10$$

（5）计算土的阻尼比

$$\lambda = \frac{1}{4\pi} \frac{A}{A_L} = \frac{1}{4\pi} \times \frac{19.4}{10} = 0.154$$

# 习　　题

**9-1**　动三轴试验中，试样在 $\sigma_3 = 100\text{kPa}$，固结比 $K_c = 2$ 的条件下固结，然后施加幅值为 30kPa 的周期动应力，若土的有效内摩擦角 $\varphi' = 22°$，黏聚力 $c' = 10\text{kPa}$，问振动孔隙水压力 $u$ 发展到多大时，试样处于动力极限平衡状态？

**9-2**　动三轴试验中，试样在 $\sigma_3 = 100\text{kPa}$，固结比 $K_c = 2$ 的条件下固结。测得动强度曲线如图 9-29 所示。若动强度 $\dfrac{\sigma_d}{2}$ 可以用周围压力 $\sigma_3$ 归一化，问 7 级和 8 级地震时土的总应力动力抗剪强度指标 $c_d$ 和 $\varphi_d$ 值各为多大？

**9-3**　土的动强度曲线如图 9-34 所示，若土样在 $\sigma_3 = 100\text{kPa}$，$K_c = 3.0$ 情况下受表 9-4 变幅的周期动应力作用，问土样是否破坏？

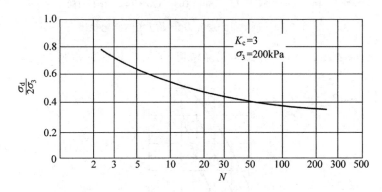

图 9-34　习题 9-3 图

表 9-4　习题 9-3 表

| 动应力幅 $\sigma_d/\text{kPa}$ | 140 | 120 | 100 | 80 | 60 |
|---|---|---|---|---|---|
| 振动周数 $N$ | 2 | 5 | 8 | 20 | 200 |

**9-4**　土样在周围压力 $\sigma_3 = 100\text{kPa}$，$K_c = 1.5$ 的条件下固结后，在动应力幅 $\sigma_d = 40\text{kPa}$ 下振动 10 周的孔隙水压力 $u = 30\text{kPa}$，振动 20 周的孔隙水压力 $u = 50\text{kPa}$，问振动 40 周时的孔隙水压力多大？

**9-5**　从地基中 10m 深处取出的黏土样，其塑性指数 $I_P = 20$，土的天然密度 $\rho = 1.9\text{g/cm}^3$，土粒比重 $G_s = 2.72$，含水量 $w = 27\%$，已知先期固结压力 $p_c = 500\text{kPa}$，侧压力系数 $K_0 = 0.8$，试估算该土的 $G_{max}$。

**9-6**　圆粒干净砂试样的干密度 $\rho_d = 1.6\text{g/cm}^3$，土粒比重 $G_s = 2.65$，在周围压力 $\sigma_3 = 100\text{kPa}$ 下固结，然后加动荷载测定砂的动剪切模量 $G$。若最大动剪应力 $\tau_{max} = 40\text{kPa}$，试估算当动应变 $\gamma_d = 5 \times 10^{-4}$ 时该砂样的动剪切模量 $G$。

# 附录 I 布辛内斯克半无限空间弹性体表面上竖向集中力作用的附加应力与位移解

在半无限空间弹性体表面作用有竖向集中力 $P$ 时，布辛内斯克推导了弹性体内部任意点 $M$ 的 6 个附加应力分量和 3 个位移分量。这样，除了本书 3.5 节所列出的竖直法向应力 $\sigma_z$ 表达式(3-19)以外，其全部表达式如下，其中式（I-1a）与式(3-19)相同。

$$\sigma_z = \frac{3P}{2\pi} \cdot \frac{z^3}{R^5} = \frac{3P}{2\pi R^2}\cos^3\beta \tag{I-1a}$$

$$\sigma_y = \frac{3P}{2\pi} \cdot \left\{ \frac{y^2 z}{R^5} + \frac{1-2\nu}{3}\left[ \frac{1}{R(R+z)} - \frac{(2R+z)y^2}{(R+z)^2 R^3} - \frac{z}{R^3} \right] \right\} \tag{I-1b}$$

$$\sigma_x = \frac{3P}{2\pi} \cdot \left\{ \frac{x^2 z}{R^5} + \frac{1-2\nu}{3}\left[ \frac{1}{R(R+z)} - \frac{(2R+z)x^2}{(R+z)^2 R^3} - \frac{z}{R^3} \right] \right\} \tag{I-1c}$$

$$\tau_{xy} = \frac{3P}{2\pi}\left[ \frac{xyz}{R^5} - \frac{1-2\nu}{3} \cdot \frac{(2R+z)xy}{(R+z)^2 R^3} \right] \tag{I-1d}$$

$$\tau_{zy} = \frac{3P}{2\pi} \cdot \frac{yz^2}{R^5} \tag{I-1e}$$

$$\tau_{zx} = \frac{3P}{2\pi} \cdot \frac{xz^2}{R^5} \tag{I-1f}$$

$$\bar{u} = \frac{P}{4\pi G}\left[ \frac{xz}{R^3} - (1-2\nu)\frac{x}{R(R+z)} \right] \tag{I-2a}$$

$$\bar{v} = \frac{P}{4\pi G}\left[ \frac{yz}{R^3} - (1-2\nu)\frac{y}{R(R+z)} \right] \tag{I-2b}$$

$$\bar{w} = \frac{P}{4\pi G}\left[ \frac{z^2}{R^3} + 2(1-\nu)\frac{1}{R} \right] \tag{I-2c}$$

式中：$\sigma_x$、$\sigma_y$、$\sigma_z$——$x$、$y$、$z$ 方向的法向应力；

$\tau_{xy}$、$\tau_{yz}$、$\tau_{zx}$——剪应力；

$\bar{u}$、$\bar{v}$、$\bar{w}$——$M$ 点沿 $x$、$y$、$z$ 方向的位移；

$G = \dfrac{E}{2(1+\nu)}$——剪切模量；

$E$——弹性模量(土力学中常称为变形模量，弹性模量与变形模量的物理概念的区别见本书的 4.1 节)；

$\nu$——泊松比；

$R$——在图 3-22 中，$M$ 点至坐标原点 $O$ 的距离，$R = \sqrt{x^2 + y^2 + z^2} = \sqrt{r^2 + z^2}$；

$\beta$——在图 3-22 中，直角三角形 $OM'M$ 中 $\overline{OM}$ 和 $\overline{MM'}$ 间的夹角。

在上述 6 个应力分量中，对地基沉降计算意义最大的是竖直法向应力 $\sigma_z$。

上述的式（I-2c）是任意点的竖向位移表达式，亦即该点的沉降，如果点 $M$ 选在表面，它就是地面的沉降。那为什么工程中不采用布氏的位移解直接计算地基的沉降呢？这是由于土的应力-应变关系既非弹性，亦非线性。随着深度增加，其模量提高；地基土又多是分层的；原状土还具有结构性。在较低的应力下，变形很小，一旦超过应力的某个"门槛值"，变形会明显加大。因而式（I-2c）中的变形参数（$E, \nu$）是无法正确选取的。另外，布氏解的计算深度是"无限"的，而实际地基土本身的深度和变形范围是有限的，所以布氏位移解一般是脱离实际的。

从式（I-1a）可以发现，对于均匀的土体，$\sigma_z$ 与材料的变形参数无关，因而竖向正应力的布氏解受材料的应力-应变关系特性影响较小，即使是各向异性土或分层土，其误差亦在可接受范围。因此用布氏的附加应力解 $\sigma_z$，假设一维压缩，使用勘察得到的土层变形参数计算沉降，辅以必要的修正，已成为基础工程中通用的计算方法。

# 附录 Ⅱ

# 求附加应力的感应图法

  工程实际中有时会遇到荷载作用于不规则的面积上,如果不规则面积可以分为若干个矩形,则地基中任意点的竖直附加应力 $\sigma_z$ 可以应用书中介绍的"角点法"得出。但是如果不规则面积无法分成矩形时,利用纽马克(Newmark N M)提出的"感应图"法,可以容易地以一定精度求得地基中任意点的附加应力 $\sigma_z$。下面介绍感应图的原理及其用法。

### 1. 感应图的原理

  对于圆形面积上竖直均布荷载 $p$ 作用时圆点以下各点的竖向附加应力(附录图Ⅱ-1),可由式(3-41)计算,即 $\sigma_z = K_0 p$,其中 $K_0 = f\left(\dfrac{r}{z}\right)$,见附录表Ⅱ-1。感应图(附录图Ⅱ-2)是由 9 个同心圆和 20 根从圆心出发在圆周上均匀分布的射线所组成。这几个同心圆的半径 $r_i$ 分别与该图中规定的长度 $\overline{AB}$ 之比成附录表Ⅱ-1 中 $r/z$ 的关系:即 $r_1 = 0.268\overline{AB}$,$r_2 = 0.400\overline{AB}$,$r_3 = 0.518\overline{AB}$,…。当选取 $\overline{AB}$ 长度等于计算点的深度 $z$ 时,从附录图Ⅱ-2 和表Ⅱ-1 可知,由第一个圆(半径 $r_1$)面积上的均布荷载 $p$ 在圆心底下深度 $z$ 处所引起的竖直应力 $\sigma_{z0}$ 等于 $0.1p$;如果荷载 $p$ 扩大分布于第二个圆(半径 $r_2$)范围以内的全部面积上,则 $\sigma_{z0} = 0.2p$;以此类推,荷载面积每扩大到另一个圆的边界,$\sigma_{z0}$ 便增加 $0.1p$。

  从上述可知,相邻两半径之间的圆环面积上的荷载对于圆心底下深度 $z$ 处的应力影响都是一样的,均引起 $0.1p$ 的竖直压应力。若每一圆环被 20 根射线分成 20 个面积相等的曲边梯形小块,显然,任一小块上的荷载对于圆心底下深度 $z$ 处的应力影响将是一样的,均引起 $\dfrac{0.1p}{20} = 0.005p$ 的竖直附加应力。因此,每一小块称为感应面积,其感应值为 $0.005$,换言之,将 100kPa 的均布荷载放在任一块曲边梯形感应面积上时,在圆心底下深度 $z$ 处均引起 0.5kPa 的垂直附加应力。

### 2. 感应图的用法

  若欲计算附录图Ⅱ-2 左上角所示的 L 型建筑物 $D$ 点以下 20m 深度处,由建筑物荷载(竖直均布荷载)所引起的附加应力 $\sigma_z$。以附录图Ⅱ-2 中 $\overline{AB} = 20$m 的比例为比例尺,先在透明纸上绘制建筑物平面图,然后将透明纸移放至感应图上面,并使 $D$ 点与圆心重合,统计建筑物平面图所覆盖的块数,不成整块者予以大略估计。本例约为 31.5 块。若建筑物的均布设计荷载为 150kPa,则 $D$ 点下 20m 深度处的附加应力 $\sigma_z = 31.5 \times 0.005 \times 150\text{kPa} = 23.6\text{kPa}$。如果要计算其他深度处各点的竖直附加应力,则必须以图中 $\overline{AB}$ 长度表示所考虑的深度作为比例尺,用这种比例尺在透明纸上重新绘制建筑物平面图,然后再按上述方法计算 $D$ 点在该深度处的附加应力。

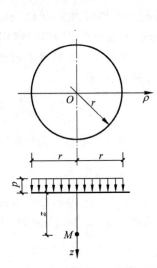

附录图Ⅱ-1　圆形面积均布荷载
中心点下的应力

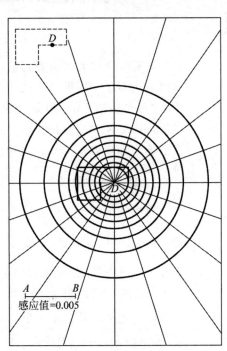

附录图Ⅱ-2　感应图及其应用

附录表Ⅱ-1　圆形均布荷载中心点下的应力系数 $K_0$ 值

| $r/z$ | $K_0$ | $r/z$ | $K_0$ |
|---|---|---|---|
| 0.268 | 0.1 | 0.918 | 0.6 |
| 0.400 | 0.2 | 1.110 | 0.7 |
| 0.518 | 0.3 | 1.387 | 0.8 |
| 0.637 | 0.4 | 1.908 | 0.9 |
| 0.766 | 0.5 | $\infty$ | 1.0 |

附录Ⅲ

# 有黏聚力和地面均布荷载的库仑主动土压力系数公式

对于无黏性填土（$c=0$），可用式(6-16)计算库仑主动土压力系数，对于黏性填土（$c>0$）一般采用图解法求解。最近也有一些资料提供了这种情况下的主动土压力计算公式，对于附录图Ⅲ-1所示的工况，即倾斜墙背（$\alpha>0°$）、倾斜填土地面（$\beta>0°$）上有均布荷载 $q$（$q$ 为单位水平投影面积上均布荷载强度）、墙背与土间摩擦角 $\delta>0°$、$c>0$ 的情况，有如下的计算公式：

$$E_a = \frac{1}{2}\gamma H^2 K_a \qquad (\text{Ⅲ-1})$$

式中：$K_a$——主动土压力系数。

$$K_a = \frac{\cos(\alpha-\beta)}{\cos^2\alpha\cos^2(\alpha-\beta+\varphi+\delta)}\{K_q[\cos(\alpha-\beta)\cos(\alpha+\delta) +$$
$$\sin(\varphi+\delta)\sin(\varphi-\beta)] + 2\eta\cos\alpha\cos\varphi\sin(\alpha-\beta+\varphi+\delta) -$$
$$2\sqrt{K_q\cos(\alpha-\beta)\sin(\varphi-\beta) + \eta\cos\alpha\cos\varphi} \times$$
$$\sqrt{K_q\cos(\alpha+\delta)\sin(\varphi+\delta) + \eta\cos\alpha\cos\varphi}\} \qquad (\text{Ⅲ-2})$$

$$K_q = 1 + \frac{2q\cos\alpha\cos\beta}{\gamma H\cos(\alpha-\beta)} \qquad (\text{Ⅲ-3})$$

$$\eta = \frac{2c}{\gamma H} \qquad (\text{Ⅲ-4})$$

式中各符号意义见附录图Ⅲ-1。

式(Ⅲ-2)是一般条件下的库仑主动土压力系数公式。当没有均布荷载、无黏性土、填土表面水平、墙背竖直光滑时，亦即：$K_q=1.0$，$\alpha=0°$，$\beta=0°$，$\delta=0°$，$c=0$ 时，该式退化为 $K_a = \tan^2\left(45°-\frac{\varphi}{2}\right)$，即成为朗肯主动土压力系数；如果上述条件中只是改变了 $c>$

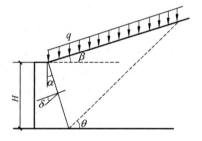

附录图Ⅲ-1　库仑土压力计算

$0$，则 $K_a = \tan^2\left(45°-\frac{\varphi}{2}\right) - 2\eta\tan\left(45°-\frac{\varphi}{2}\right)$，即 $E_a = \frac{1}{2}\gamma H^2 \cdot \tan^2\left(45°-\frac{\varphi}{2}\right) - 2cH\tan\left(45°-\frac{\varphi}{2}\right)$。

可见式(Ⅲ-1)没有考虑黏性填土时主动土压力分布中的上部拉力区和拉裂缝的影响，与式(6-9)比较，主动土压力少了 $2c^2/\gamma$ 这一项。

<table>
<tr><td>

附录
IV

</td><td>

# 无限斜面砂土坡的朗肯土压力计算

</td></tr>
</table>

朗肯土压力理论也可用于求解具有斜坡填土面时作用于竖直墙背上的土压力。其推导思路与前述具有水平填土面条件的思路基本相同,区别仅在于把分析具有水平表面半无限土体中一点的应力状态改为分析具有倾斜表面的半无限土体中一点的应力状态,求出该点达到极限平衡状态时的应力条件,即可得出作用于竖直墙背上的土压力。

## 1. 土中一点应力状态的分析

假设半无限无黏性土体具有与水平面成 $\beta$ 角($\beta \leqslant \varphi$)的倾斜表面,如附录图 IV-1(a)所示。如以竖直面 $mn$ 代表挡土墙墙背,以代替 $mn$ 左侧土体而不改变右侧土体中的应力状态,则原土体在竖直面上的应力即为作用于挡土墙背 $mn$ 上的土压力。现分析紧靠 $mn$ 面的土中任意 $z$ 深度处一平行四边形土单元的应力状态。该土单元由两个与地表平行的斜面 $ac$、$bd$ 和两个竖直面 $ab$、$cd$ 所组成,其水平宽度为单位长度,其竖向高度为 $dz$。两组平面间夹角为 $90° - \beta$,见附录图 IV-1(b)。对于半无限土体,在自重作用下,地表下相同深度 $z$ 处,这种土单元的应力状态都应是一样的:即在其斜面上作用有相等的竖直应力 $\sigma_z$,其数值可根据作用在单位斜面积上土柱的重量计算为 $\gamma z \cos\beta$;在土单元的两个竖直面上则作用有大小相等方向相反的应力 $\sigma$。分析单元体的静力平衡条件,作用于单元体上的竖向力相互平衡,因而作用于单元两个侧面上的应力 $\sigma$ 的方向必定平行于坡面否则微单元的力矩不平衡。由于 $\sigma_z$ 和 $\sigma$ 并不垂直于其作用面,故它们不是主应力。这样,作用于该土单元上的应力,除了侧向应力 $\sigma$ 的大小待求外,其余均已确定。当墙向外离开填土方向移动时,$\sigma$ 不断减小,直至土单元达到主动极限

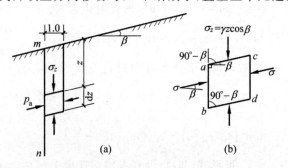

附录图 IV-1 具有倾斜表面的半无限土体中一点的应力状态

平衡状态,这时的 $\sigma$ 即为主动土压力 $p_a$。同样地,当墙向朝填土方向移动时,$\sigma$ 不断增大,直至达到被动极限平衡状态,这时的 $\sigma$ 即为被动土压力 $p_p$。朗肯用分析方法建立了当土单元达到主动和被动极限平衡状态时,竖直应力 $\sigma_z$ 与侧向应力 $\sigma$ 的关系,从而得出了作用于竖直墙背上的土压力强度 $p_a$ 和 $p_p$ 的计算公式,但公式推导较繁。下面将介绍一种图解法,可以得出同样的土压力计算结果,但比分析法简便。

**2. 应力莫尔圆法求解无黏性土主动土压力**

根据代表一点应力状态的莫尔圆,在到达极限平衡状态时应与土的抗剪强度包线 $\tau_f = \sigma\tan\varphi$ 相切的原理,即可求出主动土压力强度 $p_a$。其作图步骤如下:

(1) 在水平 $\sigma$ 轴的上下两侧分别画出与水平轴成 $\pm\beta$ 的直线 $OL$ 与 $OL'$,如附录图Ⅳ-2 所示。

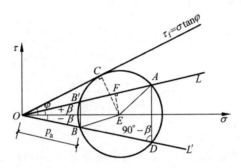

附录图Ⅳ-2　用应力圆法推求朗肯土压力公式

(2) 在 $OL$ 线上取线段 $OA = \sigma_z = \gamma z\cos\beta$,则 $A$ 点代表附录图Ⅳ-1 中土单元单位斜面上的应力,包含法向应力和剪应力。因此 $A$ 点必定在代表该单元极限应力状态的应力圆上。

(3) 在 $\sigma$ 轴上找圆心 $E$,以 $EA$ 为半径作应力圆,它既通过 $A$ 点,又与抗剪强度包线相切,见附录图Ⅳ-2,这个应力圆就是该单元体处于极限平衡状态时的应力圆,莫尔圆与 $OL'$ 交于 $D$ 点。

(4) 应力圆与 $OL'$ 线也交于 $B$ 点,图中 $\triangle AOD$ 为等腰三角形,圆周角 $\angle ODA = 90° - \beta$。由于 $A$ 点代表图Ⅳ-1(b)中的 $ac$ 面上的应力,则从 $DA$ 逆时针旋转 $(90° - \beta)$,表示 $B$ 点代表竖直面 $cd$ 上的应力 $\sigma$。因此 $B$ 点代表单元竖直面上的应力 $\sigma$,亦即主动土压力 $p_a$,其值等于附录图Ⅳ-2 中 $\overline{OB}$ 线段长度。

根据附录图Ⅳ-2 所示的应力圆几何关系,不难推求主动土压力 $p_a$ 与 $\sigma_z$ 的关系式。从图中可知:

$$\frac{p_a}{\sigma_z} = \frac{OB}{OA} = \frac{OB'}{OA} = \frac{OF - B'F}{OF + AF}$$

而

$$OF = OE\cos\beta$$

又

$$B'F = AF = \sqrt{AE^2 - EF^2} = \sqrt{CE^2 - EF^2}$$
$$= OE\sqrt{\sin^2\varphi - \sin^2\beta} = OE\sqrt{\cos^2\beta - \cos^2\varphi}$$

则

$$\frac{p_a}{\sigma_z} = \frac{\cos\beta - \sqrt{\cos^2\beta - \cos^2\varphi}}{\cos\beta + \sqrt{\cos^2\beta - \cos^2\varphi}}$$

已知 $\sigma_z = \gamma z \cos\beta$,故

$$p_a = \gamma z \cos\beta \frac{\cos\beta - \sqrt{\cos^2\beta - \cos^2\varphi}}{\cos\beta + \sqrt{\cos^2\beta - \cos^2\varphi}} \tag{IV-1}$$

令

$$K_a' = \cos\beta \frac{\cos\beta - \sqrt{\cos^2\beta - \cos^2\varphi}}{\cos\beta + \sqrt{\cos^2\beta - \cos^2\varphi}} \tag{IV-2}$$

则

$$p_a = \gamma z K_a' \tag{IV-3}$$

可以看出,当 $\beta = 0$ 时, $K_a' = \dfrac{1 - \sin\varphi}{1 + \sin\varphi} = \tan^2\left(45° - \dfrac{\varphi}{2}\right) = K_a$。

若墙高为 $H$,则作用于墙上的总主动土压力 $E_a = \dfrac{1}{2}\gamma H^2 K_a'$。

用同样方法也可得出被动土压力强度 $p_p$ 为

$$p_p = \gamma z \cos\beta \frac{\cos\beta + \sqrt{\cos^2\beta - \cos^2\varphi}}{\cos\beta - \sqrt{\cos^2\beta - \cos^2\varphi}} \tag{IV-4}$$

令

$$K_p' = \cos\beta \frac{\cos\beta + \sqrt{\cos^2\beta - \cos^2\varphi}}{\cos\beta - \sqrt{\cos^2\beta - \cos^2\varphi}} \tag{IV-5}$$

则

$$p_p = \gamma z K_p' \tag{IV-6}$$

作用于墙高为 $H$ 的挡土墙背上的总被动土压力 $E_p = \dfrac{1}{2}\gamma H^2 K_p'$。

上述公式只适用于 $c = 0$ 的无黏性土,且 $\beta < \varphi$。对于 $c \neq 0$ 的黏性土,虽然也可用图解法求 $p_a$ 和 $p_p$,但得不出像式(IV-1)和式(IV-4)这样简单的结果。

应该指出,由于墙背不是滑动面,亦非对称面,而土压力的方向平行于斜坡面,因此,墙背与土之间的摩擦角 $\delta$ 应不小于 $\beta$,且不大于 $\varphi$。

# 地震主动土压力计算

  地震时作用在挡土墙上的土压力称为动土压力,受地震时的动力作用,墙背上的动土压力无论其大小或分布形式,都不同于静土压力。动土压力的确定,不仅与地震强度有关,还受地基土、挡土墙及墙后填土等的振动特性所影响,是一个比较复杂的课题。目前国内外工程实践中仍多用拟静力法进行地震土压力计算,即以静力条件下的库仑土压力理论为基础,考虑竖向和水平方向地震加速度的影响,对原库仑公式加以修正,其中日本学者物部和冈部(Mononobe,Okabe)于 1926 年,1929 年先后提出的分析方法使用较为普遍,通称为物部-冈部法。下面对该法作一简要介绍。

  附录图 V-1(a)表示一墙背与竖向夹角为 $\alpha$,填土坡角为 $\beta$ 的挡土墙,$ABC$ 为无地震情况下的滑动楔体,楔体重量为 $W$。地震时,墙后土体受地震加速度作用,产生惯性力。地震加速度可分为水平方向和竖直方向两个分量,方向可正可负,取其不利方向。水平地震惯性力 $K_h \cdot W$ 取朝向挡土墙,竖向地震惯性力 $K_v \cdot W$ 取竖直向上,见附录图 V-1(b),其中

$$K_h = \frac{\text{地震加速度的水平分量}}{\text{重力加速度 } g}, \text{称为水平向地震系数}$$

$$K_v = \frac{\text{地震加速度的竖直分量}}{\text{重力加速度 } g}, \text{称为竖直向地震系数}$$

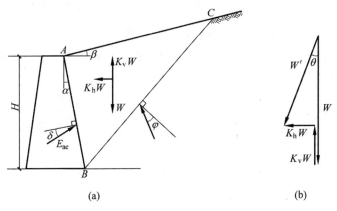

(a)           (b)

附录图 V-1 地震时滑动楔体受力分析

  将这两个惯性力当成静载与土楔体重量 $W$ 组成合力 $W'$,则 $W'$ 与竖直线的夹角为 $\theta$,称 $\theta$ 为地震偏角,$W'$ 是包括地震惯性力的假想的土楔体重

量。显然，

$$\theta = \arctan\left(\frac{K_h}{1 - K_v}\right) \tag{V-1}$$

$$W' = (1 - K_v)W\sec\theta \tag{V-2}$$

这样，若假定在地震条件下，土的内摩擦角 $\varphi$ 与墙背摩擦角 $\delta$ 均不改变，则作用在墙后滑动楔体上的平衡力系如附录图 V-2(c) 所示。可以看出，该平衡力系图与原库仑理论力系图的差别仅在于 $W'$ 方向与垂直方向倾斜了 $\theta$ 角。为了直接利用库仑公式计算 $W'$ 作用下的土压力 $E_{ae}$，物部-冈部提出了将墙背及填土均逆时针旋转 $\theta$ 角的方法（附录图 V-2(b)），使 $W'$ 仍处于竖直方向。由于这种转动并未改变平衡力系中三力间的相互关系，即没有改变附录图 V-2(c) 中的力三角形 $\triangle edf$，故这种改变不会影响对 $E_{ae}$ 的大小求算，但需将原挡土墙及填土的边界参数加以改变，成为

$$\left.\begin{aligned} \beta' &= \beta + \theta \\ \alpha' &= \alpha + \theta \\ H' &= AB\cos(\alpha + \theta) = H\frac{\cos(\alpha + \theta)}{\cos\alpha} \end{aligned}\right\} \tag{V-3}$$

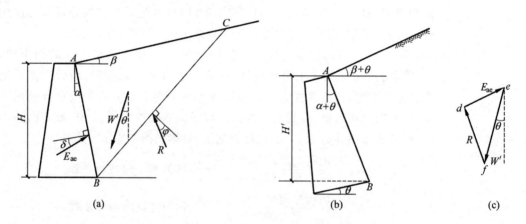

附录图 V-2　物部-冈部法求地震土压力

另外由式（V-3），将土楔体的重度变为 $\gamma' = \gamma(1 - K_v)\sec\theta$。用这些变换后的新参数 $\beta'$、$\alpha'$、$H'$、$\gamma'$ 代替库仑主动土压力公式(6-15)和公式(6-16)中的 $\beta$、$\alpha$、$H$ 和 $\gamma$，整理后得出地震条件下的主动土压力 $E_{ae}$：

$$E_{ae} = (1 - K_v)\frac{\gamma H^2}{2}K_{ae} \tag{V-4}$$

其中：

$$K_{ae} = \frac{\cos^2(\varphi - \alpha - \theta)}{\cos\theta \cdot \cos^2\alpha \cdot \cos(\alpha + \theta + \delta)\left[1 + \sqrt{\dfrac{\sin(\varphi + \delta) \cdot \sin(\varphi - \beta - \theta)}{\cos(\alpha - \beta) \cdot \cos(\alpha + \theta + \delta)}}\right]^2} \tag{V-5}$$

$K_{ae}$ 即为考虑了地震影响的主动土压力系数。通常称式（V-4）为物部-冈部主动土压力公式。

从式（V-5）可看出，若 $(\varphi - \beta - \theta) < 0$，则 $K_{ae}$ 没有实数解，意味着填土坡面不满足平衡

条件。因此,根据平衡要求,回填土的极限坡角应为 $\beta \leqslant \varphi - \theta$。

按物部-冈部公式,墙后动土压力分布仍为三角形,作用点在距墙底 $\frac{1}{3} H$ 处,但有些理论分析和实测资料表明,其作用点的位置高于 $\frac{1}{3} H$,为 $\left(\frac{1}{3} \sim \frac{1}{2}\right) H$,随水平地震作用的加强而提高。

## 附录 VI　埋管与地下工程的土压力

地下埋管用途广泛,如水利工程中的坝下埋管,市政工程和能源工程中的给排水管、煤气管、输油管等。为了分析地下埋管的内力,从而选择合理的设计断面和材料必须首先计算作用于埋管上的各种外荷载,其中,埋管四周填土作用于埋管上的土压力,是设计中的主要荷载。本节将简要介绍埋管土压力的类型及其计算原理。

### 1. 上埋式与沟埋式涵管

埋管所受土压力大小与许多因素有关,例如埋置方式、埋置深度、管道刚度、管周填土性质以及管座与基础形式等。在上述诸因素中,埋置方法是首先要考虑的因素,埋置方法不同,受力特点不同,则作用于埋管上的垂直土压力也不相同。涵管的埋置方法主要有沟埋式与上埋式两种,见附录图 VI-1。

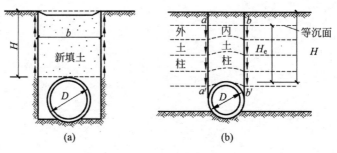

附录图 VI-1　涵管的埋置方式
(a) 沟埋式;(b) 上埋式

沟埋式是先在场地中开挖沟槽至设计深度,放置安装涵管后,再用土回填沟槽至地面高程。分析这类埋管所受的竖直向土压力时,沟槽外原有的原位土体可以认为不再发生变形,而沟内管顶上回填的新土,在自重或降雨等作用下会产生沉降。因此,槽壁将对新填土的下沉产生摩阻力,方向向上,如附录图 VI-1(a)所示。这样,沟内回填土的一部分重量将被两旁沟壁的摩阻力所抵消,形成拱效应,从而使得作用于管顶上的竖直土压力 $\sigma_z$,小于涵管之上沟内回填土柱的重量,即 $\sigma_z < \gamma H$。这是沟埋式埋管上土压力的一个重要特点。

上埋式管道经常是埋置在填方结构物以下,首先将管道直接敷设在天然地面或浅沟内,然后再在上面回填土至设计高程。这时,作用在管顶的土压力特点与沟埋式不同。由于原地面以上都是新填土,在自重及外荷载作用下,都要产生沉降,但管道直径(或宽度)以外的填土厚度大于管顶填土厚度,且填土的压缩性又较刚性管本身的压缩性大得多,因而使得直接位于涵管上部土柱的沉降量小于涵管以外土体的沉降量。在附录图Ⅵ-1(b)中,二者的界面 $aa'$,$bb'$ 上就要产生对土柱向下的摩擦力,由于这种向下的摩擦力,使得埋管所受到的垂直土压力中,除了管顶以上的土柱重量外,还应包括靠近 $aa'$,$bb'$ 面以外的部分土重通过摩擦力传到管顶上的附加压力。因此,管顶以上竖直土压力 $\sigma_z$ 将大于管上回填土柱的重量,即 $\sigma_z > \gamma H$。这是上埋式埋管土压力的重要特点。

应该指出,管顶填土与其四周填土沉降的差异,是随填土厚度的增加而逐渐减小的。当填土厚度到达某一界限值 $H_e$ 后,这种沉降差异已可忽略,$H_e$ 以上,土体的沉降基本均匀,相应于 $H_e$ 的平面,称为等沉面。因此,在计算管顶土压力时,只需考虑等沉面以下,$aa'$,$bb'$ 范围内的摩擦力(附录图Ⅵ-1(b))。

### 2. 沟埋式竖直土压力计算

马斯顿(Marston A)1913 年利用散体极限平衡条件提出一个计算埋管上竖直土压力的简单模型,在各国广泛使用,马氏公式被认为是计算埋管土压力的一般通用公式,下面对其作简要介绍。

附录图Ⅵ-2 表示一沟埋式埋管,沟槽宽度为 $b$,填土表面作用有均布荷载 $q$,填土在自重和外荷载 $q$ 作用下向下沉陷,在两侧沟壁处产生向上的剪应力 $\tau$,它等于土的抗剪强度 $\tau_f$。现考虑填土面下 $z$ 深度处,$\mathrm{d}z$ 厚度土层的受力情况,见附录图Ⅵ-2(b)。沿最长方向取单位长度计算薄土层重量 $\mathrm{d}W = \gamma b \cdot \mathrm{d}z$,侧向土压力 $\sigma_h = K\sigma_z$,则沟壁抗剪强度 $\tau_f = c + \sigma_h \cdot \tan\varphi$。根据竖向力的平衡条件可得:

$$\mathrm{d}W + b\sigma_z = b(\sigma_z + \mathrm{d}\sigma_z) + 2\tau_f \cdot \mathrm{d}z$$

则
$$\gamma b \mathrm{d}z - b\mathrm{d}\sigma_z - 2c\mathrm{d}z - (2K\sigma_z \cdot \tan\varphi)\mathrm{d}z = 0 \qquad (\text{Ⅵ-1})$$

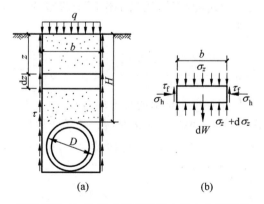

附录图Ⅵ-2 沟埋式管道垂直土压力分析模型

式中:$\gamma$——沟中填土重度;

$\quad c$、$\varphi$——填土与沟壁之间的黏聚力与内摩擦角;

$\quad b$——沟槽宽度;

$K$——土压力系数,介于主动土压力系数 $K_a$ 与静止土压力系数 $K_0$ 之间,马斯顿建议采用主动土压力系数 $K_a$。

由式( Ⅵ-1)可得:

$$\frac{\mathrm{d}\sigma_z}{\mathrm{d}z} = \gamma - \frac{2c}{b} - 2K\sigma_z \frac{\tan\varphi}{b} \qquad (Ⅵ\text{-}2)$$

式( Ⅵ-2)为一个一阶常微分方程,根据边界条件 $z=0$ 时,$\sigma_z = q$,解上述微分方程,即可得出深度 $z$ 处竖直向土压力 $\sigma_z$ 为

$$\sigma_z = \frac{b\left(\gamma - \frac{2c}{b}\right)}{2K\tan\varphi}(1 - \mathrm{e}^{-2K\frac{z}{b}\tan\varphi}) + q\mathrm{e}^{-2K\frac{z}{b}\tan\varphi} \qquad (Ⅵ\text{-}3)$$

若 $\varphi = 0$,则

$$\sigma_z = \left(\gamma - \frac{2c}{b}\right)z + q \qquad (Ⅵ\text{-}4)$$

作用在管顶的竖直向总土压力 $G$ 为

$$G = \sigma_{z,H}D = D\frac{\gamma b - 2c}{2K\tan\varphi}(1 - \mathrm{e}^{-2K\frac{H}{b}\tan\varphi}) + qD\mathrm{e}^{-2K\frac{H}{b}\tan\varphi} \qquad (Ⅵ\text{-}5)$$

式中:$D$——埋管的直径;

$H$——由地表到埋管顶部的填土深度。

值得提出的是,沟宽 $b$ 值的大小,对作用于埋管上的土压力影响较大。显然,随着 $\frac{b}{D}$ 值的增大,沟壁摩阻力 $\tau$ 对埋管上的计算荷载影响将逐渐减少。当 $\frac{b}{D}$ 达到某一值时,作用于埋管上的土压力就等于 $\gamma H$。若 $b$ 值再增大,沟埋式就将变成上埋式。

### 3. 上埋式垂直土压力计算

附录图 Ⅵ-3(a)表示上埋式管道。马斯顿假定:管上土体与周围土体发生相对位移的滑动面为竖直平面 $aa'$、$bb'$。采用与沟埋式管道受力分析相同的方法,即可导出作用于上埋式涵管顶部的竖直向土压力公式,所不同的只是作用于假定滑动面 $aa'$、$bb'$ 上的剪切力 $\tau_f$ 方向向下。其 $\sigma_{z,H}$ 表达式为

$$\sigma_{z,H} = \frac{D\left(\gamma + \frac{2c}{D}\right)}{2K\tan\varphi}(\mathrm{e}^{2K\frac{H}{D}\tan\varphi} - 1) + q\mathrm{e}^{2K\frac{H}{D}\tan\varphi} \qquad (Ⅵ\text{-}6)$$

同样,根据式( Ⅵ-6)可求出作用在埋管顶部的总土压力 $G = \sigma_{z,H}D$。

式( Ⅵ-6)适用于埋管顶部填土厚度较小的情况。若填土厚度 $H$ 较大,填土面以下将存在等沉面,即发生相对位移的土层厚度 $H_e < H$,滑动面为 $aa'$ 和 $bb'$,如附录图 Ⅵ-3(b)所示。这时,作用于埋管上的垂直土压力 $\sigma_z$ 应为

$$\sigma_{z,H} = \frac{D\left(\gamma + \frac{2c}{D}\right)}{2K\tan\varphi}(\mathrm{e}^{2K\frac{H_e}{D}\tan\varphi} - 1) + [q + \gamma(H - H_e)]\mathrm{e}^{2K\frac{H_e}{D}\tan\varphi} \qquad (Ⅵ\text{-}7)$$

式中,$H_e$ 可按下式计算:

$$\mathrm{e}^{2K\frac{H_e}{D}\tan\varphi} - 2K\tan\varphi\frac{H_e}{D} = 2K\tan\varphi\gamma_{sd}\zeta + 1 \qquad (Ⅵ\text{-}8)$$

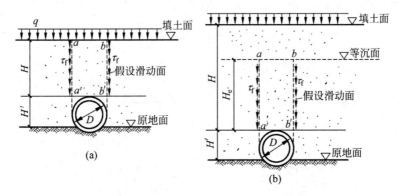

附录图 Ⅵ-3　上埋式管道垂直土压力计算模型

式中：$\gamma_{sd}$——沉降比，为一试验系数，对于埋设在一般土基上的刚性管，可取 $0.5\sim0.8$；

　　　　$\zeta$——突出比，指埋管顶部突出于原地面以上的高度 $H'$ 与埋管外径 $D$ 之比，即

$$\zeta=\frac{H'}{D}。$$

需要指出的是，由于上述马斯顿土压力公式是建立在管顶两侧发生竖直滑动面的假设的基础上推导出来的，与实际情况并不完全符合。因而用马氏公式计算出的 $\sigma_z$ 大小和分布常常带来误差，一般要比实测值偏大，故在使用时，可结合具体情况进行一定修正，可参阅有关规程。对于重要的工程设计，还可用有限元法进行较为精确的计算。

### 4. 埋管的侧向土压力计算

作用在埋管侧向的土压力 $\sigma_h$，与管顶的竖直土压力 $\sigma_z$ 是密切相关的。因此，在求出了埋管竖直土压力 $\sigma_z$ 后，可直接代入 $\sigma_h=K\sigma_z$ 中，得出侧向土压力 $\sigma_h$。马斯顿建议：对于刚性埋管土压力系数 $K$ 可采用 $K_a$。则沟埋式与上埋式埋管的侧向土压力 $\sigma_h$ 应分别表示为

沟埋式：
$$\sigma_h=\frac{b\left(\gamma-\dfrac{2c}{b}\right)}{2\tan\varphi}(1-e^{-2K\frac{z}{b}\tan\varphi})+Kqe^{-2K\frac{z}{b}\tan\varphi} \tag{Ⅵ-9}$$

上埋式：
$$\sigma_h=\frac{D\left(\gamma+\dfrac{2c}{D}\right)}{2\tan\varphi}(e^{2K\frac{z}{D}\tan\varphi}-1)+Kqe^{2K\frac{z}{D}\tan\varphi} \tag{Ⅵ-10}$$

由于精确计算埋管侧向土压力比较困难，在工程实际的应用中也常用另一种简化方法，即无论对沟埋式或上埋式刚性埋管，均近似按朗肯主动土压力计算。这样，对于直壁涵管的侧向土压力 $\sigma_h$ 的分布如附录图 Ⅵ-4(a)所示。

管顶处：
$$\sigma_{h1}=\gamma H\tan^2\left(45°-\frac{\varphi}{2}\right) \tag{Ⅵ-11}$$

管底处：
$$\sigma_{h2}=\gamma(H+h)\tan^2\left(45°-\frac{\varphi}{2}\right) \tag{Ⅵ-12}$$

式中：$h$——埋管高度，其余符号同前。

对于圆形涵管(附录图 Ⅵ-4(b))，由于曲线形管壁的影响，其侧压力 $\sigma_h$ 不按直线分布，上部要比用朗肯公式计算值大；下部则要比朗肯计算值小。为简化计算，通常假定圆形涵

管侧压力按矩形均匀分布,其侧压力强度 $\sigma_h$ 值取涵管中心处的 $\sigma_h$ 值,即

$$\sigma_h = \gamma H_0 \tan^2\left(45° - \frac{\varphi}{2}\right) \tag{Ⅵ-13}$$

式中: $H_0$——填土表面至涵管中心距离。

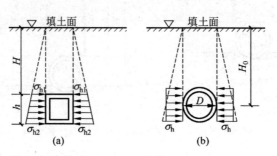

附录图Ⅵ-4　埋管的侧向土压力

### 5. 隧道工程中的太沙基松动土压力公式

在松散的岩土介质中,采用暗挖法施工的隧道,太沙基提出了与沟埋法涵管相似的土压力公式。在附录图Ⅵ-5 中,太沙基假设从隧道的侧壁中心处以 $45° + \varphi/2$ 的角度向外扩散。

到隧道顶部形成的土柱宽度为

$$b = D\left[1 + \cot(45° + \varphi/2)\right] \tag{Ⅵ-14}$$

土柱高度为 $H$,则隧道顶部受到的竖向土压力为

$$\sigma_z = \frac{\gamma b - 2c}{2K\tan\varphi}\left(1 - e^{-2K\frac{H}{b}\tan\varphi}\right) + q\,e^{-2K\frac{H}{b}\tan\varphi} \tag{Ⅵ-15}$$

式中: $K$——水平向土压力系数,也可取为主动土压力系数 $K_a$。

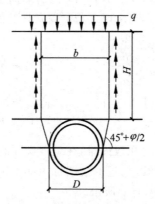

附录图Ⅵ-5　太沙基的松动土压力理论

上式适用于浅埋隧道,当 $H/b$ 较大时,由于上部土体的拱效应,土压力将不随土柱高度增加而增加, $\sigma_z$ 趋于一个常数:

$$\sigma_z = \frac{\gamma b - 2c}{2K\tan\varphi} \tag{Ⅵ-16}$$

**附**

**录**

**Ⅶ**

# 地震期边坡稳定分析

地震对边坡稳定的影响有两种作用：第一种在边坡土体上产生作用一个随时间变化的加速度，因而产生随时间变化的惯性力，可能促使边坡滑动；第二种作用是振动使土体趋于收缩，在饱和土体中引起超静孔隙水压力上升，即产生振动孔隙水压力，从而减小土的抗剪强度，甚至引起砂土的液化。对于密实的黏性土，惯性力是主要的作用，而对于饱和、松散的砂土和粉土，则第二种作用的影响更大。振动孔隙水压力的影响因素很复杂，需要进行系列的振动试验，配合土体动力反应分析才能进行预估，目前尚处在研究阶段，就是说，用有效应力法进行地震边坡稳定分析尚有一定的难度，只有对地震区内重要的土石坝工程才进行这类分析。一般情况下，均采用总应力法。计算时将随时间变化的惯性力等价成一个静的地震惯性力，作用于滑动土体上，所以称为拟静力法。下面主要根据《水工建筑物抗震设计标准》(GB 51247—2018)介绍稳定分析方法。

## 1. 地震惯性力

地震惯性力由垂直分量和水平分量组成，作用于质点上。在边坡稳定分析的条分法中，作用于土条 $i$ 的重心。水平惯性力 $F_{hi}$ 可按下式计算：

$$F_{hi} = a_h \xi W_i \alpha_i / g \qquad (Ⅶ\text{-}1)$$

土条的竖向惯性力 $F_{vi}$ 可按下式计算：

$$F_{vi} = a_h \xi W_i \alpha_i / (3g) \qquad (Ⅶ\text{-}2)$$

其作用方向可向上(—)或向下(＋)，以不利于稳定为准。

式中：$a_h$——水平方向设计地震加速度，按附录表Ⅶ-1选值；

$\xi$——地震作用的效应折减系数，除另有规定外，取 $\xi = 0.25$；

$W_i$——集中于质点 $i$ 的土条的重力；

$\alpha_i$——土条 $i$ 的动态分布系数，按附录表Ⅶ-1和附录图Ⅶ-1取值；

$g$——重力加速度。

附录表Ⅶ-1 设计地震加速度 $a_h$ 和最大动态分布系数 $\alpha_m$

| 设计烈度 | 7 | 8 | 9 |
|---|---|---|---|
| $a_h$ | $0.1g$ | $0.2g$ | $0.4g$ |
| $\alpha_m$ | 3.0 | 2.5 | 2.0 |

地基处由地震引起的惯性力为 $a_h W_i \alpha_i / g$。但是坝体具有一定的弹性,在振动过程中,随着高度提高加速度会放大,一般在坝顶达到最大值 $\alpha_m$。按理论分析和原型观测的统计结果,沿坝高的放大倍数如附录图Ⅶ-1所示。

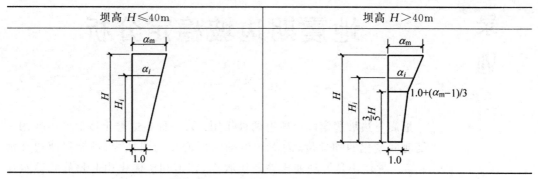

| 坝高 $H \leqslant 40\text{m}$ | 坝高 $H > 40\text{m}$ |
|---|---|

附录图Ⅶ-1　土石坝体动态分布系数 $\alpha_i$

### 2. 拟静力法边坡稳定计算

将动态的地震力用一个静的惯性力代替,作用于条块的重心,如附录图Ⅶ-2所示。然后,就可按一般的边坡稳定分析方法进行地震情况下的边坡稳定分析,称为拟静力法。按拟静力法,用瑞典条分法计算地震时边坡的稳定安全系数为

$$F_s = \frac{\sum\limits_{i=1}^{n} \{[(W_i \pm F_{vi})\cos\theta_i - F_{hi}\sin\theta_i]\tan\varphi_i + c_i l_i\}}{\sum\limits_{i=1}^{n} (W_i \pm F_{vi})\sin\theta_i + \dfrac{M_h}{R}} \qquad (\text{Ⅶ-3})$$

式中,$M_h$ 为各个条块的水平地震惯性力 $F_{hi}$ 对圆弧圆心的力矩之和,即 $M_h = \sum\limits_{i=1}^{n} F_{hi} d_i$,$d_i$ 为 $F_{hi}$ 的力臂。

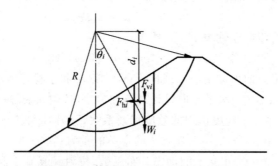

附录图Ⅶ-2　滑动土体上的地震惯性力

当有渗流时,条块重量 $W_i$ 和渗透中的水压力 $p_{wi}$ 的计算方法按稳定渗流期的情况处理。但应注意,在地震惯性力 $F_i$ 的计算中,条块的重量均按实际的总重量计算,即浸润线以下,下游水位以上部分的饱和土体均按饱和重度计算,但在坝坡下游水位以下部分按浮重度计算。

式中,$c_i$ 和 $\varphi_i$ 为考虑地震动荷载作用下土体的黏聚力和内摩擦角。原则上应用振动三轴仪或振动单剪仪通过试验测定,特别是对于1、2级坝或筑坝土料的抗震性能差、动荷载作

用下会产生较大振动孔隙水压力而导致动强度大幅度降低的情况。对于压实黏土和紧密砂、砾石土,无动三轴设备时,宜用静态有效应力抗剪强度指标。其中对于堆石、砂砾石可采用非线性强度指标。

采用拟静力法进行土石坝抗震稳定分析已有四十多年的历史。通过几十年来实际地震中土石坝性状的观察表明,对于在地震力作用下不发生强度明显降低(降低率不大于15％)的土石坝(包括碾压的黏性土,干的或潮湿的无黏性土以及非常密实的饱和无黏性土填筑的坝),拟静力法是一种比较简易而适用的分析方法,而对于因振动作用会发生抗剪强度较大降低的土料所填筑的土石坝,采用拟静力法有时会得出错误的偏于不安全的判断。

在拟静力法的计算中,地震惯性力引进一个效应折减系数 $\xi = 0.25$。显然说明这种计算方法具有很强的经验性。它意味着按照实测的地震惯性力及其放大倍数计算,很多土石坝边坡都可能是不稳定的,但是实际上却都能安全工作,因此才有必要引入一个远小于1的综合影响系数降低荷载,以抵消拟静力法计算和实测资料之间的重大差异。已修建的土石坝多是碾压式土坝,筑坝土料多是受动荷载作用下强度损失较小的土料。因此,规范中的效应折减系数也是从这类土石坝的经验总结出来的,当然拟静力法比较适用于这类土石坝。

从计算理论的角度分析,拟静力法中把地震反复作用的不规则荷载用一个等价地震惯性力即静力代替,并应用静力极限平衡条件作为土体的破坏准则。按这一破坏准则,滑动面上的静剪应力达到土的抗剪强度时,土体就沿滑动面发生很大的足以引起土体破坏的位移,但这需要一个时间过程,在这一过程中静力始终保持不变施加在土体上,故土体产生滑动。动荷载则不然,它的幅值随时间而往复变化。当达到应力峰值时,滑动面上的总剪应力可能等于或超过土的抗剪强度,在这一瞬间土体可以产生移动,但立即荷载就变小甚至反向,土体又恢复稳定状态,直至下一个峰值可能又开始移动。因此,动荷载产生的移动往往是间断性的,而且是有限度的,当地震一结束,滑动也就停止。这种破坏方式显然与长期作用着的静荷载有所不同。

振动荷载引起土坡的破坏形式,因土的性质不同而有所不同。对于饱和、松散的砂土或粉土,振动有使颗粒相互挤密产生强烈体积收缩的趋势,由于地震荷载的作用时间很短,若土的渗透性不是特别大,孔隙水不能及时排走,就要使超静孔隙水压力迅速增长,使土的强度明显降低。有时孔隙水压力可以达到原位总应力,即土的周围压力或土柱的重力,强度丧失殆尽,发生流动性滑坡。如前所述,对于这类土,不宜采用拟静力法进行土坡的抗震稳定分析,往往需要做更复杂的动力反应分析以评估坝坡的稳定性。

对于一般的碾压土坝,土体振动致密的量很小,不会因为孔隙水压力升高而导致强度的大幅度降低。振动引起的破坏表现为坝体永久变形的积累。当永久变形过大时,造成坝体开裂,影响坝的正常使用。这种情况虽然可以采用拟静力法评估边坡的稳定性,但是因为静力和动力的破坏机制不一样,拟静力法的实际安全度多大,难以确切评定。因此有些学者建议,判断这类土石坝的地震安全度最好是计算地震所引起的间断式位移的累积值,看它是否为边坡所容许。这类方法称为滑动面位移分析法,是一种发展中的方法,尚不十分成熟,可参阅有关参考文献。

<table>
<tr><td>

附

录

Ⅷ
</td><td>

# 极限平衡理论与用特征线法求解无重介质地基的极限承载力
</td></tr>
</table>

### 1. 土的弹性-理想塑性模型

由于土是岩石风化而形成的碎散矿物颗粒的集合体,一般含有固、液、气三相,在其形成的漫长的地质过程中,受风化、搬运、沉积、固结和地壳运动的影响,其应力-应变关系十分复杂,并且与诸多因素有关。其中主要的应力-应变特性是其非线性、弹塑性和剪胀(缩)性。

由于土是由碎散的固体颗粒组成,土宏观的变形主要不是源于土颗粒本身的变形,而是由于颗粒间位置的变化所引起的变形。这样在不同应力水平下由相同应力增量引起的应变增量就不会相同,亦即表现出非线性,附录图Ⅷ-1表示土的常规三轴压缩试验的一般结果,其中上部曲线表示密实砂土或超固结黏土,下部曲线表示松砂或正常固结黏土。

在经典土力学中,将土的非线性应力-应变关系高度简化,将附录图Ⅷ-1的曲线简化为两段直线,如图中的虚线所示,成为弹性-理想塑性模型。认为土体应力达到屈服之前是线弹性应力-应变关系,一旦发生屈服,则呈理想塑性,亦即应变趋于无限大或者不能确定,所以屈服与破坏具有相同的意义。它们在简单应力状态下的应力-应变关系如附录图Ⅷ-2所示。其屈服准则一般采用莫尔-库仑(Mohr-Coulomb)准则。这种经典塑性理论模型长期以来用于分析和解决土的与稳定有关的工程问题。如地基承载力问题,土压力问题和边坡稳定问题。它们的共同特点是只考虑处于极限平衡(塑性)条件下或土体处于破坏时的终极条件下的情况而不计土体的变形和应力变形过程,采用极限平衡理论进行稳定分析。

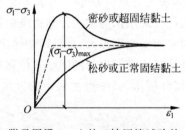

附录图Ⅷ-1  土的三轴压缩试验的
应力-应变关系曲线

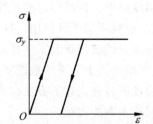

附录图Ⅷ-2  弹性-理想塑性模型

### 2. 极限平衡理论的原理

极限平衡理论是研究土体处于理想塑性状态时的应力分布和滑动面的理论,多用于解决二维平面问题。它不仅用来求解地基的极限承载力和地基的滑动面轨迹,也可以求挡土墙土压力、边坡的滑动面轨迹等有关土体失稳所涉及的问题。但是由于这种理论分析方法解题复杂,所以工程上计算土压力和分析边坡稳定时,通常采用滑动楔体极限平衡法,很少采用极限平衡理论方法。而对于求解地基极限承载力,这种方法则是主要的理论基础。

在弹性-理想塑性模型中,当土体中的应力小于屈服应力时,应力和变形用弹性理论求解,这时土体中每一点都应该满足静力平衡条件和变形协调条件。当土体处于塑性状态时,静力平衡条件仍然应该满足,但是塑性变形的结果,土体发生滑动,不再保持其连续性,不能满足变形协调条件,然而应该满足极限平衡条件。极限平衡理论就是根据静力平衡条件和极限平衡条件建立起来的理论。

在弹性力学中,平面问题的静力平衡微分方程式表示为

$$\left.\begin{aligned}\frac{\partial \sigma_z}{\partial z}+\frac{\partial \tau_{xz}}{\partial x}=Z\\[2mm]\frac{\partial \sigma_x}{\partial x}+\frac{\partial \tau_{zx}}{\partial z}=X\end{aligned}\right\} \tag{Ⅷ-1}$$

式中:$\sigma_z$、$\sigma_x$、$\tau_{xz}$——微元体的法向应力和剪应力,如附录图Ⅷ-3所示。

$Z$、$X$——作用在微元体上 $z$ 轴方向和 $x$ 轴方向单位体积上的体力,如重力和惯性力等。

如果只有土的自重,则方程(Ⅷ-1)可写为

$$\left.\begin{aligned}\frac{\partial \sigma_z}{\partial z}+\frac{\partial \tau_{xz}}{\partial x}=\gamma\\[2mm]\frac{\partial \sigma_x}{\partial x}+\frac{\partial \tau_{zx}}{\partial z}=0\end{aligned}\right\} \tag{Ⅷ-2}$$

式中:$\gamma$——土的重度。

当土体处于极限平衡状态时,作用于微元土体上的应力应满足极限平衡条件,对无黏性土和黏性土可分别表示为

$$\left.\begin{aligned}\sin\varphi=\frac{\sigma_1-\sigma_3}{\sigma_1+\sigma_3}\\[2mm]\sin\varphi=\frac{\sigma_1-\sigma_3}{\sigma_1+\sigma_3+2c\cdot\cot\varphi}\end{aligned}\right\} \tag{Ⅷ-3}$$

式中:$\sigma_1$、$\sigma_3$——大、小主应力;

$c$、$\varphi$——土的抗剪强度指标。

以下为简明起见,先研究无黏性土($c=0$)的极限平衡理论。附录图Ⅷ-4表示土体中某一微元体的应力。大主应力 $\sigma_1$ 与 $z$ 轴的夹角为 $\alpha$,根据极限平衡条件,破坏时两组滑动面 $S_1$ 和 $S_2$ 的方向对称于 $\sigma_1$,两者间的夹角为($90°-\varphi$)。

将式(Ⅷ-2)中的应力 $\sigma_z$、$\sigma_x$、$\tau_{xz}$ 用主应力表示:

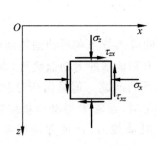

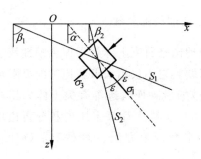

附录图Ⅷ-3　土微元体的应力　　　　　附录图Ⅷ-4　土微元体的滑动线

$$
\left.
\begin{aligned}
\sigma_z &= \frac{\sigma_1 + \sigma_3}{2} + \frac{\sigma_1 - \sigma_3}{2}\cos 2\alpha \\[4pt]
\sigma_x &= \frac{\sigma_1 + \sigma_3}{2} - \frac{\sigma_1 - \sigma_3}{2}\cos 2\alpha \\[4pt]
\tau_{xz} &= \frac{\sigma_1 - \sigma_3}{2}\sin 2\alpha
\end{aligned}
\right\}
\tag{Ⅷ-4}
$$

令：$\sigma_0 = \dfrac{1}{2}(\sigma_1 + \sigma_3)$ 表示平均主应力。将式(Ⅷ-3)中第一式代入式(Ⅷ-4)，并进行简化，得：

$$
\left.
\begin{aligned}
\sigma_z &= \sigma_0(1 + \sin\varphi\cos 2\alpha) \\
\sigma_x &= \sigma_0(1 - \sin\varphi\cos 2\alpha) \\
\tau_{xz} &= \sigma_0 \sin\varphi\sin 2\alpha
\end{aligned}
\right\}
\tag{Ⅷ-5}
$$

分别对 $\sigma_z$、$\sigma_x$、$\tau_{xz}$ 取偏导数：

$$
\left.
\begin{aligned}
\frac{\partial \sigma_z}{\partial z} &= \frac{\partial \sigma_0}{\partial z} + \sin\varphi\cos 2\alpha\,\frac{\partial \sigma_0}{\partial z} - 2\sigma_0\sin\varphi\sin 2\alpha\,\frac{\partial \alpha}{\partial z} \\[4pt]
\frac{\partial \sigma_x}{\partial x} &= \frac{\partial \sigma_0}{\partial x} - \sin\varphi\cos 2\alpha\,\frac{\partial \sigma_0}{\partial x} + 2\sigma_0\sin\varphi\sin 2\alpha\,\frac{\partial \alpha}{\partial x} \\[4pt]
\frac{\partial \tau_{xz}}{\partial z} &= \sin\varphi\sin 2\alpha\,\frac{\partial \sigma_0}{\partial z} + 2\sigma_0\sin\varphi\cos 2\alpha\,\frac{\partial \alpha}{\partial z} \\[4pt]
\frac{\partial \tau_{xz}}{\partial x} &= \sin\varphi\sin 2\alpha\,\frac{\partial \sigma_0}{\partial x} + 2\sigma_0\sin\varphi\cos 2\alpha\,\frac{\partial \alpha}{\partial x}
\end{aligned}
\right\}
\tag{Ⅷ-6}
$$

将式(Ⅷ-6)代入平衡方程式(Ⅷ-2)，简化后得到：

$$
\left.
\begin{aligned}
(1 + \sin\varphi\cos 2\alpha)\frac{\partial \sigma_0}{\partial z} + \sin\varphi\sin 2\alpha\,\frac{\partial \sigma_0}{\partial x} - 2\sigma_0\sin\varphi\left(\sin 2\alpha\,\frac{\partial \alpha}{\partial z} - \cos 2\alpha\,\frac{\partial \alpha}{\partial x}\right) &= \gamma \\[4pt]
(1 - \sin\varphi\cos 2\alpha)\frac{\partial \sigma_0}{\partial x} + \sin\varphi\sin 2\alpha\,\frac{\partial \sigma_0}{\partial z} + 2\sigma_0\sin\varphi\left(\sin 2\alpha\,\frac{\partial \alpha}{\partial x} + \cos 2\alpha\,\frac{\partial \alpha}{\partial z}\right) &= 0
\end{aligned}
\right\}
\tag{Ⅷ-7}
$$

式(Ⅷ-7)是平面问题无黏性土体处于极限平衡状态时的基本偏微分方程组。未知函数 $\sigma_0$ 和 $\alpha$ 可以根据所研究问题的边界条件，解方程组得到解答。当地基中各点的 $\sigma_0$ 和 $\alpha$ 求出以后，从极限平衡条件 $\sigma_1 - \sigma_3 = 2\sigma_0 \sin\varphi$ 和 $\sigma_0 = \dfrac{1}{2}(\sigma_1 + \sigma_3)$，可以求出处在极限平衡状态时各点的主应力 $\sigma_1$ 和 $\sigma_3$。$\alpha$ 给出了大主应力 $\sigma_1$ 的方向，而滑动面的方向与 $\sigma_1$ 的方向成夹角 $\varepsilon = \pm\left(45° - \dfrac{\varphi}{2}\right)$。因此求出了角 $\alpha$ 后，滑动面的方向自然也就得到。把各点的滑动面方向用线段连接起来,就得到整个极限平衡区域内的滑移线网。基底处接触面上的应力就是地基的极限承载力 $p_u$。附录图Ⅷ-5 表示地基土向一侧挤出时的滑移线网。

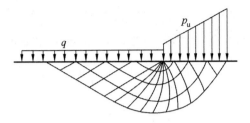

附录图Ⅷ-5　地基的滑移线网

根据课题的边界条件求偏微分方程组(Ⅷ-7)的解析解,往往有很大的困难。注意到这组偏微分方程组属于双曲线性方程组,存在着两组特征线。特征线也就是滑移线,因此方程组(Ⅷ-7)常用特征线法求解。即便如此,求解的过程也甚为复杂,下面通过比较简单的课题来讨论如何用特征线法解方程组(Ⅷ-7),并求出地基的极限承载力 $p_u$。

### 3. 用特征线法求解无重地基的极限承载力

普朗德尔-瑞斯纳课题求解地基极限承载力 $p_u$ 时作了如下三个基本假定:(1)地基土是重度 $\gamma=0$ 的无重介质;(2)基础底面光滑,基底压应力均匀分布,垂直于地面;(3)把基底平面当成地基表面,基础两侧,埋置深度以上的土重,当成侧面均布荷载 $q$,不计深度 $d$ 范围内地基土的黏聚力和摩阻力。简化后地基表面的荷载分布如附录图Ⅷ-6 所示。

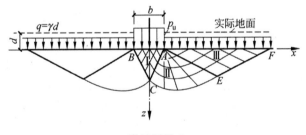

附录图Ⅷ-6

(1)滑动线上平均主应力 $\sigma_0$ 和大主应力的方向角 $\alpha$ 关系的推导

根据普朗德尔的第一个假定,即 $\gamma=0$,式(Ⅷ-7)简化为

$$\left.\begin{array}{l}(1+\sin\varphi\cos2\alpha)\dfrac{\partial\sigma_0}{\partial z}+\sin\varphi\sin2\alpha\dfrac{\partial\sigma_0}{\partial x}-2\sigma_0\sin\varphi\left(\sin2\alpha\dfrac{\partial\alpha}{\partial z}-\cos2\alpha\dfrac{\partial\alpha}{\partial x}\right)=0\\[3mm](1-\sin\varphi\cos2\alpha)\dfrac{\partial\sigma_0}{\partial x}+\sin\varphi\sin2\alpha\dfrac{\partial\sigma_0}{\partial z}+2\sigma_0\sin\varphi\left(\sin2\alpha\dfrac{\partial\alpha}{\partial x}+\cos2\alpha\dfrac{\partial\alpha}{\partial z}\right)=0\end{array}\right\}$$

$$(Ⅷ\text{-}8)$$

以 $\sin(\alpha\pm\varepsilon)/\cos\varphi$ 乘方程组(Ⅷ-8)中的第一式,以 $\cos(\alpha\pm\varepsilon)/\cos\varphi$ 乘(Ⅷ-8)中的第二式,经过整理后,方程组(Ⅷ-8)简化为

$$\left(\dfrac{\partial\sigma_0}{\partial z}\mp2\sigma_0\tan\varphi\dfrac{\partial\alpha}{\partial z}\right)\cos(\alpha\mp\varepsilon)+\left(\dfrac{\partial\sigma_0}{\partial x}\mp2\sigma_0\tan\varphi\dfrac{\partial\alpha}{\partial x}\right)\sin(\alpha\mp\varepsilon)=0 \qquad (Ⅷ\text{-}9)$$

展开式(Ⅷ-9),得到方程组(Ⅷ-10):

$$
\left.
\begin{aligned}
&\frac{\partial \sigma_0}{\partial z} + \tan(\alpha - \varepsilon)\frac{\partial \sigma_0}{\partial x} - 2\sigma_0 \tan\varphi \frac{\partial \alpha}{\partial z} - 2\sigma_0 \tan\varphi \tan(\alpha - \varepsilon)\frac{\partial \alpha}{\partial x} = 0 \\
&\frac{\partial \sigma_0}{\partial z} + \tan(\alpha + \varepsilon)\frac{\partial \sigma_0}{\partial x} + 2\sigma_0 \tan\varphi \frac{\partial \alpha}{\partial z} + 2\sigma_0 \tan\varphi \tan(\alpha + \varepsilon)\frac{\partial \alpha}{\partial x} = 0
\end{aligned}
\right\}
\tag{VIII-10}
$$

若在 $xOz$ 平面内,沿某一连续线段 $z = f(x)$ 上给定 $\sigma_0$ 和 $\alpha$ 的值,则其增量分别为

$$
\left.
\begin{aligned}
\mathrm{d}\sigma_0 &= \frac{\partial \sigma_0}{\partial z}\mathrm{d}z + \frac{\partial \sigma_0}{\partial x}\mathrm{d}x \\
\mathrm{d}\alpha &= \frac{\partial \alpha}{\partial z}\mathrm{d}z + \frac{\partial \alpha}{\partial x}\mathrm{d}x
\end{aligned}
\right\}
\tag{VIII-11}
$$

或

$$
\left.
\begin{aligned}
\frac{\mathrm{d}\sigma_0}{\mathrm{d}z} &= \frac{\partial \sigma_0}{\partial z} + \frac{\partial \sigma_0}{\partial x}\frac{\mathrm{d}x}{\mathrm{d}z} \\
\frac{\mathrm{d}\alpha}{\mathrm{d}z} &= \frac{\partial \alpha}{\partial z} + \frac{\partial \alpha}{\partial x}\frac{\mathrm{d}x}{\mathrm{d}z}
\end{aligned}
\right\}
\tag{VIII-12}
$$

附录图 VIII-4 表示一个土单元在主应力 $\sigma_1$、$\sigma_3$ 作用下处于极限平衡状态。第一组滑移线 $S_1$ 的方向角为 $\beta_1$,第二组滑移线 $S_2$ 的方向角为 $\beta_2$,大主应力的方向角为 $\alpha$。在第一组滑移线 $S_1$ 上,$\frac{\mathrm{d}x}{\mathrm{d}z} = \tan\beta_1 = \tan(\alpha + \varepsilon)$。在第二组滑移线 $S_2$ 上,$\frac{\mathrm{d}x}{\mathrm{d}z} = \tan\beta_2 = \tan(\alpha - \varepsilon)$。代入式(VIII-12)中,沿第一组滑移线有:

$$
\left.
\begin{aligned}
\frac{\partial \sigma_0}{\partial x}\tan(\alpha + \varepsilon) &= \frac{\mathrm{d}\sigma_0}{\mathrm{d}z} - \frac{\partial \sigma_0}{\partial z} \\
\frac{\partial \alpha}{\partial x}\tan(\alpha + \varepsilon) &= \frac{\mathrm{d}\alpha}{\mathrm{d}z} - \frac{\partial \alpha}{\partial z}
\end{aligned}
\right\}
\tag{VIII-13}
$$

沿第二组滑移线有:

$$
\left.
\begin{aligned}
\frac{\partial \sigma_0}{\partial x}\tan(\alpha - \varepsilon) &= \frac{\mathrm{d}\sigma_0}{\mathrm{d}z} - \frac{\partial \sigma_0}{\partial z} \\
\frac{\partial \alpha}{\partial x}\tan(\alpha - \varepsilon) &= \frac{\mathrm{d}\alpha}{\mathrm{d}z} - \frac{\partial \alpha}{\partial z}
\end{aligned}
\right\}
\tag{VIII-14}
$$

将式(VIII-13)代入式(VIII-10)中的第二式,得:

$$
\frac{\partial \sigma_0}{\partial z} + \frac{\mathrm{d}\sigma_0}{\mathrm{d}z} - \frac{\partial \sigma_0}{\partial z} + 2\sigma_0 \tan\varphi \frac{\partial \alpha}{\partial z} + 2\sigma_0 \tan\varphi \left(\frac{\mathrm{d}\alpha}{\mathrm{d}z} - \frac{\partial \alpha}{\partial z}\right) = 0
$$

故

$$
\frac{\mathrm{d}\sigma_0}{\mathrm{d}z} + 2\sigma_0 \tan\varphi \frac{\mathrm{d}\alpha}{\mathrm{d}z} = 0
\tag{VIII-15}
$$

式(VIII-15)表明,在滑移线上,偏微分方程式(VIII-10)可以简化为常微分方程。这样,方程的求解得以简化。按塑性理论中的滑移线场理论,滑移线也就是特征线,所以这种解偏微分方程的方法也称为特征线法。

解常微分方程式(VIII-15)

$$
\frac{\mathrm{d}\sigma_0}{\sigma_0} = -2\tan\varphi\,\mathrm{d}\alpha
$$

$$
\ln\sigma_0 \approx -2\tan\varphi \cdot \alpha + \ln C_a
$$

$$
\sigma_0 = C_a \mathrm{e}^{-2\alpha \tan\varphi}
\tag{VIII-16}
$$

同理,将式(Ⅷ-14)代入式(Ⅷ-10)中的第一式,得:

$$\frac{\partial \sigma_0}{\partial z} + \frac{d\sigma_0}{dz} - \frac{\partial \sigma_0}{\partial z} - 2\sigma_0 \tan\varphi \frac{\partial \alpha}{\partial z} - 2\sigma_0 \tan\varphi \left(\frac{d\alpha}{dz} - \frac{\partial \alpha}{\partial z}\right) = 0$$

故

$$\frac{d\sigma_0}{dz} - 2\sigma_0 \tan\varphi \frac{d\alpha}{dz} = 0$$

求解第二组滑移线的 $\sigma_0$

$$\frac{d\sigma_0}{\sigma_0} = 2\tan\varphi d\alpha$$

$$\sigma_0 = C_\beta e^{2\alpha \tan\varphi} \qquad\qquad (Ⅷ\text{-}17)$$

式(Ⅷ-16)和式(Ⅷ-17)分别代表第一组和第二组滑移线上,待求函数 $\sigma_0$ 和 $\alpha$ 的关系。$C_\alpha$ 和 $C_\beta$ 为积分常数,其值可根据边界条件确定。根据普朗德尔的简化假定和式(Ⅷ-16)及式(Ⅷ-17),可以通过如下分析,绘制地基的滑移线网并求出地基的极限承载力 $p_u$。

(2) 滑移线网的绘制

附录图Ⅷ-6 表示无重介质地基,在基底压应力作用下达到破坏时,地基中滑动土体可以分成三个区域,基础底下为Ⅰ区,Ⅰ区土体在基底压应力作用下达到塑性破坏,是朗肯主动区,两侧均布荷载 $q$ 下为Ⅲ区。Ⅲ区土体受挤压而达到塑性破坏,是朗肯被动区。中间Ⅱ区为过渡区。

现先分析第Ⅲ区的滑移线网。在这一区内,土体是被水平挤压而破坏,水平应力大于垂直应力,所以在表面处,有 $q = \sigma_3$,$\alpha = 90°$。于是沿第一组滑移线 $S_1$,$\dfrac{dx}{dz} = \tan\beta_1 = \tan(\alpha + \varepsilon)$。故,$\beta_1 = \dfrac{\pi}{2} + \varepsilon$,$\varepsilon$ 代表滑移线与大主应力的夹角,即 $\varepsilon = \dfrac{\pi}{4} - \dfrac{\varphi}{2}$。因此 $\beta_1 = \dfrac{3}{4}\pi - \dfrac{\varphi}{2}$。沿第二组滑移线 $S_2$,$\dfrac{dx}{dz} = \tan\beta_2 = \tan(\alpha - \varepsilon)$。故 $\beta_2 = \dfrac{\pi}{4} + \dfrac{\varphi}{2}$。若两组滑移线的夹角为 $\theta$,则 $\theta = \dfrac{\pi}{2} - \varphi$。因为是无重介质,$\gamma = 0$,应力不随深度变化,故本区内主应力的大小和方向均不变。滑移线网是由两组直线所组成,如附录图Ⅷ-7(a)所示。

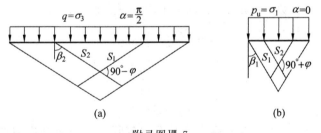

(a)　　　　　　　　　　　　(b)

附录图Ⅷ-7

(a) 第Ⅲ区；(b) 第Ⅰ区

再分析第一区的滑移线网。按基底完全光滑的假定,基底压应力 $p_u$ 即为大主应力 $\sigma_1$。又因为地基已处于塑性破坏状态,故基底的压应力为极限承载力 $p_u$,$p_u = \sigma_1$。同时 $\alpha = 0°$。沿第一组滑移线 $S_1$,$\dfrac{dx}{dz} = \tan\beta_1 = \tan(\alpha + \varepsilon)$,求得 $\beta_1 = \dfrac{\pi}{4} - \dfrac{\varphi}{2}$。沿第二组滑移线 $S_2$,$\dfrac{dx}{dz} = \tan\beta_2 = \tan(\alpha - \beta) = \tan(\pi - \varepsilon)$,求得 $\beta_2 = \pi - \dfrac{\pi}{4} + \dfrac{\varphi}{2} = \dfrac{3\pi}{4} + \dfrac{\varphi}{2}$。同样,因为是无重介质,本

区内应力不变,滑移线网也是由 $\beta_1$ 和 $\beta_2$ 两组直线所构成,其夹角 $\theta=\beta_2-\beta_1=\dfrac{\pi}{2}+\varphi$,如附录图Ⅷ-7(b)所示。

第Ⅱ区界于Ⅰ、Ⅲ区之间,是过渡区,起连接Ⅰ、Ⅲ区的作用,可以推想,这一区的一组滑移线,必定是从附录图Ⅷ-6中极点 $A$ 和 $B$ 发出的射线。另一组滑移线是连接Ⅰ、Ⅲ区滑移线的曲线,且与第一组滑移线相交成 $\dfrac{\pi}{2}+\varphi$。进一步分析这组曲线滑移线的性质,附录图Ⅷ-8中 $\overset{\frown}{CE}$ 就是Ⅱ区的滑移线段。在 $\overset{\frown}{CE}$ 上取任意点 $M$,其半径为 $r$,与Ⅰ区边界 $AC$ 的夹角为 $\psi$。过 $M$ 点绘 $\overset{\frown}{CE}$ 的切线 $\overline{MJ}$ 和法线 $\overline{MI}$。$M$ 点处的反力 $R$ 与 $\overline{MI}$ 的夹角应是土的内摩擦角 $\varphi$。$\overline{AM}$ 和 $\overline{MJ}$ 是两段相交的滑移线,夹角为 $\dfrac{\pi}{2}+\varphi$。从图中的几何关系即可看出,反力 $R$ 的方向指向螺旋线的中心 $A$ 点。今让夹角 $\psi$ 增加一个微量 $\mathrm{d}\psi$,相应的半径的增量为 $\mathrm{d}r$。从附录图Ⅷ-8中的几何关系有:

$$\frac{\mathrm{d}r}{r\,\mathrm{d}\psi}=\tan\varphi$$

$$\frac{\mathrm{d}r}{r}=\tan\varphi\,\mathrm{d}\psi$$

积分得 $$\ln(r)=\psi\tan\varphi+C \tag{Ⅷ-18}$$

附录图Ⅷ-8

当 $\psi=0$ 时,$r=r_0$,故常数 $C=\ln(r_0)$。将 $C$ 值代入式(Ⅷ-18),得:

$$\ln\left(\frac{r}{r_0}\right)=\psi\tan\varphi$$

$$\mathrm{e}^{\psi\tan\varphi}=\frac{r}{r_0}$$

故 $$r=r_0\mathrm{e}^{\psi\tan\varphi} \tag{Ⅷ-19}$$

式(Ⅷ-19)表示第Ⅱ区的另一组滑移线是对数螺旋线。它与第一组射线滑移线的夹角为 $\dfrac{\pi}{2}+\varphi$。

至此Ⅰ、Ⅱ、Ⅲ区的滑移线网均已求出,就可以绘制无重地基中的完整的滑移线网,如附录图Ⅷ-6所示。

(3) 地基的极限荷载 $p_u$

地基的极限荷载 $p_u$ 可推求如下。由无黏性土的极限平衡公式 $\sin\varphi=\dfrac{\sigma_1-\sigma_3}{\sigma_1+\sigma_3}$,得 $\sigma_1-$

$\sigma_3 = 2\sigma_0 \sin\varphi$，故 $\sigma_3 = \sigma_0(1-\sin\varphi)$。同样可以推出 $\sigma_1 = \sigma_0(1+\sin\varphi)$。对于第Ⅲ区，$\sigma_3 = q$，$\sigma_0 = \dfrac{q}{1-\sin\varphi}$，同时 $\alpha = \dfrac{\pi}{2}$。将 $\sigma_0$ 和 $\alpha$ 值代入式（Ⅷ-16），得：

$$C_\alpha^{\mathrm{III}} = \frac{q}{1-\sin\varphi} e^{\pi\tan\varphi} \tag{Ⅷ-20}$$

对于第Ⅰ区，$\sigma_1 = p_\mathrm{u}$，$\sigma_0 = \dfrac{p_\mathrm{u}}{1+\sin\varphi}$，同时 $\alpha = 0$。将 $\sigma_0$ 和 $\alpha$ 值代入式（Ⅷ-16），得

$$C_\alpha^{\mathrm{I}} = \frac{p_\mathrm{u}}{1+\sin\varphi} \tag{Ⅷ-21}$$

同一根滑移线上，常数 $C_\alpha$ 应相等，$C_\alpha^{\mathrm{III}} = C_\alpha^{\mathrm{I}}$，故

$$\frac{q}{1-\sin\varphi} \cdot e^{\pi\tan\varphi} = \frac{p_\mathrm{u}}{1+\sin\varphi}$$

$$p_\mathrm{u} = q\,\frac{1+\sin\varphi}{1-\sin\varphi} \cdot e^{\pi\tan\varphi}$$

$$= q\tan^2\left(45° + \frac{\varphi}{2}\right) e^{\pi\tan\varphi} = qN_\mathrm{q} \tag{Ⅷ-22}$$

$$N_\mathrm{q} = \tan^2\left(45° + \frac{\varphi}{2}\right) e^{\pi\tan\varphi} \tag{Ⅷ-23}$$

式中，$N_\mathrm{q}$ 称为承载力系数。式（Ⅷ-22）就是普朗德尔-瑞斯纳课题无黏性土地基的极限承载力理论公式。

如果地基是黏性土，$c \neq 0$，可以按下述方法求无重地基的极限承载力，如附录图Ⅷ-9 所示。将强度包线延伸至与 $\sigma$ 轴交于 $O'$ 点。以 $O'$ 点作为新坐标的原点。对于新坐标，$\sigma$ 值均变为 $\bar{\sigma} = \sigma + c \cdot \cot\varphi$。按极限平衡公式：

$$\sin\varphi = \frac{\sigma_1 - \sigma_3}{\sigma_1 + \sigma_3 + 2c \cdot \cot\varphi}$$

$$(\sigma_1 + \sigma_3 + 2c \cdot \cot\varphi)\sin\varphi = \sigma_1 + \sigma_3 + 2c \cdot \cot\varphi - 2(\sigma_3 + c \cdot \cot\varphi)$$

因为
$$\bar{\sigma}_0 = \frac{1}{2}(\sigma_1 + \sigma_3 + 2c \cdot \cot\varphi)$$

故
$$\sigma_3 + c \cdot \cot\varphi = \bar{\sigma}_0(1-\sin\varphi)$$

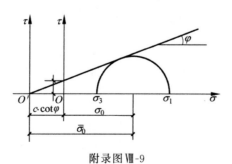

附录图Ⅷ-9

对于Ⅲ区，又因为 $\sigma_3 = q$，故 $\bar{\sigma}_0 = \dfrac{q + c \cdot \cot\varphi}{1-\sin\varphi}$。

利用式(Ⅷ-16),当 $\sigma_3 = q$ 时,$\alpha = \dfrac{\pi}{2}$,得:

$$\bar{\sigma}_0 = C_\alpha^{\mathrm{III}} \cdot e^{-\pi\tan\varphi} = \frac{q + c \cdot \cot\varphi}{1 - \sin\varphi}$$

利用式(Ⅷ-16)

$$C_\alpha^{\mathrm{III}} = \frac{q + c \cdot \cot\varphi}{1 - \sin\varphi} e^{\pi\tan\varphi} \tag{Ⅷ-24}$$

对于Ⅰ区,$\sigma_1 = p_u$,用同一种方法,可以推导出:

$$\bar{\sigma}_0 = \frac{p_u + c \cdot \cot\varphi}{1 + \sin\varphi} \tag{Ⅷ-25}$$

当 $\sigma_1 = p_u$ 时,$\alpha = 0$,则

$$\bar{\sigma}_0 = C_\alpha^{\mathrm{I}} = \frac{p_u + c \cdot \cot\varphi}{1 + \sin\varphi} \tag{Ⅷ-26}$$

在同一根滑移线上,第Ⅲ区的常数 $C_\alpha^{\mathrm{III}}$ 与第Ⅰ区的常数 $C_\alpha^{\mathrm{I}}$ 应该相等,则

$$\frac{q + c \cdot \cot\varphi}{1 - \sin\varphi} \cdot e^{\pi\tan\varphi} = \frac{p_u + c \cdot \cot\varphi}{1 + \sin\varphi} \tag{Ⅷ-27}$$

整理后得到极限承载力 $p_u$ 的表达式:

$$
\begin{aligned}
p_u &= q \frac{1 + \sin\varphi}{1 - \sin\varphi} e^{\pi\tan\varphi} + c \cdot \cot\varphi \left( \frac{1 + \sin\varphi}{1 - \sin\varphi} e^{\pi\tan\varphi} - 1 \right) \\
&= q \tan^2\left(45 + \frac{\varphi}{2}\right) e^{\pi\tan\varphi} + c \cdot \cot\varphi \left[ \tan^2\left(45 + \frac{\varphi}{2}\right) e^{\pi\tan\varphi} - 1 \right] \\
&= q N_q + c N_c \tag{Ⅷ-28}
\end{aligned}
$$

这就是普朗德尔-瑞斯纳无重黏性土地基的极限承载力表达式。式中,$N_q$ 和 $N_c$ 都称为承载力系数。显然

$$N_c = (N_q - 1) \cot\varphi \tag{Ⅷ-29}$$

式(Ⅷ-28)表明,对于无重地基,滑动土体没有重量,不产生抗力。地基的极限荷载由边侧荷载 $q$ 和滑动面上黏聚力 $c$ 产生的抗力所构成。承载力系数 $N_c$ 和 $N_q$ 都是内摩擦角 $\varphi$ 的函数,可按式(Ⅷ-24)和式(Ⅷ-29)计算。

# 参 考 文 献

[1]  水利部水利水电规划设计总院,南京水利科学研究院.土工试验方法标准:GB/T 50123—2019[S]. 北京:中国计划出版社,2019.

[2]  建设综合勘察研究设计院.岩土工程勘察规范:GB 20021—2001[S].2009 年版.北京:中国建筑工程出版社,2009.

[3]  水利部水利水电规划设计总院.岩土工程基本术语标准:GB/T 50279—2004[S].北京:中国计划出版社,2004.

[4]  李广信.高等土力学[M].2 版.北京:清华大学出版社,2016.

[5]  MICHELL J K. Fundamentals of Soil Behavior [M]. 2nd ed. John Wiley & Sons,1993.

[6]  FANG H Y,DANNIELS J L. Introductory Geotechnical Engineering (An Environmental Perspective) [M]. Taylor & Francis,2006.

[7]  MURTHY V N S. Geotechnical Engineering:Principles and Practices of Soil Mechanics and Foundation Engineering [M]. Taylor & Francis,2002.

[8]  陆明万,罗学富.弹性理论基础[M].北京:清华大学出版社,1990.

[9]  李广信.关于土力学教材讨论的一些体会(一)——有关土体的自重应力[J].岩土工程界,2008,11(9):21-22.

[10]  李广信.关于土力学教材讨论的一些体会(四)——关于有效应力原理[J].岩土工程界,2009,12(2):13-14.

[11]  王成华.土力学[M].武汉:华中科技大学出版社,2010.

[12]  HOLTZ R D,KOVACS W D. An Introduction to Geotechnical Engineering [M]. Prentice Hall,1981.

[13]  高大钊.土力学与基础工程[M].北京:中国建筑工业出版社,1998.

[14]  Whitlow R. Basic soil Mechanics[M]. Prentice Hall,2000.

[15]  水利部水利水电规划设计总院.土工合成材料应用技术规范:GB 50290—2014[S].北京:中国计划出版社,2014.

[16]  重庆市设计院.建筑边坡工程技术规范:GB 50330—2013 [S].北京:中国建筑工业出版社,2013.

[17]  顾慰慈.挡土墙土压力计算手册[M].北京:中国建材工业出版社,2005.

[18]  TERZAGHI K,PECK R B. Soil Mechanics in Engineering Practice[M]. John Willey & Sons,1948.

[19]  华东水利学院土力学教研组,土力学[M].南京:(原)华东水利学院,1984.

[20]  殷宗泽.土工原理[M].北京:中国水利水电出版社,2007.

[21]  中国水利水电科学研究院.水工建筑物抗震设计规范:GB 51247—2018[S].北京:中国计划出版社,2018.

[22]  中国水电顾问集团西北勘测设计研究院.碾压式土石坝设计规范:DL/T 5395—2007[S].北京:中国水利水电出版社,2007.

[23]  中国建筑科学研究院.建筑地基基础设计规范:GB 50007—2011[S].北京:中国建筑工业出版社,2012.

[24]  《工程地质手册》编委会.工程地质手册[M].5 版.北京:中国建筑工业出版社,2018.

[25]  《岩土工程手册》编写委员会.岩土工程手册[M].北京:中国建筑工业出版社,1994.

[26]  POWRIE W. Soil Mechanics:Concepts & Application[M]. 2nd ed. Taylor & Francis,1997.

[27]  FANG H Y. Foundation Engineering Handbook[M]. 2nd ed. Kluwer Acadenic Publishers,1975.

[28]  南京水利科学研究院土工研究所.土工试验技术手册//土工原位测试机理、方法及工程应用[M].北京:人民交通出版社,2003.

[29] BOWLES J E. 基础工程分析与设计[M]. 5版. 童小东,译. 北京：中国建筑工业出版社,1987.

[30] BRAJA M. Das,Fundamentals of Geotechnical Engineering[M]. Cengage Learning,2012.

[31] TERZAGHI K,PECK R B,MESRI G. Soil Mechanics in Engineering Practice[M]. 3rd ed. John Wiley & Sons,1996.

[32] [日]松冈元. 土力学[M]. 罗汀,姚仰平,编译. 北京：中国水利水电出版社,2001.

[33] BRAJA M. Das,Advanced Soil Mechanics[M]. 3rd ed. Taylor & Francis,2008.

[34] PARRY R H G. Mohr Circles,Stress Paths and Geotechnics [M]. 2nd ed. Spon Press,2004.

[35] 周景星,李广信,等. 基础工程[M]. 3版. 北京：清华大学出版社,2015.

[36] 谢定义. 土动力学[M]. 北京：高等教育出版社,2011.

[37] WHITLOW R. Basic Soil Mechanics[M]. 3rd ed. London；Malaysia：Longman,1983.

[38] ROBERT D H,WILLIAM D. K. An Introduction to Geotechnical Engineering[M]. New Jersey：Prentice-Hall,Inc. ,Englewood Chiffs,1981.

[39] KNAPPETT J A,CRAIG R F. Craig's Soil Mechanics[M]. 8th ed. London and New York：Spon Press,2012.

[40] 李广信. 漫话土力学[M]. 北京：人民交通出版社,2019.

[41] 河海大学《土力学》教材编写组. 土力学[M]. 3版. 北京：高等教育出版社,2019.

[42] 南京水利科学研究院. 土的工程分类标准：GB/T 50145—2007[S]. 北京：中国计划出版社,2007.